DIE DAMPFTURBINE IM BETRIEBE

ERRICHTUNG · BETRIEB · STÖRUNGEN

VON

E. A. KRAFT VDI

DR.-ING. HABIL., DR. TECHN. H. C., PROFESSOR AN DER TECHNISCHEN HOCHSCHULE
DIREKTOR DER AEG-TURBINENFABRIK
IN BERLIN

MIT 206 TEXTABBILDUNGEN
UND 10 ZAHLENTAFELN

BERLIN
VERLAG VON JULIUS SPRINGER
1935

ISBN-13: 978-3-642-89978-2 e-ISBN-13: 978-3-642-91835-3
DOI: 10.1007/978-3-642-91835-3

Softcover reprint of the hardcover 1st edition 1935

Vorwort.

Die überragende Bedeutung der Dampfturbine als Kraftmaschine hat in einer Reihe von wertvollen Lehrbüchern ihren Niederschlag gefunden. Es gibt wohl keine andere Kraftmaschinenart, deren Lehre, Gestaltung und Fertigung, d. h. Entstehung vom ersten schöpferischen Gedanken bis zum Versande der fertigen Maschine durch das Werktor, mit der gleichen Gründlichkeit durchgearbeitet wären. Darüber hinaus aber war der fernere Lebensweg der Dampfturbine, also ihre Errichtung im Kraftwerke, ihr Betrieb und dessen Störungen, im Schrifttume bisher vernachlässigt worden. Die Erfahrungen des Richtmeisters und des Betriebsmannes wurden meist nur von Mund zu Mund überliefert, über den Rahmen des einzelnen Turbinenwerkes, des einzelnen Kraftwerkes hinaus gab es kaum einen Weg. Je höhere Anforderungen der Betrieb der Dampfturbine an die Bedienung stellte, um so stärker fühlbar war diese Abgeschlossenheit im Austausche der Erfahrungen.

Der Entschluß, in einem besonderen Buche alle Fragen zu behandeln, die für die Errichtung, den Betrieb und die Wartung von Dampfturbinen aller Art wichtig sind, wurde durch die Erkenntnis gefördert, daß dadurch zugleich dem Fachschrifttume ein bisher nicht zugängliches, wichtiges Gebiet erschlossen wird. Die Erfahrungen, die ich während einer über ein Vierteljahrhundert langen Tätigkeit im Dampfturbinenbaue, zum größten Teile als leitender Konstrukteur und verantwortlicher Leiter des größten europäischen Turbinenwerkes, sammeln konnte, sollen damit weiteren Kreisen zugänglich gemacht werden. Die vielen Tausende von Turbinen, die in dieser Zeit unter meiner Leitung entstanden, ermöglichten es mir, trotz der großen Mannigfaltigkeit ihrer Verwendungsgebiete allgemeine Richtlinien für den Dampfturbinenbetrieb herauszuarbeiten. Diese sollen aber nicht nur den Betriebsmann unterstützen in der Beurteilung der Eigenheiten des Turbinenbetriebes und vorkommender Störungen, sondern auch alle am Baue und Betriebe von Turboanlagen Beteiligten, Hersteller und Kraftwerke, zu vertrauensvoller Gemeinschaftsarbeit ermuntern.

Eine Gemeinschaftsarbeit kann nur dann erfolgreich sein, wenn alle Beteiligten, unbeschadet gelegentlicher sachlicher Gegensätzlichkeiten, mit Freimut und Offenheit ihre Erfahrungen zur Verfügung stellen. In dieser Hinsicht darf auch falsch verstandener Wettbewerb der verschiedenen Werke nicht zu Geheimniskrämerei führen oder, wo diese noch betrieben wird, da ist es an der Zeit, sie zum Wohle der gesamten Dampfturbinenindustrie und Kraftwirtschaft aufzugeben. Auch hier sollte die Richtlinie unserer neuen Staatsführung den Werken Vorbild sein: Steigerung aller Kräfte und Leistungen in gemeinsamem Kampfe um das gemeinsame Ziel, nicht Verzettelung der Kräfte im Kampfe aller gegen alle. In diesem Sinne ist das vorliegende Buch entstanden als ein größerer Schritt auf einem Gebiete, auf dem bisher nur vereinzelte Ansätze gemacht waren. Möge es zum weiteren Ausbaue einer Gemeinschaftsarbeit aller Beteiligten den Anstoß geben; denn gerade das hier behandelte Gebiet der Wirtschaft, die Elektrizitätserzeugung, strahlt so unmittelbar auf jeden einzelnen Volksgenossen aus, daß keine Anstrengung zu groß sein sollte, die zu Fortschritten und Verbesserungen führt, den Eigennutz hintansetzt, den Gemeinnutz fördert.

Bei der Sammlung und Sichtung des umfangreichen Stoffes unterstützten mich u. a. meine Mitarbeiter Dipl.-Ing. K. Hoffmann und Dipl.-Ing. H. Zabel. Es ist mir eine angenehme Pflicht, ihnen auch an dieser Stelle meinen besten Dank auszusprechen.

Berlin, im März 1935.

E. A. Kraft.

Inhaltsverzeichnis.

III. Die Störungen.

Abgekürzte Werk- und Verbandsbezeichnungen.

AEG	Allgemeine Elektricitäts-Gesellschaft, Berlin (Deutschland).
Allis-Chalmers . . .	Allis-Chalmers Manufacturing Co., Milwaukee, Wis. (V.St.A.).
BBC	Brown, Boveri & Cie. A.-G., Baden (Schweiz) und Mannheim (Deutschland).
Bergmann	Bergmann-Elektricitäts-Werke A.-G., Berlin (Deutschland)
BEWAG	Berliner Städtische Elektrizitätswerke A.-G., Berlin (Deutschland).
Blohm und Voß . .	Blohm und Voß Komm.-Ges. a. A., Hamburg (Deutschland).
BTH	The British Thomson-Houston Co., Ltd., Rugby (England).
DESCHIMAG	Deutsche Schiff- und Maschinenbau A.-G., Bremen (Deutschland).
English Electric . .	The English Electric Co., Ltd., Rugby (England).
Erste Brünner . .	Erste Brünner Maschinen-Fabriks-Gesellschaft, Brünn (Tschechoslowakei).
Escher Wyss	A.-G. Escher Wyss & Cie., Zürich (Schweiz).
GE	General Electric Co., Schenectady, N.Y., und West-Lynn, Mass. (V.St.A.).
GEC	The General Electric Co., Ltd., Erith, Kent (England).
ILUNION	Internationale Ljungströmturbinen-Union A.-G., Basel (Schweiz).
de Laval	A.-B. de Lavals Ångturbin, Stockholm (Schweden).
MAN	Maschinenfabrik Augsburg-Nürnberg A.-G., Nürnberg (Deutschland).
Metro-Vick	Metropolitan-Vickers Electrical Co., Ltd., Manchester (England).
NELA	National Electric Light Association, New York, N.Y. (V.St.A.).
Parsons	C. A. Parsons & Co., Ltd., Newcastle on Tyne (England).
SSW	Siemens-Schuckertwerke A.-G., Berlin (Deutschland).
STAL	Svenska Turbinfabriks Aktiebolaget Ljungström, Finspong (Schweden).
VDEW	Vereinigung der Elektrizitätswerke e. V., Berlin (Deutschland).
Westinghouse . . .	Westinghouse Electric & Manufacturing Co., Philadelphia, Pa. (V.St.A.).

Einleitung.

Im einzelnen Kraftwerke befindet sich stets nur eine beschränkte Anzahl von Dampfturbinen, selten über ein Dutzend, häufig nur eine einzige. In einem Werke, das Dampfturbinen in größerem Umfange und während längerer Zeit erstellt, fließen demgegenüber weit über den eigenen Rahmen hinaus die Erfahrungen an Tausenden von Maschinen zusammen. Bei ihrer planmäßigen Beurteilung und Verwertung ergibt sich eine ungeheure Menge von Gesichtspunkten, die wertvolle Unterlagen für den Bau und Betrieb neuer Anlagen darstellen und zu beiderseitigem Vorteile berücksichtigt werden sollten.

Es wurde daher zunächst niedergeschrieben, was an Grundsätzlichem und Wesentlichem über die Errichtung, den Betrieb und die Betriebstörungen von Dampfturbinen zu sagen ist. Die Behandlung dieses dem Schrifttume bisher noch nicht erschlossenen Neulandes ließ die Urschrift indessen derart anwachsen, daß schließlich überall Beschränkungen in Einzelheiten erforderlich wurden, sollte das Ganze nicht unübersichtlich und unhandlich werden.

Zu einer jeder Verwendungsart und jedem Betriebserlebnisse gleichmäßig und in gleichem Umfange gerecht werdenden Darstellung kann ein allgemein dem Dampfturbinenbetriebe gewidmetes Werk nicht kommen. Einzelgebiete werden stets Sonderabhandlungen vorbehalten bleiben müssen. Soweit solche bereits heute vorliegen, ist weitgehend im Inhalte, in Fußnoten und am Schlusse des Buches auf sie hingewiesen. Es kann ferner nicht erwartet werden, daß hier jeder von dem Richtmeister oder der Bedienungsmannschaft vorzunehmende Handgriff für alle denkbaren Ereignisse vorgeschrieben wird. Dazu ist das ganze Gebiet zu groß und die Übung der einzelnen Dampfturbinen herstellenden oder betreibenden Werke zu verschieden. Hingegen kann alles Wesentliche auch für den Betrieb von Dampfturbinen in eine planmäßige Gliederung gebracht werden. Diese wurde im vorliegenden Werke aufgebaut für die ortfeste Dampfturbine axialer Bauart als die verbreitetste Bauform dieser Kraftmaschine. Über die Sonderbauarten oder über Turbinen für Sonderzwecke werden Ausführungen eingefügt, die das Abweichende oder Zusätzliche gegenüber der gewählten Normbauart in entsprechendem Umfange behandeln. In dieser Weise werden z. B. Schiffsturbinen und Radialturbinen in besonderen Abschnitten besprochen.

Allen Bauarten muß gemeinsam sein, unwandelbar durch alle vorübergehenden Modeströmungen, als oberstes Betriebsgesetz die Forderung unbedingter Betriebsicherheit. Ist dieses Gesetz schon richtungweisend für die Gestaltung der neueren Turbinen gewesen, wie an anderer Stelle[1] bereits nachgewiesen wurde, so tritt es naturgemäß im Betriebe der Dampfturbine selbst noch stärker in den Vordergrund. Es bleibt somit oberstes Gesetz für alle Vorgänge, die in dem vorliegenden Werke behandelt werden, und wirkt sich auf die Stellungnahme zu einzelnen Fragen, wie z. B. dem Versuche, durch unzulässige Verkleinerung der Spiele zwischen feststehenden und bewegten Teilen eine Erhöhung des Wirkungsgrades zu erreichen, oder zur Frage des Anfahrens, dahin aus, daß übertriebene Anforderungen ebenso abgelehnt werden wie das Verallgemeinern von Paradeversuchen, die die übertriebenen Forderungen scheinbar zu erfüllen gestatten. Maßgebend muß stets die Bewährung im Dauerbetriebe sein, d. h. die geringste Zahl von Störungen bei längster Lebensdauer.

Die Dampfturbine ist eine Kraftmaschine, deren Bau ein ungewöhnliches Maß von wissenschaftlichem Rüstzeuge, von handwerklichem Können des an ihrer Herstellung

[1] E. A. Kraft: Die neuzeitliche Dampfturbine, 2. Aufl. Berlin: VDI-Verlag 1930.

beteiligten Arbeiters und von aus Betriebsergebnissen gewonnenen Erfahrungen voraussetzt. Andererseits erfordern weitgehende Betriebsanforderungen von Dampfturbinen, besonders von Turbinen großer Leistungen oder verwickelter Reglungen, eine größere Sorgfalt und reichere Kenntnisse der Betriebsführung als von manchen anderen Kraftmaschinen, die sowohl hinsichtlich der Größe der Einzelleistung als auch der Vielseitigkeit der Verwendungsmöglichkeiten an diese bisher nicht heranreichten und auch in Zukunft nie heranreichen werden. Darum sind Hersteller und Betreiber von Dampfturbinen in viel stärkerem Maße auf Gemeinschaftsarbeit angewiesen, als das anderwärts der Fall ist. So soll der Hersteller sich den Betriebsanforderungen, soweit sie berechtigt und vertretbar sind, nicht verschließen, andererseits aber auch der Turbinenabnehmer den Hersteller in Fragen, die dieser besser zu beurteilen in der Lage sein muß, nicht zu sehr behindern. Es ist ja im übrigen auch beim Hersteller seinerseits nicht üblich, daß er z. B. seinem Unterlieferer für Guß- oder Schmiedestücke die Verantwortung für die Herstellung dieser Teile abnimmt, ihm vielmehr hier freie Hand läßt im Rahmen der Festigkeits- und sonstigen Vorschriften, die die Gestaltung zur Voraussetzung genommen hat.

Der Stoff wurde so angeordnet, daß zunächst im ersten Abschnitte das Wesentliche über die Errichtung im Kraftwerke sowohl wie die für die Gestaltung der einzelnen Teile einer Turbinenanlage maßgebenden Gedanken behandelt werden, soweit es für den Betriebsmann brauchbar oder notwendig ist. Es folgt dann der Hauptabschnitt, der den eigentlichen Betrieb der Turbine behandelt, wobei die einzelnen Maßnahmen und Betriebzustände in ihrer natürlichen Reihenfolge erörtert werden. Angereiht ist als dritter und letzter Abschnitt eine Zusammenstellung und abwägende Betrachtung der Schäden, die im Turbinenbetriebe am häufigsten auftreten. Auch diese Anstände werden mit Offenheit und Freimut behandelt, damit Wiederholungen, die weder für den Hersteller noch für den Besitzer von Vorteil sind, in Zukunft vermieden werden können. Dabei wurde der Erfahrungsgrundsatz befolgt, daß bei der Beurteilung von Schäden volle Sachlichkeit am besten gewährleistet ist, wenn Schuld- und Kostenfragen zunächst unberücksichtigt bleiben.

I. Die Errichtung.

1. Die Beförderung zur Baustelle und im Kraftwerke.

Für die Beförderung der einzelnen Bauteile vom Turbinenwerke an die Baustelle stehen alle üblichen Verkehrsmittel und -wege zur Verfügung, soweit Abmessungen und Gewichte der Teile es zulassen. Auf dem Schienenwege setzt das gültige Eisenbahnprofil den Abmessungen eine Grenze, Abb. 1. Außergewöhnlich schwere Stücke werden auf besonderen Tiefladewagen befördert. Schiffsbeförderung auf Flüssen oder über See ist im allgemeinen in Raumbedarf und Gewicht der Stücke weniger beschränkt, doch ist oft Umladung von Eisenbahn zu Schiff oder umgekehrt erforderlich. Neben Eisenbahn und Schiff tritt in letzter Zeit in zunehmendem Maße der Lastkraftwagen als Beförderungsfahrzeug. Hierbei spielen die Beschaffenheit der Straßen und die Tragfähigkeit der Brücken, Fähren u. dgl. eine große Rolle. In überseeischen Ländern hat der Kraftwagen vielfach die ursprünglichen Beförderungsmittel, wie Maultier-, Kamel- oder gar Trägerkolonnen abgelöst. Auf alle diese Möglichkeiten ist bereits bei der Gestaltung und Herstellung der Turbinenteile zu achten, da sie mitunter einschneidende Abweichungen von den üblichen Bauformen bedingen können. Dazu können gehören: Zerlegung des Abdampfgehäuses in mehr als zwei Teile, Versand des Kondensators in einzelnen Teilen und deren Zusammenbau an der Baustelle, ja der Turbinenläufer ganz großer Turbinen muß sogar unter Umständen in Einzelteilen befördert und erst an Ort und Stelle zusammengebaut werden, wozu dann gleichzeitig die zum statischen Auswuchten erforderlichen Schienen und andere Behelfe mitverschickt werden müssen. Ist der Eisenbahnweg nicht übermäßig lang, so können Teile mit Lademaßüberschreitung in verkehrsarmen Zeiten so befördert werden, daß der betreffende Zug auf freier Strecke keinem Gegenzuge begegnet. Beim Lastwagenverkehr können große Umwege über tragfähige Brücken, unter Umständen sogar Verstärkung kleinerer Brücken nur für die eine Beförderung, notwendig oder zweckmäßig sein. Die Turbinenläufer werden für die Beförderung auf Holzgestellen aufgelagert, damit die Beschauflung nicht beschädigt wird. Abb. 2 zeigt einen großen

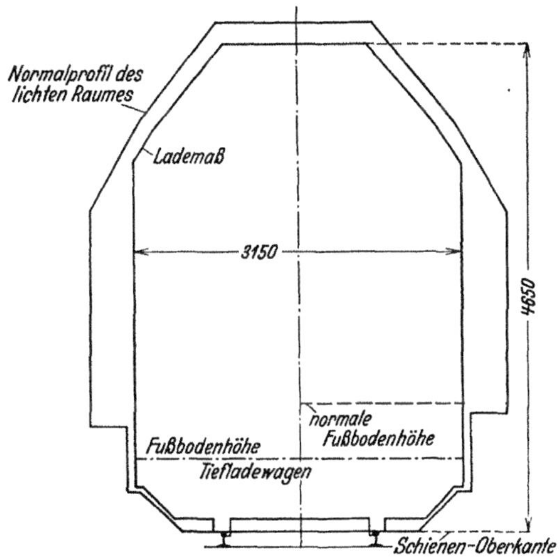

Abb. 1. Hauptmaße des deutschen Eisenbahn-Normalprofiles.

Abb. 2. ND-Läufer einer zweigehäusigen 85000 kW-Turbine, 1500 U/min, auf einem Tiefladewagen der deutschen Reichsbahn.

Turbinenläufer auf einem Tiefladewagen der deutschen Reichsbahn fertig zum Versande.

In größeren Kraftwerken wird im allgemeinen das Werkgeleise bis in den Bereich des Maschinenhauskranes geführt. In kleineren Maschinenhäusern, besonders in Ländern mit nur geringer Industrie, ist diese Bedingung nicht immer einzuhalten. Dort können sich Schwierigkeiten ergeben, wenn große und schwere Stücke auf längerem Wege von der Bahn oder vom Schiffe in das Krafthaus gebracht werden müssen. Vom Turbinenwerke sind in diesem Falle Beförderungschlitten mitzuliefern, mit denen die zu bewegenden Lasten fest verschraubt werden. Unter die Schlittenkufen werden Rollen gelegt, auf denen der Schlitten mit Hilfe einer Winde oder eines Flaschenzuges verschoben wird; die am Ende freiwerdende Rolle wird dabei jeweils vorn wieder untergeschoben.

Müssen schwere Stücke ohne Kran gehoben werden, so geschieht das durch sogenanntes Unterklotzen. Das Stück wird auf zwei Stapel von Vierkanthölzern gelegt und mit einer Schraubenwinde immer nur so viel gehoben, daß eine neue Lage Holz untergelegt werden kann. Das wird so lange fortgesetzt, bis die gewünschte Höhe erreicht ist. Derartige behelfsmäßige Beförderungs- und Hebeverfahren sind mit besonderer Vorsicht, Geduld und Sorgfalt durchzuführen, damit Unfälle vermieden werden.

Unter allen Umständen ist es notwendig, daß dem Turbinenwerke bei der Bestellung der Turbine genaue Angaben über die örtlichen Beförderungswege und -mittel gemacht, am besten ausführliche Pläne eingereicht werden, nach denen dann auch die dem Richtmeister mitzugebenden behelfsmäßigen Hebezeuge, Winden, Rollen usw. ausgewählt werden können.

Der Maschinenhauskran muß imstande sein, auch das schwerste Stück der Maschinenanlage zu heben. Das ist in den meisten Fällen der Ständer des Stromerzeugers, unter Umständen auch der Unterteil des ND-Turbinengehäuses. Die Laufkatze des Kranes muß so über jedes zu hebende Stück der Maschine gefahren werden können, daß der Kranhaken beim Anbinden lotrecht über dem Stücke frei hängt. Das gleiche gilt für das Absetzen der Stücke am Abstellplatze. Die höchste Kranhakenstellung ist so zu bemessen, daß der Oberteil des Turbinengehäuses über die Schaufeln der größten Stufe des Turbinenläufers hinweggehoben werden kann. Bei der höchsten Kranhakenstellung sollen die zum Anbinden verwendeten Seilstränge einen Winkel von möglichst unter 60^0, keinesfalls jedoch über 90^0 einschließen, da sonst die Seilkräfte zu groß werden. Sind Turbinen zur Erweiterung vorhandener Kraftwerke oder als Ersatz veralteter Maschinen aufzustellen, so ist es nicht immer möglich, die vorhandenen Krananlagen nach diesen Gesichtspunkten zu ändern. In einem solchen Falle muß dann die Planung oder sogar die Gestaltung der neu zu erstellenden Turbine auf die Kranverhältnisse Rücksicht nehmen.

Für die richtige Planung der Krananlagen eines Kraftwerkes ist das Turbinenwerk nicht verantwortlich oder nur in seltenen Ausnahmefällen mitverantwortlich; da die Kranverhältnisse indessen bei den Errichtungsarbeiten für die Turbinenanlagen wichtig sind, erscheinen einige grundsätzliche Angaben über die zu verwendenden Seile und die allgemeinen Behandlungsvorschriften zweckmäßig.

Zum Anbinden der Maschinenteile sollten nur Drahtseile verwendet werden. Sie bestehen aus Stahldrähten von 130 bis 180 kg/mm^2 Zugfestigkeit. Mit Rücksicht auf die Art der Beanspruchung sind Seile aus Drähten mit höherer Dehnung zu verwenden, wenn auch deren Bruchfestigkeit dann etwas geringer ist und dadurch etwas stärkere Seile notwendig werden. Durch Verseilen sind die Drähte zur Litze, die Litzen wiederum zum Seile vereinigt. Den Kern des Seiles bildet eine Fasereinlage, z. B. mit Teer getränkter Hanf, die die Biegsamkeit des Seiles vergrößert. Kabelschlagseile, bei denen die Litze nicht aus einzelnen Drähten, sondern wiederum aus Litzen zusammengesetzt ist, besitzen eine sehr hohe Biegsamkeit. Sie sind daher für das Anbinden der Lasten im Maschinenhause besonders geeignet.

Drahtseile werden auf Zug berechnet, und zwar mit einer sechs- bis neunfachen Sicherheit gegen die Bruchbelastung. Diese errechnet sich aus der Bruchfestigkeit des einzelnen Drahtes und der Summe aller Drahtquerschnitte des Seiles. Die Werte für die handelsüblichen Seile sind in den Seiltafeln angegeben, Abb. 3. Die Vorschriften über die Prüfung der Seile enthält DIN DVM 1201.

Für die Bewegung der Maschinenteile sollen im Maschinenhause passend hergerichtete Seilschleifen und Schlingen vorhanden sein. Die Seilenden werden am besten durch Langspleißung zur Schlinge verbunden, da dann die Verbindungstelle kaum verdickt wird.

Es ist meist schwierig, das zu hebende Stück so anzubinden, daß es in waagerechter Lage hängt. In jedem größeren Maschinenhause sollte daher eine Anbindevorschrift vorhanden sein, in welcher die Verwendung der vorhandenen Seile, die zu kennzeichnen sind, für jedes zu hebende Stück dargestellt ist. Um die Seillänge nach dem Anbinden

Ausführung		Anzahl der Litzen	Anzahl der Drähte für 1 Litze	Anzahl aller Drähte	Seil-Nenndurchmesser mm Zul. Abw. ± 5%	Drahtdurchmesser mm	Metallischer Gesamtquerschnitt des Seiles mm²	Gewicht kg/m Zul. Abw. ± 5%	Zugfestigkeit des Einzeldrahtes kg/mm² 130	160	180
									Rechnerische Bruchbelastung des Seiles kg		
 6 × 19 = 114 Drähte und 1 Fasereinlage	A	6	19	114	8	0,5	22,4	0,21	2910	3580	4030
					16	1,0	89,5	0,85	11630	14320	16110
					20	1,3	151,3	1,43	19670	24190	27230
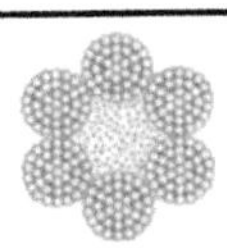 6 × 37 = 222 Drähte und 1 Fasereinlage	B	6	37	222	20	0,9	141,2	1,34	18360	22590	25420
					24	1,1	211,0	2,00	27430	33750	37980
					28	1,3	294,7	2,80	38310	47150	53050
					32	1,5	392,3	3,72	51000	62770	70610
					36	1,7	503,9	4,78	65510	80620	90700
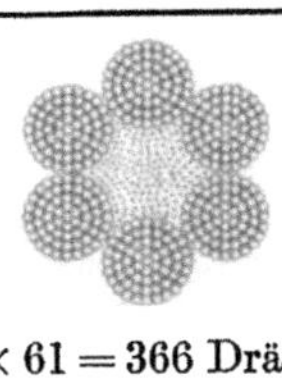 6 × 61 = 366 Drähte und 1 Fasereinlage	C	6	61	366	20	0,7	140,9	1,33	18320	22540	25360
					25	0,9	232,8	2,21	30260	37250	41900
					30	1,1	347,8	3,30	45210	55650	62600
					36	1,3	485,8	4,61	63150	77730	87440
					44	1,6	735,9	6,99	95670	117740	132460

Abb. 3[2]. Bruchbelastung handelsüblicher Drahtseile.

noch in geringem Maße verändern und damit die Last in genau waagerechte Lage bringen zu können, sind Spannschlösser vorzusehen. Diese bestehen meist aus einem Schraubenbolzen, der auf der einen Seite Rechts-, auf der anderen Linksgewinde hat, und zwei Muttern. Durch Drehen des Bolzens, dessen Muttern durch Laschen mit den Seilrollen verbunden sind, wird die Entfernung der beiden Rollen voneinander verändert. Abb. 4 zeigt als Beispiel, wie verschiedene Teile einer zweigehäusigen Turbine unter Verwendung der erwähnten Hilfsmittel anzubinden sind.

Über diese Hilfsmittel hinaus sind für einzelne Teile von Turbinenanlagen, besonders von solchen größerer Leistung, mannigfaltige Hebevorrichtungen zweckmäßig oder erforderlich. Ihre Form ist je nach der Ursprungswerkstatt der Turbine verschieden. Diese Sondervorrichtungen werden, soweit erforderlich, im Zusammenhange mit den Turbinenteilen, zu deren Bewegung sie benutzt werden, beschrieben.

Beim Arbeiten mit Kränen sind folgende Grundregeln zu beachten. Vor der Betätigung ist jeder Kran sorgfältig zu prüfen, insbesondere auf:

[2] Nach DIN 655. Abdruck erfolgt mit Genehmigung des deutschen Normenausschusses. Verbindlich ist die jeweils neueste Ausgabe des Normblattes im DIN-Formate A4, das durch den Beuth-Verlag G.m.b.H. Berlin S 14, Dresdener Str. 97 zu beziehen ist.

Zustand der Schmierung, leichte Beweglichkeit von Kran, Katze, Bremsen und Endausschalter, festen Sitz aller dem Losewerden unterworfenen Teile, Zustand der Seile und Haken.

Beim Kranbetriebe ist zu beachten:

Die Bewegungen von Kran und Katze dürfen nur auf Anordnung des Anbinders erfolgen. Der Kranführer muß seine ganze Aufmerksamkeit auf die Last und auf den Anbinder richten.

Die Lasthaken dürfen nicht bis zum vollen Abwickeln des Seiles hinabgelassen werden.

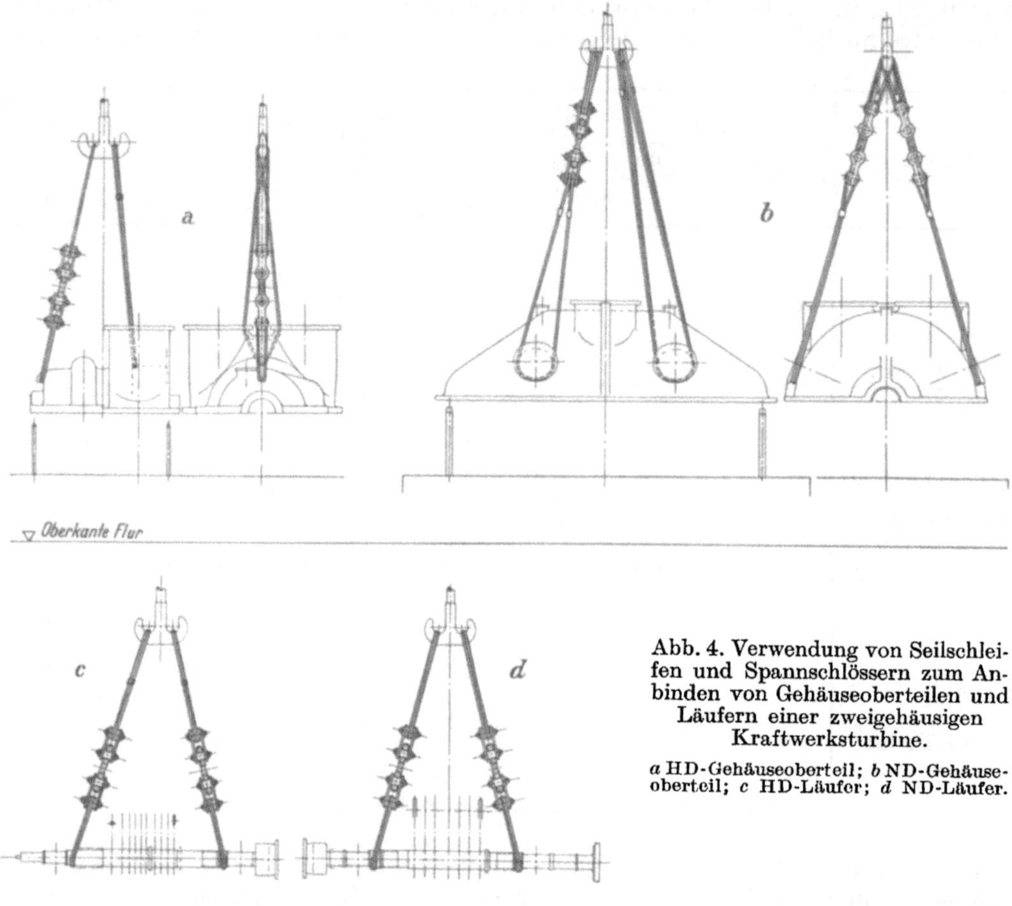

Abb. 4. Verwendung von Seilschleifen und Spannschlössern zum Anbinden von Gehäuseoberteilen und Läufern einer zweigehäusigen Kraftwerksturbine.

a HD-Gehäuseoberteil; *b* ND-Gehäuseoberteil; *c* HD-Läufer; *d* ND-Läufer.

Scharfes und ruckweises Anfahren und Halten von Kran und Katze, stoßweises Absetzen oder Kippen von Lasten, Auffahren auf Prellböcke, Schrägziehen von Lasten und Ziehen von Wagen ist verboten.

Der Endschalter darf betriebsmäßig nicht benutzt werden. Der Kran ist sofort stillzusetzen, wenn sich irgendwelche Störungen bemerkbar machen.

Gleichstromanlagen zum Antriebe der Kräne müssen sorgfältig nichtleitend aufgestellt sein; sie dürfen nicht zum Ausgangspunkte von Schleichströmen werden, die die Betriebsicherheit lebenswichtiger Teile der Kraftwerksanlage (Kondensator, Ölkühler usw.) gefährden können.

Die Seile dürfen nur nach der im Maschinenhause aushängenden Anbindevorschrift ausgewählt werden.

Der Anbinder hat sich von dem guten Zustande der gewählten Seile zu überzeugen; nur einwandfreie Seile dürfen verwendet werden. Beim Anbinden ist für schonende Behandlung der Seile und der zu hebenden Teile durch Unterlegen von Tüchern, Holz· oder Lederstulpen zu sorgen.

Gewaltsames Einzwängen der Seile, Eintreiben mit dem Hammer in den Kranhaken und Ähnliches ist zu unterlassen.

Lose mit der Last verbundene Teile müssen vorher entfernt oder so befestigt werden, daß sie nicht herunterfallen können.

Der Anbinder muß Last und Weg beobachten. Verkehr und Aufenthalt unter der am Krane hängenden Last ist verboten.

Die Last darf nicht höher als notwendig gehoben werden und darf nicht unnötig lange am Kranhaken hängen. Die Seile dürfen erst nach sicherer Lagerung der Last abgehängt werden.

Die Seile sind vor Nässe zu schützen.

2. Das Fundament.

Das Fundament einer Dampfturbinenanlage hat die von ihr herrührenden Kräfte aufzunehmen und so auf den Baugrund zu übertragen, daß die Maschine dauernd, ohne störende Lageveränderungen zu erleiden, arbeiten kann. Die zu übertragenden Kräfte sind die gleichbleibenden Maschinengewichte, die mit der Leistung sich verändernden Drehmomente des Turbinengehäuses und des Ständers des Stromerzeugers, vor allem dessen Kurzschlußmomente, bei Kondensationsturbinen der je nach dem vorhandenen Unterdrucke wechselnde Kondensatorzug, ferner Schubkräfte, wie sie durch Ausdehnung von Turbine und Rohrleitungen ausgeübt werden können, und schließlich dynamische Kräfte, die, von einer Restunwucht der umlaufenden Teile ausgehend, Schwingungen erregen können.

Das Fundament darf den für die Maschine und ihr Zubehör nötigen Raum nicht beengen. Alle Teile der Maschinenanlage müssen unbehindert zusammengebaut werden können und während des Betriebes gut zugänglich sein. Für ihre Überholung muß genügend Platz vorhanden sein, Turbinengehäuseoberteile und -läufer müssen abgestellt, Läufer der Stromerzeuger ausgefahren, Kondensatorrohre gereinigt und ersetzt werden können.

Von größter Wichtigkeit ist es daher, daß unter Berücksichtigung der soeben aufgezählten Bedingungen bereits der erste Entwurf des Fundamentes der Bauart der Turbinenanlage und ihrer Einzelteile angepaßt und vom Turbinenwerke in einem Fundamentplane festgelegt wird. Aufgabe des Bauingenieurs ist es, auf Grund dieses Fundamentplanes, der auch die Angaben über alle auftretenden Kräfte, ihre Richtung und ihren Angriffspunkt, ferner die Stellen, wo das Fundament höheren Temperaturen ausgesetzt ist, enthalten muß, die Berechnung durchzuführen. Sind die Wünsche des Maschineningenieurs in der zunächst geäußerten Form vom Bauingenieure nicht zu erfüllen, so muß gemeinsam ein Ausgleich gesucht werden. Keinesfalls darf das Bauunternehmen, das die Fundamente auszuführen hat und natürlich die Verantwortung für die Richtigkeit der Abmessungen und der Herstellung des Fundamentes trägt, den Fundamentplan des Turbinenwerkes ohne dessen Zustimmung abändern. Gute Zusammenarbeit zwischen Bauunternehmen und Turbinenwerk, am besten in Form von mündlichen Besprechungen, ist erforderlich, wenn man unliebsame Überraschungen während der Aufstellung der Turbinenanlage und während ihres Betriebes vermeiden will.

Bei ortfesten Turbinen — nur Turbinen geringer Leistung sind ausgenommen — muß stets, auch bei gutem Baugrunde, unter dem eigentlichen Fundamente eine starke durchgehende Bodenplatte aus Eisenbeton vorgesehen sein, damit die Pressung des Baugrundes möglichst gering wird. Die aus den Maschinengewichten und den Fundamentgewichten sich ergebende Mittelkraft soll durch den Schwerpunkt dieser Bodenplatte gehen, damit die Pressung gleichmäßig ist. Die Masse der Bodenplatte soll mindestens so groß sein wie die Summe aller auf ihr ruhenden Massen von Maschine und Fundament. Bei allen größeren Anlagen sind Baugrund und Grundwasserverhältnisse unter dem Maschinenfundamente durch Bohrungen zu untersuchen. Ist der Baugrund nicht einwandfrei und Grundwasser im Bereiche der Fundamentsohle vorhanden, so ist

Pfahlgründung oder eine andere Tiefengründung unter der Bodenplatte zu erwägen. Auf der Bodenplatte sollen nur die Stützen des Maschinenfundamentes ruhen. Decken- oder Gebäudeabstützungen sind von der Bodenplatte vollständig zu trennen. Ist das aus Platzmangel nicht möglich, so sind zur Dämpfung etwa auftretender Erschütterungen zwischen der Bodenplatte und den Stützenfüßen Schutzschichten aus Kork oder dergleichen vorzusehen.

Das Fundament selbst, d. h. der eigentliche Tragbau des Turbosatzes, schließt in seiner üblichen Bauform unter dem Maschinenhausflure einen Keller ein, der im allgemeinen zur Aufnahme der Kondensationsanlage, der Hilfsmaschinen, Kühler, Rohrleitungen u. dgl. dient. Es besteht grundsätzlich aus zwei Wangen oder Längsrahmen, die durch Querriegel miteinander verbunden sind und oben die Fundamentdecke tragen. Je nach dem Baustoffe, der für das Fundament verwendet wird, unterscheidet man Ziegel-, Stahl- und Eisenbetonfundamente. Ihr Aufbau weist wegen der verschiedenen Eigenschaften des jeweiligen Baustoffes auch verschiedene bauliche Sonderheiten auf.

Abb. 5[3]. Stahlfundament mit Betonverkleidung im Kraftwerke L-Street (Boston, Mass., V.St.A.).

Ziegelmauerwerk ist in Anlehnung an die Fundamente der Dampfkolbenmaschine im Anfange des Dampfturbinenbaues für die Fundamentwangen auch von großen Turbinenanlagen ausgeführt worden. Als Baustoff wurden Hartbrandziegel, als Bindemittel Zementmörtel verwendet. Solche Fundamente sind, wie auch der etwas später für den gleichen Zweck angewendete nicht bewehrte Stampfbeton, nur wenig geeignet, Zugkräfte aufzunehmen, wie sie z. B. bei Kurzschluß des Stromerzeugers auftreten. Die Wangen dienen als Stütze für eine Trägerlage, auf der die Maschine ruht. Große Öffnungen können in diesen Wangen nicht angebracht werden, so daß auch aus Platzgründen dieser Art der Fundamente ein Aufbau von quergestellten Rahmen, die durch senkrecht dazu verlaufende Längsriegel miteinander verbunden und versteift werden, vorzuziehen ist.

Reine Stahlfundamente sind ebenfalls seit den Anfängen des Turbinenbaues ausgeführt worden. Rahmen und Decke bestehen hierbei aus genieteten Blechteilen oder aus Formträgern. Die Hohlräume der Decke, manchmal auch die der Stützen, werden mit Beton ausgegossen. Bisweilen findet man auch eine Betonummantelung der Stützen, Abb. 5, um eine einseitige Erwärmung der Eisenteile zu vermeiden. Mit der raschen Steigerung der Grenzleistungen im Turbinenbaue konnten die Stahlfundamente eine Zeitlang nicht Schritt halten. Es zeigte sich, daß sie in den bisherigen Ausführungsformen auf von der Maschine herrührende Schwingungserregungen stark ansprachen, so daß sie auch heute noch bezüglich Schwingungen vielfach für bedenklich angesehen werden. Reine Stahlfundamente werden meist nur dort vorgesehen, wo es sich in erster Linie um größtmögliche Ausnutzung des verfügbaren Raumes, um kurzzeitige Aufstellung oder um leichte Abbaumöglichkeit handelt. Sie sind ortveränderlich und können bei Aufstellung von Maschinen in entlegenen Ländern mit der Maschinenanlage zusammen geliefert werden.

Geschweißte Stahlfundamente sind für ortfeste Dampfturbinen bisher noch nicht angewendet worden. Nach dem heutigen Stande der Schweißtechnik ist aber anzunehmen,

[3] Nach S. 111, Abb. 125 in: E. A. Kraft: Amerikas Dampfturbinenbau. Berlin: VDI-Verlag 1927.

daß man sich die großen Vorteile dieser Verbindungsart in absehbarer Zeit auch bei dem Fundamentaufbaue zunutze machen wird. Fundamente mit Gußeisenstützen sind vereinzelt ausgeführt worden und haben sich im Betriebe bewährt. Wichtig ist bei Eisenfundamenten eine gute Verbindung mit der Bodenplatte. Rahmen und Säulen müssen in die Bodenplatte genügend tief hineinragen und in ihr fest verankert sein.

Eisenbetonfundamente werden bei Dampfturbinen zur Zeit am häufigsten angewendet. Als Baustoff wird Beton mit Eiseneinlagen verwendet. Bodenplatte, Rahmen und Decke sind ein zusammenhängendes, steifes und vollwandiges Gebilde, das sich vermöge seiner Bewehrung dem Raumbedürfnisse der Maschine sehr gut anpaßt, Abb. 6.

Bei geringer verfügbarer Kellerhöhe wird mitunter eine Bauart aus Stahl und Eisenbeton, das sogenannte Trägerrostfundament, Abb. 7, angewendet, bei der die Wangen aus Eisenbetonlängsrahmen bestehen und quer darüber Träger aus Formeisen zur Aufnahme der Maschinenlasten liegen. Damit die Decke ausreichend steif ist, muß die Befestigung der Trägerenden einer vollkommenen Einspannung nahekommen. Es genügt nicht, sie lediglich in den Beton einzubetten, da sonst schon durch geringfügige Erschütterungen der Beton an den Auflagestellen mit der Zeit zermahlen wird. Die Träger müssen deshalb mit den Wangen durch kräftige Anker verbunden werden, damit biegungssteife Querrahmen entstehen. Im übrigen gelten für diese Fundamente sinngemäß die Richtlinien für Stahl- und Eisenbetonfundamente.

Beton für Fundamente setzt sich zusammen aus langsam bindendem Portland- oder Eisenportlandzemente, Sand und Wasser. Kies oder Steinschlag, möglichst gemischtkörnig mit einer Korngröße von 2 bis höchstens 4 cm, wird als Zuschlag genommen. Die Mischung muß frei von schädlichen Beimengungen, wie etwa Braunkohlenteilchen, sein. Seewasser oder säurehaltiges Wasser darf nicht verwendet werden. Für Beton bestehen in den verschiedenen Ländern Vorschriften, z. B. in Deutschland die DIN-Blätter 1044, 1045, 1046, 1047, 1048 und 1967. Als Eiseneinlagen werden Rundeisen bis zu höchstens 25 mm Durchmesser verwendet, die auf der Baustelle am Biegetische kalt gebogen werden. Loser Rost, Schmutz und Fett am Eisen sind vor dem Betonieren zu entfernen. Die gemischte, lose Betonmasse muß je 1 m^3 mindestens 300 kg Zement enthalten und ist mit so viel Wasser zu vermengen, daß ein weicher Brei entsteht, der sich leicht zwischen die Eiseneinlagen und in die Verschalung einstopfen läßt. Bei den einzelnen Teilen des Fundamentes wird mit verschiedenem Wasserzusatze gearbeitet. Der Beton muß auf alle Fälle die Einlagen dicht umschließen und darf keine Hohlräume enthalten.

Der Bauvorgang ist folgender: zunächst werden die Verschalungshölzer zurechtgeschnitten und die Eiseneinlagen gebogen, dann die Verschalungen gezimmert, die Eiseneinlagen für die Bodenplatte verlegt und mittels Bindedrahtes miteinander verknüpft. Lotrechte Eisen müssen über die Oberkante der Platte hinaus in die Stützen ragen. Hierauf ist der Beton für die Bodenplatte ohne Unterbrechung einzubringen. Wo die Stützen vorgesehen sind, sind rauhe und unebene Flächen zu belassen. Das Erhärten der Platte dauert 2 bis 3 Tage; dann werden die Eisen für die Stützen verlegt, an den aus der Platte vorstehenden Eisen befestigt, untereinander durch Bügel verbunden und die Schalungsformen der Stützen, die an einer Seite noch offen sind, aufgestellt. Hierauf werden die Schalungsformen der Querbalken darübergelegt, die Bretter der Deckenschalung aufgenagelt und Balken- und Deckenschalung durch Holzstempel unterstützt. Die Balken- und Deckeneisen werden jetzt in der Reihenfolge von unten nach oben verlegt, die noch offenen Seiten der Stützenschalung geschlossen, die Anschlußflächen der Stützen auf der Bodenplatte gut gereinigt und, wie auch die Schalungsinnenflächen, gut angenäßt. Dann wird der entsprechend weiche Beton in die Stützenschalung geschüttet, die unter ständigem sorgfältigem Nachstopfen bis zur Decke gefüllt wird. Anschließend werden die Querbalken und die Decke mit einer etwas bildsameren Masse betoniert. Der ganze Arbeitvorgang darf keinesfalls unterbrochen werden, damit keine Arbeitfugen entstehen. Das frisch betonierte Fundament ist möglichst lange feucht zu halten und, solange es noch nicht hart ist, vor Frost, Hitze, Erschütterungen und Belastungen zu schützen. Bei warmem Wetter können die Stützen gewöhnlich nach 4 Tagen, die Decke nicht vor 3 Wochen

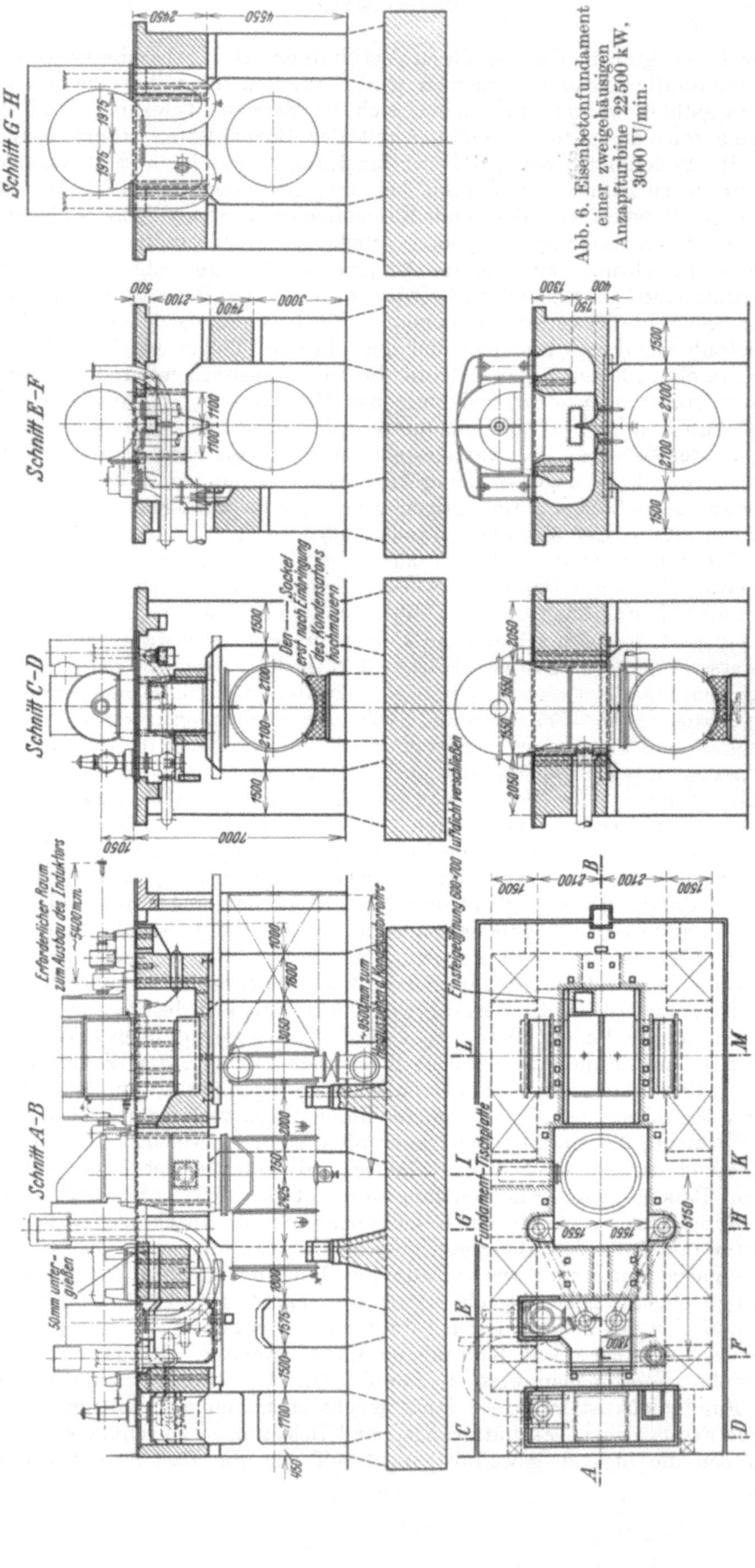

Abb. 6. Eisenbetonfundament einer zweigehäusigen Anzapfturbine 22500 kW, 3000 U/min.

ausgeschalt werden. Bei kühlem Wetter erhöhen sich diese Zeiten auf etwa 8 Tage und 4 Wochen. Tritt Frost auf, so ist die Ausschalungzeit um die Frosttage zu verlängern.

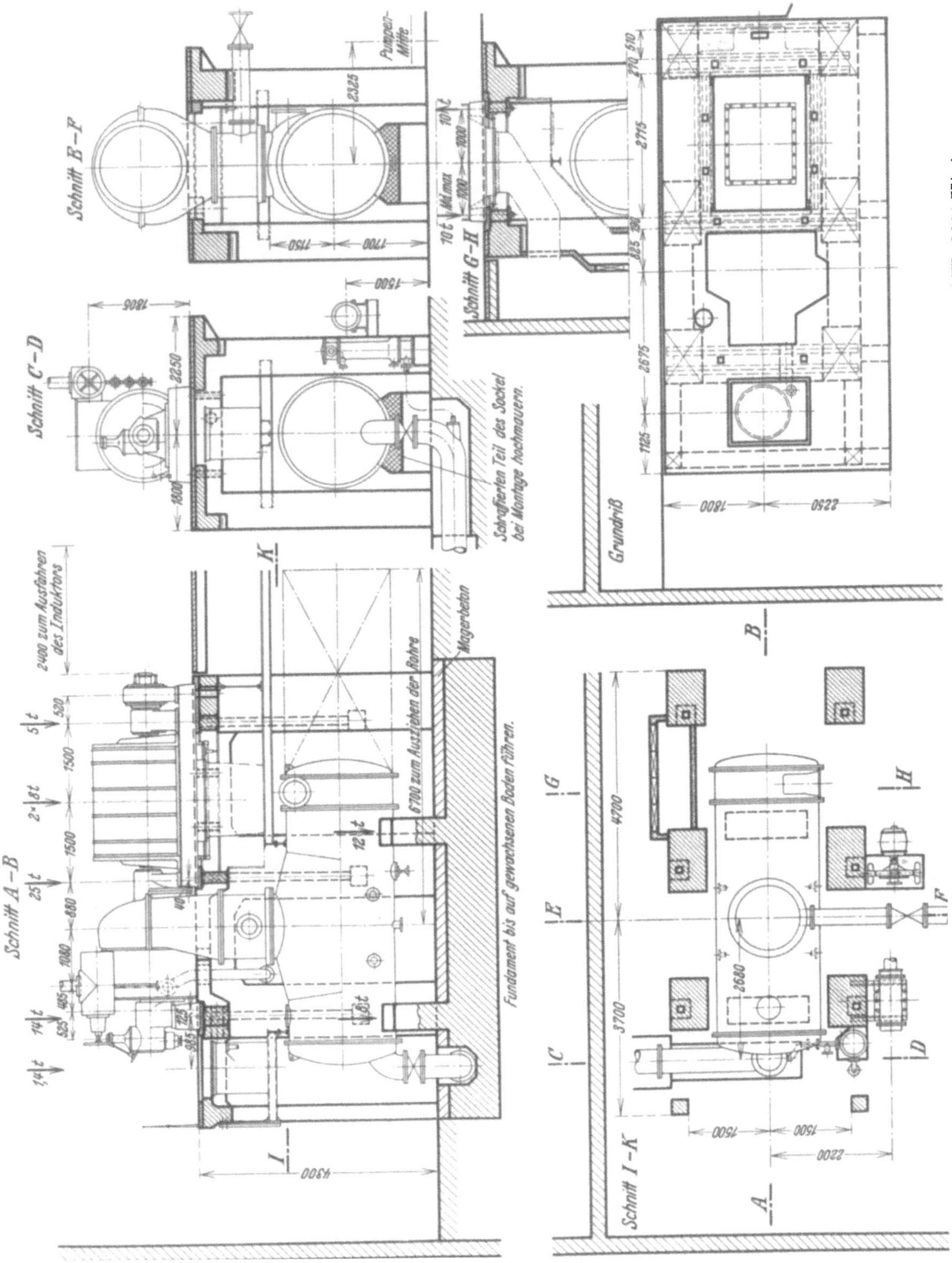

Abb. 7. Betonfundament mit Trägerrostdecke für eine eingehäusige Kondensationsturbine 5000 kW, 3000 U/min.

Auf jeden Fall muß sich der Bauleiter vor der Ausschalung durch Prüfung der Bauteile davon überzeugen, daß der Beton abgebunden hat und ausreichend erhärtet ist.

Aus dem Bestreben, die Baukosten für die Errichtung des Maschinenhauses möglichst gering zu halten, sind kellerlose Anlagen entstanden, bei denen Turbine, Stromerzeuger und Kondensation auf gemeinsamem Flure angeordnet sind. Das Fundament besteht hier in der Hauptsache nur aus der Bodenplatte, die einerseits Vertiefungen für die Kondensatpumpe, Rohrleitungen, Ölbehälter und Entwässerungseinrichtungen, andererseits Sockel zur Aufstellung von Maschinenzubehör enthält. Die Vorteile dieser Fundamentart sind einfache, schnelle, daher billige Errichtung der Maschine und gute Übersicht

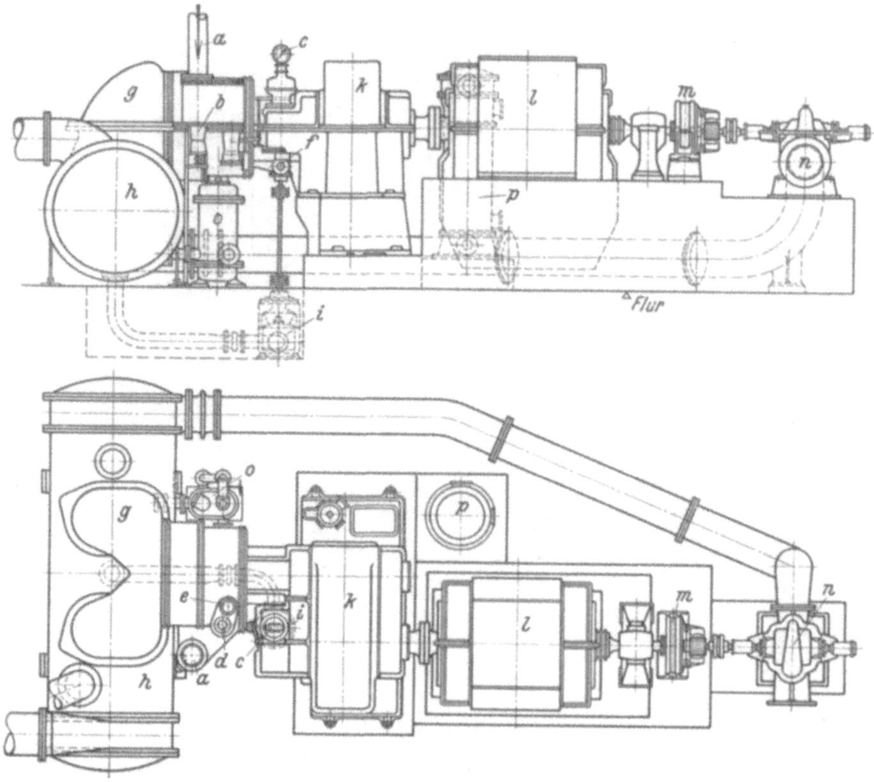

Abb. 8. English Electric, Kondensationsturbinenanlage in Blockbauart. Leistung bis 2500 kW, Turbinendrehzahl bis 7500 U/min.

a Frischdampfzuleitung; *b* Hauptabsperrventil; *c* Drehzahlregler; *d* Hauptregelventil; *e* Überlastregelventil; *f* Ölpumpe; *g* Abdampfstutzen; *h* Kondensator; *i* Kondensatpumpe; *k* Übersetzungsgetriebe; *l* Stromerzeuger; *m* Erreger; *n* Kühlwasserpumpe; *o* Dampfstrahlsauger; *p* Ölkühler.

über die ganze Anlage, wodurch Bedienung und Überholung erleichtert werden. Nachteilig bei der kellerlosen Anordnung ist, daß alle Kondensationsrohrleitungen entweder in Fundamentausnehmungen liegen und dann nicht ständig beobachtet werden können oder über Flur angeordnet sind, was das gute Aussehen der Maschinenhalle beeinträchtigt. Auch sind dann die Reinigungsarbeiten an den Kondensatoren und Kühlern im Maschinenraume vorzunehmen, was dessen Sauberhaltung erschwert. Der Forderung geringsten Platzbedarfes wird bei derartigen Turbinen durch die sogenannte Blockanordnung entsprochen, bei der Turbine, darunterliegender Kondensator und Tragbau ein zusammenhängendes Ganzes bilden und der Kondensatormantel zur Abstützung mit herangezogen wird, Abb. 8. Bei derartigen Maschinen kleinerer Leistung können Turbine, Stromerzeuger, Kondensation und Zubehör bereits im Lieferwerke zusammengebaut und im ganzen versendet werden.

Die Turbinen der Radialbauart nach Ljungström bilden ebenfalls ein in sich abgeschlossenes Ganzes, dessen Fundament lediglich aus der Bodenplatte und den Kondensatorsockeln besteht. Die Turbine ruht mit ihrem Abdampfstutzen auf dem Dampfeintrittstutzen des Kondensators und ist mit diesem fest verflanscht. Die beiden Stromerzeuger übertragen ihr Gewicht zum Teile auf das Turbinengehäuse, zum Teile auf je zwei Stützen, die wegen der Wärmedehnung des Turbinengehäuses mit Federn auf den Kondensator abgestützt sind, Abb. 9.

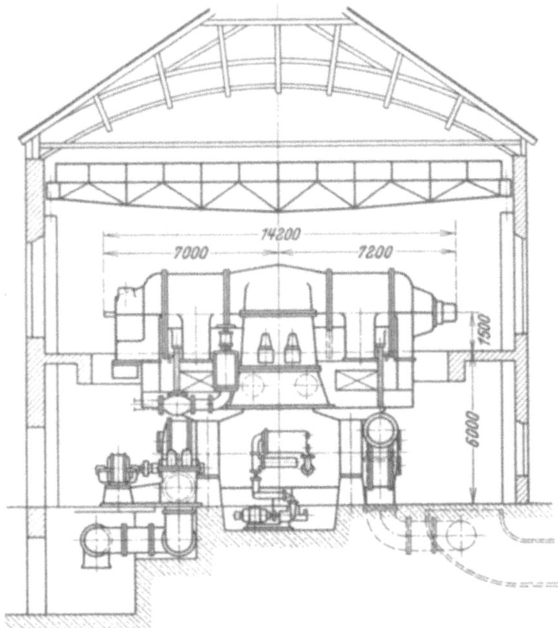

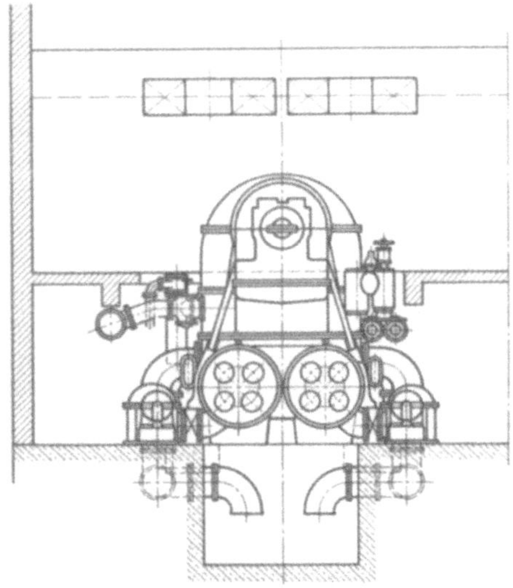

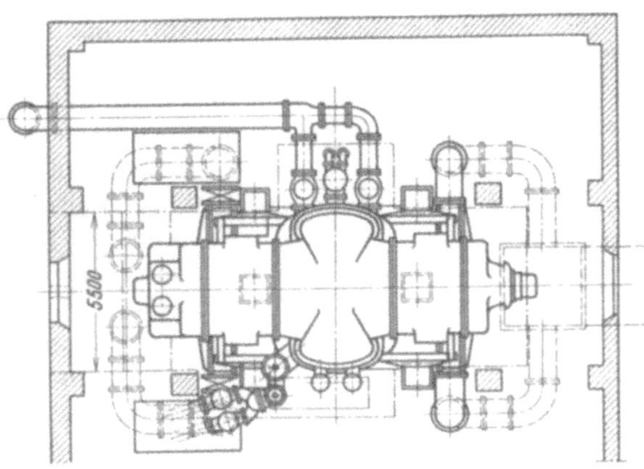

Abb. 9. STAL, Ljungström - Kondensationsturbine, 50000 kW, 1500 U/min.

Bei Kraftwerken in Großstädten, wo Grund und Boden teuer sind, ist bei gegebenen Raumverhältnissen für die Vergrößerung der Leistungsfähigkeit nur die Entwicklung in lotrechter Richtung möglich. Aus solchen Erwägungen ist die Doppeldeckanordnung entstanden, bei welcher der HD-Teil der Turbine mit seinem Stromerzeuger auf dem ND-Teile der Turbine oder auf dessen Stromerzeuger angeordnet ist. Die Maschine bildet hier also selbst das Fundament für einen ihrer Teile. Das übrige Fundament unterscheidet sich nicht wesentlich von dem anderer Turbinen.

Geringer Platzbedarf und geringes Gewicht werden insbesondere für Schiffsturbinen gefordert. Beim Entwurfe der Anordnung von Turbinenanlagen in einem Schiffe ist zunächst darauf zu achten, daß der stets gewissen Verbiegungen ausgesetzte Schiffskörper im Bereiche der Fundamente möglichst starr ist und die unvermeidlichen Schiffsverbiegungen nur vor oder hinter den Fundamenten auftreten. Die Maschinenanlagen sind daher in einem Knotenpunkte der Durchbiegungslinie des Schiffskörpers anzuordnen. Für solche Fundamente kommen lediglich Blech- oder Formträger in Betracht, Abb. 10, mit genieteten oder, neuerdings häufiger, geschweißten Verbindungen. Lotrechte Stützen verbinden den Bodenteil des Schiffes mit der Deckplatte des Fundamentes. Dieses muß alle von der Anlage herrührenden Kräfte möglichst gleichförmig auf den Schiffskörper übertragen. Es ist vorteilhaft, das Maschinenfundament nur mit dem Doppelboden, nicht aber mit der seitlichen Außenhaut oder den Schottwänden zu verbinden. Die Fundamente der Turbine, des Stromerzeugers (bei turbo-elektrischem Antriebe) und des Getriebes (bei Getriebeturbinen) müssen derart steif miteinander verbunden sein, daß ein gegenseitiges

Verlagern auf keinen Fall vorkommen kann. Lager und Gehäuse werden, um an Gewicht zu sparen, meist ohne besondere Grundplatte mit dem Fundamente durch Schrauben so verbunden, daß Längs- und Querdehnungen der Maschinenanlage zufolge der Erwärmung ungehindert erfolgen können.

Festpunkt einer Schiffsanlage ist im allgemeinen das Hauptdrucklager. Damit die richtige Lage der Wellen zueinander gewahrt bleibt, sind axiale Gleitführungen

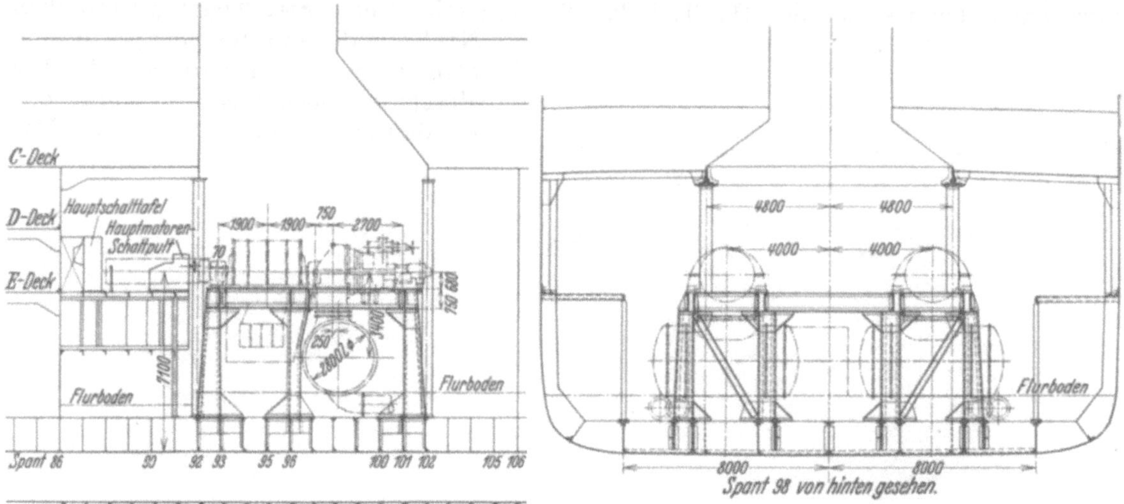

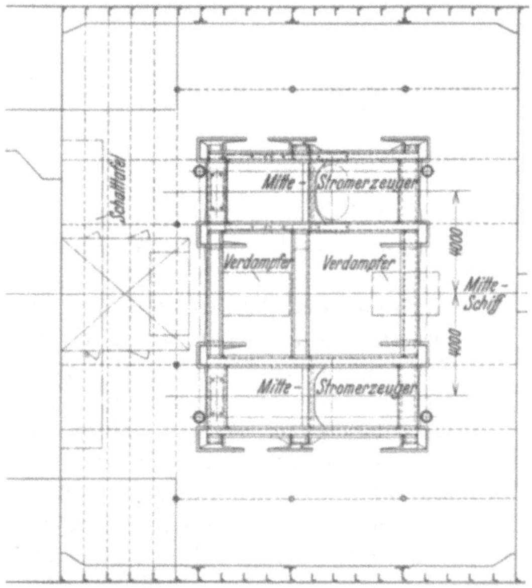

Abb. 10. DESCHIMAG, Fundament der beiden Turbostromerzeuger (je 12500 kW, 3285 U/min) eines turbo-elektrischen Fahrgast- und Handelsdampfers.

vorgesehen, die ein seitliches Ausweichen verhindern. Jede Fundamentschraube — mit Ausnahme der des Hauptdrucklagers — hat zwischen Fundamentdeckplatte und Maschine ein Zwischenstück von 25 bis 80 mm Höhe, das unter Umständen der Höhe nach auch geteilt sein kann und mit welchem die Höhenlage der Maschine ausgerichtet wird. Während des Betriebes ist von Zeit zu Zeit nachzusehen, ob sich die Fundamentbolzen oder deren Muttern nicht durch das Arbeiten des Schiffskörpers oder durch Temperatureinflüsse gelockert haben, da das einwandfreie Arbeiten der ganzen Maschinenanlage davon abhängen kann. Auch ein schwingungsfreier Lauf ist hierfür von größter Bedeutung. Die Eigenschwingungzahlen des Tragbaues dürfen daher weder mit den Eigenschwingungzahlen der Maschine noch mit denen des ganzen Schiffes zusammenfallen. Da der Bereich der Betriebsdrehzahlen bei Schiffen groß ist, wird es sich meist nicht vermeiden lassen, daß die eine oder die andere der Eigenschwingungzahlen in dieses Gebiet fällt; sie müssen dann so liegen, daß sie die Steuerfähigkeit des Schiffes nicht behindern. An den Drehzahlanzeigern sind die Sperrgebiete entsprechend zu kennzeichnen.

Die Fundamentberechnung erstreckt sich auf die Bestimmung der Festigkeit und der Eigenschwingungzahlen und die Berücksichtigung des Einflusses der auftretenden Temperaturen.

Bezüglich der Berechnungsarten und ihrer wahrscheinlichen Genauigkeit wird auf das im Anhange angegebene Schrifttum verwiesen. Zu beachten ist vor allem, daß die

Maschinen sorgfältigst ausgewuchtet sein müssen und ihre kritischen Drehzahlen nicht in der Nähe der wichtigsten Betriebsdrehzahlen liegen, damit von der Turboanlage aus keine oder nur vernachlässigbar kleine Erregungen auf das Fundament übertragen werden.

Der Einfluß der Temperaturen gewinnt infolge der Steigerung der für Dampfturbinen gebräuchlichen Frischdampftemperaturen immer mehr an Bedeutung. Er ist schon beim Entwurfe des Fundamentes zu beachten, da sonst in einzelnen seiner Teile Wärmespannungen auftreten können, welche die aus der ruhenden Belastung ermittelten Spannungen um ein Vielfaches überschreiten. Die Wärmedehnungzahl von Beton und Eisen wird mit 10^{-5} je 1^0 Temperaturunterschied in Rechnung gesetzt. Heißdampf führende Teile sind, um die Fortleitung und Strahlung der Wärme zu verringern, sorgfältig mit Wärmeschutz zu umgeben. Daß einzelne mit dem Frischdampfe in Berührung kommende Teile, wie die Füße des Schnellschlußventiles oder des Einströmkastens, unmittelbar am Fundamente abgestützt werden, ist nicht zu vermeiden. Das Fundament ist daher so auszubilden, daß um die heißen Teile der Maschine genügend Luft strömen kann, damit diese die trotz besten Wärmeschutzes immer noch in gewissem Maße nach außen dringende Wärme fortschafft. Im Flurbelage sind Abzugöffnungen für die warme Luft vorzusehen. Da die einzelnen Teile der Turbine im Betriebe verschieden warm werden, wird auch die Temperatur der Fundamentoberfläche nicht gleichmäßig sein. Stellen hoher Temperatur sind vom Turbinenwerke im Fundamentplane anzugeben und vom Bauunternehmen durch entsprechende Bewehrung zu berücksichtigen.

Ein Vergleich von Eisenbeton- und Stahlfundamenten zeigt, daß bei Betonfundamenten die Eigenschwingungzahlen nur zum Teile unter der Betriebsdrehzahl der Maschine liegen, und zwar meistens die waagerechten Schwingungen, während es bei Trägerfundamenten in der Regel für sämtliche Eigenschwingungzahlen der Fall ist. Da bei geringerer Eigenschwingungzahl die Durchbiegungen größer sind, wird sich ein nicht ganz ausgeglichener Lauf der Maschine auf einem Stahlfundamente so auswirken, daß größere Ausschläge und damit merkbare Erschütterungen auftreten. Vorteilhaft ist es auch, wenn nur wenige Eigenschwingungzahlen des Fundamentes beim Hochfahren der Maschine durchfahren zu werden brauchen. Andererseits ist das Stahlfundament bezüglich der Schwingungserscheinungen rechnerisch leichter zu erfassen, während beim Betonfundamente schon Elastizitätsmaß und Trägheitsmoment sehr von der Güte der Ausführung abhängen. Die Unsicherheit in der Annahme des Elastizitätsmaßes für Beton wird in den deutschen Vorschriften dadurch berücksichtigt, daß der für die jeweilige Berechnung ungünstigste Wert einzusetzen ist. DIN 1045 schreibt für Spannungs- und Querschnittsermittlungen $E = 140\,000$ kg/cm², für die Bestimmung der federnden Formänderungen $E = 210\,000$ kg/cm² vor. Für die Schwingungsberechnung geben die Richtlinien der deutschen Gesellschaft für Bauwesen nach den bisherigen Erfahrungen als wahrscheinlichsten Wert $E = 300\,000$ kg/cm² an. Für Eisen wird in allen Fällen mit $E = 2\,100\,000$ kg/cm² gerechnet. Das Elastizitätsmaß von Beton wächst mit zunehmendem Alter, während das Trägheitsmoment von Fundamentteilen durch vorkommende Risse kleiner werden kann. Eine Änderung der Eigenschwingungzahlen ist bei einem Stahlfundamente leichter durch Einziehen von zusätzlichen Bauteilen auszuführen als bei einem Betonfundamente. Letzteres enthält aber allgemein mehr Masse als ein Stahlfundament, woraus sich für eine Kraftübertragung in Form von erzwungenen Schwingungen ergibt, daß auch bei der gleichen erregenden Kraft und derselben Eigenschwingungzahl das Fundament mit der kleineren Masse, also das Stahlfundament, größere Ausschläge erfährt als das Betonfundament. Stahlfundamente sprechen auch auf vorübergehende Temperaturunterschiede, wie sie etwa durch Zugluft oder Sonnenbestrahlung hervorgerufen werden, rascher durch Verlagern an als Betonfundamente.

3. Der Kondensator.

Durch das Kühlwasser und das Kondensat muß aus dem Kondensator die Wärmemenge abgeführt werden, die der Abdampf der Turbine enthält. Nimmt man überschläglich für die vom Kühlwasser aufzunehmende Wärme je kg Dampf einen bestimmten Wert an — ein sehr gebräuchlicher Wert hierfür ist 550 kcal je kg Dampf —, so ist der rein rechnerisch, d. h. in einem als vollkommen angenommenen Kondensator erreichbare Unterdruck, der wie üblich auf die Kühlwasseraustrittstemperatur bezogen ist, nur noch von dem verfügbaren Kühlwasser, und zwar von dessen Menge und dessen Temperatur, abhängig, Abb. 11. Man verwendet für Oberflächenkondensatoren von Dampfturbinen im allgemeinen eine 50- bis 70fache Kühlwassermenge. Als Kühlwassereintrittstemperatur bei Verwendung von Fluß- und Seewasser wird in der gemäßigten Zone im Mittel mit 15° gerechnet. Welchen Schwankungen die Kühlwassereintrittstemperatur unterworfen ist, zeigen z. B. Messungen in einem mitteldeutschen Kraftwerke, bei denen im Januar eine mittlere Temperatur von etwa 3°, im Juli von etwa 22° festgestellt wurde. Aus den in einem Zeitraume von 15 Jahren in diesem Kraftwerke durchgeführten Messungen ergab sich ein nur in geringen Grenzen schwankendes Jahresmittel von 10,26°. Für deutsche Verhältnisse scheint demnach eine mittlere Temperatur von 15° schon zu hoch zu liegen. Größere Temperaturschwankungen kommen in Orten mit ausgesprochenen Binnenlandwitterungsverhältnissen vor. So wurden in einigen Gegenden der Vereinigten Staaten jahreszeitliche Schwankungen von 0 bis 46° und Schwankungen des Jahresmittels von 7 bis 21° gemessen. Bei Schiffskondensatoren kann die Kühlwassertemperatur zwischen minus 2,5°, dem Gefrierpunkte des Seewassers, und 32°, der Sommertemperatur des Roten Meeres, liegen. In heißen Ländern, z. B. Indien und Südamerika, rechnet man mit mittleren Flußwassertemperaturen von 30 bis 40°.

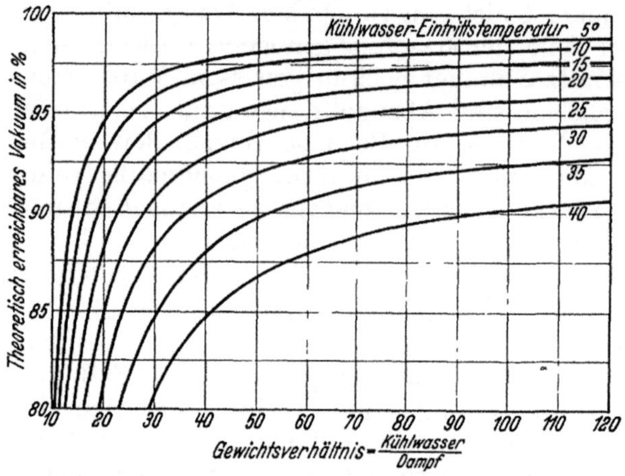

Abb. 11. Theoretisch erreichbares Vakuum, bezogen auf Kühlwasseraustrittstemperatur und 760 mm Barometerstand, für verschiedene Kühlwassermengen und -eintrittstemperaturen.

Bei Verwendung von Rückkühlanlagen wird in Deutschland mit einer Kühlwassertemperatur von 27° gerechnet; sie kann je nach der Güte des Kühlers, seiner Belastung und der Jahreszeit zwischen 15 und 40° schwanken. Kühlwassertemperaturen von 60 bis 70° kommen für Kondensatoren dann in Betracht, wenn das Kühlwasser für Heizungzwecke benutzt und im Kreislaufe geführt wird.

Ein guter Kondensator soll nicht nur eine hohe Luftleere und ein reines, gasfreies Niederschlagwasser von möglichst hoher Temperatur liefern, sondern muß zugleich eine hohe spezifische Leistung, also geringen Raumbedarf bei kleinstem Leistungsverbrauche haben. Eine hohe Luftleere vergrößert das in der Turbine ausnutzbare Wärmegefälle, ein warmes Niederschlagwasser verringert die Erzeugungswärme des Frischdampfes. Diese Forderung höchster Wirtschaftlichkeit wird in der Wirklichkeit wohl nur von Oberflächenkondensatoren erfüllt, sie werden daher heute in Dampfturbinenanlagen fast ausschließlich verwendet. Wie weit sich bei diesen Kondensatoren der erreichbare Unterdruck dem rein rechnerischen nähert, hängt in erster Linie von dem Durchgange der Wärme des Dampfes durch die Rohrwand zum Kühlwasser ab. Der scheinbar selbstverständliche Vorgang der Kondensation ist aber auch heute noch nicht vollständig geklärt. Der Kondensatorbau hat sich zur Ermittlung der erforderlichen Kühlfläche einen Notbehelf in einer erfahrungsmäßigen Wärmedurchgangzahl des Kondensators geschaffen. Man versteht darunter die Anzahl der Wärmeeinheiten, die je 1 m² Kühlfläche und je 1° mittleren, logarithmisch ermittelten Temperaturunterschiedes zwischen Dampf und Wasser in einer Stunde an das Kühlwasser übergehen. Die Hersteller der Kondensatoren haben dafür Erfahrungswerte gesammelt; z. B. haben sich sechs der größten Kondensatoren bauenden Firmen Amerikas auf Grund zahlreicher Versuche an ausgeführten Kondensatoren über die bei den Berechnungen anzuwendenden Wärmedurchgangzahlen geeinigt und die in Abb. 12 dargestellten Kurven veröffentlicht[4]. Die Wärmedurchgangzahl k ist vor allem von der Kühlwassergeschwindigkeit abhängig. Sie ändert sich unter sonst gleichen Bedingungen annähernd im Verhältnisse der Quadratwurzel aus der Wassergeschwindigkeit. Bei den heute üblichen Ausführungen wird die Kühlwassergeschwindigkeit in den Rohren zwischen 1 und 3 m/s gehalten. Die in Abb. 12 gezeichneten k-Kurven sind für eine Kühlwassereintrittstemperatur von 21,1° aufgestellt. Für andere Kühlwassertemperaturen ist der Wert k mit dem aus der Temperaturkurve entnommenen Werte zu berichtigen. So ist bei 9° Kühlwassereintrittstemperatur die Wärmedurchgangzahl nur etwa $^1/_2$ so groß, bei 37° etwa 10% größer als bei 21,1°. Dieses Verhalten findet in der Hauptsache darin seine Erklärung, daß mit zunehmender Temperatur die Zähflüssigkeit des Wassers abnimmt; bei dünnflüssigerem Wasser von hoher Temperatur kommen die Wasserteilchen in ähnlicher Weise wie bei höherer Kühlwassergeschwindigkeit infolge der besseren Durchwirbelung öfter mit der Kühlfläche in Berührung als bei zäherem Wasser von tiefer Temperatur.

Die Kurven sind für eine Kühlflächenbelastung von 39 kg/m² Dampf gezeichnet. Für niedrigere Belastung ist eine Umrechnungskurve angegeben; eine Verbesserung des Wärmedurchganges bei höheren Belastungen, die unzweifelhaft vorhanden ist, wird, da zahlenmäßig vorläufig noch zu unsicher, nicht berücksichtigt. Aus dieser Umrechnungskurve läßt sich auch der bei Teillasten in einem ausgeführten Kondensator zu erwartende Unterdruck ermitteln. Die üblichen Werte für die Kühlflächenbelastung liegen zwischen 35 und 60 kg/m².

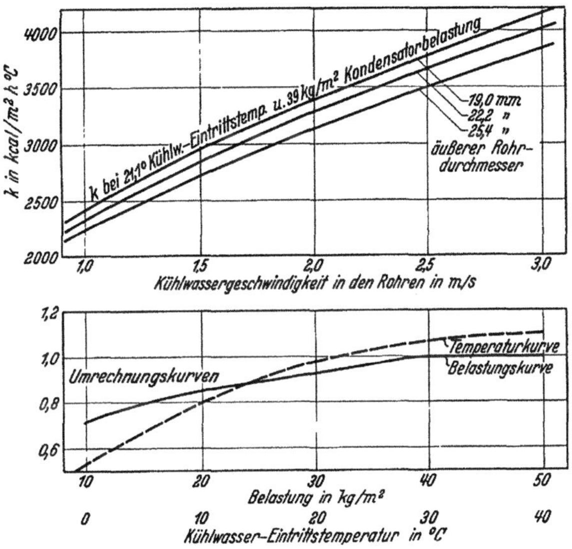

Abb. 12. Wärmedurchgangzahlen k für Oberflächenkondensatoren auf Grund amerikanischer Betriebsversuche. Gültig für 21,1° Kühlwassereintrittstemperatur und 39 kg/m² Kühlflächenbelastung, mit Umrechnungskurven für Temperatur und Belastung.

Der in der Wirklichkeit erreichbare Unterdruck ist ferner von der Bauart des Kondensators, besonders vom Rohrdurchmesser, abhängig. In Deutschland verwendet man im allgemeinen Rohre von 21/23 mm Durchmesser. Die Stellung der einzelnen Rohre zueinander hat keinen wesentlichen Einfluß auf die Wärmedurchgangzahl. So ist auch die vereinzelt empfohlene Anordnung, bei der das abtropfende Niederschlagwasser das darunterliegende Rohr in Umfangsrichtung treffen und nur auf etwa einem Viertel des Umfanges benetzen soll, nach neueren, einwandfreien Untersuchungen nicht besser als eine Anordnung mit in der üblichen Verteilung liegenden Rohren. Die Erklärung hierfür ist, daß der Niederschlag keinen geschlossenen Strom bildet, sondern in Form von Tropfen mit annähernd gleichmäßiger Verteilung durch den Kondensator geht.

Mit dem Dampfe, unter Umständen durch die Unterdruckstopfbuchsen der Turbine und durch kleine Undichtheiten der an den Unterdruckraum anschließenden Rohrleitungen, dringt eine gewisse Menge Luft in den Kondensator ein; man kann etwa mit 0,5 bis 1 kg Luft je 1000 kg Dampf rechnen. Durch die Forderung, die Luft möglichst kalt abzuführen, ist die Gegenstromanordnung von Dampf- und Wasserführung bedingt, die heute allgemein als Gegenstrom-Querstrombauart ausgeführt wird.

Im Gegensatze zur Luft soll das Niederschlagwasser möglichst warm abgeführt werden. Da es zur Kesselspeisung wieder verwendet wird, bedeutet die in ihm enthaltene

[4] Power Bd. 76 (1932) S. 133.

Wärme einen Rückgewinn. Üblicher Weise wird das Niederschlagwasser in jedem Kondensator an den kalten Kühlrohren unterkühlt; bei zweckmäßiger Rohranordnung wird ihm aber Gelegenheit gegeben, durch Berührung mit dem einströmenden Dampfe zwischen den Rohren oder in den Rohrgassen erneut Wärme aufzunehmen. Die Temperatur des Niederschlages kann sich sogar, ohne daß ein Absinken der Luftleere damit verbunden ist, ein wenig über den Sättigungsdruck dadurch erhöhen, daß er einen möglichst großen Teil des in Wärme sich umsetzenden Arbeitvermögens des strömenden Dampfes aufnimmt. Diese Erwärmung des Niederschlagwassers wird mit Rückgewinnwirkung bezeichnet.

Durch diese Bedingungen ist der Aufbau eines Oberflächenkondensators bestimmt.

Der Mantel des Kondensators hat einen vollkommen dichten Raum für den Kondensationsvorgang zu schaffen. Er steht während des Betriebes unter einem Außendrucke von etwa 1 at und darf dadurch nicht eingedrückt werden. Die Walzenform, Abb. 13, ist daher aus Festigkeitsgründen die zweckmäßigste; wo man in Sonderfällen, z. B. bei Schiffskondensatoren wegen äußerster Raumbeschränkung, davon abgeht, muß der Mantel besonders verstärkt werden. Er ist aus Gußeisen oder aus Blech, im letzten Falle heute meist geschweißt, nur selten noch genietet.

Abb. 13. Oberflächenkondensator mit 530 m² Kühlfläche in geschweißtem Mantel.

Die beiden Rohrböden, die unter dem Überdrucke des Kühlwassers stehen, sind mit dem Mantel im allgemeinen verschraubt und bei größeren Abmessungen noch gegeneinander durch Anker versteift. Werden sie demgegenüber, wie vereinzelt ausgeführt, mit dem Mantel verschweißt, so ist ein Auswechseln verotteter Rohrböden schwierig.

Die Nähte des Mantels und seine Verbindung mit den Rohrböden müssen vollkommen dicht sein. Die Rohrböden werden gegen den Mantel meist mit Baumwollschnur und Mastixkitt abgedichtet. Anschlüsse, bei denen Temperaturen um 100^0 vorkommen können, erhalten Asbestfaserdichtung. Der vollständig berohrte Kondensator muß als Dichtheitsprobe einen Wasserdruck von mindestens 1,5 atü vertragen.

Die Wasserkammern dienen zur Aufnahme der Kühlwasseranschlüsse und zur Verteilung des Kühlwassers auf die Rohre. Sie ermöglichen auch das Reinigen der Wasserseite des Kondensators, ohne daß Rohrleitungsanschlüsse gelöst werden müssen. In den meisten Fällen sind sie aus Gußeisen; bei einwandfreiem Kühlwasser können sie auch aus Schmiedeeisen hergestellt werden. Bei mehrflutigen Kondensatoren sind sie mit Zwischenwänden zur Wasserführung versehen. Sie müssen dicht sein und dürfen, wenn sie gegossen sind, keine Gußspannungen aufweisen. Das gleiche gilt für die Stirnböden. Bei Kondensatoren mit einer geraden Anzahl von Wasserführungen genügt eine Wasserkammer, die dann beide Kühlwasserstutzen trägt. Bei einer ungeraden Anzahl, also z. B. ein- oder dreiflutigen Kondensatoren, werden besser zwei Wasserkammern vorgesehen, da die Kühlwasserstutzen dann auf entgegengesetzten Seiten liegen. Bei kleinen Kondensatoren können Wasserkammern und Stirnböden aus einem Stücke bestehen, da hier das Abnehmen der Leitungen einfacher ist. Als Dichtung zwischen Wasserkammer und Stirnboden und zwischen Stirnboden und Handlochdeckeln wird am besten Gummi, der zur Erhöhung seiner Zerreißfestigkeit mit einer Gewebeeinlage versehen sein kann, verwendet.

Die Kondensatorrohre müssen während des Betriebes vollkommen dicht bleiben. Beiderseits eingewalzte Rohre haben sich durchweg sehr gut bewährt. Sind die Rohre sachgemäß geglüht und eingewalzt, so halten sie auch im Dauerbetriebe unbedingt dicht. Bei den durch Stopfbuchsenverschraubung abgedichteten Rohren müssen die Buchsen im Anfange wiederholt nachgezogen werden. Da der meist stählerne Kondensatormantel im Betriebe eine höhere Temperatur annimmt als die Kühlrohre, gleichzeitig aber eine geringere Wärmedehnungzahl als der Baustoff der Rohre (Messing, Kupfer usw.) hat, dehnen sich Mantel und Rohre im Betriebe angenähert gleich aus. Die langen, dünnen Rohre können im übrigen auftretende Dehnungsunterschiede durch entsprechendes Ausbiegen anstandslos aufnehmen; eine stärkere Beanspruchung der Rohre und Walzstellen ist dabei nicht zu befürchten. Den Rohren beim Einbaue zwangsweise eine geringe Durchbiegung zu geben oder zwischen Mantel und Wasserkammer ein Dehnungstück einzuschalten, ist somit nicht erforderlich.

Bei großem Abstande der Rohrböden werden die Kühlrohre noch ein- oder mehrmals in besonderen Stützplatten gelagert, damit sie sich nicht zu weit durchbiegen, wodurch sie unzulässig beansprucht werden könnten. Die freitragende Rohrlänge zwischen je zwei Stützwänden darf andererseits auch nicht zu klein gewählt werden, da sonst, z. B. bei plötzlichem Versagen des Kühlwasserumlaufes, die sich schneller als der Kondensatormantel erwärmenden Rohre an der federnden Aufnahme der Wärmedehnung gehindert würden. Für eingewalzte Rohre von 1 mm Wandstärke wird der Abstand zweier Stützwände daher ungefähr gleich dem 60- bis 70fachen Rohrdurchmesser angenommen. Es ist zweckmäßig, die freien Rohrlängen zwischen den einzelnen Stützwänden ungleich lang zu machen; dadurch wird verhindert, daß sich Eigenschwingungsformen der Rohre ausbilden, deren Schwingungzahl in der Nähe der Maschinendrehzahl liegt.

Als Baustoff für Kondensatorrohre wird heute überwiegend die sogenannte Marineverbindung verwendet, 70% Cu, 29% Zn, 1% Sn. Mitunter werden Rohre aus Muntzmetall, etwa in der Verbindung 60% Cu, 40% Zn, aus reinem Kupfer, dem bisweilen auch etwas Arsen beigegeben ist, aus Nickelkupfer, etwa in den Verbindungen 80% Cu, 20% Ni oder 70% Cu, 30% Ni, und aus Aluminiummessing in der Verbindung 76% Cu, 22% Zn, 2% Al hergestellt.

Bezüglich Verrottung durch schleichenden Gleichstrom ist ein günstigeres Verhalten der einen oder der anderen Verbindung nicht erkennbar. Da Zink durch Säure gelöst wird, ist bei säurehaltigem Kühlwasser oder dort, wo eine Säurereinigung öfters angewendet werden muß, Kupfer als Baustoff vorzuziehen.

Die Verbindung des Kondensators mit der Turbine muß den verschieden großen Wärmedehnungen dieser beiden Teile bei den verschiedenen Betriebzuständen Rechnung tragen. Die einfachste Verbindung ist die feste Verflanschung des Turbinenabdampfstutzens mit dem Dampfeintrittstutzen des Kondensators. Sie ist z. B. bei der Ljungström-Turbine verwendet, wo der Kondensatormantel unmittelbar den Abdampfteil trägt. Bei Temperaturunterschieden wird hier die ganze Turbinenanlage gehoben oder gesenkt. Die bei solchen Anlagen unter den Stromerzeugern angeordneten zusätzlichen Stützen sind meistens ebenfalls auf dem Kondensatormantel gelagert, aber federnd, damit Dehnungsunterschiede sich ausgleichen können. Der Kondensatormantel selbst ruht fest auf Betonsockeln.

Bei Axialturbinen kann man kleine Kondensatoren an den Abdampfstutzen der Turbine durch festes Verflanschen anhängen. Jede Lagerung des Kondensators fällt dann fort, so daß er nach allen Richtungen freie Ausdehnungsmöglichkeit hat. Bei größeren Kondensatoren ist es bei der gleichen Verbindungsart erforderlich, das Kondensatorgewicht durch federnde Unterstützung des Mantels aufzunehmen. Die Federn jedes Fußes ruhen dann meist auf einer gemeinsamen Platte, welche man mittels Flüssigkeitsdruckes heben oder senken kann, um die richtige Federspannung einzustellen. Diese Ausführung ist in Europa weniger eingebürgert. Meist verwendet man hier ein nachgiebiges oder gleitendes Zwischenstück zwischen Turbine und Kondensator und feste Lagerung des Kondensators auf Sockeln. In diesem Falle müssen die durch den

Unterdruck entstehenden Kräfte bei der Ausbildung des Turbinenabdampfteiles und seiner Lagerung und bei der Gestaltung des Fundamentes berücksichtigt werden. Der im Kondensator hierbei nach oben wirkende Zug kann unter Umständen größer sein als das Betriebsgewicht des Kondensators. Es ist dann erforderlich, den Mantel auch nach oben abzustützen. Ist unter allen Betriebsverhältnissen ein entschiedenes Übergewicht des Kondensators vorhanden, so genügt es, den Kondensatormantel ohne Füße und ohne weitere Befestigung auf Betonsockeln zu lagern.

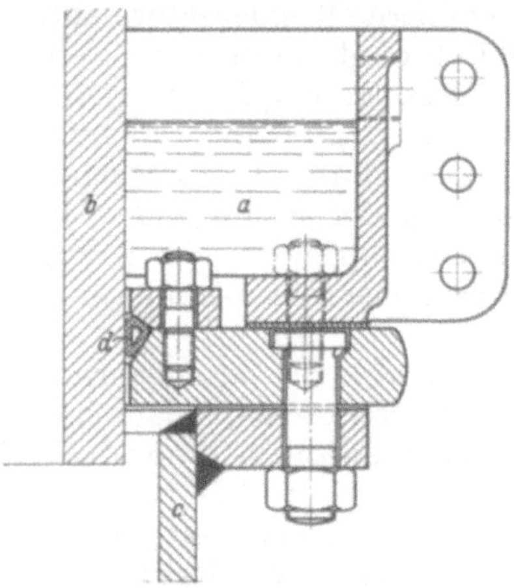

Abb. 14. Wasserstopfbuchse zwischen Turbine und Kondensator.

a Wassertasse; *b* Rohrfortsatz des Turbinenabdampfstutzens (Degenrohr); *c* Dampfeintrittstutzen des Kondensators; *d* Rundgummidichtung.

Als Gleitverbindung zwischen Turbine und Kondensator werden häufig Stopfbuchsrohre mit Gummidichtung und Wasserverschluß, Abb. 14, vorgesehen, die geringe Verschiebungen nach jeder Richtung hin aufnehmen können. Als Sperrwasser dient Kondensat aus der Druckleitung der Kondensatpumpe. Als nachgiebige Verbindung werden Wellrohrverbindungstücke mit einer oder zwei Wellen verwendet, Abb. 15. Sie werden einerseits mit der Turbine, andererseits mit dem Kondensator fest verflanscht.

Beim Einbaue eines Kondensators an Ort und Stelle ist grundsätzlich zu unterscheiden, ob der Kondensator mit der Turbine starr oder nachgiebig verbunden ist. Im ersten Falle muß — mit Ausnahme der frei an gehängten Kondensatoren — der notwendige Ausgleich für die Wärmedehnungen in die Unterstützung des Kondensators verlegt werden, die somit federnd ausgeführt sein muß. Das birgt stets die Gefahr von Schwingungen in sich und kann daher zu unruhigem Laufe der Maschine führen.

Besser ist daher der zweite Fall, d. h. die nachgiebige Verbindung zwischen Turbine und Kondensator. Ein derartiger Kondensator ist so einzulagern und auszurichten, daß während des Betriebes das Stopfbuchsrohr möglichst mittig zur Einströmung liegt und das Wellrohrverbindungstück durch die Wärmedehnungen von Turbine oder Kondensator nicht unzulässig verspannt wird.

Abb. 15. Wellrohrverbindungstück zwischen Turbine und Kondensator.

Hat die Turbine nur einen Abdampfstutzen, so wird man die Mitte des Turbinenabdampfstutzens und die Mitte des Kondensatoreintrittstutzens in eine Ebene verlegen, falls der Festpunkt der Turbine nicht allzu weit von der lotrechten Mittelebene des Abdampfstutzens entfernt ist. Wellrohrverbindungstücke werden in ihrer Achsenrichtung mit Vorspannung eingebaut. Sie werden zunächst mit dem Turbinenabdampfstutzen fest verflanscht; dann wird durch Unterkeilen des Kondensators der Flansch seines Dampfeintrittstutzens so weit dem Gegenflansche des Wellrohres genähert, bis eine Entfernung der beiden Flanschen von etwa der Hälfte der größten Wärmedehnung im Betriebe verbleibt. In dieser Stellung werden die Schrauben zwischen Wellrohrflansch und Kondensatorflansch dann fest angezogen.

Hat eine Turbine zwei in ihrer Längsachse liegende Abdampfstutzen, aber nur einen Kondensator, so sind die Stopfbuchsrohre mit Rücksicht auf die Ausdehnung des Turbinengehäuses bei der Erwärmung außermittig zu den Ringflanschen der Wasserstopfbuchsen zu verlegen, Abb. 16. Das Maß für diese außermittige Einstellung wird aus der zu erwartenden Wärmedehnung so bestimmt, daß sie während des üblichen Betriebes nahezu verschwindet. Um bei einem Neuverpacken der Stopfbuchse eine

Veränderung des Spielraumes zwischen Stopfbuchsrohr und Ringflansch zu verhindern, ist die Lage der beiden Stopfbuchsrohre nach dem Ausrichten durch je zwei Paßschrauben zu sichern. Das gleiche gilt sinngemäß auch bei Wellrohrverbindungstücken; hierbei ist auf die Wärmedehnung im Betriebe um so sorgfältiger zu achten, als Wellrohre gegen Querbewegungen sehr steif sind.

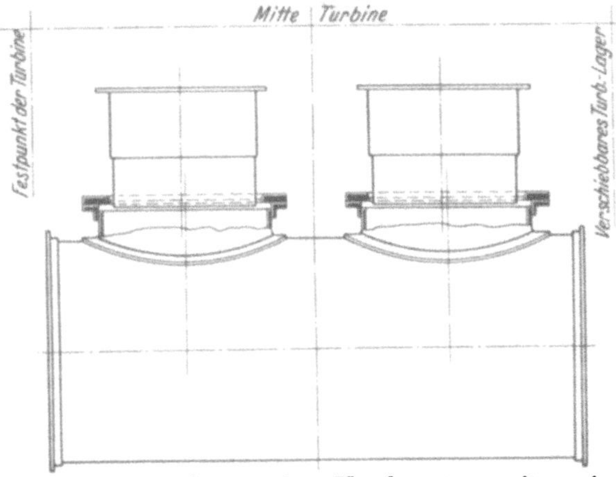

Abb. 16. Ausrichtung eines Kondensators mit zwei Dampfeintrittstutzen längs der Turbinenachse.

Nach dieser Ausrichtung wird der Kondensator zwischen dem Mantel und den Sockeln sorgfältig untergossen; die oberen Kondensatorstützen werden durch Anziehen oder Unterkeilen mit den Deckenbalken des Fundamentes fest verspannt. Diese Stützen sollen so beschaffen sein, daß sie auch ein Nachziehen während des Betriebes ermöglichen, da es vorkommen kann, daß sie sich lockern. Sind der durch die Luftleere ausgeübte Zug und das Kondensatorgewicht annähernd gleich groß, so kann bei mangelhafter Abstützung der strömende Dampf oder das strömende Kühlwasser den Kondensatorkörper zu Schwingungen anregen, was Rohrbrüche im Gefolge haben kann. Dann ist aber auch eine Beeinflussung des Laufes der Turbine zu befürchten. Besonders ein beiderseits fest verflanschtes Wellrohr zwischen Kondensator und Turbine überträgt auftretende Schwingungen, wenn auch gedämpft, unmittelbar.

Von den Kondensatorfüßen sind die dem Festpunkte der Turbine am nächsten liegenden in axialem Sinne festzulegen, während die anderen gleitend gelagert werden. Für die gleitende Lagerung genügt eine die Reibung vermindernde Eisenzwischenlage zwischen Fuß und Sockel.

Sinngemäß ist zu verfahren, wenn eine Turbine zwei Kondensatoren hat.

Bei Kondensatoren, deren Deckel nicht als aufklappbare Türen ausgebildet sind, werden die Stirnböden zum Reinigen und zum Ersatze von Kondensatorrohren mindestens auf der einen Seite um mehr als eine Rohrlänge vom Kondensator abgefahren. Dazu sind an der Kellerdecke ein Doppel-T-Träger oder zwei U-Eisen als Laufschienen für eine kleine Laufkatze vorzusehen, Abb. 17. Die Kondensatordeckel haben Ösen und werden mit Bolzen an der Laufkatze angehängt, dürfen jedoch während der Kondensatorreinigung nicht an der Laufkatze hängen bleiben. Diese Laufkatze und die Fahrschienen sind den gleichen Sicherheits- und Bedienungsvorschriften unterworfen wie der Maschinenhauskran. Fahrlässigkeit beim Abfahren der Kondensatordeckel hat schon manchen schweren Betriebsunfall zur Folge gehabt.

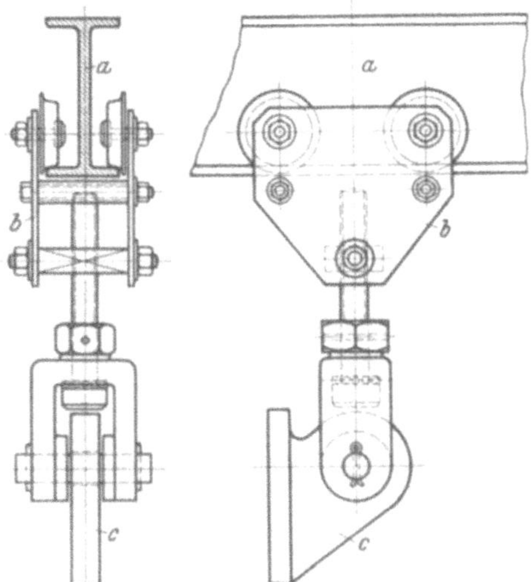

Abb. 17. Abfahrvorrichtung für Kondensatordeckel.

a Laufschiene; *b* Laufkatze; *c* Öse am Kondensatordeckel.

4. Die Hilfsmaschinen der Kondensationsanlage.

Die Oberflächenkondensation erfordert eine Kühlwasser-, eine Kondensat- und eine Luftpumpe. Dazu kommt als weitere Hilfsmaschine, falls als Luftpumpe ein Wasserstrahlsauger vorgesehen ist, eine Strahlwasserpumpe.

Kühlwasser-, Kondensat- und Strahlwasserpumpe sind in neuzeitlichen Anlagen ausschließlich Kreiselpumpen. Im Verhältnisse zu ihrer Leistung beanspruchen sie nur geringen Raum. Sie sind hochwirtschaftlich bei niedrigem Anschaffungspreise, einfach zu warten und betriebsicher; sie fördern stetig und geräuschlos und verbrauchen wenig Öl.

Alle Kreiselpumpen zeigen grundsätzlich gleiches Verhalten; es wird in den sogenannten Kennlinien dargestellt. Die gebräuchlichste davon ist die Q-H-Kurve, welche den Zusammenhang zwischen der jeweils geförderten Wassermenge Q und der dabei zu erreichenden Förderhöhe H zeigt. Aus der Q-H-Kurve ist ersichtlich, in welchen Grenzen die Wassermenge durch Drosseln geregelt werden kann und gegen welche Förderhöhe die Pumpe bei geschlossenem Schieber anzuspringen vermag. Eine weitere Kennlinie ist die Q-η-Kurve, welche die Änderung des Wirkungsgrades in der Abhängigkeit von der Fördermenge darstellt. Der Leistungsbedarf N_e einer Pumpe ist durch diese beiden Kennlinien bereits festgelegt; er kann in einer dritten Kennlinie, der Q-N_e-Kurve, aufgetragen werden, Abb. 18. Alle diese Kennlinien werden auf dem Prüfstande ermittelt.

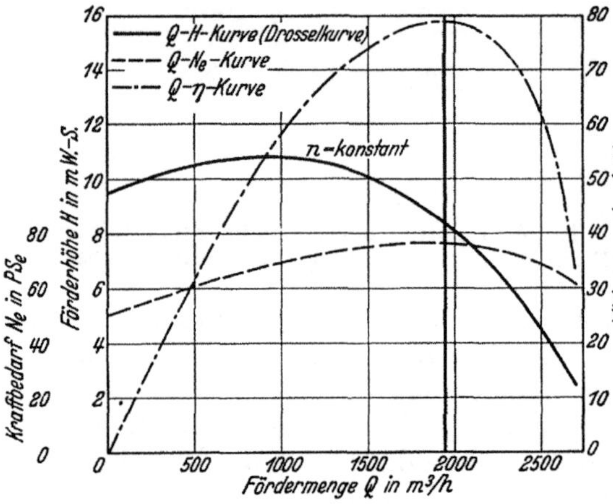

Abb. 18. Kennlinien einer Kühlwasserpumpe für 765 U/min.

Zur Beurteilung der Betriebsverhältnisse ist außer den Kennlinien der Pumpe auch die der Rohrleitung nötig. Diese Widerstandskurve stellt die bei der jeweiligen Fördermenge sich einstellende manometrische Förderhöhe dar. Der Schnittpunkt der Q-H-Kurven der Pumpe und der Rohrleitung ergibt den Betriebspunkt. Haben die Kennlinien der Pumpe und der Rohrleitung zwei Schnittpunkte, so liegt die Gefahr labilen Verhaltens der Pumpe vor. In dem Bereiche zwischen den beiden Punkten würde die Pumpe mit heftigem Schlagen arbeiten. Ein flacher Verlauf der Kennlinie einer Kreiselpumpe allein darf jedoch noch nicht ohne weiteres als Zeichen labilen Verhaltens angesehen werden. Bei Kühlwasser- und Strahlwasserpumpen z. B., die fast stets unverändert im gleichen Betriebspunkte arbeiten und deren geodätische Förderhöhe meist so klein ist, daß der Leerlaufpunkt der Pumpe nicht überschritten wird, einer Förderhöhe also eindeutig immer nur eine einzige Fördermenge zugeordnet ist, können auch bei flachem Verlaufe der Q-H-Kurve labile Erscheinungen nicht auftreten.

An Wirkungsgrad und Wirtschaftlichkeit sind Kreiselpumpen mit doppelseitiger Einströmung solchen mit einseitigem Einlaufe überlegen. Bei doppelseitiger Einströmung müssen aber immer zwei Wellenstopfbuchsen vorgesehen werden, die an beiden Seiten den Saugraum gegen den äußeren Druck abdichten. Unter allen Umständen muß das Eindringen von Luft verhindert werden, da schon kleine Mengen davon ein zuverlässiges Arbeiten der Pumpen und damit der gesamten Kondensationsanlage gefährden können. Innerhalb der Stopfbuchse sieht man daher einen Ringraum vor, dem Druckwasser zugeleitet wird, so daß der äußere Teil der Stopfbuchse gegen einen Überdruck abzudichten hat. Allgemein üblich ist zur Abdichtung der Stopfbuchsen eine Weichpackung, für die eine getalgte, reine Baumwollpackung bei mäßigen Temperaturen, eine Asbestpackung bei höheren Temperaturen verwendet wird. Die notwendige Kühlung der Welle an der Packung besorgt das Undichtheitswasser.

Zur Lagerung der Läuferwellen der Pumpen genügen einfache Ringschmierlager, die infolge ihrer selbsttätigen Schmierung eine gemeinsame Ölversorgung überflüssig machen. In axialem Sinne sind die Pumpenwellen meist nur durch einen einfachen Anlaufbund gehalten, da der Axialschub gering oder bei doppelseitigem Einlaufe sogar vollkommen ausgeglichen ist.

Für die Kühlwasserpumpe ist nur die Fördermenge eindeutig durch die Größe der Hauptmaschine festgelegt. Für ihre Förderhöhe sind einmal die geodätischen Höhenunterschiede, dann aber nebst dem eigentlichen Kondensator die Gesamtanordnung der Kühlwasserleitung maßgebend. Die Bedeutung der verschiedenen Förderhöhen sei darum in diesem Zusammenhange kurz erläutert.

Die Gesamtförderhöhe oder manometrische Förderhöhe ist die Summe aus Saug- und Druckhöhe. Die Saughöhe ist wiederum die Summe aus der geodätischen und der dynamischen Saughöhe, die Druckhöhe die Summe aus der geodätischen Druckhöhe, der Widerstandshöhe in der Druckleitung, dem Kondensatorwiderstande und dem Mehraufwande an Geschwindigkeitshöhe in der Druckleitung.

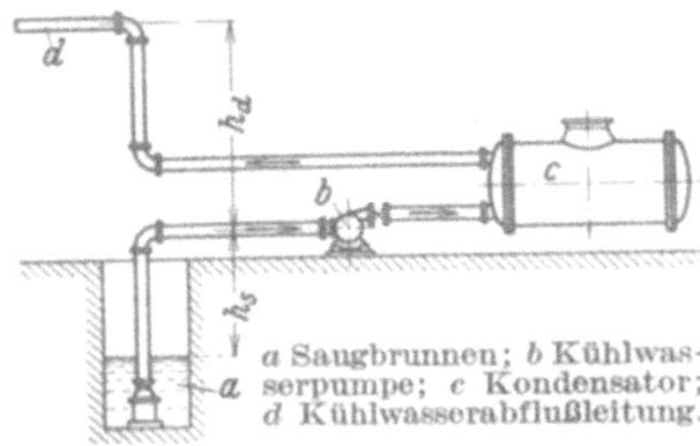

Abb. 19. Kühlwasserpumpe mit positiver geodätischer Saughöhe h_s und positiver geodätischer Druckhöhe h_d.

Unter geodätischer Förderhöhe versteht man den Höhenunterschied in m W.-S. zwischen dem Wasserspiegel oberhalb der Saugstelle und dem Wasserspiegel oberhalb der Abflußstelle oder bei freiem Ausflusse der Abflußstelle selbst. Sie wird durch die waagerechte Achsebene der Kühlwasserpumpe in die geodätische Saughöhe und die geodätische Druckhöhe unterteilt. Die geodätische Saughöhe darf je nach der Temperatur des Kühlwassers, der Höhenlage der Pumpe über dem Meeresspiegel und den Widerständen in der Saugleitung etwa 5,5 m, höchstens 7 m, nicht überschreiten, da sonst die Wassersäule abreißt. Wechselnder Wasserstand, wie er etwa durch die jahreszeitlichen Schwankungen bei Binnengewässern oder durch Ebbe und Flut bei Seewasser bedingt ist, muß bei der Bestimmung der geodätischen Förderhöhen berücksichtigt werden. Ebenso ist zu berücksichtigen, daß bei langen, offenen Kühlwasserleitungen und bei Sammelbrunnen Spiegelabsenkungen und Spiegelstauungen vorkommen. Abb. 19 stellt den Normfall mit positiver geodätischer Saughöhe h_s und positiver geodätischer Druckhöhe h_d dar. Bei Abb. 20 wird die geodätische Saughöhe h_s negativ, d. h. das Wasser läuft der Pumpe zu. Abb. 21 zeigt eine negative geodätische Druckhöhe h_d, d. h. während des Betriebes tritt eine Heberwirkung („Kraftschluß") ein. Wichtig ist dabei, daß die Ausflußöffnung stets unter Wasser liegt; ist das nicht der Fall, so dringt Luft, von der Mündung ausgehend, in die Rohrleitung ein, sammelt sich am höchsten Punkte und unterbricht zeitweise den Kraftschluß.

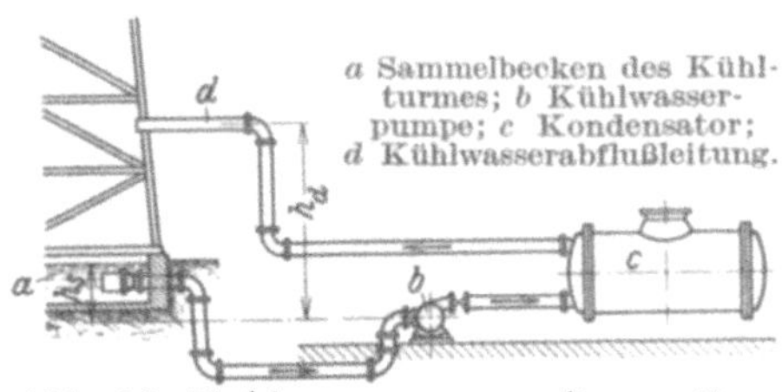

Abb. 20. Kühlwasserpumpe mit negativer geodätischer Saughöhe h_s und positiver geodätischer Druckhöhe h_d.

Zur geodätischen kommt die dynamische Förderhöhe hinzu, die sich ihrerseits wieder aus der Widerstandshöhe und der Geschwindigkeitshöhe zusammensetzt. Das Wasser hat auf seinem Wege Widerstände in Form von innerer Reibung und Reibungen an den Rohrwänden zu überwinden. Umlenkungen in den Krümmern, Einschnürungen und Wirbelbildung bedingen einen Mehraufwand an Förderhöhe, den man unter dem Sammelbegriffe „Widerstandshöhe" zusammenfaßt. Den größten Anteil daran hat der Durchflußwiderstand des Kondensators. Der zur Erzeugung der Geschwindigkeit in den Rohrleitungen nötige Aufwand an Förderhöhe wird mit Geschwindigkeitshöhe bezeichnet. Um die dynamische Förderhöhe in erträglichen Grenzen zu halten, wird die Wassergeschwindigkeit bei ortfesten Anlagen in der Saugleitung mit 1,5 bis 2 m/s, in der Druckleitung mit 2,5 bis 3 m/s ausgeführt. Bei Schiffsanlagen finden sich allgemein höhere Geschwindigkeiten.

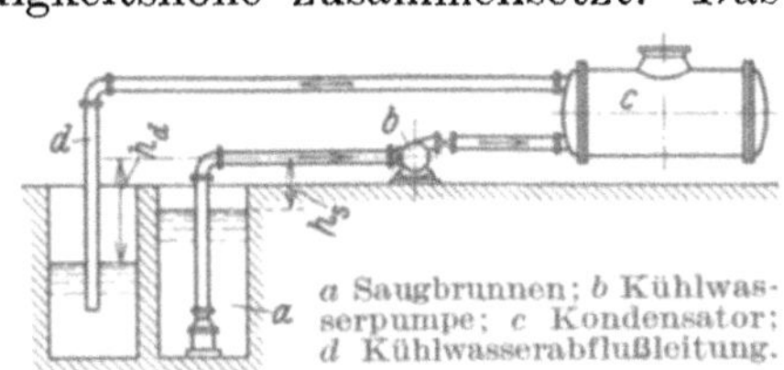

Abb. 21. Kühlwasserpumpe mit positiver geodätischer Saughöhe h_s und negativer geodätischer Druckhöhe h_d (Kraftschluß).

Der Vollständigkeit halber ist hier noch der Unterschied des äußeren Luftdruckes zwischen Saugstelle und Ablaufstelle zu erwähnen. Er ist aber vernachlässigbar klein.

Luftdruckunterschied und geodätische Förderhöhe faßt man auch unter dem Sammelbegriffe der statischen Förderhöhe zusammen.

Es kann auch vorkommen, daß die Gesamtförderhöhe negativ wird; das Kühlwasser fließt hierbei infolge des Höhenunterschiedes von selbst durch den Kondensator. Wenn nicht stets reichliches Gefälle verfügbar ist, empfiehlt sich aber auch in diesem Falle der Einbau einer Kühlwasserpumpe, um genügende und gleichmäßige Förderung zu gewährleisten.

Der Aufbau der Kühlwasserpumpe wird verschieden sein, je nachdem die Antriebsart die günstigste Pumpendrehzahl zuläßt oder nicht. Eine Kühlwasserpumpe mittlerer Größe zeigt Abb. 22. Die Ausbildung der Stopfbuchsen richtet sich nach der Förderhöhe und der Wasserbeschaffenheit. Hat die Pumpe ausschließlich dynamische Widerstände zu überwinden, so liefert sie das Sperrwasser für die Stopfbuchsen nicht mit dem nötigen Überdrucke. Dann wird Druckwasser durch

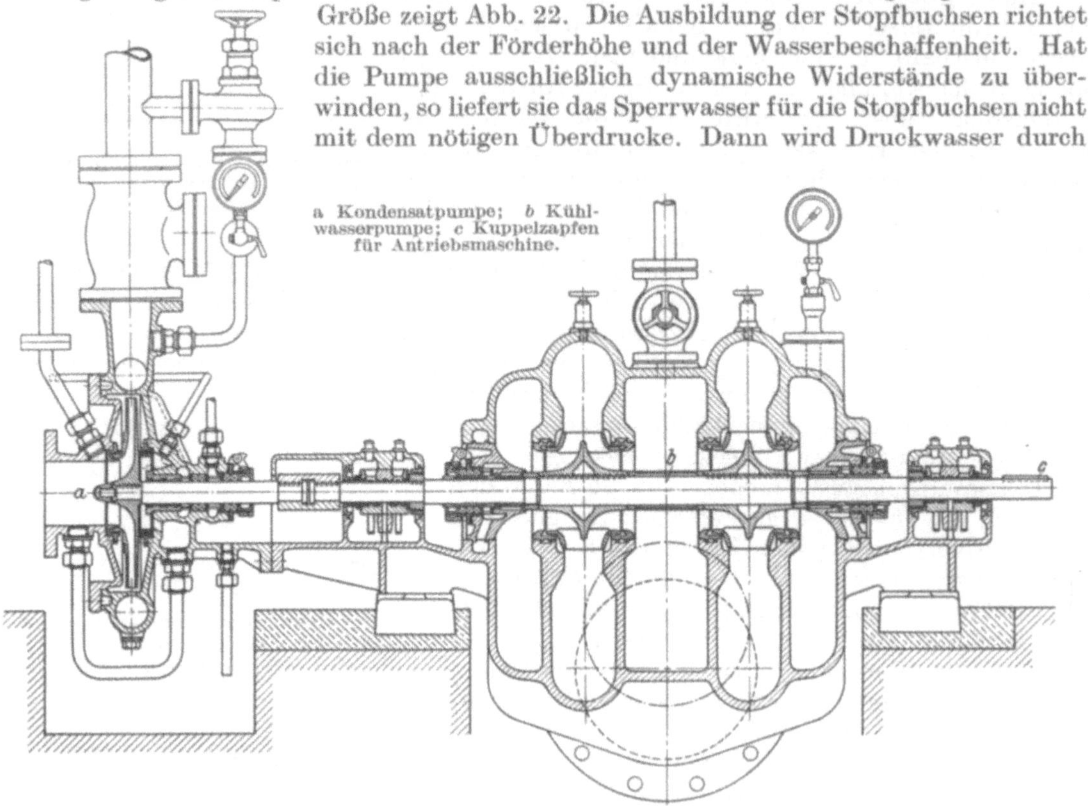

a Kondensatpumpe; b Kühlwasserpumpe; c Kuppelzapfen für Antriebsmaschine.

Abb. 22. AEG, Kühlwasserpumpe und fliegend angeordnete Kondensatpumpe für eine Kondensationsturbine von etwa 2500 kW.

eine besondere Leitung in einen Ringraum geführt, der mit dem Saugraume über eine enge Drosselstrecke und mit dem Raume unmittelbar vor der Stopfbuchsenpackung über zwei schraubengängige Spalten in Verbindung steht. Das Druckwasser des Ringraumes wird durch die sich drehenden Schraubengänge gepumpt. Vor den eigentlichen Stopfbuchsen wird dadurch eine Drucksteigerung erreicht, die auch bei kleinsten Förderhöhen ein Eindringen von Luft verhindert. Besondere Rippen an den Umführungsstellen verhindern eine Drehung des Wassers, die bei sich drehenden Schraubengängen die Pumpenwirkung beeinträchtigen würde. Je nach den chemischen Eigenschaften des Kühlwassers erfahren die Stopfbuchsen einige bauliche Änderungen. Steht z. B. nur Seewasser zur Verfügung, so werden die Schraubengänge unmittelbar in die Bronzeschutzhülse eingeschnitten, welche die Läuferwelle gegen das Wasser abdeckt. Die Schutzhülsen verhindern chemische Anfressungen der Welle, die sich innerhalb der Stopfbuchsen, also an Stellen, wo die Welle gleitet, besonders unangenehm bemerkbar machen würden. Bei Seewasser oder stark gashaltigem Kühlwasser werden auch die Laufräder aus einer zähen Bronze hergestellt, die der Verrottung und Auswaschung gegenüber bedeutend widerstandsfähiger ist als das sonst verwendete Gußeisen. Wo die Festigkeitseigenschaften des Gußeisens unzureichend sind, das Wasser aber einwandfrei ist, werden die Pumpenräder bisweilen aus Stahlguß hergestellt. Ein Zusatz von Chrom oder Vanadin macht den Stahlguß verschleißfester. Bei schlechten Wasserverhältnissen wird in solchen Fällen vielfach Monelmetall oder Chrom-Nickel-Stahlguß verwendet. Nur bei der Mehrstrombauart, zu der man bei hohen Drehzahlen und großen Förderhöhen übergeht, werden die Laufräder in allen Fällen aus Bronze hergestellt.

Der Überdruck am Laufradumfange würde Druckwasser in den Saugraum zurückströmen lassen, wenn es nicht durch eine Spaltdichtung wirksam gedrosselt würde. Dieser Spalt wird durch einen Einsatzring hergestellt, dessen Form sich im einzelnen nach der Bauart der Pumpe richtet. Die Mehrstrombauart mit waagerecht geteiltem Gehäuse bedingt einen geteilten Einsatzring, während bei einer Pumpe mit lotrechter Teilfuge auch ein ungeteilter Dichtungsring ebenso wie die anderen Pumpenteile in axialer Richtung eingebaut werden kann.

Bei den Kondensatpumpen, die mit stark wechselnder Fördermenge arbeiten, ist ein Aussetzen der Pumpe so lange nicht möglich, als das Niederschlagwasser dem Pumpenlaufrade mit einer genügend großen Stauhöhe zuläuft. Die Fördermenge wächst von selbst mit der Zulaufhöhe bei wachsender Kondensatmenge; doch darf die Pumpe nicht zu knapp bemessen sein, da sie mitunter plötzlich einbrechende größere Kondensatmengen zu bewältigen hat, ihre Förderhöhe aber bei größeren Fördermengen verhältnismäßig stark abfällt. Die Kondensatpumpen werden daher für eine Überlastungsmöglichkeit von mehr als 50% ausgelegt, die zur Förderung größerer Mengen in den Hochbehälter ausreicht. Ein übertriebener Leistungsüberschuß aber würde den Betrieb der Pumpe ungünstig beeinflussen, da sie dann zu rasch fördern und bei kleinen Kondensatmengen stoßweise arbeiten würde. Vollständig reißt die Förderung der Kondensatpumpe nicht ab — was ein Wiederauffüllen erforderlich machen würde —, weil der Saugraum durch eine verhältnismäßig weite Entlüftungsleitung mit der Luftsaugleitung verbunden ist, so daß im Saugraume der Pumpe immer der gleiche Unterdruck herrscht wie im Kondensator.

Ähnliche Verhältnisse liegen bei der Strahlwasserpumpe vor. Gegen Hohlraumbildung sind die Strahlwasser- und die Kondensatpumpe nicht so empfindlich wie die Kühlwasserpumpe. Abgesehen davon, daß der Kondensatpumpe das Wasser zuläuft, ist bei beiden das Verhältnis zwischen Fördermenge und -höhe, oder, mit anderen Worten, das Verhältnis zwischen Innen- und Außendurchmesser des Laufrades günstiger als bei den Kühlwasserpumpen für kleine Förderhöhen. Man verzichtet daher im allgemeinen auf besondere Saugkrümmer, legt die Einführungswege in das Gehäuse hinein und gibt dadurch den Pumpen trotz ihrer doppelflutigen Bauart eine gedrängte Form. Die Pumpe erhält somit nur einen Saugflansch, was besonders für die kleine Kondensatpumpe zu beachten ist, deren Saugleitung unter hohem Unterdrucke steht. Auch bei einem Ausbaue der Pumpe vermeidet man es gern, die Saugleitung abzunehmen, wenn sie einmal dicht hält.

Um eine zweite Stopfbuchse zu vermeiden, werden neuerdings die Kondensatpumpen mit einem einseitig saugenden Laufrade versehen. Das Niederschlagwasser fließt hierbei waagerecht in Wellenmitte zu. Die als wassergeschmiertes Lager ausgebildete Stopfbuchse erhält zwei getrennte Wasserzuführungen, wovon die eine für das Lager und die andere für die Stopfbuchse dient. Durch die doppelte Sperrwasserzuführung wird ein Eindringen von Luft in die Pumpe, was nicht nur ein stoßweises Arbeiten der Pumpe, sondern auch eine Erhöhung des Sauerstoffgehaltes des Niederschlages verursachen würde, unbedingt vermieden. Die Kondensatpumpe mit waagerechter Welle hat häufig keine besondere Welle; ihr Laufrad wird dann auf der verlängerten Welle der Antriebsmaschine oder der Kühlwasserpumpe angeordnet. Sie erhält überdies, wenn gleiche Drehzahl vorliegt, keine besonderen Füße, sondern wird an die Kühlwasserpumpe angeflanscht, Abb. 22. Die Strahlwasserpumpe wird oft als zweite Stufe mit einem besonderen Rade in das Gehäuse der Kühlwasserpumpe eingebaut.

In besonderen Fällen, wie z. B. häufig im Schiffsbetriebe, aber zuweilen auch in ortfesten Anlagen, sind Kühlwasser- und auch Kondensatpumpen auf lotrechter Welle zweckmäßig. Die Kühlwasserpumpe, Abb. 23, kann sich dann unmittelbar im Wasser befinden. Eine möglichst tiefe Aufstellung der Kondensatpumpe ist auf Schiffen um so mehr erwünscht, als die dynamischen Einwirkungen beim Schlingern das Ansaugen ungünstig beeinflussen können; die Zulaufhöhe des Niederschlagwassers ist daher mit Rücksicht auf das Schwanken der Wassersäule besonders reichlich zu wählen.

Welche Antriebsart man für die Kondensationspumpen wählen wird — Antrieb durch Elektromotor oder Dampfturbine —, entscheiden die örtlichen Verhältnisse. Im allgemeinen wird man der geringeren Anschaffungskosten wegen rein elektrischen Antrieb ausführen, vorausgesetzt, daß bei ausbleibendem Kraftstrome jederzeit noch andere Stromquellen zur Verfügung stehen. Sind solche vorhanden, so läßt sich bei ausbleibendem Hauptstrome die Umschaltung des Motors auf den Ersatzstrom selbsttätig gestalten. Kann man jedoch mit einem zuverlässigen elektrischen Ersatzstrome nicht rechnen, so wird man mit Rücksicht auf die erforderliche Betriebsicherheit eine Dampfturbine als Antrieb vorsehen, wie es bei fast allen öffentlichen Kraftwerken der Fall ist. Die Dampfturbinen hierfür sind in der Regel — nur ganz große Anlagen machen eine Ausnahme — einstufige Curtis-Turbinen. Da ihre günstigste Drehzahl wesentlich höher liegt als die der Pumpen, werden allgemein Getriebe dazwischengeschaltet. Gut eingeführt hat sich auch die Form des Hilfsmaschinensatzes, bei der auch die Drehzahlen der einzelnen Pumpen noch abgestuft sind. Beispielsweise läuft die Kühlwasserpumpe mit 750 U/min, die Kondensatpumpe mit 1500 U/min und die Turbine mit 5000 U/min. In diesem Falle ist das Getriebe dann dreirädrig. Diese Hilfsturbinen arbeiten im allgemeinen mit Gegendruck. Vorteilhafter für den Ausbau ist die jetzt häufig zur Ausführung kommende Bauart, bei der eine Mehrstrompumpe mit der Kondensatpumpe unmittelbar gekuppelt und durch einen Motor mit zwei Wellenstümpfen angetrieben wird, deren zweiter Wellenstumpf über ein zweirädriges Getriebe mit einer Hilfsturbine gekuppelt ist. Ihr Abdampf wird für die Vorwärm- oder Aufbereitungsanlage des Kraftwerkes benutzt oder dient zu anderen Zwecken, z. B. zur Raumheizung oder Kohletrocknung. Doch nur verhältnismäßig selten wird es möglich sein, den Abdampf der Turbine restlos auszunutzen und damit die wirtschaftlichen Vorteile des Gegendruckbetriebes in vollem Umfange wahrzunehmen. Ist dieser Weg der Wärmeausnutzung nicht gangbar, so schickt man den Abdampf der Hilfsturbine entweder unmittelbar in den Kondensator — von der Abdampfleitung zweigt über ein Hochhubsicherheitsventil eine Leitung ins Freie ab, die einerseits als Sicherheitsleitung, andererseits als Auspuffleitung beim Anfahren dient — oder aber man führt den Abdampf der Hilfsturbine in eine spätere Stufe der Hauptturbine, in der er sich unter günstigen Verhältnissen bis auf den Kondensatordruck entspannen kann. Da Haupt- und Hilfsturbine dann dampfseitig gekuppelt sind, ist, wenn die Dampfmenge der letzteren größer ist als die Leerlaufdampfmenge der Hauptturbine, in der Leitung des Hilfsturbinenabdampfes ein Umschaltventil vorzusehen, das durch den Drehzahlregler gesteuert wird und gleichzeitig mit dem Schnellschlusse der Hauptmaschine bei unzulässigem Anstiege ihrer Drehzahl schließt, Abb. 24.

Abb. 23. AEG, Kühlwasserpumpe auf lotrechter Welle, angetrieben durch eine Getriebeturbine. Fördermenge 5400 m³/h bei 8 m W.-S. Förderhöhe.

Ob die Pumpen der Kondensationsanlage einzeln oder gemeinsam angetrieben werden, richtet sich in erster Linie nach den Raumverhältnissen im Kraftwerke. Bei Einzelantrieb hat man mehr Freiheit in der Raumaufteilung und, falls elektrischer Antrieb gewählt wird, auch in der Anordnung der Rohrleitungen. Notwendig wird der Einzelantrieb, wenn die Anlage ein getrenntes, vom Maschinenhause weit entferntes Pumpenhaus besitzt. Auch bei Anlagen mit sehr beschränktem Raume, z. B. bei Schiffsmaschinen, ist Einzelantrieb von Vorteil. Bei gemeinsamem Antriebe gewinnt die Kondensationsanlage an Übersichtlichkeit und Betriebsicherheit. Sie wird außerdem wirtschaftlicher, da die Verluste mehrerer kleiner Antriebsmaschinen größer sind als die einer Maschine größerer Leistung.

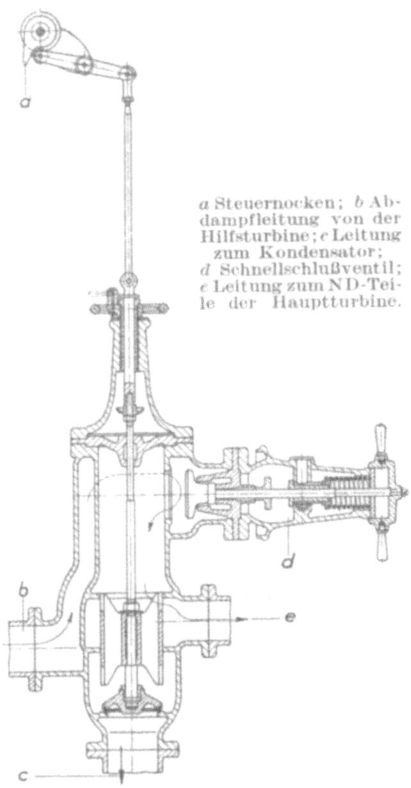

a Steuernocken; *b* Abdampfleitung von der Hilfsturbine; *c* Leitung zum Kondensator; *d* Schnellschlußventil; *e* Leitung zum ND-Teile der Hauptturbine.

Abb. 24. AEG, Dreiwegeventil mit Schnellschlußsicherung zum Umschalten des Hilfsturbinenabdampfes auf den Kondensator.

Wenn nicht besondere Gründe für rein elektrischen oder reinen Turbinenantrieb sprechen, wird man dampf-elektrischen Antrieb der Kondensationshilfsmaschinen wählen und auf diese Weise die Vorteile des einfachen und billigen elektrischen Antriebes mit der unbedingten Betriebsicherheit der Dampfturbine verbinden. Im üblichen Betriebe übernimmt dann der Elektromotor den Antrieb, wogegen sich bei Störungen am Motor oder im Stromnetze die Dampfturbine selbsttätig einschaltet und dadurch den Kondensationsbetrieb aufrecht erhält. Damit sich Motor und Turbine im Betriebe je nach Bedarf und ohne jede Wartung wechselseitig im Antriebe ablösen können, sind besondere selbsttätige Umschaltvorrichtungen entwickelt worden. Bei der elektromagnetischen Umschaltvorrichtung, die häufig ausgeführt wurde, betrieblich sehr übersichtlich ist, aber im Magneten einen etwas empfindlichen Bauteil enthält, wird in die Frischdampfleitung vor dem Schnellschlußventile der Dampfturbine ein Absperrventil eingebaut, dessen Stellung durch einen Elektromagneten geregelt wird. Beim Ausbleiben des Kraftstromes öffnet sich das Absperrventil und die Dampfturbine übernimmt den Antrieb des Pumpensatzes. Ist die Stromstörung behoben, so schließt der Magnet das Absperrventil wieder und die Pumpen werden wie vorher elektrisch angetrieben. Die andere Art der Umschaltung, die in letzter Zeit häufig ausgeführt wird, ist eine rein mechanische. Unmittelbar auf dem Einströmkasten der Turbine ist, in die Frischdampfleitung eingeschaltet, ein Schnellöffenventil, Abb. 25, angeordnet, das vom Drehzahlregler der Turbine aus betätigt wird. In geschlossener Stellung, also bei gespannter Feder, werden die Ventilspindel und ihre Führungsbuchse durch eine Federzunge und einen Klinkenbolzen festgehalten. Der Klinkenbolzen seinerseits wird durch eine Sperrklinke an einer Drehbewegung gehemmt, die eine vorgespannte Zugfeder beim Auslösen der Sperrung einleitet. Sinkt die Drehzahl beim Versagen des Motorantriebes ab, so betätigt der Regler der Turbine ein Gestänge, das durch einen einstellbaren Bolzen die Sperrklinke auslöst. Dadurch wird der Klinkenbolzen freigegeben und löst nunmehr seinerseits, durch die Zugfeder umgelegt, das Schnellöffenventil aus. Sollte sich der Klinkenbolzen, nachdem er längere Zeit nicht betätigt wurde, in seiner Buchse festgesetzt haben und die Kraft der Spannfeder zu seiner Drehung nicht ausreichen, so wird er beim weiteren Sinken der Drehzahl unmittelbar vom Gestänge aus durch eine gegen den Klinkenhebel anlaufende Rolle umgelegt. Ist die Stromstörung vorbei und der Motor wieder betriebsfähig, so schließt man das Schnellöffenventil von Hand und legt den Klinkenbolzen und seine Sperrklinke wieder ein, so daß das Ventil von neuem betriebsbereit ist. Wenn gewünscht wird, daß der Motor, falls er stromlos werden sollte, selbsttätig stillgesetzt wird, so wird zwischen Motor und Pumpen eine Überholungskupplung vorgesehen. Sobald der Motor wieder Strom erhält, wird er selbsttätig wieder mit den Pumpen gekuppelt. Diese

Überholungskupplung ist auch dann von Vorteil, wenn der Motor schadhaft geworden ist und vollständig abgeschaltet werden muß.

Als **Luftpumpen** in Kondensationsanlagen haben die Strahlsauger die früher üblichen Naßluftkolbenpumpen und die umlaufenden Wasserstrahlluftpumpen vollkommen abgelöst. Die Strahlsauger — und zwar Wasser- wie Dampfstrahlsauger — erzeugen die gleiche hohe Luftleere wie die umlaufenden Luftpumpen und haben auch eine etwas größere Ansaugleistung. Die alten umlaufenden Pumpen für kleine Leistungen waren gegenüber plötzlichen Lufteinbrüchen sehr empfindlich. Abgesehen von den höheren Betriebs- und Anschaffungskosten unterliegen sie auch einem verhältnismäßig schnellen Verschleiße. An Strahlsaugern hingegen sind außer den Düsen keine Teile einer Abnutzung unterworfen; die kleinen und billigen Düsen können gegebenenfalls schnell und leicht ausgewechselt werden.

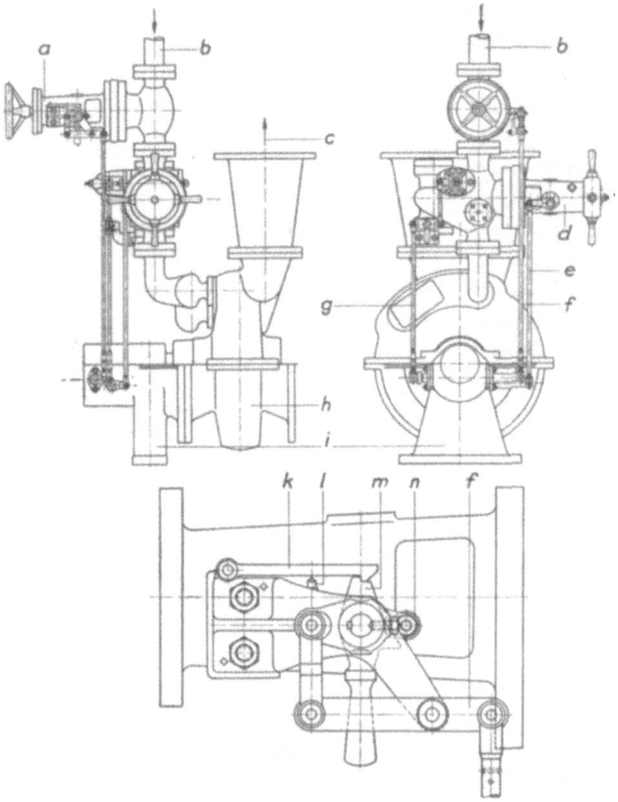

Abb. 25. AEG, Hilfsturbine mit Schnellöffenventil für dampf-elektrisch angetriebenen Kondensationspumpensatz.

a Schnellöffenventil; *b* Frischdampf; *c* Abdampf; *d* Schnellschlußventil; *e* Schnellschlußgestänge; *f* Schnellöffengestänge; *g* Steuergestänge; *h* Turbine; *i* Turbinenlagerbock; *k* Sperrklinke; *l* Bolzen; *m* Klinkenhebel; *n* Rolle.

Maßgebend für die Größe der Pumpenleistung ist nicht allein die im Dauerbetriebe abzusaugende Luftmenge, sondern oft ausschließlich die für das Entlüften der Kondensationsanlage vorgeschriebene Zeit. Mit Rücksicht darauf werden die Luftpumpen in ihrer Ansaugleistung im allgemeinen reichlich bemessen, obwohl bei neueren Dampfturbinenanlagen die Undichtheiten während des Betriebes infolge der gut dichtenden Wellen- und Kondensatorstopfbuchsen nur gering sind, man also im üblichen Betriebe mit verhältnismäßig kleiner Luftpumpenleistung auskommen würde.

Die **Wasserstrahlsauger**, die bei feststehender Düse und anschließendem kegeligen Auslaufraume mit einem geschlossenen Wasserstrahle arbeiten, beruhen grundsätzlich auf den gleichen Gedanken wie die früher gebauten umlaufenden Wasserstrahlluftpumpen: bei beiden wird das Arbeitwasser auf hohe Geschwindigkeit gebracht, die Luft vom Wasserstrahle erfaßt und in den Auslaufraum hineingerissen, der die Geschwindigkeit des mit Luft durchsetzten Wasserstrahles zum Teile wieder in Druck umsetzt. Bei den Wasserstrahlsaugern wird das vorher in einer besonderen Pumpe erzeugte Druckwasser in Düsen entspannt und sein Arbeitvermögen dabei in Geschwindigkeit umgesetzt. Das aus der Düse austretende Wasser faßt die Luft im Mischraume und verdichtet sie in einem mit schlankem Kegel anschließenden Auslaufraume. Der eigentliche Vorgang im Mischraume ist rechnerisch noch nicht völlig zu erfassen; die größten Verluste treten in diesem Teile des Strahlsaugers auf. Wichtig ist es, dem Wasserstrahle eine möglichst große Oberfläche zu geben, an der die Luft mitgerissen wird. Eine Rückschlagklappe in der Ansaugleitung schließt beim Ausbleiben oder Abreißen des Betriebswassers den Strahlsauger gegenüber dem Kondensator ab und verhütet damit eine augenblickliche Gefährdung der Luftleere. Auch der Eintritt von Strahlwasser in den Kondensator und in die Turbine wird so vermieden. Der Aufbau eines Strahlsaugers ist denkbar einfach; er besteht aus nur wenigen Einzelteilen, die gegebenenfalls beim Auswechseln einer Düsenplatte in kurzer Zeit und mit einfachen Mitteln auseinander genommen und wieder zusammengebaut werden können.

Grundsätzlich bleibt bei allen Wasserstrahlsaugern der Druck vor den Düsen etwa 20 m W.-S., der bei der Entspannung auf Kondensatordruck die für die Absaugung wirtschaftlichste Strahlgeschwindigkeit liefert. Bei größeren Leistungen werden ein oder

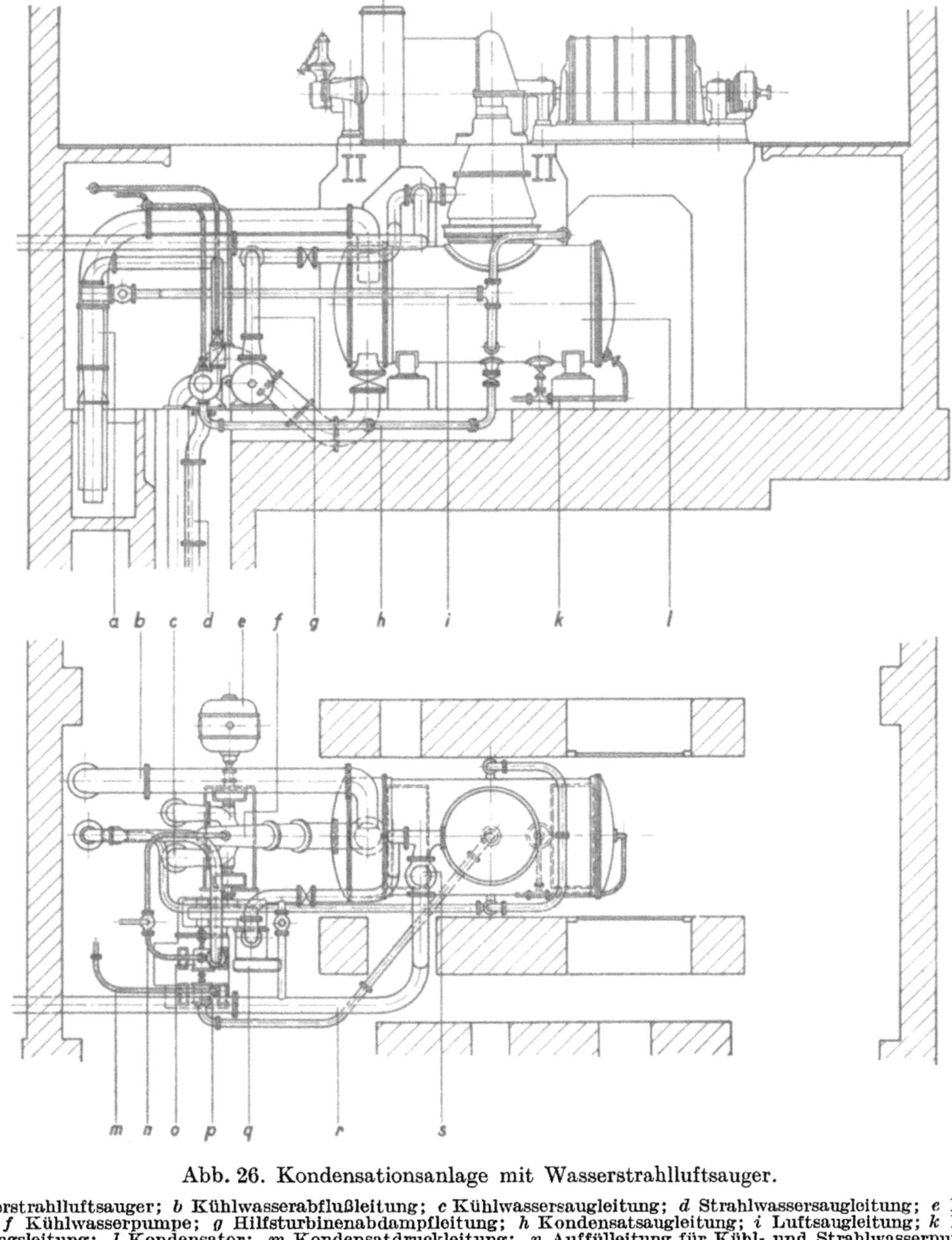

Abb. 26. Kondensationsanlage mit Wasserstrahlluftsauger.

a Wasserstrahlluftsauger; *b* Kühlwasserabflußleitung; *c* Kühlwassersaugleitung; *d* Strahlwassersaugleitung; *e* Elektromotor; *f* Kühlwasserpumpe; *g* Hilfsturbinenabdampfleitung; *h* Kondensatsaugleitung; *i* Luftsaugleitung; *k* Entwässerungsleitung; *l* Kondensator; *m* Kondensatdruckleitung; *n* Auffülleitung für Kühl- und Strahlwasserpumpe; *o* Strahlwasserpumpe; *p* Kondensatpumpe; *q* Hilfsturbine; *r* Hilfsauspuffleitung; *s* Hilfsauspuffventil.

mehrere Strahlsauger in gleicher Schaltung an einen Kondensator angeschlossen. Je nach Bedarf können einzelne Strahlsauger abgeschaltet werden; ihr Betriebswasser leitet man dann über eine Zweigleitung in die Kühlwasserdruckleitung. Diese Umschaltung sichert zugleich ein ungestörtes Arbeiten der Strahlwasserpumpe in ihrem günstigsten Arbeitbereiche.

Um an einem Beispiele zu zeigen, wie man einen Wasserstrahlsauger einer Kondensationsanlage einfügt, ist in Abb. 26 der Plan einer Anlage für etwa 5000 kW wiedergegeben. Kühl- und Strahlwasserkreislauf sind in gleichem Sinne geschaltet; die beiden zugehörigen Pumpen saugen aus einem gemeinsamen Einlaufe und drücken ihr Arbeitwasser durch die entsprechend angeschlossenen Einrichtungen der Oberflächenkondensation zurück in einen gemeinsamen Ablauf. Überall, wo Frischwasser nur in begrenzten Mengen zur Verfügung steht, sieht man im Strahlwasserkreislaufe einen Wasserbehälter vor, in dem die Erwärmung des Strahlwassers durch Zuführung von Frischwasser ausgeglichen und die aufgenommene Luft ausgeschieden wird.

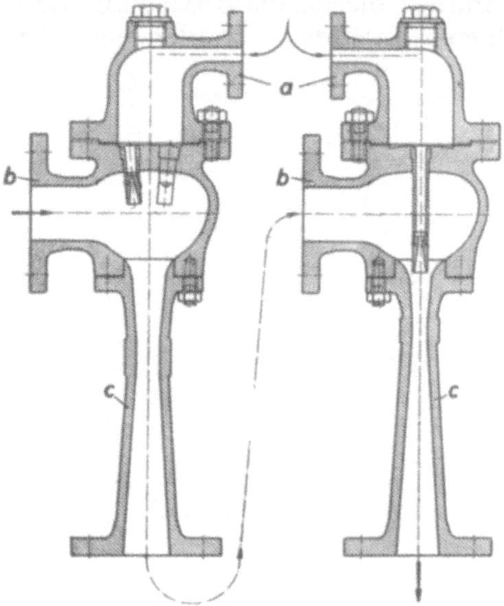

Abb. 27. AEG, Schnitt durch die beiden Strahlsauger eines zweistufigen Dampfstrahlsaugers. Links Unterdruck-, rechts Druckstufe.

a Dampfeintrittstutzen; *b* Lufteintrittstutzen; *c* Auslaufraum.

Während für das Druckwasser zum Betriebe des Wasserstrahlluftsaugers eine besondere Strahlwasserpumpe aufgestellt werden muß, ist für den Dampfstrahlsauger nur Dampf erforderlich, den man fast immer dem Kessel unmittelbar entnimmt und dessen Spannung gegebenenfalls durch einen einfachen Drosselflansch auf den notwendigen Arbeitdruck herabsetzt. Im Gegensatze zum Wasserstrahlluftsauger ist es beim Dampfstrahlluftsauger nicht möglich, die Luft in einem Auslaufraume vom Kondensator- auf den Außendruck zu verdichten, da der Arbeitdampf gleichzeitig mit verdichtet werden muß. Man schaltet daher mindestens zwei Strahlsauger hintereinander, so daß die Luft zusammen mit dem Arbeitdampfe im ersten Strahlsauger nur auf einen Zwischendruck zu verdichten ist.

Abb. 27 zeigt den Schnitt durch die beiden Strahlsauger eines zweistufigen Dampfstrahlluftsaugers, und zwar links die Unterdruck-, rechts die Druckstufe. Der Arbeitdampf strömt aus einer oder mehreren Düsen infolge der Entspannung auf den Kondensatordruck mit sehr hoher Geschwindigkeit in den Mischraum und reißt die zu verdichtende Luft in den Auslaufraum. Der erste Teil desselben dient dazu, Dampf und Luft so zu mischen, daß eine gleichmäßige Strömung entsteht. Im nachfolgenden kegeligen Rohrstücke vergrößert sich der Strömungsquerschnitt, so daß die Geschwindigkeit abnimmt und in Druck umgewandelt wird. Mit einem Zwischendrucke von etwa 0,2 ata tritt das Dampfluftgemisch aus der Unterdruckstufe des Dampfstrahlluftsaugers. Zweckmäßig wird jetzt dieses Gemisch nicht unmittelbar von der zweiten Stufe angesaugt und dort verdichtet, sondern es wird vorher durch einen Zwischenkühler geleitet, in dem sich der Dampf niederschlägt, so daß die Luft allein im zweiten Strahlsauger auf den Außendruck zu verdichten ist. Dadurch erübrigt sich das Verdichten des Arbeitdampfes der ersten Stufe im zweiten Strahlsauger; der Arbeitdampfverbrauch der zweiten Stufe wird infolgedessen etwa auf die Hälfte verringert.

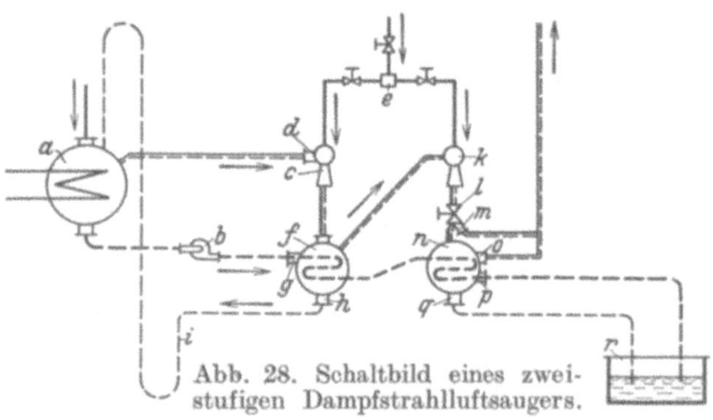

Abb. 28. Schaltbild eines zweistufigen Dampfstrahlluftsaugers.

a Turbinenkondensator; *b* Kondensatpumpe; *c* Strahlsauger, Unterdruckstufe; *d* Luftsaugstutzen; *e* Sieb für Arbeitdampf; *f* Zwischenkühler, Unterdruckstufe; *g* Eintrittstutzen für Turbinenkondensat; *h* Austrittstutzen für Strahlsaugerkondensat, Unterdruckstufe; *i* barometrische Schleife; *k* Strahlsauger, Druckstufe; *l* Dreiwegehahn zum Anfahren; *m* Auspuffstutzen zum Anfahren; *n* Zwischenkühler, Druckstufe; *o* Auspuffstutzen beim Betriebe; *p* Austrittstutzen für Turbinenkonsat; *q* Austrittstutzen für Strahlsaugerkondensat, Druckstufe; *r* Speisewasserbehälter.

Abb. 28 zeigt das Schaltbild eines zweistufigen Dampfstrahlluftsaugers. Nicht nur das Dampfluftgemisch aus dem ersten Strahlsauger, sondern auch das des zweiten Strahlsaugers wird hier in einen Zwischenkühler geleitet, damit der Wärmeinhalt des Arbeitdampfes wieder zurückgewonnen wird und nur die Luft durch die Auspuffleitung entweicht. Zum Niederschlagen des Arbeitdampfes der beiden Stufen des Strahlsaugers wird Turbinenkondensat verwendet, das von der Kondensatpumpe durch die beiden Zwischenkühler des Strahlsaugers gedrückt wird. Das Turbinenkondensat erwärmt sich dabei um etwa 5^0. Für die Reglung des Strahlkondensatabflusses können Schwimmer vorgesehen werden, die entsprechend den verschiedenen Drücken in den beiden Zwischenkühlern in getrennten Räumen untergebracht sind. Betriebsicherer jedoch ist es, für die Ableitung des Strahlkondensates der ersten Stufe zum Kondensator eine Barometerschleife zu verwenden. Sie besteht aus einer Rohrschleife, deren einer Schenkel eine dem Druckunterschiede zwischen Hauptkondensator und Strahlkühler entsprechende Länge von etwa 3,5 m hat. Im zweiten, nach abwärts gerichteten Schenkel von mindestens 1 m Höhe kann sich der Wasserstand in verschiedener Höhe einstellen. Dadurch paßt sich die Schleife dem jeweiligen Betriebzustande, der sich in verschiedenen Druckunterschieden zwischen Hauptkondensator und Zwischenkühler auswirkt, selbsttätig an. Das Strahlkondensat der Druckstufe läßt man frei in einen Sammelbehälter abfließen.

Da der Dampfstrahlluftsauger meist an einer Wand befestigt wird, ist kein besonderer Aufstellungsplatz und auch kein Fundament erforderlich. Außer durch seine geringen Anlagekosten zeichnet er sich durch einfache Wartung aus, da keine im Betriebe beweglichen Teile vorhanden sind, die irgendwelche Bedienung erfordern würden. Infolge des einfachen Aufbaues ist der Strahlsauger überdies sehr betriebsicher und vor allem jederzeit betriebsbereit, da er unabhängig von der elektrischen Stromversorgung ist. Der Dampfverbrauch eines Dampfstrahlluftsaugers ist gering; außerdem wird der gesamte Wärmeinhalt seines Arbeitdampfes dem Wärmekreislaufe wieder zugeführt.

Ist eine Auspuffklappe vorhanden, so kann mittels der Druckstufe die Luftleere erzeugt werden. Wird aber eine Umführungsleitung von der Kondensatdruckleitung hinter dem Strahlsauger nach dem Dampfraume des Kondensators vorgesehen, so daß während des Anfahrens oder bei kleiner Last der Hauptturbine genügend Niederschlagwasser als Kühlwasser durch den Zwischenkühler des Strahlsaugers geleitet werden kann, so kann die Luftleere mit beiden Stufen, also schneller, erzeugt werden. Bei einer Anzapfturbine mit großer Anzapfmenge ist diese Anordnung besonders vorteilhaft.

5. Die Rohrleitungen der Kondensationsanlage.

Die Rohrleitungen müssen allgemein unter allen Umständen betriebsicher, also vollkommen dicht, übersichtlich angeordnet und insbesondere an den Verbindungstellen leicht zugänglich sein. Ihr Baustoff muß widerstandsfähig gegen mechanische Beanspruchung und gegen Verrottung durch das in ihnen strömende Mittel sein. Sie müssen aber auch den Anforderungen der Wirtschaftlichkeit entsprechen, d. h. die einmaligen Anlagekosten und die dauernden, für Leistungsverluste durch Strömungswiderstände, für Überholungen und Instandhaltung aufzuwendenden Kosten müssen so in Einklang gebracht werden, daß sich die geringsten Gesamtkosten ergeben.

Die Rohrleitungen sind so anzuordnen, daß sich Wärmedehnungsunterschiede ohne schädliche Beeinflussung der anschließenden Bauteile auswirken können. In den meisten Fällen ist ein Ausgleich schon infolge des durch die örtlichen Verhältnisse bedingten, mehrfach gekrümmten Verlaufes der Leitungen gegeben. Muß eine Rohrleitung von einer Anschlußstelle zur anderen gerade verlegt werden, so sind Wellrohre oder Stopfbuchsausgleichstücke vorzusehen, wobei auf eine gute Verankerung zur Aufnahme des Rohrleitungschubes Rücksicht genommen werden muß. Die Abzweigungen sollten nie rechtwinklig, sondern unter einem spitzen Winkel anschließen. Sind mehrere Pumpen für den gleichen Zweck und für gleichzeitigen oder abwechselnden Betrieb vorgesehen, so empfiehlt es sich, jede Pumpe mit vollkommen getrennten Rohrleitungen zu versehen.

Bei gemeinsamen Leitungen, vor allem gemeinsamen Saugleitungen, kommen immer wieder Störungen vor, besonders dann, wenn die eine Pumpe in Betrieb ist und die andere zugeschaltet wird. Bei gemeinsamen Leitungen wird die Betriebsicherheit auch dadurch vermindert, daß bei einem Schaden an einem gemeinsamen Strange beide Pumpen außer Tätigkeit kommen.

Rohrleitungen sind, soweit sie im Freien verlegt werden, mit einem Rostschutzanstriche, z. B. guter Ölfarbe, zu versehen; Wasserleitungen sind außerdem gegen Frost zu schützen. Werden Wasserleitungen in der Erde verlegt, so sind sie so tief zu führen, daß sie in frostfreiem Boden liegen. Sie sind ferner mindestens durch einen heiß aufgetragenen Erdpechüberzug vor Rost zu schützen. Besser noch ist es, eine oder mehrere erdpechartige Schichten (Naturerdpech, Erzeugnisse der Erdöl-, Steinkohlen- oder Braunkohlensiedetrennung) mit Jute- oder Wollfilzpappeumwicklung vorzusehen. Die Schutzwirkung ist in erster Linie von der Bodenbeschaffenheit abhängig. Sehr wichtig ist, daß der Schutzüberzug bei der Beförderung und beim Verlegen der Rohre nicht beschädigt wird. Ausnehmungen und Schächte, in denen Rohrleitungen verlegt werden sollen, müssen so große Abmessungen haben, daß deren Flanschen vom Boden und von den Seitenwänden weit genug entfernt sind, damit man bei etwaigen Undichtheiten alle Schraubenmuttern leicht nachziehen kann.

Zwecks besserer Übersichtlichkeit sind je nach dem in den Rohren strömenden Mittel verschiedene Kennfarben anzubringen (nach DIN 2403). Die Leitungen werden mit der Kennfarbe entweder in ihrer ganzen Länge gestrichen oder nur durch Pfeile, Streifen, Schilder u. dgl. gekennzeichnet.

Alle häufig oder auch nur von Zeit zu Zeit zu betätigenden Absperrvorrichtungen müssen zugänglich sein. Leicht zu erreichende Schieber erhalten je nach ihrer Größe ein einfaches oder ein mit Übersetzung versehenes Handrad. Hochliegende Schieber werden mit Kettenradantrieb versehen. Große Schieber, die von Hand nur schwer betätigt werden können, erhalten Motorantrieb und dann meistens auch Fernbetätigung; durch farbige Lampen kann angezeigt werden, ob die Absperrvorrichtung geöffnet oder geschlossen ist. Für den Fall, daß der Motor versagt, sollte stets auch Handbetätigung möglich sein.

Bei einwandfreier Beschaffenheit des Wassers verwendet man für die Kühlwasserleitung meistens Stahlrohre, die durch elektrische oder Gasschweißung hergestellt sind. Bei größerem Durchmesser sind überlappt geschweißte Rohre wegen ihrer sehr zuverlässigen Schweißnaht zu empfehlen. Die Rohrverbindungen bestehen aus Bordringen mit losen Flanschen. Diese haben den Vorteil, daß sie in jede beliebige Lage gedreht werden können, wodurch der Zusammenbau sehr erleichtert wird. Bei Seewasser zieht man gußeiserne Rohre mit Formstücken vor.

Bei Stahlrohrleitungen werden in den geraden Strängen Paßrohre vorgesehen, die länger als voraussichtlich nötig und mit losen Flanschen geliefert werden, damit die beim Zusammenbaue unvermeidlichen Unterschiede zwischen Rohrplan und örtlichen Verhältnissen ausgeglichen werden können. Bei gußeisernen Rohrleitungen empfiehlt sich die Verwendung von Paßkrümmern aus Kupfer, die zugleich Wärmedehnungsunterschiede in geringem Maße aufnehmen können. Als Flanschendichtung werden allgemein Flachgummiringe verwendet. Die Rohre erhalten innen und außen Rostschutzanstrich.

Fließt das Kühlwasser der Pumpe nicht zu, so ist eine selbsttätige Absperrvorrichtung am Saugkorbe erforderlich. Da aber mit vollkommen dichtem Abschlusse dieser (Ventil, Gummi-, Leder- oder Metallklappe) nicht gerechnet werden kann, so ist für die Pumpe außerdem noch eine Auffülleitung vorzusehen, mittels welcher vor dem Anfahren Saugleitung und Pumpengehäuse gefüllt werden. Statt der Auffülleitung kann man auch einen Dampfstrahlsauger vorsehen, welcher die Luft aus der Kühlwasserleitung entfernt und dadurch das Wasser in der Saugleitung hochzieht. Alle Leitungen, insbesondere die Saugleitungen, müssen stetig steigend verlegt sein, so daß keine Luftsäcke entstehen, die bei Saugleitungen ein Abreißen der Pumpe und bei Druckleitungen heftige Schläge verursachen können. Aus dem gleichen Grunde müssen kegelige Erweiterungstücke an waagerechten Stutzen so ausgebildet sein, daß die Erzeugende des Kegels oben waagerecht liegt. Die Wasserkammern des Kondensators, alle Luftsäcke bildenden Teile des Pumpengehäuses und allgemein alle höchsten Stellen von Leitungen sind mit Entlüftungshähnen zu versehen, damit angesammelte Luft entfernt werden kann. Zwischen Pumpe und Kondensator wird stets ein Schieber angeordnet, zweckmäßig mit waagerechter Spindel, um Luftansammlungen in der Schieberhaube zu vermeiden. Dieser Schieber wird kurz vor dem Abstellen der Pumpe geschlossen, damit während der Betriebstillstände die Druckleitung gefüllt bleibt, und beim Anfahren nur allmählich geöffnet, damit die Pumpe nur langsam mit dem Drucke der vollen Druckwassersäule belastet wird. An den Wasserkammern des Kondensators wird außerdem je ein Wasserablaßschieber vorgesehen, damit Kondensator und Druckleitung vor einer Reinigung entleert werden können.

In der Regel werden von der Kühlwasserdruckleitung des Kondensators auch die Ölkühler und die Luftrückkühler des Stromerzeugers mit Kühlwasser versorgt. Ihre Höhenlage und ihr Durchflußwiderstand sind dabei zu berücksichtigen, besonders bei Kraftschluß, da es sonst vorkommen kann, daß diese Kühler nicht genügend Wasser erhalten. Die Abzweigungen müssen in Strömungsrichtung verlaufen. Vor dem Eintritte in die Kühler sind Absperrschieber zur Reglung der Kühlwassermenge, an den höchsten Stellen der Kühler Hähne zur Entlüftung vorzusehen. Arbeitet die Anlage mit Kraftschluß, so müssen die Kühler ständig entlüftet werden. In einfacher Weise wird das dadurch erreicht, daß die Entlüftungsanschlüsse mit der Kühlwasserabflußleitung hinter dem Kondensator verbunden werden.

Notanschlüsse an eine Hauswasserleitung sichern den Betrieb der Kühler auch bei Versagen der Kühlwasserpumpe und erhöhen dadurch die Betriebsicherheit der Anlage.

Bei größeren Anlagen mit mehreren Maschinen ist es vorteilhaft, Pumpen und Rohrleitungen so anzuordnen, daß jede der Kühlwasserpumpen auf jeden Kondensator geschaltet werden kann. Der größere Aufwand an Schiebern und Rohren wird durch erhöhte Betriebsbereitschaft des Werkes ausgeglichen.

Kondensat ist wertvolles Kesselspeisewasser. Es soll nicht nur möglichst warm, sondern auch rein sein und darf nur verschwindend wenig Luft enthalten. Niederschlagwasser nimmt begierig Sauerstoff auf. Es muß daher dafür gesorgt sein, daß das Wasser in der gesamten Kondensatleitung nicht mit Luft in Berührung kommt. Gemeinsame Luft- und Kondensatförderung, wie früher bei Naß- und Schleuderluftpumpen, wird in neuzeitlichen Anlagen vermieden. Die Vorschriften über den zulässigen Anteil der Luft im Niederschlagwasser werden insbesondere mit Rücksicht auf die Verwendung von Hochdruckkesseln immer schärfer. Man verlangt heute, daß höchstens etwa 0,05 mg Sauerstoff in 1 l Niederschlag enthalten sind. Zum Vergleiche sei erwähnt, daß in Anlagen mit Naßluftpumpen der Sauerstoffgehalt im Kondensate etwa 4,5 mg/l betrug.

Kondensatleitungen bestehen aus nahtlosen Rohren. Flanschverbindungen sind in diesen Leitungen möglichst zu vermeiden. Man kann sie durch Verschweißen der einzelnen Rohrstränge ersetzen, wobei die Schweißnaht besonders sorgfältig vollkommen dicht hergestellt werden muß. Schieber werden mit Wassertassen an den Stopfbuchsen versehen, die ständig mit Kondensat zu bewässern und aufmerksam zu überwachen sind. Bei Verwendung von zwei Kondensatpumpen für einen Kondensator ist, wenn nur eine von ihnen in Betrieb ist, die andere durch Offenhalten der Auffülleitung unter Wasser zu halten, weil die Schieber mitunter nicht vollkommen dicht sind und dann Luft in die Saugleitung der in Betrieb befindlichen Pumpe eindringen würde.

Das Niederschlagwasser muß der Pumpe zulaufen. Zu diesem Zwecke muß im Saugraume der Pumpe Unterdruck vorhanden sein. Dieser wird daher durch eine beim Anfahren auch zur Entlüftung dienende Leitung mit der Luftsaugleitung am Kondensator verbunden. Außerdem muß die Kondensatpumpe tiefer stehen als der Kondensator. Bei guten Pumpen beträgt die lotrechte Entfernung zwischen Kondensatorunterkante und Pumpenmitte etwa 0,5 m; je nach der Bauart der Pumpe kommen Abweichungen nach oben oder unten vor. Am Saugstutzen des Kondensators ist ein Schieber vorzusehen. An diesen schließt die **Kondensatzulaufleitung** an, die mit stetigem Gefälle zur Pumpe verlegt sein muß und keine weiteren Anschlüsse besitzen darf. Die Höhe des Kondensatspiegels im Kondensator kann an einem Wasserstande abgelesen werden, einem zwischen zwei Hahnköpfen eingesetzten Glasrohre. Zum Ablassen des Niederschlages aus dem Kondensator während eines längeren Stillstandes ist der Kondensator mit einem Ablaßhahne versehen.

Gleichmäßiger Betrieb erfordert möglichst gleichbleibenden Kondensatspiegel im Kondensator. Deshalb ist es vorteilhaft, eine Kondensatumlaufleitung anzubringen, welche von der Kondensatdruckleitung nach dem Kondensator zurückführt und bei zu niedrigem Kondensatstande im Kondensator durch ein Ventil geöffnet wird. Besonders bei Anzapfmaschinen, bei denen unter Umständen nur sehr wenig Dampf in den Kondensator gelangt, ist eine den Betriebsverhältnissen sich anpassende Reglung des Kondensatstandes notwendig. Das geschieht am besten durch eine selbsttätig wirkende Regelvorrichtung, für die es verschiedene Ausführungsformen gibt.

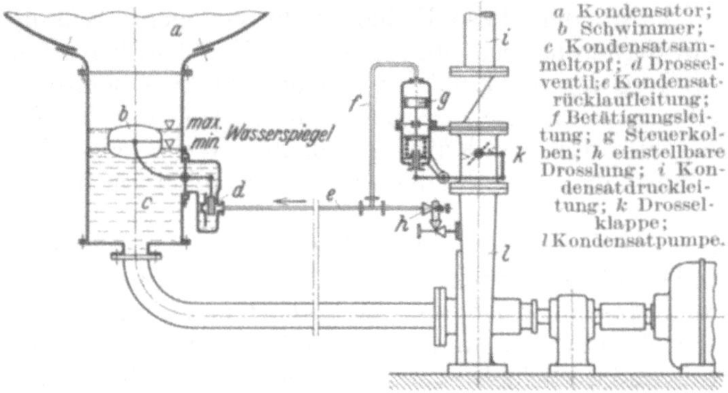

a Kondensator; *b* Schwimmer; *c* Kondensatsammeltopf; *d* Drosselventil; *e* Kondensatrücklaufleitung; *f* Betätigungsleitung; *g* Steuerkolben; *h* einstellbare Drosslung; *i* Kondensatdruckleitung; *k* Drosselklappe; *l* Kondensatpumpe.

Abb. 29. AEG, Reglung des Wasserstandes im Kondensator.

Ein Beispiel einer Kondensatstandreglung zeigt Abb. 29. Im Kondensatsammeltopfe des Kondensators ist ein Schwimmer *b* untergebracht, der ein Drosselventil *d* betätigt. Das Ventil öffnet oder schließt die Kondensatrücklaufleitung *e* je nach dem Wasserstande im Kondensator. Die dadurch hervorgerufenen Druckänderungen in der Rücklaufleitung *e* werden auf einen Steuerkolben *g* übertragen, der die Drosselklappe *k* in der Kondensatdruckleitung *i* steuert. Durch Stopfbuchsen abzudichtende Durchführungen der Kondensatorwand sind hierbei gänzlich vermieden, die Undichtheitsgefahr daher weitgehend beseitigt.

Damit das in der **Kondensatdruckleitung** befindliche Kondensat bei Stillstand nicht in den Kondensator zurückläuft, wird am Druckstutzen der Kondensatpumpe eine Rückschlagklappe angeordnet. Sie hält zugleich in der Kondensatdruckleitung etwa auftretende Stöße von der Pumpe fern.

Zur Bewässerung der Stopfbuchsen der Kondensatpumpe wird Wasser aus dem Druckraume der Pumpe verwendet. Dazu ist es nötig, daß die Pumpe auf 5 bis 6 m W.-S. fördert. Ist diese Förderhöhe nicht vorhanden, so kann sie z. B. durch eine Gewichtbelastung der Rückschlagklappe geschaffen werden. Auch Drosselscheiben können zu diesem Zwecke verwendet werden.

Liegt der Kondensatsammelbehälter tiefer als die Pumpe, so kann in der Kondensatleitung Kraftschluß entstehen. Um das zu vermeiden, wird in der Druckleitung ein Zwischenbehälter mit Überlauf in entsprechender Höhe angeordnet. Der Behälter muß luftdicht abgeschlossen sein. Um zu verhindern, daß das Niederschlagwasser mit Luft in Berührung kommt und sich ein der Höhe der Kondensatabflußleitung entsprechender Unterdruck im Behälter bildet, kann man Sattdampf niedriger Spannung in diesen Behälter leiten.

Kondensatdruckleitung und Kondensatpumpe werden unter Umgehung der Rückschlagklappe zum Auffüllen vor der Inbetriebsetzung durch eine mit einer Absperrvorrichtung versehene Auffülleitung verbunden.

Die Anschlüsse der **Luftsaugleitung** am Kondensator, d. h. die Luftsaugstutzen, sollen nicht zu tief angebracht sein, da sonst die Gefahr besteht, daß der Strahlsauger durch das Ansteigen des Kondensates außer Tätigkeit gesetzt wird. Die einzelnen Stutzen werden zunächst untereinander so verbunden, daß die Strömungswiderstände möglichst klein bleiben, und dann mit einer gemeinsamen Leitung von reichlichem Querschnitte an den Strahlsauger angeschlossen. Absperrvorrichtungen sind in dieser Leitung nicht nötig und werden wegen der damit verbundenen Undichtheitsmöglichkeiten besser vermieden.

Bei Wasserstrahlsaugern wird möglichst nahe am Sauger eine Rückschlagklappe angeordnet, damit beim Versagen der Strahlwasserpumpe kein Strahlwasser in den Kondensator eindringen und so die Luftleere zerstören kann. Als weitere Sicherheit kann zwischen Rückschlagklappe und Strahlsauger ein federbelastetes Belüftungsventil eingebaut werden, das bei sinkendem Strahlwasserdrucke Luft in den Strahlsauger einläßt und den Kondensator durch die Rückschlagklappe abschließt.

Für größere Kondensationsanlagen und größere Ansaugleistungen werden mehrere Strahlsauger mit besonderen Saugstutzen am Hauptkondensator nebeneinander geschaltet. Betrieblich gewinnt man dadurch Vorteile, welche die dadurch verursachten geringen Mehrkosten reichlich ausgleichen. Mehrere Saugstellen am Kondensator sind einerseits an sich vorteilhaft, andererseits ist die Gesamtsaugleistung mehrerer kleiner Strahlsauger größer als die eines einzigen großen. Bei der Verteilung der Saugleistung auf eine größere Zahl nebeneinander arbeitender Strahlsauger wird ferner sowohl eine kräftige Luftabsaugung mit entsprechend kurzer Anfahrzeit möglich als auch ein wirtschaftlicher Dauerbetrieb durchführbar. Im Betriebe schaltet man so viele Stufen oder Sauger ab, daß einerseits die Luftleere ihren günstigsten Wert beibehält, andererseits die Strahlsauger am wenigsten Dampf oder Strahlwasser benötigen.

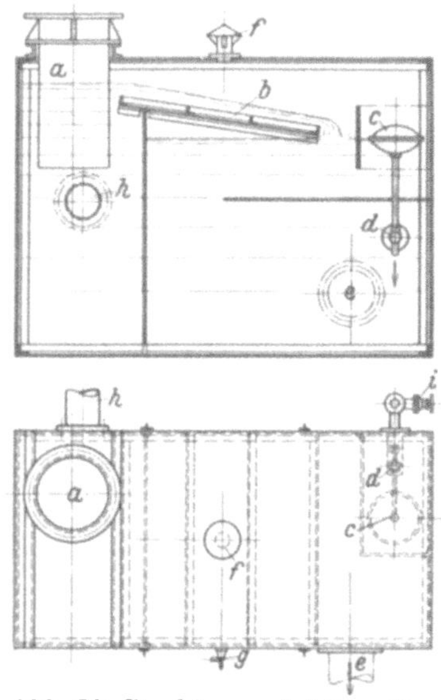

Abb. 30. Strahlwasserbehälter für Wasserstrahlsauger mit Kreislaufführung.

a Strahlwassereintritt; *b* Überlauf; *c* Schwimmer; *d* Zusatzwasserleitung, durch *c* gesteuert; *e* Strahlwasseraustritt zur Pumpe; *f* Entlüftung; *g* Ablaßhahn; *h* Strahlwasserablauf ins Freie; *i* Handventil in *d*.

Der Wasserstrahlluftsauger kann bei kleinen Anlagen unmittelbar in die Kühlwasserleitung zwischen Pumpe und Kondensator eingeschaltet werden. Hinter dem Wasserstrahlsauger muß dann jedoch ein Luftabscheider angebracht sein. Besser ist die Nebeneinanderschaltung von Kondensator und Wasserstrahlsauger, da in diesem Falle die Strahlwassermenge für sich eingestellt werden kann. Das Strahlwasser wird von der Kühlwasserleitung zwischen Pumpe und Kondensator abgezweigt, durchfließt den Strahlsauger und läuft in den Kühlwasserzu- oder -ablauf ab. Je nach der Druckhöhe in der Kühlwasserleitung und der Strahlwassermenge kann diese Schaltung mit oder ohne besondere Strahlwasserpumpe ausgeführt werden. Beste Anpassungsmöglichkeit an die vorhandenen Betriebsverhältnisse und größte Betriebsicherheit bietet jedoch erst ein vollkommen getrennter Strahlwasserkreislauf. Ist die verfügbare Wassermenge klein, so wird man das Strahlwasser in den Kühlwasserzulauf abfließen lassen. Dieser Abfluß muß aber vom Saugkorbe der Kühlwasserpumpe möglichst weit entfernt liegen, damit die im Strahlwasser enthaltene Luft noch ausgeschieden wird, bevor sie in die Kühlwasserwege eindringen kann. Luft in den Kühlrohren des Kondensators vermindert den Wärmedurchgang und begünstigt überdies die Verrottung.

Meist ist es vorteilhaft, das Strahlwasser im Kreislaufe zu führen. Das ist besonders dann geboten, wenn das Kühlwasser säure- oder schlammhaltig ist. Es wird dann ein Strahlwasserbehälter angeordnet, Abb. 30, aus dem die Strahlwasserpumpe saugt und in den das erwärmte, lufthaltige Strahlwasser wieder zurückfließt; dort scheidet es seine Luft ab und kühlt sich ab. Der Strahlwasserbehälter soll durch die Anordnung eines oder mehrerer Überläufe dem Wasser Gelegenheit bieten, eine große Oberfläche zu entwickeln, damit es die Luft möglichst vollständig ausscheidet, bevor es wieder angesaugt wird. Eine gute Luftleere schafft der Strahlsauger nur bei niedriger Strahlwassertemperatur. Einen Teil des warmen Strahlwassers läßt man daher ständig abfließen und ersetzt ihn durch kaltes Frischwasser. Die Absperrvorrichtung in der Zusatzwasserleitung wird am besten durch einen im Behälter angebrachten Schwimmer geregelt. Die abfließende Wassermenge ist so einzustellen, daß die Strahlwassertemperatur niedrig und möglichst gleichmäßig bleibt. Da der Unterdruck im Kondensator abhängig ist von der höchsten Temperatur, sei es die Kondensat- oder die Kühlwasseraustrittstemperatur, so ist es nicht von Vorteil, die Strahlwassertemperatur wesentlich niedriger als diese zu halten, weil sonst viel Dampf aus dem Kondensator nach der kälteren Stelle im Strahlsauger strömt, dort niedergeschlagen wird und als Kondensat verloren geht (Nachkondensation).

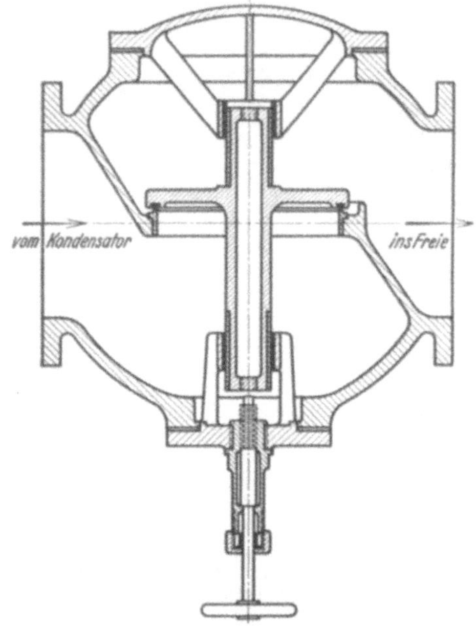

Abb. 31. Notauspuffventil für Oberflächenkondensator.

Wichtig ist, daß die Strahlwasserleitung vor dem Eintritte in den Strahlsauger ein möglichst langes Stück gerade geführt wird. Vorteilhaft ist es ferner, die Strahlsauger lotrecht und hochliegend anzubringen, da dann die Wassersäule der Ablaufleitung die Saugwirkung des Strahlsaugers unterstützt. Zur Überwachung des Strahlwasserdruckes werden am Eintritte in die Pumpe und in den Strahlsauger je ein Druckmesser angebracht.

Die Frischdampfleitung des Dampfstrahlsaugers erhält ein Dampfsieb und, falls nur hochgespannter Dampf zur Verfügung steht, eine Drosselscheibe, welche den Druck auf den für den Strahlsauger günstigsten Wert von etwa 10 ata herabsetzt. Vor jeder der beiden Stufen ist ein Absperrventil vorgesehen, mit welchem die Dampfspannung besonders geregelt oder eine Stufe ganz ausgeschaltet werden kann. Ein Druckmesser für die Druckstufe, ein Unterdruckmesser für die Unterdruckstufe und Thermometer sind vorzusehen.

Den Niederschlag des Arbeitdampfes der Unterdruckstufe in die Kondensatsaugleitung abzuführen, ist nicht zu empfehlen, da er reich an Sauerstoff ist. Bei neueren Anlagen wird er in den Kondensator geführt, damit dort der Sauerstoff ausgeschieden wird, bevor er wieder in den Kondensatkreislauf gelangt. Der Niederschlag des Arbeitdampfes der Druckstufe wird in einen Sammelbehälter oder über eine Schleuse ebenfalls in den Kondensator geleitet. Der Wrasen und die Abluft der Druckstufe des Strahlsaugers werden am besten in die Auspuffleitung des Hauptkondensators abgeführt.

Für den Dampfraum der Kondensatoren ist üblicherweise ein höchster innerer Überdruck von etwa 1,5 at zulässig (gleich Probedruck). Die Dichtungen vertragen kaum Temperaturen über 100°. Auch der Abdampfstutzen der Kondensationsturbine ist weder für hohe Drücke noch für hohe Temperaturen geeignet. Als Schutz gegen unzulässigen Druck- und somit Temperaturanstieg im Abdampfraume wird ein selbsttätig wirkendes Notauspuffventil vorgesehen. Die Auspuffleitung zweigt an der Verbindung zwischen Kondensator und Turbine, bei Platzmangel auch am oberen Teile des Kondensatormantels ab, führt zum Notauspuffventile und von da ins Freie. Dessen Ventilkegel wird durch schwachen Federdruck oder besser noch nur durch das Eigengewicht und den Unterdruck auf seinen Sitz gedrückt, Abb. 31. Gute Dichtung der Sitzflächen ist unerläßlich, um ein Absinken der Luftleere zu vermeiden. Zu empfehlen sind Ventile mit einem den Sitz umgebenden, erhöhten Rande, in welchem sich Niederschlagwasser ansammelt und dadurch einen einfachen und wirkungsvollen Wasserverschluß bildet. Zur Beobachtung dieses Wasserverschlusses kann ein Wasserstandanzeiger am Ventile vorgesehen werden. Auch eine dauernde Fremdbewässerung des Ventiltellers mit Kondensat wird bisweilen ausgeführt. Bei geringem Überdrucke im Kondensator wird die Ventilbelastung aufgehoben, das Ventil öffnet sich und läßt den Abdampf ins Freie treten. Ein Handrad gestattet zwangsweises Öffnen und Offenhalten des Ventiles. Es ist zu beachten, daß dieses Ventil gut zugänglich angebracht wird, da es bei einer Überprüfung der Kondensationsanlage gleichfalls überprüft werden muß. Bei großen Auspuffventilen ist es zu empfehlen, oberhalb dieser eine mit Riffelblech abgedeckte Deckenöffnung vorzusehen, damit man mit dem Krane an das Ventil herankann. Muß das Ventil tiefer als seine Anschlußstelle verlegt werden, so ist der tiefste Punkt des Raumes zwischen Kondensator und Ventil durch eine Leitung nach dem Kondensator zu entwässern.

Mitunter baut man bei großen Anlagen in die Abdampfleitung zwischen Turbine und Kondensator statt Auspuffventil und Auspuffleitung neuerdings Fenster ein, die durch dünne Bleiplatten verschlossen werden. Bei Überdruck reißen diese Platten und lassen dann den Auspuff in das Maschinenhaus strömen. Man spart dabei wohl die großen, viel Platz beanspruchenden Auspuffleitungen, aber es entsteht dadurch die Möglichkeit, daß der Stromerzeuger durch den ausströmenden Dampf zu Schaden kommt.

6. Die Bauteile der Axialturbinen.

Bevor in diesem Abschnitte auf Einzelheiten eingegangen wird, ist es erforderlich, durch einige Längsschnittzeichnungen von zeitgemäßen Turbinen die Unterschiede der hauptsächlichen Bauarten, Arbeitverfahren (Gleichdruck- und Überdruckwirkung) und Sonderausführungen für Industriekraftwerke wenigstens andeutungsweise zu zeigen. Abb. 32 zeigt eine dreigehäusige Kondensationsturbine für 85000 kW bei 1500 U/min in Überdruckbauart mit einer vorgeschalteten Gleichdruckregelstufe, Abb. 33 eine eingehäusige Kondensationsturbine für 25000 kW bei 3000 U/min in Gleichdruckbauart. Abb. 34 stellt eine eingehäusige Gleichdruck-Gegendruckturbine in der die neuere Entwicklung der HD-Turbine allgemein kennzeichnenden Bauform dar. Sie ist zugleich ein Beispiel einer Getriebeturbine. Abb. 35 ist eine Überdruck-Anzapfturbine mit Gleichdruckregelstufen in beiden Teilen. Reine Überdruckturbinen sind heute überaus selten und für Industrieturbinen insbesondere nicht zweckmäßig. Abb. 36 zeigt die größte bisher gebaute Anzapf-Gegendruckturbine, eine zweigehäusige Turbine für 20000 kW bei 3000 U/min. Eine seltenere Form einer Industrieturbine mit dreifacher Reglung, und zwar eine Zweidruck-Anzapfturbine für Frischdampf- und Abdampfbetrieb, ist in Abb. 37 wiedergegeben. In ähnlicher Weise werden Doppel-Anzapfturbinen mit drei Reglungen ausgeführt.

Die hier als Beispiele für die verschiedenen Bauarten gezeigten Turbinen sind zwar nicht für die gleichen Frischdampfverhältnisse gebaut, doch kann ihr Aufbau mit nur unwesentlichen Änderungen bis ungefähr 50 at Frischdampfdruck als kennzeichnend angesehen werden. Ausgesprochene HD-Turbinen für rund 100 at Frischdampfdruck sind hier, da noch verhältnismäßig selten, nicht angeführt. Über sie unterrichtet, ebenso wie über die Gesetze der Arbeitverfahren, das hierfür am Schlusse des Buches genannte Schrifttum.

Lagerböcke und Gehäusefüße ortfester Turbinen ruhen allgemein auf Grundplatten und sind mit diesen entweder fest verschraubt, wenn sie einen Festpunkt der Turbinenanlage bilden, oder auf ihnen gleitend geführt, damit Wärmedehnungen unbehindert stattfinden können. Durchgehende Grundplatten, auf denen alle Teile eines Turbosatzes ruhen, wendet man heute nur mehr bei Turbinen kleiner Leistung an; in der Regel erhält jedes Lager eine Grundplatte für sich. Für größere Maschinen werden durchgehende Grundplatten aus einem Stücke groß und schwer, überdies können sie sich leicht verziehen. Ein genaues Ausrichten der Maschine ist hierbei somit schwieriger. Wo große Grundplatten verwendet werden müssen, wie z. B. bei Stromerzeugern großer Leistung, werden sie in mehreren Teilen hergestellt und miteinander verschraubt.

Für den ruhigen Lauf der Turbine ist es vorteilhaft, den Abstand der Wellenmitte vom Fundamente klein zu halten; Fliehkräfte und Wärmedehnungskräfte wirken dann

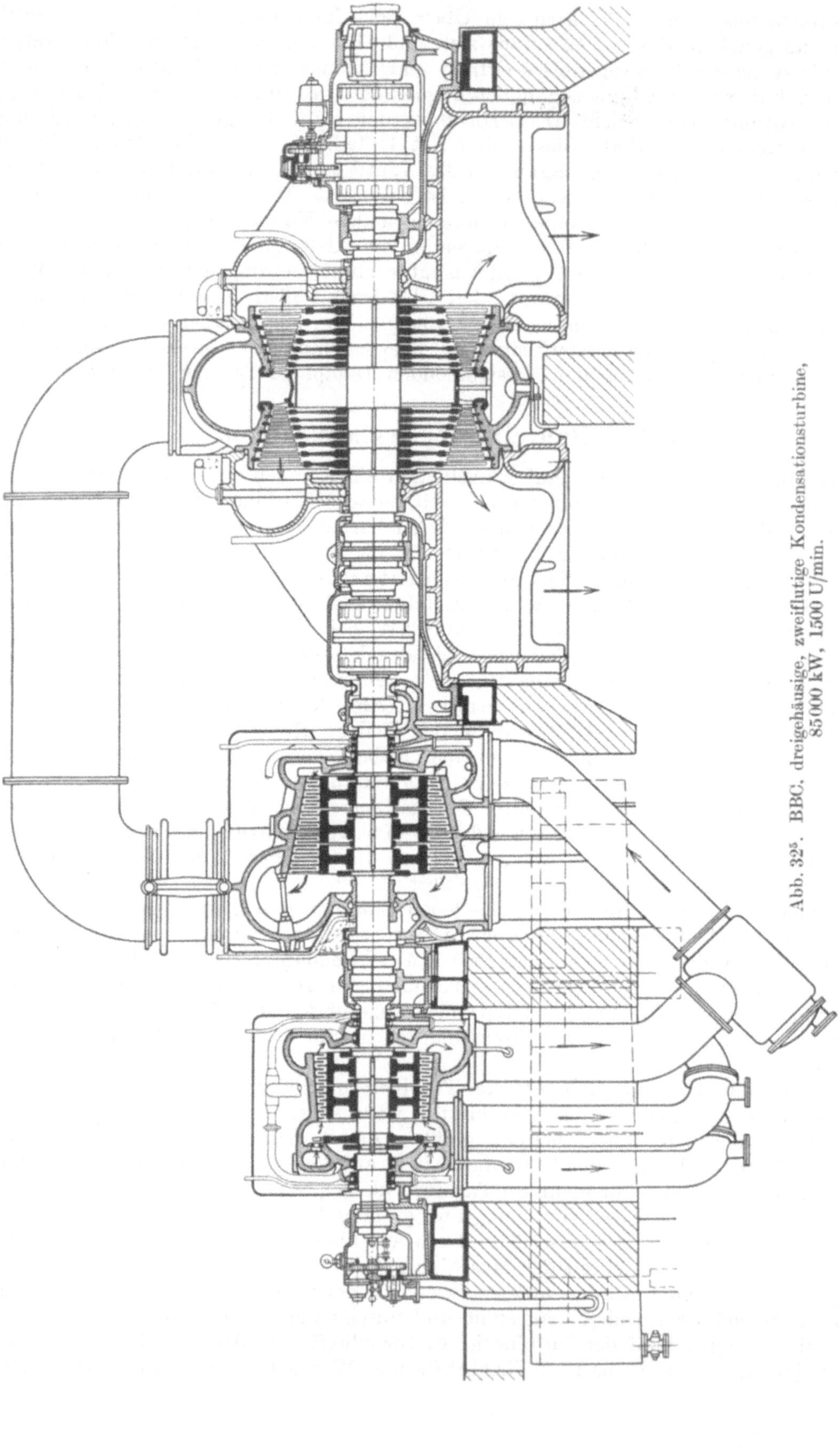

Abb. 32[5]. BBC. dreigehäusige, zweiflutige Kondensationsturbine, 85000 kW, 1500 U/min.

[5] Nach Z. VDI Bd. 74 (1930) Tafel 16.

an einem kleineren Hebelarme als bei großer Bauhöhe, die Momente werden also kleiner. Diese Forderung bedingt, daß die Grundplatte ebenfalls so niedrig wie möglich ist. Mitunter geht man darin so weit, daß nur Sohlplatten aus Flacheisen angewendet werden. Der Ausgleich verschiedener Fußhöhen der Lagerböcke, die Möglichkeit, an der Grundplatte Ölleitungen, Böckchen für das Schnellschlußgestänge u. dgl. zu befestigen, ferner das Bestreben, der Maschine ein gefälliges Aussehen zu geben — man bringt z. B. aus diesem Grunde die

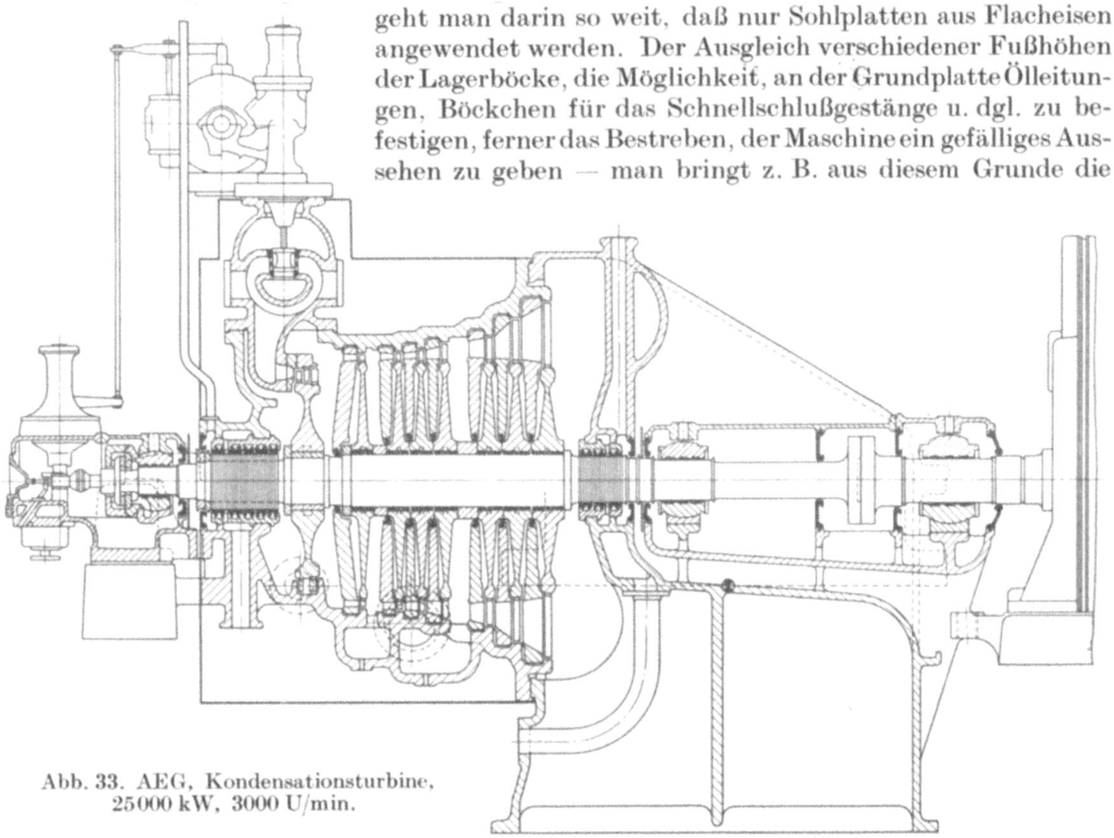

Abb. 33. AEG, Kondensationsturbine, 25000 kW, 3000 U/min.

Ankermuttern verdeckt an — bedingen allerdings eine gewisse Höhe der Grundplatte. Die Platte selbst kann gegossen oder aus Formeisen und Blech geschweißt hergestellt werden.

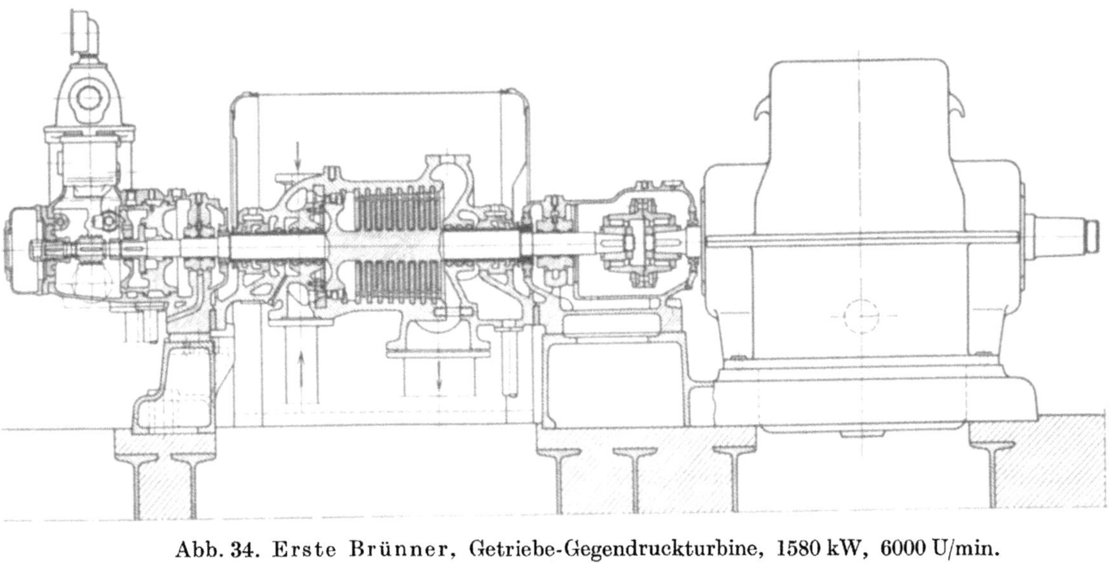

Abb. 34. Erste Brünner, Getriebe-Gegendruckturbine, 1580 kW, 6000 U/min.

Mit dem Fundamente ist die Grundplatte durch Anker oder Steinschrauben verbunden. Die Verankerung besteht aus den Ankerbolzen mit zugehörigen Muttern und der

Ankerplatte. Für die Ankerbolzen werden Aussparungen im Fundamente vorgesehen. Die Ankerplatten liegen auf der Unterseite der Balken oder in Aussparungen der Fundamentwangen. Wegen der oft beträchtlichen Länge der Bolzen muß es möglich sein, sie beim Anziehen in der Nähe der Muttern festzuhalten und an der Drehung zu verhindern, da sonst die Bolzen verdreht werden und die Muttern nicht festzuziehen sind. Zum Festhalten werden die Bolzen mit je zwei parallelen Flächen am oberen Ende versehen. Steinschrauben sollten nur dort verwendet werden, wo eine Verankerung nicht möglich ist oder wo keine oder nur geringe Zugkräfte auftreten. Ihr sicherer Halt ist sehr von der Güte ihres Einbaues abhängig.

Das Gehäuse einer Turbine hat einerseits ihren eigentlich wirksamen Teil, d. i. den Läufer und die dazugehörigen Leitvorrichtungen, nach außen dampfdicht abzuschließen und vor Wärmeabstrahlung zu schützen, andererseits als Träger der Einbauten (Düsen, Leitvorrichtungen, Stopfbuchsen) zu dienen. Die erste Bedingung erfordert vom Gehäuse die nötige Steifigkeit, also Ausbildung als

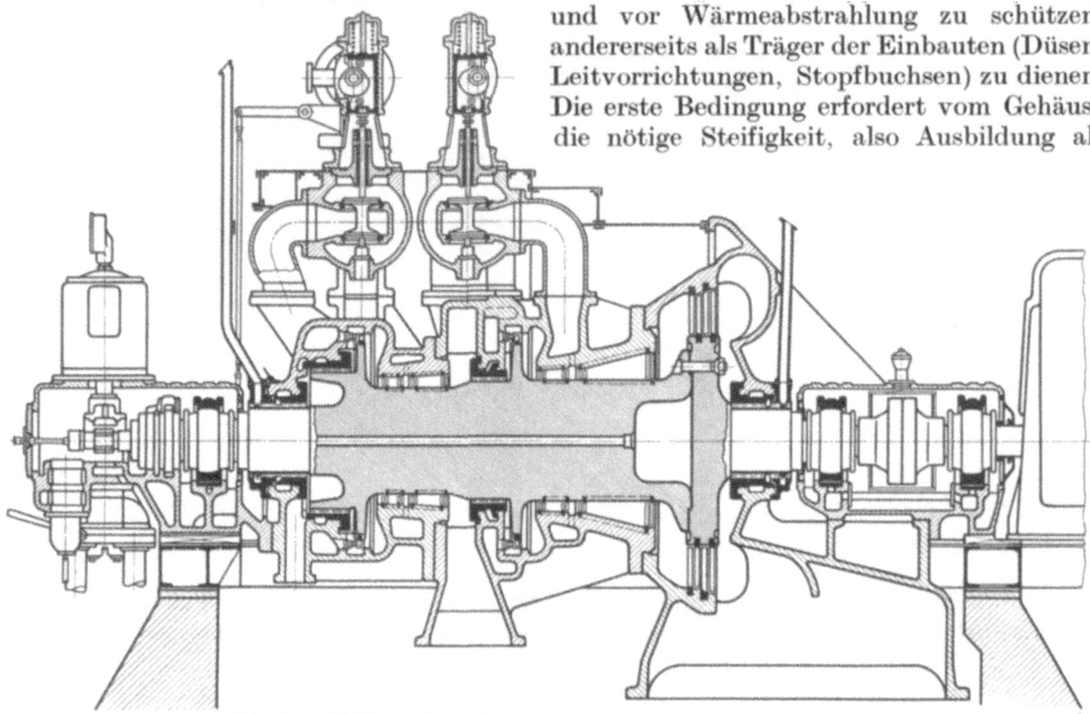

Abb. 35[6]. SSW-Röder, Anzapfturbine, 6000 kW, 3000 U/min.

Behälter unter innerem Überdrucke, die zweite eine unbedingte Gleichmäßigkeit der Wärmedehnungen, damit unter keinen Umständen Verformungen die Lage der feststehenden Teile so verändern, daß der Läufer zum Anstreifen kommt. Die Gehäuse sind allgemein in Höhe der Wellenmitte waagerecht geteilt, damit Zusammenbau und Auseinandernehmen der Turbinen leicht und rasch durchführbar sind. Nebst dieser Teilung werden nur dann weitere, senkrecht dazu verlaufende Teilfugen vorgesehen, wenn der Ober- oder der Unterteil des Gehäuses ungefügig groß würde oder verschiedene Baustoffe verwendet werden, wie Stahlguß für den HD-Teil und Gußeisen für die Teile mittleren und niedrigen Druckes.

Das Temperaturgefälle, dem das Gehäuse ausgesetzt ist, hängt von dem Aufbaue der Turbine ab. Bei Überdruckturbinen mit reiner Drosselreglung tritt der Frischdampf unmittelbar in das Gehäuse, bei allen anderen Bauarten aber, sofern sich als Regelstufe ein Gleichdruckrad vorfindet und besondere Einströmkammern (Düsenkästen) vorgesehen sind, wird der Frischdampf, bevor er in das Turbinengehäuse eintritt, in den Düsen der ersten Stufe bereits zu einem gewissen Teile entspannt. Für das Gehäuse selbst und die Auswahl seines Baustoffes ist dann nur der Druck und die Temperatur

[6] Nach Wärme Bd. 57 (1934) S. 336, Abb. 3.

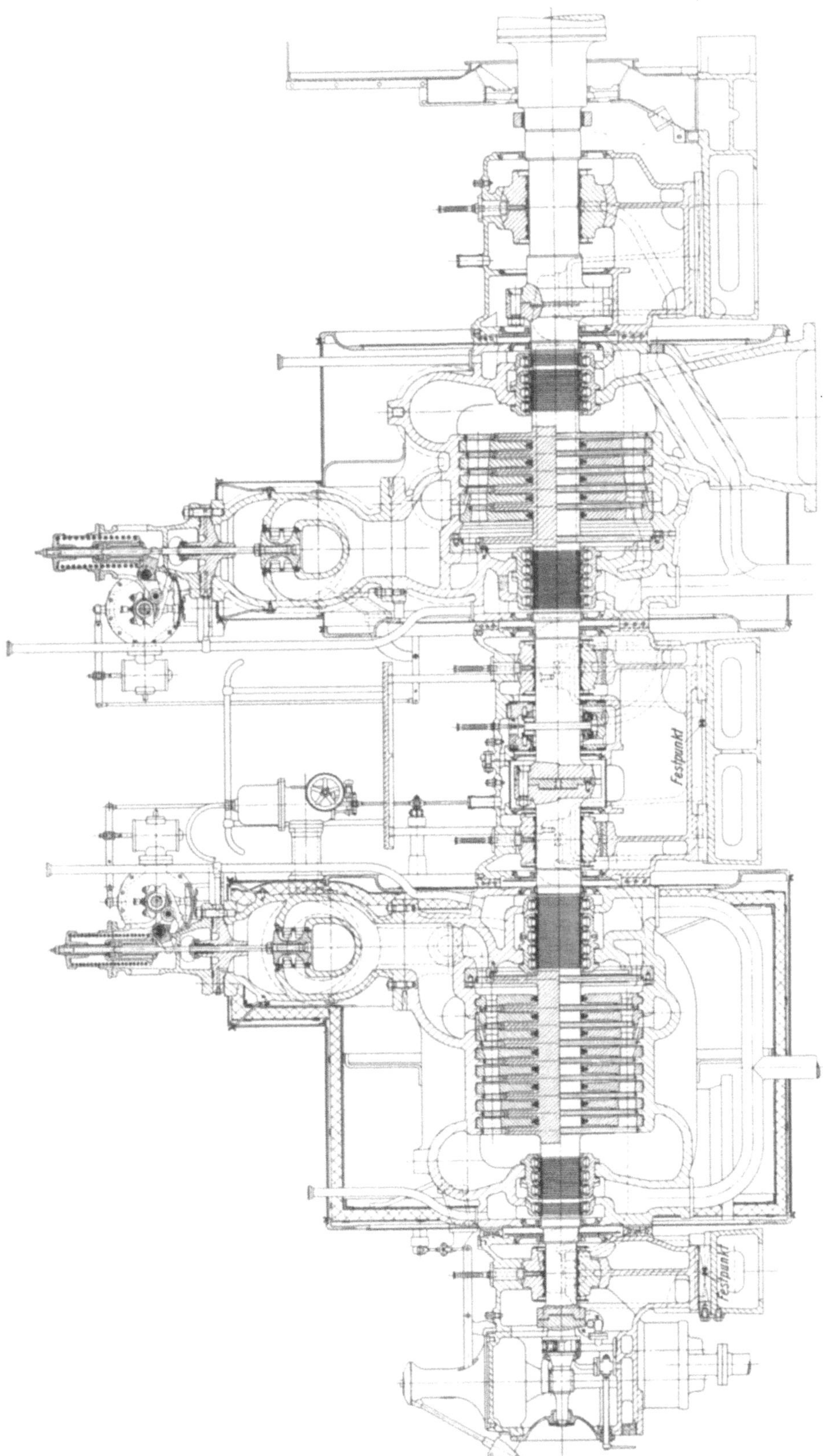

Abb. 36. AEG, zweigehäusige Anzapf-Gegendruckturbine, 20000 kW, 3000 U/min.

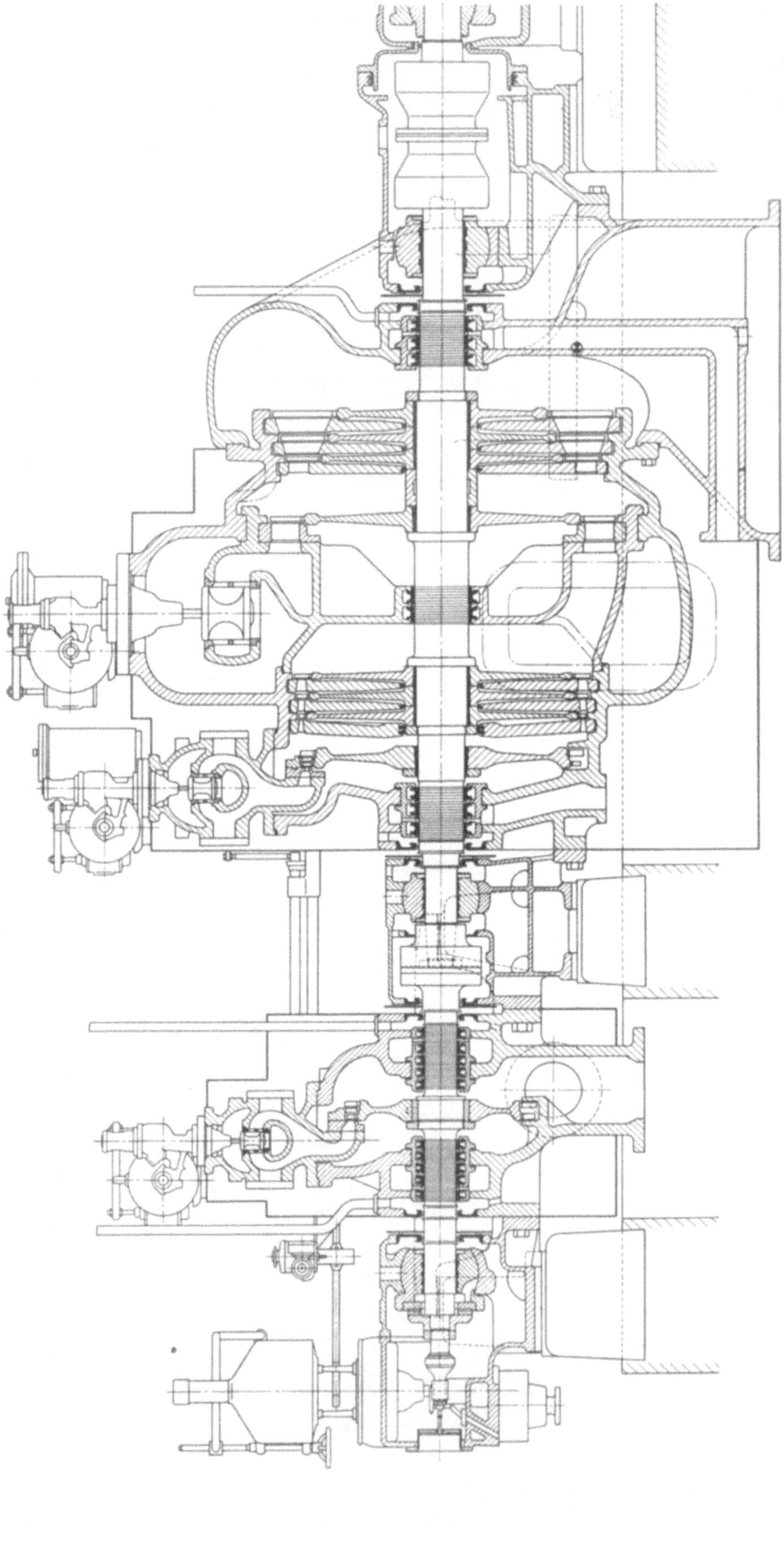

Abb. 37. AEG, zweigehäusige Anzapf-Abdampf-Kondensationsturbine zum Antriebe eines Kreisel-Luftverdichters, 7250 kW, 3650 U/min. Frischdampf 23 ata, 400°, Entnahme bei 12 ata, Abdampfzufuhr bei 1,15 ata.

des Dampfes in der ersten Stufe maßgebend. Wo hohe Drücke und besonders hohe Temperaturen zu verarbeiten sind, wird man daher entweder auf kleine Abmessungen für das Gebiet der hohen Drücke und Temperaturen übergehen (Teilung der Turbine in Teilturbinen mit kleinem HD-Gehäuse) oder aber, wenn die Rücksicht auf den Gesamtwirkungsgrad es zuläßt, bereits in der Regelstufe den Dampf auf mäßigen Druck und mäßige Temperatur herunterarbeiten und die Frischdampf führenden Einströmteile in das Gehäuse besonders einsetzen.

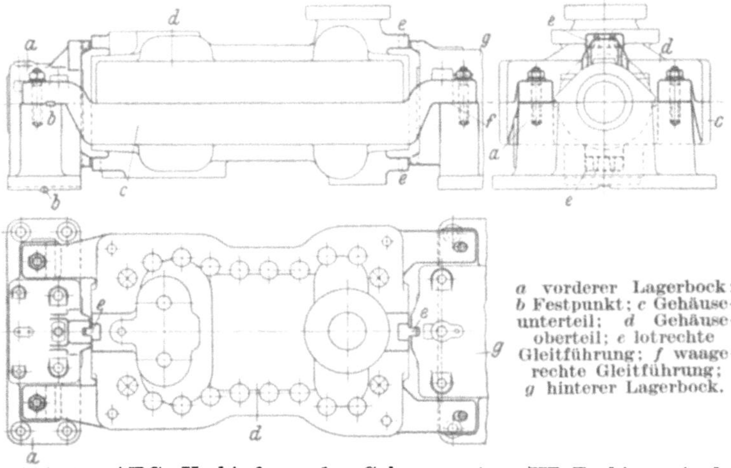

a vorderer Lagerbock; *b* Festpunkt; *c* Gehäuseunterteil; *d* Gehäuseoberteil; *e* lotrechte Gleitführung; *f* waagerechte Gleitführung; *g* hinterer Lagerbock.

Abb. 38. AEG, Verbindung des Gehäuses einer HD-Turbine mit den Lagerböcken.

Eine der wichtigsten Forderungen ist, daß sich das Gehäuse bei der Erwärmung unbehindert dehnen kann und die Ausrichtung der Maschine im Betriebe nicht gefährdet wird. Dieser Forderung müssen auch die Verbindungen zwischen Gehäuse und Lagerböcken nachkommen. Die bekannteste, einfachste und für mittlere Dampfverhältnisse vollkommen ausreichende Verbindungsart ist die durch Halbringflächen am Gehäuseunterteile und am Lagerbocke, die mittels zweier waagerechter Führungskeile nahe der waagerechten Teilfuge und eines lotrechten unten am Gehäuse Wärmedehnungen ungefähr radial von der Mitte aus zuläßt. Eine Sonderausführung (BTH) verwendet schräge, unter 45^0 geneigte Auflageflächen am Lagerbocke und entsprechende am Gehäuseunterteile, auf welchen das Gehäuse entsprechend der Dehnung senkrecht zur Turbinenachse gleiten kann, ohne daß sich die mittige Lage des Läufers zum Gehäuse verändert. Bei sehr hohen Betriebstemperaturen ist es zweckmäßig, Gehäuse oder Gehäuseteile mit Pratzen genau in Höhe der Wellenmitte auf den Lagerböcken zu lagern, Abb. 38, wodurch eine allseitige Wärmedehnung unter vollkommener Einhaltung der mittengleichen Lage von Gehäuse und Läufer möglich wird. Da die Pratzen auf den Lagerböcken gleiten müssen oder entsprechend der Art der Befestigung unter Umständen auch den ganzen Lagerbock auf seiner Grundplatte verschieben müssen, ist geringe Fußhöhe des Lagerbockes auch aus diesem Grunde vorteilhaft.

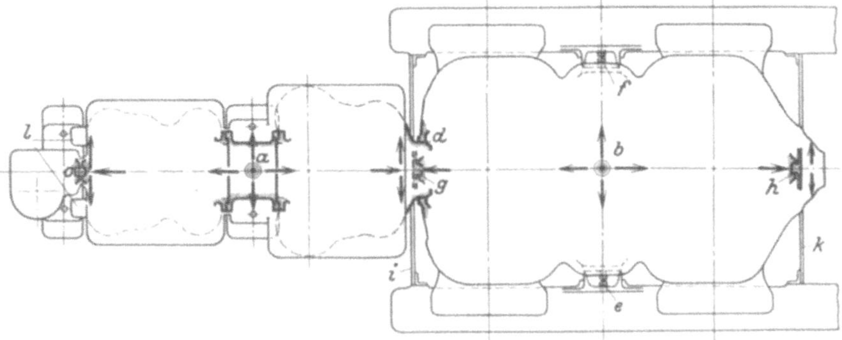

Abb. 39[7]. BBC, Anordnung der Festpunkte und Gleitverbindungen an einer dreigehäusigen Kondensationsturbine 85000 kW, 1500 U/min.
a Festpunkt für HD- und MD-Gehäuse und -Läufer; *b* Festpunkt für ND-Gehäuse; *c, e, f, g, h* Führungskeile; *d* Gleitführung zwischen MD- und ND-Gehäuse; *i, k* nachgiebige Widerlager für *g* und *h*; *l* Tragpratzen des HD-Gehäuses.

Die Wärmedehnungen der Gehäuse in axialer Richtung werden durch entsprechende Wahl der Festpunkte und Gleitverbindungen berücksichtigt. Als Beispiel diene die bereits in Abb. 32 dargestellte dreigehäusige Turbine von 85000 kW, Abb. 39. Das ND-Gehäuse ist durch Keile in der Mittelebene (g—h) und senkrecht dazu (e—f) in in der Dehnungs-

[7] Nach S. 33, Abb. 20*a* in: Gesamtbericht Zweite Weltkraftkonferenz Bd. 5. Berlin: VDI-Verlag 1930.

richtung nachgiebigen Widerlagern *i* und *k* geführt. Die ND-Welle ist im linksseitigen Lager axial festgelegt. HD- und MD-Gehäuse und -Welle erhalten einen gemeinsamen, das Zwischenlager festhaltenden Festpunkt bei *a*.

Bei großen Kondensationsturbinen erfordern Formgebung und Bemessung der Abdampfgehäuse besondere Sorgfalt. Diese sind einerseits durch den äußeren Luftdruck, andererseits durch einen Teil des Gewichtes der Läufer der Turbine und des Stromerzeugers beansprucht, da deren Lager entweder eingegossen oder mit Schraubenverbindung eingehängt sind. Die Abdampfgehäuse sind in der Regel durch kräftige Füße auf Grundplatte oder Fundament abgestützt. Insbesondere bei großen Abmessungen ist darauf zu achten, daß der Abstand dieser Füße voneinander nicht zu groß ist, da sich sonst die im Abdampfgehäuse angeordneten Lager im Betriebe, wenn Wärmeverformung und innerer Unterdruck sich auswirken, gegenüber dem Zustande bei stillstehender und kalter Maschine verlagern, was unruhigen Lauf zur Folge haben kann.

Auch die übrigen Einbauten der Gehäuse, wie Stopfbuchsen und Düsendeckel, müssen im Gehäuse derart befestigt sein, daß sie im Betriebe einerseits ihre mittengleiche Einstellung beibehalten, andererseits durch ihre Wärmedehnung das Gehäuse nicht verspannen. Die Düsendeckel sind daher mit genügendem Spiele im Gehäuse vermittels seitlicher, in Teilfugenhöhe angebrachter Knaggen oder Nasen aufzuhängen oder abzustützen, die oberen Hälften überdies so, daß sie beim Abheben des Gehäuseoberteiles mit diesem angehoben werden. Ferner erhalten die einzelnen Deckelhälften meist noch an den oberen und unteren Scheitelpunkten Führungen.

Um eine möglichst gleichmäßige Wärmedehnung der Gehäuse zu gewährleisten, müssen auch die Verhältnisse beim Anfahren, bei Teil- und Überlastbetrieb berücksichtigt werden. So ist es nicht gleichgültig, in welcher Reihenfolge die einzelnen Düsengruppen nacheinander beaufschlagt werden, weil unter Umständen das ganze Gehäuse einseitig erwärmt wird und sich dadurch unzulässig verziehen kann. Auch können durch zu große Dehnungsunterschiede die Teilfugen undicht werden. Sind die Dampfwege von den Regelventilen zu den Düsen der ersten Stufe nicht in das Turbinengehäuse eingegossen, sondern als besondere Gußstücke ausgebildet, so ist die Erwärmung des Gehäuses selbst wesentlich geringer. Eine solche Anordnung ist daher bei größeren Abmessungen und insbesondere bei höheren Frischdampftemperaturen unbedingt vorzuziehen.

Die Turbinengehäuse müssen Angriffstellen für die Kranseile haben. Soweit sie nicht schon durch die Form der Gehäuse von selbst gegeben sind, müssen Hakennasen, bei kleineren Teilen Hebeösen und dergleichen vorgesehen sein. Am Abdampfteile können auch die Angüsse für die Schaulochdeckel als Aufhängepunkte ausgebildet werden.

Die Turbinengehäuse bestehen im allgemeinen aus Gußeisen oder Stahlguß. Die Grenze für die Verwendung von Gußeisen liegt bei mittleren und großen Abmessungen ungefähr bei 350° Betriebstemperatur. Bei Kleinturbinen läßt man im Hinblicke auf die kleinen Abmessungen bis 400° zu, wenn ein erprobt gutes Heißdampfgußeisen verfügbar ist. Bei besonders hohen Dampftemperaturen, etwa von 450° ab, wird häufig Stahlguß mit Zusätzen (Mo und Ni) verwendet, aber auch ohne diese hat sich guter Stahlguß selbst unter den höchsten bisher angewendeten Temperaturen durchaus gut bewährt. Stahlgehäuse, aus dem Vollen oder zusammengeschweißt, sind bisher nur vereinzelt ausgeführt worden.

Für die B e s c h a u f l u n g der Dampfturbinen hat sich eine Reihe von Grundformen von Schaufeln herausgebildet. Bei geringen Kräften wird die Blech- oder die Formschaufel mit gleichem Querschnitte von Kopf- bis zum Fußende verwendet. Sie erhalten beim Zusammenbaue zwischen je zwei benachbarten Schaufeln ein Füllstück. Sind die auftretenden Kräfte größer, so wird die eigentliche Schaufelform aus einem größeren Querschnitte herausgearbeitet, wobei der Fuß stärker bleibt als das Schaufelblatt; man bezeichnet diese Form als fußverstärkte Schaufel. Sie erfordert Füllstücke geringerer Dicke. Reicht auch diese Form nicht mehr aus, so werden die Schaufeln aus je einem Rohblocke der vollen Schaufelteilung herausgearbeitet, also füllstücklos ausgeführt. Bezüglich der Ausbildung des Schaufelblattes sind zu unterscheiden: die im Blatte auf der ganzen Länge gleiche Schaufel, die verwundene Schaufel, bei der mit Rücksicht auf gute Dampfführung die Schaufelform am Kopfe eine andere ist als am Schaufelfuße, und schließlich die verjüngte Schaufel, die wegen der Fliehkraft in der Stärke oder in der Breite oder in beiden zugleich vom Fuße zum Kopfe sich verjüngt.

Die Laufschaufeln werden auf dem Läufer durch einen Fuß befestigt, der grundsätzlich entweder als Schwalbenschwanz, Hammerkopf oder Tannenzapfen in eine Nut im Schaufelträger eingreift oder in Reiterart über Ansätze desselben übergreift. Bis auf wenige Ausnahmen ist dadurch für jede Schaufelreihe ein sogenanntes Schlußstück oder Schaufelschloß erforderlich; an einer Stelle des Umfanges muß die Nut erweitert, die Wulst eines Reiterträgers abgenommen werden. Falls ein Herumführen der Schaufeln über einen Teil des Umfanges des Schaufelträgers erforderlich ist, so geschieht es meist mittels einer besonderen Maschine, Abb. 40. Die Einführungstelle wird nach erfolgter Beschauflung des betreffenden Schaufelkranzes durch ein Schlußstück geschlossen, dessen Ausbildung je nach der Schaufelform verschieden ist.

Abb. 40. Radscheibe mit Umfangsnut beim Einsetzen der Schaufeln mit Hilfe einer Beschauflungsmaschine.

Um den Dampfweg zwischen zwei Schaufeln nach außen zu begrenzen und außerdem die Schaufeln gegeneinander besonders gegen Schwingungen in axialer und Umfangsrichtung zu versteifen, dienen die Deckbänder, die mit den Schaufelköpfen allgemein vernietet werden. Falls Deckbänder nicht vorgesehen sind, oder zur weiteren Versteifung langer Schaufeln gegen Schwingungen werden ein oder mehrere, in Umfangsrichtung entsprechend unterteilte Bindedrähte hart eingelötet.

Die Zwischenräume zwischen dem stillstehenden Gehäuse oder seinen Einbauten und der Läuferbeschauflung (freies Schaufelende, Nietzapfen oder Deckband) sind für die Betriebsicherheit einer Dampfturbine von größter Bedeutung. Diese Spalte können bei Gleichdruckturbinen sowohl in axialer als auch in radialer Richtung wesentlich größer sein als bei Überdruckturbinen, bei denen vor und hinter der Laufschaufel bekanntlich verschiedener Druck herrscht und die Strömung durch den Spalt, also um die Schaufelreihe herum, unter einem Druckgefälle steht.

Die Wahl der Baustoffe für die Beschauflung richtet sich nach den Betriebsverhältnissen und -beanspruchungen. Messing und Ni-Messing haben sich bei feuchtem Dampfe seht gut bewährt, vertragen aber weder hohe Beanspruchungen noch hohe Temperaturen. Stahl mit etwa 5% Ni ist der gebräuchlichste Schaufelbaustoff. Für hohe Temperaturen (über 275° Stufentemperatur) einerseits, bei Auswaschungs- und Verrottungsgefahr andererseits wird meist nichtrostender Stahl verwendet. Für Deckbänder hat sich austenitischer Cr-Ni-Stahl gut bewährt, als Bindedraht Ni-Stahl oder Stahl mit Kupfermantel (Bimetall). Mit Sonderbaustoffen werden an vielen Stellen Versuche unternommen, die zum Teile auch schon gute Zwischenergebnisse gezeitigt haben.

Die L ä u f e r haben als Schaufelträger entweder Scheiben oder Trommeln. Sie können entweder aus einer durchgehenden Welle mit besonderen, aufgezogenen Radscheiben oder Trommeln, oder aber mit diesen Teilen aus einem Stücke bestehen. Aufgezogene Räder und Trommelsterne sind meist durch Schrumpf mit oder ohne Zwischenbuchse auf der Welle befestigt. Als Sonderform ist der aus einzelnen undurchbohrten Scheiben nach dem Vorschlage von BBC zusammengeschweißte Läufer anzusehen[8].

[8] Vgl. S. 31, Abb. 19*a* in: Gesamtbericht Zweite Weltkraftkonferenz Bd. 5. Berlin: VDI-Verlag 1930.

Die einzelnen Laufräder werden in der Regel in unbeschaufeltem und in fertig beschaufeltem Zustande statisch und die zusammengebauten oder aus einem Stücke bestehenden Läufer dynamisch im Turbinenwerke ausgewuchtet, da an der Baustelle oder im Kraftwerke die für den Zusammenbau des Läufers, seine Beschauflung und Erprobung erforderlichen Vorrichtungen und Maschinen nicht vorhanden sind. Die manchmal bei kleinen Turbinen mäßiger Drehzahl vorgesehenen Auswuchtringe auf der Turbinenwelle können wegen der dadurch bedingten Vergrößerung des Lagerabstandes für größere

Abb. 41. Winkelfernrohr mit Bildaufnehmer und Führungsschlitten zur Untersuchung der Oberflächenbeschaffenheit von Mittenbohrungen in Schmiedestücken für Stromerzeuger- und Turbinenläufer (das Gerät wurde von der Askania-Werke A.-G. für die AEG gebaut).

Turbinen oder für hohe Drehzahlen nicht angewendet werden und ersetzen auch nicht das sorgfältige Auswuchten des fertigen Läufers in der Werkstatt.

Baustoff für die Wellen und Trommeln ist im allgemeinen gewöhnlicher SM-Stahl, für höher beanspruchte Räder meist Stahl mit geringem Ni-Zusatze. In letzter Zeit wird für HD-Turbinen mitunter auch ein Mo-Zusatz vorgeschlagen. Jede Turbinenwelle und jeder Läufer sollten im Turbinenwerke einer Probe auf einer Anwärmbank unterzogen werden. Unter gleichmäßiger Drehung ist das Schmiedestück auf mindestens 400° zu erwärmen. Dabei darf der Schlag keinesfalls mehr als 0,03 mm bei einer Wellenlänge bis zu 2000 mm, nicht mehr als 0,05 mm bei längeren Wellen betragen. Bei Überschreitung dieser Werte ist das Stück zurückzuweisen. Schmiedestücke von großem Durchmesser, die zu Turbinenläufern verarbeitet werden sollen, werden zweckmäßig genau wie Schmiedestücke für große Läufer von Stromerzeugern längs ihrer Achse durchbohrt und in dieser Bohrung auf Baustoffbeschaffenheit untersucht. Dazu bedient man sich eines drehbaren Winkelfernrohres, an das für genauere Feststellungen ein Bildaufnehmer, Abb. 41, angeschlossen werden kann. Damit kann man dann die Oberfläche der Bohrung Schritt für Schritt abfahren und auf einem Bildstreifen abbilden. Lunker, Risse usw. können auf diese Weise nach Ort und Ausdehnung genau bestimmt und auf ihre Zulässigkeit hin beurteilt werden, Abb. 42.

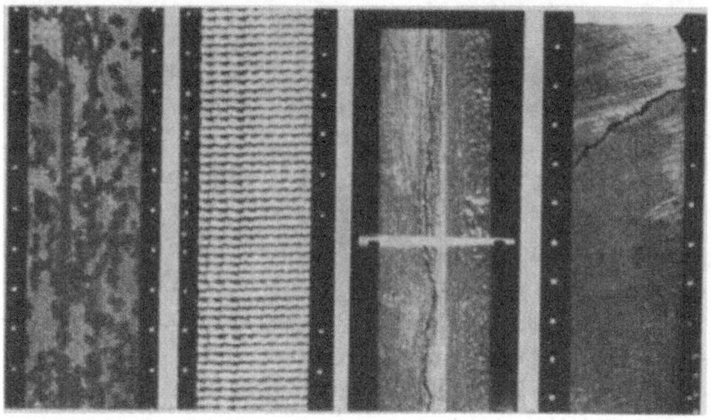

Abb. 42. Oberflächenbeschaffenheit und Risse in der Mittenbohrung großer Schmiedestücken, aufgenommen mit dem Geräte Abb. 41.

Die **Stopfbuchsen** von Dampfturbinen haben das Turbinengehäuse gegen die Außenluft (Außenstopfbuchsen) oder einzelne Kammern innerhalb der Turbine gegeneinander (Innen- oder Zwischenstopfbuchsen) an den Durchtrittstellen der Welle abzudichten. Sie sollen also bewirken, daß möglichst wenig Dampf nach außen entweicht oder, allgemein, aus Räumen höheren Druckes in solche niedrigeren Druckes, ohne Arbeit zu leisten, überströmt und keine Luft in das Turbineninnere von außen eindringt, falls in ihm Unterdruck herrscht. Es gibt drei Hauptarten von Dampfturbinenstopfbuchsen, nämlich Labyrinthstopfbuchsen, Kohlestopfbuchsen und Wasserstopfbuchsen. Diese Reihenfolge kennzeichnet zugleich die Häufigkeit ihrer Verwendung. Als Innenstopfbuchsen werden fast nur Labyrinthstopfbuchsen, ganz selten nur Kohlestopfbuchsen und niemals Wasserstopfbuchsen verwendet.

In den Labyrinthstopfbuchsen wird der Dampf durch mehrfache Drosslung in engen Ringspalten zwischen der Welle und den Kämmen der Stopfbuchsringe und anschließende Verwirbelung in den Zwischenräumen nach und nach soweit entspannt, daß aus dem letzten Ringspalte nur noch eine sehr kleine Dampfmenge austreten kann. Je enger die Spalte und je wirkungsvoller die Verwirbelung, um so besser ist die Stopfbuchse vom Standpunkte der Dampfverluste. Andererseits setzt die Betriebsicherheit der Größe der Spalte eine untere Grenze, da ein Anstreifen der Stopfbuchsenspitzen an der Welle zu Schäden führen kann. Die einfachste Form der Labyrinthe ist die, daß die Dichtungspitzen der Buchse im Gehäuse mit kleinstzulässigem Spiele gegen die glatte Welle eingestellt werden. Sie wird oft noch für Kleinturbinen und sonst fast ausschließlich für Innenstopfbuchsen verwendet. Bei Stopfbuchsen für größere Turbinen sind fast durchweg auch auf der Welle Kämme quadratischen oder rechteckigen Querschnittes vorgesehen. Die stillstehenden Dichtungspitzen im Gehäuse werden dann so ausgebildet, daß jeweils eine kurze und eine längere Spitze aufeinanderfolgen. Die Spitzen verjüngen sich gegen das Ende auf ungefähr 0,1 mm, damit bei vorkommendem Anstreifen nur wenig Wärme entwickelt wird. Die längere Dichtungspitze dichtet gegen den Nutengrund zwischen zwei Wellenkämmen, die kürzere gegen den Wellenkamm, Abb. 43. In der Absicht, die Abdichtung zugleich auch etwas nachgiebiger zu gestalten, sind Sonderbauarten entwickelt worden. Eine der ältesten dieser Bauarten ist die der Erste Brünner[9], dann der Ljungström-Radialturbine, die in einigen Fällen auch für Axialturbinen verwendet wurde, und schließlich die HD-Stopfbuchse der Metro-Vick, Abb. 44.

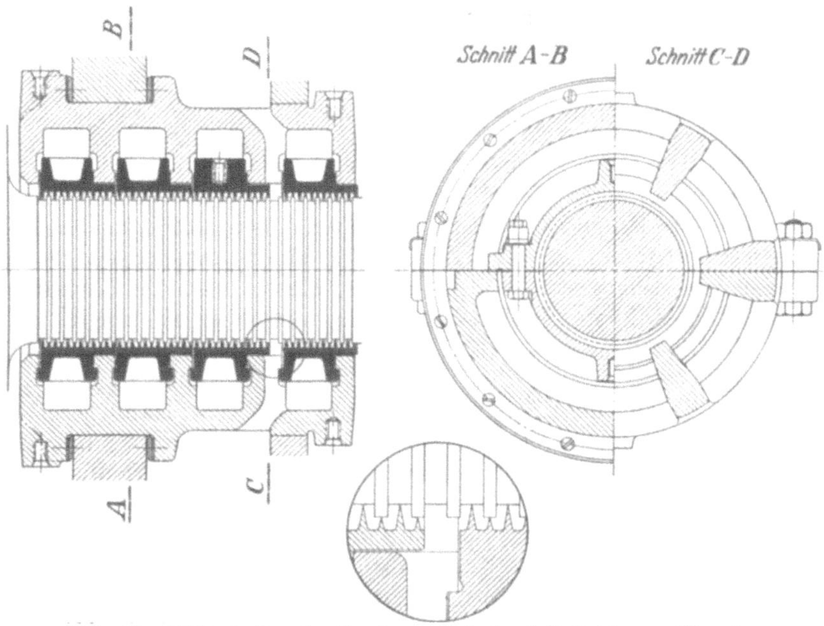

Abb. 43. AEG, Außenstopfbuchse mit Labyrinthdichtung. Einzelne Stopfbuchsringe in ein besonderes Gehäuse eingesetzt.

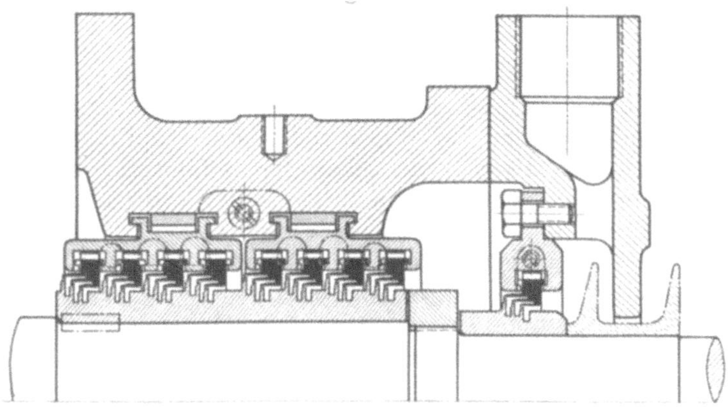

Abb. 44[10]. Metro-Vick, Außenstopfbuchse mit Labyrinthdichtung für die Austrittseite einer HD-Turbine.

[9] Vgl. S. 50 in: E. A. Kraft: Die neuzeitliche Dampfturbine, 1. Aufl.. Berlin: VDI-Verlag 1926.

[10] Nach Engineer Bd. 154 (1932) S. 658, Abb. 4.

Wo die stillstehenden Zähne und die umlaufenden Wellenkämme ineinandergreifen, müssen die Buchsen zweiteilig ausgeführt werden. Bei allen größeren Turbinen sind die stillstehenden Buchsen in einzelne zweiteilige Ringe unterteilt. Sie werden bei Außenstopfbuchsen entweder unmittelbar in das Turbinengehäuse oder besser in ein besonderes Stopfbuchsengehäuse eingesetzt. Dadurch wird der Zusammenbau und die Einstellung der Stopfbuchsen wesentlich erleichtert.

Baustoff für die Buchsen und Ringe ist meist Messing oder Ni-Messing einer nach Erfahrungsgrundsätzen bestimmten Zusammensetzung. Stahl und Nickel finden vereinzelt Anwendung.

Kohlestopfbuchsen dichten allein durch den Spalt zwischen dem Läufer und dem stillstehenden Teile. Auch bei ihnen wird der stillstehende Teil in mehrere hintereinander angeordnete Ringe unterteilt. Im neuen Zustande liegen bei einigen Bauarten die Kohleringe unmittelbar an der Welle oder einer darübergezogenen Laufbuchse an, andere lassen ein sehr geringes Spiel gegen diese. Geringe Ungleichmäßigkeiten der inneren Ringfläche schleifen sich während des Betriebes ab, so daß schon nach kurzer Betriebzeit die Laufflächen der Kohleringe eine vollkommen geglättete Oberfläche annehmen. Der weitere Verschleiß durch die gleitende Reibung hängt von der Gleitgeschwindigkeit sowohl wie von dem Anpressungsdrucke und dem Laufe der Turbine im allgemeinen ab. Kohlestopfbuchsen sollten daher nur für niedrige Umfangsgeschwindigkeiten verwendet werden, d. h. also, wenn überhaupt, dann nur für kleine Turbinen.

Eine Wasserstopfbuchse ist ihrem Wesen nach eine einfache Schleuderpumpe. In einer Kammer läuft mit der Welle eine glatte oder auch mit Rippen oder Schaufeln versehene Scheibe um. Wird in die Kammer Wasser eingelassen, so bildet infolge der Fliehkraftwirkung die von der Schleuderscheibe mitgenommene Wassermasse in der Kammer einen Wasserring, in den die Schleuderscheibe hineinragt. Der Unterschied zwischen den Drücken in den Räumen beiderseits der Schleuderscheibe bewirkt, daß der Wasserring auf der Seite des höheren Druckes schmaler ist als auf der niedrigeren Druckes. Wirksam werden solche Wasserstopfbuchsen natürlich erst, wenn eine gewisse Drehzahl der Turbine erreicht ist. Erst dann darf Wasser in die Stopfbuchsenkammer gegeben werden und erst dann wird sich der abdichtende Wasserring ausbilden. Beim Anfahren würde daher entweder viel Dampf durch die Stopfbuchse entweichen oder bei Unterdruck viel Luft durch sie einströmen, wenn nicht noch zusätzliche Sperrdampfschaltungen vorhanden sind. Zum Betriebe der Wasserstopfbuchsen ist vollkommen reines Wasser (Niederschlagwasser) erforderlich, von dem dauernd eine genügende Menge zu- und abgelassen werden muß, da es sich in der Schleuderkammer erwärmt. Würde unreines Wasser verwendet werden, so würde die Wasserstopfbuchse in kurzer Zeit verschmutzen und dadurch den Betrieb der Maschine gefährden. Da die Reibungsverluste der Wasserstopfbuchsen nicht unbeträchtlich sind — für kleine und mittlere Maschinen jedenfalls größer als die Wärmeverluste durch Labyrinthstopfbuchsen — so ist es verständlich, daß sie nur in geringem Ausmaße verwendet werden. Einen Ausnahmefall bilden z. B. Schiffsturbinen, wo an Kondensat besonders gespart werden muß und ein dauernder Austritt von Dampfschwaden in den meist beengten Maschinenraum unerwünscht ist.

Für die Schaltung der Stopfbuchsen ist zunächst zu beachten, daß aus einer Stopfbuchse, die dauernd unter innerem Überdrucke steht, der Leckdampf abgesaugt werden muß, damit nicht zuviel Dampf in den Maschinenraum entweicht und dadurch dem Dampfkreislaufe verlorengeht. Jede Überdruckstopfbuchse muß also an einer passenden Stelle eine Absaugung erhalten, die durch Leitungen mit dem Kondensator oder einer anderen Stelle tieferen Druckes im Dampfleitungsnetze (z. B. einer ND-Stufe der Turbine oder einem ND-Vorwärmer) in Verbindung steht. Eine Unterdruckstopfbuchse erfordert demgegenüber Sperrdampf, damit vermieden wird, daß Luft von außen in die Turbine einströmt. Beim Anfahren oder bei wechselnder Belastung kann aus einer Überdruckstopfbuchse eine Unterdruckstopfbuchse werden und umgekehrt. Es muß daher sowohl für HD- wie für ND-Stopfbuchsen auch die Möglichkeit, Frischdampf zuzusetzen, vorhanden sein. Bei kleinen Maschinen wird diese sehr einfache Schaltung häufig vorgesehen.

Die Absaugstelle der HD-Stopfbuchse erhält somit einen Anschluß für eine Verbindungsleitung zum Kondensator oder zu einem anderen Unterdruckraume und einen Anschluß für Frischdampfzusatz. Beide sind durch je ein Handventil zu bedienen. Die ND-Stopfbuchse dagegen erhält nur einen Frischdampfanschluß, der ebenfalls von Hand zu betätigen ist. Durch Einstellen der entsprechenden Absperrvorrichtungen von Hand wird jede Stopfbuchse für sich so eingeregelt, daß aus ihren Wrasenrohren nur ein gerade noch sichtbarer Wrasen entweicht. Alle größeren Turbinen erhalten durch Leitungen miteinander verbundene Stopfbuchsen. Ein Beispiel einer solchen Stopfbuchsenschaltung ist in Abb. 45 dargestellt, und zwar für eine zweigehäusige, im ND-Teile doppelflutige Kondensationsturbine. Alle Stopfbuchsen sind miteinander verbunden. Der Leckdampf der HD-Stopfbuchsen strömt als Sperrdampf zu den ND-Stopfbuchsen über. An die Verbindungsleitung ist auch eine durch ein Handventil absperrbare kleine Frischdampfleitung angeschlossen, durch die zusätzlicher Sperrdampf eingelassen werden kann. In der Nähe jeder HD-Stopfbuchse schließt außerdem je eine Absaugleitung an die Verbindungsleitung an, die, ebenfalls einzeln durch ein Handventil absperrbar, meist mit den Entwässerungsleitungen der Turbinengehäuse zusammengefaßt in den Kondensator geführt wird.

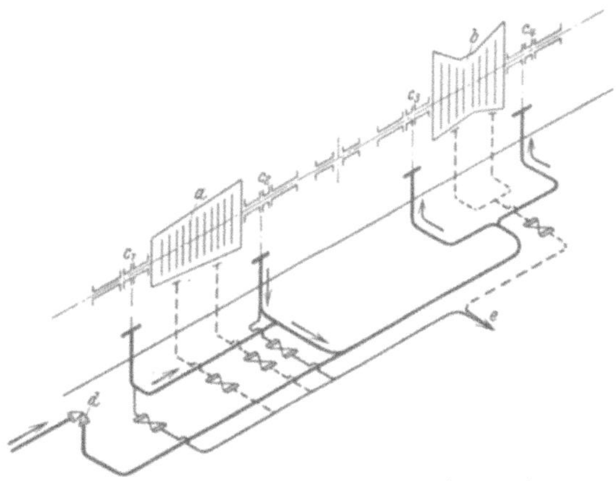

Abb. 45. Schaltung der Stopfbuchsen einer zweigehäusigen, im ND-Teile doppelflutigen Kondensationsturbine.

a HD-Turbine; *b* ND-Turbine; *c* Stopfbuchsen: c_1 HD vorn, c_2 HD hinten, c_3 ND vorn, c_4 ND hinten; *d* Frischdampfdrosselventil; *e* zum Kondensator. ——— Sperrdampf aus den HD- in die ND-Stopfbuchsen und Frischdampfzusatz; ——— Stopfbuchsendampfabsaugung; – – – Gehäuseentwässerung.

Eine andere Schaltung erfordern Gegendruckturbinen, falls es nicht möglich ist, die gemeinsame Absaugleitung der Stopfbuchsen, die hier durchweg unter Überdruck stehen, in einen Fremdkondensator zu führen. Ist keine ND-Dampfleitung vorhanden, die unter allen Umständen einen zur Absaugung des Stopfbuchsenleckdampfes genügend niedrigen Dampfdruck hält, so muß eine besondere Vorrichtung vorgesehen werden, die den zur Absaugung erforderlichen Unterdruck erzeugt. Hierzu werden allgemein Strahlkondensatoren verwendet, da sie leicht zu bedienen sind und kaum einer Wartung bedürfen. In der einfachsten Form besteht ein derartiger Strahlkondensator lediglich aus einer einfachen Düse mit anschließendem Mischraume und kegeligem Auslaufraume. Das ganze Gerät ist nur ein einziges Gußstück ohne jegliche Einbauten. Mit je einem Flansche sind die Frischwasserleitung, die Dampfabsaugleitung und die Abwasserleitung angeschlossen. Höheren Ansprüchen genügt ein Strahlkondensator nach Abb. 46, der stufenförmig hintereinander fünf Mischräume vorsieht. Er hat überdies genau bearbeitete eingesetzte, auswechselbare Düsen und einen ebenfalls auswechselbaren Auslaufraum. Je nach der Betriebswassertemperatur, die

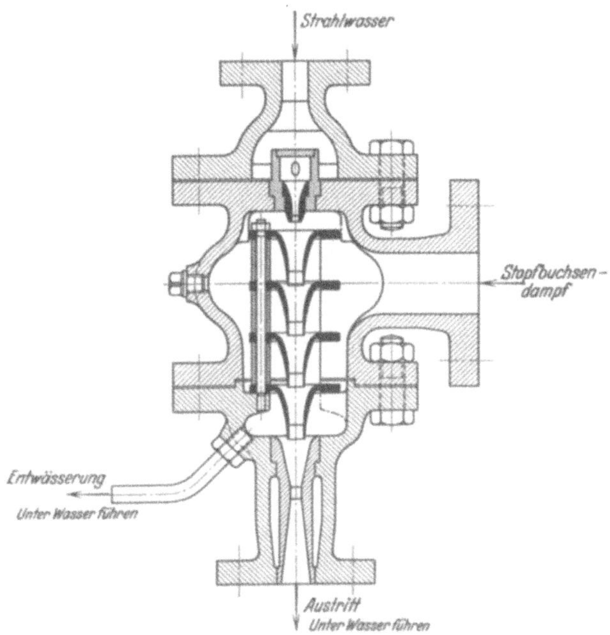

Abb. 46. AEG, Wasserstrahlkondensator zum Absaugen und Niederschlagen des Stopfbuchsenleckdampfes.

50^0 nicht überschreiten soll, kann mit einer derartigen Absaugvorrichtung eine Luftleere von etwa 80 bis 90% erreicht werden. Woher das Betriebswasser für diese Strahlkondensatoren zu nehmen ist, muß von Fall zu Fall entschieden werden. Bedingung ist, daß es wenigstens 1 at Überdruck und höchstens 50^0 Temperatur hat.

Die Lauflager von Dampfturbinen sind allgemein Gleitlager, und zwar entweder Ringschmierlager (bei Klein- oder Hilfsturbinen) oder Lager für Druckölschmierung. Die Ringschmierlager von Turbinenanlagen unterscheiden sich nicht von denen anderer Maschinen. Grenzwerte der Belastung und Gleitgeschwindigkeit sind etwa 5 kg/cm² und 12 m/s.

Die Dampfturbinenlauflager mit Druckölschmierung sind zunächst dadurch gekennzeichnet, daß sie bei stetiger Belastung und bei im Vergleiche zu den bei anderen Maschinen üblichen Werten außerordentlich hohen Gleitgeschwindigkeiten hohe Lagerdrücke auszuhalten haben. Hierbei sind Werte von 15 bis 20 kg/cm² und 60 m/s unbedenklich. Sie haben durchweg Laufflächen aus Weißmetall, das hier und da je nach den Erfahrungen einzelner Werke Zusätze von Antimon, Kalzium, Natrium od. dgl. enthält. Die Laufschicht ist in der meist gußeisernen Lagerschale durch axial und in Umfangsrichtung verlaufende Schwalbenschwänze verhakt. Beim Eingießen muß wegen der verschiedenen Wärmedehnung des Schalenkörpers und der Laufschicht besonders darauf geachtet werden, daß ein dichter und festhaftender Guß erzielt wird. Im übrigen kann man folgende Merkmale als allgemeingültig annehmen:

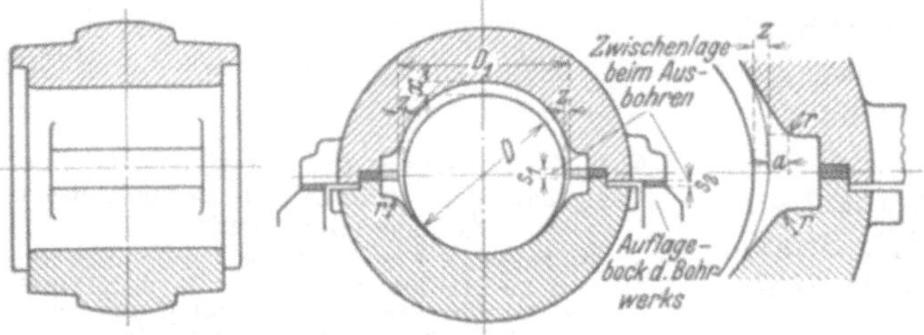

Wellen-durch-messer	Bohrung mit Zwischen-lage s_1	Spiel	Spiel ohne Beilage	Zwischen-lagen		Abschrägung	
D	D_1	z	x	s_1	s_2	a	r
mm	mm	mm	mm	mm	mm	mm	mm
60	60,4	0,2	0,1	0,3	0,15	2	6
80	80,4	0,2	0,1	0,3	0,15	2	6
100	100,5	0,25	0,1	0,4	0,2	2	6
160	160,7	0,35	0,2	0,5	0,25	2	6
200	200,8	0,4	0,2	0,6	0,3	2,5	6
300	301,0	0,5	0,3	0,7	0,35	2,5	6
400	401,4	0,7	0,3	1,1	0,55	3	6
500	501,8	0,9	0,4	1,4	0,7	3	6

Abb. 47. AEG, Ausbohren der Lauflagerschalen für Dampfturbinen.

Die Laufflächen dürfen keinesfalls durch Schmiernuten unterbrochen sein, da deren Einfluß hier eher schädlich als nützlich wäre. Das Schmieröl wird an Stellen zugeführt, an denen die Welle gegen das Lager Spiel hat, also nicht dort, wo das Gewicht der Welle oder der auftretende Lagerdruck die Zuströmöffnung verschließen würde und in der tragenden Ölschicht der höchste Druck herrschen sollte.

Die Bohrung des Lagers ist zwecks leichterer Ölkeilbildung an der Teilfuge etwas zu erweitern. Das wird dadurch erreicht, daß beim Ausbohren zwischen die beiden Schalenhälften seitlich je eine Zwischenlage eingelegt wird. Werden diese nachher entfernt, so ist die Bohrung der zusammengeschraubten Schalenhälften dann nicht mehr kreisrund. Die Bohrung muß wegen der stärkeren Ausdehnung der Welle und der erforderlichen Ölschicht etwas größer sein als der Wellendurchmesser. Abb. 47 gibt bewährte Seiten- und Scheitelspiele an.

An ihrem Außenumfange sind die Lagerschalen meist kugelig ausgebildet, wodurch erreicht wird, daß sie sich der geringen, durch den Durchhang der Welle bedingten Neigung der Wellenschenkel von selbst anpassen. Bei außen walzenförmigen Turbinenlagern strebt man den gleichen Zweck dadurch an, daß man sie nicht auf ihrer ganzen Länge, sondern nur auf einem schmalen Streifen in der Mitte aufliegen läßt. Bei Zahnradvorgelegen, deren Wellen durchweg starrer sind und auch starrer gelagert werden müssen, ist kugelige Lagerung nicht anzuwenden. Es erleichtert Zusammenbau und Ausrichtung, wenn die Außenkugel der Lagerschale nicht unmittelbar, sondern unter Verwendung einer unten ebenen Zwischenlage in den Lagerbock eingepaßt wird, besonders dort, wo zwei benachbarte Lager in einem gemeinsamen Lagerbocke angeordnet sind.

Als Drucklager finden einfache Wellenbunde (Kleinturbinen), Kammlager mit mehreren Kämmen (veraltet und daher zur Zeit nur noch vereinzelt angewendet) und Einring-Klotzdrucklager (heute allgemein und insbesondere für alle Turbinen mit nennenswertem Axialschube) Verwendung. Zur Aufnahme eines auf den Läufer einer Dampfturbine wirkenden Axialschubes dienen auch die sogenannten Ausgleichskolben. Ihre Anwendung ist jedoch auf die zur Zeit seltenen reinen Überdruckbauarten beschränkt; sie legen außerdem den Läufer in seiner axialen Lage nicht vollkommen fest.

Die Verwendung der früher allein üblichen Kammlager mit mehreren Kämmen ist durch die hierfür zulässigen Werte eng begrenzt: etwa 3 bis 8 kg/cm² als Flächenbelastung und höchstens 10 m/s als Geschwindigkeit im mittleren Teilkreise. Ist mit wechselnder Schubrichtung (wie bei Schiffsturbinen) zu rechnen, so nehmen in der Regel die unteren Ringhälften den Schub der Welle bei der üblichen Schubrichtung auf, wogegen die oberen Ringhälften bei entgegengesetzter Schubrichtung anliegen. Nachteilig ist dabei, daß nur die untere oder die obere Buchsenhälfte als Ganzes verschiebbar, ein Nachstellen einzelner Kämme also unmöglich ist. Ferner ist ein gleichmäßiges Tragen der meist zahlreichen Kämme selbst bei sorgfältigster Werkstattarbeit und Einstellung nicht erzielbar; die ungleiche Wärmedehnung der aus verschiedenen Baustoffen hergestellten feststehenden und kreisenden Teile wird im Betriebe ein Abheben einzelner Ringe bewirken.

Die zeitgemäße, fast allgemein angewendete Form des Dampfturbinendrucklagers ist das Einringlager. Bei diesem sind höhere Flächenpressungen deshalb zulässig, weil die stillstehende Druckfläche mehrfach unterteilt ist, jeder einzelne Druckklotz unter der Belastung im Betriebe eine geringe Kippbewegung gegen die Lauffläche ausführen kann und sich dadurch nach der Reynoldsschen Lehre wirksame Ölkeile ausbilden, die sehr hohe Drücke aufnehmen können. 35 kg/cm² Flächenpressung und 65 m/s mittlere Gleitgeschwindigkeit können für Einringdrucklager unbedenklich zugelassen werden (bei Versuchen haben solche Lager Belastungen von mehreren 100 kg/cm² anstandslos ausgehalten). Der Reibungsbeiwert dieser Einringdrucklager beträgt nur etwa $^1/_{10}$ bis $^1/_{20}$ dessen von Vollringlagern, also 0,003 bis 0,0015.

Abb. 48 stellt ein Turbinen-Einringdrucklager üblicher Bauart dar. Die wichtigsten Teile sind die Druckklötze. Ihre Rückenfläche wird verschieden ausgebildet. Entweder erhält sie eine Bohrung, in die ein gehärteter Bolzen oder eine Kugel eingelegt wird, oder eine radiale Kippkante oder eine walzenförmige Auflagefläche mit radialer Erzeugenden. Der Klotz selbst besteht meist aus Bronze. Er trägt an der Lauffläche eine Weißmetallschicht. Gelegentlich sind für niedrige Belastungen auch Druckklötze ohne Weißmetallschicht ausgeführt worden. Für den üblichen Betriebsfall, d. i. solange rein flüssige Reibung stattfindet, ist die Art des Lagermetalles ohne nennenswerten Einfluß. Die Stärke der Weißmetallschicht ist geringer anzunehmen als das kleinste unter Berücksichtigung der Wärmedehnung vorhandene axiale Spiel des Läufers, damit, wenn das Weißmetall infolge irgendeiner Betriebsunregelmäßigkeit nachgeben oder ausschmelzen sollte, keine Verletzung der Beschauflung oder größere Maschinenbeschädigung auftreten kann. Vereinzelt wird die Ansicht vertreten, daß bei solchen Drucklagern geringe Weißmetallstärken ungünstig seien. Die Erfahrung hat jedoch das Gegenteil erwiesen. Es ist lediglich bei der Herstellung zu beachten, daß dünnere Schichten schwieriger zu vergießen sind. Werden die Bronzeklötze auf die richtige Temperatur angewärmt und wird das Weißmetall im günstigsten Temperaturbereiche vergossen, so läßt sich eine Schicht von etwa 1 mm Stärke ohne Schwierigkeit ausführen.

Was die Ausbildung der Stützplatten und ihre Befestigung im Drucklagergehäuse betrifft, so ist der einfachste Fall der, daß sie als ebene Scheiben ausgebildet und im Gehäuse befestigt werden oder einen Teil des Gehäuses selbst bilden. Zweckmäßiger ist es, eine besondere, vom Gehäuse getrennte Stützplatte vorzusehen, damit etwaige Ungleichmäßigkeiten während des Zusammenbaues oder Abnutzungen durch Unterlegen von Paßblechen unter den Stützring leicht ausgeglichen werden können. Soll sich ein Lager ohne besondere Ausgleichsvorrichtung bei Verlagerung oder Durchbiegung der Welle selbsttätig so einstellen, daß die Druckaufnahmefläche stets genau senkrecht zur

Wellenachse steht, so muß der Stützring so gelagert sein, daß er sich etwas geneigt einstellen kann, d. h. also in Kugelflächen. Kleinere Drucklager kann man dem benachbarten Lauflager unmittelbar angliedern, wie in Abb. 48; da sich das Lauflager auf einer

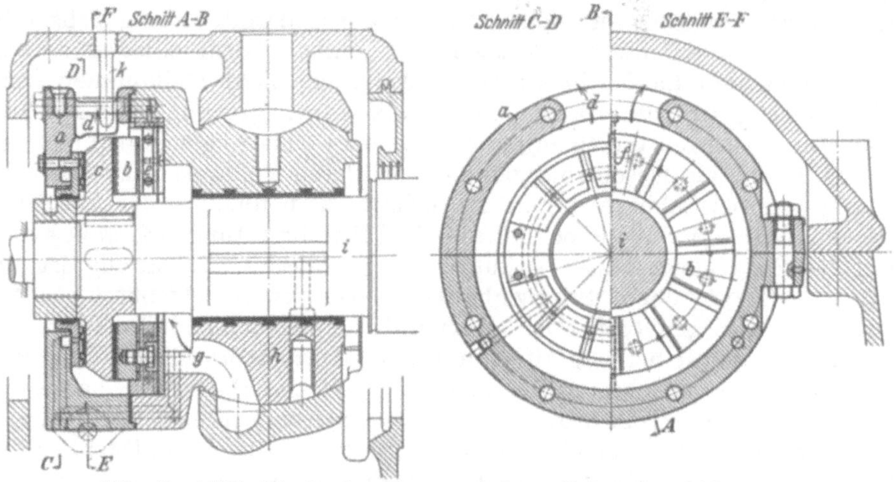

Abb. 48. AEG, Einringdrucklager mit beweglichen Druckklötzen.
a Drucklagergehäuse; *b* Druckklotz; *c* Laufring; *d* Ölabfluß; *e* Stützring; *f* Kippkante; *g* Ölzufluß; *h* Lauflagerschale; *i* Turbinenwelle; *k* Thermometerhülse.

Kugelfläche drehen kann, wird sich gleichzeitig mit ihm auch das Drucklager stets in die richtige Lage einstellen.

Bezüglich der Frage, ob starre oder nachgiebige Kupplung der Wellen besser sei, muß festgestellt werden, daß eine grundsätzliche Überlegenheit weder die eine noch die andere Art besitzt. In manchen Fällen kann man eine nachgiebige Kupplung nicht entbehren. Keine der beiden Kupplungsarten entbindet aber von der Notwendigkeit unbedingter Genauigkeit im Ausrichten der beiden zu kuppelnden Wellen. Es trifft nicht zu, daß nachgiebige Kupplungen für hohe Drehzahlen in dieser Beziehung geringere Anforderungen stellen als starre. Die Fähigkeit, Achsenverlagerungen zweier schnell laufender Wellen gegeneinander auszugleichen, ist bei allen Bauarten der nachgiebigen Kupplungen außerordentlich gering. Sie sind lediglich imstande, gewisse axiale Verschiebungen der Wellen gegeneinander zuzulassen; sie sind daher z. B. bei mehrgehäusigen Turbinen dann am Platze, wenn der Unterschied der Wärmeausdehnung zwischen den starr gekuppelten Wellen und den Gehäusen das axiale Schaufelspiel zu sehr verringern würde.

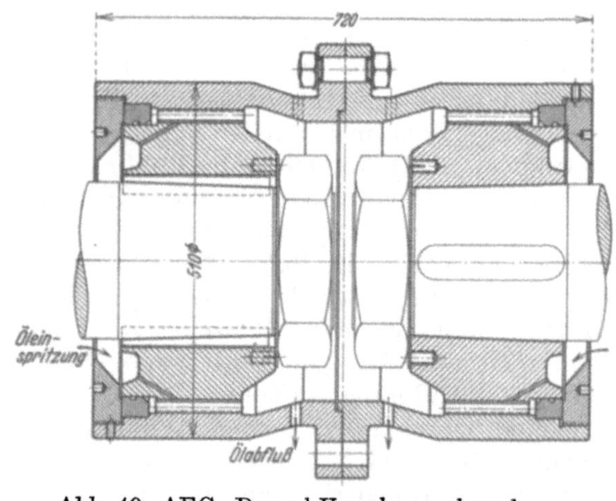

Abb. 49. AEG, Doppel-Verzahnungskupplung. Übertragungsleistung 17000 kW bei 3000 U/min.

Feste Kupplungen sind meist einfache Flanschkupplungen. Nachgiebige Kupplungen können als Klauenkupplungen, als Verzahnungskupplungen oder als Sonderkupplungen mit federnden Kupplungsgliedern ausgebildet sein.

Klauen- und Verzahnungskupplungen stellen unter Belastung in Umfangsrichtung eine starre Verbindung dar. Eine Verzahnungskupplung, wie in Abb. 49 dargestellt, ist leichter beweglich, da bei ihr die zu übertragende Kraft auf eine größere Zahl von Übertragungsstellen verteilt ist. Aus dem gleichen Grunde ist — gute Schmierung vorausgesetzt — auch ihr Verschleiß wesentlich geringer. Das Schmieröl für eine Verzahnungskupplung wird dem Druckölnetze der Anlage entnommen und durch Düsen in die Kupplungshülse nahe der Verzahnung eingespritzt, Abb. 50.

Kupplungen, die bei Belastungsstößen eine gewisse federnde oder dämpfende Wirkung ausüben, werden in größerem Umfange nur bei Kleinturbinen verwendet. Sie erhalten zwischen den beiden Wellen Kupplungsglieder aus Leder oder Gummi (Eupex-Kupplung) oder Stahlbandfedern (Bibby-Kupplung). Stets ist bei der Berechnung der Schwingungzahlen der ganzen Anlage auch der Grad der Nachgiebigkeit dieser Kupplungen zu berücksichtigen, da unter Umständen gerade starke Federung unruhigen Lauf bewirken kann.

Die wesentlichen Kennzeichen der Turbinengetriebe für Land- und Schiffsanlagen sind:

Hohe Drehzahlen, d. h. Erstdrehzahlen meist über 3000 U/min, oft bis 10000 U/min, seltener darüber. Da hierbei fast stets verhältnismäßig große Leistungen zu übertragen sind — Turbinengetriebe wurden zur Übertragung von über 20000 PS mit einem Ritzel ausgeführt; die zusammengehörigen Grenzwerte für Drehzahlen und Leistungen bei zulässigen Beanspruchungen zeigt Abb. 51 —, so treten in der Verzahnung hohe Umfangsgeschwindigkeiten auf. Oberer Grenzwert hierfür ist nach dem heutigen Stande der Getriebetechnik etwa 100 m/s. Das wieder bedingt höchste Genauigkeit sowohl der Verzahnung wie der Lagerung und Ausrichtung, da sonst ein einwandfreier, geräuschloser Lauf nicht zustande kommen kann. Zugleich werden von Turbinengetrieben, da sie die Aufgabe haben, sehr hochwertige Kraft- und Arbeitsmaschinen über lange, ununterbrochene Betriebzeiten miteinander zu kuppeln, auch höchste Wirkungsgrade verlangt, woran unter anderem die sorgfältigst auszubildende Ölversorgung wesentlichen Anteil hat. Hohe Übersetzungsverhältnisse — bis zu 16:1 für die

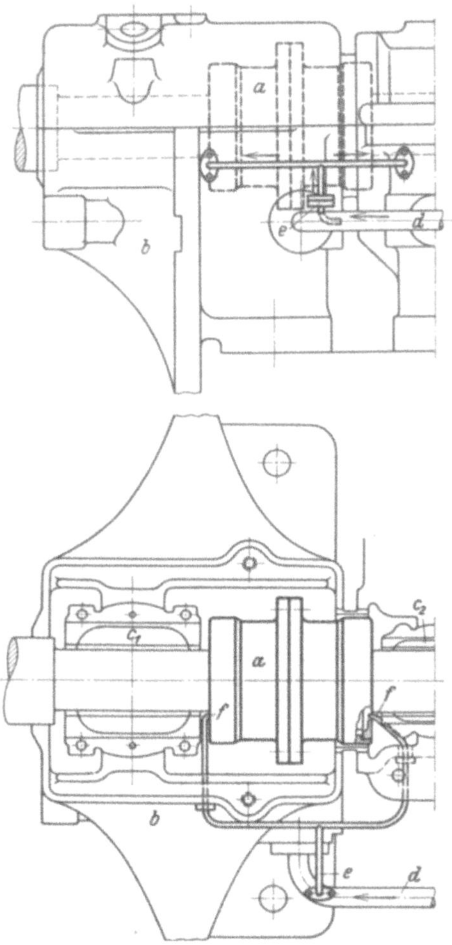

Abb. 50. AEG, Schmierung einer Doppel-Verzahnungskupplung.

a Doppel-Verzahnungskupplung; *b* Lagerbock; c_1 und c_2 Lauflager; *d* Ölzuflußleitung zu c_1; *e* Abzweig von der Ölzuflußleitung *d* zur Schmierung der Kupplung; *f* Spritzdüse.

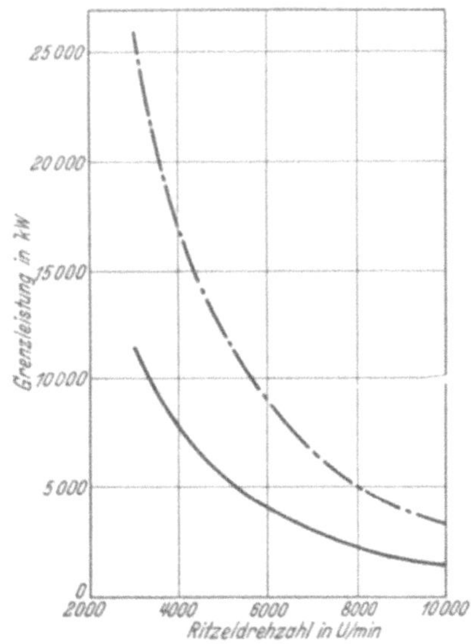

Abb. 51. Grenzleistungen von Turbinengetrieben mit Doppel-Schrägverzahnung für verschiedene Ritzeldrehzahlen.

—— Getriebe mit zweifach gelagertem Ritzel; —·—·— Getriebe mit dreifach gelagertem Ritzel. Grenzwerte: Mindestzähnezahl des Ritzels = 33; Zahngeschwindigkeit im Teilkreise = 70 m/s; *k* Zahndruck je cm Verzahnungsbreite durch Umfangsteilung = 55 kg/cm²; Ritzellagerabstand höchstens 2,7 facher Ritzeldurchmesser.

einstufige, bis 100:1 und darüber für die mehrstufige Bauart — sind nicht ungewöhnlich. Ferner kennzeichnet diese Getriebe der starre Aufbau. Mechanische und thermische Einflüsse von seiten der treibenden und getriebenen Maschinen sind zu vermeiden.

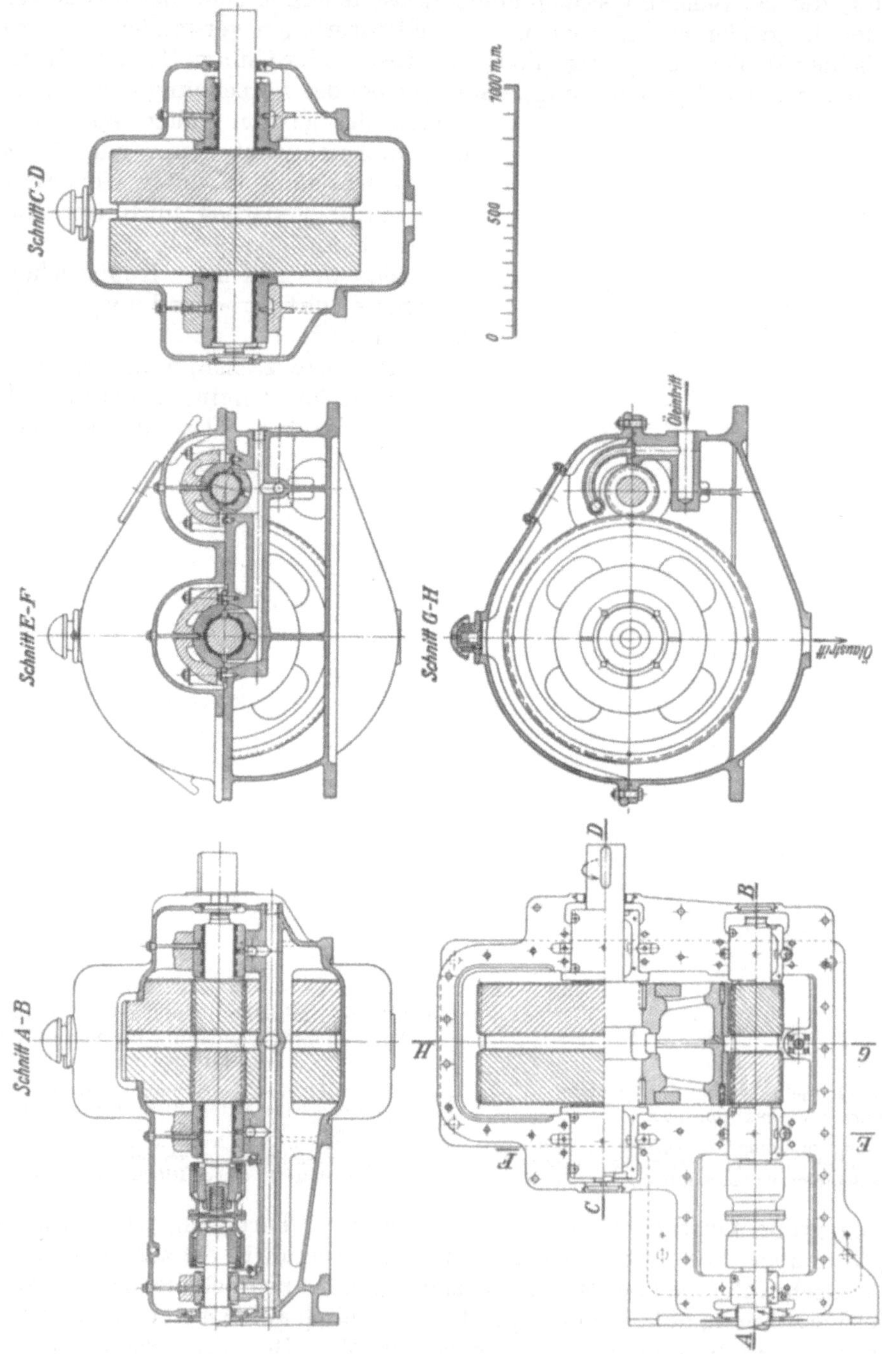

Abb. 52. AEG, Turbinengetriebe für 2000 kW, Drehzahlübersetzung 5000/1000 U/min.

Abb. 52 zeigt die Gesamtanordnung eines mittelgroßen Turbinengetriebes vielfach erprobten Aufbaues.

Turbinengetriebe erhalten fast ausschließlich Schrägverzahnung. Bei dieser sind stets mehrere Zähne gleichzeitig im Eingriffe, die Eingriffstrecke wandert allmählich über die ganze Zahnbreite fort, Ein- und Auslauf der Zähne überlagern sich dauernd. Die einzelnen Zähne werden also allmählich be- und entlastet, ihre Mittelkraft bleibt nach Lage, Größe und Richtung unveränderlich.

Je nach dem Verwendungzwecke, der zu übertragenden Leistung und dem Übersetzungsverhältnisse wird einfache oder doppelte Schrägverzahnung vorgesehen und die ein- oder mehrstufige Bauform gewählt.

Infolge der Schrägung der Zähne tritt in jedem Zahnkranze ein Axialschub auf, der durch ein Bundlager od. dgl. aufgenommen werden muß. Bei größeren Leistungen empfiehlt sich daher die doppelte Schräg- oder Pfeilverzahnung, bei der sich die gleich großen und entgegengesetzt gerichteten Schübe der Zahnkränze gegenseitig aufheben.

Als Zahnform kommt für alle diese Getriebe nur die Evolvente in Betracht. Sie läßt sich einfach und sehr genau herstellen und ist gegen geringe Unterschiede in der Achsenentfernung unempfindlich. Zwischen den Zahnflanken wird für die Wärmedehnung im Betriebe und für das Schmiermittel ein Spiel von etwa 0,3 bis 1,0 mm vorgesehen, das gleich bei der Herstellung der Verzahnung erzeugt wird.

Abb. 53. AEG, Vorrichtung zum Messen der Genauigkeit von Zahnteilungen. Auf einer Grundplatte mit geschliffener Auflage sind zwei feste Anschläge angebracht, die beim Messen auf den Grund der Zahnlücken oder bei kleiner Zahnteilung auf den Kopf der Zähne eingestellt werden. Außerdem sind zwei bewegliche Hebel vorgesehen, welche die Flanken zweier benachbarter Zähne ungefähr im Teilkreise berühren und die gegenseitige Lage dieser Berührungspunkte auf je einer Meßuhr anzeigen. Wird der eine dieser Meßhebel stets wieder auf den gleichen Wert eingestellt, so zeigt die Meßuhr des zweiten Hebels die Abweichung der Teilung bis auf 0,001 mm genau an.

An den Zahnflanken von Getrieben, die geräuschlos arbeiten sollen, ist jede Nacharbeit von Hand unzulässig, da hierdurch niemals die erforderliche Genauigkeit und Gleichmäßigkeit der Zahnform erzeugt werden kann. Die Verzahnungen von Turbinengetrieben werden daher nach dem Schlichten allgemein weder gehärtet noch geschliffen. Auch das sogenannte „Einlaufen“ wird bei diesen Getrieben seit langem als verfehlt betrachtet. Vor der Verwendung ist die Verzahnung mittels geeigneter Geräte genauestens auf Teilungsfehler zu untersuchen, Abb. 53. Läuft ein Getriebe trotz genauer Verzahnung zu geräuschvoll, so kann mit Sicherheit angenommen werden, daß die Zähne nicht richtig kämmen, die Wellen also nicht sachgemäß ausgerichtet sind oder sich verlagert haben oder die umlaufenden Teile nicht vollkommen ausgewuchtet sind. Diesen Übelständen kann leicht abgeholfen werden.

Nächst der Genauigkeit der Verzahnung beeinflußt die Lagerung der Verzahnungsteile den ruhigen Gang eines Getriebes. Die mit Weißmetall ausgegossenen Lagerschalen erhalten wie die Turbinenlager glatte Laufflächen ohne Schmiernuten, um die Bildung einer gut tragenden Ölschicht zu ermöglichen. Die Schalen werden so eingelegt, daß ihre Teilfuge senkrecht zur Mittelkraft aus allen auf sie wirkenden Einzelkräften liegt. Sie sind auf ihrer Außenseite walzenförmig, nicht kugelig auszubilden und im Gehäuse vollkommen starr, dabei möglichst auf ihrer ganzen Länge, abzustützen, so daß die Wellen im Betriebe dauernd in gleicher Entfernung voneinander bleiben und der Zahneingriff nicht gestört wird. Bewegliche Lagerung der Ritzel oder federnde Ausbildung der Räder bieten keinen Vorteil.

Für die Wahl der Abmessungen der Getriebelager sind die gleichen Belastungen je Flächeneinheit und Umfangsgeschwindigkeiten wie bei den Turbinenlagern zulässig.

Die Turbinenwellen werden bei einfacher Schrägverzahnung mit den schnell laufenden Ritzeln im allgemeinen starr gekuppelt; bei Pfeilverzahnung dagegen sind axial nachgiebige Kupplungen erforderlich, damit sich die Ritzelverzahnung selbsttätig in die des Rades einspielen kann.

Die Größe des in der Schmierschicht zwischen den Zähnen entstehenden Druckes ist von der Zähflüssigkeit des Schmiermittels, von der gegenseitigen Verschiebungsgeschwindigkeit und von der Krümmung der Zahnflanken abhängig. Je größer diese drei Werte sind, desto größer ist auch der Druck, der durch die Flüssigkeit übertragen werden kann. Es ist demnach unrichtig, bei geschmierten Arbeiträdern, wie sie in Verbindung mit Turbinen allein in Frage kommen, durch entsprechende Ausbildung der Zahnform nur rollende Reibung anzustreben. Bei gegebener Umfangsgeschwindigkeit steigt mit der Zähflüssigkeit des Schmiermittels die Belastbarkeit, also der zulässige Flächendruck. Es wird daher bei Zahnradvorgelegen allgemein ein zäheres Öl verwendet. Das Öl wird zwischen die ineinander greifenden Zähne meist durch Düsen eingespritzt. Die Bohrung der Düsen darf wegen Verstopfungsgefahr nicht zu klein angenommen werden, muß also wenigstens ungefähr 3 bis 5 mm im Durchmesser betragen.

Die Reibungsverluste neuzeitlicher Turbinenvorgelege einschließlich der Lagerreibung betragen bei Verwendung von Öl mittlerer Zähflüssigkeit und für mittlere Leistungen bei einstufigen Getrieben nur 1 bis 2%, bei zweistufigen Vorgelegen 3 bis 4% der zu übertragenden Leistung. Die Verluste der Zahnradvorgelege sind somit so gering, daß sie durch den Gewinn, der durch das wirtschaftlichere Arbeiten der Maschinen erzielt wird, reichlich aufgewogen werden. Da die Lager der schnell laufenden Ritzel den größten Teil der Verluste verursachen, die Verluste in der Verzahnung aber sehr gering sind, so ergeben niedrige Umfangsgeschwindigkeiten und hohe Drücke im allgemeinen höhere Wirkungsgrade als hohe Geschwindigkeiten und niedrige Drücke. Für die Verzahnung selbst dagegen bilden sich bei höherer Geschwindigkeit zwischen den Zahnflanken wirksamere Ölkissen, die eine metallische Berührung um so sicherer verhindern.

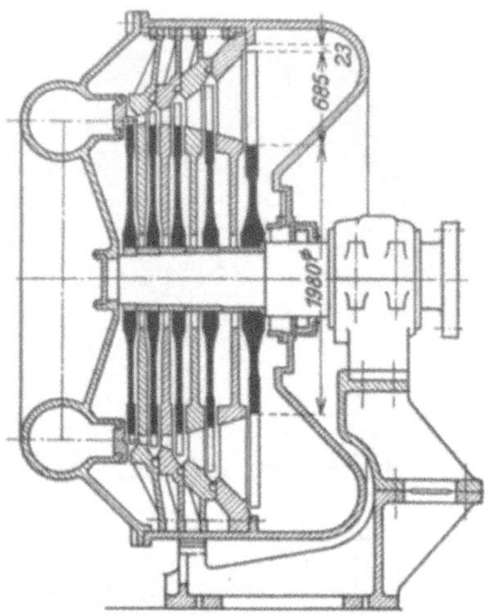

Abb. 54[11]. GE, Quecksilberdampfturbine für das Kraftwerk South Meadow (V.St.A.), 10000 kW, 720 U/min.

Eine Sonderausführung mit vorläufig noch sehr eng begrenztem Anwendungsgebiete ist die **Quecksilberdampfturbine**, die von der GE nach den Plänen von W. L. R. **Emmet** bisher in einigen Fällen gebaut und in Betrieb gesetzt worden ist. Es ist hier nicht der Ort, auf die wissenschaftlichen Grundlagen und die Entwicklungsaussichten dieser Turbinenart einzugehen. Nur so viel soll zum allgemeinen Verständnisse angeführt werden, daß es sich hierbei um eine Verbindung zweier Dampfkreisläufe handelt, eines Quecksilberdampfkreislaufes mit Quecksilberdampfturbine in der Vorschaltstufe und eines gewöhnlichen Wasserdampfkreislaufes mit üblicher Turbine als Zweitstoffverfahren. Der Kondensator der Quecksilberdampfturbine ist gleichzeitig der Abwärme-Dampferzeuger für den nachgeschalteten Wasserdampfkreislauf. Die Leistungen der beiden Kreisläufe verhalten sich, wenn die Arbeitvorgänge in zur Zeit beherrschbaren Temperaturgrenzen verlaufen, ungefähr wie 3:10.

Für die Turbine bedingt die Verwendung der giftigen Quecksilberdämpfe einige Abweichungen von der üblichen Bauart. Zunächst wird man trachten, die HD-Stopfbuchse durch fliegende Anordnung des Läufers ganz zu vermeiden. Tatsächlich weisen die bisherigen Ausführungen, auch wenn es sich um mehrstufige Turbinen handelt, durchweg fliegende Läufer auf, Abb. 54. Die ND-Stopfbuchse ist eine Unterdruckstopfbuchse, die Gefahr des Austretens von Dämpfen in den Maschinenraum ist hier also gering. Trotzdem wird auch hierfür eine Sonderstopfbuchse verwendet. Um jedes Entweichen von Dämpfen aus dem Turbinengehäuse oder durch die Flanschanschlüsse der Rohrleitungen zu verhindern, werden sämtliche Flanschen nach dem Zusammenbaue verschweißt. Das erschwert zwar deren Trennung, wird aber angesichts der Gefährlichkeit etwa austretender Quecksilberdämpfe für zweckmäßig gehalten. Bezüglich weiterer Einzelheiten muß auf das einschlägige Schrifttum verwiesen werden.

[11] Nach Z. VDI Bd. 75 (1931) S. 507, Abb. 10.

7. Der Zusammenbau und die Ausrichtung von ortfesten Axialturbinen.

Jede Turbinenanlage wird grundsätzlich so errichtet, daß zunächst das Fundament bis auf etwa 50 mm unter Grundplattenunterkante fertiggestellt wird. Dann werden die Grundplatten auf behelfsmäßige Flacheisenunterlagen aufgelegt und nach der Wasserwaage ausgerichtet, worauf die Ankerbolzen fest anzuziehen sind. Auf Keilen dürfen die Grundplatten nicht ruhen, da sich ihre Lage sonst beim Aufsetzen schwerer Gehäuseteile verändert; an einem Keile aufliegende scharfe Kanten werden nämlich leicht verdrückt. Keile dürfen nur benutzt werden, um beim Ausrichten der Grundplatten die Lage oder Stärke der Flacheisenunterlagen zu verändern; vor dem Anziehen der Ankerbolzen sind sie zu entfernen. Untergossen werden die Grundplatten erst nach dem Einlagern der Läufer und nachdem durch Aufsetzen der schweren Gehäuseteile festgestellt worden ist, daß die Flacheisenunterlagen durch die Belastung nicht nachgegeben haben.

Die untere Auflagefläche von Grundplatten, gleichgültig ob gegossen oder aus Formeisen, ist stets sauber genug, daß auch an den Stellen, wo Eisenunterlagen darunter kommen, eine Bearbeitung nicht erforderlich ist. Lediglich für Schiffsturbinen, deren Grundplatten nicht auf ein Beton-, sondern auf ein Eisenfundament aufgesetzt werden, ist es üblich, auch die Unterseite der Grundplatten zu bearbeiten. Der Abstand zwischen Betonfundament und Grundplatte soll 50 mm nicht unterschreiten, weil sonst das Untergießen und Unterstopfen schwierig ist. Wenn sich andererseits beim Ausrichten ein wesentlich größerer Abstand als 50 mm ergibt, empfiehlt es sich nicht, das Fundament durch Nachschütten höher zu ziehen, da bei derartigen nachträglichen Arbeiten stets die Gefahr besteht, daß die Nachschüttung mit dem Fundamente nicht richtig bindet und sich daher mit der Zeit wieder löst. Es ist in einem solchen Falle besser, zur Überbrückung des Abstandes ein Formeisen zu verwenden. Die Unterlagen unter den Grundplatten sollen nicht aus vielen dünnen, übereinandergelegten Blechen, sondern aus wenigen starken Stücken übereinander bestehen. Die Grundplatten sollen so kräftig sein, daß sie sich beim Ausrichten nicht verspannen.

Der Ausgangspunkt für den Zusammenbau jeder Turbine ist das Achsenkreuz des Abdampfstutzens, gleichgültig ob es sich um eine Kondensations- oder Gegendruckturbine handelt. Das muß der Erbauer der Turbine sowohl wie der Fundamenthersteller beachten. Der Richtmeister richtet dann bei Kondensationsturbinen die Mitte des Kondensatorstutzens in der Waagerechten nach diesem Achsenkreuze und in der Höhe nach dem vom Baumeister festgelegten Maschinenhausflure (Fliesenbelage) aus. Auf diese Weise ist am besten zu erreichen, daß beim Zusammenbaue alle Teile, insbesondere die fertig gelieferten Rohrleitungen, zueinander passen.

Baut man in eine bereits bestehende Maschinenhalle eine neue Turbine ein, dann wird häufig die Bedingung gestellt, daß die vorderste Kante des Außenlagerbockes der neuen Maschine mit der der alten fluchten soll. In einem solchen Falle ist diese Flucht zu überprüfen und, falls erforderlich, die Lage des Kondensators zu berichtigen.

Jede Turbinenanlage wird zwar im Werke des Herstellers zusammengebaut und ausgerichtet und ihre Ausrichtung durch Paßstifte festgelegt; trotzdem ist beim Zusammenbaue im Kraftwerke ohne Ausnahme jeder Teil, ob Turbinengehäuse, Welle oder Lager, nochmals zu überprüfen und nicht nur nach den Paßstiften aufzubauen. Oft dienen Paßstifte auch nur für den Zusammenbau und sind vor Inbetriebsetzung der Turbine wieder zu entfernen, z. B. überall dort, wo Gehäusefüße oder Lagerböcke auf den Grundplatten gleiten müssen.

Die L a g e r b ö c k e müssen auf ihren Grundplatten überall gut aufruhen. Die Lagerschalen sind auf der Kugellagerung des Lagerbockes gut einzuschaben. Wenn erforderlich, sind die Flächen zwischen Lagerbocksohle und dazugehöriger Grundplatte durch Nacharbeit mittels Feile oder Schabers nachzurichten. Es muß jedenfalls verhindert werden, daß die Lagerböcke nur auf einer oder zwei Ecken aufsitzen und dann nur durch die Fußschrauben zur Anlage gebracht, d. h. verspannt werden. Sind dort, wo Lagerböcke auf der Grundplatte gleiten sollen, Zwischenbuchsen um die Fußschrauben vorgesehen, so werden diese Buchsen für die Dauer des Zusammenbaues entfernt, d. h. Grundplatte und Lagerbock fest verschraubt.

Die Turbinengehäuse sind nach der Bohrung für die Außenstopfbuchsen auszurichten.

Vereinzelt werden für Turbinen einstellbare Hebevorrichtungen zwischen den Füßen der Gehäuse und den zugehörigen Sohlplatten vorgesehen. Diese Schraubböcke in Verbindung mit einem Verfahren zum Ausrichten der Gehäuse mittels geeichter Meßlatten sollen das Errichten einer Turbinenanlage erleichtern, Abb. 55. An den wichtigen Punkten sind bei dieser Art des Ausrichtens auf den Lagerböcken, Gehäusen usw. Anschlagstellen

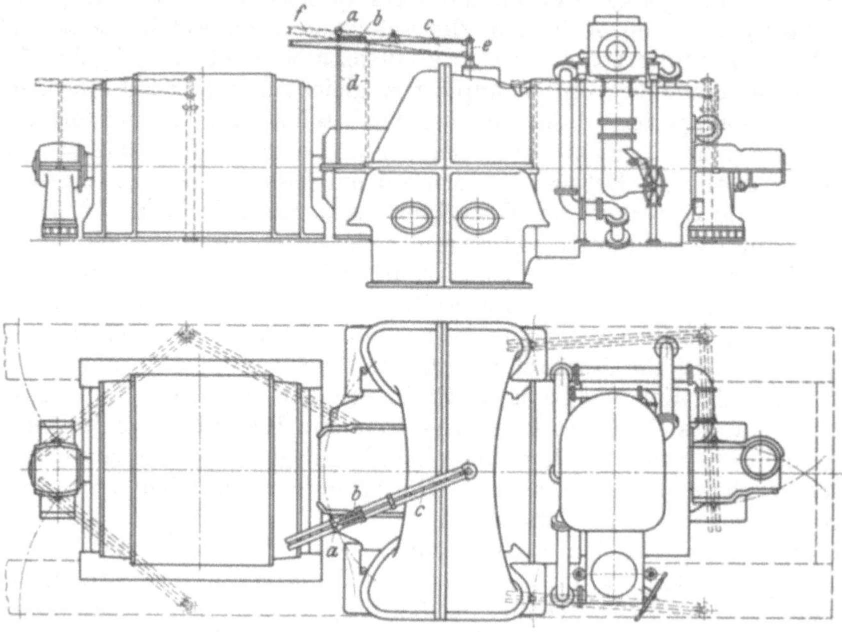

Abb. 55[12]. Westinghouse, Vorrichtungen zur Ausrichtung eines Turbostromerzeugersatzes.

a Meßuhr; *b* Wasserwaage; *c* Ausrichtschiene; *d* Behelfschiene; *e* Drehpunkt; *f* Lage der Ausrichtschiene während des Einbaues der Behelfschiene.

zum Aufsetzen der Ausricht- und Behelfschienen vorgesehen, die nach der ersten Ausrichtung eingestellt und verbohrt werden. Auf diese Weise soll jederzeit die Ausrichtung überprüft und entsprechend berichtigt werden können.

Zum Aufsetzen des Gehäuseoberteiles sind, falls es sich um größere Turbinen handelt, besondere Hebevorrichtungen zweckmäßig; sie sind so auszubilden, daß die Gehäuseoberteile, wenn sie mit deren Hilfe am Kranhaken hängen, in der Hauptteilfuge unbedingt waagerecht sind, vgl. Abb. 4. Dadurch wird ein Aufsetzen in genau lotrechter Richtung ermöglicht und ein Verkanten oder Schiefstellen, das bei den verhältnismäßig kleinen Schaufelspielen die Beschauflung beschädigen könnte, vermieden. Trotzdem erfordert das Aufsetzen eines großen Gehäuseoberteiles stets besondere Sorgfalt. Zur Erleichterung des Aufsetzens und Abhebens des Gehäuseoberteiles bedient man sich oft nach oben etwas verjüngter Führungstangen, die, auf dem waagerechten Flansche des Unterteiles befestigt, den Oberteil bis zum Aufsetzen auf dem Unterteile führen, so daß eine Beschädigung der Beschauflung ausgeschlossen ist. Bei kleineren Turbinen, insbesondere den im Aufbaue einfacheren Gegendruckturbinen, sind besondere Hebevorrichtungen nicht erforderlich, da es im allgemeinen bereits mit einfachen Mitteln gelingt, den Oberteil mittels gewöhnlicher Seilschleifen waagerecht aufzuhängen.

[12] Nach F. Hodgkinson.

Bei Schiffsturbinen, wo genügend tragfähige Kräne im Maschinenraume nicht zur Verfügung stehen, sieht man manchmal Gewindespindeln vor, an denen mit Hilfe von vier Knarren der Gehäuseoberteil hochgeschraubt werden kann, Abb. 56. Zur lotrechten Führung dienen auch hier Führungstangen.

Abb. 56. Gehäuseoberteil einer Schiffsturbine, an vier Gewindespindeln mit Hilfe von Knarren vom Unterteile abgehoben.

Die Turbinenläufer werden mit ganz wenigen Ausnahmen — z. B. wenn die Abmessungen der letzten Stufen das Eisenbahnlademaß überschreiten — vollkommen fertig zusammengebaut in das Kraftwerk geschickt. Ein Einbau der Beschauflung in den Schaufelträger bei der Errichtung der Turbine im Krafthause wird nur überaus selten vorgenommen und von den Herstellern im allgemeinen mit Recht abgelehnt. Wo besondere Gründe ein Abgehen von dieser Regel erfordern, ist die Arbeit nur von erfahrenen Richtmeistern des Lieferwerkes auszuführen. Zum Anheben und Einlegen des Turbinenläufers größerer Maschinen in das Gehäuse kann eine besondere Anhebevorrichtung dienen. Dort, wo die Kranhöhe ausreicht, kann der Läufer auch ohne eine besondere Vorrichtung mittels langer Hanf- oder Drahtseilschleifen, die die Beschauflung nicht verdrücken, behandelt werden. Zur lotrechten Führung des Läufers beim Einlegen in die Lager können auf die Gehäuseteilfuge Führungsbacken aufgesetzt werden, bei einigermaßen sachkundiger Leitung der Arbeiten sind sie indessen nicht erforderlich, Abb. 57.

Abb. 57. Einlegen des Läufers in das Gehäuse einer eingehäusigen 50000 kW-Kondensationsturbine für 1500 U/min ohne besondere Hebevorrichtungen.

Sind Lagerböcke und Gehäuse roh ausgerichtet, so können die Lagerschalen eingelegt werden, was zunächst unter Beibehaltung der beim Zusammenbaue in der Werkstatt festgelegten Stärke der Paßplatten vor sich geht. Die weitere Ausrichtung, d.h. die eigentliche Feinausrichtung, kann nun nach verschiedenen Verfahren ausgeführt werden. Sie beziehen sich gewöhnlich nur auf einen Teil des gesamten Ausrichtvorganges, dessen einzelne Teilvorgänge ungefähr die folgenden sind:

Sämtliche Lagerböcke des Maschinensatzes werden nach beiden Richtungen in genau waagerechte Lage gebracht; zum Ansetzen der Wasserwaage sind entsprechende Flächen angefeilt.

Die Lagerböcke und die Gehäuse werden nach Mitte Einsatzring und Mitte Stopfbuchsenbohrung ausgeschnürt.

Der Durchhang der einzelnen Wellen wird durch Überprüfung der Kupplungen berücksichtigt.

Besondere Maßnahmen werden getroffen, wo die Bauart der Maschine solche erfordert.

Es wäre unrichtig anzunehmen, daß diese Teilvorgänge einer nach dem anderen berücksichtigt werden können. Ein erfahrener Richtmeister wird bei ihm bekannter Turbinenbauart schon handwerks- und gefühlsmäßig mehrere oder alle Einzelhandlungen zu einer einzigen zusammenfassen können. Es muß hier jedoch an dieser Teilung festgehalten werden, weil nur dadurch eine übersichtliche Beschreibung der Vorgänge ermöglicht wird.

Zunächst werden die einzelnen Läufer des ganzen Wellenstranges nacheinander in ihre Lager eingelegt und mit der Wasserwaage an den Lagerstellen auf Höhenlage geprüft. Hierbei bereits muß der Durchhang der einzelnen Läufer, wenigstens größenordnungsmäßig, beachtet werden. Muß man beim Einpassen die Lagerschale mehrfach ausbauen, so kann man sich dazu einer Vorrichtung nach Abb. 58 bedienen. Sind für den aus Turbinen- und Stromerzeugerläufer bestehenden Wellenstrang nur insgesamt drei Lager vorgesehen, so ist zuerst die Welle einzulegen, die in zwei Lagern ruht. Dann kuppelt man den zweiten Läufer bei noch ausgebautem dritten Lager an, wobei die Kupplungsbolzen gleichmäßig anzuziehen sind. Danach läßt man die Welle mit Hilfe einer Seilschlinge im Kranhaken ablaufen. Unzulässig große Ausschläge werden durch Nachschaben des Kupplungsflansches beseitigt. Die Höhenlage der Welle bestimmt man mittels der Wasserwaage, die gleiche Blasenstellung auf der Lagerlauffläche und dicht neben dem Flansche zeigen muß. Für die Probe sind die Kupplungsflanschen etwas auseinanderzudrücken, so daß der Turbinenläufer nur noch mit wenigen Millimetern in der mittigen Führung hängt; darauf sind beide Läuferteile durchzudrehen, wobei mit Meßkeil und Stichmaß zu messen ist, ob die Kupplungsflanschen links, rechts, oben und unten gleichen Abstand haben.

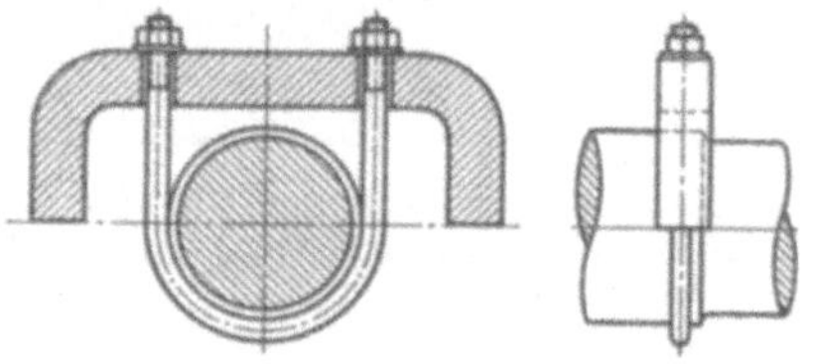

Abb. 58. Vorrichtung zum Abheben des Turbinenläufers von der Lagerschale.

Bisher war die Ausrichtung der Lager nur nach ihrer Höhenlage erörtert. Mit gleicher Sorgfalt muß ihre seitliche Ausrichtung geprüft und berichtigt werden, es muß der ,,Lagereinschlag" geprüft werden. Das geschieht z. B. bei einer Dreilagermaschine meist derart, daß das vordere Lager ausgebaut und der Läufer an dieser Stelle in einer besonderen Vorrichtung oder in einer Seilschlinge am Kranhaken frei schwebend gehalten wird. Je nach dem seitlichen ,,Einschlage", den die Welle beim Drehen zeigt, muß der Lagerbock seitlich nachgesetzt werden.

Liegt die Welle in ihren Lagern richtig, so ist ihre Lage zu den Bohrungen im Turbinengehäuse zu überprüfen und, falls erforderlich, das Turbinengehäuse nachzurichten. Das geschieht meist, indem man den Abstand der Gehäusebohrungen für die Stopfbuchsen von der Wellenoberfläche mißt. Man bedient sich hierzu einer Feinmeßschraube und mißt diesen Abstand an drei Stellen links, rechts und unten. Im einfachsten Falle müssen diese Bohrungen mittig zum Turbinenläufer sein oder, falls eine Ausdehnung des Gehäuses von der Auflage auf den Lagerböcken nach oben zu berücksichtigen ist, um diesen Betrag tiefer eingestellt werden. Das läßt sich stets durch Nachrichten des Gehäuses erreichen. Führungskeile sind erst dann einzupassen, wenn Gehäuse und Lagerböcke in die richtige gegenseitige Lage gebracht sind.

Dieses Verfahren, nach dem die Lage von Läufer und Gehäuse unmittelbar gemessen wird, hat sich immer mehr eingebürgert; dabei kann man, wie das häufig beim ersten Zusammenbaue der Maschine in der Werkstatt des Herstellers geschieht, bei kurz gebauten Turbinen für das Ausrichten statt des Turbinenläufers erst eine Lehrwelle verwenden, wenn sie ungefähr den gleichen Durchhang hat wie dieser. Besser ist es aber auf alle Fälle, den Turbinenläufer selbst zu benutzen, da der Durchhang verschiedener Läufer nie genau gleich groß ist.

Nach einem anderen Verfahren spannt man mittels angehängter Gewichte längs durch die Lagermitten einen Draht und prüft die gleichachsige Lage der Lagerschalen sowohl wie die der Gehäusebohrungen gegen diesen Draht. Natürlich muß man bei solchen Messungen den Durchhang des Drahtes berücksichtigen, was stets, wenn nicht immer der gleiche Draht und die gleichen Spanngewichte verwendet werden, eine kleine Rechnung an Ort und Stelle erforderlich macht. Nachteilig ist dabei ferner, daß ein Draht auch in gespanntem Zustande bei jeder Berührung sehr nachgiebig ist, so daß für richtiges Messen große Übung und Geschicklichkeit erforderlich ist. Um Meßfehler zu vermeiden, benutzt man daher hierfür mitunter einen elektrischen Stromschluß, der bereits die geringste Berührung des Drahtes mit der Meßschraube anzeigt.

Beim Ausrichten der Gehäusebohrungen nach der Welle ist es nicht unbedingt erforderlich, daß die Gehäuseteilfuge waagerecht ist. Denn durch die zweifache Art der Bearbeitung eines Turbinengehäuses — Ausbohren meist auf einer Karusselldrehbank, Bearbeiten der Teilfugenflanschen dagegen auf einem Fräswerke oder, allerdings nach entsprechender Umspannung, wieder auf der Drehbank — sind geringe Abweichungen zwischen der Achse der Bohrungen und der Lage der Teilfugenebene nicht immer vollkommen zu vermeiden. Bei der heute allgemein sehr hochwertigen Werkstattarbeit aller Dampfturbinenwerke von Ruf sind diese Abweichungen infolge der verschiedenen Bearbeitungsgänge allerdings sehr gering.

Sind die Läufer eines Turbosatzes in mehr als drei Lagern unterstützt, so liegen Verhältnisse vor wie bei einem durchlaufenden Träger auf mehreren Stützen. Der Wellendurchhang zwischen je zwei Lagern wird das Nachbarfeld entsprechend beeinflussen. In dem Falle eines zweifach gelagerten Turbinenläufers und eines daran zu kuppelnden, ebenfalls zweilagerigen Stromerzeugerläufers wird ersterer zwischen Lager 1 und 2 durchhängen, letzterer zwischen Lager 3 und 4. In dem Kupplungsfelde zwischen Lager 2 und 3 treffen dann, wenn man zunächst in einer waagerechten Ebene ausgerichtete Lage aller vier Lager voraussetzt, zwei Wellenenden zusammen, deren Flanschen unter dem Einflusse des Durchhanges der Wellen oben sperren. Das Maß dieser Sperrung läßt sich mit einer Fühlerlehre feststellen. Würde man die Kupplungsbolzen in dieser Lage fest anziehen, so würden die Wellen dadurch verspannt werden, was sich unbedingt auf den Lauf der Maschine auswirken müßte. Die Lagerböcke 1 und 4 des Maschinensatzes müssen daher jetzt aus der Ebene so weit herausgenommen werden, daß der gesamte Wellenstrang durch die beiden mittleren Lager 2 und 3 nicht mehr an der Ausbildung seiner elastischen Linie mit den Stützpunkten in Lager 1 und 4 behindert wird. Man erreicht das dadurch, daß man die Lagerböcke 1 und 4 entsprechend hebt, bis die beiden zusammengehörigen Kupplungsflanschen in vollkommen gleicher Entfernung voneinander stehen oder sich vollkommen berühren, also nicht mehr sperren.

Ob das der Fall ist, wird mitunter mit einer Fühlerlehre an mehreren Punkten des Flanschumfanges gemessen. Fühlerlehren sollte man dazu jedoch nur für rohe Vormessungen benutzen, da sie außerordentliche Geschicklichkeit und Übung im Messen erfordern; jeder Unterschied in der Einstecktiefe verursacht bereits Fehlmessung. Besser sind folgende Verfahren: ein Kupplungsflansch z. B. erhält einen Meßarm mit Feinmeßschraube oder Meßuhr. Man dreht nun den Läufer dieses Flansches und mißt den Abstand vom stillstehenden Gegenflansche an vier Punkten. Auch dieses Verfahren ist aber noch nicht ganz frei von Fehlermöglichkeiten: der stillstehende Kupplungsflansch kann nämlich außermittig zur Lagerstelle stehen oder man trifft bei der Messung auf Unebenheiten wie Druckstellen von der Beförderung u. dgl.. Diese Fehler können dadurch ausgeschaltet werden, daß beide Flanschen Meßarme erhalten, der eine mit Feinmeßschraube, der andere mit einem Gegenstifte. Die vier Meßpunkte werden dann nach jedesmaliger Drehung beider Wellen um 90° aufgenommen. Dadurch ist jede nur im Flansche liegende Ungenauigkeit ausgeschaltet. Die Schraube soll eine gerundete Kuppe, der Gegenstift eine kleine Fläche haben, die stets genau mittig zueinander stehen müssen. Um mit der Feinmeßschraube gleiche Meßgenauigkeit zu erhalten, d. h. sie nicht einmal fester, einmal leichter anzudrehen — wofür das Gefühl nicht sicher genug ist —, legt man zwischen Schraube und Gegenstift ein Stück dünnen Papieres und dreht die Schraube jedesmal nur so stark an, daß man das Papier immer gleich leicht durchziehen kann. Die beiden auf ihre genaue Lage zu prüfenden Wellen müssen während der Drehung gegen Axialverschiebung gesichert sein.

Abb. 59. Überprüfung des axialen Abstandes (oben) und der Gleichmittigkeit (unten) zweier starr zu kuppelnden Wellenflanschen mittels mehrerer Meßarme und Meßuhren.

In grundsätzlich gleicher Weise und unter Verwendung der gleichen dafür entsprechendausgebildeten Meßarme mißt man auch die mittengleiche Lage der beiden Wellen, wozu eine zweite, jetzt in radialer Richtung messende Meßuhr angebracht wird, Abb. 59.

Auch die Läufer mit vier Lagern und fester Kupplung muß man ablaufen lassen und den Lagereinschlag zuerst beim vorderen, dann beim hinteren Turbinenlager überprüfen.

Sind die Läufer der Turbine und der angetriebenen Maschine durch eine nachgiebige Kupplung — Verzahnungs- oder Klauenkupplung — miteinander verbunden, so sind sie genau so auszurichten wie bei starrer Kupplung, es entfällt nur das Ablaufenlassen und die Lagereinschlagprobe. Statt dieser Messungen muß festgestellt werden, ob sich die Kupplungshülse nach erfolgter Ausrichtung in jeder Winkelstellung der Läufer — es genügt jeweilige Drehung um 90° — leicht schieben läßt. Klemmt die Hülse, obwohl die Läufer gut ausgerichtet sind, so stehen die Kupplungsterne zu den Klauen oder Zähnen schief. Die Kupplungsterne haben entweder auf ihrer ganzen Länge gleiche oder kegelige Bohrung. Kegelsitz ist vorzuziehen. Die Kegel müssen sauber bearbeitet, sorgfältig aufgepaßt und, wenn erforderlich, durch Nachschaben zum einwandfreien Tragen gebracht werden. Hierauf werden die Kupplungsterne mit einem vorher rechnerisch genau festgelegten Schrumpfe aufgezogen.

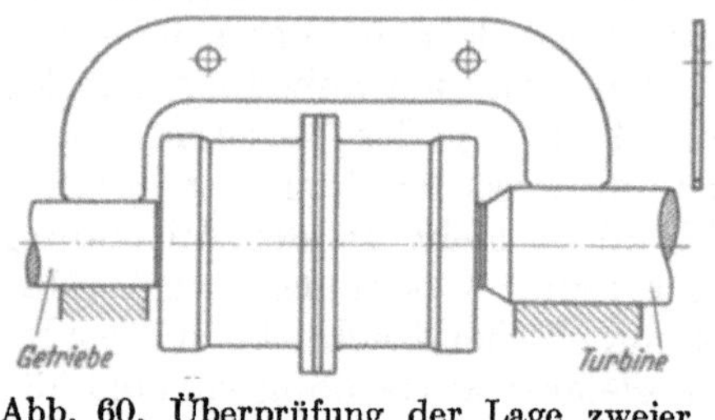

Abb. 60. Überprüfung der Lage zweier durch eine Doppel-Verzahnungskupplung zu kuppelnder Wellen mittels Meßbügels.

Überschläglich kann man die Ausrichtung zweier Wellen mit nachgiebiger Kupplung auch bei geschlossener Kupplung überprüfen. Dazu benutzt man einen Meßbügel, wie er in Abb. 60 gezeigt ist. Liegt eine der Wellen zu hoch oder zu tief, so können die Meßkanten des Bügels nicht auf der ganzen Länge aufliegen. Das Maß der Sperrung gibt gleichzeitig an, welche Abhilfe zu treffen ist. Sperrt z. B. nur eine der beiden Meßkanten, während die andere glatt aufliegt, so sind die beiden Wellen nicht nur nicht auf gleicher Höhe, sondern sie liegen auch unter einem Winkel zueinander. Sperren dagegen beide um das gleiche Maß, so ist nur ihre Höhenlage verschieden. Da man den Meßbügel in mehreren Ebenen des Umfanges ansetzen kann, so kann man damit gleichzeitig die Höhenlage wie die seitliche Ausrichtung des Wellenstranges überprüfen. Da dieses Verfahren jedoch nicht vollkommen genau sein kann, so wird es nur dort, wo unter Umständen rasche, behelfsmäßige Neuausrichtung erforderlich ist, wie z. B. im Schiffsbetriebe, verwendet. Im ortfesten Turbinenbaue hat es keinen Eingang gefunden.

Alle Stopfbuchsen und Einsatzringe müssen beim Ausrichten der Wellen ausgebaut sein, damit der Turbinenläufer keinesfalls in seiner freien Beweglichkeit — etwa durch Anstreifen — behindert ist. Die Lager sind vorher sorgfältig zu reinigen und mit reinem Öle zu benetzen. Bei Lagerschalen mit walzenförmiger Auflage im Lagerbocke muß die Auflage nachgeprüft und notfalls nachgeschabt werden. Lager mit Kugelauflage brauchen nicht nachgeschabt zu werden und tragen nach genauem Ausrichten bereits über die ganze Länge. Hierbei ist die Ausrichtung somit wesentlich erleichtert.

Selbst ausführliche Angaben für das Ausrichten der Lager einer Turbinenanlage werden notwendigerweise lückenhaft sein, da sie immer nur Beispiele geben, nie aber alle Sonderfälle mit einschließen können. Hier muß der Richtmeister auf der Baustelle nach freiem Ermessen oder nach Sondervorschriften des Lieferwerkes verfahren. Als wichtige Sonderart soll hier nur die Getriebeturbine kurz behandelt werden.

Der Zusammenbau der Turbinengetriebe wird dadurch erleichtert, daß alle Lager eines Getriebes stets in einem gemeinsamen, starren Gehäuse untergebracht sind. An der Notwendigkeit, die einzelnen Lagerschalen auf Hundertstel von mm genau gegeneinander auszurichten und das Lagerspiel genau nach Vorschrift einzustellen, ändert diese Tatsache jedoch nichts.

Ein Getriebe einfachster Bauart besteht aus zwei Wellensträngen in gleicher Entfernung voneinander. Für den Wellenstrang des Rades gilt das gleiche wie für einen einfachen, unmittelbar gekuppelten Turbosatz, da beim Getrieberade der Zahndruck — bis auf ganz seltene Ausnahmen — in unbelastetem und in belastetem Zustande nach unten wirkt. Die Achsen der Ritzel und der Radwellen müssen auf ihrer ganzen Länge in gleichem und rechnerisch genau festgelegtem Abstande eingestellt sein. Bei Getrieben waagerechten Aufbaues liegen die beiden Wellen im allgemeinen in gleicher Höhe. Bei mehrstufigen Getrieben und auch einstufigen für Sonderzwecke werden die Ritzel mitunter oben oder an einer beliebigen Stelle des Umfanges des Rades angeordnet. In solchen Fällen liegen die einzelnen Wellenstränge des Getriebes in verschiedenen Höhenlagen, jedoch müssen auch hierbei die vier Lager jedes Räderpaares in einer gemeinsamen Ebene liegen, die aber nicht waagerecht zu sein braucht. Ist sie waagerecht, so kann die Wasserwaage zur Ausrichtung und Prüfung benutzt werden. Einfacher und dabei sehr genau ist das Messen mit Meßlatten oder -schienen, die von einem Festpunkte aus zugleich über die Laufflächen der beiden Wellen eines Zahnpaares erst auf der einen Seite der Verzahnung, dann auf der anderen aufgelegt werden. Werden nicht beide Wellen durch die Schiene gleichzeitig berührt oder beträgt bei der Berührung der einen der Abstand der Schiene von der anderen auf der einen Seite der Verzahnung mehr als auf der anderen, so liegen die beiden Wellen nicht in einer gemeinsamen Ebene.

Ist beim ersten Zusammenbaue eines Getriebes in der Werkstatt die genaue Lage der Wellen eingestellt, so erübrigt sich im allgemeinen ein Nachmessen oder Nachrichten beim Aufbaue im Maschinenhause. Den Abstand der Wellen mißt man mit einem Meßbügel, der quer über die aus den Lagern herausragenden Wellen gelegt wird. Man stellt hiermit den Abstand von Außenkante zu Außenkante der Wellen fest. Vorher sind die genauen Durchmesser der einzelnen Wellen zu bestimmen. Durch Abzug der Halbmesser der beiden Wellen vom gemessenen Außenabstande erhält man den Achsenabstand. Ist dieser an den Lagern vor und hinter der Verzahnung gleich, so liegen die beiden Wellen, wenn sie im übrigen in einer gemeinsamen Ebene sind, richtig. Da Getriebelagerschalen im Gehäuse allgemein ohne Zwischenlagen eingepaßt werden, so kann sich der Achsenabstand im Betriebe nur dann ändern, wenn ein oder mehrere Lager abgenutzt oder ausgelaufen sind. Da in ordnungsgemäßem Betriebe aber eine Abnutzung der Lager nicht vorkommt, so ist ein Nachmessen des Achsenabstandes nur nach längerer Betriebzeit erforderlich oder gegebenenfalls nach einer aufgetretenen Störung.

Erst wenn alle Wellen und ihre Lauflager genau ausgerichtet sind, darf der ganze Maschinensatz endgültig auf dem Fundamente befestigt werden. Die Lagerböcke oder die als Festpunkte ausgebildeten Füße der Turbinengehäuse werden dann auf ihren Grundplatten verbohrt und die Grundplatten selbst, nachdem die behelfsmäßigen

Keilunterlagen durch Flacheisen und Blechbeilagen ersetzt sind, mittels ihrer Fundamentanker auf dem Fundamente festgezogen und schließlich vergossen. Das geschieht, indem der Zwischenraum zwischen Fundament und Grundplatten und sämtliche Hohlräume der Grundplatten mit Ausnahme derer, in denen die Ankermuttern sind oder durch welche Durchbrüche gehen, mit Beton ausgefüllt werden. Für das Vergießen müssen in den Grundplatten gut zugängliche Löcher vorhanden sein. Es ist sehr wichtig, daß der Vergußbeton mit dem Fundamente gut bindet. Die Fundamentoberfläche ist deshalb vor dem Vergießen sorgfältig zu reinigen und reichlich anzunässen. Auch die Hohlräume, durch welche die Ankerbolzen gehen, müssen unter kräftigem Nachstopfen vollständig ausgegossen werden. Nach dem Abbinden müssen Grundplatten, Anker, Verguß und Fundament ein zusammenhängendes starres Bauwerk bilden. Bei Grundplatten, die Kippmomenten ausgesetzt sind, sollen Bewehrungseisen in erforderlicher Zahl aus dem Fundamente in die Grundplattenhohlräume ragen. Auch sollen solche Platten mit ihrem unteren Teile in das Fundament eingegossen werden. Sohlplatten versieht man auf ihrer Unterseite mit Riefen oder aufgeschweißten Flacheisen, um zufolge der dann größeren Rauhigkeit der Auflageflächen eine gute Verbindung mit dem Fundamente zu erzielen.

Die Ausrichtung einer neuen Turbine muß vor dem Untergießen vollkommen beendet sein. Eine Ausrichtung bei bereits vergossener Grundplatte kommt nur bei Überholungsarbeiten an Turbinen in Betracht.

Beim Zusammenbaue einer Turbine wird das Drucklager so eingestellt, daß die axialen Schaufelspiele in der Dehnungsrichtung des Läufers mindestens gleich den zeichnungsmäßigen Sollgrößen sind. Die Lauffläche des Drucklagers muß zur Welle vollkommen senkrecht sein. Diese Überprüfung ist der Beginn der Drucklagereinstellung. Bei Einringdrucklagern ist sodann die Stützplatte mit den Klötzen, die auf ihr mit den Halteschrauben gehalten werden, einzubringen, wobei erforderlichenfalls eine Unstimmigkeit durch Nachschaben beseitigt werden muß. Der Grundring, auf dem die Stützplatte aufliegt, kann im Drucklagergehäuse durch Zwischenlegen von Blechen in eine solche Lage gebracht werden, daß der Läufer die vorgeschriebene axiale Lage einnimmt. Liegt der Druckring gegen die Klötze in der Hauptschubrichtung an, so soll sein Abstand von den Anlaufflächen oder den Klötzen auf der anderen Seite nicht weniger als 0,3 mm betragen. Selbstverständlich sind beim Einbaue des Drucklagers auch alle Ölverbindungen und Ölwege auf etwaige Verstopfung und genaue Lage sorgfältig zu prüfen.

Einbau und Einstellung der Stopfbuchsen sind im allgemeinen die letzte Arbeit vor dem Schließen der Turbinengehäuse. Bei den verhältnismäßig kleinen Stopfbuchsspielen und der Mannigfaltigkeit des Aufbaues der Turbinen verschiedenen Ursprunges ist die Einstellung der Stopfbuchsen eine Aufgabe, die sorgfältig überlegte Vorschriften vom Erbauer der Turbine verlangt. Zu beachten sind zunächst die Unterschiede der Wärmedehnungen, insbesondere in axialer Richtung, der Gehäuse und Läufer gegeneinander, ferner die Lage der Drucklager, die Art der Verbindung von Turbinengehäuse und Lagerbock, die Befestigung der Gehäuse und Lagerböcke auf den Grundplatten. Bei höheren Betriebstemperaturen ist die Berücksichtigung der Läuferdehnung für die axiale Einstellung der Stopfbuchsen von besonderer Wichtigkeit.

Für die Innenstopfbuchsen ist meist nur die genaue Einhaltung des vorgeschriebenen Radialspieles maßgebend; wenn die Kämme der Ringe nicht in Gegenkämme des Läufers eingreifen, lassen die Zwischenstopfbuchsen beliebige Axialverschiebungen des Läufers zu. Je nach der Bauart der Maschine wird das Gesamtspiel gleichmäßig auf oben und unten verteilt, wie in dem Beispiele der Gegendruckturbine, oder die Stopfbuchsenachse wird gegen die Wellenachse etwas nach unten versetzt. Diese zuletzt genannte Maßnahme ist dort angebracht, wo damit zu rechnen ist, daß Wärmedehnung das Gehäuse gegenüber dem Läufer hebt. Die Einstellung der Innenstopfbuchsen ist im Gehäuseunterteile durch Meßbänder zu überprüfen, während eine unmittelbare Messung im Gehäuseoberteile nicht möglich ist. Es gibt indessen ein einfaches Verfahren zur Überprüfung, das jeder Richtmeister auf der Baustelle anwenden kann: er bestreicht die

Dichtungsstellen der Welle so stark mit Schlemmkreide, daß die Spitzen der unteren Ringhälften gerade leicht berühren. Darauf wird der Gehäuseoberteil aufgesetzt und der Läufer gedreht. Ist z. B. das Spiel der Ringhälften im Oberteile kleiner als unten, so müssen die Spitzen tiefere Einschnitte in der Kreideschicht hinterlassen haben. Eine derartige Prüfung ist jedoch nur bei vielstufigen Einstückläufern erforderlich. Laufen die Innenstopfbuchsen gegen Naben aufgezogener Räder, so kann man damit rechnen, daß genügende Sicherheit und Genauigkeit schon durch das Ausrichten der Zwischendeckel im Gehäuse und der Stopfbuchsringe in diesen erreicht ist.

Wichtig ist, daß die mittige Lage der Ringe in den Zwischendeckeln stets erhalten bleibt, damit die Ringe, falls sie sich werfen sollten, nicht an der Welle anstreifen.

Leichter lassen sich die Außenstopfbuchsen einstellen, obwohl hier die stillstehenden und die umlaufenden Kämme meist ineinander eingreifen; denn bei den Außenstopfbuchsen ist unmittelbare Messung der Spiele möglich. Einbau und Einstellung von Labyrinthaußenstopfbuchsen wird in Abb. 61 an je einem Beispiele einer Kondensations- und einer Gegendruckturbine gezeigt. Die Kondensationsturbine ist eine eingehäusige Gleichdruck-Scheibenturbine für 25000 kW bei 3000 U/min und hat mit dem Stromerzeuger vier Lager. Die Gegendruckturbine ist eine vielstufige Gleichdruckturbine von 2400 kW bei 3000 U/min und hat nur drei Lager, der Abstand der beiden Stopfbuchsen ist hier jedoch wesentlich kleiner als bei der Kondensationsturbine. Bei beiden Turbinen ist das Wellendrucklager auf der HD-Seite angeordnet. Die HD-Stopfbuchse der Kondensationsturbine in dem gewählten Beispiele wird gegen die Wellenachse lotrecht etwas nach unten versetzt eingestellt, da das Turbinengehäuse, das das Stopfbuchsengehäuse trägt, sich gegenüber dem im Betriebe kälter bleibenden Lagerbocke, in dem die Welle abgestützt ist, trotz annähernd mittengleicher Aufhängung durch Wärmedehnung etwas heben kann. Besser ist daher bei höheren Betriebstemperaturen die Abstützung des Gehäuses genau in Höhe der Wellenmitte, wie auf S. 43 beschrieben. Bei der ND-Stopfbuchse ist die Wärmedehnung geringer, außerdem ist das hintere Läuferlager in diesem Falle in den Abdampfstutzen eingegossen, so daß es jede Bewegung des Abdampfgehäuses mitmacht. Eine Verlagerung des Läufers gegen die Stopfbuchse kann hier also nicht stattfinden. Bevor die Welle in die Lager gelegt wird, schraubt man die einzelnen Ringe über der Welle zusammen und prüft das Spiel in der Waagerechten und in der Lotrechten. Stimmt es mit dem Sollspiele überein, so kann der Einbau beginnen. Die vorgeschriebene Höheneinstellung wird durch entsprechende Nacharbeit an der Auflagefläche der oberen Ringhälften erzielt.

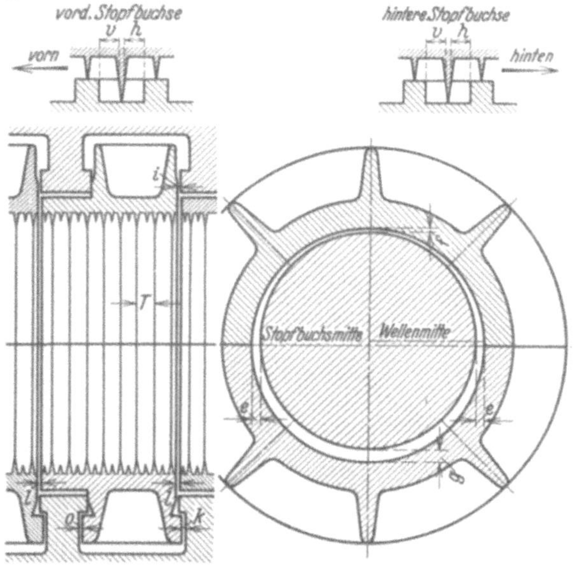

Vordere Stopfbuchse = HD-Stopfbuchse, hintere Stopfbuchse = ND-Stopfbuchse. Die Richtung „vorn" bedeutet „auf das Wellendrucklager zu", die Richtung „hinten" bedeutet „vom Wellendrucklager weg".

Stopfbuchse	Teilung	Axialspiele		Radialspiele			Einbauspiele			
	T	v	h	e	f	g	o	i	k	l
	mm	mm	mm	mm	mm	mm	mm	mm	mm	mm
1. Beispiel: eingehäusige Kondensationsturbine 25000 kW, 3000 U/min										
HD . .	6 + 3	2,5	2,5	0,3	0,2	0,4	0,5	0,3	0,8	0,4
ND . .	8 + 4	4,5	2,5	0,3	0,3	0,3	0,5	0,3	0,8	0,4
2. Beispiel: eingehäusige Gegendruckturbine 2400 kW, 3000 U/min										
HD . .	6 + 3	2,5	2,5	0,3	0,3	0,3	0,5	0,3	0,8	0,4
ND . .	8 + 4	4,5	2,5	0,3	0,3	0,3	0,5	0,3	0,8	0,4

Abb. 61. AEG, Einstellung von Außenstopfbuchsen.

Die axiale Lage der Dichtungspitzen gegenüber den Wellenkämmen ist in gleicher Weise von dem Gesamtaufbaue und den Betriebsverhältnissen der Turbine abhängig. In der Stopfbuchse, die dem Drucklager des Läufers zunächst liegt — meist das HD-Ende der Turbine —, ist auch bei höheren Temperaturen keine nennenswerte Verschiebung des Läufers gegen die Stopfbuchsenspitzen zu befürchten. Dort sind somit die Spitzen des Stopfbuchsenringes genau auf Mitte von Nut oder Kamm des Läufers einzustellen. An der anderen, also der ND-Stopfbuchse, wo die verschieden große Längung von Gehäuse und Läufer infolge der Erwärmung im Betriebe sich fühlbarer auswirkt, werden die Stopfbuchsenringe um ein bestimmtes Maß nach hinten zu aus der Mitte eingestellt. Während des Einstellens und Messens der Axialspiele müssen alle Ringe so festgelegt werden, wie sie durch den Dampfdruck während des Betriebes gehalten werden, d. h. das volle Spiel k muß jeweils auf der Seite vorhanden sein, wo im Betriebe der höhere Druck herrscht. Bei dieser Art der Einstellung werden im Betriebzustande alle Stopfbuchsen angenähert auf Mitte stehen.

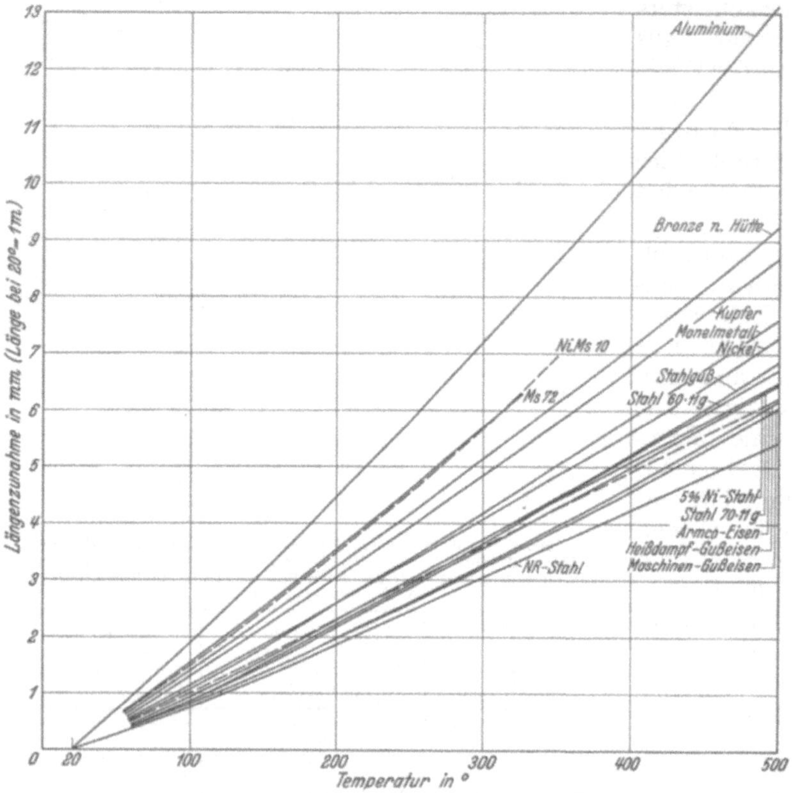

Abb. 62. Längenzunahme verschiedener Baustoffe bei Erwärmung von 20° auf die Meßtemperatur.

Bei den wesentlich selteneren Kohlestopfbuchsen werden die Dichtungsflächen vor dem ersten Einbaue mit Vaseline oder auch flockigem Graphite geschmiert, manchmal auch ohne Schmierung gelassen. Im Betriebe selbst erhalten sie keinerlei Schmierung. Da die Kohle Graphit enthält, schmiert sie sich, wo sie zum Anstreifen kommt, selbst. Beim Einbaue sind die Kohleringteile mit Vorsicht zu behandeln, da sie leicht zerbrechen. Daß Kohlestopfbuchsen in Einbau oder Wartung einfacher wären als Labyrinthstopfbuchsen, ist eine verbreitete, aber unrichtige Ansicht.

Die Kohleringe werden nicht immer mit dem gleichen Spiele gegen die Welle ausgeführt. Bei allen Bauarten wird aber angestrebt, den zusammengesetzten Kohlering mittig zur Welle zu halten; sein Gewicht wird daher durch eine Feder od. dgl. aufgefangen. Die einzelnen Kohleringstücke liegen meist stumpf aneinander an. Mitunter wird auch vorgeschrieben, daß zwischen den einzelnen Ringstücken ein Zwischenraum von wenigstens 0,15 mm je 100 mm Wellendurchmesser vorhanden sein muß, wenn die Stopfbuchse eingebaut wird, die Welle also eingelegt ist. In einem anderen Falle ist für die HD-Stopfbuchse bei einem Wellendurchmesser von 200 mm für die Kohleringe eine Bohrung von 200,6 bis 200,8 mm vorgeschrieben. Das Spiel verringert sich im Betriebe, wenn die Welle sich stärker ausdehnt als die etwas kälter bleibenden und sich weniger ausdehnenden Kohleringe. Für die ND-Stopfbuchse werden in dem gleichen Falle kleinere Spiele vorgeschrieben, und zwar für den gleichen Wellendurchmesser eine Bohrung von 200,3 bis 200,45 mm in den Kohleringen.

Die Dichtung der Teilfugen und Rohranschlüsse am Turbinengehäuse erfolgt grundsätzlich durch Flanschverbindungen. Die Dichtungsflächen der Flanschen werden im allgemeinen nur sauber gedreht oder gehobelt, nicht geschabt. Die Hauptflanschen der Turbinengehäuse, die sich den Gehäuseformen anpassen müssen, erfordern besondere Beachtung und Berechnung von Fall zu Fall. Bei den Rohranschlüssen mit Rundflansch dagegen ist man der Einzelberechnung im allgemeinen durch die Normung der Flanschen und ihrer Schrauben für die verschiedenen Druckbereiche enthoben. Es ist besser, die Hauptflanschen am Turbinengehäuse schmal mit entsprechend höherem Anpressungsdrucke auszuführen. Für Dichthalten der Flanschen ist genügende Flanschdicke Voraussetzung.

Kreuzfugen sind möglichst zu vermeiden. Kleine und mittlere Gehäuse bestehen daher in der Regel nur aus je einem Ober- und einem Unterteile. Große Turbinengehäuse müssen mitunter mit Rücksicht auf ihre Abmessungen auch in lotrechter Richtung geteilt werden, wobei in der Regel das HD-Gehäuse aus Stahlguß, das ND-Gehäuse aus Gußeisen hergestellt wird. Wichtig ist in diesem Falle, daß die Kreuzfuge bereits in ein niedrigeres Temperaturgebiet (unter 100°) gelegt wird, da andernfalls ihre Abdichtung Schwierigkeiten verursachen kann. Bei Kreuzfugen zweier Stahlgußteile können die Fugen nach dem Schließen auch verschweißt werden. Trifft Stahlguß an einer Teilfuge auf Gußeisen, wie z. B. bei besonderem Einströmkasten aus Stahlguß und einem Turbinengehäuse aus Gußeisen, so ist bereits bei der Gestaltung der Ausdehnungsunterschied bei Erwärmung zu berücksichtigen, Abb. 62.

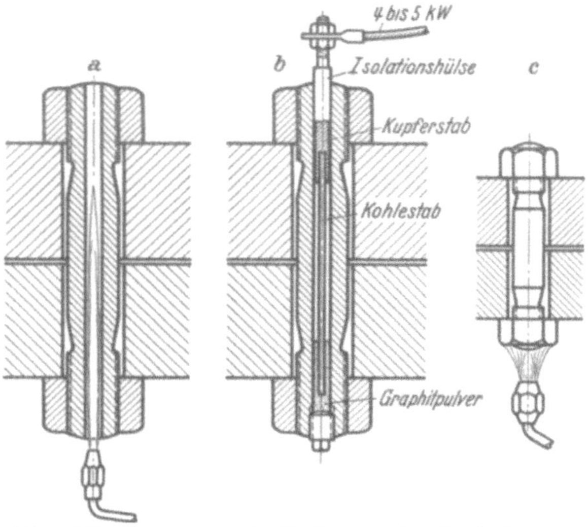

Abb. 63[13]. Anwärmen der Teilfugenschraubenbolzen vor dem Anziehen oder Lösen der Muttern.

a Anwärmen eines durchbohrten Bolzens mit offener Flamme; *b* Anwärmen eines durchbohrten Bolzens mit elektrischer Heizung; *c* Anwärmen eines vollen Bolzens mit offener Flamme.

Durchgehende Bolzen mit Kopf und Mutter oder beiderseitigen Muttern sind Stiftschrauben vorzuziehen. Letztere sind mitunter aber nicht zu vermeiden, besonders bei den HD-Teilfugen, an denen die Bolzen sehr nahe aneinander und an dem walzenförmigen Gehäuseteile anzuordnen sind. Schraubenbolzen für höhere Betriebsbeanspruchungen sind aus Sonderstahl herzustellen. Cr-Ni-Stähle sind hier aber weniger geeignet als Stähle mit Mo-Zusatz. Für die Muttern reicht meist ein guter SM-Stahl aus. Bolzen und Muttern sollen aus verschiedenem Baustoffe sein, die Muttern sollen außerdem Flankenspiel erhalten, da sonst Gefahr des Fressens besteht.

Um die für hohe innere Drücke erforderliche hohe Vorspannung in den Teilfugenbolzen zu erreichen, ist es zweckmäßig, die Bolzen im wärmegedehnten Zustande zu verschrauben. Das geschieht entweder durch eine elektrische Heizvorrichtung, die in die durchbohrten Bolzen eingeführt wird, oder durch Erwärmung von außen durch eine dann beliebige Heizvorrichtung, Abb. 63. Bei derartigen Verfahren ist jedoch große Sorgfalt anzuwenden, da die Muttern auf den durch die Heizung gedehnten Bolzen leicht so weit angezogen werden können, daß diese beim Erkalten bereits über ihr Elastizitätsmaß hinaus gereckt werden. Die Anwärmtemperatur und der Anzugsweg der Mutter sind daher stets vorher rechnerisch genau festzulegen. Man nimmt dieses Anwärmen der Teilfugenbolzen daher nur dann vor, wenn die Teilfuge sonst nicht dicht zu bekommen ist.

Wenn die Teilfugenbolzen vor dem Anziehen der Muttern nicht erwärmt werden, so ist es notwendig, diese nach dem ersten Probebetriebe, solange die Maschine noch warm ist, nachzuziehen. Da dieses Nachziehen ein sicheres Gefühl für das zulässige Anzugsmaß voraussetzt, sollte es nur vom Richtmeister selbst, keinesfalls von Hilfskräften vorgenommen werden.

Dichtung der Gehäuseteilfugen mittels Feder und Nut wird nur dort angewendet, wo sich die Teilfugenschrauben, z. B. an den Durchtrittstellen der Wellen, nicht günstig

[13] Nach Engineer Bd. 157 (1934) S. 414 Abb. 3.

anordnen lassen. Für Gehäuseeinbauten dagegen, vor allem für die gegenseitige Abdichtung der Zwischendeckelhälften, wird Feder und Nut häufig angewendet.

Die waagerechten Teilfugen der Turbinengehäuse werden meist mit Kitt und Asbestschnur gedichtet. Bei Gehäuseeinsätzen mit eingebauten Zwischendeckeln sind die Teilfugen zu schaben und nur mit Kitt zu dichten; Asbestschnur darf hierfür nicht verwendet werden. Das gleiche gilt für die geschabten und zusammengeschraubten Teilfugen der Stopfbuchsengehäuse.

Der Wärmeschutz der Turbinengehäuse und Dampfrohrleitungen hat einerseits diese im Betriebe vor Wärmeverlusten zu schützen, andererseits von außen eindringende scharfe Temperaturwechsel (Zug) von den heißen Teilen fernzuhalten, damit sie nicht durch ungleichmäßige Abkühlung verzogen oder durch dadurch hervorgerufene Wärmespannungen beschädigt werden. Der üblichste Wärmeschutz besteht aus einer Turbinen-

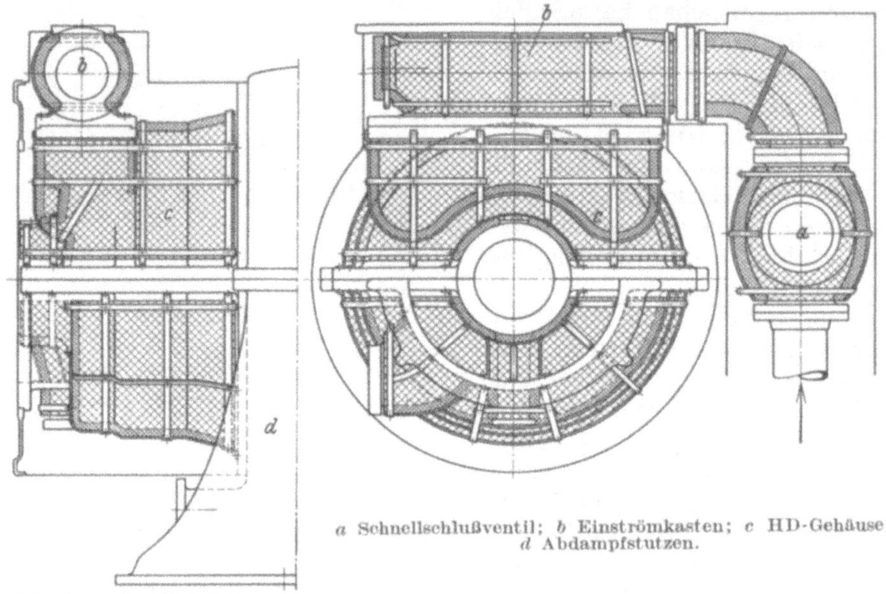

a Schnellschlußventil; b Einströmkasten; c HD-Gehäuse; d Abdampfstutzen.

Abb. 64. Verkleidung der Frischdampfeinströmteile und des HD-Gehäuses einer Kondensationsturbine mit Asbestmatten als Wärmeschutz.

gehäuse und Einströmteile vollkommen umhüllenden Verkleidung mit einzelnen Matten, die mittels Blechbänder unmittelbar auf diesen Bauteilen befestigt werden, Abb. 64. Als Schutzmasse dient meist Asbest, seltener Schlacken- oder Glaswolle. Auf jeden Fall muß es ein brandsicherer Stoff sein. Vereinzelt werden auch geknitterte Aluminiumblätter („Alfol“) verwendet.

Für besonders hohe Frischdampftemperaturen sieht man mitunter auch doppelten Wärmeschutz vor. Um die unmittelbar auf das HD-Gehäuse aufgebrachten Matten wird zunächst ein Luftraum gelassen und dann noch ein zweiter größerer Mattenmantel angeordnet. Mit besonderer Sorgfalt sind Frischdampfrohre und Einströmteile von HD-Turbinen auch deshalb zu schützen, damit ihre Wärmestrahlung nicht das Fundament zu sehr erwärmt, Abb. 65.

Die ND-Teile der Turbinengehäuse oder auch ganze Turbinen, wenn sie nur niedrigen Temperaturen ausgesetzt sind, werden meist gar nicht verkleidet. Sie erhalten lediglich Spachtelüberzug und Anstrich.

Über die eigentliche Wärmeschutzmasse der Turbine wird meist eine Verkleidung aus Glanz- oder Schwarzblech gelegt, durch die das äußere Bild der Turbine bestimmt wird. Da die Verkleidung die Turbine — mit Ausnahme des Abdampfteiles — vollkommen umschließt, so ist sie so auszubilden, daß man möglichst leicht zu den am häufigsten zu überprüfenden Einzelteilen gelangen kann. So muß lediglich nach Abnehmen eines möglichst kleinen Teiles der Verkleidung das Dampfsieb zugänglich sein. Bei besonders großen

Turbinen wird oft die Verkleidung entlang der waagerechten Gehäuseteilfuge geteilt, so daß entweder der obere Verschalungsteil mit dem Turbinenoberteile zugleich abgehoben werden kann oder die Gehäuseteilfuge und ihre Bolzen nach Entfernen eines schmalen Längsstreifens der Verschalung freigelegt werden.

Neuerdings ist man vereinzelt, und zwar vorwiegend auf Schiffen, von dieser üblichen Verkleidungsart der Turbinen abgegangen. Die ganzen Turbinen werden in einem solchen Falle, in Anlehnung an die Wärmeschutzummauerung der Kessel, nur mit einer Schicht aus Magnesia und Zementmörtel umhüllt. Zwar muß dann bei jeder Öffnung der Turbine — wenn die Teilfugenschrauben nicht ausgespart sind — der gemauerte Mantel teilweise zerstört werden, doch ist seine Wiederherstellung mit einfachen Mitteln durchzuführen.

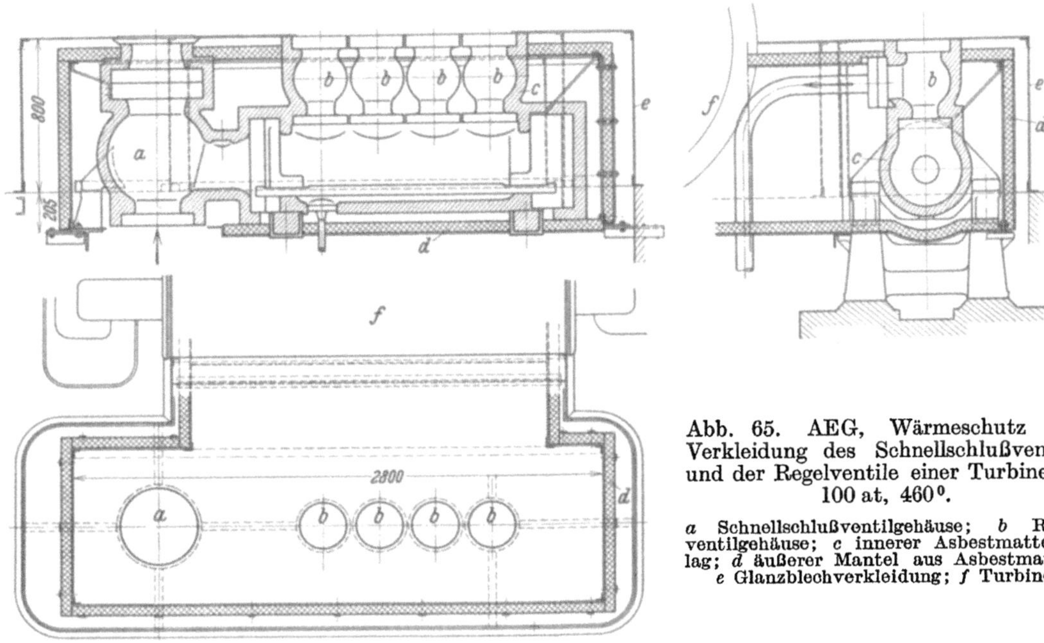

Abb. 65. AEG, Wärmeschutz und Verkleidung des Schnellschlußventiles und der Regelventile einer Turbine für 100 at, 460°.

a Schnellschlußventilgehäuse; *b* Regelventilgehäuse; *c* innerer Asbestmattenbelag; *d* äußerer Mantel aus Asbestmatten; *e* Glanzblechverkleidung; *f* Turbine.

Diese Art von Wärmeschutz kann bei den beschränkten Raumverhältnissen auf Schiffen auch deshalb vorteilhaft sein, weil sie sich knapper der Form der Turbinengehäuse anpaßt und dadurch die Außenabmessungen kleiner werden.

8. Die Dampfleitungen der Turbine.

Am Frischdampfanschlusse des Schnellschlußventiles endet in der Regel die Lieferung des Turbinenwerkes. Die anschließende Rohrleitung muß richtig bemessen und verlegt sein. In ihr muß wenigstens eine Hauptabsperrung vorhanden sein, damit der Rohrstrang unmittelbar vor dem Schnellschlußventile während eines Betriebstillstandes belüftet werden kann. Soweit man es für erforderlich hält, wird noch ein Wasserabscheider vorgesehen. Es empfiehlt sich, den Rohrplan vor der Ausführung mit dem Turbinenwerke wegen der zweckmäßigsten Anordnung und Abstützung der Frischdampfleitung zu besprechen.

Die allgemeine Anordnung der Dampfleitungen in Kraftwerken ist weniger von der Turbine, als vielmehr von der Gesamtplanung des Kraftwerkes und dessen Betriebsart abhängig. Die Frischdampfrohrleitungen werden daher hier nur so weit behandelt, als sie unmittelbar an die Turbinenanlage anschließen oder sie beeinflussen können.

Die Dampfgeschwindigkeit in den Frischdampfleitungen soll einerseits nicht zu groß sein, damit der durch die Rauhigkeit der Rohrwandungen und durch die Zerwirbelung der Strömung verursachte Druckverlust gering ist, andererseits soll ihr Durchmesser nicht zu groß angenommen werden, damit die Wärmeverluste der Rohroberfläche klein bleiben. Für die Nennlast wählt man nach wie vor eine Dampfgeschwindigkeit von etwa 30 m/s. Die genaue Berechnung der Druck- und Wärmeverluste in Dampfleitungen ist zeitraubend; Kurvenblätter dienen zur überschläglichen Ermittlung, Abb. 66.

Die Baustoffe für Frischdampfleitungen werden nach den „Regeln für den Bau von Heißdampfrohrleitungen" der Vereinigung der Großkesselbesitzer ausgewählt. Diese enthalten alle erforderlichen Bestimmungen. Werden Frischdampfleitungen geschweißt,

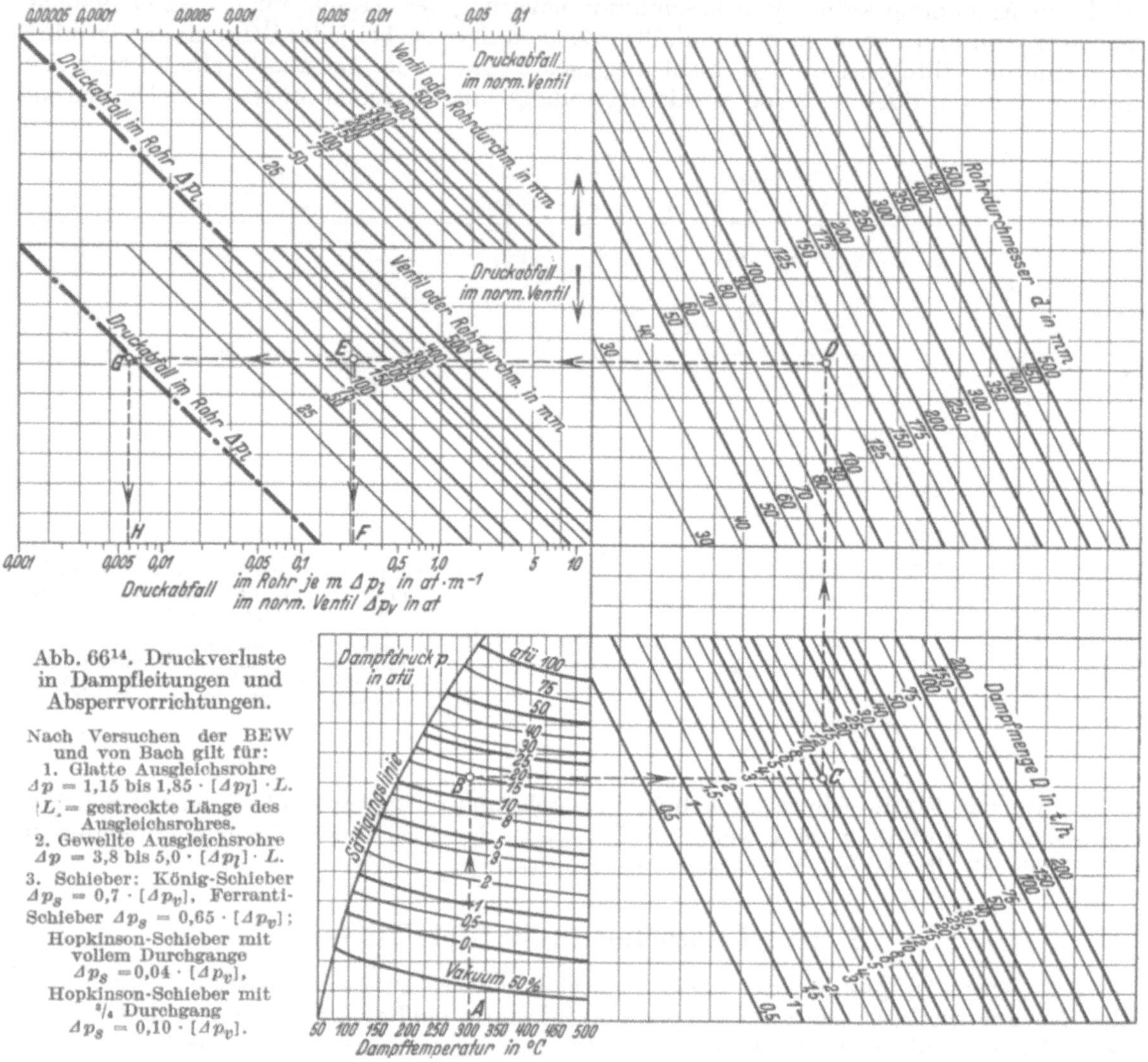

Abb. 66[14]. Druckverluste in Dampfleitungen und Absperrvorrichtungen.

Nach Versuchen der BEW und von Bach gilt für:
1. Glatte Ausgleichsrohre $\Delta p = 1{,}15$ bis $1{,}85 \cdot [\Delta p_l] \cdot L$.
(L = gestreckte Länge des Ausgleichsrohres.
2. Gewellte Ausgleichsrohre $\Delta p = 3{,}8$ bis $5{,}0 \cdot [\Delta p_l] \cdot L$.
3. Schieber: König-Schieber $\Delta p_s = 0{,}7 \cdot [\Delta p_v]$, Ferranti-Schieber $\Delta p_s = 0{,}65 \cdot [\Delta p_v]$; Hopkinson-Schieber mit vollem Durchgange $\Delta p_s = 0{,}04 \cdot [\Delta p_v]$, Hopkinson-Schieber mit $^3/_4$ Durchgang $\Delta p_s = 0{,}10 \cdot [\Delta p_v]$.

so ist sorgfältig darauf zu achten, daß keine Schweißperlen in das Innere der Rohrleitung gelangen. Selbstverständlich muß ihre Innenseite auch frei von Zunder, Sand u. dgl. sein. Grobe Verunreinigungen werden wohl durch das Dampfsieb aufgefangen. die Turbinenschaufeln werden aber auch durch kleinere vom Dampfe mitgerissene Fremdkörper beschädigt.

Als Wärmeschutz benutzt man für die Dampfleitungen meist Kieselgur, womit auch bei Höchstdruckanlagen sehr gute Erfahrungen gemacht wurden, ferner, ähnlich wie für die Turbinengehäuse, Asbest, Glaswolle, Schlackenwolle oder Aluminiumblätter. Über diese werden Blechmäntel oder Überzüge aus Aluminium gelegt. Oft werden die Leitungen nur mit Aluminiumfarbe gestrichen. Es empfiehlt sich, nur beste Wärmeschutzmasse zu verwenden. Asbestmatten aus nicht einwandfreiem Baustoffe können

[14] Nach AEG-Mitt. 1923 S. 280 Abb. 2.

sich entzünden, Glaswolle kann nach einiger Zeit innerhalb des sie umgebenden Drahtgeflechtes zu Staub zerfallen. Wichtig ist, daß auch die Absperrvorrichtungen und die Flanschen mit Wärmeschutz umgeben werden. Rohrleitungsflanschen erhalten leicht abnehmbare Kappen, damit die Schrauben auch während des Betriebes leicht nachgezogen werden können.

Schieber und Ventile sollen der Dampfströmung möglichst geringen Widerstand bieten. Ihre Widerstandsbeiwerte schwanken je nach Größe und Bauart zwischen 0,1 bei einem gut gebauten Schieber und 30 bei einem Durchgangsventile besonders ungünstiger Form, woraus zu ersehen ist, wieviel durch günstige Ausbildung der Absperrvorrichtungen gespart werden kann. Keineswegs vereinzelt sind Fälle, wo eine hochwertige Turbine an ein unwirtschaftliches Rohrleitungsnetz angeschlossen wird.

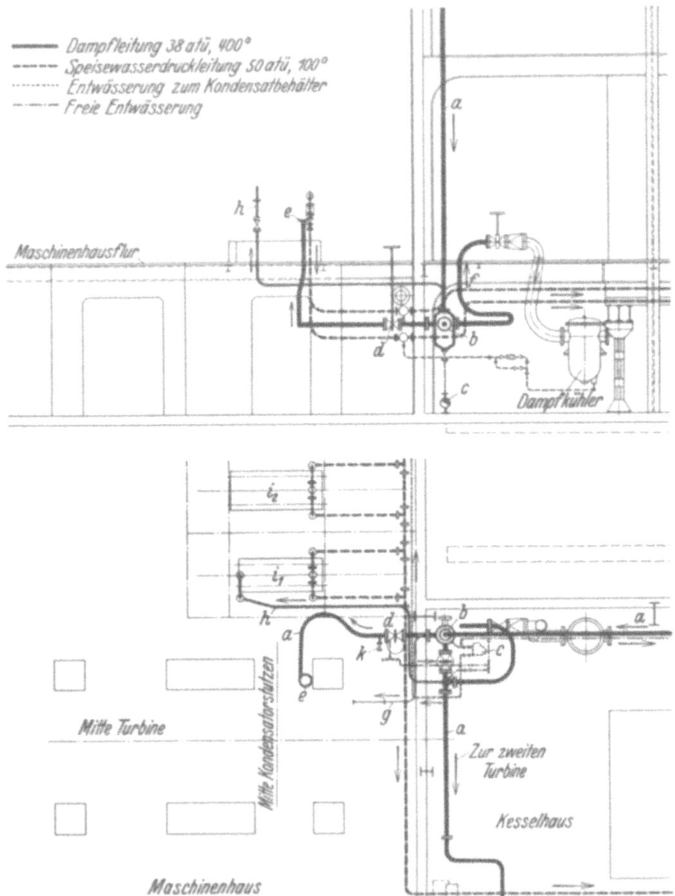

Abb. 67. Frischdampfrohrleitung für eine Anzapf-Kondensationsturbine.

a Frischdampfleitung vom Kessel zur Turbine; *b* Wasserabscheider; *c* Kondenstopf; *d* Frischdampfschieber; *e* Anschluß an das Schnellschlußventil der Turbine; *f* Dampfleitung mit Druckminderventil und Dampfkühler für Heizdampf; *g* Dampfleitung zur Turbohilfsölpumpe; *h* Frischdampfleitung zur dampfangetriebenen Kesselspeisepumpe; i_1, i_2 Kesselspeisepumpen; *k* Belüftungsventil.

Der zur Turbine führende Rohrstrang der Frischdampfleitung enthält den Hauptabsperrschieber und häufig auch einen Wasserabscheider. Einen Wasserabscheider wird man auf jeden Fall bei Turbinen einbauen, die Dampf von annähernd Sättigungstemperatur zu verarbeiten haben. Bei überhitztem Dampfe kann man auf ihn verzichten, zumal sein stets verhältnismäßig nur geringer Fassungsraum nicht in der Lage ist, bei stärkerem Überkochen der Kessel die großen, vom Dampfe mitgerissenen Wassermengen aufzunehmen. Wichtig ist die richtige Lage des Festpunktes der Frischdampfzuleitung zur Turbine und seine einwandfreie Verankerung. Wird der Wasserabscheider als Festpunkt vorgesehen, so muß er so kräftig ausgebildet sein, daß er die oft beträchtlichen Rohrleitungschubkräfte aufnehmen kann. Abb. 67 zeigt eine Frischdampfleitung bewährter Anordnung.

Der tiefste Punkt einer Frischdampfleitung, also üblicherweise der Wasserabscheider, muß entwässert werden. Dazu ist bei Turbinen, die mit Sattdampf arbeiten, also vor allen Dingen bei Abdampfturbinen und in Anzapfleitungen, ein Kondenstopf zu verwenden. Dieser führt das Niederschlagwasser in einen Sammelbehälter ab und besitzt für das Anfahren eine Umführungsleitung. Bei überhitztem Dampfe sind Kondenstöpfe nicht zweckmäßig. Sie werden dort vielfach durch einfache Durchgangsventile ersetzt, die mit freiem Abflusse, nicht ansteigend, in den Kondensatbehälter entwässern.

Je nach der Bauart und Größe der Turbine sind Lage und Anzahl der Einströmteile — Schnellschlußventile, Dampfsiebe und Regelventile mit ihrem Ventil- oder Einströmkasten — verschieden. Früher war es allgemein üblich, und zwar hauptsächlich aus vermeintlichen Schönheitsgründen, den Dampf dem Schnellschlußventile von unten zuzuführen. Die Dampfleitung steigt dann vom Wasserabscheider nach der Turbine zu an. Neuerdings wird, nach amerikanischem Vorbilde, der Frischdampf häufig von oben zu der Turbine geführt, wodurch sich in den meisten Fällen eine wesentliche Vereinfachung der Rohrleitungsführung ergibt. In diesem Falle muß der frischdampfseitige Raum des Schnellschlußventiles entwässert werden. Bei einer Durchführung durch Wände dürfen weder Frischdampf- noch Anzapf- oder Gegendruckleitungen in diese fest vermauert werden.

Bei kleineren Anlagen schließen Schnellschlußventil, Dampfsieb, Einströmkasten und Turbinengehäuse unmittelbar aneinander an oder sind zum Teile sogar zusammengegossen. Die anschließende Frischdampfleitung muß so unterstützt sein, daß sie sich frei ausdehnen kann und kein unzulässiger Rohrleitungschub auf die Turbine übertragen wird. Wird der Frischdampf von unten zur Turbine geführt, so wird unter dem Schnellschlußventile ein Federkrümmer angebracht, Abb. 68. Ein gleicher Krümmer ist in der Abdampfleitung von Gegendruckturbinen vorzusehen. Die Federn des Krümmers stützen einerseits das Gewicht der Rohrleitung ab, andererseits nehmen sie die Wärmedehnung des lotrechten Stranges auf. Seine lotrechte Gleitführung hält alle seitlichen Schübe von der Turbine fern und überträgt sie über die Abstützung auf das Fundament.

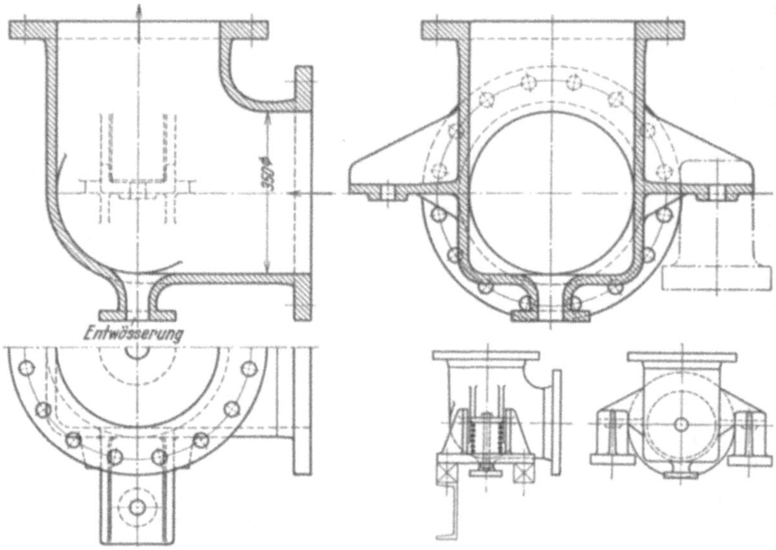

Abb. 68. Federkrümmer in der Frischdampfleitung unterhalb des Turbinenschnellschlußventiles.

Bei größeren Maschinen wird das Frischdampfventil mitunter von der Turbine getrennt aufgestellt. Wird der Schnellschluß mittels Gestänges betätigt, so wird das Ventil meist als Festpunkt der Rohrleitung ausgebildet. Die das Ventil mit der Maschine verbindenden Rohrleitungen müssen dann so nachgiebig sein, daß die Wärmedehnungskräfte und Biegungspannungen in zulässigen Grenzen bleiben. Bogenform, Abb. 69, ist einfacher und betriebsicherer als Ausgleichstücke. Die Rohrleitung ist mit Vorspannung zu verlegen; bei der üblichen Vorspannung von 50% sind die durch die Wärmedehnungen im Betriebe ausgelösten Kräfte und Beanspruchungen nur halb so groß wie bei einem ohne Vorspannung eingebauten Rohre. Richtige Ausführung der Verbindungsbögen zwischen Schnellschlußventil und Turbine setzt eine genaue Vorausberechnung der Dehnungen und Beanspruchungen und eine klare Bauvorschrift voraus. Da größtmögliche Nachgiebigkeit anzustreben ist, dürfen besonders bei hohen Drücken und Temperaturen die Durchmesser der Frischdampfleitungen nicht zu groß angenommen werden. Bei größeren Dampfmengen werden daher mehrere Rohrbögen kleineren Durchmessers nebeneinander angeordnet. Werden bei großen Turbinen zwei Schnellschlußventile angeordnet, so sind die Dampfwege so zu schalten, daß auch mit jedem Ventile allein möglichst Vollast gefahren werden kann.

Als Dichtungen für Flanschverbindungen von Frischdampfleitungen werden im allgemeinen Asbestfaserpappe, für ausgesprochene HD-Dampfleitungen Ni-Wellmetallringe oder auch V2A-Stahlringe mit graphitierten Asbestauflagen verwendet oder man verzichtet im letzten Falle auf jegliche Dichtungsbeilage und schabt die zusammengehörigen Flanschen aufeinander ein.

Die **Hilfsleitungen**, wie für die Entwässerung und die Entlüftung, für den Frischdampf zu den Außenstopfbuchsen und zur Turbohilfsölpumpe und für die Stopfbuchsenverbindung, müssen ebenfalls möglichst übersichtlich angeordnet und die zugehörigen Ventile leicht bedienbar sein. Soweit es die örtlichen Verhältnisse zulassen, sollten die Handräder aller dieser kleinen Ventile auf einem gemeinsamen Bedienungstande vereinigt werden. Sie dürfen nicht so heiß werden, daß eine Bedienung unmöglich ist; wo erforderlich,

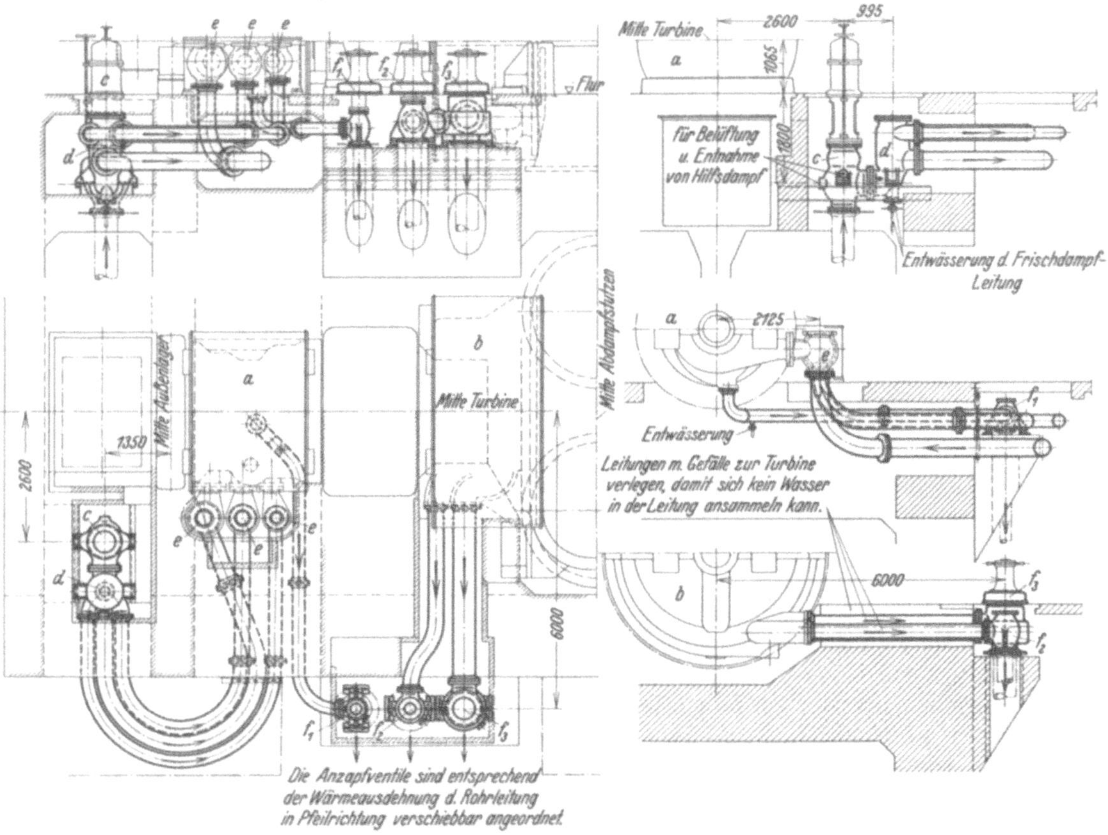

Abb. 69. AEG, Schnellschlußventile, Regelventile und Dampfleitungen an einer zweigehäusigen Kondensationsturbine 50000 kW, 1500 U/min.

a HD-Turbine; *b* ND-Turbine (Einströmteil); *c* Frischdampfschnellschlußventil; *d* Dampfsieb; *e* Regelventil; $f_{1,2,3}$ Schnellschlußventile in den Vorwärm-Anzapfleitungen.

sind sie daher mit Wärmeschutzmasse zu versehen. Der Dampf soll bei geschlossenem Ventile unter dem Kegel stehen. Wenn diese Ventile wie bei dauernd in Betrieb befindlichen Maschinen nur selten bedient werden, besteht bei Verwendung gewöhnlicher Baustoffe die Gefahr, daß sich die Spindeln in der Mutter oder in der Stopfbuchse infolge Verrottung festsetzen. Es empfiehlt sich daher in einem solchen Falle, die Spindeln aus nichtrostendem Stahle herzustellen. Ihre Stopfbuchse muß gut zugänglich und leicht zu verpacken sein. Die Ventilsitzflächen sollen eben sein, damit sie leicht nachgeschliffen werden können. Undichtheiten treten meist dadurch auf, daß ein Fremdkörper die Sitzflächen beschädigt, der Dampf die zunächst feinen Vertiefungen benutzt, um mit hoher Geschwindigkeit durchzudringen, und sie durch Auswaschung mehr und mehr erweitert. Für eine feinere Regelbarkeit der Dampfmenge sind Ventile mit Drosselkegel unterhalb der ebenen Sitzfläche erforderlich. Solche Drosselkegel schützen den Sitz in gewissem Maße auch gegen Auswaschungen.

Bei Stillstand muß die Turbine unbedingt vor dem Eindringen von Undichtheitsdampf geschützt werden, da sonst ihr Inneres verrostet. Die Frischdampfleitungen erhalten daher ebenso wie Anzapf- und Gegendruckleitungen, die an ein ständig unter Dampf stehendes Rohrleitungsnetz angeschlossen sind, zwischen Schnellschlußventil und Absperrschieber ein Belüftungsventil, das durch den geschlossenen Schieber etwa eindringenden Wrasen ins Freie entweichen läßt. Eine Belüftung auf der Turbine selbst anzubringen, wie es bei älteren Bauarten der Fall war, ist nicht zweckmäßig, weil dadurch dem Wrasen Gelegenheit gegeben wird, mindestens einen Teil der Turbine zu bestreichen und dort Anfressungen zu verursachen.

Wenn der Abdampf der Turbohilfsölpumpe in irgendeine andere Abdampfleitung geführt wird, so ist die Verrottungsgefahr für ihre Antriebsturbine, da sie nur selten in Betrieb ist, besonders groß. Geeignete Schutzmaßnahmen sind daher erforderlich.

Rückschlagklappen in Anzapf- und Gegendruckleitungen bilden, wenn sie nicht zwangläufig gesteuert werden, für die Turbine keinen genügenden Schutz. Es besteht dann die Gefahr, daß sie hängen bleiben und daß die Turbine infolge des Rückdampfes durchgeht. Besser als Rückschlagklappen sind in diesen Leitungen daher Schnellschlußventile, welche ebenso wie das Frischdampfschnellschlußventil bei einer bestimmten Turbinendrehzahl schließen. Auch eine Kopplung von Frischdampf- und etwa vorhandenem Abdampfzusatzventil, durch welche beide mit Sicherheit gleichzeitig geschlossen werden, ist zweckmäßig.

9. Die Ölversorgung.

Die gesamte Ölversorgung ist für eine Turboanlage von lebenswichtiger Bedeutung. Eine dem Betriebe einer solchen Anlage gewidmete Abhandlung muß daher eingehend die Bedingungen erörtern, die an das Öl und den ganzen Ölkreislauf gestellt werden müssen.

Lauflager, Drucklager, Reglung, bewegliche Kupplungen, Schnecken- und Getriebeverzahnungen müssen dauernd mit einer reichlichen Menge reinen Öles versorgt werden. Das ist nur möglich in der Form eines stetigen Ölkreislaufes. Bei den weitaus meisten Dampfturbinen wird das Öl von einer Umlaufpumpe zu den Verbrauchstellen gedrückt; diese Versorgungsart wird im folgenden eingehender behandelt. Nur in Sonderfällen, wie z. B. mitunter auf Schiffen, wird eine davon abweichende Anordnung angewendet. Hierbei wird das Öl von den Pumpen aus dem Sammelbehälter in Hochbehälter gedrückt. Von diesen bis zu den zu schmierenden Stellen muß eine genügend große Gefällshöhe vorhanden sein. Dann fließt das Öl lediglich infolge seiner Schwere unter genügendem Drucke den Lagern und Verzahnungen zu und hierauf in den Sammelbehälter wieder ab. Eine Ausnahme bilden ferner Kleinturbinen (Hilfsturbinen) mit reiner Gestängereglung, da sie mit Ringschmierlagern ausgerüstet werden. Hierbei entfallen dann auch alle bei Druckölschmierung erforderlichen Hilfsmittel, wie Ölkühler, Ölbehälter usw..

Das Öl nimmt während seines Kreislaufes durch die Maschine und die erforderlichen Hilfseinrichtungen zufolge der Berührung mit warmen Maschinenteilen und auftretender Reibung Wärme auf; es muß daher vor seiner Wiederverwendung gekühlt werden. Damit es den betriebsmäßigen Beanspruchungen möglichst lange Zeit gewachsen bleibt, müssen seine Eigenschaften und Pflege einer Anzahl von Bedingungen entsprechen. Ungeeignetes Öl, Ölmangel, verschmutztes oder zu wenig gekühltes Öl können schwere Betriebstörungen verursachen.

Für die Schmierung von Dampfturboanlagen werden ausschließlich veredelte Erdöle verwendet. Erdöl kommt in Amerika, Rußland, Polen, Rumänien und Deutschland vor. Die Herkunftsbezeichnung läßt aber nicht ohne weiteres einen Rückschluß auf die Eigenschaften des daraus gewonnenen Schmieröles zu. Für Dampfturboanlagen darf nur ein Öl verwendet werden, das frei von Mineralsäure, Fett, Harz und Harterdpech ist, nicht altert, nicht emulgiert, nicht schäumt und folgende Bedingungen erfüllt:

Raumgewicht bei 20°	nicht über 0,93 kg/dm³
Flammpunkt für Öle mit Zähflüssigkeit von 2,5 bis 3,4 Grad E bei 50°	nicht unter 165°
Flammpunkt für Öle mit Zähflüssigkeit von 3,4 bis 7 Grad E bei 50°	nicht unter 180°
Stockpunkt	nicht über + 5°
Zähflüssigkeit nach Engler bei 50°	2,5 bis 4 Grad E
Neutralisationzahl	nicht über 0,05
Verseifungzahl	nicht über 0,15
Aschegehalt	nicht über 0,01%
Wassergehalt	nicht über 0,1%.

Für das Schmieröl von Turbogetrieben, deren Ölversorgung grundsätzlich mit der von Turbine und Stromerzeuger gemeinsam ausgebildet wird, gelten an sich die gleichen Bedingungen. Abweichend lautet für solche Anlagen allein die Vorschrift für die Zähflüssigkeit.

Die nachstehenden Erläuterungen sollen dazu dienen, dem Betriebsingenieur Aufschluß über die bei der Ölprüfung in Betracht kommenden Gesichtspunkte zu geben. Für die Prüfung selbst muß auf das einschlägige Schrifttum verwiesen werden.

Das Raumgewicht wird entweder durch Ermittlung des Auftriebes, den ein in das Öl eingebrachter Rauminhalt von bekanntem Gewichte erfährt, bestimmt (Aräometer, Mohrsche Waage) oder durch die unmittelbare Feststellung des Gewichtes eines bestimmten Rauminhaltes (Pyknometer). In der Hauptsache dient das Raumgewicht zur Feststellung der gelieferten Menge. Das Raumgewicht bei Dampfturbinenölen nach oben zu begrenzen, ist jedoch auch deshalb wichtig, weil eine möglichst schnelle Trennung von hinzutretendem Wasser verlangt werden muß; bei längerer Verbundenheit von Wasser mit Öl besteht nämlich die Gefahr, daß das Öl emulgiert oder durch Entstehung sauerstoffhaltiger Verbindungen vorzeitig altert. Eine Trennung des Wassers vom Öle wird erleichtert durch Verwendung von Öl, dessen Raumgewicht wesentlich unter 1 kg/dm³, dem Raumgewichte des Wassers, liegt. Zur Beurteilung der Güte ist das Raumgewicht sonst nur für den Ölfachmann ein Anhaltspunkt, der unter Umständen auf Beimengungen oder auf den Grad der Veredelung schließen kann. Ein leichteres Öl ist deshalb etwas wirtschaftlicher, weil der Ölverbrauch der Turbine in der Hauptsache vom Rauminhalte, nicht aber vom Gewichte des Öles abhängt, sein Preis dagegen vom Gewichte.

Der Flammpunkt ist die tiefste Temperatur, bei der eine Entzündung des Öldampf-Luftgemisches gelingt. Beim Erwärmen entwickelt Öl bereits unterhalb der Siedetemperatur an seiner Oberfläche Dämpfe, die sich mit Luft mischen und an offener Flamme entzünden. Der Flammpunkt wird meist mit dem genormten Geräte nach Marcusson am offenen Tiegel bestimmt. Der Flammpunkt gibt also einen Anhalt für die Feuergefährlichkeit und die Verdampfbarkeit eines Öles. Mit Brennpunkt dagegen bezeichnet man die Temperatur oberhalb des Flammpunktes, bei der das Gemisch an der Öloberfläche dauernd zu brennen beginnt. Der Zündpunkt endlich ist die Temperatur, bei der infolge Zersetzung des Öles sich das Dampfgemisch ohne Zuführung einer Flamme von selbst entzündet. Der Zündpunkt liegt bei allen Schmierölen, unabhängig von ihrem Flammpunkte, fast in gleicher Höhe. Angabe und Bestimmung des Brennpunktes und des Zündpunktes sind bei Dampfturbinenölen weder erforderlich noch üblich.

Unter Stockpunkt versteht man jene Temperatur, bei der das Öl teigartig wird und kaum mehr fließt. Er muß stets so niedrig liegen, daß die Turbinenanlage auch bei niedrigsten Maschinenhaustemperaturen anstandslos angefahren werden kann, ohne daß sich das Öl in den Rohrleitungen festsetzt. Der Stockpunkt wird durch Eintauchen eines mit Öl gefüllten Prüfröhrchens in eine Kältemischung festgestellt.

Gute Schmierfähigkeit des Dampfturbinenöles hängt in hohem Maße von seiner Zähflüssigkeit (Viskosität) ab. Dasjenige Öl, welches bei kleinster innerer Reibung gerade noch zähflüssig genug ist, um die metallische Berührung in den Lagern und Verzahnungen zu verhindern, ist das bestgeeignete. Zu zähflüssiges Öl bedingt größere Reibungsverluste und damit größere Erwärmung des Öles. Die rasche Betätigung der Reglungsteile erfordert dünnflüssiges, die Lagerschmierung etwas zäheres Öl, die Schmierung von Verzahnungen einen noch höheren Zähflüssigkeitsgrad. Diesen Anforderungen durch Verwendung von drei verschiedenen Ölarten in der gleichen Turboanlage nachzukommen, wäre verfehlt, da die sich daraus unvermeidlich ergebende unübersichtliche Ölversorgung die Betriebsicherheit der Anlage in Frage stellen würde. Man wählt daher einen Mittelweg und verwendet für Turbinen ohne Getriebe ein Öl von etwa 2,5 bis 4 Grad E, für Getriebeturbinen ein solches von etwa 4 bis 7 Grad E bei einer Temperatur von 50°.

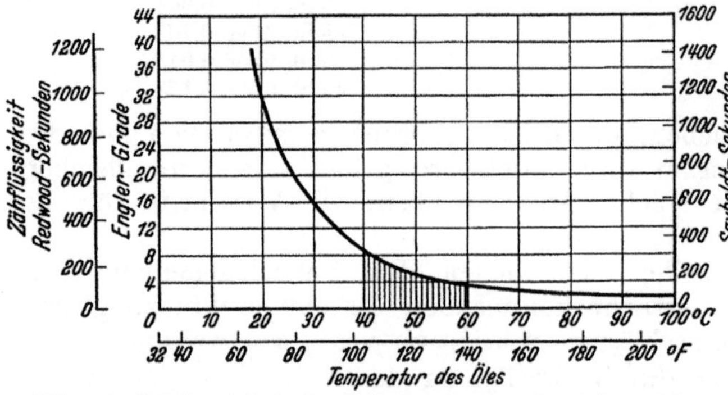

Abb. 70. Zähflüssigkeit des Schmieröles für Getriebeturbinen. |||| übliches Verwendungsgebiet.

Die Zähflüssigkeit ist in hohem Maße abhängig von der Temperatur. Dem Erfordernisse von niedriger Zähflüssigkeit für die Lager und hoher Zähflüssigkeit für die Verzahnung der Getriebe wird in hinreichendem Maße durch Verwendung von Öl mit steiler Zähflüssigkeitskennlinie entsprochen, weil ein solches Öl einerseits in den Lagern — infolge der stärkeren Erwärmung in diesen — dünnflüssiger wird, während es sich andererseits in der Verzahnung infolge ihres sehr hohen Wirkungsgrades nur wenig erwärmt und somit dickflüssiger bleibt, Abb. 70.

Die Zähflüssigkeit läßt darauf schließen, wie fest die einzelnen Teilchen einer Flüssigkeit aneinander haften und welchen Widerstand sie einer Verschiebung gegeneinander entgegensetzen. Für Schmieröl wird sie im allgemeinen mit dem Englerschen Geräte bestimmt, bei welchem man das erwärmte Öl durch ein 20 mm langes Röhrchen von 2,9 mm oberem und 2,8 mm unterem Durchmesser fließen läßt. Die Ausflußzeit von 200 cm³ wird mit der Stoppuhr bestimmt und gibt, geteilt durch die Ausflußzeit der gleichen Menge Wassers von 20°, die Zähflüssigkeit in Engler-Graden. Andere Vergleichseinheiten für die Zähflüssigkeit sind die Redwood-Sekunden und die Sayboldt-Sekunden. Alle diese drei Einheiten können jedoch, da sie nur erfahrungsmäßige Maßeinheiten sind, insbesondere bei dünnflüssigem Öle ein gefälschtes Bild ergeben, da beim Austritte aus der Öffnung des Meßgefäßes Zerwirbelung auftreten kann. Werden hohe Ansprüche an Genauigkeit gestellt, so muß daher die kinematische Zähigkeit, als absolute Maßeinheit, bestimmt werden (Dimension cm²/s), was verhältnismäßig einfach mit dem Ostwaldschen Kapillarviskosimeter oder mit dem auf den gleichen Grundlagen beruhenden Vogel-Ossag-Zähflüssigkeitsmesser erfolgen kann. Die Kurven der Abb. 71 können zur überschläglichen Umrechnung dienen.

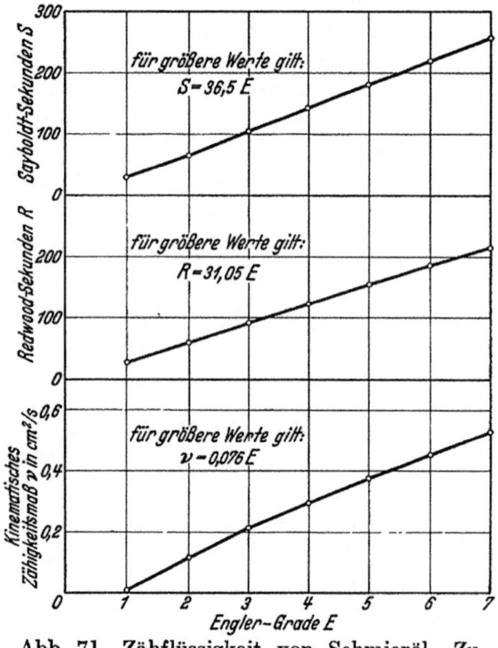

Abb. 71. Zähflüssigkeit von Schmieröl. Zusammenhang der Einheiten Engler-Grad, Sayboldt-Sekunde, Redwood-Sekunde und kinematisches Zähigkeitsmaß.

Die Neutralisationzahl gibt an, wieviel mg Kaliumhydroxyd (KOH) nötig sind, um die in lg Öl enthaltenen freien Säuren zu neutralisieren. Sie wird durch Zusatz von Kalilauge ermittelt, wobei als Anzeiger eine neutrale Lösung von Alkohol, Benzol und Alkaliblau verwendet wird. Freie Mineralsäuren dürfen in einem guten Öle nicht vorkommen, sie sind stets ein Zeichen mangelhafter Veredelung. Dagegen sind in fast allen Erdölen geringe Mengen freier organischer Säuren vorhanden. Ein zu hoher Anteil freier Säure verrottet die mit dem Öle in Berührung kommenden Metalle. Die Prüfung muß sich daher außer auf die Bestimmung der Neutralisationzahl auch auf den Nachweis erstrecken, daß keine freie Mineralsäure vorhanden ist; das erfolgt durch Ausschütteln des Öles mit Wasser, als Anzeiger wird Methylorange verwendet.

Die Verseifungzahl gibt an, wieviel mg KOH erforderlich sind, um die in 1g Öl enthaltenen freien Säuren zu neutralisieren und die vorhandenen gebundenen Fettsäuren zu verseifen. Daraus läßt sich der Anteil an fetten Ölen, wie Glyzerin und Fettsäure organischen Ursprunges, ermitteln. Ganz allgemein gibt die Verseifungzahl Aufschluß über den Gehalt an freien und gebundenen Säuren zusammen, während durch die Neutralisationzahl nur die freien Säuren erfaßt werden.

Der Aschegehalt wird durch Verschwelen und Verbrennen einer Ölprobe ermittelt. Je weniger Asche zurückbleibt, desto reiner ist das Öl.

Der Wassergehalt wird in einem Meßgefäße so bestimmt, daß durch Mischen mit Xylol und nachfolgendes Verdampfen eine scharfe Trennung von Wasser und Öl herbeigeführt wird. Wasser stellt einen Fremdkörper im Öle dar, der die Schmierfähigkeit vermindert.

Die Emulgierbarkeit ist eine Bezeichnung für die unerwünschte Eigenschaft eines Öles, mit Wasser eine beständige trübe Mischung zu bilden. Bei Dampfturbinen ist es nicht vollkommen vermeidbar, daß geringe Mengen Wasser in das Öl übergehen. Bildet dann das Öl mit dem Wasser eine Emulsion, so kann die Schmierfähigkeit so weit herabgesetzt werden, daß es zu Betriebstörungen kommt. Bei der Prüfung wird der Ölprobe etwa die halbe Menge Wasser beigegeben und das Gemisch auf 100° erwärmt. Hierauf wird 10 min lang reiner Dampf durchgeblasen, die Probe weitere 10 min auf 100° gehalten und schließlich bis zum Erkalten (1 h) bei Zimmertemperatur stehen gelassen. Nicht emulgierendes Öl hat sich dann vollkommen vom Wasser getrennt und ist ungetrübt. Bei schwach emulgierendem Öle ist zwischen Öl und Wasser noch eine Emulsionschicht geringer Dicke vorhanden. Mit Sicherheit kann jedoch auf Grund dieser Prüfung nicht auf das Verhalten des Öles im Betriebe geschlossen werden, weshalb man neuerdings zum Teile dazu neigt, diese Probe für überflüssig zu halten.

Die Alterungsneigung läßt sich in gewissem Maße aus der Verteerung- und der Teerzahl ableiten. Die Verteerungzahl eines Dampfturbinenöles gibt an, wieviel Hundertteile Teer bei 50stündiger Erwärmung des Öles auf 120° entstehen. Die Feststellung der Verteerungzahl nach dieser Vorschrift wird zum Teile nicht mehr als ausreichend angesehen, da dabei die Einwirkung der in den Maschinen vorkommenden Metalle unberücksichtigt bleibt. Diese berücksichtigt die Alterungsprüfung nach Baader (besonderes Gerät, 48 h, 95°). Unter Teer versteht man die Anteile des Öles, die in alkoholisch-wässeriger Natronlauge löslich sind. Die Teerzahl gibt zum Unterschiede von der Verteerungzahl an, wie groß der Anteil teeriger Stoffe im frischen Öle ist. Durch das Ablagern teerähnlicher Stoffe können während des Betriebes außerdem die Ölkühler, Reglungsteile und Rohrleitungen verengt und schließlich verstopft werden. Als wertvollstes Kennzeichen der Alterung eines Dampfturbinenöles wird neuerdings nicht mehr so sehr die Verteerungzahl, als vielmehr der Anstieg der Neutralisationzahl und der Verseifungzahl angesehen.

Harterdpeche sind in gleicher Weise schädlich wie Teerstoffe, sie werden bei der Prüfung durch Mischung mit Benzin von niedrigem Siedepunkte aus dem Öle ausgefällt.

Die bisher genannten Ölprüfungen werden durch eine Reihe von überschläglichen Untersuchungen ergänzt. Bei der Fettfleckprobe gibt man einen Tropfen Öl auf weißes Filterpapier. Bei gutem Öle ist dieser Ölfleck in der Ansicht und in der Durchsicht vollkommen gleichmäßig. Grobe Verunreinigungen sind leicht als Ungleichmäßigkeiten zu erkennen. Auch der Vergleich der Fettfleckproben von angebotenem und geliefertem Öle ist zu empfehlen.

Bei der Spratzprobe wird Öl in einem Probeglase zum Kochen gebracht. Treten dabei spratzende Geräusche auf, so kann man daraus auf freies Wasser schließen. Bei der Anwendung dieser Probe ist Vorsicht zu empfehlen.

Reagiert ein Öl sauer oder basisch, so ist es ohne weitere Prüfung zurückzuweisen. Als Anzeiger wird für Säure Methylorange, für Basen Phenolphthalein verwendet.

Das Verhalten des Öles gegen gesättigte Schwefelsäure ist insofern von einiger Bedeutung, als Öle mit einem beträchtlichen Anteile ungesättigter Kohlenwasserstoffe, die in den Neuölen hauptsächlich von gesättigter Schwefelsäure gelöst werden, weniger widerstandsfähig gegen Alterungseinflüsse zu sein scheinen. Als Maß *Sk* gilt die Zunahme des Rauminhaltes der gesättigten Schwefelsäure durch die von ihr gelösten Ölbestandteile, die bei neuen Dampfturbinenölen 12% nicht überschreiten soll.

Ein Mischen verschiedener Ölarten kann unter Umständen schädlich sein und ist daher grundsätzlich zu unterlassen. Tritt diese Frage an den Betriebsleiter heran, so empfiehlt es sich, einen Ölfachmann zu Rate zu ziehen.

Die allgemeine Ausbildung des Ölkreislaufes und die Art der Anordnung aller Teile der Ölversorgung einer einfachen Dampfturbinenanlage zeigt Abb. 72. Die in der Regel von der Turbinenwelle durch Schnecken- oder Stirnradübersetzung angetriebene Hauptölpumpe saugt das Öl aus dem möglichst nahe unter ihr angeordneten Behälter und drückt es unmittelbar zur Reglung und durch den Ölkühler zu den einzelnen Schmierstellen. Für die Betätigung der Ölkraftgetriebe der Reglung ist ein Druck von 4 bis 6 at üblich. Für die Schmierung wird der Öldruck in einem Druckminderventile, dem sogenannten Ölverteilungsventile, so weit herabgesetzt, daß er, unter Berücksichtigung des Druckverlustes im Ölkühler, vor dem Lager noch etwa 0,3 bis 0,5 at beträgt. Das für die Reglung benötigte Öl wird also vor dem Ölverteilungsventile abgezweigt, das aus der Reglung abfließende Öl hinter dem Ölkühler der Lageröldruckleitung zugeführt. Das für die Schmierung benötigte Öl wird hinter dem Ölverteilungsventile durch einen Kühler gedrückt und dann den Lagern und den Spritzdüsen der Verzahnungen zugeleitet. Am Ölbehälter oder in seiner Nähe ist eine Hilfsölpumpe vorgesehen, welche vor dem Anfahren die Ölwege der Turbine auffüllt. Sie saugt aus dem Behälter und drückt in den Raum vor dem Ölverteilungsventile, um den für das Öffnen der Reglung notwendigen Druck zu erzeugen.

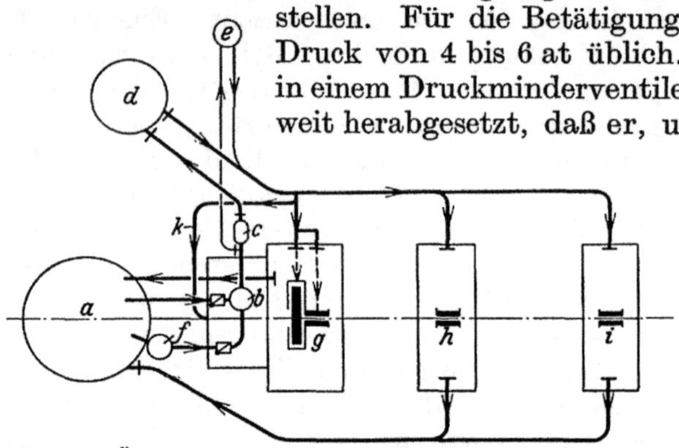

Abb. 72. Ölversorgung einer eingehäusigen Gegendruckturbine mit Stromerzeuger 5000 kW, 3000 U/min.

a Ölbehälter; *b* Hauptölpumpe; *c* Ölverteilungsventil; *d* Ölkühler; *e* Ölkraftgetriebe der Reglung; *f* Hilfsölpumpe; *g* vorderes Lauflager und Drucklager der Turbine; *h* gemeinsames Mittellager für Turbine und Stromerzeuger; *i* Erregerlager des Stromerzeugers; *k* Ölzuleitung zu den Spritzdüsen des Schneckenantriebes für Regler und Ölpumpe.

Der Ölbehälter soll nicht zu klein sein. Je größer sein Fassungsraum ist, desto geringer ist die Beanspruchung des Öles, desto mehr Zeit hat das Öl, die während des Kreislaufes aufgenommenen Fremdstoffe und den entstandenen Schlamm abzusetzen, ferner Luft und schädliche Dämpfe auszuscheiden. Im allgemeinen soll der Behälter die vier- bis sechsfache minutliche Fördermenge der Hauptölpumpe fassen. Die gesamte Ölmenge durchfließt dann — unter Berücksichtigung der in den Leitungen usw. verbleibenden Menge — in der h nur acht- bis 12mal die Maschine. Die Ölablaufleitung soll knapp über dem Ölspiegel münden, damit einerseits kein lebhaftes Schäumen eintritt, andererseits mitgeführte Gase und Dämpfe schon an der Oberfläche ausgeschieden werden, wobei darauf hingewiesen sei, daß das Ausscheiden saurer Dämpfe das Ansteigen der Neutralisationzahl verlangsamt. Im Deckel des Ölbehälters werden Öffnungen so angebracht, daß Gase und Dämpfe in unschädlicher Weise in den Maschinenraum unterhalb der Kellerdecke entweichen können. Das in den Behälter eintretende Öl wird erst durch ein Sieb geleitet, ehe es von der Haupt- oder Hilfsölpumpe wieder angesaugt wird. Das Sieb muß leicht herausgenommen werden können, damit eine Reinigung auch während des Betriebes möglich ist. Ein Teil des Behälterdeckels wird zu diesem Zwecke und auch zum Zwecke des Nachfüllens abnehmbar ausgeführt. Das Öl muß im Behälter so geführt sein, daß mit Ausnahme der untersten Schichten sich nirgends Öl anstaut. Wasser scheidet sich im unteren Teile des Behälters aus. Am Boden des Behälters ist eine mit einem

Hahne versehene Ablaßöffnung anzubringen, durch welche das Wasser auch während des Betriebes abgezogen werden kann und soll. Schlamm setzt sich am Boden des Behälters ab. Er wird während der üblichen Betriebsunterbrechungen, bei denen auch Behälterreinigungen vorzunehmen sind, entfernt. Ein Entfernen von Schlamm während des Betriebes ist, auch wenn der Ölbehälter, wie es vereinzelt empfohlen wird, einen schrägen Boden hat, nur dann möglich, wenn es sich um ganz losen Schlamm handelt. Wesentlich wirksamer ist die Reinigung, wenn von Zeit zu Zeit ein Teil des Öles ausgeschleudert wird. Dieses Öl wird zweckmäßig ebenfalls der Ablaßleitung des Behälters entnommen. Der Ölbehälter erhält einen Ölstandsanzeiger, meist in Form eines einfachen Schwimmers mit einer Anzeigevorrichtung, welche den höchsten, mittleren und tiefsten Ölstand anzeigt, Abb. 73. Oberhalb des Behälters ist im Maschinenhausfußboden ein abnehmbarer Belag vorzusehen, damit Behälter und Hilfsölpumpe leicht zugänglich sind.

Die Hauptölpumpe ist fast stets eine Zahnradpumpe. In ihrer Saugleitung wird ein Rückschlagventil vorgesehen. Dieses verhindert, daß das von der Hilfsölpumpe geförderte Öl einen Ausweg durch die Hauptölpumpe und ihre Saugleitung in den Behälter findet, ohne durch die Reglungsgetriebe und die Lager zu gehen. In gleichem Sinne wirkt das in der Druckleitung der Hilfsölpumpe angeordnete Rückschlagventil während des Betriebes der Hauptölpumpe. Saugleitung und Pumpe müssen unbedingt dicht sein. Kühler und engmaschige Filter dürfen nicht in die Saugleitung der Pumpen eingebaut werden, da sie hohe Reibungsverluste verursachen und die Zuverlässigkeit der Pumpen, insbesondere bei Förderung von warmem Öle oder bei Lufteintritt, in Frage stellen. Eindringen von Luft kann zum Abreißen des Ölstromes und damit zum Auslaufen der Lager und zu einer Beschädigung der Verzahnungen der Turbinenanlage führen. Gut ausgeführte Zahnradpumpen saugen bei den üblichen Saughöhen auch dann an, wenn sie nicht gefüllt sind. Größere Maschinen haben mehrere Hauptölpumpen, die auch so eingerichtet sein können, daß die einen davon auf Regelöldruck, die anderen auf Lageröldruck fördern.

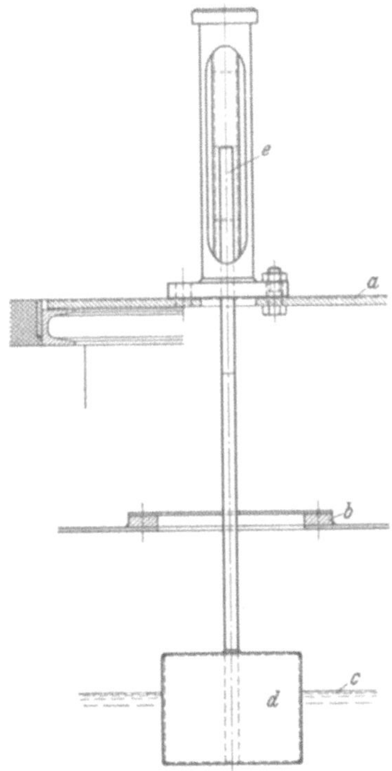

Abb. 73. AEG, Ölstandsanzeiger.
a Maschinenhausflur; *b* Deckel des Ölbehälters; *c* mittlerer Ölstand im Behälter; *d* Schwimmer; *e* Anzeiger.

Die Hilfsölpumpe wird bei kleineren Anlagen als Handölpumpe, bei größeren durch eine Dampfturbine oder elektrisch angetrieben ausgeführt. Es werden Kolbenpumpen, Kreiselpumpen oder vorzugsweise Zahnradpumpen verwendet. Werden dampfangetriebene Turbopumpen mit lotrechter Welle auf dem Deckel des Behälters angeordnet, so muß darauf geachtet werden, daß durch Stopfbuchsen ihrer Welle kein Dampf oder Wasser in den Ölbehälter gelangen kann. Bisweilen wird eine Vorrichtung angebracht, die bei sinkendem Öldrucke die Hilfsölpumpe selbsttätig in Betrieb setzt (vgl. S. 122).

Das Ölverteilungsventil hat in der Regel einen feder- oder gewichtsbelasteten Drosselkegel. Die Belastung des Kegels wird beim Zusammenbaue der Maschine eingestellt. In dem Ausführungsbeispiele der Abb. 74 stellt ein Differenzkolben mit abgestimmten Durchmessern die für den Betrieb erforderlichen Öldrücke ein. Dieses Ventil kann auch mit einer Vorrichtung versehen werden, welche eine Druckveränderung in geringen Grenzen während des Betriebes gestattet.

Der Ölkühler wird zweckmäßig als Gegenstromkühler ausgeführt. Diese Bauart ist bezüglich Wärmeübertragung günstiger und kühlt das Öl weiter herab als die Gleichstrombauart, was besonders wichtig ist, wenn nur wenig Kühlwasser zur Verfügung steht. Am Kühler werden Öleintritts- und -austrittstemperatur dem angestrebten Temperatur-

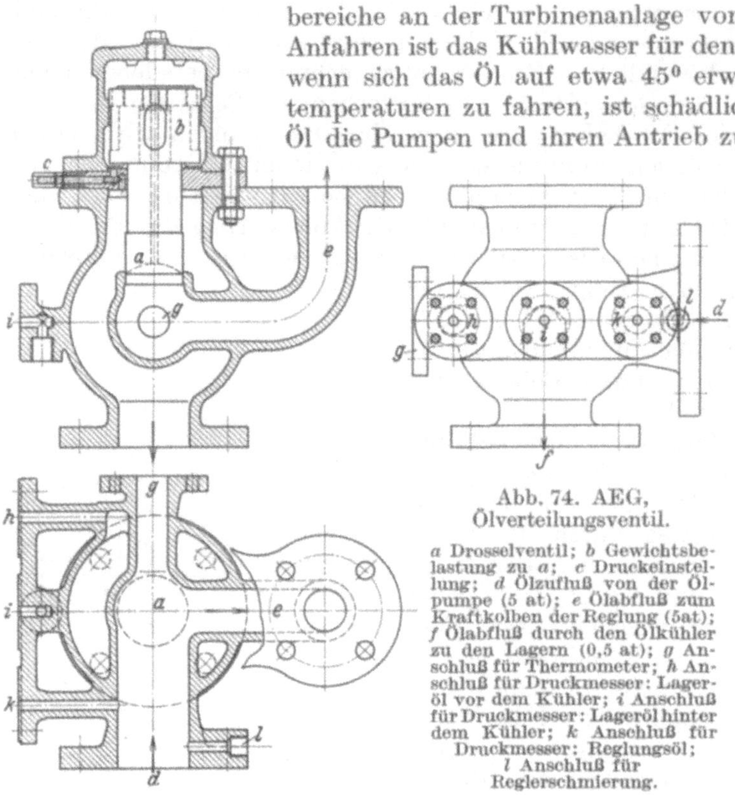
Abb. 74. AEG, Ölverteilungsventil.

a Drosselventil; *b* Gewichtsbelastung zu *a*; *c* Druckeinstellung; *d* Ölzufluß von der Ölpumpe (5 at); *e* Ölabfluß zum Kraftkolben der Reglung (5at); *f* Ölabfluß durch den Ölkühler zu den Lagern (0,5 at); *g* Anschluß für Thermometer; *h* Anschluß für Druckmesser: Lageröl vor dem Kühler; *i* Anschluß für Druckmesser: Lageröl hinter dem Kühler; *k* Anschluß für Druckmesser: Reglungsöl; *l* Anschluß für Reglerschmierung.

bereiche an der Turbinenanlage von 40 bis 60° entsprechen. Beim Anfahren ist das Kühlwasser für den Ölkühler erst dann anzustellen, wenn sich das Öl auf etwa 45° erwärmt hat. Mit niedrigeren Öltemperaturen zu fahren, ist schädlich, weil das dann zähflüssigere Öl die Pumpen und ihren Antrieb zu sehr beansprucht und in den Rohrleitungen infolge des größeren Strömungswiderstandes zu große Druckverluste erleidet. Ölkühler bestehen im wesentlichen aus einem Bündel von Rohren, durch die Kühlwasser gedrückt wird. Über ihre Außenseite, und zwar quer zur Längsachse, wird das Öl, durch Blecheinbauten zu vielfacher Umkehr gezwungen, geführt. Die Kühler sollen in die Druckleitung eingeschaltet sein, einerseits um größere Strömungsgeschwindigkeiten zu erzielen, die den Wärmedurchgang erhöhen, andererseits damit der Druck des Öles im Kühler höher ist als der des Wassers, so daß durch Leckstellen wohl Öl in das Kühlwasser, nicht aber Wasser in das Öl eindringen kann. Die Größe des Ölkühlers hängt von der zu kühlenden Ölmenge, von der abzuführenden Wärmemenge, von der Kühlwassertemperatur und von

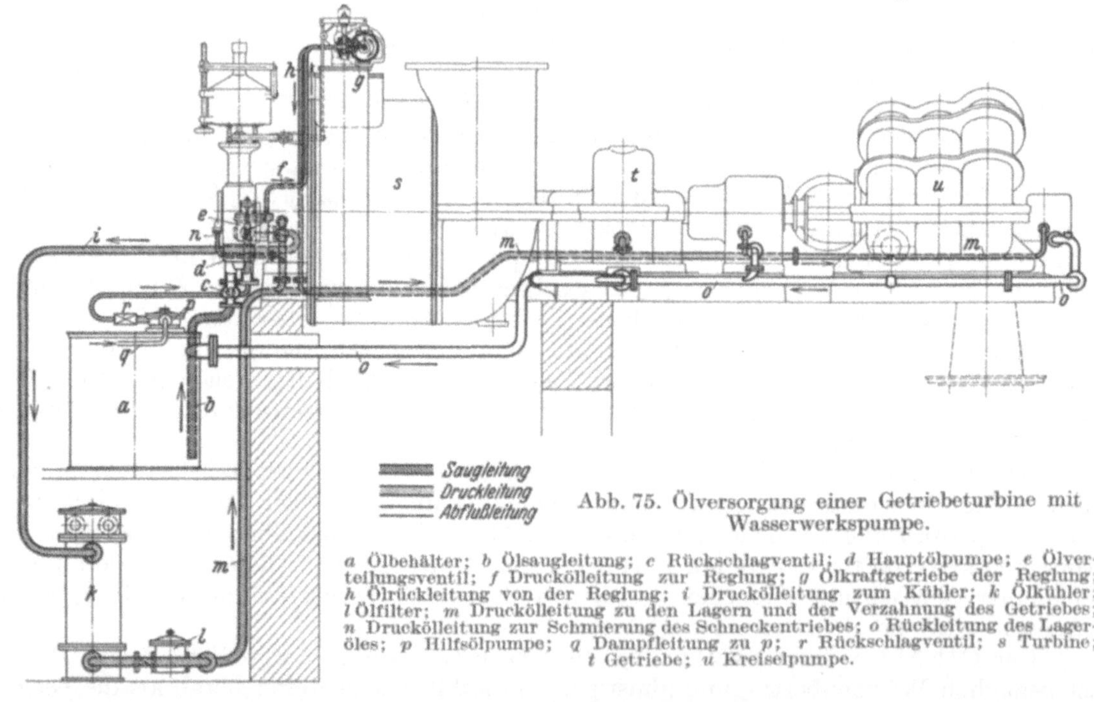

Abb. 75. Ölversorgung einer Getriebeturbine mit Wasserwerkspumpe.

a Ölbehälter; *b* Ölsaugleitung; *c* Rückschlagventil; *d* Hauptölpumpe; *e* Ölverteilungsventil; *f* Drucköleitung zur Reglung; *g* Ölkraftgetriebe der Reglung; *h* Ölrückleitung von der Reglung; *i* Drucköleitung zum Kühler; *k* Ölkühler; *l* Ölfilter; *m* Drucköleitung zu den Lagern und der Verzahnung des Getriebes; *n* Drucköleitung zur Schmierung des Schneckentriebes; *o* Rückleitung des Lageröles; *p* Hilfsölpumpe; *q* Dampfleitung zu *p*; *r* Rückschlagventil; *s* Turbine; *t* Getriebe; *u* Kreiselpumpe.

der durch seine Bauart bedingten Wärmedurchgangzahl ab. Es ist vorteilhaft, den Kühler etwas größer als unbedingt nötig zu wählen, damit auch bei einer gewissen

Verschmutzung die Kühlung noch ausreicht. Noch besser ist es, zwei Kühler vorzusehen, von denen jeder für die volle Leistung ausgelegt ist. Sie werden nebeneinander geschaltet; es ist dann auch möglich, ohne den Betrieb der Maschine zu beeinträchtigen, einen Kühler aus dem Kreislaufe herauszunehmen und zu reinigen.

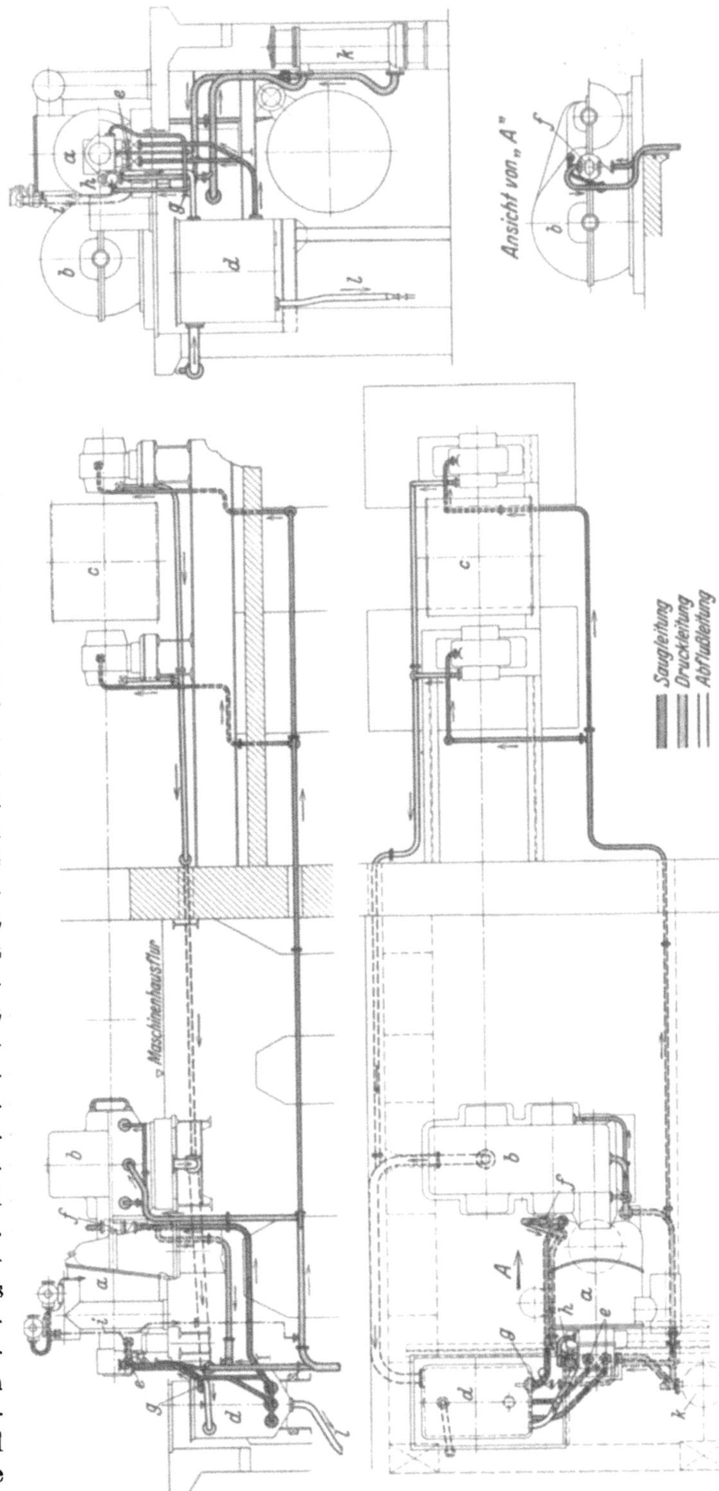

Abb. 76. Ölversorgung einer Anzapf-Getriebeturbine. Der angetriebene Stromerzeuger (1000 U/min) hat Ringschmierlager, die beiden Lager der ebenfalls angetriebenen Seilscheibe sind an das Ölrohrnetz der Turbine angeschlossen.

a Turbine; *b* Getriebe; *c* Seilscheibe; *d* Ölbehälter; *e* Hauptölpumpen am Vorderlagerbocke der Turbine; *f* Zusatzölpumpe am Getriebe; *g* Hilfsölpumpe; *h* Ölverteilungsventil; *i* Ölleitung zur Reglung; *k* Ölkühler; *l* Ölablaßleitung.

Die Ölleitungen müssen vollkommen dicht sein und genügend großen Querschnitt haben, um dem Öle keinen zu großen Strömungswiderstand zu leisten. Der Durchmesser der Zuflußleitungen zur Turbinenanlage, die unter Druck stehen, ist kleiner als der Durchmesser der Abflußleitungen. Diese müssen mit stetigem Gefälle zum Ölbehälter verlegt und so reichlich sein, daß das Öl sich in den Lagern und Getriebegehäusen nicht anstaut. Die Leitungen selbst müssen kräftig ausgeführt sein. Man verwendet dazu nahtloses Stahlrohr, am besten mit aufgewalzten Halsflanschen. Die Abzweigungen werden angeschweißt, die Schweißnähte müssen sorgfältig ausgeführt und unbedingt öldicht sein. Leichte Zugänglichkeit aller Flanschen des Ölkreislaufes ist erforderlich. Die Flanschdichtungen dürfen vom Öle nicht aufgelöst werden, es sind also nur ölbeständige Hartpackungen zu verwenden. Zwecks guter Überwachungsmöglichkeit ist die Verlegung der Leitungen über Flur, trotz der vereinzelt abfälligen Beurteilung, unbedingt vorzuziehen. Die

Leitungen müssen so gelagert sein, daß sie nicht zu Eigenschwingungen erregt werden; denn Undichtwerden der Flanschverbindungen, der Walzstellen oder der Schweißnähte, schließlich auch Durchscheuern an den Rohrhaltern ist sonst die Folge. Rohrschellen sind öfters nachzuziehen. Ölleitungen sollen in möglichst reichlichem Abstande von Dampfleitungen verlegt werden. Bei einer Kreuzung von Öl- und Dampfleitung soll nach Möglichkeit die Ölleitung unterhalb der Dampfleitung liegen. Alle heißdampfführenden Teile in der Nähe von Ölleitungen sind mit gutem Wärmeschutze zu umgeben. Da die meisten Wärmeschutzmassen etwa abtropfendes Öl aufsaugen würden, ist es notwendig, die Wärmeschutzschicht an allen gefährdeten Stellen mit Blech abzuschirmen. Abb. 75 zeigt als erstes Beispiel den vollständigen Plan der Ölversorgung einer Getriebeturbine mit Wasserwerkspumpe, Abb. 76 als ein zweites Beispiel den Rohrplan der Ölversorgung für eine eingehäusige Anzapfturbine mit Getriebe und Seilscheibe.

10. Die Sicherheitsvorrichtungen.

Jede Dampfturbine muß bei einer auftretenden Betriebsunregelmäßigkeit in kürzester Zeit stillgesetzt werden können, damit sie vor weiterem Schaden bewahrt bleibt. Das geschieht mittels der sogenannten Schnellschlußvorrichtung. Durch bestimmte Antriebe ausgelöst, schließt sie augenblicklich die gesamte Dampfzufuhr zur Turbine ab und verhindert dadurch, daß diese im Falle eines Ventil-, Netz- oder Stromerzeugerschadens „durchgeht" oder im Falle von Schäden an Turbinenbauteilen (Drehzahlregler, Regelventile, Ölpumpen, Ölleitungen, Kondensator usw.) durch weiteres Im-Betriebe-Bleiben stärker beschädigt oder gar vollkommen zerstört wird.

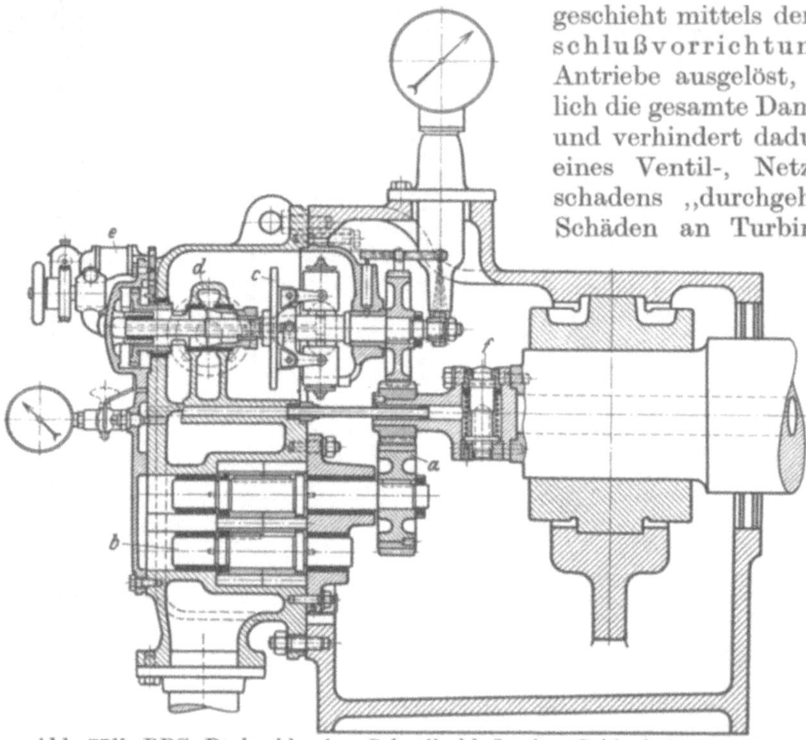

Abb. 77[15]. BBC, Drehzahlregler, Schnellschlußregler (Schlagbolzen) und Hauptölpumpe einer Dampfturbine.

a Stirnräder zum Antriebe von Drehzahlregler und Hauptölpumpe; *b* Hauptölpumpe; *c* Drehzahlregler; *d* Steuerkolben der Reglung, durch den Drehzahlregler betätigt; *e* ferngesteuerter Motor der Drehzahlverstellvorrichtung; *f* Schnellschlußregler.

Schnellschlußregler wirken im allgemeinen mechanisch. Sie sind entweder als Schlagbolzen wie in Abb. 77 oder als Schwungring, Abb. 78, ausgebildet und sollen unmittelbar auf der Turbinenwelle angeordnet sein, damit sie unter allen Umständen in unmittelbarem Zusammenhange mit dem Läufer sind, den sie zu schützen haben. Da sowohl der Bolzen als auch der Schwungring so ausgebildet ist, daß sie einen zur Drehachse außermittigen Schwerpunkt haben, so tritt im Betriebe eine einseitige Fliehkraft auf. Durch entsprechende Bemessung und Spannung einer Gegenfeder kann die Drehzahl, bei der der Regler ausschlägt, in gewissen Grenzen beliebig eingestellt werden. In Einzelheiten weicht die eine oder die andere Ausführung von diesen beiden Grundformen ab, dem Wesen

[15] Nach Brown Boveri Mitt. Bd. 17 (1930) S. 58 Abb. 58.

nach lassen sie sich jedoch alle auf sie zurückführen. Im allgemeinen liegt die Schnellschlußdrehzahl 10%, mitunter nur 5% über der üblichen Betriebsdrehzahl.

Da diese Schnellschlußregler Fliehkraftregler sind, so sichern sie die Anlage zunächst nur für den Fall, daß eine unzulässige Drehzahlsteigerung eintritt. Nicht alle Schadenursachen jedoch beeinflussen unmittelbar die Drehzahl. Schäden z. B. an der Ölpumpe oder an der Versorgung der Lager mit Schmieröl sind ohne Einfluß auf sie, können aber ebenfalls Beschädigungen der Turbinenanlage verursachen. Um auch sie zu vermeiden, kann man auch das Absinken des Öldruckes im Regel- oder Lagerölkreislaufe als Antrieb für das Ausschlagen des Schnellschlußreglers verwenden. Abb. 79 zeigt eine derartige Einrichtung. Die Schwungmasse des Reglers wird hier durch Einspritzen von Öl erhöht, so daß er schon vor dem Erreichen der vorgeschriebenen Auslösdrehzahl ausschwingt. Hierdurch kann die Schnellschlußvorrichtung somit ohne Erhöhung der Betriebsdrehzahl geprüft oder auch mit Hilfe eines Differenzkolbens ausgelöst werden, wenn der Druck im Ölleitungsnetze der Turbine zu niedrig wird. Volle Sicherung ist erst dann erreicht, wenn vom Schnellschlusse über einen Kraftverstärker auch gleichzeitig der Stromerzeuger vom Netze abgeschaltet wird. In ähnlicher Weise können auch andere Antriebe zur Betätigung des Schnellschlußreglers benutzt werden, wie z. B. ein Ansteigen des Unterdruckes im Kondensator, was vermieden werden muß, da infolge der dann gleichfalls zunehmenden Temperatur der Abdampfstutzen und die

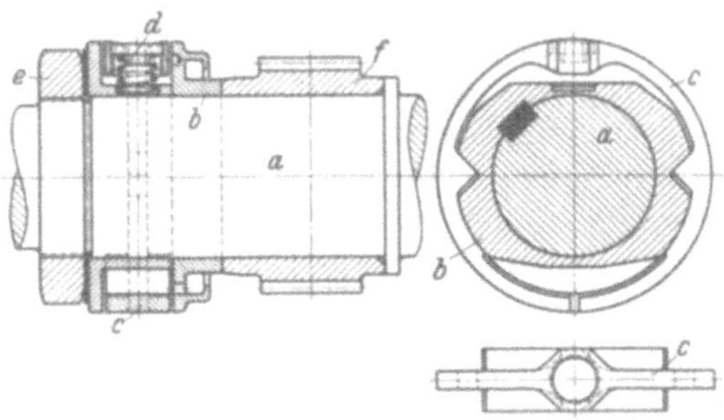

Abb. 78. AEG, Schnellschlußregler (Schwungring).

a Turbinenwelle; *b* Buchse des Schnellschlußreglers; *c* Schwungring; *d* Spannfeder; *e* Wellenmutter; *f* Schnecke zum Antriebe des Drehzahlreglers und der Hauptölpumpe.

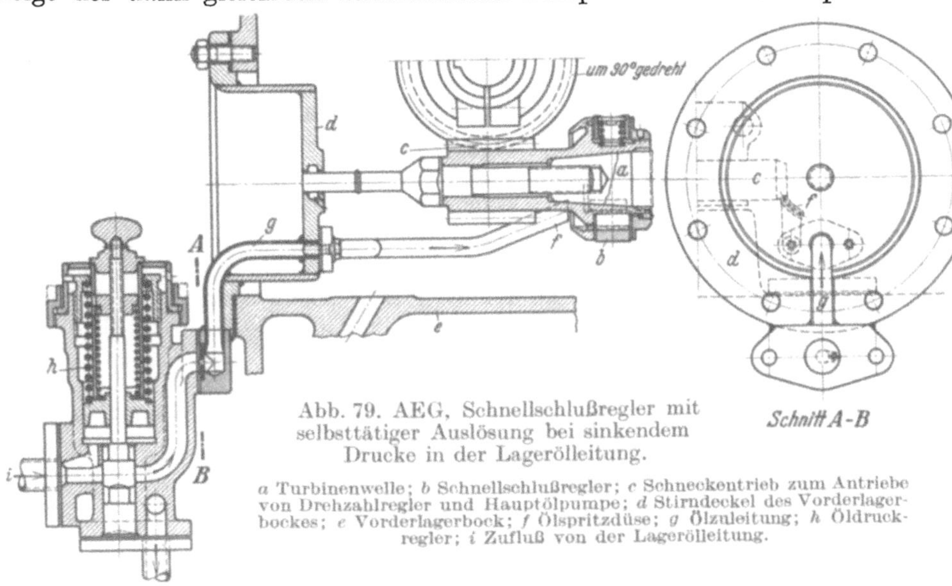

Abb. 79. AEG, Schnellschlußregler mit selbsttätiger Auslösung bei sinkendem Drucke in der Lagerölleitung.

a Turbinenwelle; *b* Schnellschlußregler; *c* Schneckentrieb zum Antriebe von Drehzahlregler und Hauptölpumpe; *d* Stirndeckel des Vorderlagerbockes; *e* Vorderlagerbock; *f* Ölspritzdüse; *g* Ölzuleitung; *h* Öldruckregler; *i* Zufluß von der Lagerölleitung.

Ausrichtung der Turbine gefährdet werden können. Um die Stillsetzung der Turbine nach einem Ansprechen des Schnellschlusses zu beschleunigen, kann der Druck im Kondensator durch eine geeignete Vorrichtung rasch gesteigert werden (vgl. Abschnitt 17).

Bei großen Turbinen werden mitunter zwei Schnellschlußregler nebeneinander angeordnet, die getrennt auf das Schnellschlußventil einwirken, so daß bei Versagen des einen Reglers oder seines Übertragungsmittels die zweite Vorrichtung eine unzulässige Drehzahlsteigerung verhindert.

Jede Schnellschlußvorrichtung kann auch von Hand ausgelöst werden, so daß einerseits die Dampfzufuhr bei irgendeiner Unregelmäßigkeit im Betriebe sofort unterbunden, andererseits in regelmäßigen Abständen geprüft werden kann, ob die Vorrichtung sich in einwandfreiem Zustande befindet.

Der Schnellschlußregler wirkt vermittels eines Übertragungsmittels auf das Schnellschlußventil, das allgemein gleichzeitig das Hauptabsperrventil der Turbine ist. Als Übertragungsmittel kommen in der Hauptsache Gestänge oder Drucköl, daneben vereinzelt andere mechanische (z. B. Kugelschlauch) und elektrische Mittel in Betracht. Gestänge sind zunächst überall dort zu finden, wo auch die übrige Reglung mittels Gestängeübertragung wirkt, dann aber auch zum Teile dort, wo für die Reglung sonst Ölübertragung angewendet wird. Nur wenige Bauarten mit Druckölreglung wenden diese auch auf die Schnellschlußvorrichtung an. Gestänge sowohl wie Flüssigkeitsübertragung haben Vorzüge und Nachteile. Gestänge können sich unter Erwärmung dehnen, ihre Gelenke können klemmen, wenn sie nicht sachgemäß ausgeführt oder zusammengebaut sind. Ölleitungen können, besonders, wenn auch sie sich mit der heißwerdenden Maschine dehnen, leck werden und außerdem ist die Häufung von Ölleitungen gerade am heißesten Teile der Maschine im Hinblicke auf mögliche Ölbrände keineswegs erwünscht (vgl. Abschnitt 30). Elektrische Übertragungen sind erfahrungsgemäß am wenigsten sicher und zuverlässig. Alles in allem wird man vom Betriebstandpunkte aus dem Gestänge den Vorzug geben, zumal hier weniger Störungen, zugleich aber bessere Überwachung möglich sind.

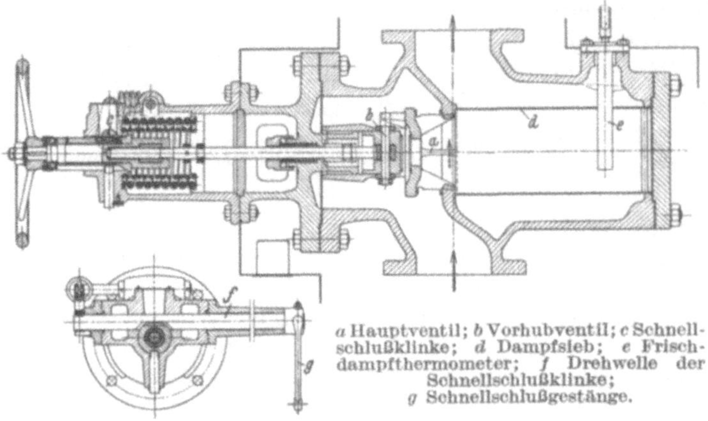

a Hauptventil; *b* Vorhubventil; *c* Schnellschlußklinke; *d* Dampfsieb; *e* Frischdampfthermometer; *f* Drehwelle der Schnellschlußklinke; *g* Schnellschlußgestänge.

Abb. 80. AEG, Anfahr- und Schnellschlußventil.

Die Schnellschlußventile sind bis auf ganz wenige Ausnahmen einfache Tellerventile. Da es bei ihnen auf ein unbedingt verläßliches Dichthalten ankommt, vermeidet man hier Doppelsitzventile auch dann, wenn solche an der Maschine als Regelventile verwendet werden. Nur bei kleinen Ventildurchmessern und mäßigen Drücken kommt man ohne Vorhubventil aus, meist ist ein solches erforderlich. Der Einbau der Stopfbuchsen der Spindeln muß je nach der Bauart nach Sondervorschriften erfolgen. Keineswegs dürfen die Stopfbuchsen eines Schnellschlußventiles während des Betriebes nachgezogen werden, da dadurch unter Umständen Klemmungen eintreten können und so die Verläßlichkeit der Sicherheitsvorrichtung in Frage gestellt wird.

Bei den mechanisch wirkenden und mechanischer Übertragung sich bedienenden Schnellschlußvorrichtungen ist die Mutter, in der durch die Handbetätigung das Hauptabsperrventil hochgeschraubt wird, bei gespannter Schließfeder durch eine Klinke festgehalten. Löst der Schnellschlußregler aus, so wird diese Klinke herausgeschlagen und die Schließfeder schlägt ihrerseits dann das Ventil augenblicklich zu. Die Ausbildung eines derartigen mechanisch wirkenden Ventiles zeigt Abb. 80.

Eine mit reiner Flüssigkeitsübertragung arbeitende Schnellschlußvorrichtung unterscheidet sich hiervon nur dadurch, daß zum Öffnen des Hauptabsperrventiles an Stelle der Handbetätigung ein Ölkraftkolben vorhanden ist. Der ansprechende Schnellschlußregler betätigt einen Ölschieber, der seinerseits dem Kraftkolben des Hauptabsperrventiles das Öl fortnimmt. Dieses wird, da auch hier die Öffnung des Ventiles entgegen einer Schließfeder vor sich geht, dann durch die Federkraft augenblicklich geschlossen. Die Ausbildung eines derartigen Ventiles und die Wirkungsweise der zugehörigen Schnellschlußvorrichtung zeigt Abb. 81. Ist gleichzeitig die Reglung durch Drucköl betätigt, so kann sie so eingerichtet werden, daß auch ihre Ventile im Falle des Ansprechens des Schnellschlußreglers geschlossen werden, worin eine gewisse zusätzliche Sicherheit erblickt wird.

Da die Maschine auf alle Fälle vor dem Durchgehen und sich daraus ergebenden Schäden bewahrt werden muß, so genügt es nicht immer, sich nur um das Abschließen der Frischdampfzufuhr zu kümmern. Anzapfturbinen stehen durch die Entnahmeleitungen mit Dampfnetzen in Verbindung, aber auch fast alle neueren Kondensationsturbinen haben für Zwecke der Speisewasservorwärmung eine oder mehrere ungeregelte Anzapfstellen. Mitunter wird auch der Abdampf der Kondensationshilfsturbine in eine ND-Stufe der Turbine geführt. Da aus diesen Dampfräumen Dampf in die Turbine zurückströmen und sie zum Durchgehen bringen könnte, so müssen auch diese Anschlüsse durch Schnellschlußventile — Rückschlagklappen sind weniger zu empfehlen — abgesperrt werden, die gleichzeitig mit dem in der Frischdampfleitung vom Schnellschlußregler

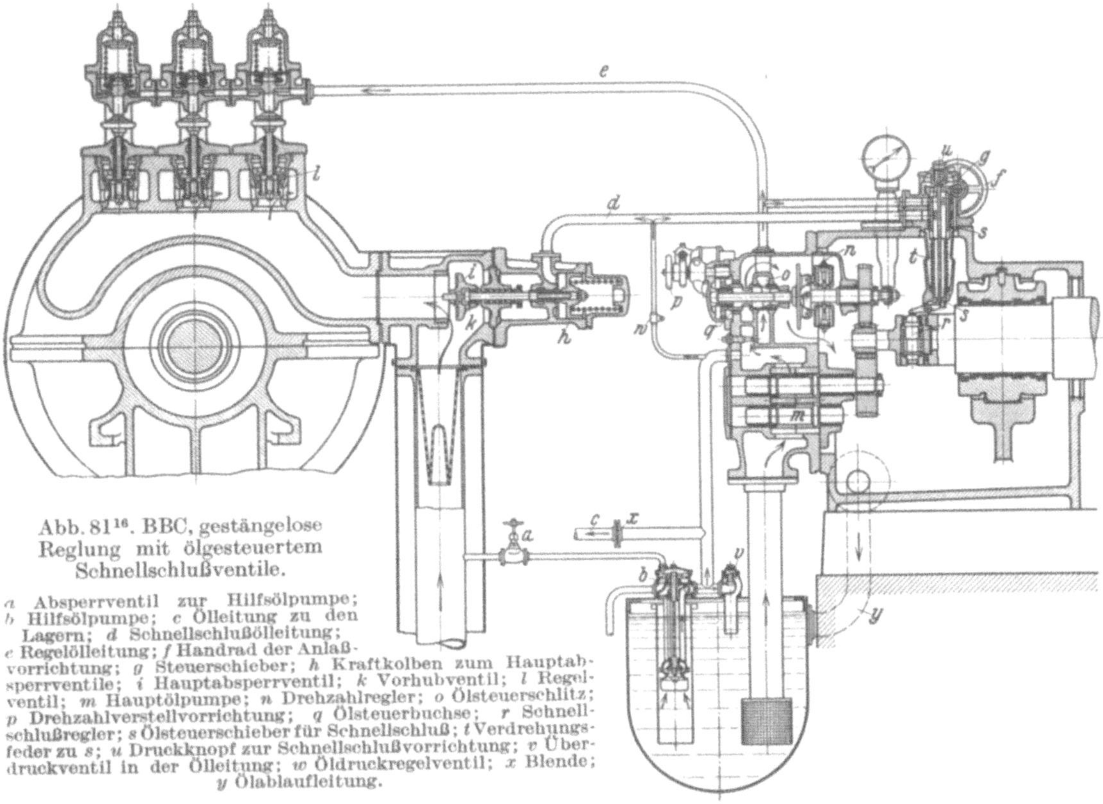

Abb. 81[16]. BBC, gestängelose Reglung mit ölgesteuertem Schnellschlußventile.

a Absperrventil zur Hilfsölpumpe; *b* Hilfsölpumpe; *c* Ölleitung zu den Lagern; *d* Schnellschlußölleitung; *e* Regelölleitung; *f* Handrad der Anlaßvorrichtung; *g* Steuerschieber; *h* Kraftkolben zum Hauptabsperrventile; *i* Hauptabsperrventil; *k* Vorhubventil; *l* Regelventil; *m* Hauptölpumpe; *n* Drehzahlregler; *o* Ölsteuerschlitz; *p* Drehzahlverstellvorrichtung; *q* Ölsteuerbuchse; *r* Schnellschlußregler; *s* Ölsteuerschieber für Schnellschluß; *t* Verdrehungsfeder zu *s*; *u* Druckknopf zur Schnellschlußvorrichtung; *v* Überdruckventil in der Ölleitung; *w* Öldruckregelventil; *x* Blende; *y* Ölablaufleitung.

betätigt werden. Selbst bei dreifacher ungeregelter Anzapfung — allerdings nur bei großen Maschinen vorzufinden — wird dadurch die gesamte Schnellschlußeinrichtung nicht unübersichtlich, wie Abb. 82 zeigt.

Das **Einstellen** der Schnellschlußvorrichtungen für den Betrieb beschränkt sich in der Regel darauf, daß der Richtmeister genauestens die einzelnen Teile und ihren Zusammenbau mit den Angaben der Werkstattzeichnungen vergleicht. Stimmen Ausführung und Zeichnung überein, so ist festzustellen, ob Fehler oder Mängel in der Übertragung liegen können. Sind auch diese beseitigt, so bleibt als letztes eine Anfahrprobe bis zum Auslösen des Schnellschlusses, die den Nachweis erbringen muß, daß der Schnellschluß sowohl unmittelbar nach dem Anfahren als auch bei vollständig durchgewärmter Turbine ordnungsmäßig anspricht. Je nach dem Ergebnisse dieser Probe wird man die Feder im Regler nachspannen oder entlasten, bis die für das Ansprechen der Schnellschlußvorrichtung vorgeschriebene Drehzahl genügend genau erreicht ist, wovon man sich durch weitere wenigstens drei Proben überzeugen muß. Die Streuung der einzelnen Auslösedrehzahlen darf dabei nicht mehr als $\pm 1\%$ der Solldrehzahl betragen.

[16] Nach Brown Boveri Mitt. Bd. 19 (1932) S. 156 Abb. 1.

Neben den Schnellschlußvorrichtungen erhält jede größere Turbine in der Regel noch Sicherheits- und Warnventile, deren Anzahl und Wirkungsweise nach der Bauart, der Größe und dem Ursprungswerke der Turbine verschieden sind. Um das HD-Gehäuse der Kondensationsturbinen gegen unzulässigen Druckanstieg zu schützen, wird häufig

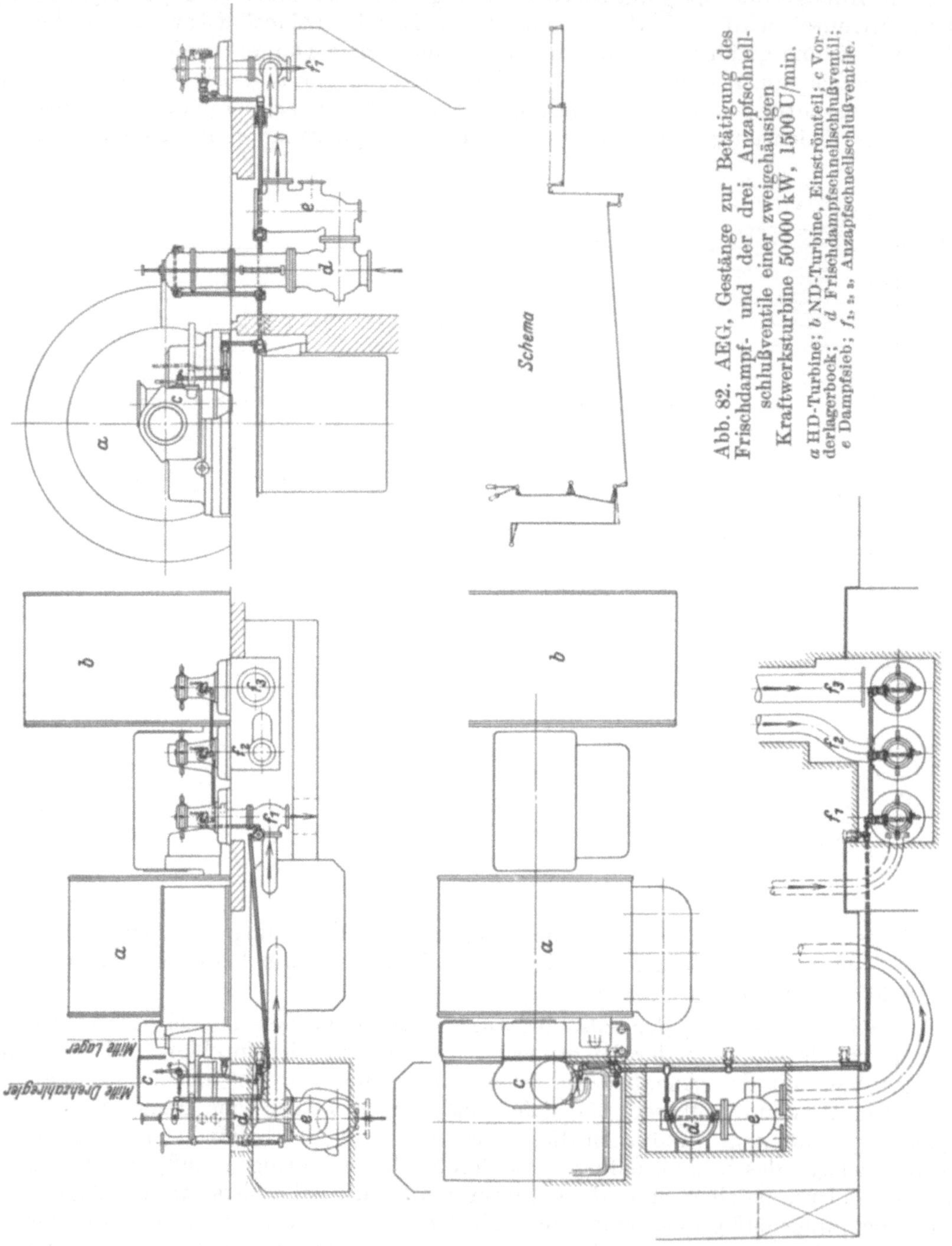

Abb. 82. AEG, Gestänge zur Betätigung des Frischdampf- und der drei Anzapfschnellschlußventile einer zweigehäusigen Kraftwerksturbine 50000 kW, 1500 U/min.

a HD-Turbine; *b* ND-Turbine, Einströmteil; *c* Vorderlagerbock; *d* Frischdampfschnellschlußventil; *e* Dampfsieb; $f_{1, 2, 3}$ Anzapfschnellschlußventile.

ein kleines federbelastetes Ventil als W a r n v e n t i l vorgesehen, das bei einem bestimmten Dampfdrucke unmittelbar in den Maschinenraum abbläst und dadurch den Maschinenwärter aufmerksam macht. In der gleichen Absicht wird bei Anzapf- und Gegendruckmaschinen zum Schutze der Turbine vor unzulässigem Überdrucke in der Anzapf- und Gegendruckleitung ein H o c h h u b s i c h e r h e i t s v e n t i l vorgesehen. Die von der Turbine zu diesem führende Rohrleitung darf keinerlei Absperrmöglichkeit erhalten. Das Ventil wird mit gewichtsbelastetem Kegel und Dämpfung durch eine Ölbremse ausgeführt, öffnet selbsttätig bei dem Überdrucke, für den es geeicht wurde, und muß imstande sein, die gesamte Abdampfmenge ins Freie strömen zu lassen, bevor der Probedruck des Turbinengehäuses erreicht ist. Bei Anzapfkondensationsmaschinen muß die Entwässerungsleitung dieses Ventiles einerseits an den Kondensator angeschlossen werden, da beim Anfahren der Maschine der Unterdruck bis zu diesem Ventile reicht, andererseits über einen Kondenstopf ins Freie führen, damit man sie auch während des Betriebes entwässern kann.

Das Abdampfgehäuse von Kondensationsturbinen und der Kondensator werden gegen unzulässigen Druckanstieg durch das sogenannte Notauspuffventil (vgl. S. 36) gesichert. Auch wenn man, wie erwähnt, den Schnellschluß der Hauptmaschine so einrichtet, daß er beim Erreichen eines bestimmten Höchstdruckes im Kondensator selbsttätig schließt, ist es empfehlenswert, ein solches Notauspuffventil zur Sicherheit beizubehalten.

Zur Sicherung des Turbinenbetriebes dient schließlich eine Reihe von selbsttätig wirkenden Schaltungen von Hilfsmaschinen, wie z. B. der Anlauf der Hilfsölpumpe bei absinkendem Lageröldrucke (vgl. S. 122), oder die Verwendung neuartiger, nicht brennbarer Schmiermittel zur Verhütung von Ölbränden (vgl. Abschnitt 30). Ob Sicherheits- und Schutzeinrichtungen dieser Art erforderlich oder zweckmäßig sind, wird vor allen Dingen nach den allgemeinen Wartungs- und Betriebsverhältnissen in dem betreffenden Kraftwerke zu entscheiden sein.

11. Die Reglung.

Die Leistung einer Dampfturbine wird durch Drossel- oder Füllungsreglung verändert. Die Drosselreglung wirkt durch Verändern des Dampfdruckes vor der Turbine (Drosseln) und damit der Größe des verfügbaren Wärmegefälles; der gesamte Dampfdurchtrittsquerschnitt durch die Turbine bleibt ungeändert. Die Füllungsreglung dagegen wirkt durch Verändern des Dampfeintrittsquerschnittes in die Turbine; der Dampfdruck vor der Turbine bleibt hierbei unverändert und damit ist bei den Teillasten das verfügbare Wärmegefälle größer als bei Drosselreglung. Bei beiden Verfahren verschlechtern sich Gesamtwirkungsgrad und spezifischer Dampfverbrauch für Teil- und Überlasten gegenüber den Werten der Last besten Dampfverbrauches. Die Erklärung liegt unter anderem darin, daß für die davon abweichende Belastung die Strömungsverluste in den nun zu weiten oder zu engen Dampfwegen zunehmen und bei Teillasten auch die bei gleicher Drehzahl sich wenig verändernden mechanischen Verluste anteilig größer sind. Bei Drosselreglung ist die Verschlechterung des Dampfverbrauches stärker als bei Füllungsreglung.

Turbinen mit Drosselreglung haben meist nur ein Einlaßventil, das für alle Leistungen bis zu der Nennleistung oder bis zu der Leistung, bei der der beste Wirkungsgrad liegt, ausreicht. Für Überlast ist dann noch ein zweites, entsprechend kleineres Ventil vorgesehen, das ebenso wie das erste unter dem Einflusse des Reglers steht und nach dem Hauptventile öffnet. Es läßt, wenn die erste Stufe bei der Nennleistung bereits voll beaufschlagt ist und durch sie nicht mehr Dampf hindurchgebracht werden kann, den zusätzlichen Dampf in eine spätere Stufe niedrigeren Stufendruckes ein. Ein Beispiel einer Drosselreglung zeigt Abb. 83.

Bei einer vollkommenen Füllungsreglung müßten die Dampfwege aller Turbinenstufen jeweils dem Dampfdurchsatze genau entsprechen, also je nach der Belastung entweder kleiner oder größer sein. Eine derartige Ausbildung der Turbine ist jedoch aus baulichen Gründen nicht ausführbar; man muß sich deshalb mit einer vereinfachten Füllungsreglung begnügen. Bei dieser wird nur der Düsenquerschnitt der ersten Turbinenstufe verändert, indem nach Bedarf einzelne Düsen oder, wie in der Mehrzahl der Fälle, einzelne Düsengruppen durch Ventile zu- oder abgeschaltet werden. So entsteht die fast ausschließlich ausgeführte Art der Füllungsreglung, die sogenannte Düsengruppenreglung; daß ihre Herstellungskosten höher sein müssen als die der Drosselreglung, ist durch die größere Zahl der Ventile usw. ohne weiteres erklärt. Ein Beispiel zeigt Abb. 84.

Von den tatsächlichen Vorgängen in einer vielstufigen Kondensationsturbine bei Belastungsänderungen kann man sich dadurch ein anschauliches Bild machen, daß man den HD-Teil, also meist das ein- oder zweikränzige Gleichdruckrad der ersten Stufe und den anschließenden, oft vielstufigen ND-Teil für sich allein betrachtet. Dabei zeigt es sich, daß bei Kondensationsturbinen die Düsengruppenreglung hinsichtlich des Dampfverbrauches bei Teillasten der Drosselreglung überlegen sein muß. Die Unterschiede betragen mehrere Hundertteile. In Fällen, in denen große Einfachheit — wie bei Turbinen kleiner Leistung oder bei meist gleicher Belastung — angestrebt wird, kann aber auch die Drosselreglung durchaus am Platze sein. Je stärker jedoch im Betriebe die Belastung schwankt und je kleiner das verfügbare Wärmegefälle ist, um so größer wird der Unterschied zwischen Drossel- und Düsengruppenreglung. Aus diesem Grunde ist Düsengruppenreglung bei allen mittleren und größeren Industrieturbinen, vor allem den Gegendruck- und Anzapfturbinen, vorzuziehen. Die Überlegenheit der Düsengruppenreglung über die Drosselreglung zeigt Abb. 85 am Beispiele von vier Gegendruckturbinen verschiedenen Aufbaues.

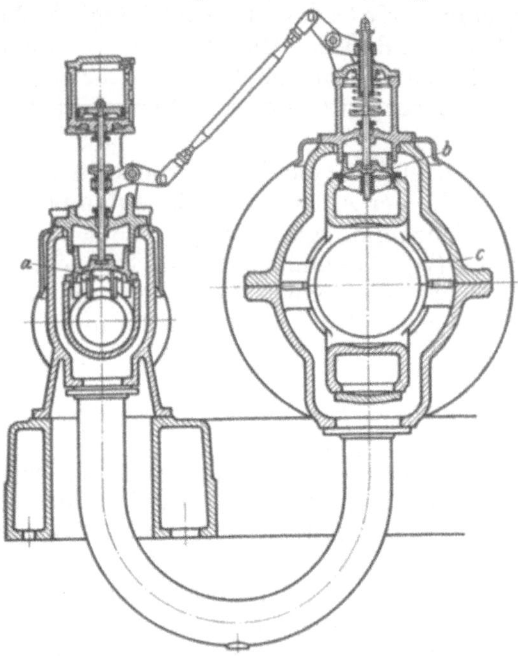

Abb. 83[17]. Allis-Chalmers, Querschnitt durch Regel- und Überlastventil sowie Frischdampfkammer im Gehäuse einer Turbine mit Drosselreglung.

a Hauptdrosselventil; *b* Überlastventil; *c* Turbinengehäuse.

Die hauptsächlichen Antriebe für die Betätigung der Reglung sind die Drehzahl (Drehzahlregler), bestimmte gleichzuhaltende Dampfdrücke oder Förderdrücke oder -mengen angetriebener Verdichter und Pumpen (Druck- und Mengenregler) oder die abzugebende Leistung (Leistungsregler, Isodynregler). An Sonderreglern haben sich außerdem die sogenannten Isodromregler, besonders in großen Netzen mit mehreren nebeneinander arbeitenden Maschineneinheiten, eingeführt, mit denen „auf gleichbleibende Frequenz gefahren" werden kann.

Kondensationsturbinen mit Stromerzeugern, die ohne Sonderbedingungen auf ein gemeinsames Netz arbeiten, erhalten — und das ist der weitaus häufigste Fall — nur einen Drehzahlregler. Wirken bei anderen Turbinenarten Drehzahl- und Druckregler getrennt auf die zu steuernden Teile ein, so müssen nach dem Ansprechen nur eines Reglers im allgemeinen auch die anderen auf ihre Regelteile einwirken, da jede Leistungsänderung das Gleichgewicht der Dampfmengen und umgekehrt jede Mengenänderung das Leistungsgleichgewicht stört. Drehzahl- und Druckregler müssen also bei jeder beliebigen Änderung eines Gleichgewichtzustandes gemeinsam in Tätigkeit treten, um das Gleichgewicht wieder herzustellen. Die Nachteile dieser Reglungsart wirken sich dahin aus, daß starke Frequenz- und Druckschwankungen auftreten können (Pendeln der Maschinen). Diese Nachteile treten bei der Verbundreglung nicht auf, bei der jeder Regler auf alle Reglungsteile gleichzeitig im richtigen Sinne einwirkt, ohne daß der Gleichgewichtzustand der im Augenblicke nicht zu regelnden Größen gestört wird. Wirken zwei Regler, z. B. bei Gegendruckturbinen, gemeinsam auf dieselben Reglungsteile ein, so können sie sich in Grenzfällen gegenseitig ausschalten. Bei Gegendruckturbinen mit stark schwankendem Dampfdurchsatze oder stark schwankender Leistungsabgabe ist es zweckmäßig, jeweils nur einen Regler im Betriebe zu lassen.

[17] Nach S. 24 Abb. 20 in: E. A. Kraft: Amerikas Dampfturbinenbau. Berlin: VDI-Verlag 1926.

Ließe man bei einer Reglung mit Ölkraftgetrieben (mittelbare Reglung) den Reglerhebel unmittelbar und ohne jede weitere Verbindung mit dem Kraftgetriebe auf den Steuerkolben einwirken, so würde jeder Änderung der Reglerstellung eine ungehemmte Bewegung des Kraftkolbens bis in eine Endlage folgen; die Reglung könnte sich also nicht in eine neue Gleichgewichtslage einspielen. Es ist daher eine „Rückführung“ nötig, die den Steuerkolben des Kraftgetriebes nach jeder Regelbewegung wieder in seine Mittellage zurückführt. Diese Rückführung ist also eine Vorrichtung, die bei mittelbarer Reglung im Beharrungzustande Verhältnisgleichheit zwischen Regler- und Ventilhub herstellt. Eine Ausnahme davon bildet die nachgiebige Rückführung, die bei Isodrom- und Leistungsreglern verwendet wird.

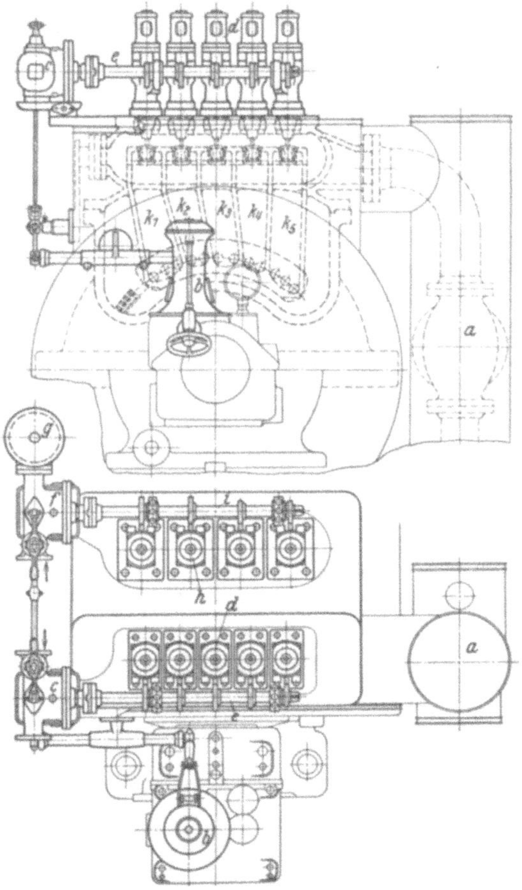

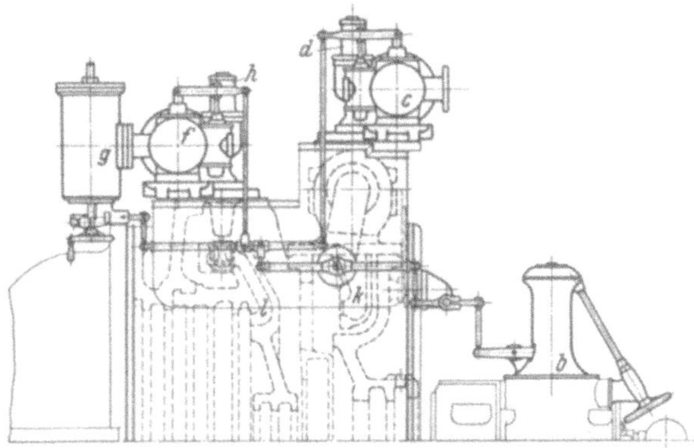

Abb. 84. AEG, Düsengruppenreglung einer Anzapfturbine.

a Frischdampfschnellschlußventil; *b* Drehzahlregler; *c* Kraftgetriebe der Frischdampfreglung; *d* Frischdampfregelventile; *e* Nockenwelle der Frischdampfreglung; *f* Kraftgetriebe der Anzapfdampfreglung; *g* Anzapfdampfdruckregler; *h* Anzapfdampfregelventile; *i* Nockenwelle der Anzapfdampfreglung; k_1 bis k_5 Frischdampfdüsengruppen; *l* Anzapfdampfdüsengruppen.

Wenn es sich mit dem inneren Aufbaue der Turbine verträgt, wird die erste Turbinenstufe bei der üblichen Belastung, d. h. für den von der Maschine am häufigsten verlangten Betriebsfall, voll beaufschlagt. Die für eine Überlastung erforderliche Dampfmenge wird dann in eine oder nacheinander in mehrere spätere Stufen der Turbine geleitet. Dabei muß die bei der Entspannung des Dampfes vom Frischdampfdrucke auf den betreffenden Stufendruck sich entwickelnde Geschwindigkeit in der sogenannten Überlaststufe mit möglichst gutem Wirkungsgrade ausgenutzt werden. Obwohl der Wirkungsgrad einer Überlaststufe wegen ihres ungünstig großen Geschwindigkeitswertes von c_0/u geringer sein muß, ist eine derartige Lösung vorteilhaft. Sie ermöglicht nämlich, große Überlastleistungen zu erzeugen, ohne den Wirkungsgrad der Maschine bei der üblichen Belastung nennenswert zu beeinträchtigen. Die für die Überlastung erforderlichen Dampfmengen werden ebenso wie der Dampf für die übrigen Belastungen durch ein oder mehrere Ventile vom Drehzahlregler aus geregelt.

Die Mehrzahl der Drehzahlregler sind Fliehkraftfederregler, bei denen Schwunggewichte die Reglerspindel und damit die Reglermuffe, von der die Regelbewegung abgenommen wird, entgegen einer Federkraft bewegen. Fast jede der Turbinenbauarten hat ihre eigene Reglerform, so daß für Einzelheiten auf Veröffentlichungen, Druckschriften und Zeichnungen der Lieferwerke verwiesen werden muß. Für das Errichten der Dampfturbine im Kraftwerke wird der Drehzahlregler stets als in der Werkstatt fertig zusammengesetzte Einheit angeliefert und eingebaut. Das entbindet den Betriebsmann aber nicht von der Verpflichtung, sich mit seinen wesentlichen Gestaltungsgrundsätzen vertraut zu machen, da er imstande sein muß, den Drehzahlregler im Betriebe auf Kennlinie und Ungleichförmigkeit zu prüfen und seine Unempfindlichkeit laufend zu überwachen.

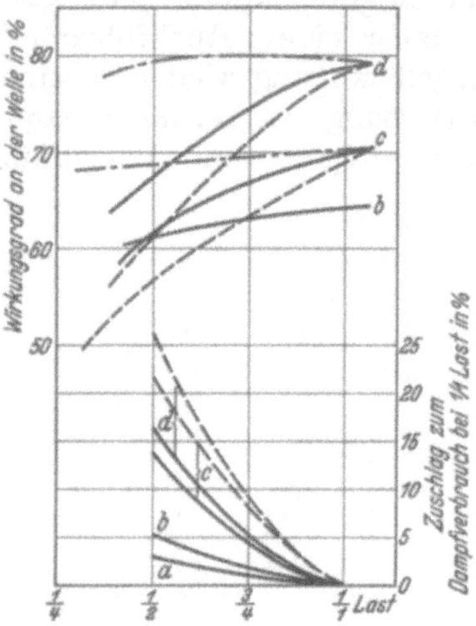

Abb. 85. Wirkungsgrad und Dampfverbrauch von Gleichdruck-Gegendruckturbinen bei veränderlichem Dampfdurchsatze.

a, *b* zweikränziges Geschwindigkeitsrad für *a*: $c_0/u = 5$, für *b*: $c_0/u = 4$; *c*, *d* mehrstufige Gegendruckturbine für *c*: Gütezahl $\frac{\Sigma u^2}{H_0} = 1400 \frac{m^2/s^2}{kcal/kg}$ für *d*: Gütezahl $= 1850 \frac{m^2/s^2}{kcal/kg}$.

——— Düsengruppenreglung, bezogen auf das Gesamtgefälle;
– – – – Drosselreglung, bezogen auf das Gesamtgefälle;
—·—· Drosselreglung, bezogen auf das Drosselgefälle.

Je nach der Art der Anordnung des Reglers unterscheidet man solche unmittelbar auf der Turbinenwelle, die man meist als Achsregler bezeichnet, und solche, die mit Zwischentrieb entweder auf lotrechter oder auf waagerechter, also mit der Turbinenwelle gleichlaufender oder zu ihr senkrechter Spindel angeordnet sind. Bei den von der Hauptwelle durch einen Trieb betätigten Reglern erfordert das Übersetzungsgetriebe beim Zusammenbaue sowohl als auch später im Betriebe (Zweitdrehzahl etwa 400 bis 500 U/min) größte Sorgfalt. Ist der Regler auf lotrechter Spindel angeordnet, so wird er in der Regel durch einen Schneckentrieb angetrieben, der außerdem gleichzeitig zum Antriebe der Ölpumpe herangezogen wird. Sind, wie bei großen Turbinen, zwei Ölpumpen erforderlich, so werden beiderseits der Hauptwelle je ein Schnecken- oder Schraubenrad vorgesehen, die von einer gemeinsamen Schnecke angetrieben werden. Für den Zusammenbau derartiger Getriebe an Ort und Stelle ist im wesentlichen folgendes zu beachten. Für anstandslosen Betrieb ist ein Härteunterschied zwischen Schnecke und Rad zweckmäßig; man stellt daher die Schnecke grundsätzlich aus einem härteren Baustoffe als das zugehörige Rad her. Ein Rad mit ungewöhnlich großer Härtezahl soll aber nicht mit einer Schnecke ungewöhnlich niedriger Härtezahl zusammen verwendet werden. Der Achsenabstand von Schnecke und Rad muß genau nach Zeichnung eingestellt sein. Das Flankenspiel zwischen ihnen soll 0,3 mm bei 3000 U/min- und 0,5 mm bei 1500 U/min-Turbinen nicht unterschreiten. Schnecke und Rad müssen unbedingt

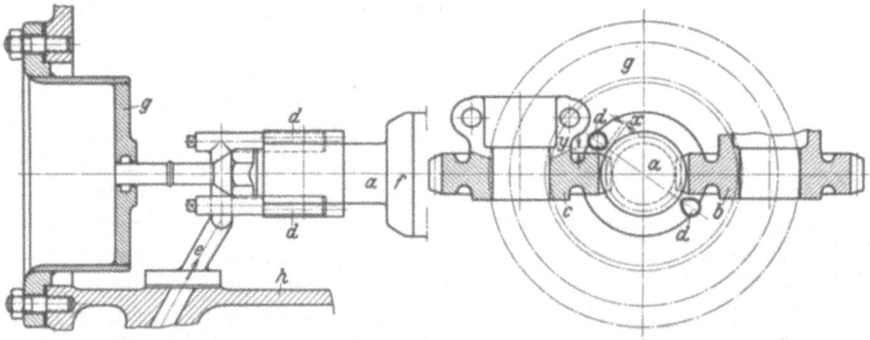

Abb. 86. AEG, Schmierung des Schneckentriebes für Drehzahlregler und Ölpumpe.

a Turbinenwelle mit Schnecke; *b* Schraubenrad zum Antriebe der Ölpumpe; *c* Schraubenrad zum Antriebe des Drehzahlreglers; *d* Ölspritzdüse für Schneckenschmierung; *e* Druckölzuleitung zur Ölspritzdüse; *f* Schnellschlußregler; *g* Stirndeckel des Vorderlagerbockes; *h* Vorderlagerbock.

in der richtigen Höhenlage zueinander stehen. Bei doppelseitigen Schneckentrieben kann man das Eindringen des Ölstrahles zwischen die eingreifenden Zahnflanken dadurch begünstigen, daß das Schneckenrad der Reglerspindel, dessen Ölspritzdüse oben angeordnet ist, etwas über Schneckenmitte versetzt eingebaut wird. Das andere Schneckenrad dagegen, bei dem die Öldüse unten ist, ist entsprechend unter Schneckenmitte versetzt anzuordnen, damit sich zwischen den miteinander arbeitenden Flanken eine keilförmige Ölschicht bildet. Durch Ablaufprobe kann man sich von dem Vorhandensein des angestrebten Spaltes überzeugen. An Stelle der Schneckenräder werden neuerdings auch Schraubenräder verwendet, bei denen eine keilförmige Ölschicht sich von selbst ohne besonderen Maßnahmen ausbildet. Beim Einbaue der Ölspritzdüsen ist der zeichnungsmäßig vorgeschriebene Abstand x von der Schnecke und y vom Schraubenrade, Abb. 86, genau einzuhalten. Dabei soll der Ölstrahl so gerichtet sein, daß er bei stillstehender Turbine die Schnecke radial trifft. Dann wird er bei laufender Turbine so abgelenkt, daß er die Eingriffstrecke des Schnecken- oder Schraubenrades trifft. Axial sollen die Düsen etwa 3 mm entgegen der Schneckensteigung außer Mitte versetzt eingebaut werden. Nach der richtigen Einstellung ist die Düse stets durch zwei Stifte festzulegen. Öldrücke und Spaltabmessungen der Düse sollen so sein, daß der Ölstrahl geschlossen und mit größerer Geschwindigkeit, als die Schneckenumfangsgeschwindigkeit ist, auf die eingreifenden Zahnflanken trifft, damit er durch die Fliehkraft nicht abgelenkt oder abgeschleudert und somit wirkungslos wird. Stirnradantrieb ist meist dann vorhanden, wenn die Reglerspindel zur Turbinenwelle gleichlaufend liegt (BBC).

Bei der reinen Flüssigkeitsreglung ist der Drehzahlregler ein Flügelpumpenrad, das unmittelbar auf der Turbinenwelle angeordnet ist. Der Druck des von ihm geförderten Öles ändert sich mit der Drehzahl der Turbine. Mit zunehmender Belastung, also abnehmender Drehzahl, sinkt der Öldruck im quadratischen Verhältnisse der Drehzahländerung, wodurch die Regelventile geöffnet werden und umgekehrt. Möglich ist auch eine Flüssigkeitsreglung, bei der an Stelle des Öldruckes die Veränderung der Menge des geförderten Öles als Regelantrieb benutzt wird. Da Kreiselpumpen im allgemeinen nicht selbst ansaugen, so muß dem Regler hierbei entweder das Öl durch eine Strahlpumpe zugeführt werden oder es muß ihm aus einem Hochbehälter zulaufen.

Die Druckregler sind in der Regel Membranregler, wobei Balgmembranen oder Flachmembranen verwendet werden können. Die Membran steht durch dünne Antriebsleitungen mit dem zu regelnden Dampfraume in Verbindung. Eine Balgmembran zieht sich demgemäß bei sinkendem Dampfdrucke unter der Wirkung einer Gegenfeder zusammen und dehnt sich mit steigendem Drucke aus. Die Vorspannung dieser Feder kann wie beim Drehzahlregler verändert werden. Damit ändert sich der Druck, den der Regler gleichhält. Da man in verwickelteren Dampfnetzen, wenn zwei oder mehr Dampfdrücke an der Turbine gleichzeitig zu regeln sind, immer damit rechnen muß, in bestimmten Verhältnissen auf die Gleichhaltung eines Druckes verzichten zu müssen, kann jeder Druckregler durch einen einfachen Handgriff auch außer Betrieb gesetzt werden.

Handelt es sich um eine Reglung mit mechanischem Drehzahlregler und Gestängeübertragung, so greift die Druckreglerspindel mit einem Anschlußhebel unmittelbar an das Gestänge des Drehzahlreglers an. Bei einer Ausführung mit mechanischem Drehzahlregler und Flüssigkeitsübertragung (Durchflußölreglung, BBC) betätigt der Druckregler eine Drosselvorrichtung in der Druckölleitung. Bei reiner Flüssigkeitsreglung (Westinghouse) kann der Druckregler ebenfalls eine Drosselvorrichtung in der Regelölleitung betätigen, er kann aber auch auf wesentlich verwickeltere Art (z. B. mit Hilfe von Gleitspindelzahnrädern, Escher Wyss) in die Reglung eingefügt werden.

Die Druckregler haben mit den Drehzahlreglern eine Vorrichtung gemeinsam, die den gleichzuhaltenden Dampfdruck oder die Drehzahl in bestimmten Grenzen willkürlich zu ändern ermöglicht. Bei Druckreglern genügt es im allgemeinen, diese Vorrichtung für Handbetätigung einzurichten. Sie gestattet eine Veränderung des Druckes um etwa $\pm$ 25 bis 35% des Mittelwertes. Bei Drehzahlreglern dagegen, insbesondere bei größeren Kraftwerksturbinen, ist neben der Handbetätigung in der Regel noch Fernbetätigung mit Hilfe eines kleinen Elektromotors vorgesehen, dessen Stärke und dessen Übersetzungsverhältnis zum Drehzahlverstellgetriebe des Reglers der vorgeschriebenen Schnelligkeit der Be- oder Entlastung der Maschinen entsprechen muß. Der Verstellbereich ist meist $+$ 10% und $-$ 5% von der üblichen Drehzahl aus gerechnet, doch können für besondere Zwecke auch andere Verstellbereiche vorgesehen werden. Auf die Drehzahlverstellvorrichtung wirken auch die bisher ausgeführten Bauarten der Leistungsregler ein.

Die Drehzahlregler sind im allgemeinen statisch, sie haben einen gewissen Ungleichförmigkeitsgrad, d. h. zu jeder Drehzahl gehört eindeutig eine bestimmte Stellung der Reglermuffe und damit auch der Dampfregelventile. Daraus ergibt sich, daß jeder Belastung der Turbine ohne Eingriff in die Einstellung des Reglers eine andere Drehzahl entspricht. Laufen mehrere derartige Maschinen in einem gemeinsamen Netze, so wird auch hier zu jeder Netzbelastung eine andere Drehzahl oder Frequenz gehören. Soll aber unabhängig vom Belastungzustande die gleiche Frequenz eingehalten werden, so muß zur üblichen Turbinenreglung eine Zusatzeinrichtung hinzukommen, welche die ursprüngliche Drehzahl und Frequenz immer wieder herstellt. Derartige Zusatzeinrichtungen sind elektrische Leistungs- und Frequenzregler oder mechanisch wirkende Isodromvorrichtungen. Am besten läßt sich in die Turbinenreglung eine Isodromvorrichtung einfügen, die eine nachgiebige Rückführung in Form einer Ölbremse mit Rückführfeder darstellt. Die Isodromvorrichtung kann unter Umständen auch in den Drehzahlregler hinein verlegt werden.

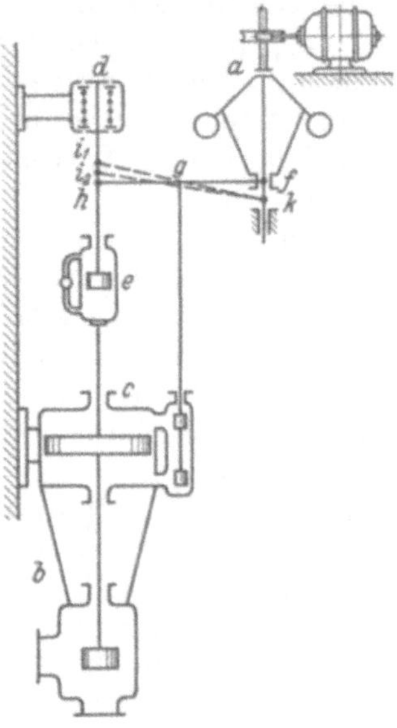

Abb. 87. AEG, nachgiebige Rückführung als Isodromvorrichtung in einer Dampfturbinenreglung.

a Drehzahlregler mit Verstellmotor; *b* Dampfreglung; *c* Krafttriebe; *d* Rückführfeder; *e* Ölbremse; *f* Reglermuffe; *g* Drehpunkt; *h* Gelenkpunkt; i_1, i_2 Stellungen von *h*; *k* Stellung von *f*.

Den Schaltplan einer üblichen Turbinenreglung mit Isodromvorrichtung (nachgiebige Rückführung) zeigt Abb. 87. Der Regelvorgang spielt sich wie folgt ab: sinkt infolge einer Belastungzunahme die Drehzahl ab, so bewegt sich die Reglermuffe von *f* nach *k*. Der Hebel *h*—*f* dreht sich dabei um *h*, so daß der Steuerschieber verstellt und Drucköl unter den Kraftkolben von *c* geleitet wird. Dieser ist über die Ölbremse *e* mit *h* verbunden und bewegt den Punkt *h* in Richtung auf i_1, so daß die darüber befindliche Rückführfeder zusammengedrückt wird. Der Reglerhebel würde bei starrer Rückführung in die Lage i_1—*g*—*k* kommen; dabei wäre der Steuerschieber wieder in seiner Mittellage und der Regelvorgang somit beendet. Die gespannte Feder drückt nun aber schon bei der geringsten Aufwärtsbewegung des Punktes *h* auf den Kolben der Ölbremse *e*, wodurch die Aufwärtsbewegung von *h* verzögert wird (nachgiebige Rückführung). Der Reglerhebel gelangt also nur in die Lage i_2—*k*. Die Folge ist, da der Steuerschieber noch nicht in seine Mittellage zurückgebracht worden ist, ein weiteres Öffnen der Regelventile; die Drehzahl beginnt zu steigen. Dieser Vorgang spielt sich langsam, aber stetig so lange ab, bis der Reglerhebel wieder in die Lage *h*—*f* gelangt ist. In dieser Lage ist jetzt sowohl die Rückführfeder ganz entspannt als auch der Steuerschieber in seiner Mittellage und die Drehzahl hat wieder die ursprüngliche Größe. Der Gesamtregelvorgang ist beendet. Die Auswirkung einer derartigen Isodromvorrichtung auf die Drehzahlkennlinie ist beispielsmäßig für eine bestimmte Maschine und eine bestimmte Belastungzunahme in Abb. 88 dargestellt. Die obere Darstellung gibt den Drehzahlverlauf bei starrer Rückführung wieder, die untere zeigt den Verlauf bei eingeschalteter Isodromvorrichtung, bei sonst unveränderten Voraussetzungen. Die Werte y_1 und x_1 sind von der „Isodromzeit" abhängig. Da diese, d. h. die nach einer Belastungsänderung bis zum Erreichen der Ausgangsdrehzahl erforderliche Zeit, eingestellt werden kann, so lassen sich

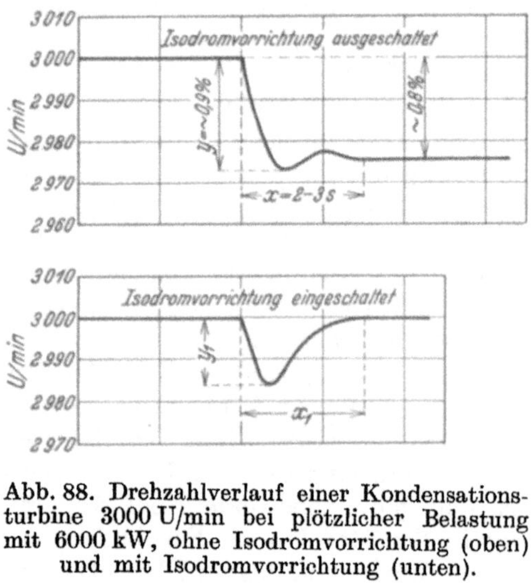

Abb. 88. Drehzahlverlauf einer Kondensationsturbine 3000 U/min bei plötzlicher Belastung mit 6000 kW, ohne Isodromvorrichtung (oben) und mit Isodromvorrichtung (unten).

bei eingeschalteter Isodromvorrichtung sowohl der vorübergehende Drehzahlabfall wie die Dauer des Regelvorganges kleiner halten als bei starrer Rückführung.

Isodromvorrichtungen wie die beschriebene lassen sich in jede Gestängereglung einbauen, selbst dann, wenn es sich um Gegendruck-, Zweidruck-, Anzapf- oder Mehrfachanzapfmaschinen handelt.

Eine isodromgeregelte Maschine nimmt im Rahmen ihrer Leistungsfähigkeit alle Lastschwankungen des Netzes in kürzester Zeit auf. Infolgedessen muß hierbei auch der Zufluß des Sperrdampfes zu den Turbinenaußenstopfbuchsen fortwährend nachgeregelt werden. Es ist bei einer solchen Maschine daher zu empfehlen, die Bedienungsmannschaft durch eine selbsttätige Reglung des Stopfbuchsensperrdampfes (vgl. Abschnitt 19) zu entlasten.

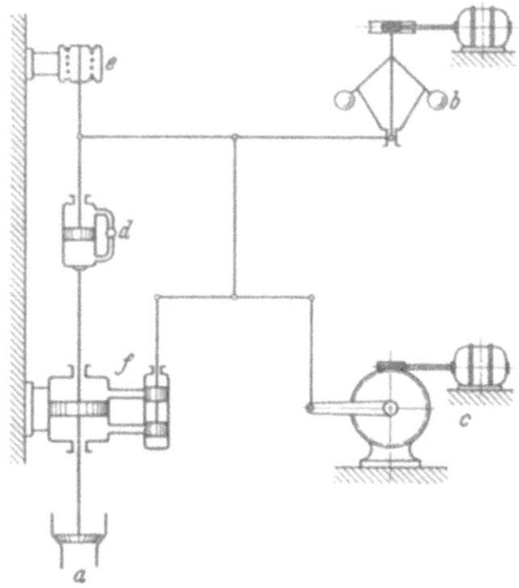

Abb. 89[18]. AEG, Dampfturbinenreglung mit Leistungsregler.

a Turbinenreglung; *b* Drehzahlregler mit Verstellmotor; *c* Leistungsregler mit Verstellmotor; *d* einstellbare Ölbremse; *e* Rückführfeder mit Anschlägen; *f* Ölkraftgetriebe der Turbinenreglung.

Arbeiten Turbinen mit Leistungsreglern, so heißt das, daß an Stelle der Drehzahlregler — Gemeinschaftsbetrieb mit anderen Maschinen vorausgesetzt, eine Leistungsreglung bei allein laufender Turbine ist selten (Holzschleifer) — Strom-, Spannungs- oder Leistungsmesser des Stromerzeugers auf die Turbinenreglung einwirken. Obwohl für diese Regler selbst als ein für die Mehrzahl der Dampfturbinenbetriebe heute noch fernliegendes Gebiet hier nur auf das einschlägige Schrifttum verwiesen werden kann, sollen hier doch wenigstens zwei Schaltpläne derartiger Leistungsregler wiedergegeben werden, um zu weiterer Beschäftigung mit den damit zusammenhängenden Fragen anzuregen (vgl. auch Abschnitt 18).

Abb. 89 zeigt den Schaltplan eines Leistungsreglers, der unmittelbar auf die Dampfreglung einwirkt. Drehzahlregler und Leistungsregler wirken über eine kinematische Kette auf den gleichen Regelteil des Flüssigkeitskraftgetriebes der Dampfreglung. Im ordnungsgemäßen Betriebe befindet sich der Drehzahlregler während des Anschlusses an das Überlandwerk in seiner tiefsten Lage in Bereitschaftstellung und das Wattmeter regelt den Eigenbedarf des Industriewerkes, nachdem es von der Schaltwarte aus mit Hilfe des Einstellmotors auf die vorgeschriebene Übergabeleistung nach Größe und Richtung eingestellt worden ist. Ist Fremdbezug eingestellt und fällt dieser unversehens aus, so muß vorausgesetzt werden, daß die eigene Kraftversorgung imstande ist, den Fremdbezug zu ersetzen. Das Wattmeter wird dann zwar die Dampfreglung sofort ganz schließen wollen, es wird aber durch ein Relais mit Hilfe des Einstellmotors so umgestellt, daß es die Dampfreglung öffnet. Der Drehzahlregler übernimmt dann die Reglung, jedoch mit einer etwas erhöhten Frequenz, die von der zu übernehmenden Gesamtleistung

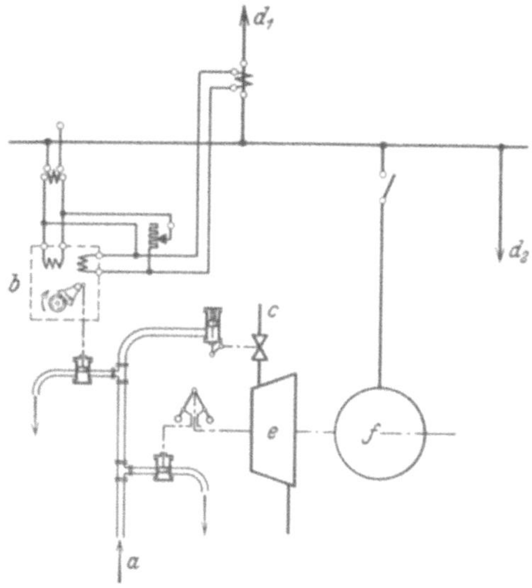

Abb. 90[19]. BBC, Dampfturbinenreglung mit Leistungsregler.

a Regelölzufluß; *b* Leistungsregler; *c* Frischdampfzufluß; d_1, d_2 Anschluß zweier elektrischer Netze; *e* Turbine; *f* Stromerzeuger.

[18] Nach S. 262 Abb. 4 in: Gesamtbericht Weltkraftkonferenz Teiltagung Skandinavien, Bd. 2. Stockholm: Kungl. Bocktryckeriet P. A. Norstedt u. Söner 1934.

[19] Nach BBC Nachr. Bd. 16 (1929) S. 177 Abb. 17.

der Turbine abhängig ist und in gewohnter Weise nachgestellt werden kann. Ist dagegen Abgabe von Strom an das Überlandwerk eingestellt, so wirkt das Wattmeter sofort im richtigen Sinne ohne Zuhilfenahme des Relais. Die geringe Erhöhung der Frequenz, die entsprechend dem Ungleichförmigkeitsgrade des Drehzahlreglers bei plötzlichem Ausbleiben des Fernstromes oder bei plötzlichem Abschalten der Stromabgabe an das Überlandnetz auftritt, muß zugelassen werden, weil sonst kein beständiger Betrieb möglich wäre. Eine gleichartige Vorrichtung für eine gestängelose Reglung zeigt Abb. 90, bei der ein Leistungsregler durch Öffnen und Schließen eines Ölabflußquerschnittes die Höhe eines Regelöldruckes verändert, der die Dampfventile entgegen einer Federbelastung mehr oder weniger weit offen hält.

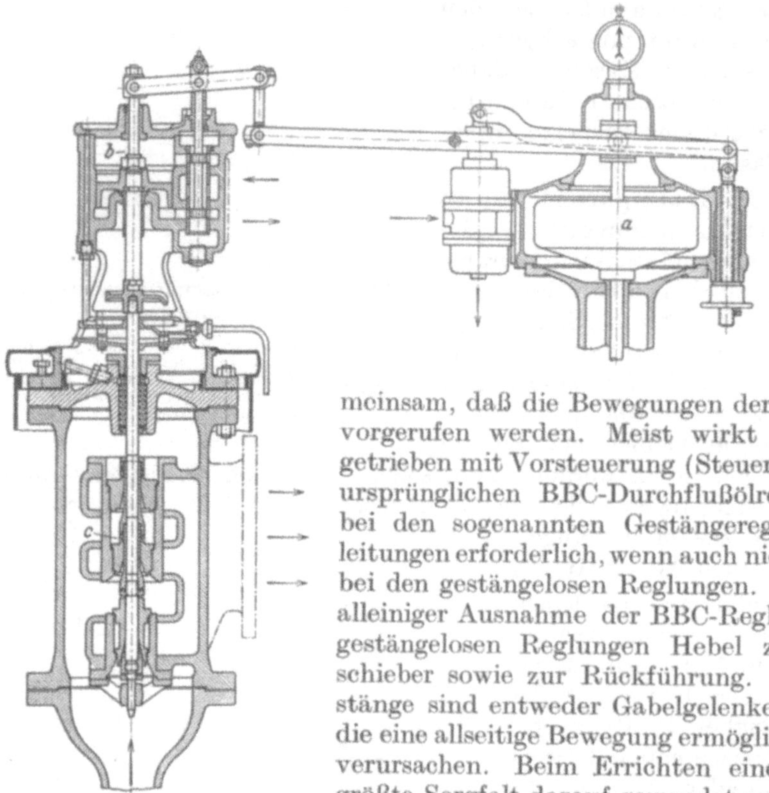

Abb. 91. Bergmann, Ventilstockreglung mit axialem Ölkraftgetriebe.

a Drehzahlregler; *b* Ölkraftgetriebe; *c* Ventilstock mit Regelventilen.

Übertragungsmittel für die von Reglern ausgehenden Antriebe sind heute entweder Gestänge oder Drucköl, nachdem früher versuchsweise auch Dampf und Luft verwendet worden waren. Dabei haben — mit Ausnahme von Kleinturbinen — beide erstgenannten Arten gemeinsam, daß die Bewegungen der Ventile durch Drucköl hervorgerufen werden. Meist wirkt dieses Drucköl in Ölkraftgetrieben mit Vorsteuerung (Steuerkolben), in einem Falle, der ursprünglichen BBC-Durchflußölreglung, ohne diese. Auch bei den sogenannten Gestängereglungen sind also Regelölleitungen erforderlich, wenn auch nicht in gleichem Umfange wie bei den gestängelosen Reglungen. Andererseits benutzen mit alleiniger Ausnahme der BBC-Reglung auch die sogenannten gestängelosen Reglungen Hebel zum Bewegen der Steuerschieber sowie zur Rückführung. Die Gelenke der Regelgestänge sind entweder Gabelgelenke oder besser Kugelgelenke, die eine allseitige Bewegung ermöglichen und geringere Reibung verursachen. Beim Errichten einer Dampfturbine muß die größte Sorgfalt darauf gewendet werden, daß die Gelenke der Regelgestänge nicht klemmen und ihre Drehpunkte ohne Spiel und so eingepaßt sind, daß die Hebelbewegungen nicht windschief erfolgen. Dafür ist genaueste Werkstattarbeit Vorbedingung; so müssen z. B. bei Hebeln mit Gabeln an beiden Enden die Gabelbolzen unbedingt genau in einer Ebene liegen.

Für die Verlegung der Druckölübertragungsleitungen gelten die gleichen Grundsätze wie für Schmierölleitungen.

Zu den Übertragungsmitteln gehören ferner die Ölkraftgetriebe, bestehend aus Steuerschieber und Kraftkolben, außerdem die Nockenwellen, Nocken und Nockenrollen, soweit sie verwendet werden, schließlich Ölbremsen, z. B. bei Isodromreglungen. Kraftgetriebe können für Axialbewegung, Abb. 91, oder für Drehbewegung, Abb. 92, ausgebildet sein. Diese werden zum Drehen von Nockenwellen (AEG), jene zum Heben einzelner Ventile (z. B. BBC und Bergmann) verwendet.

Die Öffen- und Schließkräfte können, wie bereits angedeutet, entweder unmittelbar oder durch Vermittlung von Nockenwellen, Jochquerträgern (GE) od. dgl. von den Kraftgetrieben auf die Ventilspindeln übertragen werden. Oft wird die Schließbewegung einer Federkraft überlassen. Vereinzelt wird wohl die Ansicht vertreten, daß zwangläufiger Schluß der Regelventile einen Vorzug gegenüber einem Schlusse durch Federkräfte bedeute. Nach den umfangreichen Betriebserfahrungen kann demgegenüber aber festgestellt werden, daß bei den vollkommen durchentwickelten und erprobten Reglungen beider Bauarten gleiche Sicherheit besteht. Auch zwangläufig schließende Ventile sind vor dem Hängenbleiben nicht vollkommen gefeit; andererseits wird entsprechende Wartung ein Hängenbleiben federbelasteter Ventile stets verhindern. Wichtig ist allerdings, daß Federn, Nockenrollen, Wälzhebel usw. möglichst nicht im Dampfraume angeordnet sind, daß sie also weder den hohen Temperaturen (Ermüdung!) noch der Rostgefahr des Dampfraumes ausgesetzt sind. Wo trotzdem eine solche Bauart beibehalten ist, muß sie so ausgeführt sein, daß der Betriebsmann mit wenigen Handgriffen (Lösen eines Verschlußdeckels od. dgl.) sich Zugang zum Dampfraume verschaffen kann. Zieht man in Betracht, daß bei großen Turbinen schon für die Abkühlung der Einströmteile unter Umständen

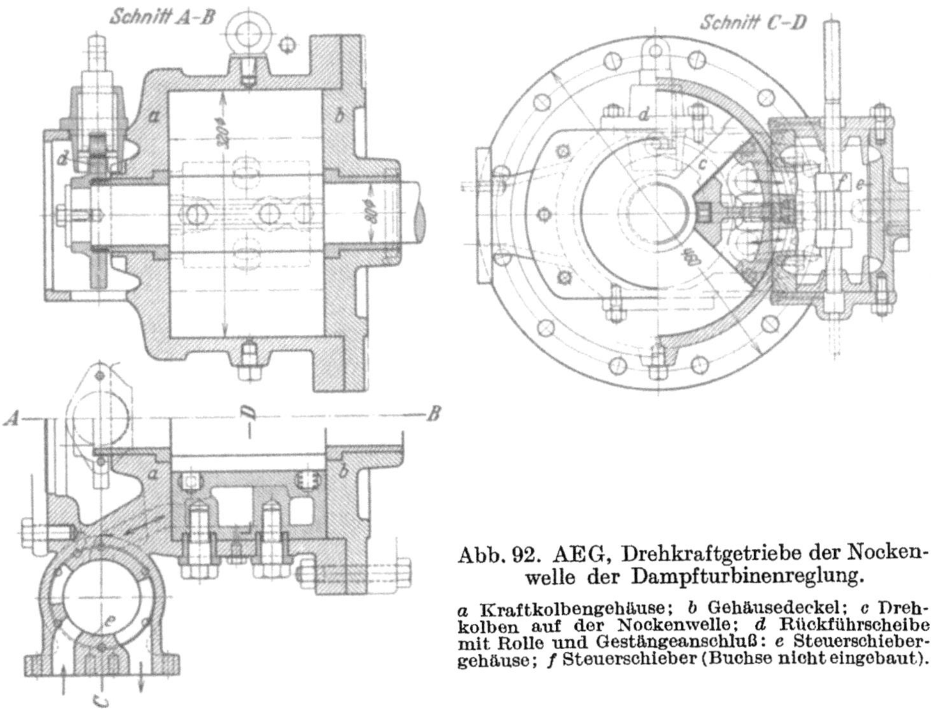

Abb. 92. AEG, Drehkraftgetriebe der Nockenwelle der Dampfturbinenreglung.

a Kraftkolbengehäuse; *b* Gehäusedeckel; *c* Drehkolben auf der Nockenwelle; *d* Rückführscheibe mit Rolle und Gestängeanschluß; *e* Steuerschiebergehäuse; *f* Steuerschieber (Buchse nicht eingebaut).

Stunden vergehen, bis man an das Lösen von Flanschen denken kann, so ergibt sich als notwendige Folgerung, daß solche Reglungen, wenn überhaupt, nur bei Kleinturbinen oder mäßiger Frischdampftemperatur angewendet werden sollten.

Die für die Reglung verwendeten Federn müssen die vorgeschriebenen Eigenschaften stets genauestens einhalten. Sie sind sorgfältigst zu eichen und dürfen unter keinen Umständen Kräfte ausüben, die nicht in ihrer Achsenrichtung wirken. Abweichungen müssen durch sorgfältiges Schleifen der am Federteller anliegenden Endwindung beseitigt werden (Gefahr des Ausglühens beim Schleifen!).

Als Regelventile finden sowohl Einsitz- wie Doppelsitzventile Verwendung. Auf entlastete Doppelsitzventile ist man übergegangen, damit die Ventilaufbauten leichter, die Kraftgetriebe kleiner und leichter und damit gleichzeitig die Leistung der Ölpumpen und ihre Antriebsverluste geringer werden. Dabei mußten Vorurteile und zweifellos früher vorhandene Schwierigkeiten überwunden werden; denn Doppelsitzventile standen und stehen zum Teile noch heute — wenn auch zu Unrecht — in dem Rufe, daß sie nicht vollkommen dampfdicht abschließen. Werden Kegel und Korb so ausgebildet, daß sie durch die auf sie wirkenden Kräfte nicht verformt werden können, und bestehen sie außerdem aus dem gleichen Baustoffe, am besten aus geschmiedetem, hochwertigem Stahle, so können schädliche Unterschiede in der Wärmeausdehnung überhaupt nicht auftreten.

Ist außerdem die Form des Sitzes derartig, daß sie den wahrscheinlichen Dehnungsverhältnissen von vornherein Rechnung trägt — jedes Herstellerwerk ist in dieser Beziehung erfahrungsmäßig zu gewissen eigenen Formen gelangt — so kann heute das Dichthalten eines derartigen Doppelsitzventiles nicht mehr angezweifelt werden.

Da die Regelventile, gleichgültig ob es sich um Drosselreglung oder Düsengruppenreglung handelt, bei kleiner Öffnung einer starken auswaschenden Wirkung des Dampfes an ihren Sitzen ausgesetzt sind, so ist der Ausbildung der Sitze besondere Aufmerksamkeit zuzuwenden. Für Heißdampf sind bei Dampfmaschinen und bei ähnlichen Zwecken die Sitze der Ventilkörper und die Gegensitze im Ventilkorbe im allgemeinen eingestemmte Ringe aus besonders verschleißfestem Baustoffe (V2A-Stahl, Bimetall). Es kann dabei nicht unbedingt vermieden werden, daß nach stärkeren Auswaschungen schließlich Teile dieser eingestemmten Ringe ausbrechen und unter Umständen in die Turbine gelangen. Hier stellt die Ausführung der AEG[20] eine beachtliche Verbesserung dar; danach wird V2A-Stahl in tropfbar flüssiger Form an den Sitzkanten des Ventilkörpers und des Korbes auf das Grundmetall aufgeschweißt. Die Schutzkanten bilden sonach mit ihren Grundkörpern ein unteilbares Ganzes, das wohl nach Maßgabe der Widerstandsfähigkeit des V2A-Stahles auch verschleißen kann, aus dem aber einzelne Stücke, die die Beschauflung der Turbine beschädigen könnten, nicht herausbrechen können. Selbstverständlich sind für diese Ausführung besondere Herstellungserfahrungen erforderlich. Das Verfahren läßt sich nicht nur für Doppelsitz-, sondern ebensogut für Tellerventile verwenden; es wird vom genannten Werke z. B. auch für die Tellerventilkörper der Schnellschlußventile verwendet.

Die Regelventile sind mit ihren Ventilspindeln fest verbunden. Hierbei muß beachtet werden, daß der Ventilkörper zu Beginn des Betriebes sich schneller erwärmt als die Spindel; er muß also genügendes Spiel zum Ausdehnen haben.

An der Durchführungstelle der Spindel durch die Wand des Dampfraumes (Einströmkastens, Ventilkastens) sind als Dichtungen Buchsen oder Packungen verschiedener Art im Gebrauche. Als besonders vorteilhaft haben sich Weichmetallpackungen, bestehend aus einzelnen mit Graphitmasse gefüllten Kupferhohlringen quadratischen Querschnittes, erwiesen.

Die Reglungen neuer Turbinen werden allgemein in der Werkstatt des Turbinenwerkes zusammengebaut und eingestellt, ihre Ventile eingeschliffen, deren Spindeln verpackt, die Federn eingepaßt, die Gestänge und Ölleitungen verlegt und angeschlossen, so daß sich im allgemeinen Nacharbeiten hieran an Ort und Stelle nicht mehr ergeben. Sind einzelne Berichtigungen erforderlich, so sind sie wie Wiederherstellungen im Betriebe zu handhaben.

Die Einstellung einer Reglung für den Betrieb erfolgt ebenfalls bereits in der Werkstatt des Erbauers. Hierfür lassen sich naturgemäß allgemeine umfassende Vorschriften nicht geben; denn nicht nur jede Reglungsart stellt ihr eigene Bedingungen, sondern selbst für Turbinen gleichen Ursprunges erfordert jede Bauart (Kondensations-, Anzapf-, Gegendruckturbine), ja fast jede einzelne Turbine Sondervorschriften.

Um aber wenigstens beispielmäßig eine Einstellvorschrift zu geben, sei eine bestimmte Anzapfturbine erprobter Bauart herausgegriffen, und zwar eine Turbine mit Verbundgestängereglung, ausgestattet mit einem Fliehkraftdrehzahlregler und einem Membrandruckregler, Abb. 93. Als notwendige Voruntersuchungen sind die Proben des Drehzahlreglers und des Druckreglers selbst anzusehen. Nach diesen ist das Übertragungsgestänge zu prüfen, wobei wie folgt zu verfahren ist:

Sämtliche Bolzen des Regelgestänges sowie der Hebel zum Druckregler müssen rund und rillenfrei geschliffen sein.

Sämtliche Gelenke der Zugstangen sowie des Regelgestänges und der Verbindungstange zum Druckregler müssen leicht beweglich sein.

Bei zusammengebautem Regelgestänge müssen sich alle Zugstangen in den Kugelgelenken und alle Bolzen mit zwei Fingern spielend leicht drehen lassen.

[20] D.R.P. 330707.

Der Steuerschieber muß so eingeschliffen sein, daß er sich mit zwei Fingern spielend leicht drehen läßt.

Bei der Einstellung der Reglung, die bei stillstehender Turbine erfolgt, muß die Hilfsölpumpe in Betrieb sein, damit Drucköl vorhanden ist. Allgemeiner Grundsatz für die Einstellung ist: ist die Muffe des Drehzahlreglers in ihrer höchsten Lage, so müssen in jeder Stellung der Membran des Druckreglers beide Reglungen, also sowohl die Frischdampf- wie die Anzapfreglung, geschlossen sein, da sonst die Turbine zufolge Einströmens von Dampf entweder von der HD- oder von der ND-Seite aus durchgehen könnte. Ferner ist zu prüfen, ob der Ausschalthebel h am Druckregler richtig angebaut ist, d. h. ob in der mit h_2 gekennzeichneten Lage der Druckregler tatsächlich in Betrieb ist und umgekehrt. Dann ist der HD-Steuerschieber in folgender Weise einzustellen:

Die Muffe des Drehzahlreglers ist um 30 mm zu heben (am Zeiger des Reglers nachprüfen).

Die Zugstange g des Druckreglers ist in ihrer tiefsten Lage. Die Membran ist entspannt, der Ausschalthebel h des Druckreglers liegt in der Lage h_2 für Anzapfbetrieb.

Der HD-Steuerschieber ist so einzustellen, daß die HD-Reglung um 15° geöffnet hat, wenn er in Mittelstellung steht. Dieser Fall ist in Abb. 93 durch die ausgezogenen Linien dargestellt.

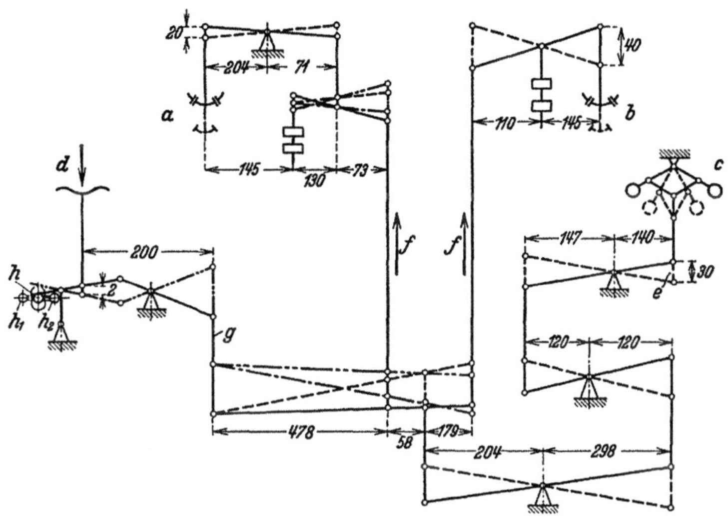

Abb. 93. AEG, Einstellvorschrift der Reglung einer Anzapfturbine mit Verbundgestängereglung.

a Anzapfdampfreglung; *b* Frischdampfreglung; *c* Drehzahlregler mit 35 mm Muffenhub; *d* Membrandruckregler; *e* ausgenutzter Hub des Drehzahlreglers; *f* Bewegungsrichtung der Gestänge beim Öffnen der Regelventile; *g* Zugstange; *h* Ausschalthebel des Druckreglers: h_1 Druckregler ausgeschaltet (Kondensationsbetrieb), h_2 Druckregler eingeschaltet (Anzapfbetrieb).

Danach wird die ND-Reglung eingestellt wie folgt:

Die Muffe ist um 23,7 mm zu heben (am Zeiger des Reglers nachprüfen).

Die Zugstange g des Druckreglers ist in ihrer höchsten Lage. Die Membran ist gespannt, der Ausschalthebel h liegt in der Lage h_1 für Kondensationsbetrieb.

Der ND-Steuerschieber ist so einzustellen, daß die ND-Reglung um 15° geöffnet hat, wenn er in Mittelstellung steht. Dieser Fall ist in Abb. 93 durch die gestrichelten Linien dargestellt.

Die hiernach vorgenommene Einstellung ist durch mehrere beliebige Proben auf ihre Richtigkeit nachzuprüfen, z. B. durch folgende zwei Proben:

Probe I. Muffe des Drehzahlreglers tiefste Lage. Zugstange g tiefste Lage, Ausschalthebel h in der Lage h_2 für Anzapfbetrieb. HD-Reglung hat um 270° geöffnet (abzulesen an der Regelscheibe der Nockenwelle). ND-Reglung hat um 270° geöffnet.

Probe II. Muffe des Drehzahlreglers tiefste Lage. Zugstange g höchste Lage, Ausschalthebel h in der Lage h_1 für Kondensationsbetrieb. HD-Reglung hat um 171° geöffnet. ND-Reglung hat um 270° geöffnet.

12. Die Schiffsturbine.

Die Dampfturbine als Antriebsmaschine von Schiffen kann grundsätzlich drei Bauformen haben: die mit der Schraubenwelle unmittelbar gekuppelte, also langsam laufende Turbine, die Getriebeturbine, deren Getriebe zwischen der hohen Turbinendrehzahl und der niedrigen der Schiffschraube oder -schaufelräder vermittelt, und schließlich der Turbostromerzeuger für turbo-elektrischen Schiffsantrieb. Jede dieser drei Formen ihrerseits kann alle auch im ortfesten Turbinenbaue üblichen Bauarten aufweisen und kann ein- oder mehrgehäusig sein. Die unmittelbar auf die Schiffswelle arbeitende Turbine hat heute allenfalls noch geschichtlichen Wert, sie wurde fast ausnahmslos abgelöst durch die Getriebeturbine, die ihr sowohl im Gewichte und Raumbedarfe als auch, und das vor allem, im Dampfverbrauche erheblich überlegen ist. Neben die Getriebeturbine tritt in neuerer Zeit mehr und mehr der Turbostromerzeuger als Kraftquelle für den an sich schon vor fast 30 Jahren vorgeschlagenen und auch in rund 100 Ausführungen verschiedenster Größe bereits erprobten turbo-elektrischen Schiffsantrieb. Die Mehrzahl aller Schiffsturbinen sind zur Zeit wenigstens noch Getriebeturbinen. Diese Bauform wird daher hier vorzugsweise behandelt.

Die Schiffsgetriebeturbine muß entsprechend dem doppelten Drehsinne der Schiffschraube oder der Schaufelräder gleichfalls für beide Drehrichtungen eingerichtet sein. Beim Steuern des Schiffes muß der Übergang von Vorwärts- auf Rückwärtsfahrt häufig und rasch vor sich gehen. Ein jedesmaliges Aus- oder Einkuppeln ganzer Turbinen oder Turbinenteile ist nicht angängig, da insbesondere bei größeren Leistungen, wie sie zum Schiffsantriebe häufig vorkommen, das Aus- oder Einrücken auch von ausrückbaren Kupplungen zu lange Betätigungzeit erfordern würde. Es ist daher üblich, jeder Turbine einen besonderen Rückwärtsteil einzufügen, so daß beim Übergange von Vorwärts- auf Rückwärtsfahrt lediglich der Frischdampf von der Vw-Einströmung auf die Rw-Einströmung umzuleiten ist. Rw-Turbinen leisten bei gleichem Gesamtdampfverbrauche infolge ihres einfacheren Aufbaues und daher niedrigeren Wirkungsgrades je nach der Art des Schiffes 30 bis 70% der Vw-Leistung. Der Läufer einer Schiffsturbine einfachen Aufbaues (nur ein Gehäuse) erhält neben den Vw-Stufen noch eine oder mehrere Rw-Stufen. Vw- und Rw-Turbine sind an einen gemeinsamen Kondensator angeschlossen. Mehrgehäusige Turbinen haben mitunter nur in einer oder nur in einigen ihrer Teilturbinen Rw-Teile; sind mehrere Rw-Teile vorgesehen, so können sie je nach der Gesamtanordnung der Anlage nebeneinander oder hintereinander geschaltet sein, Abb. 94.

Handelsdampfer niedriger Fahrtgeschwindigkeit erhalten in der Regel zweistufige, Schiffe für höhere Geschwindigkeit einstufige Getriebe. Dem großen Geschwindigkeitsbereiche von Kriegschiffen entsprechend werden für diese meist noch besondere Marschturbinen, die dann gleichfalls als Getriebeturbinen ausgebildet sind, oder doch in einer oder mehreren Teilturbinen besondere Stufen vorgesehen, die bei Marschfahrt zugeschaltet werden, Abb. 95.

Die beschränkteren Raumverhältnisse auf Schiffen stellen an die Formgebung, die Errichtung und den Betrieb von Schiffsturbinen Sonderanforderungen. Da meist keine fahrbaren, fest eingebauten Kräne und auch nur eine beschränkte Maschinenraumhöhe vorhanden sind, so ist die Schiffsturbine mehr auf Anhebe- und Ausbauvorrichtungen angewiesen als ortfeste Turbinen (s. auch Abb. 56). Ein- und Ausbaumöglichkeit setzen zudem für die Abmessungen der einzelnen Teile Grenzen. Das bedingt vor allem bei Kriegschiffen mit ihren hohen Maschinenleistungen bei knappsten Raum- und Gewichtsverhältnissen Sonderausführungen, wie Verwendung von Stahlguß statt Gußeisen auch für nicht dampfberührte Bauteile (Lagerböcke, Getriebegehäuse), unmittelbare Befestigung der Turbinen im Schiffskörper, also ohne Grund- und Sohlplatten u. dgl. (s. Abb. 10).

Die Errichtung im Schiffe geht im übrigen nach den gleichen Grundsätzen vor sich wie bei ortfesten Getriebeturbinen. Ausrichtung der Gehäuse, der Wellen, der Lager und der Zahnräder bringt grundsätzlich keine Abweichungen. Um den engen Maschinenraum von Leckdampf und Schwitzwasser möglichst frei zu halten, werden auf Schiffen oft an Stelle der oder neben den Labyrinthwellenstopfbuchsen als äußerer Abschluß Wasserstopfbuchsen verwendet.

Da Zusammenbau und Auseinandernehmen der Turbinengehäuse auf Schiffen zeitraubend und auch schwierig ist, werden häufig Stopfbuchsen vorgezogen, die man ausbauen kann, ohne den Turbinengehäuseoberteil abheben zu müssen.

Schiffsturbinen müssen, da voller Ersatz nie vorhanden ist, jederzeit betriebsbereit sein und auch nach beliebig langen Stillständen, etwa zum Verholen im Hafen oder beim Steuern, sofort wieder hochgefahren werden können. Dazu sind Drehvorrichtungen zweckmäßig. Diese werden entweder in irgendeiner Form an das Getriebe angebaut oder mit dem Schiffshauptdrucklager vereinigt. Langsames Drehen, etwa eine Umdrehung in 5 bis 10 min, genügt hierfür.

Schiffsturbinen werden in der Regel von Hand gesteuert. Selbsttätig wirken nur die Schnellschlußregler, die an jeder Teilturbine vorzusehen sind. Der Frischdampf

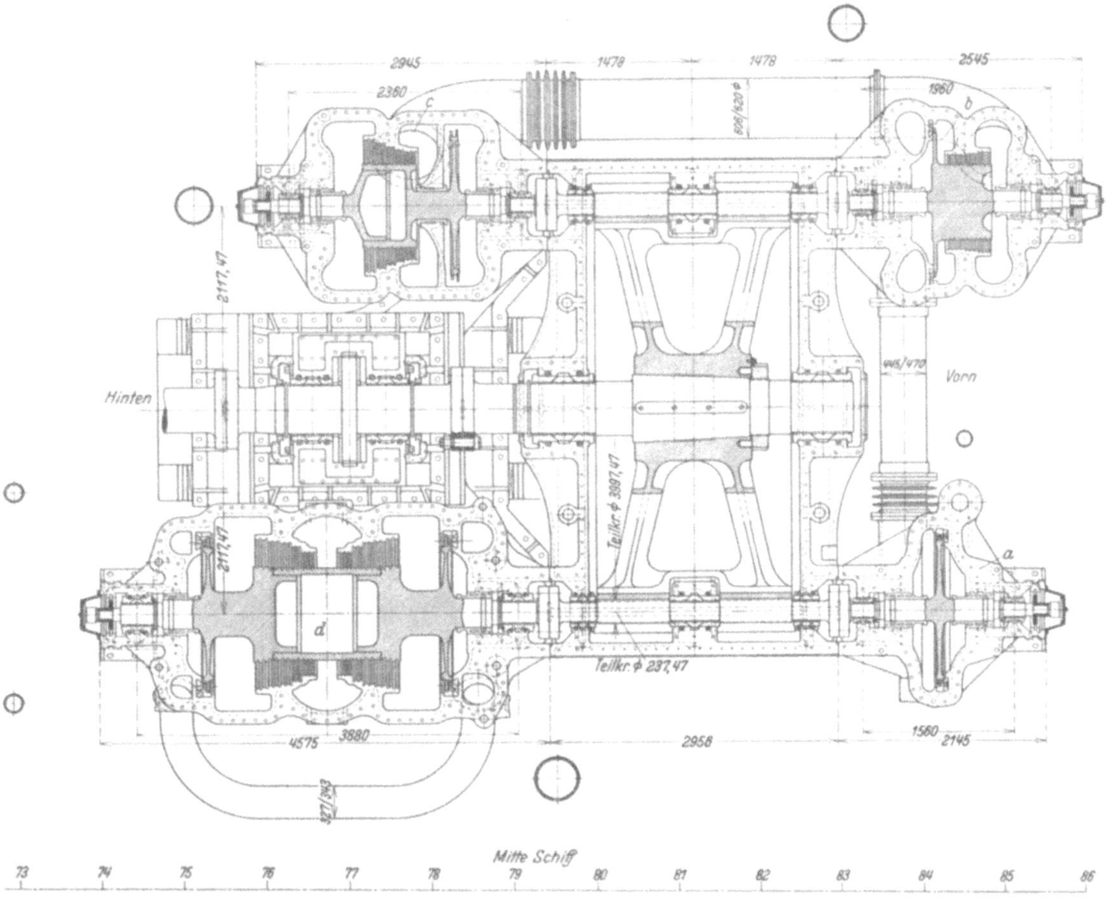

Abb. 94[21]. Blohm und Voß, viergehäusige Schiffsgetriebeturbine für den Fahrgastdampfer „Cap Arcona". Turbinenleistung 12000 WPS, 2150/125 U/min.

a HD-Turbine; *b* MD-Turbine I; *c* MD-Turbine II mit einem zweistufigen Geschwindigkeitsrade als HD-RW-Stufe; *d* ND-Turbine mit zwei zweistufigen, nebeneinander geschalteten Geschwindigkeitsrädern als ND-Rw-Stufe.

gelangt von den Kesseln zunächst zum Schnellschlußventile und hierauf entweder durch das Vw-Steuerventil in die Vw-Turbine oder durch das Rw-Ventil in die Rw-Turbine. Diese Ventile sind zweckmäßigerweise so miteinander zu verriegeln, daß jeweils nur eines von ihnen geöffnet werden kann. Um zuverlässig zu erreichen, daß vor dem Öffnen des Schnellschlußventiles, dessen Feder stets gespannt und somit das Schnellschlußgestänge eingeklinkt ist, kann man das Ventil so einrichten, daß z. B. beim Drehen seines Handrades in einem Drehsinne zuerst die Feder gespannt und das Gestänge eingeklinkt und dann erst das Ventil durch Drehen des Handrades im entgegengesetzten Sinne geöffnet wird. Schiffsturbinen für wechselnde Drehrichtung sind mit Drehsinnanzeigern auszurüsten. Eine bewährte Ausführungsform zeigt Abb. 96.

[21] Nach Werft Reed. Hafen Bd. 8 (1927) S. 480 Abb. 56.

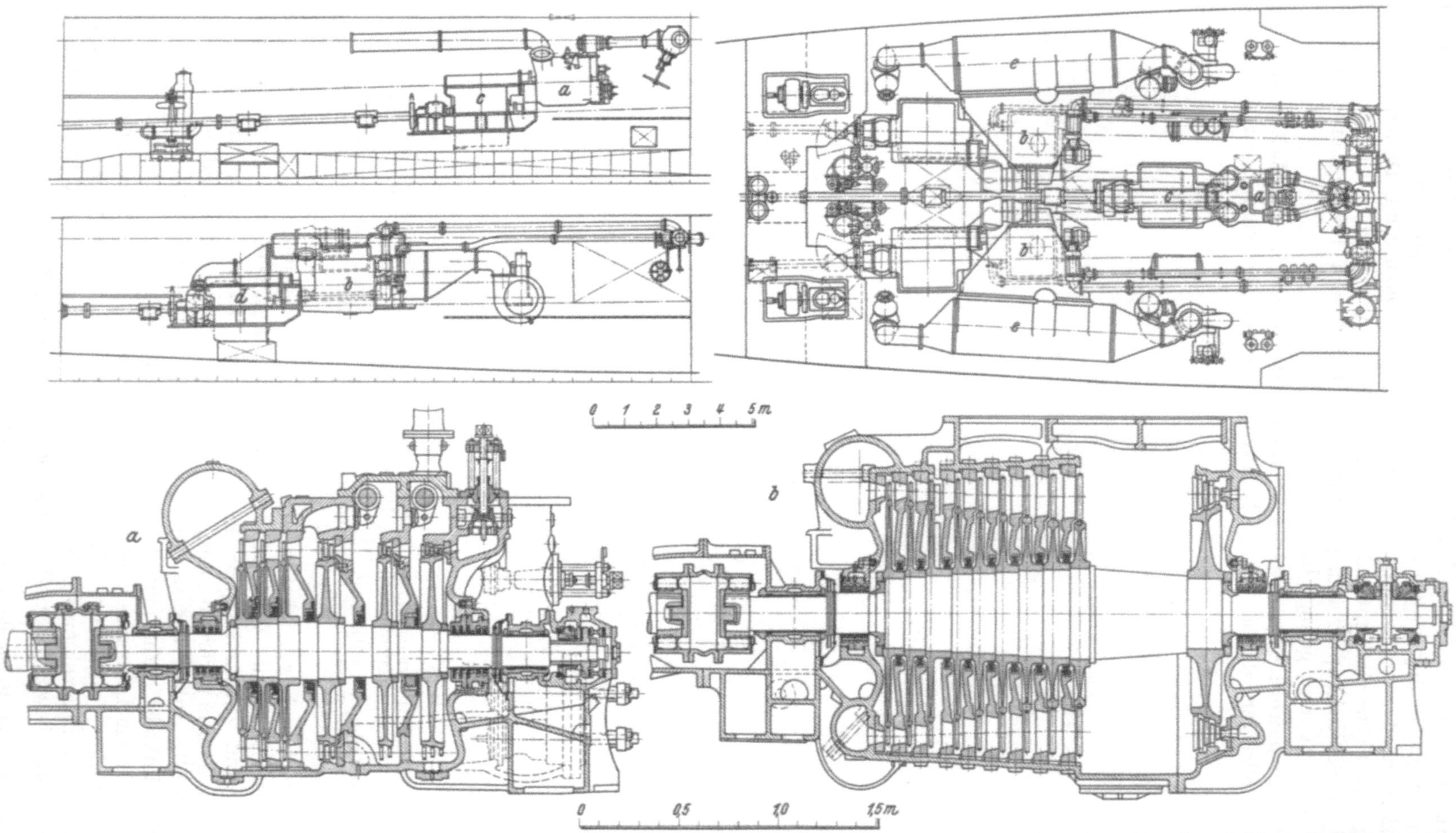

Abb. 95[22]. J. I. Thornycroft and Co., Ltd., Southampton, und J. Brown and Co., Clydebank, dreigehäusige Getriebeturbine für ein Dreiwellen-Torpedoboot. Turbinenleistung 22000 PS bei 2500/474 U/min.

a HD-Turbine mit zwei vorgeschalteten Marschfahrtstufen; *b* ND-Turbine mit Rw-Teil; *c* Getriebe der HD-Turbine; *d* Getriebe der ND-Turbinen; *e* Kondensator.

[22] Nach Engineering Bd. 121 (1926) Tafel 55.

Getriebeturbinen sind auch die Abdampfturbinen, die nach Bauer-Wach oder nach BBC hinter Kolbenmaschinen zur Erhöhung der Leistung eingebaut werden. Dem Sonderzwecke entsprechend sind hierfür besondere Bauformen und Schaltungen der Getriebe erforderlich.

Der turbo-elektrische Schiffsantrieb verlegt die Umsteuerung von Vw- auf Rw-Fahrt in die elektrische Schaltanlage. Mit wechselnder Drehrichtung arbeiten allein die Motoren an den Schraubenwellen, während die Turbinen und die Stromerzeuger nur einen einzigen Drehsinn haben und somit im Aufbaue denen ortfester Anlagen sehr ähnlich sind. Turbinen für elektrischen Schiffsantrieb unterscheiden sich von ortfesten eigentlich nur dadurch, daß sie mit den Motoren zusammen hochgefahren und gesteuert werden müssen, also mit verschiedenen Drehzahlen laufen. Eine Schiffs-Turbostromerzeugeranlage mit den verschiedensten Schaltungsarten stellt ein Kraftwerk dar, das wesentlich größeren Ausfallersatz bietet als eine mit seinen Schiffswellen untrennbar verbundene Getriebeturbine, da von jedem Stromerzeuger alle Schiffsschrauben, wenn auch mit verminderter Leistung, angetrieben werden können. Hierin liegt zugleich der besondere Vorteil einer solchen Anlage für Kriegschiffe, da sich hierdurch in einfachster Weise hohe Wirtschaftlichkeit und damit größerer Fahrbereich bei Marschfahrt ergibt. Weitere Vorteile dieser Antriebsart sind:

- freiere Wahl in der Raumausnutzung,
- günstigere Wahl der Schraubendrehzahl,
- geringere Länge der Schraubenwellen, damit Ersparnis an Wellentunnel,
- volle Maschinenleistung für Rw-Fahrt, damit raschere Umsteuerung,
- Geräuschlosigkeit und
- Ersparnis an Bedienungsmannschaft.

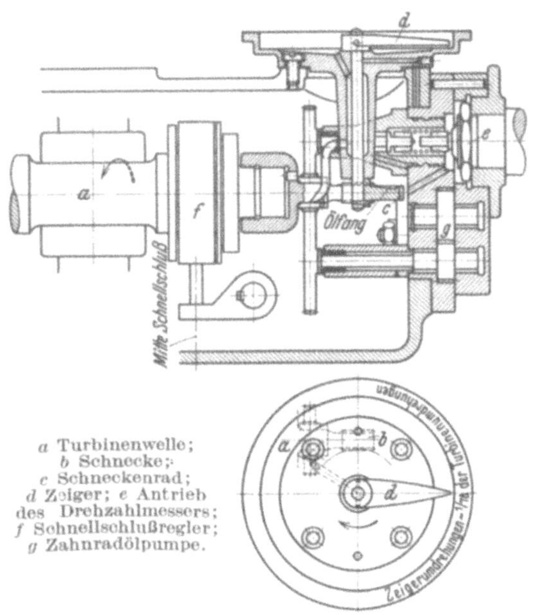

a Turbinenwelle; *b* Schnecke; *c* Schneckenrad; *d* Zeiger; *e* Antrieb des Drehzahlmessers; *f* Schnellschlußregler; *g* Zahnradölpumpe.

Abb. 96. AEG, Drehsinnanzeiger an einer kleinen Schiffsturbine.

Naturgemäß ist die ganze Frage des turbo-elektrischen Schiffsantriebes auf das allerengste verknüpft mit den Arten und Schaltungen der elektrischen Stromerzeugermotoranlage. Darauf einzugehen, ginge über den Rahmen dieses Buches hinaus. Es muß daher auf das Schrifttum dieses Sondergebietes verwiesen werden.

13. Die Radialturbine.

Neben den verschiedenen Bauarten der Axialturbine wurden seit den Versuchen von Parsons in den 90er Jahren des vorigen Jahrhundertes mit Radialturbinen, zu denen ihn die vorübergehende Sperrung seiner Axialturbinenschutzrechte zwang, immer wieder einige Radialturbinenbauarten mit mehr oder weniger Erfolg vorübergehend gebaut und sind zu einer gewissen Bedeutung gelangt. Den nachhaltigsten Erfolg unter ihnen konnte die gegenläufige Ljungström-Turbine erzielen, der wohldurchdachte bauliche Einzelheiten in Verbindung mit der Gegenläufigkeit zweier Läufer eine beachtliche Verbreitung gesichert haben. Rein radiale Bauart kann jedoch für eine gegenläufige Kondensationsturbine nur bis etwa 3000 bis 4000 kW Leistung ausgeführt werden, darüber ist die Anfügung eines meist doppelflutigen, nichtgegenläufigen Axialteiles erforderlich, Abb. 97. Weniger erfolgreich mußten bisher stets die Versuche bleiben, nichtgegenläufige Radialturbinen zu entwickeln, weil infolge der baulichen Beschränkung in radialem Sinne (Beanspruchungen!) auf einer einzigen Scheibe nicht genügend Stufen untergebracht werden können. Dadurch ergibt sich entweder ein nur geringer Anwendungsbereich (sehr geringe Wärmegefälle) oder, wenn man diesen Nachteil durch Verwendung unzulässig schmaler Schaufeln umgehen wollte, eine hinsichtlich Lebensdauer und Betriebsicherheit wenig befriedigende Lösung, Abb. 98. Die Elektra-Turbine, die im allgemeinen

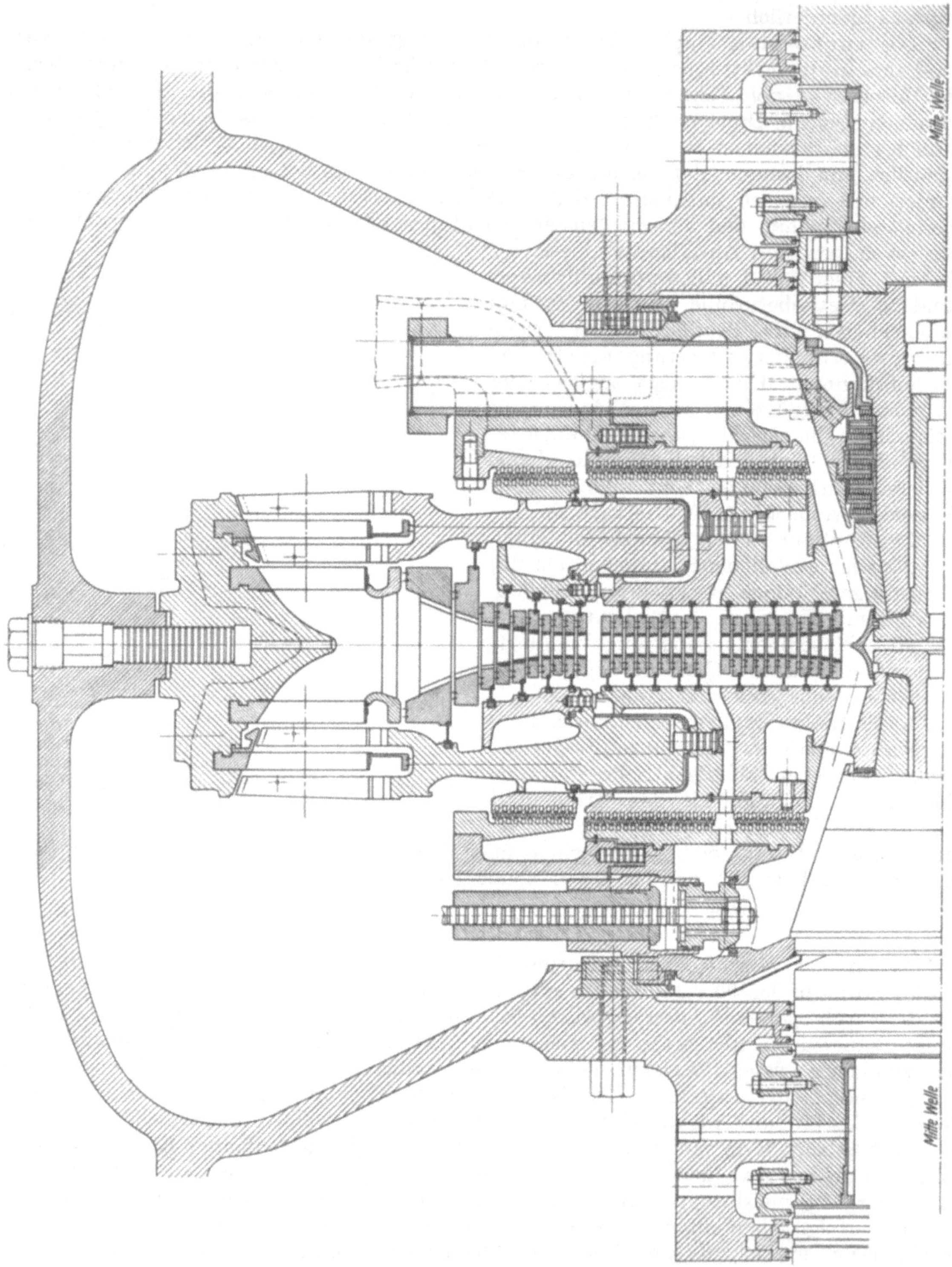

Abb. 97. ILUNION, Gegenlaufturbine Bauart Ljungström für Kondensationsbetrieb, 15000 kW, 3000 U/min.

nur einstufig mit mehrfacher Dampfstromumkehrung ausgeführt worden ist, beschränkte sich auf kleinste Leistungen (Hilfsmaschinenantrieb). Die Eyermann-Turbine scheiterte unter anderem an der Frage der zuverlässigen Aufnahme des Axialschubes der einseitig beschaufelten Laufscheibe.

Alle bisher gebauten mehrstufigen Radialturbinen, gegenläufige wie nichtgegenläufige, arbeiten nach dem Überdruckverfahren. Sie müssen daher mit sehr kleinen Beschauflungspielen ausgestattet sein, die z. B. bei einer gegenläufigen Kondensationsturbine mittlerer Leistung im Radialteile nur etwa 0,15 bis 0,4 mm betragen. Noch wesentlich kleinere Spiele erfordern die Stopfbuchsen und Ausgleichscheiben, und das außerdem im Falle der Ausgleichscheiben auf zum Teile sehr viel größeren Durchmessern als bei den Stoffbuchsen der Axialturbinen.

Im Zusammenbaue und in der Errichtung haben alle Radialturbinen im Unterschiede zu den Axialmaschinen das eine gemeinsam, daß ihre Läufer nicht einzeln lotrecht in ihre Lager gelegt werden und damit ihre Lage zu ihrem Gegenläufer (Ljungström) oder zu ihren feststehenden Leitschaufeln (Eyermann, SSW) im Betriebzustande weder gemessen noch überprüft werden kann. Bei der Ljungström-Turbine ist das ganze Laufwerk in betriebsmäßigem Zustande, d. h. mit axial ineinander greifenden Schaufelreihen, in das offene Gehäuse einzubringen und danach sind die Flanschen der Stromerzeugerwellen mit den freifliegend angeordneten Wellenstümpfen des Laufwerkes zu verbinden. Bei der einrädrigen, nichtgegenläufigen Radialturbine kann zwar der Turbinenläufer in sein Lager eingelegt werden, aber danach erst kann der ganze Leitschaufelteil, und zwar axial, eingeschoben werden. Aus mehreren Scheiben bestehende nichtgegenläufige Radialturbinen haben den weiteren Nachteil, daß bei ihrer Errichtung und Überholung ein Ein- und Abbau des äußeren Lagers, der Regeleinrichtungen, der feststehenden Einbauten, ja sogar eine vollkommene Zerlegung des Turbinenläufers erforderlich ist, oder, anders ausgedrückt, daß die Turbine nur so zusammengebaut oder zerlegt werden kann, daß ihr Läufer Stück für Stück abwechselnd mit den Gehäuseteilen axial zusammengesetzt oder auseinandergenommen wird, und daß ihre gegenseitige Einstellung nicht unmittelbar überprüft werden kann.

Arbeitverfahren:	Gleichdruck	Überdruck		
Strömung:	axial		radial	
Bauart:	nichtgegenläufig		gegenläufig	nichtgegenläufig

Breite mm	20	14	10	6
Fläche mm²	84,0	27,6	37,0	10,0
Flächenverhältnis . .	8,4	2,76	3,7	1,0
Widerstandsmoment mm³	68,5	9,0	11,3	2,0
Verhältnis der Widerstandsmomente . .	34,25	4,5	5,65	1,0

Abb. 98. Schaufeln einer Dampfturbine mittlerer Leistung in verschiedenen Bauarten.

Turbinen mit radialer Dampfströmung von innen nach außen erhalten im allgemeinen Drosselreglung, d. h. sie erfordern bei kleinem Gesamtgefälle (Gegendruckturbinen) höhere Teillastzuschläge. Erst in allerletzter Zeit werden auch für solche Turbinen Bauformen mit Teilbeaufschlagung vorgeschlagen.

Die Ljungström-Turbine ist, wie bereits in Abb. 9 gezeigt, durch ihren Abdampfstutzen unmittelbar auf dem Kondensator gelagert, erfordert daher keine besonderen Fundamentaufbauten. Die Sohlplatte muß natürlich in gleicher Weise für die Aufnahme des ganzen Gewichtes der gesamten Anlage ausgebildet sein wie bei Axialturbinen.

II. Der Betrieb.

14. Die allgemeinen Betriebsbedingungen.

Beginn des Betriebes einer Dampfturbinenanlage ist in technischer Hinsicht das erste Anfahren der Turbine im Kraftwerke. Zu dieser Zeit ist im allgemeinen der Zusammenbau noch nicht ganz beendet — es fehlen in der Regel noch Verkleidungen, Verschalungen u. dgl.. Andererseits steht die Turbine für den Zweck, für den sie bestimmt ist, erst dann zur Verfügung, wenn der sogenannte Probebetrieb beginnt, der meist noch unter Verantwortung des Herstellers der Turbine steht. Zwischen dem ersten Anfahren und der Übernahme der regelmäßigen Stromlieferung oder sonstigen Lastabgabe liegt eine Vorbereitungzeit, die unter anderem zum Trocknen des Stromerzeugers erforderlich ist. Auch nach anstandslosem Ablaufe des Probebetriebes, wenn die Verantwortung für den Betrieb der Turbine schon auf das Kraftwerk übergegangen ist, bleiben noch eine Reihe vertraglicher Bindungen zwischen dem Besteller und dem Turbinenwerke, so vor allem die Gewährleistungzeit in mechanischer Hinsicht und die Verpflichtung zum Nachweise der vertraglich gewährleisteten Dampfverbrauchswerte.

Diese Zwischenzeit bis zur endgültigen Übereignung der Turbinenanlage an den Besteller muß hier auch von der vertraglichen Seite aus betrachtet werden, bevor auf die technischen Einzelheiten des Turbinenbetriebes eingegangen wird; denn der Probebetrieb, die Gewährleistungzeit, der Abnahmeversuch spielen für Besteller und Lieferer eine so wichtige Rolle, daß es nicht angängig ist, sie als rein technische Vorgänge zu behandeln.

Im allgemeinen gilt die Inbetriebsetzung als ordnungsmäßig erfolgt, wenn die Turbine einschließlich Stromerzeuger und Kondensationsanlage auf Nennleistung[23] oder auf die höchste dem Werke zur Verfügung stehende Last gebracht ist, von da an 24 h lang ohne Unterbrechung allein oder mit anderen Turbinen zusammen Strom ins Netz geliefert und hierbei keine größeren Mängel gezeigt hat, die den Weiterbetrieb verhindern. Die Inbetriebsetzung gilt auch dann als erfolgt, wenn die gelieferte Maschinenanlage ohne Verschulden des Herstellers nicht volle 24 h lang unter Last laufen konnte.

Die vereinbarte Lieferfrist läuft in der Regel bis zu dieser Inbetriebsetzung. Die Lieferfrist gilt vorbehaltlich unvorhergesehener Hindernisse — gleichviel, ob sie im Turbinenwerke selbst oder bei dessen Unterlieferern oder auf der Baustelle eintreten —; als unvorhergesehene Hindernisse gelten Fälle höherer Gewalt, Mobilmachung, Krieg, Aufruhr, Ausschußwerden eines wichtigen Arbeitstückes oder andere unverschuldete Verzögerungen in der Fertigstellung oder bei der Beförderung wesentlicher Teile. Die Lieferzeit wird im Falle solcher Hindernisse um die Dauer derselben verlängert. Werden die Bauarbeiten an den Fundamenten, die Lieferung der Rohrleitungen usw. vom Kraftwerke selbst vergeben, so müssen die Fertigstellungzeiten aller Teilarbeiten aufeinander abgestimmt sein, damit nicht wechselseitig Verzögerungen verursacht werden.

Nach der Inbetriebsetzung führt das Turbinenwerk auf eigene Verantwortung einen Probebetrieb auf die Dauer von üblicherweise 1 bis 2 Wochen durch. Es steht der Betriebsleitung frei, die tägliche Betriebzeit der Turbinensätze während dieser Zeit zu bestimmen, insbesondere die Maschinen zu beliebigen Zeitpunkten unter Beachtung der Betriebsvorschriften stillzusetzen und wieder anzufahren. Die Verantwortung des Turbinenwerkes während des Probebetriebes erstreckt sich nur auf den Umfang seiner Lieferung und gilt unter der Voraussetzung geeigneter Betriebsmittel. Schäden, die an

[23] Vgl. Abschnitt 21.

der Turbinenanlage nachweislich durch Fehler des Betriebes auftreten, fallen nicht unter die Gewährleistung des Herstellers.

Der Probebetrieb soll den Nachweis der Betriebstüchtigkeit der Turbinenanlage erbringen. Grundsätzlich sollte er daher möglichst bei voller Belastung und unter den Bedingungen, wie sie der Gewährleistung zugrunde liegen, durchgeführt werden. Wird demgegenüber beispielsweise nur mit wesentlich niedrigerer Frischdampftemperatur gefahren und erst später auf höhere Temperatur übergegangen, so wird es nicht vollkommen ausgeschlossen sein, daß vielleicht einmal eine Klemmung einer Ventilspindel od. dgl. auftritt. Dafür kann der Hersteller natürlich nicht verantwortlich gemacht werden. Während der für den Probebetrieb festgesetzten Zeit dürfen keine größeren Störungen auftreten. Kleinere Instandsetzungsarbeiten und Nachprüfungen aber dürfen auch während des Probebetriebes vorgenommen werden. Wenn der Probebetrieb zwei- oder mehrmals ohne Verschulden des Herstellers unterbrochen werden muß und anzunehmen ist, daß bei nicht unterbrochenem Betriebe die Betriebstüchtigkeit der Turbine im Sinne dieser Bedingungen erwiesen wäre, so gilt der Probebetrieb im allgemeinen als erledigt. Nach erledigtem Probebetriebe ist insbesondere bei vielstufigen Turbinen eine eingehende Überprüfung der Anlage unerläßlich. Sie erfüllt aber natürlich nur dann ihren Zweck, wenn bereits mit vollem Dampfdrucke, voller Dampftemperatur und möglichst hoher Last gefahren worden ist.

Mit dem Tage des Ablaufes des Probebetriebes übernimmt der Besteller den Betrieb mit der Turbinenanlage; der Hersteller hat noch die eingegangenen Verpflichtungen in der Abnahmemessung und während der Gewährleistungzeit zu erfüllen.

Das Kraftwerk hat dem Hersteller im Anschlusse an den Probebetrieb, spätestens jedoch innerhalb einer vereinbarten Zeit nach beendigtem Probebetriebe die Möglichkeit des Nachweises der zugesicherten Leistungen und Dampfverbrauchzahlen zu geben, falls nicht während dieser Zeit eintretende Umstände eine anderweitige Reglung bedingen. Gibt der Besteller dem Hersteller innerhalb der vereinbarten Frist nicht die Möglichkeit des Nachweises, so gilt dieser Nachweis als erbracht und die Lieferung als erfüllt.

Die Gewährleistungzeit dauert in der Regel 12 Monate, bei Tag- und Nachtbetrieb nur 6 Monate, gerechnet bei Turbostromerzeugern vom ersten Tage des Betriebes auf das Netz oder allgemein vom Tage der Betriebsübernahme, wenn innerhalb dieser Zeit die Abnahme ausgesprochen werden konnte. Ist die Abnahme nicht erfolgt, weil die Turbine oder ihr Zubehör in wesentlichen Teilen noch Mängel aufweist, so verlängert sich die Gewährleistungzeit bis zur erfolgten Abnahme. Ist die Abnahme jedoch mit dem Vorbehalte des Nachweises der zahlenmäßigen Gewährleistungen (Leistung, Dampfverbrauch, Reglung usw.) erfolgt, so tritt eine solche Verlängerung der Gewährleistungzeit nicht ein.

Verzögert sich der Tag der Betriebsübernahme ohne Verschulden des Herstellers über den vorher vereinbarten Zeitraum hinaus, gerechnet vom Tage der Meldung der Versandbereitschaft, so beginnt die Gewährleistungzeit nach Ablauf dieser Frist zuzüglich einer angemessenen Errichtungzeit.

Während der Gewährleistungzeit hat der Hersteller unentgeltlich alle diejenigen Teile auszubessern oder gegen neue auszuwechseln, die nachweisbar wegen mangelhafter Bauart, schlechter oder ungeeigneter Baustoffe oder mangelhafter Ausführung unbrauchbar werden.

Dem Hersteller liegt ferner die Pflicht zur Nachbesserung oder Ersatzlieferung ob, wenn Abnahmeversuche und Dampfverbrauchsmessung Nichteinhaltung der Zusicherungen ergeben haben. Diese Pflicht bezieht sich jedoch nicht auf natürliche Abnutzung, ferner nicht auf Schäden infolge fehlerhafter oder nachlässiger Behandlung, Nichtbeachtung der vom Hersteller herausgegebenen Betriebsvorschriften, übermäßiger Beanspruchung, ungeeigneter Betriebsmittel, mangelhafter Bauarbeiten, ungeeigneten Baugrundes, es sei denn, daß diese Umstände auf ein Verschulden des Turbinenherstellers zurückzuführen sind. Wenn Anhaltspunkte dafür bestehen, daß der Betriebsdampf unrein ist, so hat den Dampfverbrauchsmessungen unbedingt ein Öffnen und Überprüfen des Dampfteiles auf Kosten des Bestellers voranzugehen.

Für eine Überschreitung des zugesicherten Dampfverbrauches wird häufig, sofern sie sich in bestimmten Grenzen bewegt, ein Recht auf Abzug einer in bestimmtem Verhältnisse zur Höhe der Überschreitung stehenden Summe vom Verkaufspreise der Turbine vereinbart, zuweilen auch, allerdings seltener, eine Zuschlagzahlung für den Fall einer Dampfverbrauchsunterschreitung.

Die Nichterfüllung der Zusicherungen in bestimmtem Ausmaße räumt im allgemeinen dem Besteller ein Rücktrittsrecht ein, dessen Voraussetzungen im einzelnen durch den Kaufvertrag oder ihm zugrunde liegende allgemeine Lieferungsbedingungen festgelegt sind.

Mit der Turbinenanlage wird stets eine Betriebsvorschrift übergeben. Sie enthält Anweisungen, deren Beachtung der Hersteller für erforderlich hält, wenn der Betrieb mit der von ihm gelieferten Turbinenanlage störungsfrei verlaufen soll. Die Vorschriften werden vom Hersteller aufgestellt auf Grund der Erfahrungen mit den von ihm gebauten Turbinen. Da jede Bauart in baulicher und auch in betrieblicher Hinsicht ihre Eigenheiten hat, so können das grundsätzliche Verhalten der Turbinenanlage und die diesem entsprechenden Maßnahmen nur vom Hersteller vollkommen beurteilt werden. Das schließt die jedem erfahrenen Betriebsmanne bekannte Tatsache nicht aus, daß trotz gleicher Bauart und gleichen Ursprunges Turbinen in gewissem Maße verschieden zu behandeln sind. Diese Verschiedenheit kann aber erst während des Betriebes durch sorgfältiges Beobachten aller Begleitumstände klar erkannt werden. Zuweilen wird sie überhaupt erst gerade durch diese Begleitumstände hervorgerufen und hat keine Ursache in der Turbinenanlage selbst; sie läßt sich oft durch geringfügige Änderungen, z. B. an Rohrleitungen oder am Fundamente, beseitigen.

Die Art des Betriebes beeinflußt ebenfalls den Umfang der unbedingt zu befolgenden Vorschriften. Während man im reinen Kraftwerksbetriebe im allgemeinen mit in jeder Beziehung sachgemäßer Betriebsführung und Maschinenwartung und dementsprechend auch einwandfreien Betriebsmitteln (Dampf, Öl) rechnen kann, ist das insbesondere bei kleineren Industriekraftanlagen nicht immer möglich. Die Beschaffenheit des Dampfes ist von dem zur Verfügung stehenden Rohwasser abhängig. Es muß auf alle Fälle gereinigt und aufbereitet werden. Oft kommen durch diese Reinigungsverfahren Beimengungen in das Kesselspeisewasser, die dann in der Turbine zu Ablagerungen an den Schaufeln oder auch an den Ventilspindeln usw. führen können. Unter derartigen Unzulänglichkeiten haben Industriekraftwerke, in deren Rohwasser häufig eigene Abwässer oder solche der Nachbarwerke enthalten sind und durch Reinigung und Aufbereitung unschädlich gemacht werden müssen, mitunter besonders stark zu leiden, aber auch reine Kraftwerke in Gegenden mit starker Industrie sind unter Umständen davon nicht ausgenommen. In amerikanischen Kraftwerken z. B. sind derartige nachteilige Verhältnisse besonders häufig. Es wird von dort immer wieder über starke Verkrustungen der Beschauflung mit Leistungsrückgängen im Gefolge berichtet. Schlechte Ölbeschaffenheit oder rasche Verschmutzung des Öles, die z. B. in Maschinenhäusern vorkommen kann, die unter Staub zu leiden haben, kann zu Schäden an den Lagern, den Schnecken- und sonstigen Getrieben führen. Wo derartige Gefahren vorliegen, sind schärfere Überwachungsvorschriften notwendig als anderwärts. Dabei können diese Mängel nicht ohne weiteres immer einer unsachgemäßen Betriebsführung zugeschrieben werden, da nicht überall die Möglichkeit vorliegt, die Ursachen wirklich zu beseitigen (z. B. Staubplage). Solche Unterschiede in der Beschaffenheit der Betriebsmittel usw. können aber besondere Vorschriften für den Betrieb der Turbine für das eine Werk zur Notwendigkeit machen (z. B. Erproben des Schnellschlußventiles in sehr kurzen Zeitabständen wegen Gefahr des Festsetzens der Ventilspindel infolge unreinen Dampfes), während sie für andere Werke wesentlich weniger scharf zu sein brauchen.

Obwohl derartige Unzulänglichkeiten in gewissem Ausmaße in den vom Hersteller aufgestellten Betriebsvorschriften bereits berücksichtigt werden, können diese stets nur gewissermaßen einen Rahmen für alle Einzelvorschriften, die für eine bestimmte Turbine gelten, abgeben und ersetzen keinesfalls die Schulung und Sachkunde der Maschinenwärter, die täglich die Anlage zu behandeln und zu beobachten haben. Es ist oft der Fall, daß in einem Kraftwerke Turbinen verschiedener Bauarten und verschiedenen Ursprunges nebeneinander stehen oder Turbinen zwar gleichen Ursprunges, aber aus ganz verschiedenen Herstellungsjahren vorhanden sind. Deren Betriebsvorschriften werden zum Teile stark voneinander abweichen. Maschinenwärter, die ihre Arbeit rein handwerksmäßig verrichten, müssen für jede neu zu erstellende Turbine erneut in den einzelnen Handgriffen usw. unterwiesen werden. Wer seinen Beruf mehr mit fachlicher Selbständigkeit auffaßt, wird Unterschiede im Verhalten verschiedener Turbinenbauarten alsbald in ihren Ursachen erfassen lernen. Diese Schulung muß in allen Fällen — natürlich abgesehen von der allgemeinen Schulung oder Ausbildung zum Maschinenwärter — durch die Ingenieure oder Richtmeister des Werkes, das die Turbine geliefert hat, durchgeführt werden. Das geschieht in der Regel während des Probebetriebes. Grundsätzlich soll bei der Errichtung der Maschinen im Kraftwerke von vornherein die für die Wartung der Maschine vorgesehene Bedienungsmannschaft dem Richtmeister zur Hilfeleistung beigegeben werden. Dadurch kann sich diese mit den Einzelheiten der Anlage und ihrer Wirkungsweise am besten vertraut machen; sie gewinnt Vertrauen zur Maschinenanlage und wird in ihrem Verantwortungsgefühle bestärkt. Zumindesten aber sollte die Bedienungsmannschaft vom ersten Anfahren an zur Stelle sein und möglichst bereits alle erforderlichen Handgriffe unter Aufsicht des Richtmeisters ausführen. Sehr häufig ergänzen die Betriebsleitungen der Dampfturbinenanlagen daher den Stamm ihrer Maschinenwärter aus den Reihen der Richtmeister des Herstellers, die natürlich wohl zunächst nur mit einer oder wenigen Bauarten vertraut sind, im allgemeinen aber aus dieser genauen Kenntnis und ihrer umfangreichen Sondererfahrung heraus schon rein gefühlsmäßig alle Vorbedingungen auch zum Umgange mit ihnen zunächst fremden Bauarten mitbringen.

Dampfturbinen erfordern mithin wie alle Großmaschinen eine sachkundige, sorgfältige Pflege und Wartung, und es steht außer Frage, daß der verantwortliche Leiter eines Dampfturbinenbetriebes nicht nur die Betriebsvorschriften kennen, sondern auch einen hinreichenden Einblick in die Wirkungsweise einer Dampfturbine haben und über den Aufbau und die Herstellung ihrer Einzelteile in großen Zügen Bescheid wissen muß. Mit aus diesem Grunde sind im ersten Teile des vorliegenden Buches nicht nur die Errichtung einer Dampfturbine, sondern zugleich die wesentlichen baulichen Grundsätze für ihre Einzelteile behandelt. Denn nur durch die Kenntnis der für den Aufbau maßgebenden Gegebenheiten und der dadurch bedingten Bauformen kann der einzelne Bauteil oder die eine oder die andere Maßnahme voll gewürdigt und dann auch vom betrieblichen Standpunkte aus richtig beurteilt werden.

Die Beschäftigung des Betriebsmannes mit der Wirkungsweise und den baulichen Einzelheiten der Dampfturbine hat dazu geführt, daß hier und da die Auslieferung sämtlicher Bauzeichnungen mit der Turbine zu einer Bedingung des Vertrages gemacht wird. Ein derartiges Vorgehen muß — abgesehen von wenigen Sonderfällen — grundsätzlich zurückgewiesen werden, da es zu den üblichen Geschäftsgepflogenheiten und zu der berechtigten Forderung der Werke nach Wahrung der Herstellungsrechte im Widerspruche steht. Was ein Besteller zur Erläuterung der Wirkungsweise und des Zusammenarbeitens der einzelnen Bauteile benötigt, wie z. B. Hauptschnitt, Übersicht- und Rohrleitungzeichnungen, Schaltpläne der Ölversorgung, der Stopfbuchsenleitungen u. dgl., wird kein Turbinenwerk zurückhalten wollen. Wenn auch mit den Bauzeichnungen der Einzelteile nicht überall Mißbrauch getrieben wird, so sind doch genügend Fälle bekannt, in denen nach den auf diese Weise in den Besitz des Bestellers gelangten Zeichnungen in größerem Umfange Bauteile entweder in der werkeigenen Schlosserwerkstatt oder sogar von dritten Betrieben hergestellt worden sind. Daß ein Kraftwerk eine seiner Größe entsprechende Werkstatt unterhält und darin auch einfache Ersatzteile wie Flanschen u. dgl. selbst anfertigt, ist verständlich. Im Notfalle, wenn Gefahr vorliegt, sollte auch die eine oder die andere Arbeit größeren Umfanges hier vorgenommen werden können. Aber aus Billigkeitsgründen sollten diese Werkstätten nicht zu Fabriken ausgebaut werden und noch weniger dem Nachbaue nicht erworbenen geistigen Eigentumes dienen.

Das Archiv der größeren, älteren Turbinenwerke stellt durch die große Zahl der in gesunden und kranken Tagen beobachteten Turbinen eine wahre Schatzkammer von Betriebserfahrungen dar, die durch keine Kraftwerksammlung übertroffen werden kann. In neuerer Zeit brachte die Zusammenarbeit der größeren Elektrizitätswerke eine gemeinsame Erfahrungsverwertung (z. B. VDEW in Deutschland, NELA in Amerika), die unter anderem auch Betriebserfahrungen an großen Kraftwerksturbinen und ihre zahlenmäßige Auswertung der Öffentlichkeit zugänglich macht. Aber die kleineren Turbinen und vor allen Dingen die notwendigerweise außerordentlich mannigfaltigen Bauarten der Gegendruck-, Anzapf-, Doppelanzapf-, Anzapfgegendruck- und Mehrdruckturbinen sind dadurch nicht erfaßt und lassen sich auch kaum in gleichem Maße erfassen, da einmal eine umfassende Einrichtung zur Erfassung aller dieser kleinen und mittleren Betriebe nicht gut möglich ist, dann aber auch geeignete Grundlagen für Vergleiche auf diesen so verschiedenen Anwendungsgebieten schwer zu schaffen sind. Demgegenüber sind Elektrizitätswerksturbinen fast stets Kondensationsturbinen und weisen daher von vornherein ähnliche Betriebsbedingungen auf. Es ist somit für Besteller und Lieferwerk in gleicher Weise von Wert, wenn mit der Abnahme der Turbine und dem Ablaufe der Gewährleistungzeit der Faden der Beziehungen nicht abreißt, sondern, auch abgesehen von gelegentlichen Nachlieferungen, Fragen des Betriebes weiterhin miteinander gemeinsam erörtert werden.

Was nun den Betrieb mit Dampfturbinen selbst betrifft, so sind im folgenden Teile zunächst die Vorschriften und Vorgänge behandelt, die während des üblichen, also störungsfreien Betriebes, beim Anfahren, zur Vornahme von Dampfverbrauchsmessungen, zur Überwachung und Überholung usw., zu beachten sind. Es ist jedoch erforderlich, diesen Einzelbehandlungen noch einige allgemeine Bemerkungen über den Betrieb vorwegzuschicken.

Die Dampfturbine hat trotz ihrer zum Teile höher als bei anderen Maschinen liegenden Beanspruchungen und daher besser ausgenutzten Baustoffe eine im Vergleiche zu anderen Maschinen sehr hohe Lebensdauer, was zugleich ein Zeugnis für ihre Betriebstüchtigkeit ist. Auch die ältesten Turbinen in Kraftwerken sind in der Regel, wenn sie gut gewartet und gepflegt worden sind, noch heute so betriebstüchtig wie an ihrem ersten Tage. Dabei haben sie einen vergleichsweise außerordentlich geringen Verschleiß, erfordern also auch nur mäßige Ausgaben für Ersatzteile. Unter allen Bauarten, die nicht wieder nach einiger Zeit aus dem Markte zurückgezogen wurden sondern sich bewährt haben, gibt es Maschinen, die 10, 15, ja 20 Jahre und darüber Dienst getan haben und bei den regelmäßigen Überholungen niemals ungewöhnlich hohen Ersatzteilbedarf hatten. Es sind sogar Fälle darunter, in denen man kaum von einer einwandfreien Wartung oder von besonders guten Betriebsbedingungen sprechen kann. Aber allgemein erhöht die Sorgfalt der Wartung und Instandhaltung die Lebensdauer.

Je gleichmäßiger die Betriebsbedingungen für eine Turbine sind, um so geringer ist die Gefahr irgendwelcher Schäden. In diesem Sinne ist die Turbine, die lange Betriebzeiten ohne Abstellen durchläuft, weniger gefährdet, da sie stets gleichen oder doch sehr ähnlichen Betriebsverhältnissen unterworfen ist und da insbesondere keine größeren Temperaturwechsel in ihr auftreten können. Aber auch bei Turbinen, die häufig angefahren werden, kann ein Schaden im allgemeinen nur dann eintreten, wenn beim Anfahren oder Abstellen nicht mit der nötigen Sorgfalt vorgegangen wird. Man wird Turbinen, die häufig und rasch angefahren werden sollen — unter häufig ist hier etwa täglich einmal, unter rasch weniger als etwa 15 min für mittelgroße Turbinen verstanden —, unter Umständen anders bauen als Turbinen für langen Dauerbetrieb, es sei denn, daß die Bauart selbst einen Unterschied in dieser Beziehung nicht erfordert. Gleichdruck-Räderturbinen mit ohnehin wenigen Stufen und reichlichen Spielen eignen sich daher besonders zum schnellen Anfahren, während Überdruckturbinen mit ihrer größeren Stufenzahl und ihren kleineren Schaufelspielen diesbezüglich weniger günstig sind. Die dauernde Betriebsbereitschaft läßt sich auch durch zusätzliche Vorrichtungen, wie vor allen Dingen Läuferdrehvorrichtungen, erhöhen.

Eine allgemeine Betriebsfrage schließlich, die in außerordentlich starkem Maße von den örtlichen Verhältnissen und der persönlichen Empfindlichkeit abhängt, ist die der Erschütterungen und der Geräusche. An sich läuft eine Dampfturbine, da sie nur eine gleichmäßige Dreh- und keine Umkehrbewegung auszuführen hat, erschütterungsfrei. Durch unvorhergesehene Umstände, z. B. ungünstige Lage der Eigenschwingungen zu denen des Fundamentes oder nachträgliche Verlagerungen im Bereiche der Turbine oder des Stromerzeugers, kann der Lauf einer Turbine sich aber verschlechtern (vgl. Abschnitt 19). Bis zu welchem Grade eine Verschlechterung des Ganges gehen darf, ohne daß dadurch die Betriebsicherheit gefährdet wird, kann allgemein nicht beantwortet werden, da die Erschütterungen stets ja nur Folgeerscheinungen sind, die je nach der Ursache bei zahlenmäßig gleicher Größe mehr oder weniger gefährlich sein können. Die Geräuschfrage bei Dampfturbinen ist überhaupt erst im Zusammenhange mit Getrieben zum Gegenstande von Erörterungen gemacht worden. Das Geräusch eines Dampfturbinengetriebes — soweit es gleichmäßig ist — ist niemals ein Anzeichen beginnenden oder fortschreitenden Verschleißes, sondern eine von der Betriebsicherheit oder der Lebensdauer des Getriebes unabhängige Erscheinung, zu der später noch ausführlich Stellung genommen wird vgl. Abschnitt 29).

Zuweilen soll eine Turbine später unter anderen Betriebsbedingungen und -verhältnissen, als wofür sie gebaut ist, betrieben werden. Es ist nicht ohne weiteres möglich, eine Kondensationsturbine auf Auspuff oder eine Gegendruckturbine auf Unterdruck zu fahren. Auspuffbetrieb kann bei Kondensationsturbinenanlagen einer üblichen Bauart nur ganz kurzzeitig, etwa während des Anfahrens, ohne besondere Vorkehrungen zugelassen werden. Erfordert der Betrieb zeitweise längeres Fahren mit Auspuff, so kann bei kleineren Anlagen zwischen Turbine und Kondensator ein Schieber eingebaut werden. Zwischen diesem und der Turbine wird dann eine Leitung zum Auspuffventile angeschlossen. Größere Anlagen können mit Auspuff fahren, wenn aus einer Hilfswasserleitung durch die Kühlrohre des Kondensators stets so viel Wasser geleitet wird, daß im Dampfraume des Kondensators Temperaturen von höchstens 80 bis 90^0 auftreten. Die Rohrleitung für das Hilfswasser ist so zu schalten, daß dieses Kühlwasser zunächst durch den Ölkühler und dann durch den Kondensator fließt. Ein Notbehelf für zeitweises Fahren mit Auspuff ist das Füllen des Kondensatordampfraumes mit Wasser, das bis über die obersten Rohrreihen reichen muß. Wenn dafür gesorgt wird, daß dauernd eine geringe Menge des erwärmten Wassers abgeführt und durch Frischwasser ersetzt wird, so wird der Kondensator keinen Schaden erleiden.

Sollen die Dampfverhältnisse vor oder hinter der Turbine nachträglich, etwa bei Neubau von Kesseln, verändert werden, so muß der Hersteller befragt werden, ob die Gehäuse, Zwischendeckel, Schaufeln usw. die veränderten Drücke und Temperaturen noch zulassen. Oft werden dann die Frischdampfdüsen, die für niedrigere Temperaturen noch aus Gußeisen ausgeführt waren, durch solche aus Gußeisen mit Zusätzen, Stahlguß oder aus Stahl und dazu vielleicht auch noch gußeiserne Düsendeckel oder Messingschaufeln durch solche aus anderen Baustoffen ersetzt werden müssen. Es ist dabei ferner zu untersuchen, ob die einzelnen Bauteile unter der sich mit den Dampfverhältnissen zugleich ändernden Gesamtleistung oder der neuen Leistungsverteilung im Innern der Turbine nicht überbeansprucht werden und daher ersetzt werden müssen. Leistungsmäßig setzt bei Turbostromerzeugern im allgemeinen die höchste noch erzeugbare Leistung des elektrischen Teiles eine Grenze.

Bei der Änderung der Betriebsverhältnisse kann auch der Fall eintreten, daß die vorhandene Turbine zwar den neuen mechanischen Ansprüchen noch voll gewachsen wäre, aber trotz eines nach ihrem Baujahre als gut zu beurteilenden Wirkungsgrades den nun höher gespannten Dampf nur mehr unbefriedigend ausnutzen würde. Hier empfiehlt sich der Ersatz der ganzen Turbine, während Stromerzeuger und Kondensationsanlage oft beibehalten werden. Aus dem Kondensator kann dann unter Umständen sogar ein Teil der Kühlfläche entfernt werden, da die niederzuschlagende Dampfmenge trotz gleicher oder sogar noch etwas gesteigerter Leistung infolge des höherwertigen Frischdampfzustandes und des besseren Wirkungsgrades der Ersatzturbine kleiner geworden ist. Zuweilen, wenn die Drehzahl des alten Stromerzeugers zu niedrig ist, wird die Ersatzturbine auch als Getriebeturbine ausgeführt.

Eine Änderung der Betriebsart bedeutet es auch, wenn ältere Turbostromerzeuger zeitweilig als Phasenschieber verwendet werden. Es muß dabei, abgesehen von der Möglichkeit des Hochfahrens, die Lagerung und Kupplung mit der Turbine und vor allen Dingen, falls man den Turbinenläufer abkuppelt oder ausbaut, die Ölversorgung der Stromerzeugerlager beachtet werden. Mitunter wird in einem solchen Falle durch das Turbinengehäuse bis zur Hauptölpumpe eine Blindwelle geleitet, wenn nicht Betrieb mit der Turbohilfsölpumpe oder von einer anderen Stelle her möglich ist. Bei neuen Turbinen wird häufig spätere Verwendungsmöglichkeit des Stromerzeugers als Phasenschieber von vornherein vorgeschrieben, worauf die Kupplung zwischen den Läufern der Turbine und des Stromerzeugers so ausgebildet wird, daß der Stromerzeuger abgekuppelt laufen kann, ohne daß das Turbinengehäuse aufgedeckt und der Turbinenläufer herausgenommen zu werden braucht.

Besonders vielseitigen Betriebsbedingungen sind von vornherein Turbinen für ortveränderliche Anlagen unterworfen, also für Schiffe und für die allerdings erst in wenigen Fällen ausgeführten Lokomotiven, Kraftwagen und Flugzeuge mit Dampfturbinenantrieb.

15. Die erste Inbetriebsetzung.

Die erste Inbetriebsetzung einer Dampfturbinenanlage geht unter Verantwortung des Herstellers vor sich und erfordert von dem Richtmeister oder Ingenieur, der sie vorzunehmen hat, besondere Sorgfalt und Umsicht. Ihr haben zunächst eine Reihe von Überprüfungen voraufzugehen, die zum Ziele haben, noch einmal die Richtigkeit und Vollständigkeit der während der Errichtung durchgeführten Arbeiten und getroffenen Maßnahmen festzustellen und Versäumtes noch rechtzeitig nachzuholen. Insbesondere sind noch einmal alle Dampf-, Öl-, Wasser- und Stromanschlüsse zu überprüfen und die Schaltungen mit den Zeichnungen zu vergleichen. Dann ist noch einmal, soweit noch durchführbar, zu prüfen, ob alle Leitungen, Luftkanäle usw. von Fremdkörpern gesäubert sind. Die Dampf- und Ölleitungen sind ordnungsmäßig zu durchspülen. Zum Durchspülen des Ölkreislaufes bei abgedeckten Lagern — mehrere Stunden — wird ein Teil des für die Füllung bereitstehenden Öles und die Hilfsölpumpe verwendet. Das Spülöl wird hierauf abgelassen; es sollte nach entsprechender Reinigung am besten nur noch für untergeordnete Schmierzwecke verwendet werden. Nach dem Durchspülen sind Ölbehälter, Lagerböcke und Lagerschalen nochmals sauber auszuwischen.

Handelt es sich um eine Kondensationsturbine, so muß die Kondensation vorher getrennt angefahren werden. Wenn dabei die vorgeschriebene Luftleere nicht erreicht wird, so ist eine Dichtheitsprobe des mit allen Rohranschlüssen versehenen Kondensators durch Auffüllen vorzunehmen. Die Motoren zum Antriebe der Kondensationspumpen müssen, um Gefährdung der Bedienung zu verhüten, gut geerdet sein. Ob das geschehen ist und ob die Motoren richtigen Drehsinn haben, ist vor der ersten Inbetriebnahme ebenfalls festzustellen. Schrauben an Unterdruckflanschen wird man zweckmäßig während der ersten Betriebzeit, d. h. im allgemeinen während des Probebetriebes, von Zeit zu Zeit nachziehen, um vollkommen dichte Verbindung zu erhalten.

Erfordern diese Vorarbeiten von dem sie leitenden Manne ruhige Überlegung und offenes Auge, so muß für die Inbetriebsetzung selbst auch Gehör und Tastsinn mit herangezogen werden. Denn ein erfahrener Ingenieur oder Richtmeister kann meist schon aus einem Geräusche beim Anfahren oder dessen Veränderung während des Betriebes auf mögliche Unregelmäßigkeiten schließen und wird je nach der mutmaßlichen Ursache die Inbetriebsetzung unterbrechen oder nicht. Sein Tastsinn aber sagt ihm z. B. beim Abfühlen der Lager, ob etwa vorhandene Erschütterungen zulässig oder Anzeichen einer Unregelmäßigkeit sind.

Bei der ersten Inbetriebsetzung wird schrittweise etwa folgendermaßen verfahren. Dabei ist zunächst der Fall einer reinen Kondensationsturbine angenommen; es kann davon aber ohne weiteres sinngemäß auch auf andere Bauarten geschlossen werden.

Der wie die gesamte Ölleitung vorher gut mit Öl durchgespülte Ölbehälter wird zunächst bis zum vorgeschriebenen Spiegel mit Öl gefüllt. Nach der Inbetriebsetzung verbleibt ein Teil des Öles im Leitungsnetze, in den Lagerböcken, den Kraftgetrieben usw.; es ist durch Nachfüllen des Behälters bis zum vorschriftsmäßigen Spiegel zu ersetzen.

Alle Gelenke und Lagerungen der Reglungsgestänge sind mit Turbinenöl zu ölen, desgleichen die Lager und Rollen von Nockenwellen.

Bei Gegendruckturbinen ist zu prüfen, ob sich im Abdampfrohrstrange Wasser gesammelt hat. Alle Entwässerungen dort müssen geöffnet und das Hochhubsicherheitsventil betriebsklar sein.

Dann erst ist die Hilfsölpumpe anzufahren. Weitere Schritte zum Anfahren sind erst zu unternehmen, wenn man sich überzeugt hat, daß zu allen Lagern und Spritzdüsen der Turbinenanlage reichlich Öl fließt, was einen gewissen Öldruck in der Zuleitung zu den Lagern voraussetzt. Besonders bei Getriebeturbinen sollte der Druck des Öles hinter dem Kühler, also unmittelbar vor seinem Eintritte in das Schmierölleitungsnetz, nicht niedriger als 0,5 atü sein.

Es ist festzustellen, ob die Entwässerung in der Frischdampfleitung vor dem Schnellschlußventile offen und der Rohrstrang zuverlässig frei von Wasser ist. Erst danach ist das Absperrventil in der Frischdampfzuleitung zu öffnen, so daß nunmehr Dampf bis unmittelbar vor dem Schnellschlußventile steht.

Es ist weiter festzustellen, ob alle Entwässerungen an der Turbine geöffnet sind.

Bei einer Kondensationsturbine sind nunmehr die Luftpumpen anzustellen und die Kühlwasserpumpe anzufahren. Vorher sind die Entwässerungsleitungen aus Unterdruckräumen, die nicht an den Kondensator angeschlossen sind, zu schließen. Bei Mischkondensation ist das Strahlwasser anzustellen.

Danach ist das Schnellschlußventil so weit zu öffnen, daß die Turbine anspringt und sich langsam dreht.

Erst wenn der Läufer sich dreht, ist Stopfbuchsensperrdampf oder bei Wasserstopfbuchsen erst von einer entsprechenden Drehzahl an ist Sperrwasser anzustellen.

Beim ersten Anfahren wird man nicht sofort auf volle Drehzahl gehen, sondern die Turbine zunächst bei einer niedrigeren Drehzahl ausreichend lange durchwärmen. Schon während dieser Anwärmzeit und dann auch später beim weiteren Hochfahren ist sorgfältigst auf etwaige Unregelmäßigkeiten, ungewöhnliches Geräusch, Erschütterungen und Schwingungen zu achten. Hat es den Anschein, daß ein Streifen im Inneren der Turbine stattfindet, so ist mit der Drehzahl so weit herunterzugehen, bis es verschwindet. Bleibt es bestehen oder tritt es beim abermaligen Hochfahren erneut auf, so ist die Turbine stillzusetzen und erst wieder anzufahren, wenn die Ursache festgestellt und beseitigt ist.

Eine Turbine ist im Betriebe naturgemäß verschiedenen Ausdehnungen oder Zusammenziehungen unter dem Wechsel der Belastungen und Dampfverhältnisse unterworfen. Das Fundament ist ebenfalls Wärmeeinflüssen unterworfen und braucht Zeit, sich den Betriebsbedingungen anzupassen. Auch daher sollte die erste Durchwärmung recht lange ausgedehnt werden. Genaue Zeiten hierfür können ebensowenig angegeben werden wie für das dann anschließende Hochfahren auf volle Drehzahl. Das hängt von der Bauart der Turbine ab und muß dem verantwortlichen Führer der Inbetriebsetzung überlassen werden.

Wenn die Turbine genügend durchwärmt ist und der Lauf bei niedriger Drehzahl befriedigt, ist die Drehzahl allmählich zu erhöhen.

Hat die Temperatur des Öles ungefähr 45° erreicht, so ist das Kühlwasser für den Ölkühler anzustellen.

Die noch offenen Entwässerungen am Turbinengehäuse sind nun zu schließen und die Luftleere so weit als möglich zu erhöhen.

Schließlich ist die Drehzahl bis zur Nenndrehzahl zu steigern. Ist diese erreicht und steht die Turbine unter dem Einflusse des Reglers, so ist das Schnellschlußventil voll zu öffnen und danach der Schnellschluß sowohl von Hand wie durch Drehzahlerhöhung zu erproben. Löst er nicht vorschriftsmäßig aus, so ist er nachzustellen oder sein Gestänge zu überholen. Die Maschine ist unbedingt so oft hochzufahren, bis der Schnellschlußregler ordnungsmäßig arbeitet.

Nach dem ersten Anfahren und einem kurzen Leerlaufe von etwa $^1/_2$ bis 1 h ist die Turbine abzustellen. Lager, Schneckengetriebe usw. sind sorgfältigst auf gutes Tragen zu überprüfen, desgleichen im Falle von Getriebeturbinen die Verzahnung des Getriebes auf gleichmäßiges Tragen über die ganze Zahnbreite. Ist ein Nachrichten der Lager erforderlich, so ist das Anfahren danach noch einmal zu wiederholen und die Maschine nach kurzem Leerlaufe zwecks Überprüfung wieder abzustellen.

Sind die Prüfungen und, falls erforderlich, die Nacharbeiten beendet, so ist erneut, diesmal unter Umständen schon in kürzerer Zeit, anzufahren. Fällt die Leerlaufprobe zur Zufriedenheit aus, so kann vorsichtig belastet werden, falls der Stromerzeuger nicht vorher getrocknet werden muß. Dieses Trocknen wird je nach dem Zustande des Stromerzeugers wenige Stunden bis einige Tage erfordern. Hierbei kann es vorkommen, daß die Turbine während der Trockenzeit auf Auspuff gefahren werden muß, nämlich dann, wenn für den Antriebsmotor des Pumpensatzes kein Fremdstrom zur Verfügung steht. Dabei ist dann den hohen Temperaturen im Kondensator und im Abdampfstutzen und dessen Wärmedehnungen besondere Beachtung zu schenken.

Ist nach der Überprüfung des Drehsinnes und der Schalt- und Schutzeinrichtungen des Stromerzeugers auch die Belastung anstandslos erfolgt, so ist die Inbetriebsetzung des Turbosatzes beendet. In Vereinbarung mit der Betriebsführung beginnt, sofern ausreichende Dauerbelastung für die neue Turbine freigemacht werden kann, der Probebetrieb. Während dieser Zeit arbeitet die Turbine im allgemeinen bereits in der für ihren späteren Betrieb beabsichtigten Weise. Oft wird sie nach Beendigung des Probebetriebes bereits ohne Unterbrechung ihres Laufes in die Obhut des Betriebes übernommen. In der Regel jedoch, und besonders bei größeren Turbinen, werden nach dem Probebetriebe noch einmal die Lager und Stopfbuchsen aufgenommen und untersucht.

Mit Beendigung des Probebetriebes ist in der Regel auch die Errichtung bis in die letzten Einzelheiten beendet, so daß die Turbine dann endgültig betriebsbereit ist.

16. Das Anfahren.

Der Vorgang des Anfahrens ist je nach der Bauart der Turbine, je nach den örtlichen Verhältnissen und je nach dem Umfange der Verwendung selbsttätig wirkender Vorrichtungen verschieden. Eine Kondensationsturbine erfordert andere Vorschriften als eine Gegendruck- oder eine Anzapfturbine. Eine ganz oder vorwiegend mit Überdruck und kleinen Schaufelspielen arbeitende vielstufige Turbine benötigt längere Zeiten zum Anfahren als eine wenigstufige, mit großen Spielen versehene Gleichdruckturbine. Im übrigen sind die Erkenntnisse über das Anfahren im allgemeinen und über die Vorbedingungen für ein rasches Anfahren im besonderen durchaus nicht so neu, wie das bei der seit einiger Zeit lebhaft gewordenen Erörterung dieser Fragen zunächst scheinen könnte. Es ist bekannt, daß noch heute alte eingehäusige Gleichdruckturbinen, die oft vor mehr als 20 Jahren in Dienst gestellt wurden, in kürzesten Zeiten, im Bedarfsfalle in nur wenigen Sekunden, hochgefahren werden. Das bei neuzeitlichen Axialturbinen — insbesondere wenn von vornherein die Bedingung kurzer Anfahrzeit gestellt wird — ebenfalls zu erreichen, ist daher ohne weiteres möglich. Man muß sich hierbei vergegenwärtigen, daß diese Bedingung in früherer Zeit kaum jemals gestellt worden ist, das bedeutet, daß so kurze Anfahrzeiten, wie sie heute hier und da genannt oder gefordert werden, zu jenen Zeiten nicht benötigt oder gefordert wurden; auch führen gegenwärtig in vielen Fällen weniger Betriebsnotwendigkeiten als vielmehr die bestimmten Turbinenbauarten — u. a. durch scharfen Wettbewerb ausgelöst — diesbezüglich zugesprochene angebliche Überlegenheit zu schärferen Anfahrbedingungen für Turbinen.

Will man allgemein das Anfahren von Dampfturbinen behandeln, so kann das nur an einem gewissermaßen zum Normfalle erhobenen Beispiele geschehen. Dafür ist hier eine Kondensationsturbine, für die keine besonderen Bedingungen bezüglich des Anfahrens gestellt sind, ausgewählt.

Jedem Anfahren einer Turbine haben bestimmte Feststellungen voranzugehen. Diese werden sich hauptsächlich auf folgende Gebiete erstrecken:

Ist im Ölbehälter genügend Öl vorhanden? Ist außerdem eine hinreichende Menge Öl als Vorrat vorhanden? Sind der Schnellschlußhebel und die Schnellschlußklinke ein geklinkt? Sind Regler, Regelgestänge und Drehzahlanzeiger geschmiert? Sind die Entwässerungshähne geöffnet, und zwar nicht nur an der Turbine, sondern auch an den Wasserabscheidern und Kondenstöpfen? Entwässerungen ins Freie aus Unterdruckräumen sowie Umführungsleitungen bei Kondenstöpfen an solchen Stellen sind zu schließen. Sind sämtliche Regelventile geöffnet und die Ölkraftkolben der Reglung entlüftet? Falls eine Kondensationsturbine mit Auspuff angefahren wird: sind die Kondensatorrohre mit Kühlwasser gefüllt?

Das Anfahren selbst geht dann etwa in folgenden Einzelschritten vor sich:

1. Hilfsölpumpe anfahren. Erst wenn aus allen Lagern ein reichlicher Ölstrom zurückfließt, was nach Abnehmen der Verschlußpfropfen in den Ölabflußleitungen zu ersehen ist, darf mit dem Anfahren der Hauptmaschine begonnen werden. Die Hilfsölpumpe muß so lange in Betrieb bleiben, bis die Hauptölpumpe genügend Öl schafft.

2a. Anfahren mit Auspuffbetrieb: Notauspuffventil des Kondensators öffnen. Dann das Hauptabsperrventil öffnen, bis die Turbine anspringt. Danach das Ventil so weit schließen, daß die Turbine bei kleiner, aber dauernd steigender Drehzahl — bis etwa 500 U/min — einige Minuten lang durchgewärmt wird. Dann die Turbine in wenigen Minuten vollends hochfahren. Nach Erregung des Stromerzeugers ist die Kondensationspumpengruppe sofort hochzufahren.

2b. Anfahren mit Kondensation: Kühlwasserpumpe und Luftpumpe anstellen. Ist eine Luftleere von wenigstens 30 bis 40% erreicht, kann die Hauptturbine wie unter 2a angefahren werden. Während sie mit niedriger Drehzahl läuft, ist Sperrdampf zu den Stopfbuchsen anzustellen. Dann die Turbine auf volle Drehzahl hochfahren.

3. Hauptabsperrventil, das meistens gleichzeitig Schnellschlußventil ist, ganz öffnen, sobald der Turbinenregler die Reglung übernommen hat.

4. Entwässerungsstellen (Hähne und Ventile) nach Belastung des Stromerzeugers schließen, wenn kein Wasser mehr herausläuft.

5. Frischdampfventil der Hilfsölpumpe schließen, sobald an der Erhöhung des Öldruckes über den von der Hilfsölpumpe gehaltenen Druck hinaus erkennbar ist, daß die Hauptölpumpe fördert. Ist das Frischdampfventil der Hilfsölpumpe mit einem selbsttätigen Öldruckregler versehen, so schaltet sich die Hilfsölpumpe von selbst aus, sobald die Hauptölpumpe die volle Ölversorgung der Maschine übernommen hat.

6. Nach Beendigung des Anfahrvorganges hat man sich durch eine Probe davon zu überzeugen, daß die Schnellschlußvorrichtung in Ordnung ist.

Diese allgemein gültige Vorschrift gibt ungefähre Richtlinien für das Anfahren. Jede Turbinenbauart, jeder Verwendungzweck, ja fast jeder einzelne Betrieb macht gewisse sinngemäße Abweichungen oder Ergänzungen erforderlich. Diese werden im folgenden einzeln behandelt.

Eine vollkommene Entwässerung der Frischdampfleitung ist vor jeder Inbetriebsetzung unbedingt erforderlich. Es genügt keineswegs, die Entwässerungsleitung unmittelbar vor dem Schnellschlußventile — meist ist es eine Umführungsleitung des Kondenstopfes vom Wasserabscheider — vor der Inbetriebsetzung nur eine Zeitlang offen zu halten, man muß sich vielmehr vor dem Anfahren der Turbine unbedingt davon überzeugen, daß die Frischdampfleitung tatsächlich wasserfrei ist. Die beste Möglichkeit dazu bietet eine unmittelbar ins Freie geführte Entwässerung; erst wenn nach Öffnen dieser Entwässerung aus der unter Druck stehenden Frischdampfleitung kein Wasser mehr austritt, darf angefahren werden.

Allgemein üblich ist auch heute noch, daß der Anfahrvorgang von Hand eingeleitet und durchgeführt wird. Das Anfahren einer größeren, mit reiner Druckölschmierung ausgerüsteten Turbine wird stets eingeleitet durch das Ingangsetzen des Ölkreislaufes mit Hilfe der von einer kleinen Dampfturbine oder elektrisch angetriebenen Hilfsölpumpe. Wenn Absperrschieber oder -ventile in der Ölzu- und -abflußleitung oder Saug- und Druckventile der Ölpumpe vorhanden sind, so sind diese zu öffnen. Danach erst wird die Hilfsölpumpe in Betrieb gesetzt. Die Entlüftungshähne an den Ölkühlern und an den höchsten Stellen der Rohrleitungen sind zu öffnen, bis Öl austritt. Über die richtige Verteilung des Öles vergewissert man sich durch sorgfältiges Beobachten der Öldruckmesser, -thermometer und, soweit vorhanden, der durch Schauöffnungen oder -gläser zugänglichen Zu- oder Abflußstellen an den Lagern. Wo Reglungs- und Lageröl in einem gemeinsamen Kreislaufe enthalten sind, ist zur Einstellung des Regel- und Lageröldruckes meist ein Ölverteilungsventil vorgesehen (vgl. S. 79). An diesem werden zweckmäßig die hauptsächlichen Druckmesser und Thermometer des ganzen Ölkreislaufes zusammengefaßt, Abb. 99.

Abb. 99. AEG, Stirnansicht einer Turbine mit den hauptsächlichen Öldruckmessern am Ölverteilungsventile (vgl. auch Abb. 74).

Der Ölkühler ist, wie bereits erwähnt, erst einzuschalten, wenn sich das Öl auf etwa 45° erwärmt hat, damit im Betriebe die richtige Zähigkeit des Öles, nämlich etwa 2,5 bis 4 Grad E bei unmittelbar gekuppelten Turbosätzen oder 4 bis 7 Grad E bei Getriebeturbosätzen, vorhanden ist. Dieser Wert ist als allgemeiner Richtwert anzusehen; je nach der Ölart wird die Temperatur etwas höher oder tiefer liegen.

Bei Getriebeturbinen ist der Vorgang der gleiche, nur sind möglicherweise weitere Absperrventile vor dem Ingangsetzen des Ölkreislaufes zu bedienen und einige Beobachtungstellen mehr zu verfolgen als bei einer unmittelbar gekuppelten Turbine.

Das Anfahren der Kondensation beginnt in der Regel mit dem Einschalten der Luftpumpe, in neueren Anlagen also mit dem Anstellen des Dampf- oder Wasserstrahlsaugers.

Die am häufigsten verwendeten Dampfstrahlsauger sind meistens zweistufig, d. h. sie bestehen aus einer Unterdruck- und einer Druckstufe. Angefahren wird mit der Druckstufe, die bei richtiger Bemessung in der Lage sein wird, eine Luftleere von wenigstens 70 bis 80% zu erzeugen. Erst später, wenn die anfallende Kondensatmenge so groß ist, daß der Treibdampf der ersten Stufe im Zwischenkühler niedergeschlagen wird und die Temperatur des Strahlkondensates rund 45° nicht übersteigt, schaltet man die Unterdruckstufe zu.

Die bei Anlagen mit Kraftschluß auftretende Saugwirkung der Kühlwasserleitung hinter dem Kondensator kann dazu benutzt werden, um beim Anfahren den Kondensator rasch zu entlüften. Die Kühlwasserabflußleitung wirkt dann wie ein großer Wasserstrahlsauger und ist fähig, große Luftmengen in kurzer Zeit wegzuschaffen. Dadurch kann unter Umständen die Anfahrzeit der Turbine auf einfache Weise beträchtlich verkürzt werden.

Die übrigen Kondensationspumpen sind fast ausschließlich Kreiselpumpen. Da eine Kreiselpumpe, wenn man sie mit luftgefüllter Saugleitung anfahren wollte, im Verhältnisse der Raumgewichte von Luft zu Wasser schneller laufen müßte als mit Wasser, d. h. also etwa im Verhältnisse 1 : 800, so muß sie vor dem Anfahren entlüftet und Saugleitung und Pumpe mit Wasser aufgefüllt werden. Während des Anfahrens erreicht die Pumpe dann bei geschlossenem Druckschieber den Leerlaufdruck der betreffenden Drehzahl, der stets höher liegen sollte als der Betriebsdruck bei dieser Drehzahl. Wird dann der Schieber geöffnet, so geht die Pumpe allmählich auf den Betriebzustand über. Mit Ausnahme der Kondensatpumpe, der das Niederschlagwasser zuläuft, müssen die Kondensationspumpen somit vor dem Anfahren gefüllt werden, sei es durch Entlüften oder mittels Druckwassers. Nur bei Rückkühlanlagen kann die Anordnung auch der Kühlwasserpumpen meist so getroffen werden, daß ihnen das Wasser zuläuft. Steht zum Auffüllen Druckwasser zur Verfügung, so muß in der Saugleitung der Pumpe ein Fußventil vorhanden sein, das während des Auffüllens durch das Druckwasser geschlossen und im Betriebe durch die Wasserströmung offengehalten wird. Ist bei Kühlturmbetrieb das Wasser aus einer tiefer liegenden Zuflußstelle anzusaugen, so kann die Pumpe durch Öffnen des Druckschiebers durch das in der Druckleitung befindliche Wasser aufgefüllt werden. Dagegen muß Unterdruck hergestellt werden, wenn kein oder nicht genügend Druckwasser zur Verfügung steht oder das Auffüllen wegen zu langer Saugleitungen oder aus sonstigen Gründen zu lange dauern würde. Hierfür wird zweckmäßig ein einstufiger Dampfstrahlsauger gewählt, dessen Größe aus der gewünschten Auffüllzeit und den zu entlüftenden Räumen bestimmt wird. Sein Dampfverbrauch spielt keine Rolle, weil er nur ganz kurzzeitig in Betrieb ist. Wichtig ist es jedoch, während des Entlüftens auf die Stopfbuchsen der Pumpe zu achten. Sind beim Entlüften große Saughöhen zu überwinden, so ist es zweckmäßig, bereits während des Entlüftens den Pumpenstopfbuchsen Sperrwasser aus einer Fremdleitung zu geben, weil dadurch die Zeit bis zur Betriebsbereitschaft der Pumpe wesentlich abgekürzt werden kann.

Handelt es sich um eine Flurturbine, d. i. eine Anlage, bei der Turbine und Kondensator auf gleicher Höhe liegen und durch einen am Turbinengehäuseunterteile seitlich angeordneten Abdampfstutzen unmittelbar miteinander verbunden sind, so ist ein Anfahren der Maschine auf Auspuff nur unter besonderen Vorsichtsmaßregeln möglich. Hier muß sobald als möglich die Kondensatpumpe in Betrieb genommen werden, da sonst die Gefahr besteht, daß der Wasserspiegel im Kondensator nach kurzer Zeit so hoch ansteigt, daß das Wasser in die auf gleicher Höhe liegende Turbine übertritt und dort, etwa in der Beschauflung der letzten Stufe, Schaden verursacht.

Ein Anwärmen der Turbine mit Dampf darf keinesfalls im Stillstande vorgenommen werden. Dadurch würde nämlich, da der Dampf zum Anwärmen meist nur einen Teil des Umfanges des ersten Schaufelkranzes beaufschlagt oder aber, falls volle Beaufschlagung vorgesehen ist, nicht ausreicht, die ganze erste Dampfkammer gleichmäßig zu erwärmen, ein Teil des Umfanges stärker erwärmt werden, Gehäuse und Läufer würden sich daher verziehen. Das Anwärmen darf aus diesem Grunde erst stattfinden, wenn die Turbine bereits angesprungen ist. Nur dann sind die Voraussetzungen für gleichmäßige Durchwärmung der Läufer und ein schwingungsfreies Anfahren gegeben. Aus dem gleichen Grunde darf auch Sperrdampf in die Stopfbuchsen erst dann gegeben werden, wenn die Turbine bereits läuft. (Vereinzelt wird noch ein gegenteiliger Standpunkt vertreten und bei stillstehender Maschine Sperrdampf in die Stopfbuchsen eingeleitet. Diese Anschauung widerspricht indessen der Ansicht der überwiegenden Mehrzahl der Turbinenhersteller und -betreiber.)

Ob, wie im Punkte 2a des angeführten Beispieles einer Anfahrvorschrift, das Anwärmen bei langsamer, aber stetig steigender oder bei einer niedrigen, gleichbleibenden Drehzahl zu erfolgen hat, darüber sind die Ansichten geteilt. Verschiedene Turbinenbauarten sind auch in dieser Beziehung verschieden zu behandeln. Turbinen z. B., bei deren Gestaltung schon auf rasches Anfahren Rücksicht genommen ist, und allgemein die Gleichdruckturbinen erreichen eine fast geradlinige Drehzahlzeitkurve, ein Anwärmen bei einer bestimmten, gleichgehaltenen niedrigen Drehzahl ist hierbei nicht erforderlich. Wo indessen eine solche „Anwärmdrehzahl" notwendig ist, da ist sie mit Rücksicht auf den Dampfverbrauch während des ganzen Anfahrvorganges so zu wählen, daß bei ihr die Lagerreibung nicht zu groß ist und die Ventilationsverluste von Turbine und Stromerzeuger noch nicht in Erscheinung treten. Diese Anwärmdrehzahl bestimmt man zweckmäßig aus der Auslaufkurve (vgl. S. 199).

Wie lange das Anwärmen zu dauern hat, bis eine genügende Durchwärmung eingetreten ist, läßt sich allgemein nicht sagen. Am günstigsten verhalten sich in dieser Beziehung die Räderturbinen mit dünner Welle und die rasch laufenden Getriebeturbinen mit ihren kleinen Läufern.

Beim Einströmen des Dampfes erwärmt sich im allgemeinen zunächst der Läufer etwas rascher als das Gehäuse. Die Turbine muß daher in der Beschauflung und an den Stopfbuchsen genügend Spiel haben, um den Unterschied der Dehnungen zuzulassen, während man andererseits die Beschauflungspiele, soweit es sich um Überdruckturbinen handelt, des besseren Dampfverbrauches wegen möglichst klein zu halten sucht. Große Dehnungsunterschiede bilden sich im allgemeinen aber nur beim Anfahren aus, also nur dann, wenn der sich schneller erwärmende Läufer gegen das langsamer nachkommende Gehäuse voreilt. Sie nehmen mit zunehmendem Beharrungzustande wieder ab oder verschwinden bei Stahlgußgehäusen fast ganz. Bei den Stopfbuchsen sind besonders die axialen Spiele wichtig, wenn die stillstehenden Dichtungspitzen in Gegenkämme des Läufers eingreifen oder umgekehrt. Schon bei der Einstellung der Außenstopfbuchsen (vgl. S. 65) muß auf die Dehnungsverhältnisse beim Anfahren Rücksicht genommen werden. Die Ungleichmäßigkeit der Erwärmung von Läufer und Gehäuse ist um so größer, je rascher das Anfahren vor sich geht. Turbinen mit kurzer Anfahrzeit, also hoher Betriebsbereitschaft, erfordern infolgedessen im allgemeinen größere Spiele. Das Gleichdruckverfahren ist hierfür also überlegen und vorzuziehen, da für die Bemessung der Spiele eigentlich keine Beschränkung vorliegt. Das gleiche gilt auch für Turbinen mit starken Lastschwankungen, da sich bei jeder Belastungsänderung auch die Temperaturverteilung innerhalb der Turbine — wenn auch in geringerem Ausmaße — ändert.

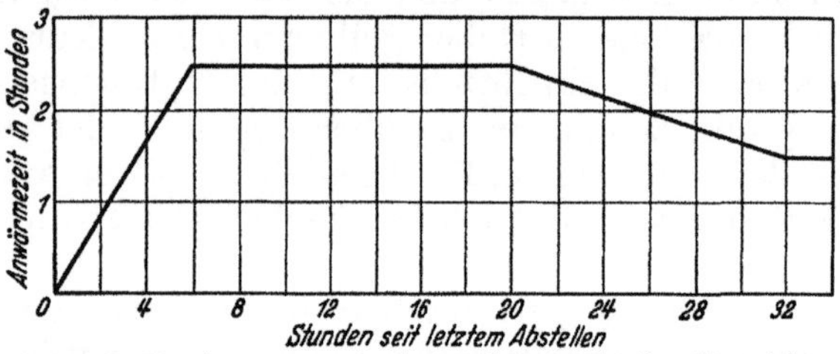

Abb. 100[24]. Anwärmzeit bei 5 bis 10% der Betriebsdrehzahl für eine amerikanische 21stufige Einwellenturbine 60000 kW, abhängig von der Zeit seit dem letzten Abstellen.

Die einfachste Feststellung, ob die Anwärmung so weit vorgeschritten ist, daß die Drehzahl der Turbine rascher gesteigert werden kann, ist dann möglich, wenn das vordere Wellenende durch eine Bohrung im Stirndeckel des Vorderlagerbockes sichtbar hindurchgeführt ist. Ist die Turbine gleichmäßig durchgewärmt, so läuft dieser Zapfen genau rund und die Turbine kann dann in gleichmäßiger, nun rascherer Steigerung in wenigen Minuten auf volle Drehzahl gebracht werden. Tritt beim weiteren Hochfahren doch noch eine Unruhe auf, so ist die Drehzahl zunächst zu senken und hierauf nochmals vorsichtig zu steigern.

Diese Angaben beziehen sich sämtlich auf das Anfahren aus vollkommen kaltem Zustande. Das Anfahren „ab kalter Maschine“ ist immer leichter und weniger gefahrvoll als ein Anfahren aus warmem Zustande, d. h. wenn die Maschine nach dem letzten Abstellen noch nicht vollkommen erkaltet ist. Auch hierin verhalten sich Turbinen verschiedener Bauart, ja sogar sonst gleiche Turbinen in verschiedenen Kraftwerken durchaus verschieden. Eine allgemeine Regel hierfür aufzustellen, ist daher unmöglich. Nur um ganz allgemein ein Beispiel zu zeigen, ist in Abb. 100 für eine amerikanische 21stufige Einwellenturbine von 60000 kW die Dauer des Anwärmens in Abhängigkeit von der Zeit, die seit dem letzten Abstellen verstrichen ist, dargestellt. In ähnlicher Weise muß jeder Betriebsleiter durch Anfahrversuche das Verhalten seiner Turbinen ermitteln.

Ist damit zu rechnen, daß eine Maschine nur für so kurze Zeit aus dem Betriebe genommen wird, daß sie nicht ganz abkühlen kann, so empfiehlt es sich, wenigstens bei größeren Einheiten, eine Drehvorrichtung vorzusehen, mit deren Hilfe man nach dem Abstellen den Läufer in langsamer Drehung hält (etwa eine Umdrehung in 4 min). Diese

[24] Nach Elektr.-Wirtsch. Bd. 27 (1928) S. 478 Abb. 11.

Drehvorrichtungen bestehen aus einem Elektromotor, der über eine mehrfache Zahnräder- und Schneckenübertragung auf einen meist an der Wellenkupplung angebrachten Zahnkranz arbeitet, Abb. 101. Wird mit dieser Drehvorrichtung der Läufer des Turbosatzes längere Zeit gedreht, so bleibt die Hilfsölpumpe im Betriebe, damit die Lager mit Öl versorgt werden. Bei kleineren Turbinen wird der Läufer — falls eine besondere Vorrichtung überhaupt für erforderlich gehalten wird — mit Hilfe eines Sperrgetriebes nach

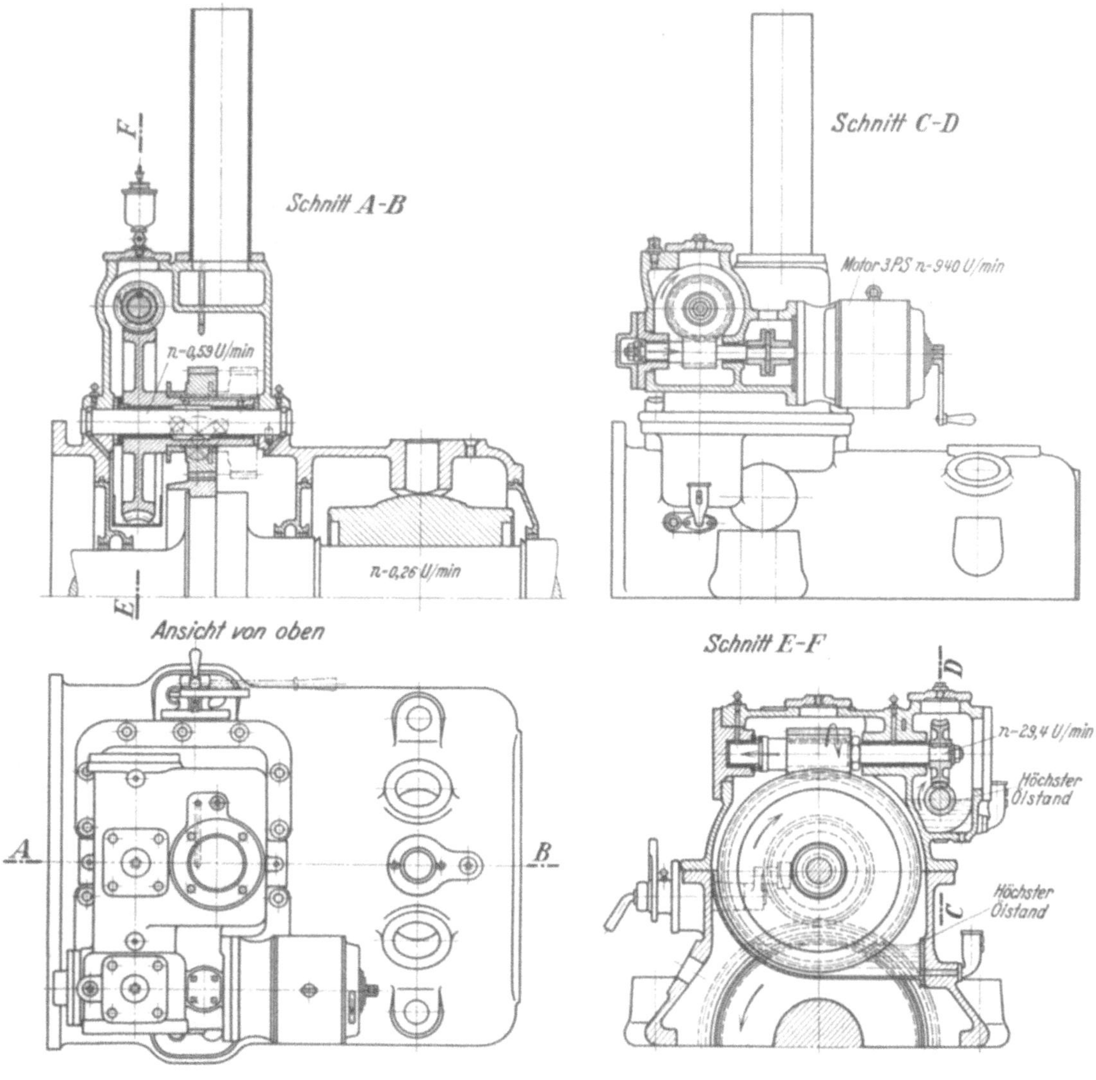

Abb. 101. AEG, Läuferdrehvorrichtung für eine zweigehäusige Kondensationsturbine 25000 kW, 3000 U/min.

Art einer Knarre entweder von Hand oder mittels eines kleinen Ölkolbens gedreht, allerdings nur zur Veränderung der Läuferlage, also etwa stündlich oder halbstündlich einmal um 180°. Abb. 102 zeigt ein solches Getriebe im Umrisse.

Um, besonders für Maschinen, die als Schnellbereitschaft außergewöhnlich kurze Anfahrzeiten haben sollen, die Anfahrzeit abzukürzen, kann folgendermaßen verfahren werden: man läßt z. B. die betreffende Turbine, die selbstverständlich für diesen Zweck geeignet gebaut sein muß, dauernd in Luftleere umlaufen; das würde bedeuten, daß die Kondensation in Betrieb bleibt und außerdem dauernd die Leerlaufdampfmenge aufgewendet wird.

Dagegen vermeidet das unter der Bezeichnung „Dampfsparschaltung für Turbostromerzeuger als Schnellbereitschaft von Nölle“[26] eingeführte Unterdrehzahlverfahren den Nachteil des hohen Leerlaufverbrauches, ohne die Augenblicksbereitschaft wesentlich zu verschlechtern, Abb. 103. Dabei wird die Turbine nicht durch Frischdampf, sondern durch Abdampf aus einer geeigneten Hilfsturbine gespeist und völlig in Luftleere nur mit derjenigen Drehzahl gefahren, die gerade für die Ölförderung der Hauptölpumpe ausreicht. Dadurch wird der Dampfverbrauch der Bereitschaftsturbine wesentlich verringert; da außerdem der Stromerzeuger vom Netze abgeschaltet wird, verringern sich auch seine Verluste.

Ein anderer Vorschlag geht dahin, die Turbine von außen oder von innen durch einen Strom warmer Luft dauernd in einem Wärmezustande zu halten, der etwa der Sattdampftemperatur entspricht[27]. Diese Art der Vorwärmung erfüllt wohl ihren Zweck, erfordert aber zusätzliche Einrichtungen, wie z. B. einen Mantel um die Turbine, durch den die erwärmte Luft geleitet wird, ein Gebläse zur Förderung der Luft, eine meist elektrische Heizvorrichtung für die Luft, und außerdem ist der für die Erwärmung und Umwälzung der Luft erforderliche Kraftaufwand nicht unbeträchtlich.

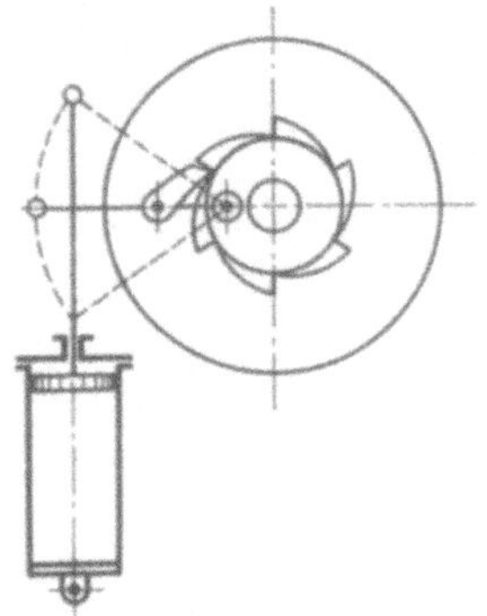

Abb. 102[25]. Umriß einer einfachen Läuferdrehvorrichtung mittels Druckölkolbens. Veränderung der Läuferlage um 180° je 1/2 bis 1 h.

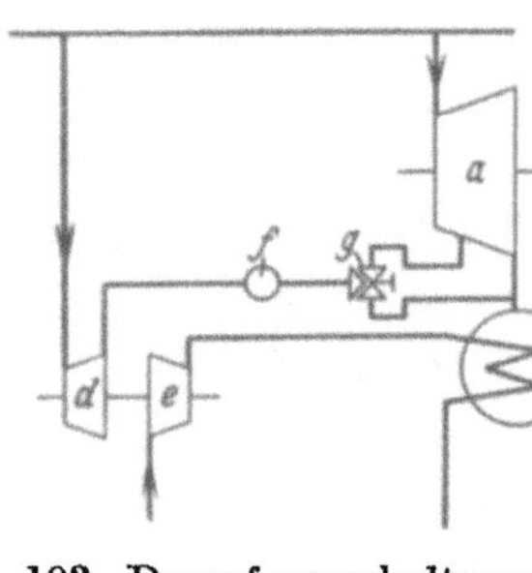

Abb. 103. Dampfsparschaltung nach Nölle.
a Bereitschaftsturbine; b Stromerzeuger zu a; c Kondensator zu a; d Hilfsturbine für Kühlwasserpumpe; e Kühlwasserpumpe; f Dampfkühler; g Umschaltventil.

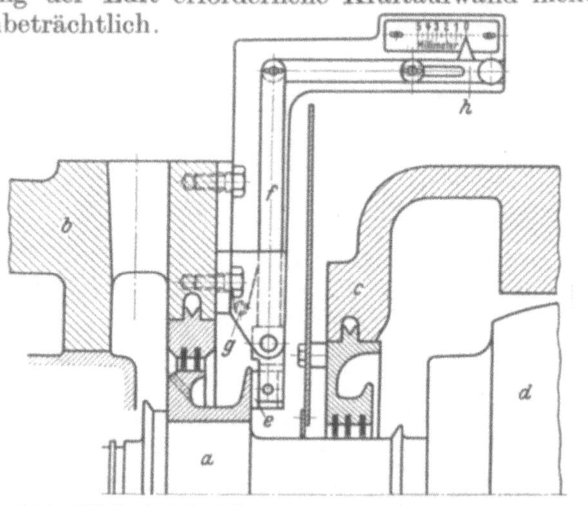

Abb. 104. AEG, Axialspielanzeiger für eine vielstufige HD-Turbine.
a Turbinenläufer; b Turbinengehäuse; c Lagerbockdeckel; d Lauflagerschale; e Gleitklötzchen; f Hebel; g Andrückfeder; h Zeiger.

Wie sich eine neue Turbine bezüglich der Wärmedehnungen beim Anfahren verhält und welche in Abhängigkeit davon ihre kürzeste Anfahrzeit ist, kann im voraus nicht genau festgestellt werden. Man wird daher beim ersten Anfahren mit besonderer Sorgfalt das Verhalten der Maschine zu beobachten haben. Zu diesem Zwecke ist für jedes Gehäuse das Maß der Längsdehnung an der Axialverschiebung der Lagerböcke, soweit sie verschiebbar sind, auf den Grundplatten festzustellen. Die Wärmedehnung des Läufers ist für jede vom Drucklager durch ein Gehäuse getrennte Stopfbuchse am nächstzugänglichen Wellenstücke zu messen. Bei Turbinen für besonders heißen Frischdampf sind in der Regel zu diesem Zwecke noch besondere Meß- und Überwachungsvorrichtungen

[25] Nach Elektr.-Wirtsch. Bd. 27 (1928) S. 477 Abb. 5.

[26] Elektr.-Wirtsch. Bd. 30 (1931) S. 284; Elektrotechn. Z. Bd. 54 (1933) S. 324; Wärme Bd. 56 (1933) S. 421.

[27] E. Brown: Der außer Betrieb befindliche Turbogenerator als Momentanreserve. S. 86/102 in: Gesamtbericht Zweite Weltkraftkonferenz Bd. 4. Berlin: VDI-Verlag 1930; ferner F. Ribary: Verkürzung der Anlaufzeit bei Dampfturbinen. S. 510/514 in: Festschrift Prof. Dr. A. Stodola zum 70. Geburtstag. Zürich: Orell Füssli 1929.

vorhanden. So zeigt Abbildung 104 die Anordnung eines Axialspielanzeigers an einer eingehäusigen vielstufigen HD-Turbine.

Als Beispiel dafür, wie die Beobachtung der Ausdehnungen beim Anfahren vorzunehmen ist, sind in Abb. 105 für eine zweigehäusige Maschine die Stellen bezeichnet, an denen die Messungen vorzunehmen sind. Zur Beurteilung der hier einzutragenden Meßwerte ist, falls keine ausführlichen Betriebsaufzeichnungen für den Tag der Maßaufnahme beigefügt werden können, festzustellen:

Frischdampfdruck und -temperatur; Drücke und Temperaturen in den einzelnen Stufen oder Gehäuseteilen, soweit sie gemessen werden können; Druck im Abdampfstutzen; Belastung der Turbine; bei Gegendruck- und Anzapfmaschinen außerdem Druck und Temperatur des Anzapf- oder Gegendruckdampfes, möglichst auch Angabe der ungefähren stündlichen Anzapf- oder Abdampfmengen während der Zeit der Messung.

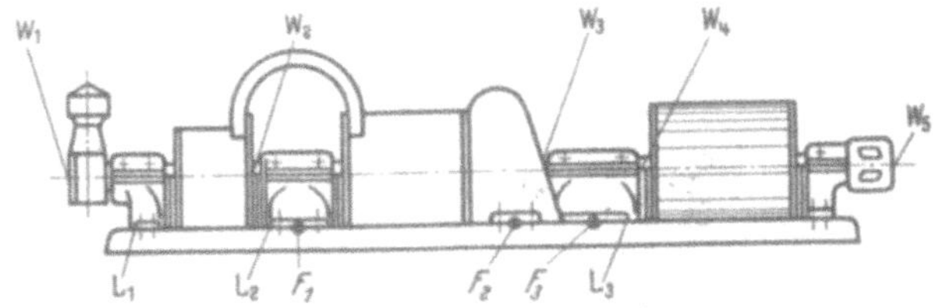

		Leerlauf kurz nach dem Anfahren	1/2 Last	3/4 Last	1/1 Last	Leerlauf bei durchgewärmter Turbine
Tag und Stunde der Messung						
Frischdampf	Druck atü					
	Temperatur °					
Längsdehnung der Welle gegenüber dem Gehäuse in mm bei	(W1)					
	(W2)*					
	(W3)					
	(W4)**					
	(W5)***					
Axiale Verschiebung des Lagerbockes in mm bei	(L1)					
	(L2)					
	(L3)					

Abb. 105. Plan zur Messung der Wärmedehnungen an einer zweigehäusigen Turbine im Betriebe.

F Festpunkt: F_1 oder F_3 bei Gegendruckturbinen; F_2 bei Kondensationsturbinen.

* Nur bei Turbinen mit zwei Drucklagern zu messen.
** Nur bei Turbinen mit angetriebenen Kreiselverdichtern zu messen.
*** Nur bei Turbinen mit angetriebenen Stromerzeugern zu messen.

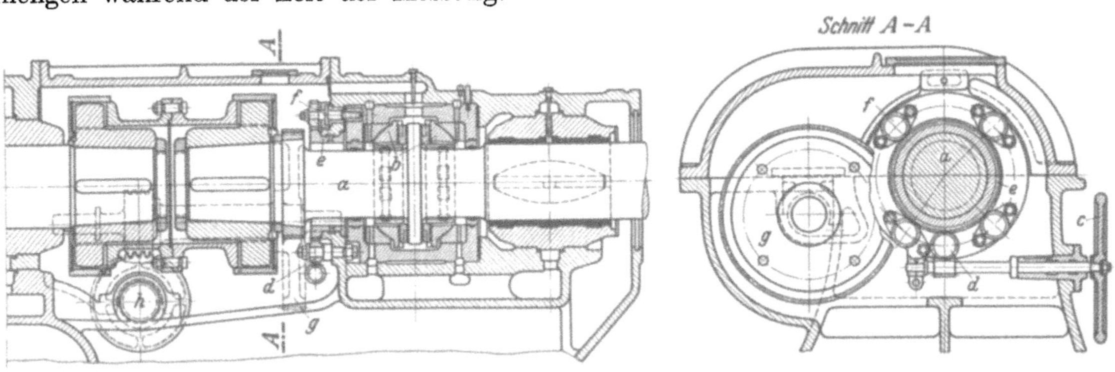

Abb. 106[28]. Parsons, Lagerbock einer mehrgehäusigen Kraftwerksturbine mit Kupplung, Drucklager, Läuferverstellvorrichtung und Läuferdrehvorrichtung.

a Turbinenwelle; *b* Einringdrucklager; *c* Handrad zur Läuferverstellvorrichtung; *d* Schraubenräderpaar; *e* Zwischenrad der Läuferverstellvorrichtung; *f* Verstellbolzen mit Ritzel; *g* Endstufe der Läuferdrehvorrichtung; *h* Zwischenstufe der Läuferdrehvorrichtung.

[28] Nach Engineering Bd. 121 (1926) S. 284 Abb. 16/17.

Bei einigen Bauformen reiner Überdruckturbinen wird die axiale Lage des Läufers nach dem Anfahren verändert, damit im Betriebe die Axialspiele der Beschauflung möglichst klein sind. Diesem Zwecke dient eine Läuferverstellvorrichtung, die meist mit dem Drucklager vereinigt ist, Abb. 106. Das ganze Drucklager und damit der Läufer der Turbine kann durch Drehen einer Schnecke von Hand im Lagerbocke axial verschoben werden. Auf diese Läuferverschiebung muß natürlich schon bei der Gestaltung und mehr noch beim Einbaue der Stopfbuchsen Rücksicht genommen werden. Es finden sich auch vereinzelt Stopfbuchsformen, die axiale Dichtung ähnlich der Axialdichtung in der Beschauflung haben. Das Stopfbuchsenspiel wird dann durch Verschiebung des Läufers in seine Betriebstellung gleichzeitig auf den kleinsten zulässigen Wert gebracht. Die gleiche Art der Dichtung wird oft auch für den Ausgleichskolben der Überdruckturbinen verwendet.

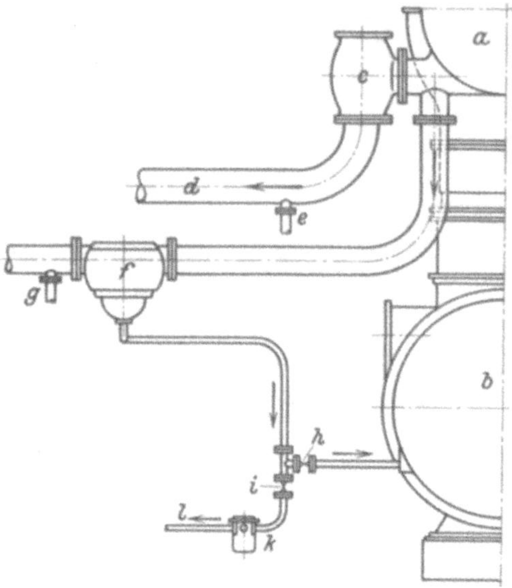

Abb. 107. Hochhubsicherheitsventil in der Anzapfleitung einer Anzapfkondensationsturbine.

a Turbine; *b* Kondensator; *c* Schnellschlußventil in der Anzapfleitung; *d* Anzapfleitung; *e* Entwässerung der Anzapfleitung; *f* Hochhubsicherheitsventil; *g* Entwässerung der Auspuffleitung; *h*, *i* Ventile, vom Maschinenraume aus zu bedienen; *k* Kondenstopf; *l* Entwässerungsleitung mit freiem Abflusse.

Anzapfturbinen werden grundsätzlich in der gleichen Weise hochgefahren wie Kondensationsturbinen. Die Anzapfreglung ist dabei geöffnet, der Druckregler ausgeschaltet und das Schnellschlußventil in der Anzapfleitung geschlossen. In diesem Zustande stellt jede Anzapfturbine eine reine Kondensationsturbine dar und kann daher auch in genau der gleichen Weise angefahren werden. An Entwässerungen, die über das bei Kondensationsturbinen übliche Maß hinausgehen, ist die der Anzapfleitung und des Hochhubsicherheitsventiles besonders zu beachten, Abb. 107. Die Entwässerung *g* hinter dem Sicherheitsventile ist beim Anfahren stets offen zu halten. Während des Anfahrens oder wenigstens solange, als an der Anzapfstelle Unterdruck in der Turbine herrscht, ist das Ventil *i* geschlossen, *h* dagegen geöffnet zu halten, beim üblichen Betriebe umgekehrt, damit dann das Sicherheitsventil über den Kondenstopf *k* ständig entwässert wird. Der freie Abfluß der Entwässerungsleitung *l* muß stets tiefer liegen als die Entwässerungstelle am Sicherheitsventile selbst.

Ist die Anzapfturbine auf volle Drehzahl gebracht, ihr Stromerzeuger synchronisiert, auf das Netz geschaltet und belastet, so wird der Druckregler der Anzapfreglung eingeschaltet. Dieses Ein- und Ausschalten der Druckreglung geschieht meist durch einfaches Umlegen eines kleinen Hebels am Druckregler selbst, Abb. 108. Ist der Druckregler eingeschaltet, so muß auch das Schnellschlußventil in der Anzapfleitung offen sein. Dann stellt der Druckregler im Zusammenwirken mit der Reglung selbsttätig den gewünschten Anzapfdruck ein. Bei jeder Verbundreglung, bei der also der Drehzahlregler und der Druckregler gemeinsam auf beide Reglungen einwirken, geht diese Umschaltung vom reinen Kondensationsbetriebe auf Anzapfbetrieb ohne merkliche Laststöße vor sich.

Anders ist es, wenn keine Verbundreglung vorgesehen ist. Da dann jeder der beiden Regler seinen Antrieb erst von der Änderung des Dampfzustandes in der Turbine, der durch den anderen Regler bewirkt wird, erhält, können die Regelvorgänge nicht mit der gleichen Schnelligkeit und nicht, ohne die Belastung der Turbine wenigstens vorübergehend zu beeinflussen, stattfinden. Hinzu kommt, daß die Turbine bei einem Versagen der Schnellschlußvorrichtung in der Anzapfleitung nicht vor dem Durchgehen durch rückströmenden Dampf geschützt ist. In diesem Falle nämlich schlägt wohl der Schnellschlußregler das Schnellschlußventil in der Frischdampfleitung zu und schließt der Drehzahlregler die Frischdampfreglung, die Reglung des Kondensationsteiles jedoch bleibt, da sie nicht unter dem Einflusse des Drehzahlreglers steht, geöffnet, so daß die Turbine durchgehen kann. Bei einer Verbundreglung ist das nicht möglich, da selbst beim Versagen des Anzapfschnellschlusses vom Drehzahlregler her sowohl die Frischdampf- als auch die Anzapfreglung geschlossen werden. Aus dieser nicht unmittelbar mit dem Anfahren zusammenhängenden Tatsache ist zu ersehen, daß man beim Anfahren einer Anzapfturbine ohne Verbundreglung mit größerer Sorgfalt zu Werke gehen muß als bei einer anderen Turbine.

Das Anfahren einer Gegendruckturbine vollzieht sich in derselben Weise wie das einer Kondensationsturbine. Auch hier sind zwei Arten möglich. Man kann nämlich bei Auspuff oder bei Gegendruck anfahren. Der weitaus häufigere Fall ist das Anfahren mit Auspuff, wobei das Auspuffventil in der Gegendruckleitung von Hand geöffnet werden muß, doch bedeutet das Anfahren auf Gegendruck keine Erschwerung des Vorganges. Ist ein Gegendruckregler vorhanden, so wird er eingeschaltet, wenn die Maschine auf voller Drehzahl und belastet ist. Dann wird der Drehzahlregler nurmehr zu einem Sicherheitsregler, die Drehzahl muß durch den mit anderen Maschinen auf ein gemeinsames Netz arbeitenden Stromerzeuger auf gleicher Höhe gehalten werden.

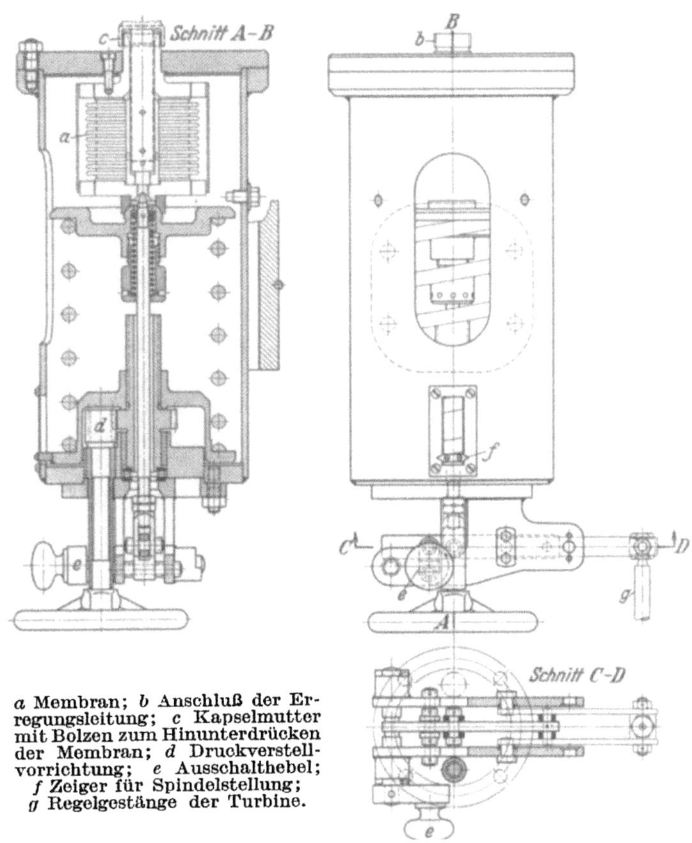

a Membran; *b* Anschluß der Erregungsleitung; *c* Kapselmutter mit Bolzen zum Hinunterdrücken der Membran; *d* Druckverstellvorrichtung; *e* Ausschalthebel; *f* Zeiger für Spindelstellung; *g* Regelgestänge der Turbine.

Abb. 108. AEG, Dampfdruckregler.

Handelt es sich um Einwellenturbosätze, so ist der Anfahrvorgang für ein- und mehrgehäusige Turbinen grundsätzlich der gleiche. Eine Sonderstellung unter den mehrgehäusigen Turbinen nehmen jedoch die Mehrwellensätze ein. Damit sollen hier aber nicht Zweiwellenmaschinen mit einem gemeinsamen Zahnradgetriebe gemeint sein, wie sie häufig auf Schiffen und manchmal auch bei ortfesten Anlagen vorkommen. Da hierbei beide Turbinenwellen durch das Getriebe zwangläufig miteinander gekuppelt sind, vollzieht sich das Anfahren nicht anders als bei einer Turbine mit zwei hintereinander angeordneten gleichachsigen Gehäusen. In dem hier zu betrachtenden Falle handelt es sich vielmehr um solche Turbosätze, bei denen die einzelnen Teilturbinen mehrgehäusiger Turbinen jede für sich oder gruppenweise verschiedene Stromerzeuger auf nicht gleichachsigen Wellen antreiben. Da die ND-Teile viel größere Abmessungen haben und bei den kleinen für das Anfahren erforderlichen Dampfmengen fast das ganze Gefälle bereits im HD-Teile verarbeitet wird, so ist es meist nicht möglich, beide Teile mit dieser geringen Dampfmenge, die zuerst den HD-Teil und dann den ND-Teil durchströmt, zum Anspringen und auf die gewünschte Drehzahl zu bringen. Um dem abzuhelfen, gibt es zwei Möglichkeiten. Die erste besteht darin, auch in die ND-Turbine Frischdampf einzuführen. Da in dieser aber meist kein teilbeaufschlagtes Rad vorhanden ist, so sind dann beträchtliche Dampfmengen erforderlich, um ein ausreichendes Drehmoment zu erzeugen. Gleichzeitig wird der ND-Teil dadurch höheren Temperaturen ausgesetzt. Die zweite Art des Anfahrens ist, beide Drehstromerzeuger elektrisch miteinander zu kuppeln, so daß beim

Anspringen der eine als Stromerzeuger, der andere als Motor läuft. Diese Art des Anfahrens hat sich z. B. im Klingenberg-Werke als zweckmäßig erwiesen; die beiden getrennten Wellensätze springen fast so gleichzeitig an, als ob sie miteinander starr gekuppelt wären. Gegenüber Einwellenanordnungen gleicher umlaufender Massen wird daher auch die Anfahrzeit nicht verlängert.

Das Anfahren unter Belastung, das im Kraftwerksbetriebe und allgemein bei Turbostromerzeugern außerordentlich selten vorkommt, dagegen bei Schiffsturbinen und beim Antriebe von Pumpen, Verdichtern u. dgl. fast die Regel ist, bietet für eine Dampfturbine keine grundsätzlichen Schwierigkeiten, da das Drehmoment einer Turbine beim Anfahren bekanntlich etwa doppelt so groß ist als bei voller Drehzahl. Daß im Bedarfsfalle auch unter Belastung sehr schnell auf volle Leistung gegangen werden kann, beweisen vor allen Dingen die Schiffsturbinen, besonders auf Kriegschiffen, bei denen sogar von voller Vorwärtsleistung in kürzester Zeit auf volle Rückwärtsleistung übergegangen werden muß. Bei Pumpen und Verdichtern wird so verfahren, daß man bei geschlossenen Druckschiebern anfährt und diese erst öffnet, wenn die volle Drehzahl erreicht ist.

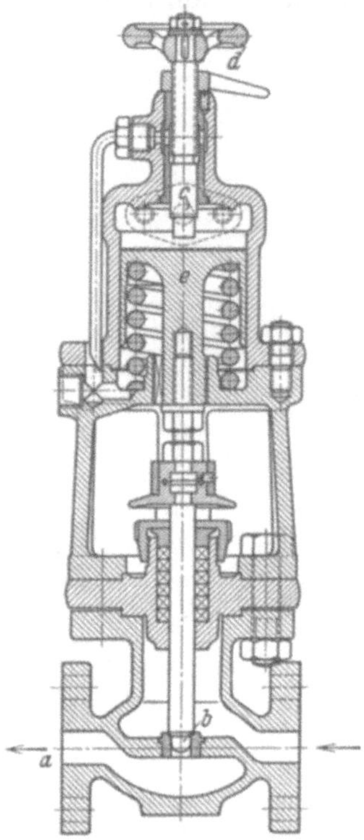

Abb. 109. AEG, vom Lageröldrucke gesteuertes Frischdampfventil der Turbohilfsölpumpe.

a Frischdampf zur Turbohilfsölpumpe; *b* Ventil; *c* Lagerölanschluß; *d* Begrenzung des Ventilhubes, gleichzeitig Ausschaltung; *e* Kraftkolben des Ventiles *b*.

Die Bestrebungen, den Betrieb der großen Kraftwerke weitgehend von der Achtsamkeit der Bedienung unabhängig zu machen, bezwecken einerseits, Störungsmöglichkeiten zu verringern, andererseits soll damit aber auch die Geschwindigkeit, mit der die Maschinen auf Änderungen ihrer Betriebsbedingungen ansprechen, erhöht werden. Für die Turbinen selbst sind hierfür eine ganze Reihe von Hilfs- und Regeleinrichtungen und zweckdienliche Schaltungen entwickelt worden, von denen einige auch mit dem Vorgange des Anfahrens in engem Zusammenhange stehen. So gibt es z. B. verschiedene Ausführungsformen für das selbsttätige Anfahren der Hilfsölpumpe, falls bei in Betrieb befindlicher Hauptturbine der Regel- oder Lageröldruck absinkt, also entweder an den Hauptölpumpen oder im Leitungsnetze der Ölversorgung eine Störung aufgetreten ist. Zweckmäßig wird mit dem Anfahren der Hilfsölpumpe zugleich, gegebenenfalls unter Einschaltung einer Zeitverzögerung, der Schnellschluß der Hauptturbine ausgelöst, was in der auf S. 83 beschriebenen Art geschehen kann, und außerdem eine Licht- oder Schallwarnvorrichtung für den Maschinenwärter und den Schaltraum in Tätigkeit gesetzt. Der Anfahrvorgang der kleinen Hilfsturbine ist in einfacher Weise durch einen Öldruckregler einzuleiten, Abb. 109, der nichts weiter darstellt als einen Differenzkolben, der beim Ausschlagen nach der Lageröldruckseite hin das Dampfventil der Hilfsturbine öffnet.

Von dem gleichen Gedanken ausgehend ist auch das selbsttätige Anfahren ganzer Turbosätze entwickelt worden, die bereits in mehreren großen Kraftwerken zur unbedingten und sofortigen Sicherstellung des Eigenbedarfes aufgestellt worden sind. Am besten wird das selbsttätige Anfahren eines solchen Satzes an einem bestimmten Beispiele erläutert, wobei es grundsätzlich gleichgültig ist, ob sich Anlagen verschiedenen Ursprunges in Einzelheiten von diesem unterscheiden. Die Turbine des hier gewählten Turbosatzes ist für Auspuffbetrieb ausgebildet und für Frischdampfverhältnisse von 28 atü 425° gebaut. Der zugehörige Stromerzeuger ist für eine Spannung von 380/420 V und eine Leistung von 700 kVA bei einem Leistungsfaktor 0,8 bemessen. Turbine und Stromerzeuger sind unmittelbar miteinander gekuppelt. Die Drehzahl beträgt 3000 U/min. Die Maschine kann von Hand sowie vollkommen selbsttätig in Betrieb gesetzt werden. An Hand des Schaltbildes, Abb. 110, wird der selbsttätige Anlaufvorgang erläutert. Bei Ausfallen der Spannung an der Hauptsammelschiene des Werkes wird der Anlauf durch ein Nullspannungsrelais eingeleitet. Eine Zeitverzögerung von 5 s verhindert bei kurzzeitigem Ausbleiben der Spannung das Anlaufen der Notturbine. Nach Ablauf dieser 5 s wird das Bereitschaftsrelais eingeschaltet, das den Zweck hat, den Anlaufvorgang nunmehr ohne Rücksicht darauf, ob die Spannung wiederkommt, durchzuführen. Durch einen Hilfschalter am Bereitschaftsrelais wird der Hubmagnet *l* an Spannung gelegt; er zieht an und schließt das Rohrleitungs-Belüftungsventil *k*. Er bleibt so lange unter Spannung, bis nach erfolgtem Anlaufe das Bereitschaftsrelais wieder abfällt. Das Belüftungsventil wird dann durch den Frischdampfdruck geschlossen gehalten. Durch eine Kontaktvorrichtung des geschlossenen Belüftungsventiles wird das Steuerschütz *h* „öffnen" des Motorantriebes *g* für den Hauptfrischdampfschieber *f* betätigt. Der Schieber wird geöffnet und gibt dem Frischdampfe den Weg zur Hilfsölpumpe und zum selbsttätigen Anfahrventile *m* frei. Die Hilfsölpumpe *a* läuft an und liefert das erforderliche Drucköl

a Hilfsölpumpe; *b* Hauptölpumpe; *c* Hauptstromregler; *d* Feldschwächungsgerät; *e* Frischdampfleitung; *f* Hauptdampfschieber; *g* Schieberantrieb; *h* Steuerschütz; *i* Druckanzeiger; *k* Belüftungsventil; *l* Hubmagnet; *m* selbsttätiges Anfahrventil; *n* Drosselventil; *o* Ölstandsanzeiger; *p* Ventil der Hilfsdampfleitung; *q* Tirillregler; *r* Turbine; *s* Drehzahlverstellmotor; *t* Schnellschlußgestänge; *u* Umgehungsventil.

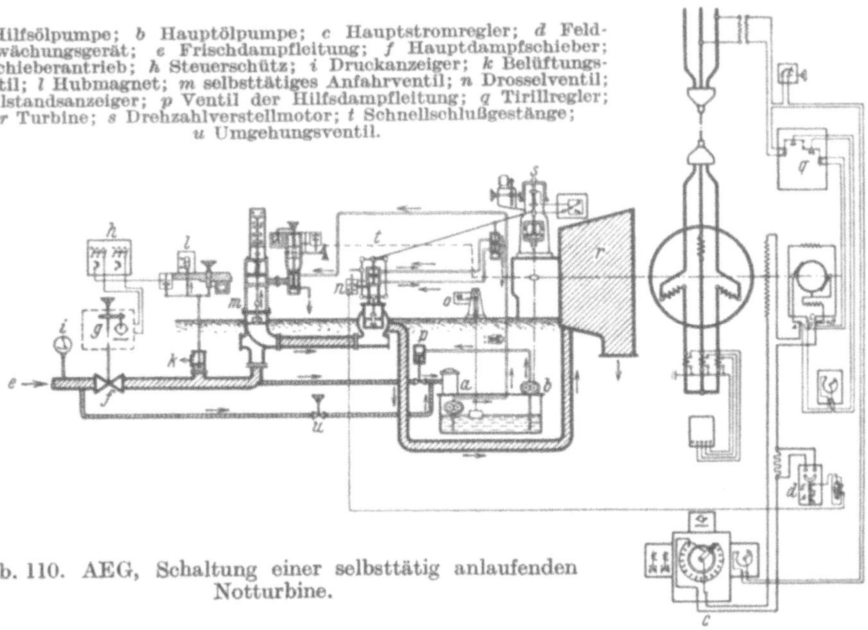

Abb. 110. AEG, Schaltung einer selbsttätig anlaufenden Notturbine.

zum Öffnen des Anfahrventiles *m* sowie zur Lagerschmierung. Bei genügend hohem Dampfdrucke beginnt das Anfahrventil sich zu öffnen und die Turbine läuft an. Bei der vorgeschriebenen Turbinendrehzahl schließt das Drosselventil *n* bis in seine Leerlaufstellung, wodurch der Frischdampfdruck hinter dem Vorhubkegel des Anfahrventiles *m* ansteigt. Mit Unterstützung des Dampfdruckes kann nunmehr der Öldruck auch den Hauptkegel des Ventiles *m* öffnen, so daß der gesamte Einlaßquerschnitt der Frischdampfzuführung freigegeben wird. Mit zunehmender Drehzahl beginnt die von der Turbinenwelle angetriebene Hauptölpumpe zu fördern. Das von der Hauptölpumpe belieferte Ventil *p* setzt schließlich die Hilfsölpumpe still. Damit ist der eigentliche Anlaufvorgang der Turbine beendet; es folgen jetzt die Erregung des Stromerzeugers und das Einschalten der Notanlage auf das Eigenbedarfsnetz.

Turbinen, deren kritische Drehzahl unterhalb ihrer Betriebsdrehzahl liegt, müssen beim Anfahren durch den kritischen Bereich hindurchfahren. Das Verhalten der Turbine beim Durchfahren der kritischen Drehzahlen ist daher für das Anfahren überkritisch laufender Turbinen von Wichtigkeit. Über Erfahrungen mit kritischen Drehzahlen in den Anfängen des Turbinenbaues überhaupt berichtet Stodola[29]. Er stellte schon damals fest, daß „moderne, in äußerst vollkommener Weise ausgewuchtete Turbinen über die kritischen Drehzahlen ohne merkliche Erschütterung hinwegkommen können".

[29] A. Stodola: Dampf- und Gasturbinen, 5. Aufl., S. 786f. Berlin: Julius Springer 1922.

Das Wesen der kritischen Drehzahlen — darunter sind im allgemeinen nur kritische Biegungschwingungzahlen zu verstehen; kritische Verdrehungschwingungen spielen allenfalls bei Getriebeturbinen eine Rolle — als eines labilen Gleichgewichtzustandes setzt für unruhigen Lauf der Maschine im Bereiche der als kritisch errechneten Drehzahlen bereits eine Auslenkung der Welle voraus. Tatsächlich sind die statischen und dynamischen Auswuchtverfahren, die in den Turbinenwerken heute angewendet werden, so weit verfeinert, daß man ohne Bedenken überkritische Wellen verwenden kann, also beim Anfahren durch die erste kritische Drehzahl hindurchfährt. Für die Berechtigung dieser Feststellung spricht am deutlichsten, daß zahlreiche ältere Turbinen, deren kritische Drehzahlen seinerzeit noch nicht so genau bestimmt worden sind, seit Jahren sogar unmittelbar in oder dicht neben ihrem rechnungsmäßig kritischen Drehzahlbereiche laufen, ohne daß sie jemals deswegen zu Beanstandungen Anlaß gegeben hätten. Nach dem heutigen Stande kann ganz allgemein festgestellt werden, daß zwischen den auf dem Berechnungswege ermittelten kritischen Drehzahlen — bei deren Ermittlung naturgemäß verschiedene Annahmen gemacht werden müssen — und den sich im Betriebe ergebenden tatsächlichen kritischen Bereichen eine gute und für die Wirklichkeit vollkommen ausreichende Übereinstimmung besteht.

Vorteile der „weichen" Wellen liegen in ihrer rascheren und gleichmäßigeren Durchwärmung, der dadurch ermöglichten Abkürzung der Anfahrzeit, in geringeren Stopfbuchsverlusten, da die Stopfbuchsendurchmesser kleiner sind, sowie darin, daß die verhältnismäßig dünnen Wellen besser durchgeschmiedet und daher auch im Baustoffe gleichmäßiger hergestellt werden können als schwerere Läufer.

Kritische Drehzahlen sind stets rasch zu durchfahren. Keinesfalls darf die Turbine gerade in diesem Drehzahlbereiche längere Zeit festgehalten werden. Wird das beachtet, so geht das Anfahren sorgfältig ausgewuchteter überkritischer Turbinen ohne jede Schwierigkeit vonstatten.

Vereinzelt ist beim Anfahren noch eine weitere kritische Drehzahl beobachtet worden, die der Vollständigkeit halber hier auch erwähnt werden soll. Diese hat jedoch nicht in den federnden Eigenschaften der Welle, sondern in der Nachgiebigkeit des Ölpolsters im Lager ihre Ursache und hängt unter anderem vom Spiele der Lagerschalen und der Zähigkeit des verwendeten Öles, jedoch nicht von der sonstigen Lage der Biegungseigenschwingungzahlen, also nicht von der unter- oder überkritischen Ausbildung des Läufers ab. Das Wesen dieser Erscheinung, die im Betriebe besonders beim Anfahren von 1500 U/min-Turbinen mit kaltem Öle beobachtet wurde, ist erst in jüngerer Zeit geklärt worden[30]. Danach können durch die Ölschichten zwei kritische Drehzahlen hervorgerufen werden, von denen die höhere störend wirken kann. Durch engeres Spiel der oberen Lagerschalen in der Teilfuge kann man die Ausschläge auf ein unschädliches Maß beschränken.

Es bestand in früheren Jahren und besteht zum Teile auch heute noch das Bestreben, die Läufer „unterkritisch", also starr auszubilden. Infolgedessen war man entweder zur Trommelbauart oder, wenn Räderaufbau verwendet wurde, zu einer Beschränkung der Stufenzahl in den einzelnen Gehäusen gezwungen. Dazu besteht heute aber keine Notwendigkeit mehr, und wo die starre Welle im Kampfe um den Absatz der Turbine heute noch als der weichen Welle unbedingt überlegen hingestellt wird, da handelt es sich mit großer Wahrscheinlichkeit um Turbinenbauarten, die aus anderen Gründen (z. B. besondere Empfindlichkeit infolge kleiner Spiele starre Läufer bedingen.

Die gesamte A n f a h r z e i t eines Turbostromerzeugers ist vom Trägheitsmomente seiner umlaufenden Massen nahezu unabhängig. Dieses ist nämlich für alle erprobten Bauarten so gering, daß bei plötzlichem gleichzeitigem Öffnen aller Düsen selbst bei großen Einheiten nur etwa 10 bis 15 s notwendig wären, um die volle Drehzahl zu erreichen. Würde man jedoch die Düsen oder Düsengruppen der Reihe nach nur so

[30] Auf Anregung von Stodola (Dampf- und Gasturbinen, Nachtrag zur 5. Aufl., S. 11. Berlin: Julius Springer 1924) durch Ch. Hummel: Kritische Drehzahlen als Folge der Nachgiebigkeit des Schmiermittels im Lager. Forsch.-Arb. Ing.-Wes. 1926 Heft 287.

weit öffnen, daß stets gerade das der Vollast entsprechende und nicht das beim Anfahren sonst entwickelte doppelt so hohe Drehmoment erzeugt wird, so wären trotzdem nur etwa 25 s Beschleunigungzeit notwendig[31]. Daß die tatsächlichen Anfahrzeiten im Betriebe länger sind, hat seine Ursache vor allem in den auftretenden Temperaturen, Temperaturunterschieden, Wärmedehnungen, -spannungen und Verformungen.

Die wirkliche, im Betriebe erreichbare Anfahrzeit von Turboanlagen ist naturgemäß je nach ihrer Bauart und der allgemeinen Anordnung der ganzen Anlage, ihrer Rohrleitungen usw. verschieden. Selbst nach gleichen Zeichnungen gebaute Maschinen haben möglicherweise infolge unvermeidbarer Restungleichheiten der Baustoffe von Läufer und Gehäuse oder verschiedener Anordnung im Kraftwerke und dadurch bedingter unterschiedlicher äußerer Abkühlungsverhältnisse oder sonstiger Ursachen verschiedene Anfahrzeiten, und es ist daher stets Sache des erfahrenen Betriebsleiters, ihre untere zulässige Grenze durch Versuche zu ermitteln und gegebenenfalls danach zu verfahren. Da das Hochfahren ganz allgemein einer der kritischen Zustände auch für die Betriebsicherheit der Turbine ist — bekanntlich tritt die überwiegende Anzahl von Turbinenschäden beim Anfahren auf — so decken sich die Forderungen, die man hinsichtlich Bereitschaft und Sicherheit stellen muß, zum großen Teile. Hat eine Turbine nicht derartige Abmessungen, daß ihre Beanspruchungen Grenzwerte darstellen, so kann man sagen, daß sie desto sicherer ist, je rascher sie sich anfahren läßt, und umgekehrt; dabei dürfen natürlich nur Maschinen von ungefähr gleicher Leistung verglichen werden, weil die durchschnittliche Anfahrzeit mit steigender Leistung zunimmt.

Man kann daher die Gesichtspunkte, nach denen Turbinen für schnelle Anfahrzeit gebaut sein müssen, etwa dahingehend zusammenfassen: je einfacher der Aufbau einer Turbine ist, insbesondere je größer die Schaufelspiele sind, um so kürzer wird die Anfahrzeit sein. Daneben spielt die Lagerung samt der Anordnung der Festpunkte von Läufer, Gehäuse und Lagerböcken sowie die Bauart der Stopfbuchsen eine wesentliche Rolle. Denn während des Anfahrens treten einerseits infolge der rascheren Durchwärmung des Läufers die größten Temperaturunterschiede und damit Dehnungsunterschiede zwischen Läufer und Gehäuse auf, andererseits können örtlich ungleiche Erwärmungen vorübergehend Wärmeverziehungen, Verwerfungen u. dgl. verursachen. Daher ist der Frischdampftemperatur, genauer der höchsten betriebsmäßig im Gehäuse auftretenden Dampftemperatur oder allgemein dem auf ein Turbinengehäuse insgesamt entfallenden Temperaturgefälle, ein viel größerer Wert für die Beurteilung des Anfahrvorganges beizumessen als etwa dem Dampfdrucke. Das Schaufelspiel ist für die beiden Arbeitverfahren, nach denen Dampfturbinen gebaut werden — Gleichdruck und Überdruck — von verschiedener Wichtigkeit. Während kleinstmögliche Spiele, axial oder radial, für das Überdruckverfahren mit Rücksicht auf die sonst unzulässig groß werdenden Undichtheitsdampfverluste zwingende Notwendigkeit sind, können beim Gleichdruckverfahren, da im Laufschaufelspalte kein Druckgefälle vorhanden ist, wesentlich reichlichere Spiele zugelassen werden, ohne daß der Dampfverbrauch dadurch nennenswert beeinträchtigt wird. Selbstverständlich darf nie die Größe des Schaufelspieles an sich zum Vergleiche herangezogen werden, sondern es muß dabei stets der Stufendurchmesser berücksichtigt werden. Das Gleichdruckverfahren erfordert außerdem für gleichen Wirkungsgrad viel weniger Stufen als das Überdruckverfahren — für gleichen Wirkungsgrad muß die

[31] Die rechnerische Anfahrzeit wird ermittelt aus der allgemeinen Beziehung

$$M_d = J \frac{d\,\omega}{d\,t},$$

worin ω (s^{-1}) die Winkelgeschwindigkeit, M_d (cmkg) das sich mit ω verändernde Drehmoment, J (cmkgs²) das Massenträgheitsmoment bedeuten. Das Schwungmoment GD^2 (kgm²) steht zu J in der Beziehung $J = 2{,}55 \cdot GD^2$. Durch Integration der Ausgangsgleichung bis zur betriebsmäßigen Winkelgeschwindigkeit ω_0 erhält man die Anfahrzeit

$$t = J_0 \int_0^{\omega_0} \frac{d\,\omega}{M_{d\,(\omega)}}.$$

Je nach den Annahmen für den Verlauf von $M_{d\,(\omega)}$ fällt t etwas verschieden aus.

Güteziffer[32] einer Überdruckturbine rund 50% größer sein als die einer Gleichdruckturbine —, die Gleichdruckturbine kann daher kürzer und insbesondere mit kleinerem Lagerabstande gebaut werden. Die Lagerung selbst muß dem Läufer unter allen Betriebsumständen sicheren Halt gewähren; freifliegend angeordnete Turbinenläufer sollten daher nur für ganz kleine, einstufige Turbinen angewendet werden.

Demnach ist für die Bedingung besonders kurzer Anfahrzeit die Gleichdruckturbine der Überdruckturbine unbedingt überlegen. Die Frage der tatsächlichen Anfahrzeit entzieht sich allerdings einer rein rechnerischen Erfassung. Selbst Faustformeln, die hier und da für eine bestimmte Bauart genannt werden, können nur sehr rohe Annäherungswerte ergeben und zahlreiche nach oben wie nach unten weit herausfallende Ausnahmen müssen in Kauf genommen werden. Als Einflußgrößen enthalten derartige Formeln meist die Dampftemperatur und, zur Kennzeichnung der Abmessungen, Leistung oder Drehzahl oder beides zugleich. Die nach solchen Formeln errechneten Anfahrzeiten sind jedoch nur von recht fragwürdigem Werte, und tatsächlich halten sich auch kaum die Hersteller der Turbinen, für die sie gelten sollen, an ihre Formeln.

Will man Anfahrzeiten zahlenmäßig benennen, so kann man das nur unter der Voraussetzung tun, daß diese Zahlen nicht als feststehende Werte, sondern höchstens als Richtwerte gelten für eine einigermaßen begrenzte Bauart. Die hier folgenden Zahlen gelten als Richtwerte für Räderturbinen üblicher Bauart, die nicht für kurze Anfahrzeit gebaut sind. Ausgesprochene Grenzturbinen, bei denen sich die auftretenden Beanspruchungen bereits den Grenzen des überhaupt noch Zulässigen nähern, sind hierbei ausgenommen. Mit diesen Einschränkungen kann man etwa folgende Normwerte angeben:

Unmittelbar mit Stromerzeugern gekuppelte kleine Turbinen (Notturbinen) einfachsten Aufbaues sind in etwa 20 s hochzufahren; Kesselspeisepumpen, Hilfsturbinen der Kondensationsanlage sowie allgemein kleine kurzgebaute Getriebeturbinen lassen sich in etwa 1 min, notfalls auch noch schneller bis hinunter zu 30 s, anfahren; mittlere eingehäusige Turbinen erfordern etwa 15 min; große, mehrgehäusige Turbinen erfordern 20 bis 30 min. Es ist zweckmäßig, die erste Belastung des Stromerzeugers nach jedesmaligem Anfahren nicht zu rasch vorzunehmen; so geben z. B. amerikanische Berichte für größere Turbinen eine Laststeigerung von 1000 kW je 1 min an.

Hierzu sind nach oben und nach unten weit herausfallende Grenzzeiten bekannt. So wurde z. B. mit einer 1000 kW-AEG-Turbine bei Anfahrversuchen eine Gesamtzeit von nur 30 s erreicht. Die Anfahrzeit einer eingehäusigen 1500 kW-BBC-Turbine wurde nach und nach von 5 min auf 25 s verkürzt[33]. Eine eingehäusige, mehrstufige Scheibenturbine der AEG von 16000 kW, 1500 U/min, die seit 1916 in Betrieb ist, wurde im Bedarfsfalle sogar in 19 s auf volle Drehzahl gebracht und ihr Stromerzeuger in weiteren 5 s synchronisiert. Bei derartigen Spitzenwerten ist natürlich geschulte Bedienungsmannschaft Voraussetzung. Es genügt hierfür nicht, die einzelnen Schaltvorgänge und ihre Wirkung zu verstehen, sondern die Handhabung muß geübt werden, bis sie vollkommen selbstverständlich vor sich geht, ohne noch besondere Anforderungen an die Überlegungskraft und Geistesgegenwart zu stellen[34].

Andererseits erfordern große Maschinen, besonders wenn sie als Grundlastmaschinen gebaut sind und daher bei ihrer Erstellung keine besondere Rücksicht auf rasche Betriebsbereitschaft gelegt worden ist, je nach ihrer Bauart mitunter bedeutend längere Anfahrzeiten. Als Beispiel dafür sind in Abb. 111 Anfahrkurven einer großen Zweiwellenmaschine der BEWAG dargestellt. Hierbei muß außer dem Bisherigen noch besonders

[32] Vgl. S. 31/32 in: E. A. Kraft: The Modern Steam Turbine. Berlin: VDI-Verlag 1931.

[33] Nach E. Brown und F. Ribary, vgl. Fußnote 27 auf S. 118.

[34] Hierzu macht Peuker (Beeinflussung der Betriebsbereitschaft durch die Bauart und Größe von Dampfturbinen bei Elektrizitätswerken mit und ohne Dampfspeicher, S. 75/85 in: Gesamtbericht Zweite Weltkraftkonferenz Bd. 4. Berlin: VDI-Verlag 1930) recht beachtenswerte Angaben. Nach ihm hat z. B. eine eingehäusige 16000 kW-Turbine, 1500 U/min, nicht weniger als 50 Ventile, von denen während des Anfahrens 30 zu öffnen und 12 davon wieder zu schließen sind. Eine eingehäusige 20000 kW-Turbine, 3000 U/min, hat 145 Ventile, wovon beim Anfahren 42 zu öffnen und 26 wieder zu schließen sind, und eine dreigehäusige 37500 kW-Turbine hat sogar 154 Ventile, von denen 52 (27) beim Anfahren zu betätigen sind.

darauf hingewiesen werden, daß die hier ausgewählte Maschine schon vor Jahren unter für damalige Zeit geltenden Gesichtspunkten gebaut worden ist; man würde heute mit neueren Maschinen gleicher Größe wesentlich kürzere Anfahrzeiten erreichen können.

Die Forderung nach kurzer Anfahrzeit ist somit heute ohne weiteres zu erfüllen, wenn sie bei der Bestellung festgelegt und bei der Gestaltung der Turbine von vornherein berücksichtigt wird, und wenn man insbesondere die Kondensationsanlage entsprechend einrichtet (reichliche Luftpumpen, übersichtliche Betätigung). Dann lassen sich z. B. mit Gleichdruckturbinen in der üblichen Axialbauart Anfahrzeiten von wenigen Minuten einhalten, die auch den neuerdings oft angegebenen kurzen Anfahrzeiten von Radialturbinen keineswegs nachstehen. Billigerweise darf man nicht Turbinen, bei deren Baue andere Bedingungen maßgebend und Anfahrbedingungen überhaupt nicht gestellt worden waren, mit Bauarten vergleichen, die von vornherein darauf abgestellt sind. Allgemein muß man leider zur Frage der Anfahrzeit von Turbostromerzeugern die Feststellung machen, daß selbst der sonst so nüchterne Ingenieur Modeströmungen gegenüber nicht immer frei ist. Der Begriff kurze Anfahrzeit ist zur Zeit zum Teile zu einem Schlagworte geworden, das in der übertriebenen und durch „Paradeversuche" noch unterstrichenen Form mit den wirklich vorkommenden Betriebsanforderungen oft schon nicht mehr allzuviel zu tun hat. In vielen Fällen wird für neuzeitlichen Betrieb die Forderung möglichst abgekürzter Anfahrzeit berechtigt sein, und dort wird sich der für die Wahl der Bauform Verantwortliche dem nicht verschließen. Aber auf diese Fälle sollten die hochgeschraubten Forderungen auch wirklich beschränkt bleiben.

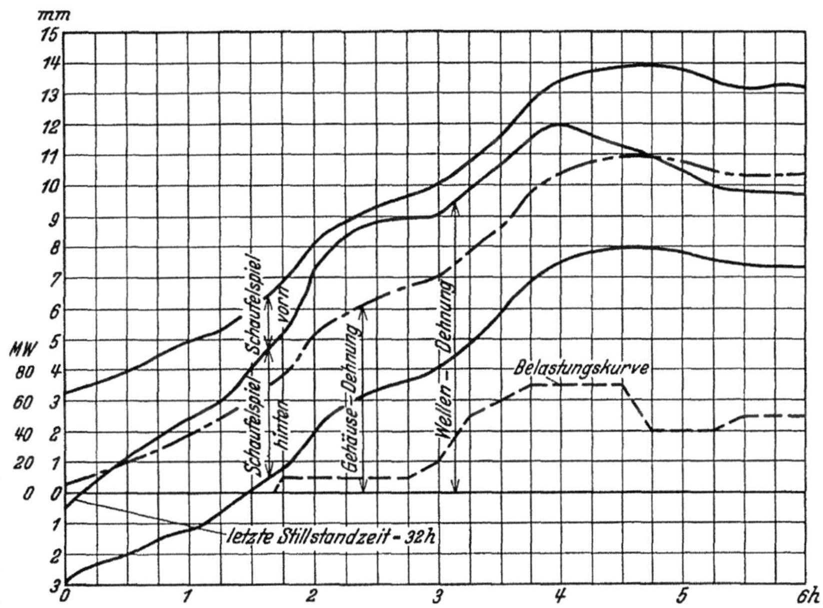

Abb. 111[35]. Anfahrkurven einer Zweiwellenturbine 85000 kW, 1500 U/min, für 32,5 atü, 400° Frischdampf.

17. Die Sicherung des Betriebes.

Um das Verhalten und die erforderliche Pflege der Schnellschlußvorrichtungen während des Betriebes zu kennzeichnen, werden nachstehend zunächst für zwei verschiedene Turbinenbauarten die wichtigsten diesbezüglichen Betriebsvorschriften wiedergegeben.

Betriebsvorschrift I.

Der Schnellschluß ist bei jeder Außerbetriebnahme der Turbine und bei Dauerbetrieb mindestens jede Woche einmal zu prüfen. Die Turbine ist mittels der Drehzahlverstellung auf Überdrehzahl zu bringen, bis der Schnellschlußregler ausschlägt und das Schnellschlußventil schließt. Bevor die Schnellschlußvorrichtung wieder eingeklinkt wird, muß die Drehzahl im allgemeinen etwas unter die übliche gesunken sein, und zwar um etwa 100 U/min. Ist Ölauslösung für den Schnellschlußregler vorgesehen, so entfällt die Drehzahlsteigerung, der Schnellschluß kann dann bei Nenndrehzahl zum Ausschlagen

[35] Nach Abb. 1 in Aufsatz lt. Fußnote 34 auf S. 126.

gebracht werden. In diesem Falle muß die Rückstelldrehzahl des Schnellschlußreglers ohne Öl oberhalb der Betriebsdrehzahl liegen, da der Stromerzeuger sonst jedesmal, wenn die Schnellschlußvorrichtung mittels Ölauslösung erprobt wird, aus dem Netze genommen werden müßte (vgl. hierzu S. 129 unten).

Die Stopfbuchse der Schnellschlußventilspindel darf nach der Schnellschlußprobe und auch während des Betriebes nicht mehr nachgezogen werden, da ein einseitiges oder zu starkes Anziehen die Ventilspindel festklemmen und damit den Schnellschluß außer Tätigkeit setzen kann.

Die Gelenke des Schnellschlußgestänges sowie die Spindel des Schnellschlußventiles sind dauernd auf leichte Beweglichkeit zu beobachten. Das Schnellschlußgestänge ist vor jedem Anfahren zu schmieren.

Die Führung der Ventilspindel darf nicht geschmiert werden und muß trocken sein, da andernfalls die Spindel durch verharztes Öl in der Spindelmutter festbrennen kann. Die Spindelmutter des Schnellschlußventiles darf somit nicht in ihrer Bohrung, sondern nur im Gewinde, mit dem sie im feststehenden Ventilaufbaue hochgeschraubt wird, geschmiert werden. Bei jeder Schnellschlußprobe ist die Spindelmutter daraufhin zu überprüfen.

Vor dem Anfahren ist nach Abheben des Schaulochdeckels am Reglerbocke nachzusehen, ob der Hebel des Schnellschlusses richtig eingeklinkt ist.

Betriebsvorschrift II.

Die Turbine soll in jedem Monate einmal durch Schnellschlußprobe abgestellt werden. Durch Ausschalten des Steuerschiebers und Handreglung ist die Turbine zu diesem Zwecke auf 10 % Überdrehzahl zu bringen, wobei der Schnellschluß in Tätigkeit treten muß.

Es soll in den Betriebsaufzeichnungen vermerkt werden, bei welcher Drehzahl der Schnellschluß bei den einzelnen Proben ausgelöst hat.

Keinesfalls darf die Drehzahl höher steigen als 11 % über die Betriebsdrehzahl. Spricht der Schnellschlußregler bis dahin nicht an, so ist die Klinke am Schnellschlußventile von Hand auszulösen und der Schnellschlußregler sobald als möglich nachzusehen.

Bleibt die Turbine mehrere Tage ununterbrochen im Betriebe, so ist die Spindel des Schnellschlußventiles täglich durch einige Umdrehungen des Handrades etwas zu bewegen. Man überzeugt sich dadurch, daß die Spindel in der Stopfbuchse nicht festsitzt.

Die Brille der Stopfbuchse darf nicht zu fest angezogen sein, die Spindel muß sich leicht bewegen, wenn ohne Dampf im Ventilgehäuse die Schließfeder das Ventil zudrückt.

Diese Vorschriften zeigen die grundsätzliche Übereinstimmung in den Hauptfragen der Überwachung und Erprobung im Betriebe. Beide beziehen sich auf Gestängereglungen mit Ölkraftgetrieben. Die wenigen ausgeführten Formen reiner Ölbetätigung auch des Schnellschlußventiles haben im wesentlichen die gleichen Vorschriften für das Erproben und die laufende Betriebsüberwachung. Es treten lediglich an die Stelle der Vorschriften für die Gestänge und ihre Gelenke sinngemäß solche für die Übertragungsölleitungen und ihre Regel- und Absperrvorrichtungen. Mitunter findet sich zur Betätigung der gesamten Reglung einschließlich der Schnellschlußvorrichtung beim Anfahren, Abstellen oder beim Ansprechen des Schnellschlusses noch eine Vorrichtung, die zwangläufig Hauptabsperrventil und Düsenventile in bestimmter Reihenfolge betätigt.

Bei den meisten Turbinenbauarten sind die Regelventile unabhängig vom Schnellschlusse, d. h. beim Ansprechen des Schnellschlusses bleiben die Regelventile zunächst geöffnet. Nur dort, wo aus räumlichen Gründen das Schnellschlußventil so weit von der Turbine selbst entfernt aufgestellt ist, daß die in den Rohren zwischen diesem Ventile und der Turbine befindliche Dampfmenge die Turbine noch über die Schnellschlußdrehzahl hinaus beschleunigen könnte, wird man auch die Regelventile in Abhängigkeit vom Schnellschlußregler zum Schließen bringen. Derartige Zusatzeinrichtungen lassen sich bei fast allen Reglungsbauformen anbringen. Als Beispiel zeigt Abb. 112 eine Reglung, bei der Schnellschluß- und Regelventile unter den Einfluß des Schnellschlußreglers gebracht sind.

Im allgemeinen wird verständlicherweise für die vom Schnellschlußregler zu betätigende Hauptabsperrung des Dampfes nur ein einziges Ventil vorgesehen. Will man bei der Probe des Schnellschlußreglers und des Übertragungsgestänges oder der Druckölanlage die Turbine in Betrieb halten, so könnte man auch das Schnellschlußventil in geöffneter Stellung verblocken und lediglich feststellen, ob die Schnellschlußklinke ordnungsmäßig ausschlägt. Eine solche Einrichtung ist indessen nicht zu empfehlen, da dann die Möglichkeit gegeben wäre, daß diese Verblockung nach Abschluß der Probe versehentlich nicht entfernt wird, wodurch ernstester Schaden entstehen könnte. Wo zwei Schnellschlußventile nebeneinander vorgesehen sind — heute wohl nur noch bei ganz großen Maschineneinheiten oder bei solchen Turbinen, die ungewöhnlich große Dampfmengen verarbeiten —, kann man die Turbine bei der Schnellschlußprobe dadurch in Betrieb halten, daß man bei geringer Last jeweils das eine Ventil verblockt und das zweite zuschlagen läßt und umgekehrt. Auch hier aber erfordert die Verblockungsvorrichtung verantwortungsvolle Beachtung.

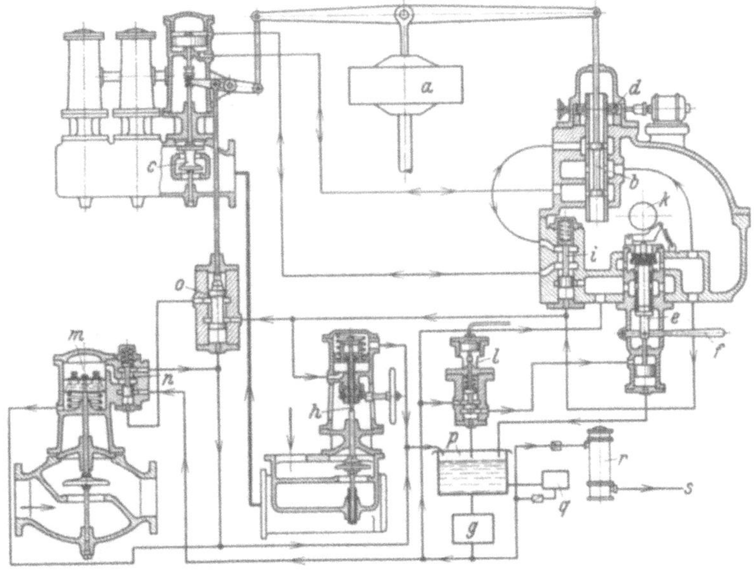

Abb. 112[36]. SSW, Reglung und Sicherheitsvorrichtungen einer Kraftwerksturbine.

a Drehzahlregler; *b* Steuerschieber; *c* Regelventil; *d* Drehzahlverstellvorrichtung; *e* Schnellschlußvorrichtung; *f* Schnellschluß-Handhebel; *g* Zahnradölpumpe; *h* Schnellschluß- und Hauptabsperrventil; *i* Umschaltschieber; *k* Schnellschlußregler; *l* Kondensatorschutz; *m* ölgesteuertes Rückschlagventil in der Anzapfleitung; *n* Umschaltschieber zu *m*; *o* Regelschieber zu *m*; *p* Ölbehälter; *q* Hilfsölpumpe; *r* Ölkühler; *s* Lagerölleitung.

In der Sicherung großer Maschineneinheiten ist man in einigen Fällen noch einen Schritt weiter gegangen, insofern zwei Schnellschlußvorrichtungen **hintereinander** in die Frischdampfleitung eingebaut wurden, die beide von einem oder auch getrennt von je einem eigenen Schnellschlußregler betätigt werden. Mitunter ist die vordere Absperrvorrichtung dann kein Ventil sondern ein Drehschieber („Krämer-Hahn“[37]), da hierfür keine vollkommene Dichtheit erforderlich ist.

In einigen Betrieben ist es zeitweilig als Mangel empfunden worden, daß nach dem Ansprechen des Schnellschlusses die Maschine stets aus dem Netze genommen werden mußte, da der Schnellschlußregler zufolge seiner Feder- und Gewichtsverhältnisse erst unterhalb der Betriebsdrehzahl wieder in seine Ruhelage zurückgeht. Allerdings hat das nur dann Bedeutung, wenn die Ursache für das Ansprechen des Schnellschlusses in Netzschäden zu suchen ist, während der Turbostromerzeuger selbst davon vollkommen unbeeinflußt geblieben ist. Hat der Schnellschluß angesprochen, so muß der Stromerzeuger, auch wenn inzwischen die schadhaften Stellen des Netzes abgeschaltet sind oder sich selbst abgeschaltet haben, aus dem Netze genommen und kann erst wieder auf volle Drehzahl und Synchronismus gebracht werden, wenn die zur Rückstellung des Schnellschlußreglers erforderliche Minderdrehzahl erreicht war. Man hat daher vereinzelt die Federn und Gewichte des Schnellschlußreglers so abgestimmt, daß der Regler bereits zwischen der Schnellschluß- und der üblichen Betriebsdrehzahl der Turbine wieder in seine Ruhelage zurückgeht. Ein allgemeines Bedürfnis hierzu scheint jedoch nicht vorzuliegen.

[36] Nach Siemens-Z. 1932 S. 307 Abb. 5.

[37] D.R.P. 529168.

Die Auslösung des Schnellschlußreglers durch Einspritzen von Öl bietet für die laufende Betriebsüberwachung den Vorteil, daß bei den Proben der Schnellschlußvorrichtung der Turbostromerzeuger nicht der erhöhten Drehzahl und damit nicht erhöhten Beanspruchungen ausgesetzt zu werden braucht. Daß der Schnellschlußregler im Falle des Durchgehens der Maschine bei der vorgesehenen Schnellschlußdrehzahl auslösen würde, läßt sich auch bei der Ölauslösung feststellen, wenn man im Schwungringregler (z. B. der AEG), auf den das eingespritzte Öl nur zufolge seines Gewichtes und dessen Fliehkraft wirkt, den Ölaufnahmeraum im Reglerschwungringe entsprechend bemißt oder die eingespritzte Ölmenge (Druck und Zeit) feststellt. Beim Schlagbolzenregler (z. B. nach Westinghouse) wirkt das Öl vermöge seines Druckes, es ist hierbei also leicht festzustellen, bei welchem Öldrucke der Schnellschlußregler ausschlägt. Bei der ersten Einstellung der Schnellschlußvorrichtung wird ein Vergleichsversuch durchzuführen sein, der bei späteren Ölspritzversuchen einen Schluß darüber ermöglicht, ob der Regler bei der vorgeschriebenen Drehzahl auslöst. Daß mit Hilfe derartiger Öleinspritzvorrichtungen der Schnellschluß der Turbine auch in selbsttätige Abhängigkeit von zu beobachtenden beliebigen Größen (z. B. Lageröldruck, Luftleere) gebracht werden kann, wurde bereits erwähnt (vgl. S. 83).

Anzapf- oder Mehrdruckturbinen aller Art müssen nicht nur von der Frischdampfseite, sondern auch an den übrigen Zudampfstellen sowie an den Anzapfstellen durch Schnellschlußventile gesichert sein. Auch die ungeregelten Anzapfstellen der Kondensationsturbinen, denen Dampf für Speisewasservorwärmung entnommen wird, sind in gleicher Weise zu sichern. Alle diese Schnellschlußvorrichtungen und Übertragungsmittel sind in der angegebenen Weise in bestimmten Zeitabständen Proben zu unterziehen.

Bezüglich der Überwachung und Überholung der Ventile, Spindeln und Packungen gelten die gleichen Vorschriften wie für die Regelventile (vgl. S. 137/139).

Der Zweck der Schnellschlußvorrichtungen, die Turbine bei drohender Gefahr durch Schließen der Frischdampfzufuhr vor Beschädigung überhaupt oder vor einer Vergrößerung des bereits eingetretenen Schadens zu bewahren, kann für Kondensationsturbinen durch sogenannte Unterdruckbrecher unterstützt werden. Die Läufer von Turbine und Stromerzeuger haben je nach dem in ihnen aufgespeicherten lebendigen Arbeitvermögen eine bestimmte Auslaufzeit. Je kürzer diese ist, desto geringeren Umfang wird ein Schaden, sei es z. B. Schaufelbruch oder Ölbrand, annehmen. Luft im Turbinengehäuse vergrößert die Radreibung und übt eine Bremswirkung aus. Versuche ergaben bei Anwesenheit von Luft eine Verkürzung der Auslaufzeit um etwa 30%. Als Unterdruckbrecher benutzt man das Notauspuffventil. Es wird mit dem Schnellschlusse durch ein Gestänge verbunden und erhält eine Auslösung durch Klinke und Feder. Mitunter sieht man auf der Spindel des Notauspuffventiles einen Kolben vor, dessen beide Seiten bei üblichem Betriebe unter Unterdruck stehen, während bei Auslösen des Schnellschlusses ein Hilfsventil betätigt wird, das Luft unter diesen Kolben strömen läßt. Der Luftdruck öffnet dann das Notauspuffventil. Man kann den Unterdruckbrecher auch durch ein Ölkraftgetriebe betätigen und den Öldruck als Antrieb benutzen. Schließlich sei auch die Möglichkeit einer elektrischen Auslösung erwähnt.

18. Die Reglung im Betriebe.

Für den Betrieb einer Dampfturbinenanlage ist sorgfältigste Ausbildung ihrer Reglung überaus wichtig, besonders wenn der Turbosatz mit anderen auf ein gemeinsames Stromnetz arbeitet. Die durch die Kenngrößen der Regler und ihre Wechselwirkung mit den Auslegungsgrößen des Turbostromerzeugers bestimmte Drehzahlkennlinie gewinnt besonders in solchen Kraftwerken Wichtigkeit, die mit anderen zusammen arbeiten und in deren gemeinsamem Netze die Frequenz genau eingehalten werden muß.

Bei Kurzschlüssen im Netze darf die Drehzahl des Turbosatzes nicht so weit steigen, daß der Schnellschluß eingreift und die Dampfzufuhr absperrt. Die Reglung muß also der Bewegung des Drehzahlreglers so schnell folgen können, daß der Regelvorgang beendet, der der verminderten Belastung entsprechende neue Beharrungzustand also eingetreten ist, bevor die Schnellschlußdrehzahl erreicht ist. Als übliche Werte wird man bei 10 % Überdrehzahl beim Ansprechen des Schnellschlusses etwa 7 % als höchste vorübergehende Drehzahlsteigerung bei plötzlicher Entlastung von der Höchstlast auf Leerlauf und eine 4 % über der üblichen Drehzahl liegende Leerlaufdrehzahl zulassen. Ist eine andere Schnellschlußdrehzahl gefordert, so sind entsprechend andere Zwischenwerte zulässig.

Die drei Betriebskurven, Abb. 113, sind an einer 10000 kW-Turbine der AEG aufgenommen, deren übliche Drehzahl 3000 U/min ist. Man sieht, daß bei einer plötzlichen Entlastung von 10000 kW auf Leerlauf nur eine Drehzahlsteigerung von vorübergehend 5,7 %, bleibend 4,5 % eingetreten ist, bei geringeren Laststürzen entsprechend weniger. Es läßt sich mit dieser Reglung auch bei größten Maschinen erreichen, daß die Schlußzeit keinesfalls 1 s überschreitet.

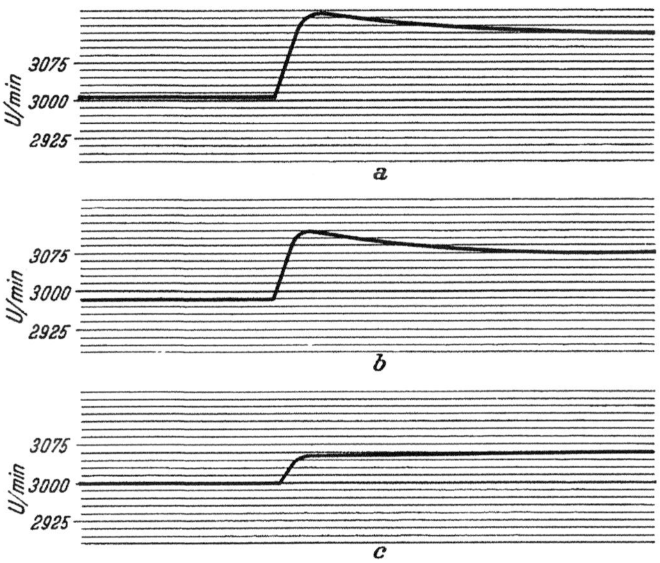

Abb. 113. Entlastungsvorgang an einer AEG-Kondensationsturbine 10000 kW, 3000 U/min.

a plötzliche Entlastung von Vollast auf Leerlauf: Drehzahlerhöhung höchstens 5,7 %, bleibend 4,5 %; *b* plötzliche Entlastung von 7000 kW auf Leerlauf: Drehzahlerhöhung höchstens 4,1 %, bleibend 3 %; *c* plötzliche Entlastung von 3000 kW auf Leerlauf: Drehzahlerhöhung höchstens und bleibend 2,2 %.

Die Forderung des Zusammenarbeitens mehrerer Maschinen, oft verschiedener Bauarten, auf ein gemeinsames Netz und die Kupplung ganzer Netze miteinander hat zugleich die Ansprüche an die Turbinenreglung bedeutend verschärft. Das kann als Beispiel dafür dienen, wie der Anlaß zu Änderungen und Verbesserungen an den Maschinen vom Betriebe ausgehen und nur durch enge Zusammenarbeit der Turbinenwerke mit den Kraftwerken zu fruchtbaren Lösungen führen kann. Hier greifen die Aufgaben zudem so weit über den Rahmen des eigentlichen Turbinenbaues hinaus in das Gebiet der elektrischen Vorgänge bei der Reglung der Stromerzeuger, der Schaltung und elektrischen Sicherung der Netze und Maschinen, daß es ungewöhnlich umfangreicher Betriebsuntersuchungen bedurfte und noch fernerhin bedürfen wird, ehe hier vollkommen befriedigende Endlösungen gefunden werden können. Mit großzügigen Mitteln hat z. B. die A. G. Sächsische Werke bahnbrechend gewirkt, indem sie in ihren Großkraftwerken Hirschfelde und Böhlen umfangreiche Versuche über Maschinenreglung und Gemeinschaftsbetrieb vornehmen ließ und die Ergebnisse dieser Versuche in vorbildlicher Freimütigkeit veröffentlichte[38]. Auf diesen Untersuchungsbericht sei hier zur Durcharbeitung des ganzen Fragenbereiches nachdrücklichst hingewiesen. Obwohl nicht alle der darin aufgestellten Forderungen neu waren und ein Teil der geforderten Einrichtungen zur Zeit der Abfassung des Berichtes an der Turbinenreglung einer Bauart bereits verwirklicht war, soll hier doch wörtlich dem zusammenfassenden Abschnitte „Ergebnisse und Folgerungen" das entnommen werden, was darin über die Reglung der Turbinen im einzelnen gesagt ist.

„Das vermutete und erwartete Mißverhältnis zwischen den Drehzahlkennlinien und der Auslösedrehzahl des Schnellschlußventils wurde für die Mehrzahl der Maschinen durch die Aufzeichnungen bestätigt. Bei der Mehrzahl der untersuchten Maschinen lag die sich bei Entlastung von der Höchstlast einstellende Drehzahlerhöhung über dem Ansprechpunkt für das Schnellschlußventil. Bei mehreren Maschinen genügten schon mehr oder weniger weit unter der Nennlast liegende Entlastungen, um dieses Ventil auszulösen.

[38] E. Frenssdorff, K. Kühn, R. Mayer, W. Peters: Versuche über Maschinenreglung und Parallelbetrieb in den Großkraftwerken Hirschfelde und Böhlen. Elektrotechn. Z. Bd. 52 (1931) S. 791, 1185, 1215, 1270, 1349, 1382, 1509, 1549, 1565.

Die Werte der Drehzahlerhöhung waren fast durchweg zu hoch, um gegenüber der durch die Prüfdrehzahl der Rotoren festliegenden Auslösedrehzahl der Schnellschlußventile einen ausreichenden Abstand einzuschalten, der deren unnötiges Ansprechen mit Sicherheit vermeiden ließe.

In dem Verlauf der Drehzahlkennlinien der einzelnen Maschinen bestanden große Unterschiede sowohl hinsichtlich des Charakters der Kurven als auch hinsichtlich der Höhe der Absolutwerte.

Die reine Arbeitszeit des Schnellschlußventils ist immer noch so beachtlich groß, daß die Drehzahl des Läufers auch nach dem Ansprechen noch ansteigt. Dabei kann dieser weitere Drehzahlanstieg in der Regel nicht dem Arbeitsinhalt des noch in der Turbine befindlichen Dampfes zugeschrieben werden.

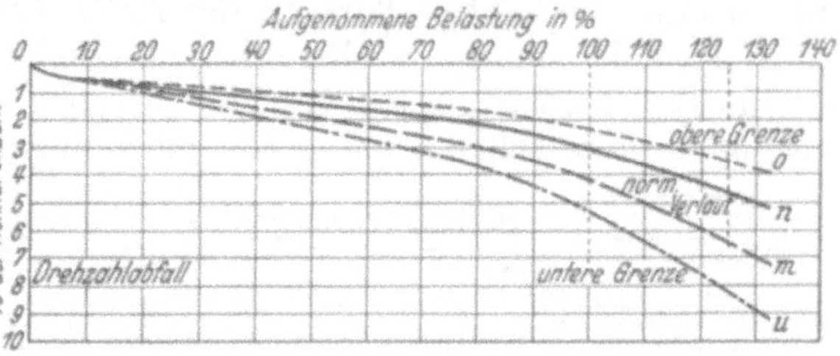

Abb. 114[39]. Empfehlenswerte Drehzahlkennlinien eines Turbostromerzeugers.

Die wirksame Schlußzeit der Regulierventile war bei einigen Maschinen für höhere Leistung bzw. Vorbelastung größer als bei kleinen Leistungen, und zwar im wesentlichen dadurch verursacht, daß bei größeren Ventilöffnungen der für den Ölservomotor verwendete Öldruck sank.

An diese Feststellungen, die unter anderem das allzu leichte und häufige Ansprechen der Schnellschlüsse erklären, lassen sich einige Forderungen anschließen, deren zum Teil den Reglerkonstrukteuren zufallende Verwirklichung angestrebt werden sollte.

Durch Erhöhung der mechanischen Verstellkräfte mußten die wirksamen Schlußzeiten wesentlich verkürzt und die Drehzahlerhöhungen bei Entlastung erniedrigt werden.

Der Ausbildung, der Form der Drehzahlcharakteristik und ihrer Überprüfung sollte größere Sorgfalt geschenkt werden. Es konnte eine im dritten Aufsatz beschriebene Drehzahlcharakteristik abgeleitet werden, die sich mit bekannten Mitteln durchaus erzielen läßt und die gewisse betriebliche Vorteile verspricht." (Abb. 114). „Sie ist durch einen von etwa 80% der Belastung ab stärkeren Drehzahlabfall gekennzeichnet, um bei Lastschwankungen der schwächer belasteten Maschine einen prozentual größeren Lastanteil zuzuschieben.

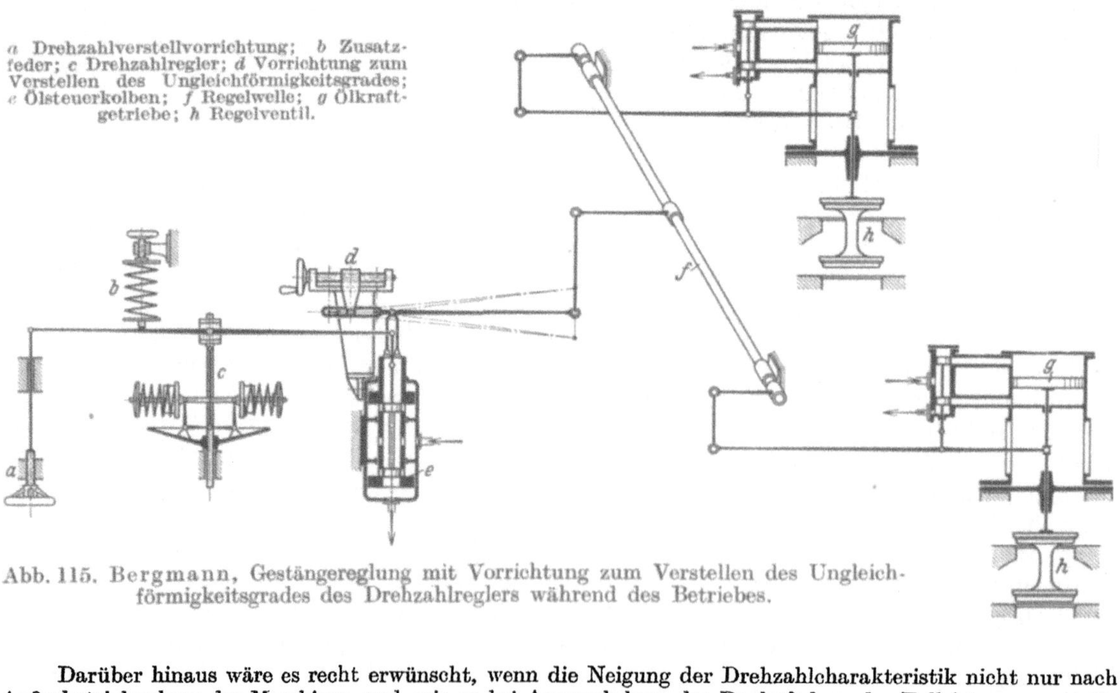

a Drehzahlverstellvorrichtung; *b* Zusatzfeder; *c* Drehzahlregler; *d* Vorrichtung zum Verstellen des Ungleichförmigkeitsgrades; *e* Ölsteuerkolben; *f* Regelwelle; *g* Ölkraftgetriebe; *h* Regelventil.

Abb. 115. Bergmann, Gestängereglung mit Vorrichtung zum Verstellen des Ungleichförmigkeitsgrades des Drehzahlreglers während des Betriebes.

Darüber hinaus wäre es recht erwünscht, wenn die Neigung der Drehzahlcharakteristik nicht nur nach Außerbetriebnahme der Maschinen und, wie es bei Auswechslung der Reglerfedern der Fall ist, nur unstetig zu beeinflussen wäre; man sollte sie vielmehr stetig und während des Betriebes der Maschinen ändern können.

Schließlich müßte die Konstruktion der Haltevorrichtung der Schnellschlüsse so eingerichtet werden, daß sie schon bei Herabgehen auf Nenndrehzahl wieder eingelegt werden können. Die heutigen Konstruktionen fassen zum großen Teil erst wieder bei erheblich niedrigeren Drehzahlen, so daß nach dem Ansprechen erst ein wesentlicher Teil des Auslaufes des Läufers abgewartet werden muß, bis das Ventil wieder eingelegt werden kann."

[39] Nach Elektrotechn. Z. Bd. 52 (1931) S. 1352 Abb. III 6.

Zu diesem Berichte ist zu sagen, daß es sich hier für den Betriebsleiter nicht erst neu erstellter Kraftwerke im wesentlichen um die Frage handelt, wie er mit vorhandenen Turbinen zum Teile älterer Bauzeit auf dem Wege des Reglungsumbaues zu befriedigenden Ergebnissen kommen kann. Es ist verständlich, daß zur Erreichung dieses Zieles die verschiedenen Reglungsbauarten sich verschieden gut umbauen lassen. Zu welchen Ergebnissen die Versuche in dieser Hinsicht geführt haben, geht aus dem Berichte nicht klar hervor, da die Maschinen nicht nach Bauart oder Herkunft gekennzeichnet sind. Grundsätzlich werden sich derartige Umbauten aber leichter und mit besserer Aussicht auf Erfolg an Gestängereglungen als an Flüssigkeitsreglungen vornehmen lassen. Die geforderte Verstellung des Ungleichförmigkeitsgrades des Drehzahlreglers während des Betriebes z. B. wird in einfacher Weise dadurch erreicht, daß der Drehpunkt des Reglerhebels durch eine geeignete Vorrichtung verschoben wird, Abb. 115.

Die Wünsche für die Drehzahlkennlinien wirken sich schließlich aus in den für den eigentlichen Turbinenbau gewissermaßen zu festen Begriffen gewordenen beiden Sonderreglungsgebieten: der Frequenzreglung und der Fahrplanreglung.

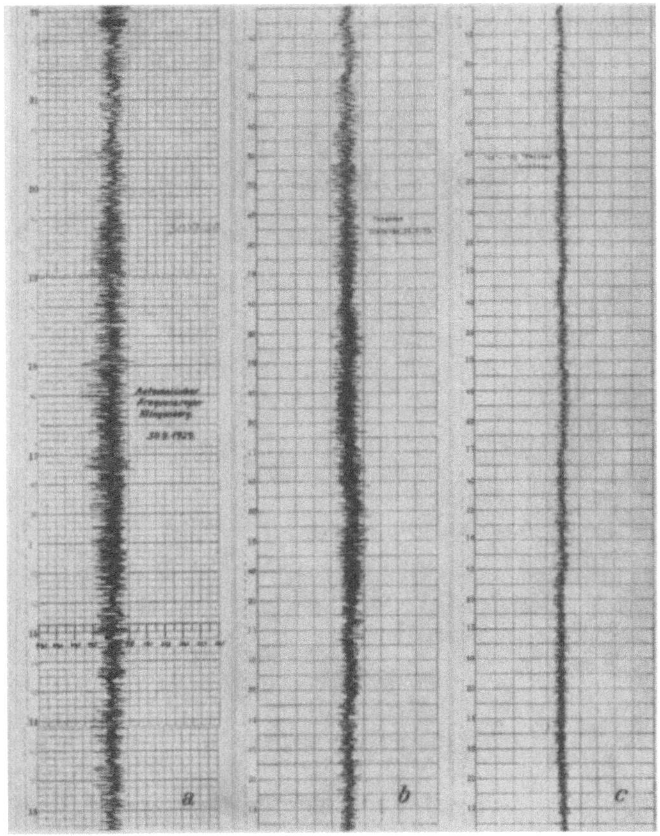

Abb. 116[40]. Frequenzstreifen des Großkraftwerkes Klingenberg vor und nach dem Umbaue der Turbinenreglungen.

a 30. 9. 29. Unmittelbar nach Übernahme des Frequenzfahrens vor jedem Umbaue, gefahren mit einem einfachen Abtastregler, Reichsbahn zum Teile im Netze; *b* 24. 5. 32. Reglung umgebaut, Isodromvorrichtung in Betrieb, Reichsbahn voll im Netze, in den auf das gleiche Netz arbeitenden Werken Trattendorf und Zschornewitz sind Fahrplanregler in Betrieb; *c* 24. 11. 33. Verbesserte Isodromvorrichtung in Betrieb, Reichsbahn voll im Netze, in Zschornewitz ist ein einfacher Fahrplanregler, in Trattendorf ein Fahrplanregler mit Frequenzzusatz in Betrieb.

Isodromvorrichtungen und Leistungsregler sind bisher nur vereinzelt ausgeführt worden — unbeschadet daß sie, wo sie angewendet sind, zur vollen Zufriedenheit arbeiten —, so daß es gerechtfertigt erscheint, sich mit ihren Betriebseigenschaften eingehender zu beschäftigen.

Umbauten von Reglungen älterer Turbinen für Isodromreglung sind mehrfach ausgeführt worden. Vollen Erfolg brachte z. B. der auf Grund gemeinschaftlicher Untersuchungen der BEWAG und der AEG vorgenommene Reglungsumbau der drei Haupttturbinen im Großkraftwerke Klingenberg, das dadurch aus einem Grundlastwerke, als das es gebaut war, zu einem frequenzgeregelten Spitzenkraftwerke geworden ist, Abb. 116. Für neu zu bauende Maschinen stellen sich die neuen Fragen der Reglung wesentlich einfacher dar, da man bei Kenntnis der Anforderungen die Durchbildung der Reglung und unter Umständen der ganzen Turbine von vornherein darauf einstellen kann.

Der Schaltplan einer neu zu erbauenden Kondensationsturbine, die mit Leistungs- und Frequenzregler arbeiten soll, ist in Abb. 117 dargestellt. Arbeitet der zu betrachtende Turbosatz a mit einem Turbosatze b in einem Nachbarwerke elektrisch zusammen und ist die Isodromvorrichtung n ausgeschaltet, so wird die Drehzahl durch den Drehzahlregler s

[40] Nach Arch. Wärmewirtsch. Bd. 15 (1934) S. 74 Abb. 3.

entsprechend seiner Ungleichförmigkeit angenähert gleichgehalten. Dabei liegt der Anschlag t auf; der Drehzahlregler arbeitet über den Kraftverstärker p auf den Steuerschieber des Kraftgetriebes q, das die Dampfeinlaßventile der Turbine verstellt. Da nun die Isodromvorrichtung n ausgeschaltet ist, wird durch die Bewegung des Kraftkolbens dessen Steuerschieber über den Kraftverstärker p wieder zurückgeführt. Fällt der Turbosatz des Nachbarwerkes aus, so daß die Maschine a den Lastausfall zu übernehmen hat, so ändert sich deren Drehzahl entsprechend der Reglerkurve. Man kann aber in diesem Betriebsfalle den Sollwert der Frequenz durch fernbetätigtes Einschalten der Isodromvorrichtung n, also ohne Handeingriff an der Maschine, selbsttätig wieder erhalten, indem man den Verstellmotor der Isodromvorrichtung n durch den Schalter l_2 betätigt, der

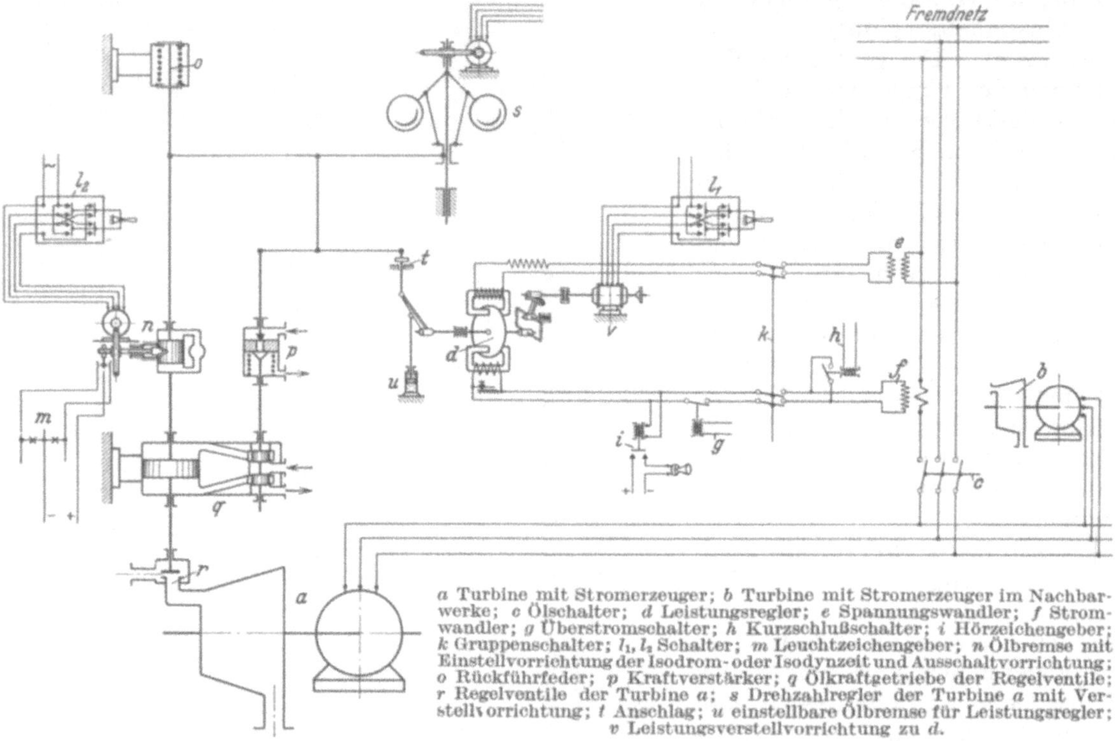

Abb. 117. AEG, Leistungs- und Frequenzreglung eines Turbosatzes 25000 kW, 3000 U/min.

dann über ein Schneckengetriebe die Verblockung der nachgiebigen Rückführung löst und damit die Starrheit der Rückführung aufhebt. Mit der jetzt eingeschalteten Isodromvorrichtung arbeitet die Reglung nun folgendermaßen:

Bei einer Laständerung verstellt infolge der vorübergehenden Änderung der Frequenz der Drehzahlregler s über den Kraftverstärker p den Steuerschieber des Kraftgetriebes q, durch das nun die Regelventile r der Turbine und gleichzeitig die Buchse der nachgiebigen Rückführung entsprechend verstellt werden. Da diese Buchse mit Öl gefüllt ist, wird der Kolben der nachgiebigen Rückführung n ebenfalls verstellt, so daß durch die Spannkraft der Isodromrückführfedern eine Kraft auf den Bremskolben wirkt und Öl von der einen Seite dieses Kolbens nach seiner anderen Seite über eine einstellbare Droßlung drängt. Dadurch wird die Rückführung des Steuerschiebers des Kraftkolbens so lange verzögert, bis die Muffe des Drehzahlreglers ihre Ausgangstellung wieder erreicht hat, d. h. die Solldrehzahl wieder eingestellt ist. Die Zeit (Isodromzeit), bis die Solldrehzahl wieder erreicht ist, kann durch die Droßlung bei n eingestellt werden.

Arbeiten der Turbosatz a und der Turbosatz b über den Ölschalter c mit einem Fremdnetze zusammen und soll die an dieses Netz abzugebende Leistung gleichgehalten werden, so muß der Leistungsregler d eingeschaltet werden. Dabei ist dann der Drehzahlregler s mittels der Drehzahlverstellvorrichtung auszuschalten, er wirkt dann nur noch als Sicherheitsregler.

Um die Ungleichförmigkeit des Leistungsreglers genau wie vorher beim Drehzahlregler auf Null zu bringen, bleibt die nachgiebige Rückführung n in Betrieb und wirkt nun als Isodyneinrichtung. Bei Leistungsänderungen verstellt der Leistungsregler wie vorher der Drehzahlregler über den Kraftverstärker p und das Ölkraftgetriebe q die Dampfzufuhr zur Turbine a. Auch die Rückführung arbeitet in der gleichen Weise.

Zur Einstellung der gleichzuhaltenden Abgabeleistung an das Fremdnetz ist eine Leistungsverstellvorrichtung v vorgesehen, die durch den Schalter l_1 von der Schalttafel aus betätigt werden kann. Ferner ist eine einstellbare Ölbremse u vorgesehen, damit man die Verstellgeschwindigkeiten des Leistungsreglers und des Kraftkolbens abstimmen kann. Der Überstromschalter g schützt das Netz des Leistungsreglers vor zu großem Stromdurchflusse. Bei Unterbrechung des Stromwandlerzweitkreises wird durch einen Kurzschlußschalter h dieser Stromkreis kurzgeschlossen. Der Leistungsregler ist infolge einer Kunstschaltung vom $\cos\varphi$ unabhängig. Die Isodynzeit kann durch die Drosselstelle bei n eingestellt werden. Bei Ausfall des Ölschalters c schaltet sich der Leistungsregler d aus und der Drehzahlregler mit etwas erhöhter Frequenz selbsttätig ein.

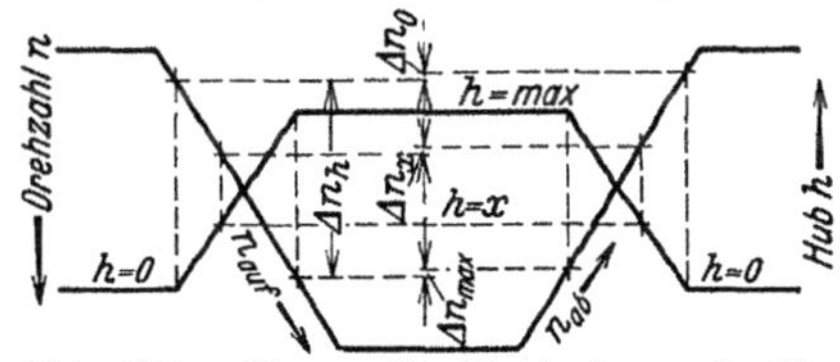

Abb. 118. Unempfindlichkeit und Ungleichförmigkeit eines Fliehkraft-Drehzahlreglers, aufgenommen mit einem Zweifachschreibgeräte auf einem Reglerprüfstande.

Unempfindlichkeit $\varepsilon = \dfrac{n_{auf} - n_{ab}}{0{,}5\,(n_{auf} + n_{ab})}$

$\Delta n_0 = (n_{auf} - n_{ab})$ für Muffenstellung $h = 0$

$\Delta n_{max} = (n_{auf} - n_{ab})$ für Muffenstellung $h = \max$

$\Delta n_x = (n_{auf} - n_{ab})$ für Muffenstellung $h = x$

Ungleichförmigkeit $\delta = \dfrac{n_{max} - n_{min}}{0{,}5\,(n_{max} + n_{min})}$

$\Delta n_h = (n_{max} - n_{min})$ für den vollen Muffenhub h.

Arbeiten mehrere isodromgeregelte Maschinen mit starrer Frequenz auf ein gemeinsames Netz, so wird die gegenseitige Lastverteilung unbestimmt, weil die Ungleichförmigkeit der Drehzahl zwischen Vollast und Leerlauf, die ja für die Lastverteilung zwischen nebeneinander laufenden Maschinen maßgebend ist, fehlt. Sie kann von Zeit zu Zeit nach Bedarf dadurch geregelt werden, daß mit Hilfe einer unmittelbar an der Ölbremse angebrachten motorgetriebenen Zahnradpumpe der Ölinhalt der Bremse von der einen Seite des Bremskolbens zur anderen Seite befördert wird. Dementsprechend stellt sich dann die Dampfreglung, also die abgegebene Leistung ein. Der Motor der Zahnradpumpe wird entweder von der Schaltwarte aus von Hand oder selbsttätig durch den Leistungsregler gesteuert. Arbeiten zwei isodromgeregelte Maschinen zusammen, so braucht nur eine der beiden diese Zusatzreglung zur Isodromvorrichtung zu erhalten, weil die andere sofort die von der ersten abgeworfene oder aufgenommene Last übernimmt oder abgibt.

Die Betriebsvorschriften werden ergänzt durch Vorschriften und Beobachtungen, die der laufenden Ü b e r p r ü f u n g und Ü b e r w a c h u n g aller E i n z e l t e i l e der gesamten Reglung dienen.

Die D r e h z a h l r e g l e r werden auf den Prüfständen des Herstellers einzeln geprüft (geeicht). Kaum jemals dürfte es sich angesichts der überragenden Wichtigkeit des Drehzahlreglers für den Betrieb des ganzen Turbosatzes als zweckmäßig erweisen, vom Kraftwerke aus Eingriffe in die Regler selbst vorzunehmen, es sei denn, daß mit dem Regler gleichzeitig gelieferte Ersatzschneiden für die Schwunggewichte einzubauen sind. Sonst sollten die Reglereinbauten stets an das Lieferwerk zurückgesendet werden, falls wirklich in ihnen der Grund für eine Beanstandung liegt. Das aber muß in jedem einzelnen Falle sorgfältig geprüft werden, indem nacheinander der Reglerantrieb — meist ein Schneckentrieb — das Übertragungsgestänge, die Steuerschieber, die Nocken usw. einzeln untersucht werden.

Bei der Prüfung im Lieferwerke werden zweckmäßig gleichzeitig durch ein Zweifachschreibgerät die Hub- und die Drehzahllinie des Drehzahlreglers aufgenommen, aus denen dann sowohl die Unempfindlichkeit $\varepsilon = \frac{n_{auf} - n_{ab}}{0{,}5\,(n_{auf} + n_{ab})}$ für jede Stellung der Reglermuffe wie die Ungleichförmigkeit $\delta = \frac{n_{\max} - n_{\min}}{0,5\,(n_{\max} + n_{\min})}$ des Reglers für seinen Muffenhub abgegriffen werden kann, Abb. 118. Eine ähnliche, wenn auch nicht so genaue Untersuchung des Drehzahlreglers kann der Betriebsmann auch ohne Schreibgerät an seiner Turbine anstellen, wenn er den Stromerzeuger vom Netze abgeschaltet hat. Beim Durchfahren des ganzen Hubbereiches der Reglermuffe aufwärts und abwärts ist für möglichst viele verschiedene Muffenstellungen immer gleichzeitig der Reglerhub — der durch einen Zeiger oder sonstige Merkmale kenntlich gemacht werden muß — und die dazugehörige Drehzahl aufzunehmen. Aus der Auftragung dieser Aufnahmen über dem Reglerhube, Abb. 119, sind dann ebenfalls die Kenngrößen des Reglers, seine Ungleichförmigkeit und seine Unempfindlichkeit festzustellen.

Ist z. B. bei einem Schneckentriebe ungewöhnlicher Verschleiß festgestellt, so ist dessen Ursache etwa mit folgenden Untersuchungen nachzugehen:

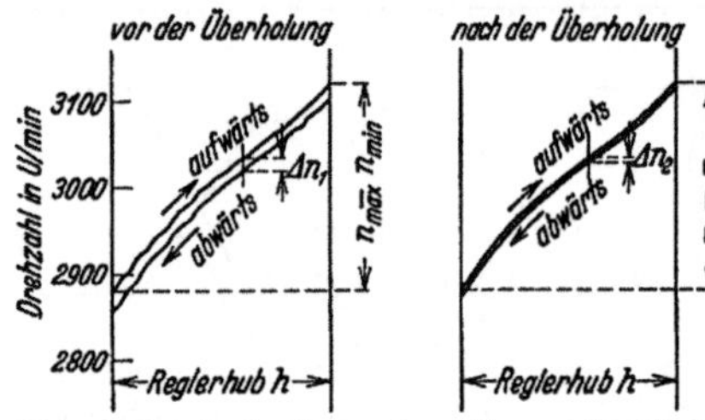

Abb. 119. Aufnahme der Unempfindlichkeit und der Ungleichförmigkeit einer Turbinenreglung während des Betriebes, vor und nach einer Überholung der Reglung.

Unempfindlichkeit $\varepsilon = \frac{n_{auf} - n_{ab}}{0,5\,(n_{auf} + n_{ab})}$

vor der Überholung: $\Delta n_1 = n_{auf} - n_{ab}$

nach der Überholung: $\Delta n_2 = n_{auf} - n_{ab}$

Ungleichförmigkeit $\delta = \frac{n_{\max} - n_{\min}}{0,5\,(n_{\max} + n_{\min})}$.

Erste Annahme: die Schmierung ist nicht in Ordnung.

Der Öldruck unmittelbar vor der Spritzdüse soll wenigstens 0,3 atü betragen, damit das Öl mit einer genügend großen Geschwindigkeit zwischen die Zähne gespritzt wird. Der Druck ist mittels eines Druckmessers zu überprüfen, welcher am Eintritte der Ölleitung zur Düse angeschlossen sein muß. Bei zu niedrigem Öldrucke sind gegebenenfalls im Einvernehmen mit dem Herstellerwerke die übrigen Verbrauchstellen des Ölrohrnetzes zu drosseln.

Die Stellung der Spritzdüse ist zu überprüfen.

Spritzdüse und Ölzuleitung dürfen nicht durch Fremdkörper verstopft sein.

Der Regelöldruck soll bei warmem Öle höchstens 6 atü, üblich 5 atü betragen, da andernfalls das Antriebsgetriebe der Ölpumpe überlastet ist.

Das Öl selbst muß in einwandfreiem Zustande sein.

Zweite Annahme: die Ölförderung ist ungleichmäßig.

Der Ölspiegel im Ölbehälter muß hoch genug sein. In den Saugleitungen darf kein Luftsack sein, weil das zu Schlägen führt; die Leitung muß also gegen die Pumpe zu gleichmäßig ansteigend verlegt sein.

Die Flanschverbindungen in der Saugleitung müssen dicht sein.

Die Rückschlagklappen müssen leicht beweglich sein und genügend öffnen, damit keine Droßlung eintritt.

Das Ölverteilungsventil muß unbedingt zuverlässig arbeiten, damit keine Schwankungen in der Fördermenge und im Regeldrucke auftreten können. Der Kolben ist in warmem Zustande durch Einschrauben einer Gewindeöse durch den Deckel hindurch auf Gängigkeit zu überprüfen.

Dritte Annahme: mechanische Störungen.

Regler, Welle und Pumpenräder dürfen keine unzulässigen Reibungen haben.

Die Führungsbuchsen der Reglerspindel dürfen nicht ausgeschlagen sein.

Die Reglerspindel mit aufgezogenem Pumpenrade, Antriebsrade und unterem Teile des Reglers ist auf einer Drehbank auf Schlag und Rundlaufen aller Teile zu prüfen; Kegel, Gegenmuttern usw. sind fest anzuziehen. Dabei dürfen keine Verspannungen durch etwa nicht eben anliegende Flächen auftreten.

Die Räder müssen vorschriftsmäßig eingebaut sein. Die Höhenlage ist durch Einlaufprobe zu prüfen (vgl. S. 90/91). Gegenmuttern und Anzugschrauben für Kegel usw. müssen richtig angezogen sein, damit das Rad vollkommen fest sitzt.

Der Lauf der Turbine, besonders im Außenlager, muß einwandfrei sein, damit das Schneckengetriebe nicht durch Schwingungen des Wellenendes leidet.

Vierte Annahme: Wellen- oder Fremdströme.

In diesem Falle sind die Schnecken- oder Radflanken rauh und mit meist nur unter dem Vergrößerungsglase zu erkennenden, eigenartigen muldenförmigen Vertiefungen versehen, zeigen also nicht die blanke, abgeschliffene Fläche mit Riefen in der Eingriffsrichtung wie bei Ölmangel oder Überlastung. Das Vorhandensein von Fremdströmen zeigt sich manchmal auch durch eine Abtragung von Oberflächenteilchen des metallenen Rades und Übertragung derselben auf die stählerne Schnecke, so daß deren Zähne wie mit einem Metallüberzuge versehen erscheinen. Feststellung derartiger Ströme ist nur mittels guten Millivoltmeters möglich.

Fünfte Annahme: Baustoffehler.

Handelt es sich um einen erfahrenen Turbinenhersteller, so sind Baustoffehler so gut wie ausgeschlossen, da stets bester und gleichmäßiger Baustoff verwendet und außerdem die Eignung von Schnecke und Rad in jedem einzelnen Falle festgestellt wird. Auch die Beanspruchung des gesamten Antriebes geht nie über eine auf Grund langer Erfahrungen festgelegte Grenze hinaus, sofern alle vorstehend aufgezählten Gesichtspunkte beachtet sind. Nur zusammengehörige und nach der Bearbeitung zusammen oder mit einer gemeinsamen Mutterschnecke oder einem Mutterrade geprüfte Räder und Schnecken sollen eingebaut werden.

Betriebsuntersuchungen an den Druckreglern erstrecken sich entweder auf eine Überprüfung des Druckreglerhubes oder, bei schadhaft befundener Membran, auf die Auswechslung derselben. Die hierfür vorzunehmenden Arbeiten lassen sich wegen der Mannigfaltigkeit der Bauarten dieser Regler im einzelnen nur an einem ganz bestimmten Beispiele darstellen. Hierfür wird ein Membrandruckregler der AEG und die bereits für Abb. 93 benutzte Ausführung einer Anzapfturbinenreglung gewählt. Dann ist, wie folgt, zu verfahren:

Die Membran ist mittels Kapselmutter und Bolzen in ihre tiefste Lage zu bringen (vgl. Abb. 108).

Der Ausschalthebel h in Abb. 93 ist in die Lage h_1 für Kondensationsbetrieb zu legen. Er muß den Druckreglerhebel gerade berühren.

Die Verbindungstange des Druckreglers muß so eingestellt werden, daß sie gerade die Membran berührt.

Die Membran ist durch Lösen der Kapselmutter zu entspannen.

Der Ausschalthebel h ist in die Lage h_2 für Anzapfbetrieb zu legen. Dann muß sich die Zugstange g um 33,5 mm nach unten bewegen.

Vor dem Anschließen der Rohrleitung ist die Membran mit Wasser zu füllen.

Ist die Membran schadhaft, so ist folgendermaßen zu verfahren:

Das Übersetzungsgestänge ist vom Druckregler zu lösen (vgl. Abb. 108).

Die Schrauben, die das Gehäuse des Druckreglers mit dem Deckel verbinden. sind zu entfernen.

Nach Abheben des Deckels mit der Membran sind die Schrauben, die die Membran in dem Deckel festhalten, zu entfernen.

Nach Einbau der neuen Membran und Wiederanbau des Übersetzungsgestänges ist der Hub wie vorher beschrieben zu überprüfen. Das Füllen der Membran mit Wasser darf nicht vergessen werden, weil ein Reißen von Membranblechen häufig nur darauf zurückzuführen ist.

Die Betriebsüberwachung der Übertragungsgestänge, Nocken, Wellen, Gelenke usw. für die Reglung sowohl wie für die Schnellschlußvorrichtung erstreckt sich in erster Linie darauf, daß alles sauber gehalten wird und die Gelenke und Lager richtig und ausreichend geölt werden. Abgenutzte Nocken sind rechtzeitig zu erneuern.

Ist die Auswechslung eines Regelventilkorbes, wie er bei älteren Ausführungen verwendet wurde, erforderlich, so ist für das Beispiel in Abb. 120 wie folgt zu verfahren. Nach Abbau des Ventilaufsatzes ist der vernietete Baustoff der Sicherungen wegzudrehen, diese selbst sind dann auszustechen. Sondervorrichtungen dazu hat jedes Turbinenwerk entwickelt und versendet sie auf Anforderung, falls das Kraftwerk die Anschaffung einer solchen Vorrichtung nicht für zweckmäßig hält. Man sollte, damit die Ventilkörbe später wieder verwendet werden können, vor der Inangriffnahme der Arbeiten die genauen Abmessungen der Sicherungstücke feststellen. Der Ventilkorb ist dann mittels eines mit Gewindeloch versehenen Flacheisens, das in die unteren seitlichen Fenster eingeschoben wird, herauszuziehen. Für den Einbau des neuen oder den Wiedereinbau des wiederhergestellten alten Ventilkorbes sind zunächst die alte Dichtung und die Reste der ausgestochenen Sicherheitstücke zu entfernen und die Dichtungsflächen des Ventilgehäuses zu reinigen. Hierauf ist der genaue Abstand der Dichtungsflächen *a* und *b* des Ventilgehäuses festzustellen. Am Ventilkorbe soll der Abstand der Dichtungsflächen *c* und *b* 2 mm kleiner sein als das Maß *a*—*b* des Gehäuses. Trifft das nicht zu, so sind die Dichtungsflächen des Ventilkorbes entsprechend nachzudrehen. Die 3 mm starke Wellmetalldichtung wird also bei eingepreßtem Ventilkorbe in kaltem Zustande des Ventiles um 1 mm zusammengepreßt. Hierauf ist zu überprüfen, ob das Maß von Dichtungsfläche *b* bis Oberkante *d* bei Ventilkorb und Ventilgehäuse gleich groß ist. Fallweise ist die obere Fläche des Ventilkorbes entsprechend nachzudrehen, wobei die Abschrägung an der äußeren Kante für das Vernieten nachgesetzt werden muß. Dann sind die Sicherungstücke in ihre Nuten einzulegen, die untere Dichtungsfläche *a* erhält eine neue 3 mm starke Wellmetalldichtung und die obere Dichtungsfläche *b* wird mit Dampfdichtungskitt (Manganesitkitt) versehen. Der Ventilkorb ist nun mittels Spanneisen fest auf seinen Sitz im Gehäuse zu pressen und die Sicherungstücke sind zu vernieten, wobei so vorgegangen werden muß, daß nach Vernieten eines Stückes stets das gegenüberliegende zu vernieten ist. Die Spanneisen sind sodann zu entfernen und das Ventil kann zusammengebaut werden.

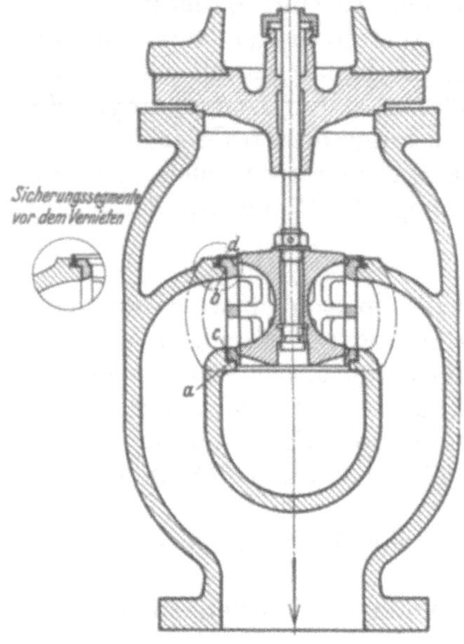

Abb. 120. AEG, Kegel, Korb und Gehäuse eines Doppelsitzregelventiles.
a, *b* Dichtungsflächen im Ventilgehäuse; *c*, *d* Dichtungsflächen am Ventilkorbe.

Bei undichten Ventilspindeln mit Abdichtung durch vierkantige Weichmetallhohlringe sind die Ringe nach folgender Anweisung zu erneuern:

Die Ventilspindel ist vor dem Einbaue neuer Metallringe gründlich zu reinigen; sie darf keine Riefen und Vertiefungen zeigen sondern muß vollständig glatt sein, besonders an der Stelle, wo die Stopfbuchse ist.

Mit Öl oder Fett dürfen die Spindeln keinesfalls eingestrichen werden; es darf nur Graphit, dem etwas Erdöl beizumengen ist, zum Einsetzen der Ringe verwendet werden.

Die untere Fläche der Stopfbuchsenbohrung muß gerade und scharf in der Ecke sein, damit sich der erste Ring (Grundring) glatt auflegen kann.

Jeder weitere Ring ist mit der Stopfbuchsenbrille auf den darunterliegenden hinunterzudrücken. Reicht diese in der Länge nicht aus, so sind ein- oder nach Erfordernis zweiteilige Preßringe dazwischenzulegen, die im Außen- und Innendurchmesser nur 0,1 bis 0,2 mm kleiner oder größer sein dürfen als die Metallringe, damit sich die aufeinanderliegenden Ringflächen nicht eindrücken können.

Jeder Ring ist vor dem Einbaue zu untersuchen, ob die in der inneren Ringwand vorgesehenen Löcher zum Austritte der Graphitfüllung vorhanden und offen sind; gleichzeitig ist durch Einstecken einer Nadel in diese Löcher festzustellen, ob jeder Ring mit Graphit hinreichend gefüllt ist. Ungefüllte oder ungenügend gefüllte Ringe dürfen nicht verwendet werden.

Die Schnittfugen der einzelnen Ringe sind gegeneinander zu versetzen.

In jede Stopfbuchse sind so viele Ringe einzusetzen, als die Tiefe der Bohrung zuläßt; es soll nur Raum für die Abschlußscheibe, eine etwa 3 mm starke Kupferscheibe, und den daraufzulegenden Weichzopf übrigbleiben. Der Schlußzopf ist nur leicht anzuziehen. Bei undichter Stopfbuchse hat es keinen Zweck, durch Nachziehen der Stopfbuchsbrille den Schlußzopf fester anzupressen, es muß vielmehr durch Herausziehen der Metallringe untersucht werden, was die Undichtigkeit verursacht. Beschädigte Ringe sind hierbei stets auszuwechseln. Nach erfolgtem Neuverpacken ist die Spindel mehrfach auf- und abzubewegen.

Isodromvorrichtungen und Leistungsregler sind bis heute Sonderausführungen. Insofern muß auch jede Vorschrift für ihre Betriebsüberwachung, Überholung usw. auf den Einzelfall zugeschnitten sein. Zudem sollte ein Eingriff in diese Vorrichtungen unter keinen Umständen eigenmächtig vom Betriebe vorgenommen werden. Um auch hierfür ein Beispiel zu geben, sind in Abb. 121 die Wirkungsweise und die Betriebsvorschrift für eine Isodromvorrichtung der AEG wiedergegeben.

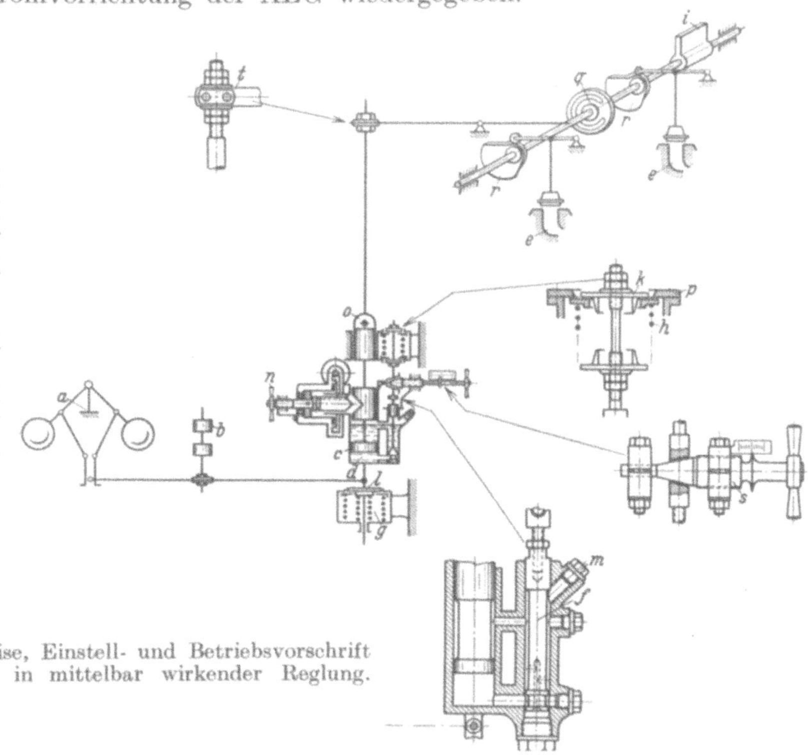

a Drehzahlregler; *b* Hauptsteuerschieber; *c* Bremskolben; *d* Ölbremse als nachgiebige Rückführung; *e* Frischdampf-Düsengruppenventil; *f* Steuerschieber der Ölbremse; *g* Rückführfeder; *h* Hilfsrückführfeder; *i* Drehkolben des Ölkraftgetriebes; *k* Anschlagteller für Hilfsrückführfeder; *l* Anschlagteller für Rückführfeder; *m* Füllöffnung mit Verschlußschraube; *n* Einschaltvorrichtung mit Handgriff und ferngesteuertem Elektromotore; *o* Kupplungsbolzen; *p* Deckel; *q* Rückführscheibe; *r* Steuernocken für Düsengruppenventil; *s* Einstellschraube; *t* Gelenk des Rückführgestänges.

Abb. 121. AEG, Wirkungsweise, Einstell- und Betriebsvorschrift für eine Isodromvorrichtung in mittelbar wirkender Reglung.

Wirkungsweise. Infolge der nachgiebigen Rückführung hat die Reglermuffe im Beharrungzustande stets die gleiche Stellung innerhalb des Reglerhubes. Die vom Drehzahlregler selbsttätig eingestellte Drehzahl hängt daher nur ab von der Unempfindlichkeit des Reglers *a*, die von der Vorausströmung des Steuerschiebers *b* und der Eigenreibung des Reglers bestimmt wird, nicht aber von dessen Ungleichförmigkeitsgrade.

Im Beharrungzustande wirkt die Ölbremse und damit die Rückführung wie eine starre Verbindung. Ändert sich infolge einer Lastveränderung die Drehzahl der Turbine und somit die Stellung der Reglermuffe, so wirkt die Reglung auch im ersten Augenblicke noch wie eine solche mit starrer Rückführung, bei der jeder Stellung der Reglermuffe eine bestimmte Stellung der Frischdampf-Düsengruppenventile entspricht. Erst wenn der einstellbare tote Weg des Steuerschiebers *f* der Ölbremse durchlaufen ist, wird die Ölbremse nachgiebig, die Rückführfeder *g* greift ein und bewegt den Hauptsteuerschieber *b* zusätzlich im gleichen Sinne wie der Drehzahlregler. Dadurch wird die Rückführung verzögert und die Drehzahl der Turbine nähert sich bei nunmehr veränderter Last wieder ihrem Sollwerte, die Muffe des Drehzahlreglers und damit auch der Hauptsteuerschieber *b* gehen wieder in ihre Ausgangslage zurück.

Mit Hilfe der Einstellschraube *s* kann der tote Gang des Steuerschiebers *f* der Ölbremse und damit die Eingriffzeit der Ölbremse, die sogenannte Isodromzeit, eingestellt werden.

Auf den Anschlag *l* wirken eine nach oben gerichtete, endliche Kraft von der äußeren Feder zu *g* und eine gleich große, jedoch nach unten gerichtete Kraft, die als Unterschied zwischen der Kraft der inneren Feder zu *g* und dem Eigengewichte der Ölbremse übrig bleiben. Diese Kräfte bewirken, daß die Ölbremse *d* gegenüber ihrem Bremskolben *c* aus ihrer Mittellage in jeder Richtung sofort mit einer endlichen Kraft in Bewegung gesetzt wird.

Durch die Feststellvorrichtung *n* kann die nachgiebige Rückführung während des Betriebes von Hand oder von der Schaltwarte aus ferngesteuert ein- und ausgeschaltet werden.

Einstellvorschrift. An der betriebswarmen Turbine ist die Einstellschraube *s* hineinzudrehen, bis der Steuerschieber *f* der Ölbremse festgelegt ist. Die Anschlagteller *k* sind so einzustellen, daß sie die an den Deckeln *p* anliegenden Federteller der Hilfsrückführfeder *h* gerade berühren. Mittels der Einschaltvorrichtung *n* ist der Bremskolben *c* festzusetzen. Danach ist das Gelenk *t* des Rückführgestänges so einzustellen, daß die Hilfsrückführfeder *h* bei voll geöffneter Turbinenreglung um gleich viel nach der einen Seite wie bei geschlossener Turbinenreglung nach der anderen Seite zusammengedrückt ist. Der Steuerschieber *f* der Ölbremse ist so einzustellen, daß er bei vollkommen hereingedrehter Einstellschraube *s* den Ölumlauf innerhalb der Ölbremse unterbindet. Der Hauptsteuerschieber *b* der Turbinenreglung wird nun bei aufgehobener Nachgiebigkeit der Rückführung — d. h. also bei mit Hilfe von *n* ausgeschalteter Isodromvorrichtung — so eingestellt, daß bei tiefster Muffenlage des Drehzahlreglers *a* die Turbinenreglung voll geöffnet ist. Während dieser Einstellung muß die Hilfsölpumpe der Turbine in Betrieb sein.

Betriebsvorschrift. Vor der Inbetriebnahme der Isodromvorrichtung sind die Gelenke und Gleitflächen an ihr gut zu schmieren. Von Zeit zu Zeit ist in die Ölbremse durch die Füllöffnung *m* Öl nachzufüllen.

Einschalten. Wird die Isodromvorrichtung von der Schaltwarte aus eingeschaltet, so ist der Betätigungsschalter am Schaltbrette so lange in die Stellung „Einschalten" zu bringen, bis die rote Lampe oberhalb dieses Schalters aufleuchtet.

Wird die Isodromvorrichtung von Hand eingeschaltet, so ist der Handgriff *n* so lange nach rechts zu drehen, bis die Gleitmuffe auf der Spindel der Einschaltvorrichtung ganz nach außen gelangt ist.

Beim Einschalten sind die Belastung der Turbine und die Frequenz zu beobachten und, wenn nötig, mittels der Drehzahlverstellvorrichtung nachzuregeln.

Betrieb. Ist die Isodromvorrichtung eingeschaltet, so ist die Frequenz des Netzes nur durch die Drehzahlverstellvorrichtung der isodromgeregelten Turbine zu verstellen. Die Belastung der isodromgeregelten Turbine kann nur durch Laständerung der im gleichen Netze arbeitenden, nicht isodromgeregelten Turbinen verändert werden.

Während des Betriebes ist darauf zu achten, daß die isodromgeregelte Turbine stets genügend be- und entlastungsfähig bleibt, damit die im Netze auftretenden Laststöße gut aufgenommen werden können.

Ausschalten. Wird die Isodromvorrichtung von der Schaltwarte aus ausgeschaltet, so ist der Betätigungsschalter am Schaltbrette so lange in die Stellung „Ausschalten" zu bringen, bis die grüne Lampe aufleuchtet.

Wird die Isodromvorrichtung von Hand ausgeschaltet, so ist der Handgriff *n* so lange nach links zu drehen, bis die Gleitmuffe auf der Spindel der Einschaltvorrichtung ganz nach innen gelangt ist.

Beim Ausschalten sind die Belastung der Turbine und die Frequenz zu beobachten und, wenn nötig, mittels der Drehzahlverstellvorrichtung nachzuregeln.

Nach dem Ausschalten der Isodromvorrichtung regelt der Drehzahlregler die Turbine wieder entsprechend seiner Ungleichförmigkeit.

Wartung. Die Isodromvorrichtung ist wie folgt zu reinigen: Der Handgriff *n* ist nach rechts zu drehen, bis seine Gleitmuffe ganz außen ist. Dann ist der Kupplungsbolzen *o* zu entfernen und der Bremskolben *c* auszubauen. Die Einschaltvorrichtung selbst kann nach dem Lösen von vier Flanschschrauben abgebaut und gereinigt werden. Die Einstellschraube *s* ist ganz herauszuschrauben, die Deckel *p* sind zu entfernen und der Steuerschieber *f* auszubauen. Nach dem Reinigen der Teile ist die Ölbremse wieder mit Öl zu füllen, nachdem der Bremskolben *c* bis zu seiner tiefsten Stellung eingeführt ist. Das Öl ist durch die Füllöffnung *m* einzufüllen, bis der Ölspiegel in der Füllöffnung sichtbar ist. Danach kann dann auch der Steuerschieber *f* wieder eingebaut werden.

Alle diese Vorschriften, insbesondere die mit genauen Maßangaben versehenen, gelten nur — was hier ausdrücklich noch einmal betont werden soll — jeweils für einen ganz bestimmten Fall. Für jeden anderen Fall gelten sinngemäß gleiche Vorschriften, die in den Bauanweisungen niedergelegt sind. Zeigen sich im Betriebe Ungenauigkeiten an der Reglung, so ist stets die Befragung des Lieferwerkes der Turbine zu empfehlen, das zur Klärung einen Richtmeister oder Ingenieur entsenden wird.

19. Das Überwachen während des Betriebes.

Jede Dampfturbine erfordert im Betriebe, soll sie auch in langen Betriebzeiten möglichst störungsfrei arbeiten und im ganzen eine lange Lebensdauer haben, aufmerksame Wartung. Von ihr ist die Betriebsicherheit nicht weniger abhängig als von dem Aufbaue der Turbine, der verantwortungsbewußten Herstellung und dem Zusammenbaue an Ort und Stelle. Je höher die Ansprüche an die Gleichmäßigkeit der Frequenz im Stromnetze auch bei starken Lastschwankungen, je stärker die Abhängigkeit eines ganzen Industriebetriebes, etwa einer Papierfabrik oder einer Spinnerei, von dem zuverlässigen Arbeiten der Turbine in ihrem Kraftwerke, um so empfindlicher würde ein unvorhergesehener Ausfall einer größeren Turbine sich auswirken. Daher sind Überwachungsvorrichtungen für die verschiedensten Sonderzwecke in großer Zahl und Mannigfaltigkeit entstanden, die teils bei Eintritt irgendeiner Unregelmäßigkeit selbsttätig auf die Reglung oder den Schnellschluß einwirken, teils auch nur Warnzeichen für den Maschinenwärter geben. Gleichzeitig sind diese Vorrichtungen zum Schutze der Turbine selbst da, damit drohende Schäden noch rechtzeitig verhindert oder doch in ihren Auswirkungen durch rasche Stillsetzung der Turbine abgeschwächt werden können. So werden außer den allgemein bekannten und häufig benutzten Vorrichtungen, wie Axialspielanzeigern bei HD-Turbinen, in einigen Kraftwerken auch fernanzeigende Geräte verwendet, die den Zustand der Wärmedehnungen an Läufer und Gehäuse, die Stärke etwaiger Geräusche im Gehäuse, ja sogar den höchsten Schwingungsausschlag des Läufers an irgendeiner, fern von der Maschine befindlichen Stelle anzeigen. Keine noch so ausgeklügelte Anordnung von Warn- oder Schutzeinrichtungen aber kann den mit der Maschine vertrauten, wachsamen und umsichtigen Wärter oder Pfleger ersetzen; sie können höchstens dazu dienen, ihn zu unterstützen. Er hat die Maschine sauber zu halten von Staub und Schmutz. Er muß Leckstellen von Dampf, Wasser oder Öl sofort erkennen, ihren Ursachen nachgehen und sie beseitigen. Sauberkeit ist Voraussetzung dafür, da sonst das Erkennen erschwert und hinausgezögert wird. Seinem für die Geräusche seiner Maschine geschärften Ohre darf keine Veränderung im Laufe und kein ungewöhnliches Geräusch im Inneren der Turbine, an ihren Lagern oder ihren Kupplungen entgehen. Er muß ständig die Zuverlässigkeit der Vorrichtungen prüfen, deren er sich zur Messung, Prüfung oder Überwachung bedient, also vor allem der Thermometer, Druckmesser und Drehzahlanzeiger. Seine Beobachtungen hat er in regelmäßigen Zeitabständen im Betriebstagebuche zu vermerken, damit diese Aufzeichnungen oder auch die Anzeigestreifen der — falls vorhanden — selbstschreibenden Druck-, Temperatur-, Strom- und Frequenzmeßgeräte jederzeit über den Zustand der Maschine Auskunft geben können.

Zur Säuberung der Turbinen von außen dürfen keine Putzwolle, sondern nur faserfreie Lappen und Tücher verwendet werden. Wird dieser Grundsatz mit der Begründung, daß er zwar für das Gestänge der Reglung oder des Schnellschlusses oder für ähnliche Teile richtig, für die Verschalung des Turbinengehäuses z. B. aber überflüssig sei, nicht einheitlich befolgt, so besteht die Gefahr, daß im Betriebe doch nicht streng zwischen den verschieden zu behandelnden Teilen unterschieden wird. So kommen dann doch Reste der Putzwolle in die Gelenke der Hebel oder auch in das Öl und verursachen möglicherweise dort Klemmungen, hier Verstopfungen. Verhindern solche Klemmungen, um ein krasses Beispiel anzuführen, daß trotz ordnungsmäßigen Ansprechens des Schnellschlußreglers das Schnellschlußventil schließt, so wird die Tragweite einer an sich unerheblich erscheinenden Verfehlung ohne weiteres deutlich.

Die Rohrleitungen vom Kesselhause zur Turbine sind in mehrfacher Hinsicht zu überwachen. Neben der Wartung, die sie wie jede andere Dampfrohrleitung im allgemeinen erfordern und die als Nebengebiet hier nicht eingehender behandelt werden kann, sind es in der Hauptsache zwei Gesichtspunkte, die für den Dampfturbinenbetrieb eine Bedeutung gewinnen.

Erstens muß die Rohrleitung so angeordnet sein, daß ein Rohrleitungschub von der Turbine unter allen Umständen ferngehalten wird. Zu diesem Zwecke sind wiederholt die Verankerungen und sonstigen Befestigungen der Rohrleitung zu beobachten und sofort nachzuziehen, wo sie sich gelockert haben. Dehnungstücke — Stopfbuchsen und S-Bögen — müssen ihrem Zwecke entsprechend unbehindert arbeiten können.

Zweitens muß die Frischdampfrohrleitung auf den Zustand des durch sie zur Turbine strömenden Dampfes hin überwacht werden. Mittel dazu sind zunächst Druckmesser und Thermometer, die gewöhnlich am Anfange der Rohrleitung, d. h. beim Austritte des Dampfes aus dem Kessel oder Überhitzer, und am Ende, also am Schnellschlußventile der Turbine, angeordnet sind. Der Vergleich der Anzeigen der Meßeinrichtungen im Kesselhause und an der Turbine gibt über den Rohrstrang vom Kessel zur Turbine genauestens Auskunft. Wird z. B. ein ungewöhnlich hoher Temperaturabfall zwischen den beiden Endpunkten angezeigt, so ist anzunehmen, daß der Wärmeschutz verbesserungsbedürftig ist.

Ganz besondere Aufmerksamkeit ist den Entwässerungseinrichtungen an der Rohrleitung zuzuwenden. Die Kondenstöpfe sind in regelmäßigen Zeitabständen während des Betriebes auf richtiges Arbeiten zu überprüfen. Da ihr Durchgangsquerschnitt meist sehr klein ist — nur wenige mm im Durchmesser auch bei großen Rohrleitungen — so liegt hier, besonders in der ersten Betriebzeit oder nach Wiederherstellungsarbeiten am Kessel oder an der Turbine, die Gefahr der Verstopfung durch kleine, etwa in der Rohrleitung verbliebene Zunderstückchen oder Schweißperlen besonders nahe. In nicht ordnungsgemäß entwässernden Leitungen können sich, falls die anfallenden Wassermengen nicht so gering bleiben, daß sie durch den darüber strömenden Dampf immer wieder verdampft werden, Wasseransammlungen bilden, die oft Ausgangspunkt für gefährliche Wasserschläge geworden sind. Im übrigen muß man sich darüber klar sein, daß auch Wasserabscheider einen Wasserschlag weder mildern noch gar verhindern können.

An sich sollte heute, wo fast ausschließlich nur noch überhitzter Dampf für den Turbinenbetrieb verwendet wird, der zur Turbine gelangende Dampf ohne jede Feuchtigkeit sein. Er muß ferner frei sein von Sand, Kesselstein und anderen Verunreinigungen. Treffen solche Beimengungen mit dem Dampfe im Dauerbetriebe auf die Schaufeln, so werden sie dort rasche Abnutzung, Rückgang der Schluckfähigkeit und damit der Leistung der Turbine, Verschlechterung des Wirkungsgrades, möglicherweise sogar Gleichgewichtstörungen im Läufer oder ähnliche Folgen zeitigen.

Sind Turbinen in Krafthäusern von Industrien, wie Zellstoff-, Zucker-, chemischen Werken usw., aufgestellt, wo ihr Betriebsdampf außerdem zum Kochen, Trocknen und Heizen gebraucht wird, muß Vorsorge getroffen sein, daß keine Säure- oder Laugenrückstände mit dem Niederschlagwasser in den Kessel zurück und von dort wieder in die Turbine gelangen. Derartige Verunreinigungen des Dampfes greifen das Innere der Turbine an und können dort in Gestalt von Verrottung oder Auswaschung großen Schaden anrichten. Die Verfahren zur zweckmäßigen Aufbereitung des Zusatzkesselspeisewassers oder zur Reinigung des zurückfließenden Niederschlagwassers sind somit nicht nur für den Kesselbetrieb, sondern in wenigstens gleichem Maße auch für den Betrieb der Turbine von Wichtigkeit.

Zur Überwachung der Dampfverhältnisse, unter denen die Turbine während ihres Betriebes steht, sind unmittelbar vor dem Hauptabsperrventile stets je ein Thermometer und ein Druckmesser vorgesehen. Da diese für den Betrieb die wichtigsten Überwachungsgeräte sind, sollte eigentlich jedes größere Kraftwerk hierfür eine selbstschreibende Ausführung beschaffen, damit nicht nur Ablesungen in bestimmten Zeitabständen zur Beurteilung zur Verfügung stehen, sondern fortlaufend auch die kurzzeitigen Auf- und Abwärtsschwankungen von Frischdampfdruck und -temperatur aufgezeichnet werden. Die bekannte Erscheinung des Wasserschlages z. B. bringt einen ganz plötzlichen Temperatursturz mit sich, der zwischen zwei Ablesungen auspendeln kann, so daß er an einem gewöhnlichen Thermometer nicht festgestellt wird. Es gibt sogar Fälle, wo größere Wassermengen mit derartiger Geschwindigkeit durch die Rohrleitung in die Turbine befördert worden sind, daß die Thermometer der üblichen Bauart, die bekanntlich sehr träge arbeiten, weder den kurzzeitigen Temperatursturz noch die nachfolgende Wiedererwärmung auf die vorher gehaltene Frischdampftemperatur angezeigt haben. Leider gilt das allerdings auch noch für die selbstschreibenden Temperaturmeßgeräte, so daß man sagen kann, daß ein durch ein derartiges Gerät angezeigter Wasserschlagtemperatursturz schon auf einen schweren Fall hindeutet.

Alle Dampfdruckmesser müssen Prüfanschluß haben, so daß jederzeit durch Zuschalten eines geeichten Prüfgerätes der Zustand des Betriebsgerätes überprüft werden kann. Daneben muß darauf geachtet werden, daß die Meßgeräte so angebracht sind, daß sie nicht zusammen mit ihrer Befestigung zwangsweise oder durch zufällige Übereinstimmung mit irgendeinem Schwingungserreger in Schwingungen geraten, wodurch ihre Innenteile oft zerstört, zum wenigsten aber so beeinflußt werden, daß sich die Genauigkeit oder Zuverlässigkeit des Gerätes stark vermindert.

Außer den Frischdampfmeßgeräten und den Geräten im Abdampfstutzen, die bei Gegendruckturbinen ebenfalls Thermometer und Druckmesser mit gleichen Beobachtungs- und Überwachungsvorschriften sind — über die Überwachung des Unterdruckes im

Kondensator wird an anderer Stelle (S. 166) gesprochen —, ist von besonderer Wichtigkeit der Druckmesser im Dampfraume des HD-Gehäuses der Turbine. Bei Gleichdruckturbinen und auch bei allen Überdruckturbinen mit einer Gleichdruckregelstufe an erster Stelle zeigt dieses Gerät den Druck in der ersten Radkammer an, bei reinen Überdruckturbinen den vor der ersten Stufe, und ist somit unmittelbar ein Maß für die Belastung der Turbine. Umgekehrt ist aus der Anzeige gerade dieses Gerätes bei bekannter Belastung ohne weiteres zu ersehen, ob die Turbine in ihrem Inneren, und zwar insbesondere in ihrer Beschauflung und in ihren Stopfbuchsen, in Ordnung ist. Ausgehend von der Beziehung, daß der Dampfdruckabfall in der Regelstufe umgekehrt verhältnisgleich dem Rauminhalte des Dampfes und damit verhältnisgleich dem Dampfgewichte ist, das durch die Dampfturbine hindurchgeht, kann man eine Kurve entwerfen, die für bestimmte Frischdampf- und Unterdruckverhältnisse die jeweils den verschiedenen Belastungen zugeordneten Dampfdrücke in der ersten Stufe angibt. Durch Vergleichen der Druckmesser- und Wattmesserablesungen miteinander und mit dieser Kurve können Rückschlüsse auf den Zustand des Betriebes und der Turbine im Inneren gezogen werden. Ist z. B. dieser Druck höher, als er bei der betreffenden Leistung sein sollte, so hat sich die Schluckfähigkeit des ND-Teiles verringert, d. h. die Schaufelwege haben sich zum Teile zugesetzt oder die Beschauflung ist durch Anstreifen am feststehenden Teile oder dadurch, daß ein Fremdkörper durch sie hindurchgegangen ist, zugedrückt. Je nach dem Grade des Druckanstieges in der ersten Stufe ist die Turbine dann früher oder später zu öffnen, zu reinigen und zu überholen. Man kann ebenso aus der Anzeige des Druckmessers der ersten Stufe jede Unregelmäßigkeit im Betriebe, Unachtsamkeit des Maschinenwärters, vorübergehende plötzliche Überlastung der Turbine (Drucklagerschaden!) ablesen. Es sind Anlagen bekannt, wo der Druckmesser der ersten Stufe zusammen mit dem Wattmesser als einzige und wichtigste Überwachungsgeräte im Zimmer des Betriebsingenieurs angebracht wurden, ein Zeichen dafür, daß die Wichtigkeit gerade dieser Meßgeräte richtig erkannt worden ist.

Die Stopfbuchsen von Kondensationsturbinen sind in der Regel nach dem auf S. 48/49 angegebenen Schaltplane angeordnet. Bei Gegendruckturbinen mit hohen Stopfbuchsendrücken wird Dampf aus den Stopfbuchsen abgesaugt. Die Einstellung des abzusaugenden Leckdampfes oder der Sperrdampfmenge für die Unterdruckstopfbuchsen obliegt dem Maschinenwärter, der von Hand die entsprechenden Ventile zu betätigen hat. Mit der Belastung ändert sich die Druckverteilung in einer Turbine. Damit ändert sich auch der Dichtungsdruck der Überdruckstopfbuchsen. Bei der Kondensationsturbine mit untereinander verbundenen Stopfbuchsen bedeutet das ein Mehr oder Weniger an Sperrdampf für die Unterdruckstopfbuchsen; diese werden also entweder stärker abblasen oder nicht mehr genügend gegen Luft absperren. Der Maschinenwärter muß somit, sobald seine Maschine mit wechselnder Belastung arbeitet, auf die Stärke des Dampfschleiers aus den Wrasenabzugsrohren der Stopfbuchsen achten und danach das Absaugventil oder das Ventil für den Frischdampfzusatz nachregeln. Es liegt daher nahe, die Bedienung der Stopfbuchsen von der Achtsamkeit des Maschinenwärters unabhängig zu machen, also selbsttätig wirkende Vorrichtungen hierfür vorzusehen. Derartige Vorrichtungen sind dort zweckmäßig, wo Kondensationsturbinen während des Betriebes zeitweilig auch mit so kleinen Belastungen gefahren werden, daß Stopfbuchsen, die sonst bei höheren Belastungen gegen inneren Überdruck zu drosseln haben, zu Unterdruckstopfbuchsen werden, also Sperrdampf erhalten müssen. Hier hat dann der einzuschaltende Regler im gegebenen Augenblicke von Absaugung auf Frischdampfzusatz zu schalten. Meist reicht der Leckdampf der HD-Stopfbuchsen aus, um die Unterdruckstopfbuchsen mit Sperrdampf zu versorgen. Durch Lastschwankungen während des Betriebes verändert sich dann nur die Menge des aus den Überdruckstopfbuchsen austretenden Leckdampfes. Hier ist also, will man von der Bedienung unabhängig werden, eine selbsttätige Vorrichtung am Platze, die entsprechend dem Drucke in der Stopfbuchsenverbindungsleitung mehr oder weniger Dampf zu einer Stelle niedrigeren Druckes im Dampfkreislaufe (Kondensator, ND-Vorwärmer) überströmen läßt.

Ein solches Absaugventil zeigt Abb. 122. Es ist ein entlastetes Doppelsitzventil, das in der Leitung von der Absaugstelle der Stopfbuchsen zu einer Unterdruckstufe der Turbine angeordnet wird. Ein durch Dampf unmittelbar betätigter Kraftkolben auf der Ventilspindel öffnet das Ventil, sobald der Druck an der Absaugstelle der Stopfbuchse über den Wert ansteigt, für den das Ventil und der Kraftkolben entworfen sind. Da Dampf kein vollkommenes Betätigungsmittel für einen Kraftkolben ist, wird die Ventilspindel gleichzeitig durch einen Wasserpuffer abgedämpft. Diese verhältnismäßig einfache, im Betriebe allerdings auch nicht besonders empfindlich arbeitende Vorrichtung wird nur bei größeren Kondensationsturbinen über etwa 4000 kW, und auch da nicht überall, verwendet.

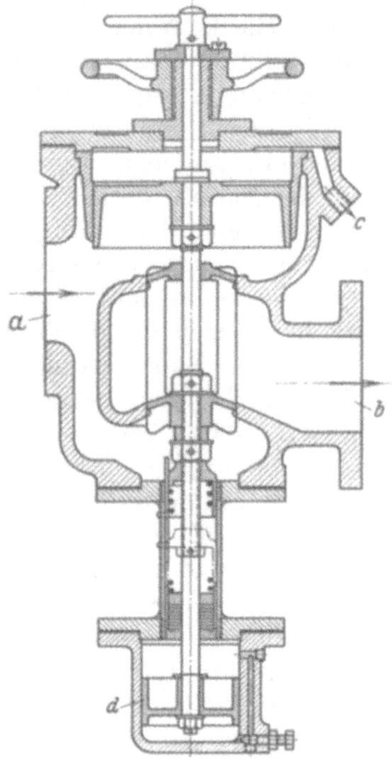

Abb. 122. BTH, Absaugventil für Stopfbuchsendampf.

a Leckdampf von der HD-Stopfbuchse; *b* Auslaß in eine Zwischenstufe der Turbine; *c* Auslaß in Freie; *d* Wasserpuffer.

Die vollständigere Vorrichtung für eine zweigehäusige Turbine zu dem gleichen Zwecke, Abb. 123, setzt die gleichen allgemeinen Verhältnisse voraus. Die ND-Turbine enthält einen doppelflutigen Läufer, seine beiden Außenstopfbuchsen stehen also unter Unterdruck und benötigen Sperrdampf. Die Absaugstellen der HD-Stopfbuchsen sind untereinander und mit den ND-Stopfbuchsen in der üblichen Weise verbunden. Ein Anschluß für Frischdampfzusatz, von Hand zu bedienen, ist vorgesehen. Von der Verbindungsleitung zwischen HD- und ND-Stopfbuchsen zweigt die Absaugleitung ab, in der das selbsttätig gesteuerte Ventil angeordnet ist. Dieses Ventil wird von einem Druckregler mit Balgmembran über ein Ölkraftgetriebe betätigt. Der Druckregler erhält seine Antriebe aus der Verbindungsleitung zwischen den beiden HD-Stopfbuchsen. Stopfbuchsendampf sollte stets in den Kondensator oder einen anderen Unterdruckbehälter, nicht aber in eine Unterdruckstufe der Turbine abgesaugt werden, da einerseits der mögliche Gewinn an Arbeitvermögen aus dem Stopfbuchsenleckdampfe doch nur gering sein kann, andererseits aber eine Verbindung der Stopfbuchsen mit einer ND-Stufe der Turbine den Betrieb nicht sicherer gestaltet.

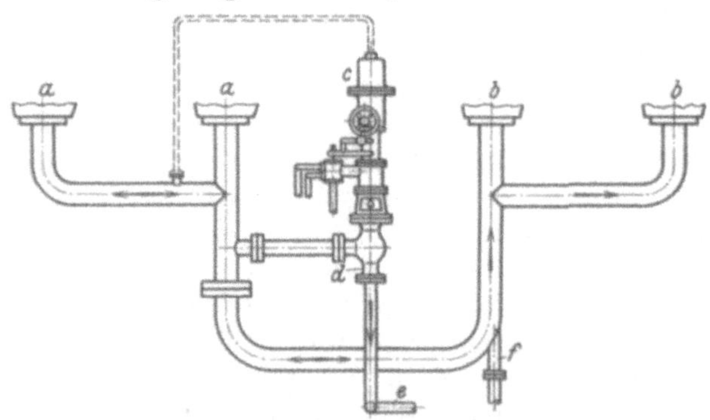

Abb. 123. AEG, Stopfbuchsenschaltung einer zweigehäusigen Kondensationsturbine mit selbsttätiger Absaugvorrichtung.

a Anschluß zu den HD-Stopfbuchsen; *b* Anschluß zu den ND-Stopfbuchsen; *c* Membrandruckregler; *d* Absaugventil; *e* Absaugleitung zum Kondensator; *f* durch Handventil zu betätigende Frischdampfzusatzleitung.

Soll die Absaugung sowohl wie der Zusatz von Sperrdampf für alle Stopfbuchsen einer Turbine vollkommen selbsttätig gesteuert werden, so müssen das Sperrdampfzusatzventil und das Ventil zur Absaugleitung von einem Druckregler gesteuert werden. Dieser Druckregler erhält dann seinen Antrieb aus der Verbindungsleitung der HD- und der ND-Stopfbuchsen, Abb. 124. Der Druckregler betätigt vermittels einer Steuerscheibe den Kraftkolben eines Wechselventiles, zu dem die sonst getrennten Ventile für den Zusatz von Frischdampf und für die Absaugung vereinigt sind. Das erforderliche Drucköl für den Kraftkolben wird der Druckölleitung der Turbine entnommen. Im üblichen Betriebe, d. h. wenn der Druck an der Absaugstelle der Stopfbuchse seine gewöhnliche Höhe hat, hält der Druckregler durch das Ölkraftgetriebe das Absaugventil des Wechselventiles geöffnet. Wird die Turbine entlastet, so daß nur noch ganz wenig oder gar kein Dampf mehr durch die HD-Stopfbuchse entweicht, so fällt auch der Druck in der Stopfbuchsenverbindungsleitung, der Druckregler greift ein und öffnet das Frischdampfzusatzventil, während er gleichzeitig das Absaugventil schließt. Je empfindlicher der Druckregler arbeitet, um so genauer kann die Reglung der Stopfbuchsendampfverhältnisse eingestellt werden. Durch die auch sonst bei Druckreglern übliche Verstellvorrichtung des Regelbereiches kann man die Stärke des aus den Wrasenrohren entweichenden Leckdampfschwadens beeinflussen. Eine derartige selbsttätige wirkende Stopfbuchsendampfreglung verhindert somit, daß einerseits bei Teillasten aus Unachtsamkeit der Bedienungsmannschaft infolge fehlenden Sperrdampfes sich die Luftleere verschlechtert, andererseits bei hoher Belastung zuviel Dampf durch die Wrasenrohre ins Freie entweicht.

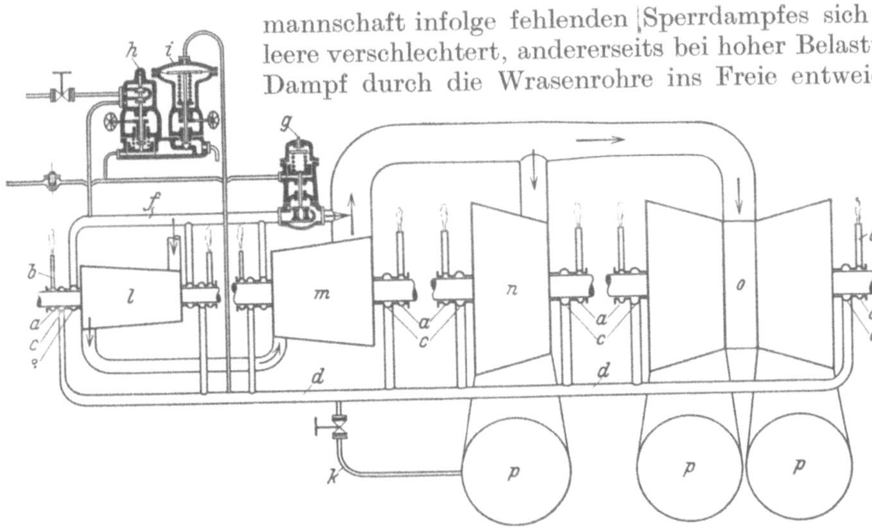

Abb. 124[41]. BBC, selbsttätige Absaug- und Sperrdampfreglung der Außenstopfbuchsen einer viergehäusigen Kondensationsturbine 50000 kW, 3000 U/min.

a Wrasenrohrkammer; *b* Wrasenrohr; *c* Sperrdampfkammer; *d* Sperrdampfleitung; *e* Kammer der HD-Stopfbuchsen für Sperrdampfentnahme bei hohen Belastungen; *f* Leitung von den HD-Stopfbuchsen für Dampfabsaugung bei hohen Belastungen; *g* Drosselventil in der Absaugleitung; *h* Frischdampfzusatzventil für kleine Belastungen; *i* Druckregler für Sperrdampfleitung; *k* Absaugleitung zum Kondensator; *l* HD-Turbine; *m* MD-Turbine; *n* einflutige ND-Turbine I; *o* doppelflutige ND-Turbine II; *p* Kondensator.

Zur Überwachung der Drehzahl eines Turbostromerzeugers dient der Drehzahlanzeiger, der an jeder Turbine vorgesehen ist. Er ist in der Regel am vorderen Lagerbocke so angeordnet, daß man seine Anzeige, während man das Schnellschlußventil bedient, ablesen kann. Die gebräuchlichsten Drehzahlanzeiger für Turbostromerzeuger sind Fliehkraftgeräte, die durch irgendeinen Zahn- oder Schneckentrieb mit der Turbinenwelle gekuppelt sind. Daneben kommen für Betriebsuntersuchungen auch „Vibrationstachometer" (nach Frahm) in Betracht. Man hat bei Turbinen mit Drehstromerzeugern außerdem im Frequenzmesser einen sehr genauen Drehzahlmesser. Von dieser Möglichkeit wird häufig dort Gebrauch gemacht, wo die hauptsächlichen Überwachungsgeräte eines Maschinensatzes außer an der Maschine selbst auch noch entfernt davon an einer Hauptüberwachungsstelle angebracht sind. Auch dafür gibt es allerdings besondere Meßgeräte, wie z. B. an der Turbine einen mitlaufenden kleinen Wechselstrommagnetläufer als Geber und ein Drehspulgerät als Anzeiger. Fernanzeigende Geräte sind jedoch bisher verhältnismäßig selten und dürften auch in Zukunft vornehmlich nur in großen Kraftwerken verwendet werden.

Die gewöhnlichen Drehzahlanzeiger sind mit leichtflüssigem, nichtharzendem Knochenöle (Nähmaschinenöle) öfters, aber nur wenig auf einmal zu schmieren. Das Eindringen zähflüssigen Öles würde die Empfindlichkeit des Gerätes beeinflussen. Die Richtigkeit und Genauigkeit der Anzeige ist von Zeit zu Zeit mittels eines Handdrehzahlmessers zu überprüfen.

[41] Nach Brown Boveri Mitt. Bd. 19 (1932) S. 32 Abb. 64.

Ebenso wie die Ablesungen der Druck- und Temperaturmesser sind die Drehzahlen in das Betriebstagebuch einzutragen.

Der Lauf einer Turbine wird, einwandfreien Zustand vorausgesetzt, auch bei langer Betriebzeit gleichmäßig bleiben und sich nicht verändern. Jede Veränderung deutet eine Unregelmäßigkeit an. Der Grund dafür kann außerhalb oder innerhalb der Turbine liegen. Die verschiedenen Teile der ganzen Anlage müssen ständig in guter Ausrichtung gehalten werden und ihre Auflage muß unverändert fest und sicher bleiben. Wenn durch Erschütterungen oder Schwingungen oder andere Ursachen die Lagerböcke, Grundplatten u. dgl. lose geworden sind, so sind sie sofort wieder zu befestigen; die Ankerbolzen der Grundplatten dürfen jedoch nicht bei laufender Turbine nachgezogen werden. Ihr Nachziehen macht vielmehr eine Überprüfung der gesamten Lagerung erforderlich. Fundamentverlagerungen beeinträchtigen die Ausrichtung der Turbine. Die Schwingungzahlen von Betonfundamenten für Turbinen sollen wenigstens 20% von der Betriebsdrehzahl der Turbinen entfernt liegen, so daß ein einfaches Mitschwingen der Fundamente in Eigenschwingung nicht in Frage kommt. Es handelt sich daher bei etwaigen Fundamentschwingungen um erzwungene Schwingungen, die einer starken Erregung bedürfen. Diese wiederum muß vom Turbosatze selbst ausgehen, so daß Fundamentschwingungen bei ruhig laufenden Turbosätzen nahezu unmöglich sind und die übliche Schwingungsbeobachtung der Turbinen und Stromerzeuger auch die der Fundamente bereits in sich schließt. Teilmitklang von Anbauten an den Fundamenten bergen keinerlei Gefahren für den Bestand des Fundamentes und des Turbosatzes in sich. Wenn sie überhaupt auftreten, zeigen sie sich in den meisten Fällen schon bei dem ersten Inbetriebsetzen der Maschine und müssen dann beseitigt werden.

Die Lagerspiele von Turboanlagen dürfen im Dauerbetriebe die vorgeschriebenen Werte nicht nennenswert überschreiten. Ist das der Fall, so sind die ursprünglichen Spiele wieder herzustellen. Es ist ferner darauf zu achten, daß die Befestigung- und Druckschrauben der Lagerdeckel sich nicht lockern. Lose Schrauben sind unverzüglich nachzuziehen. Lagerdruckschrauben müssen stets von Hand, dürfen nie mit einem Schlagschlüssel nachgezogen werden, da sonst die obere Lagerschale verdrückt werden kann. Unterlassung dieser Maßnahme kann zu unruhigem Laufe Anlaß geben. Unruhiger Lauf wieder kann Eigenschwingungen auslösen; jede Schwingungserschütterung jedoch ist im Turbinenbetriebe unerwünscht. Selbst dort, wo sie nicht zu ernsteren Schäden führt — und das ist glücklicherweise der größte Teil der Fälle —, vergrößern sich dadurch die Stopfbuchsenspiele durch Anstreifen der Welle. Der Dampfverbrauch wird somit schlechter.

Schwingungen können aber auch durch Veränderung des Läufers selbst entstehen. Alle umlaufenden Teile der Dampfturbinen axialer Bauart und der von ihnen angetriebenen Arbeitsmaschinen, auch der Zahnradgetriebe, werden im Lieferwerke sorgfältig statisch und dynamisch ausgewuchtet. Dieser Gleichgewichtzustand kann sich im Betriebe z. B. dadurch ändern, daß die Dampfwege zwischen den Laufschaufeln sich infolge unreinen Dampfes ungleichmäßig zusetzen, doch sind solche Fälle selten. Häufiger sind Verlagerungen und damit Unwucht innerhalb der Läufer der Stromerzeuger. Dadurch hervorgerufene Unruhe im Laufe kann sich auf den ganzen Turbosatz übertragen. Überschreiten die Schwingungen ein zulässiges Maß, wird der Lauf der Anlage somit so unruhig, daß für die Sicherheit des Betriebes gefürchtet werden muß, so muß die Anlage sofort stillgesetzt und überholt werden. Geringe Unruhe dagegen ist noch kein Grund zur Unterbrechung des Betriebes, ihre Beseitigung kann bis zum nächsten Abstellen oder bis zur nächsten planmäßigen Überholung zurückgestellt werden.

Ob eine Unruhe im Laufe die Betriebsicherheit bereits gefährdet oder nicht, wird am besten der mit der Maschine vertraute Wärter oder Ingenieur beurteilen können. Entscheidend ist dabei das Maß, in dem die Unruhe etwa zunimmt. In Zweifelsfällen empfiehlt es sich, einen Ingenieur des Lieferwerkes als Berater hinzuzuziehen, das die Turboanlage gebaut hat. Dem Erfahrenen gibt das unmittelbare Gefühl den besten Gradmesser, und in den meisten Fällen gelingt es ihm auch bereits nach kurzer Beobachtung und Untersuchung, die mutmaßliche Ursache mit guter Treffsicherheit festzustellen. Trotzdem sind Bemühungen im Gange, Geräte für die Messung der Schwingungsausschläge zu finden, die eindeutige Entscheidungen zulassen. Die einfachsten dieser Art sind hochempfindliche Meßuhren, die allseitig federnd in einem Gehäuse aufgehängt auf den zu messenden Bauteil aufgesetzt werden und dann den Schwingungsausschlag angeben. Je nach der Art, wie man sie ansetzt, geben sie die lotrechten, die axialen oder die Querschwingungen an. Ihre Handhabung ist indessen zur Zeit noch nicht so einwandfrei, daß man ihre Anzeigen als unbedingt zuverlässig hinnehmen kann. Immerhin bilden sie in der Hand eines mit dem Betriebe vertrauten Ingenieurs ein Meßgerät von einigem Werte. Darüber hinaus gibt es Geräte, die von meßtechnischem Standpunkte aus einwandfrei arbeiten, sie sind jedoch — abgesehen von den in bezug auf das geringe Betriebserfordernis unverhältnismäßig hohen Anschaffungskosten — nicht ohne genauere Kenntnisse befriedigend zu handhaben.

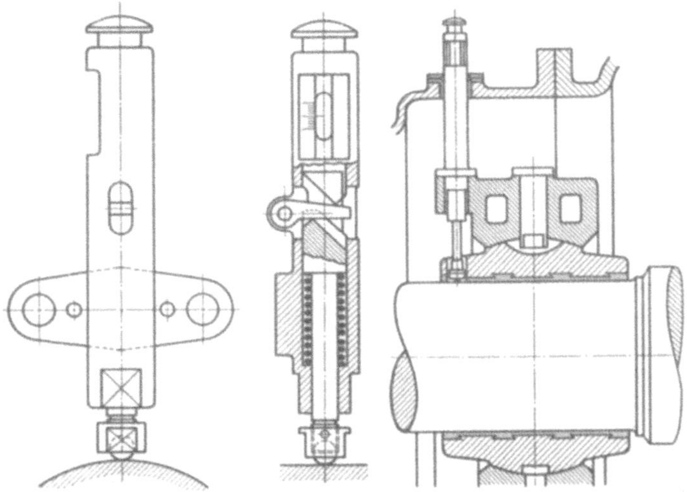

Abb. 125. Meßvorrichtung zum Überprüfen der Höhenlage von Wellen im Betriebe (links und Mitte), sowie Anwendungsbeispiel dafür (rechts).

Es muß allgemein hierzu gesagt werden, daß zu einer dauernden Überwachung aller Dampfturbinenanlagen durch Schwingungsmeßgeräte durchaus keine Veranlassung vorliegt. Aufgabe der betriebsmäßigen Schwingungsüberwachung der Anlagen kann es nur sein, Änderungen im Laufe der Maschinen oder, was dasselbe bedeutet, das Auftreten und Anwachsen von Schwingungen festzustellen. Hierzu genügt das Abfühlen der Lager mit der Hand vollkommen, da die in Frage kommenden Schwingungen von dem menschlichen Gefühle schon viel früher festgestellt werden, bevor sie Schwingungsweiten besitzen, die für den Bestand der Maschine oder einzelner ihrer Teile gefahrbringend sein könnten. Die Benutzung von Schwingungsmessern zur Überwachung von Maschinen und insbesondere die Deutung der mit ihnen gewonnenen Meßergebnisse setzt nicht unerhebliche Sonderkenntnisse voraus und macht auch das Abfühlen der Lager mit der Hand nicht überflüssig. Die Anwendung von Schwingungsmessern sollte deshalb nur auf Sonderuntersuchungen beschränkt bleiben.

Die Vorrichtungen und Geräte zur Überprüfung oder Anzeige der Wellenlage der Turbine sind ebenfalls nicht grundsätzlich erforderlich und auch nicht in allen Fällen vollkommen zuverlässig. Es kommt hinzu, daß Schäden am Läufer oder an den Lagern von Dampfturbinen sich selten vorher ankündigen und meist so plötzlich eintreten, daß schon ein Zufall walten müßte, wenn der Eintritt des Schadens zeitlich mit einer Ablesung des Anzeigers der Wellenlage zusammenfällt. Immerhin kann und wird man sich derartiger Geräte, vor allen Dingen der Axialspielanzeiger, als zusätzlicher Überwachungshilfsmittel bei besonders großen Turbinen bedienen und überall dort, wo es sich um Turbinen für besonders hohe Drücke und Temperaturen des Dampfes handelt.

Die Höhenlage der Welle in den Lagern kann während des Betriebes mit einer Vorrichtung nach Abb. 125 gemessen werden. Dem gleichen oder einem ähnlichen Grundsatze folgen andere, in Einzelheiten wohl davon abweichende Ausführungen. Erfahrungsmäßig ist jedoch eine derartige Vorrichtung bei ortfesten Turbinenanlagen nicht erforderlich, da infolge der Starrheit der Lagerung und der in der Regel recht gleichmäßigen oder doch sich nur allmählich ändernden Belastung der Turbine Wellenverlagerungen infolge abgenutzter Lagerschalen bei ordnungsgemäßer Schmierung kaum jemals eintreten. Im

Schiffsbetriebe werden solche Vorrichtungen jedoch häufig noch verwendet, insbesondere bei Getriebeturbinen.

Nach dem gleichen Grundsatze ist auch der Axialspielanzeiger nach Abb. 104 ausgebildet, nur daß dort zwischen Gleitklötzchen und Druckhebel ein rechtwinkliger Winkelhebel eingeschaltet ist, so daß beim Niederdrücken der Spindel das Gleitklötzchen in waagerechtem Sinne gegen die Stirnfläche eines Wellenbundes, etwa an der Kupplung oder sonst einem Absatze der Welle an ihrem dem Drucklager entgegengesetzten Ende, angepreßt wird. Durch regelmäßige Stichproben erhält der Maschinenwärter ein genaues Bild davon, wie sich die Lage der Welle mit der Belastung, mit der Durchwärmung der Maschine usw. verändert, und er wird, vor allen Dingen beim Anfahren, unregelmäßige Verlagerungen sofort feststellen können, bevor sie sich zu solcher Größe auswachsen, daß sie das Axialspiel der Beschauflung und der Stopfbuchsen gefährden und damit Schaden verursachen können. In Sonderfällen sind solche Axialspielanzeiger auch schon mit Selbstschreibgeräten ausgerüstet worden. Grundsätzlich muß jedoch noch einmal hervorgehoben werden, daß Axialspielanzeiger oder ähnliche Geräte zur Überwachung der Wellenlage bei allen üblichen Turbinenbauarten, d. h. also bei der großen Mehrzahl aller Turbinen, nicht erforderlich sind und auch niemals die Erfahrung und Aufmerksamkeit des Maschinenwärters oder Betriebsingenieurs ersetzen können.

Jede Veränderung der axialen Lage des Läufers nach vollkommener Durchwärmung der Turbine deutet zunächst auf eine Veränderung (Abnutzung) des Drucklagers hin, das indessen, richtige Bemessung vorausgesetzt, nur infolge einer Störung (Zusetzen der Schaufelwege, Wasserschlag, Ölmangel u. dgl.) beschädigt oder auch nur abgenutzt werden kann. Auf einfache Weise kann man eine Abnutzung des Drucklagers dann feststellen, wenn das vordere Ende der Hauptwelle oder ein dünner Verlängerungzapfen derselben durch eine Bohrung im Stirndeckel des vorderen Turbinenlagerbockes hindurchragt und dort bei richtiger Wellenlage bündig mit einer angearbeiteten Meßfläche abschließt, eine Anordnung, die auch, wie bereits erwähnt, der Beobachtung des Rundlaufens der Welle beim Anfahren dient. Jede Veränderung der axialen Lage des Läufers ist am Unterschiede zwischen Meßfläche und Zapfenstirnfläche zu ersehen. Ist eine derartige axiale Verlagerung der Welle festgestellt, so ist die Beobachtung des Drucklagers (Öltemperatur!) stets der erste Schritt zur weiteren Untersuchung.

Eine unmittelbare Überprüfung der Wellenlage gegenüber den Stopfbuchsen während des Betriebes ist nicht möglich. Man kann lediglich, falls Axialspielanzeiger vorgesehen sind, auf die axiale Stellung des Läufers zu den Stopfbuchsen schließen. Zur Besichtigung der Stopfbuchsen ist bei der überwiegenden Mehrzahl der Turbinenbauarten ein Abheben des Oberteiles des Turbinengehäuses erforderlich. Nur vereinzelt finden sich Ausführungen, bei denen die Stopfbuchsengehäuse und -ringe bei geschlossenem Turbinengehäuse herausgenommen werden können. Ob man diese Ausführung wählen soll, hängt hauptsächlich von der Art der Wellendichtung ab. Für Kohlestopfbuchsen ist diese Bauart berechtigt, da deren Kohleringe infolge ihrer größeren Empfindlichkeit, Abnutzung oder Bruch häufiger ausgewechselt werden müssen. Für Labyrinthstopfbuchsen dagegen lohnt der Vorteil leichterer Zugänglichkeit den größeren Aufwand nicht. Zudem ist die Dichtung einer weiteren Teilfuge, die den höchsten in der Turbine auftretenden Dampftemperaturen und -drücken ausgesetzt ist, aus Betriebsgründen nicht erwünscht. Sind die Außenstopfbuchsen einer Turbine beschädigt oder zu groß im Spiele, so ist zu vermuten, daß das auch bei den Zwischenstopfbuchsen zutrifft. Hat das auf den Lauf und damit auf die Betriebsicherheit der Maschine keinen störenden Einfluß, so bestehen keine Bedenken, die Erneuerung oder das Nachpassen der Stopfbuchsen bis zur nächsten planmäßigen Überholung zu verschieben. Sind die Stopfbuchsen dagegen infolge einer Unregelmäßigkeit im Betriebe stärker ausgeschlagen, so ergibt sich damit meist eine Verschlechterung des Laufes der Maschine, also eine Veränderung des Läufers, etwa dergestalt, daß der Läufer zu weit ausgeschwungen hat und infolge einer einseitigen Erwärmung beim Anstreifen gegen die Stopfbuchsen krumm geworden ist. In diesem Falle muß die Maschine ohnedies aufgenommen werden, eine Besichtigung oder Erneuerung der Stopfbuchsen allein bringt hier in den seltensten Fällen Abhilfe. Überdies brauchen die Stopfbuchsen nur sehr selten herausgenommen zu werden.

Einen guten, bei vielen Turbinen den einzigen und ausreichenden Überblick über die Lager- und damit die Läuferverhältnisse geben die Lagerthermometer, die die Temperatur des Schmier- und Kühlöles in den einzelnen Lagern anzeigen. Aus der übermäßigen Erwärmung eines Lagers kann ohne weiteres auf eine Unregelmäßigkeit geschlossen werden. Erhält das Lager genügend Öl, so hat es dann entweder zu geringes Spiel oder es hat vielleicht wegen einer Verunreinigung des Öles „geschmiert".

Die Überwachung eines Turbinengetriebes erfordert, soweit es die Lagerung betrifft, die gleichen Beobachtungen wie die der Turbinenlager. Da im Gegensatze zu den Lagern des Turbinenläufers und des Stromerzeugers die der Getriebewellen mit steigender Leistung durch den Zahndruck stärker belastet werden, so ist hier eine Einhaltung der Lagerspiele noch notwendiger als bei den übrigen Lagern der Turbinenanlagen. Bei zu großen Lagerspielen läuft viel Öl aus dem Lager und die eine Schalenhälfte bekommt dann zu wenig Öl, läuft sich blank und trägt hart. Dann kann aber durch zu reichliches Spiel in einem Getriebelager und sich dadurch ergebende Verlagerung das Getriebe unruhig laufen.

Die Getriebelager benötigen keine dauernd eingebauten Thermometer, es muß nur die Möglichkeit vorgesehen werden, die Lagertemperaturen während der ersten Inbetriebsetzung zu überprüfen. Solange im Dauerbetriebe ein Lager ausreichend mit Öl versorgt ist, ändert sich seine einmal festgestellte Temperatur nicht, es kann also auch kein Lagerschaden auftreten. Versagt die Ölversorgung, so würde das einen plötzlich eintretenden Schaden nach sich ziehen; etwa vorhandene Thermometer würden die dadurch ausgelöste plötzliche Temperaturerhöhung erst dann anzeigen, wenn der Schaden bereits eingetreten ist. Ob aber die Ölversorgung der Lager einer Getriebeturbinenanlage in Ordnung ist, ist aus dem Lagerölthermometer vorn an der Turbine einwandfrei und für alle Lager gleichzeitig geltend zu erkennen. Denn solange dort keine langsame Temperatursteigerung (Verschmutzung des Ölkühlers!) angezeigt wird, sind auch die Temperaturen der Getriebelager in Ordnung. Fest eingebaute Lagerthermometer am Getriebe würden somit keineswegs die Betriebsicherheit des Getriebes erhöhen; sie sind daher überflüssig.

Betreffs der Verzahnungsteile ist darauf zu achten, daß sie genügend Öl erhalten. Daneben ist der Ursache einer etwa zunehmenden Veränderung des Arbeitsgeräusches im Getriebe nachzugehen.

In Amerika, wo die wenigen Freiluftturbinenanlagen den ersten und stärksten Anreiz dazu boten, werden fernanzeigende Meßgeräte zur Überwachung von Dampfturboanlagen im Betriebe in stärkerem Maße verwendet. Solche Fernanzeigegeräte sind zunächst Axialspielanzeiger, dann solche, die die Ausdehnungsunterschiede der Welle gegen das Gehäuse während der Anwärm- oder Abkühlzeiten anzeigen, ferner Meßeinrichtungen für den größten Ausschlag der Welle beim Hochfahren und beim Durchfahren der kritischen Drehzahl, schließlich Schwingungsmesser, die man etwa auf die Lagerböcke setzt. Mitunter sieht man auch Schallaufnahmegeräte vor, z. B. um einen unregelmäßigen Ton im Inneren des Turbinengehäuses, wie er durch das Anstreifen des Läufers hervorgerufen wird, festzustellen und bei seinem Auftreten einen Warnruf ertönen zu lassen. Bisher hat sich für solche Geräte allerdings keine allgemeine Notwendigkeit ergeben, überdies sind sie nur dann einigermaßen verläßlich, wenn sie im Aufbaue nicht zu verwickelt, also für einen Dauerbetrieb wirklich geeignet sind.

Die Überwachung des Kondensators hat zum Ziele, daß erstens Lufteinbrüche durch undichte Stellen vermieden oder doch wenigstens rechtzeitig entdeckt werden, zweitens das Niederschlagwasser nicht verunreinigt wird und drittens das Kühlwasser so beschaffen ist, daß der Kondensator und die Rohrleitungen nicht verstopft oder der Wärmeübergang vom Dampfe durch die Rohre zum Kühlwasser nicht beeinträchtigt werden.

Daneben ist darauf zu achten, daß die Wasserstopfbuchse am Abdampfstutzen, wenn eine solche vorhanden ist, gut dichtet, stets Zusatzwasser erhält und sich nicht verlagert. Dieses Zusatzwasser soll möglichst Niederschlagwasser sein, besonders dort, wo das Rohwasser von schlechter Beschaffenheit ist. Unterdruckschieber sind stets auf Dichthalten zu überwachen, besonders bei großen Schiebern können beträchtliche Druckverluste entstehen. Auch der Kondensator darf sich nicht in seinen Stühlen verlagern oder sich an den Abstützungen gegen die Fundamentdecke lockern.

Das Niederschlagwasser kann dadurch verunreinigt werden, daß mit ihm bei Leckwerden von Kondensatorrohren Kühlwasser vermischt wird. Es gibt Überwachungsgeräte, die das Eindringen von Kühlwasser sofort anzeigen. Z. B. benutzt ein Gerät von Balcke den Unterschied des elektrischen Leitungsvermögens, das bei chemisch reinem Wasser geringer ist als bei unreinem Wasser, als Grundlage. Es wird dazu Wechselstrom verwendet, da Gleichstrom das Wasser zersetzt. Bei unzulässiger Verunreinigung des Kondensates wird ein Schall- oder Leuchtwarnzeichen gegeben.

Die Beschaffenheit des Kühlwassers wird in verschiedener Weise überwacht und beeinflußt, je nachdem, ob es sich um Frischwasser- oder Kreislaufkühlung handelt.

Bei Verwendung von Frischwasser wird man sich in erster Linie darauf beschränken, grobe Unreinigkeiten von Pumpen und Kondensatoren fernzuhalten. Eine chemische Enthärtung derart großer Wassermengen wäre zu kostspielig. Grobe Schlitzrechen vor der Saugleitung halten starke Verunreinigungen, wie Gras, Laub u. dgl., wie sie besonders nach starken Regenfällen oder bei Hochwasser auftreten, zurück. Diese sind durch einfache Bürsten von den Rechen zu entfernen. Feinere Schwebestoffe werden durch hinter den Rechen angeordnete umlaufende Siebbänder aufgefangen, die bei ihrem Umlaufe außerhalb des zu reinigenden Wassers durch Druckwasser selbsttätig immer wieder gereinigt werden. Der am Beginne der Saugleitung vorgesehene Saugkorb dient weniger zur Entfernung von Unreinigkeiten als zur Sicherung der Pumpe bei einem Versagen der vorgeschalteten Rechen und Siebe. Werden derartige Reinigungseinrichtungen nicht vorgesehen, so können unliebsame Überraschungen im Kraftwerksbetriebe eintreten. Es ist z. B. schon vorgekommen, daß Kondensatoren durch Schwärme von Fischen vollständig verstopft wurden.

In manchen Großkraftwerken hat in letzter Zeit das Chloren des Frischwassers Verbreitung gefunden. Durch geringen Zusatz von Chlor werden im Wasser enthaltene Kleinlebewesen, wie Spaltpilze und Wasserpflanzen, getötet und lagern sich dann nicht an den Rohrwandungen ab. Durch Verbesserung des durchschnittlichen Unterdruckes und geringere Häufigkeit der Kondensatorreinigungen werden beträchtliche Ersparnisse erzielt. Das Chlorgas wird entweder unmittelbar dem Kühlwasser zugesetzt, indem man es durch ein Drosselventil in einen unter Wasser mündenden kegeligen Einlaufraum strömen läßt, oder es wird zunächst in einem Mischbehälter in Wasser gelöst. Diese Lösung gibt man in Vorratsbehälter, von wo sie durch Pumpen in das Kühlwasser gespeist wird. Das Chlor wird bei größeren Anlagen zeitweise, z. B. 5 min lang je h, bei kleineren Anlagen dauernd im allgemeinen zwischen den Siebrechen und den Kühlwasserpumpen in die Kühlwasserleitung zugesetzt. Die Menge des Zusatzes richtet sich nach der Wasserbeschaffenheit und -temperatur. Sie schwankt zwischen 0,05 und 5 Teilen Chlor je eine Million Teile Wasser bei unterbrochener Speisung und zwischen 0,05 und 0,2 Teilen je eine Million bei ununterbrochener Speisung. Der Gehalt an freiem Chlore am Kühlwassereintrittstutzen des Kondensators schwankt zwischen 0,03 und 1,0 Teilen je eine Million. Ob oder unter welchen Umständen das Chloren des Wassers auf die Rohre verrottend wirkt, kann mit Rücksicht auf die verhältnismäßig kurze Zeit, während welcher derartige Anlagen bisher in Betrieb sind, noch nicht mit Sicherheit beurteilt werden. Jedenfalls wird eine geringe Abnahme der Lebensdauer der Rohre zu erwarten sein, da an Proberohrstücken, die in der Wasserkammer aufgehängt wurden, ein Gewichtsverlust festgestellt wurde.

Bei Anlagen, die mit Rückkühlung arbeiten, verdunstet ein Teil des Wassers im Kühlturme und muß ersetzt werden. In den meisten Fällen ist eine chemische

Enthärtung des Zusatzwassers erforderlich, da sonst eine Anreicherung von Härtebildnern im Kühlwasserkreislaufe zu erwarten ist. Wasser bis zu 15 deutschen Härtegraden wird als weich, mit 15 bis 30 als hart, mit mehr als 30 als sehr hart bezeichnet.

Die chemische Reinigung des Zusatzwassers beschränkt sich auf eine Kaltbehandlung. Im einfachsten Falle wird durch Zusatz von Ätzkalk in Form von Kalkmilch die Karbonathärte allein entfernt. Hierzu sind Mischbehälter und Filter nötig, welche das Zusatzwasser mit sehr geringer Geschwindigkeit durchströmt, damit die Reaktion und die Ausscheidung der Karbonate nicht etwa erst im Kondensator vor sich gehen. Durch gleichzeitig angewendete Kalkmilch und Soda kann das Wasser von der Karbonat- und der Sulfathärte befreit werden. Dieses Verfahren wird dann angewendet, wenn die Sulfathärte beträchtlich ist, da sich sonst das im Kühlwasserkreislaufe umlaufende Wasser derart mit Gips anreichert, daß auch dieser in den Kondensatorrohren ausgeschieden wird. Das Permutitverfahren ermöglicht ebenfalls eine völlige Enthärtung des Wassers. Ein künstliches Aluminsilikat, welches schwach gebundenes Natrium enthält, wird in Form eines Filters in den Wasserweg eingeschaltet und bindet das im Wasser enthaltene Kalzium und Magnesium. Im Wasser verbleiben nur lösliche Bestandteile, wie doppeltkohlensaures Natron und schwefelsaures Natron. Es kommt aber bei Erwärmung leicht zu Ausscheidung freier Kohlensäure, für deren Beseitigung gesorgt werden muß, um Verrottungen zu vermeiden. Die Filter werden durch die Anreicherung mit Kalzium und Magnesium mit der Zeit immer weniger wirksam und müssen dann durch Zuführung von Kochsalzlösung aufgefrischt werden. Das Impfverfahren nach Balcke wandelt die Härtebildner in leicht lösliche Chloride um. Je nach der Beschaffenheit des Kühlwassers wird eine bestimmte Menge von verdünnter Salzsäure dem Zusatzwasser beigegeben. Der Säurezusatz wird aus Vorratsbehältern entsprechend der Zusatzwassermenge selbsttätig zugeteilt. Die freie Kohlensäure wird dadurch gefahrlos abgeführt. Elektrische Warnzeichen treten in Tätigkeit, wenn sich freie Salzsäure im Zusatzwasser bemerkbar machen sollte, die stets eine Gefahr für die Kondensatorrohre bildet.

Um eine Anreicherung des bei Rückkühlanlagen umlaufenden Wassers mit Beimengungen zu begrenzen, ist stets eine geringe Menge des Kühlwassers, etwa 1%, mit Hilfe einer Fangschale im Kühlturme oder aus dem Kühlwassersammelbecken abzulassen. Es wird durch Zusatzwasser ersetzt.

Zur elektrochemischen Verhütung von Kesselsteinablagerungen an den Kondensatorrohren wird in verschiedenen Schutzrechten[42] die leitende Verbindung des Kondensators mit einer Gleichstromquelle empfohlen. Es ist zwar nachgewiesen, daß ein geringer Stromdurchgang vom Kühlwasser zu den Rohren das Ansetzen von Kesselstein verhindert, ein wirklicher Erfolg derartiger Verfahren ist jedoch zweifelhaft.

Selbst bei bester Kühlwasserbehandlung ist es aber nicht zu verhindern, daß sich an den Innenwänden der Kühlrohre Ablagerungen ansetzen, die mit der Zeit eine erhebliche Verschlechterung des Wärmedurchganges und ein Absinken der Luftleere zur Folge haben. Für Kühlwasser, welches sehr stark zu Ablagerungen neigt, wird man daher, wenn diese Tatsache beim Baue des Kondensators dem Lieferwerke bekannt ist, eine höhere Kühlwassergeschwindigkeit vorsehen, wodurch das Ablagern erschwert wird, und die Kühlfläche größer als üblich wählen, damit bei Verschmutzung die Verringerung der Wärmedurchgangzahl durch die größere Kühlfläche ausgeglichen wird. Je höher die Temperatur des Kühlwassers ist, desto leichter lagern sich Beimengungen ab, da die Löslichkeit der meisten Härtebildner mit steigender Temperatur abnimmt. Daraus ergibt sich die Wichtigkeit der Zusatzwasserreinigung bei Rückkühlanlagen. Aus dem gleichen Grunde verschmutzen die oberen Rohre des Kondensators rascher als die unteren. Auch muß im Sommer häufiger gereinigt werden als im Winter. In welchen Abständen zu reinigen ist, hängt in erster Linie von der Beschaffenheit des Kühlwassers ab, ist aber zugleich eine Frage der Wirtschaftlichkeitsberechnung[43], da überschläglich gerechnet 1% Verschlechterung der Luftleere etwa 2% Dampfverbrauchzunahme bedeutet.

---

[42] D.R.P. 481208, 419351, 494417 u. a. m..

[43] Vgl. Power Bd. 57 (1923) S. 803.

Für die laufende Überwachung des Kühlwasserkreislaufes ist auf der Kühlwasserpumpe und am Kühlwasseraustrittstutzen des Kondensators je ein Thermometer zur Ablesung der Kühlwasserein- und -austrittstemperatur angebracht. Es ist auch zu empfehlen, zur Ablesung der vorhandenen Saughöhe am Saugstutzen der Kühlwasserpumpe außerdem einen Druck- oder Unterdruckmesser vorzusehen. Zur Beurteilung der Beschaffenheit des Kondensators muß die Kondensattemperatur unmittelbar am Druckstutzen der Kondensatpumpe gemessen werden. Ist ein Dampfstrahlsauger vorhanden, so mißt man die Kondensattemperatur, wenn nicht Einzelmessungen zu besonderen Zwecken vorgenommen werden sollen, zweckmäßig außerdem am Austritte aus dem Zwischenkühler des Dampfstrahlsaugers, in dem das Kondensat der Hauptturbine bekanntlich als Kühlmittel und zugleich zum Zwecke von Wärmerückgewinn verwendet wird.

Die Betriebsicherheit der Ölversorgung wird nur durch andauernde, sorgfältige Beobachtung des Öles und Ölkreislaufes sowie durch sachgemäße Ölpflege erhalten. Auf seinem immer wiederholten Kreislaufe ist das Öl mit der Zeit Veränderungen unterworfen. Seine Schmierfähigkeit verringert sich dadurch. Wird das Öl sachgemäß gereinigt und gepflegt, so kann es während langer Betriebzeit immer wieder von neuem verwendet werden; seine Gesamtlebensdauer hängt ab von den ursprünglichen Eigenschaften des Öles, der Wirksamkeit der Siebe, der Ölpflege und der gesamten Betriebstundenzahl der Anlage.

Ein wichtiges Mittel zur Überwachung des Öles sowohl wie der Ölwege, Pumpen, Kühler usw. ist zunächst die laufende Beobachtung der Drücke und Temperaturen des Öles an allen wichtigen Stellen des ganzen Ölverteilungsnetzes. Im allgemeinen sollen drei Druckmesser im Ölkreislaufe vorhanden sein, von denen das eine den Druck des Regelöles, das zweite den Druck vor dem Ölkühler und das dritte den Lageröldruck anzeigt. Bei Getriebeturbinen soll auch noch in der Zuflußleitung unmittelbar vor dem Getriebe ein Druckmesser angebracht sein. Der Öldruck soll hier nicht unter 0,4 atü betragen, wenn auch Getriebe zuweilen mit weniger als 0,4 atü Öldruck in Betrieb sind, ohne Anlaß zu Beanstandungen gegeben zu haben. An Temperaturmeßstellen sollen im Ölkreislaufe wenigstens zwei vorhanden sein, eine für das ungekühlte, für die Reglung verwendete Öl, die andere für das gekühlte Lageröl hinter dem Ölkühler. In den einzelnen Abflußleitungen sind Schauöffnungen vorzusehen, durch welche man das Abfließen des Öles beobachten kann. Diese sind mit einem abnehmbaren Deckel verschlossen, an dessen Stelle auch ein Thermometer angebracht werden kann. Ein besonderes Thermometer in der Zuleitung des Öles zu einem Getriebe ist nicht erforderlich, da die Anzeige des Thermometers hinter dem Ölkühler ohne weiteres auch für den Zulauf zum Getriebe angenommen werden kann (vgl. S. 149). Das aus der Verzahnung ablaufende erwärmte Öl vereinigt sich im unteren Teile des Getriebegehäuses mit dem aus den Lagern ablaufenden. Eine besondere Messung der Erwärmung des Kühlöles der Verzahnung ist nicht erforderlich, da seine Erwärmung in der Verzahnung geringer ist als in den Lagern. Die Temperatur des gemeinsam ablaufenden Öles ergibt also stets einen höheren Wert als das Verzahnungsöl allein.

Luftsäcke im Ölverteilungsnetze sind unter allen Umständen zu verhindern und zu beseitigen. Aus der höchsten Stelle des Ölkühlers wird man deshalb zweckmäßig ständig eine geringe Menge Öl in den Behälter übertreten lassen. Auch wasserseitig muß für eine Entlüftung des Ölkühlers gesorgt sein. Der Ölkühler besitzt ferner einen Ölablaßhahn und eine Öffnung zum Ablassen des Wassers. Auf der Kühlwassereintrittseite ist ein Schieber vorgesehen, mittels dessen je nach der Kühlwassertemperatur die Kühlwassermenge so eingestellt wird, daß die Eintrittstemperatur des Öles in die Lager etwa 45° beträgt.

Aus dem Ölkreislaufe jeder Turbinenanlage entweicht ständig, in der Hauptsache durch Verdunsten, eine geringe Menge des umlaufenden Öles. Eine Formel für die Höhe dieses Ölverlustes läßt sich nicht aufstellen, er hängt von der Art des verwendeten Öles, von der Bauart der Lager und Kupplungen und vor allen Dingen von der Wartung des

Ölverteilungsnetzes (Lecköl!) ab. Einen ungefähren Anhalt auf Grund von Betriebsmessungen an zahlreichen Turbinen der BEWAG gibt Abb. 126. In den Ölbehälter ist als Ersatz für den Verlust rechtzeitig Öl nachzufüllen, bevor der Ölstandsanzeiger den niedrigsten Ölstand anzeigt. Genügend Öl zum Nachfüllen muß daher in ständiger Bereitschaft gehalten werden.

Die Hilfsölpumpe ist täglich für einige Minuten in Betrieb zu nehmen, damit man sich von ihrer Betriebsbereitschaft überzeugt. Ist die Hilfsölpumpe mit selbsttätiger Anlaufvorrichtung ausgerüstet, so ist sie durch Handbetätigung dieser Anlaufvorrichtung täglich kurze Zeit in Betrieb zu nehmen.

Das *Öl im Betriebe* muß ständig auf sein Verhalten untersucht und beobachtet werden.

Die *Farbe* des Öles wird meist anfangs rasch, später langsam dunkler. Da man jedoch auch bei frischem Öle aus der Farbe allein nicht auf seine

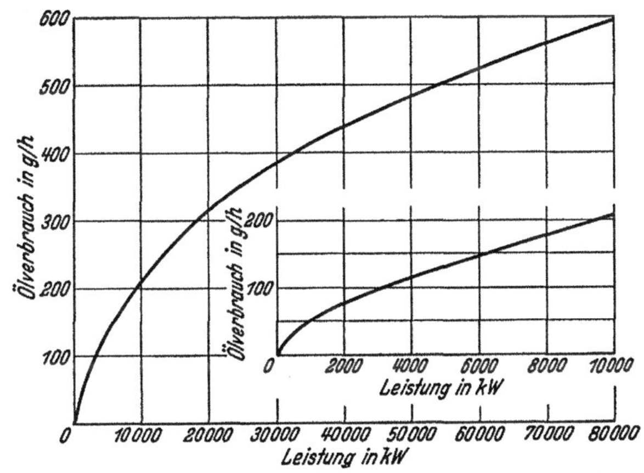

Abb. 126[44]. Ölverbrauch von Dampfturbinen mit Stromerzeugern, nach Messungen der BEWAG.

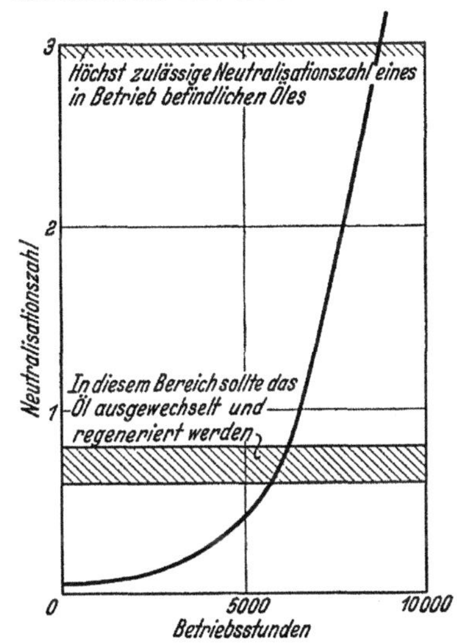

Abb. 127. Anstieg der Neutralisationzahl eines zu lange in Betrieb gehaltenen Öles.

Güte schließen kann, bedeutet eine Farbänderung nicht ohne weiteres eine Verschlechterung. Nicht zu verhindern ist, daß im Betriebe jedes Öl in gewissem Maße *altert*. Darunter versteht man Zersetzungserscheinungen, die durch innere chemische Veränderungen, durch Sauerstoffaufnahme bei der Berührung mit der Luft und durch Fremdstoffe (Wasser, Metallteilchen usw.) verursacht werden und die Eigenschaften des Öles dauernd verschlechtern, bis es, falls keine Vorkehrungen dagegen getroffen werden, keine genügende Schmierfähigkeit mehr besitzt. Äußerlich ist das Altern durch vermehrte Schlammbildung, welche durch das Ausfällen der Sauerstoffverbindungen bedingt ist, in fortgeschrittenem Zustande auch durch erhöhte Lagertemperaturen erkennbar. Die Neutralisationzahl und die Verseifungzahl steigen stetig an. Durch ihre laufende Feststellung während des Betriebes läßt sich das Altern am besten verfolgen. Im allgemeinen sollte man die Neutralisationzahl nicht über 0,6 bis 0,8 ansteigen lassen. Bestimmte Zeitangaben, wann ein Öl ausgewechselt werden muß, lassen sich allgemein aber nicht machen. Abb. 127 zeigt an einem Beispiele das Ansteigen der Neutralisationzahl während des Betriebes. Nach diesem hätte das Öl schon längst ausgewechselt werden müssen. Wird gealtertes Öl nicht rechtzeitig gereinigt oder erneuert, so muß man mit nachstehenden Folgen rechnen:

Verringerte Öldurchtrittsquerschnitte infolge reichlicher Ablagerungen.
Durch Schlamm stark beeinträchtigte Kühlwirkung des Ölkühlers.
Verringerte Schmierfähigkeit des Öles.
Verrottungen.
Höhere Lagertemperaturen.

[44] Nach Elektr.-Wirtsch. Bd. 31 (1932) S. 155.

Abnutzung an Lagerschalen und Verzahnungen.

Störungen in den Ölgetrieben der Reglung.

Ein einwandfreies Verfahren zur Prüfung der Alterungsbeständigkeit eines Öles gibt es noch nicht. Die Lebensdauer einer Ölfüllung ist aber um so größer, je widerstandsfähiger das Öl gegen Sauerstoffaufnahme ist. Näheres hierüber siehe S. 74/78.

Wichtig ist, daß das Öl im Betriebe keine zu hohe Temperaturen annimmt. Je höher die Temperatur ist, desto lebhafter nimmt es Sauerstoff auf. Die Lager sind daher vor der Strahlungswärme der Turbine und vor Dampfzutritt aus den Stopfbuchsen zu schützen. Ebenso dürfen die ölbetätigten Reglungsteile nicht zu nahe an den dampfführenden Ventilen liegen und Dampfleitungen keine unzulässige Wärme an die Ölleitungen oder den Ölbehälter übertragen. Je höher die in einer Turbine verwendete Frischdampftemperatur ist, desto größer ist die Möglichkeit örtlicher unzulässiger Ölerwärmung.

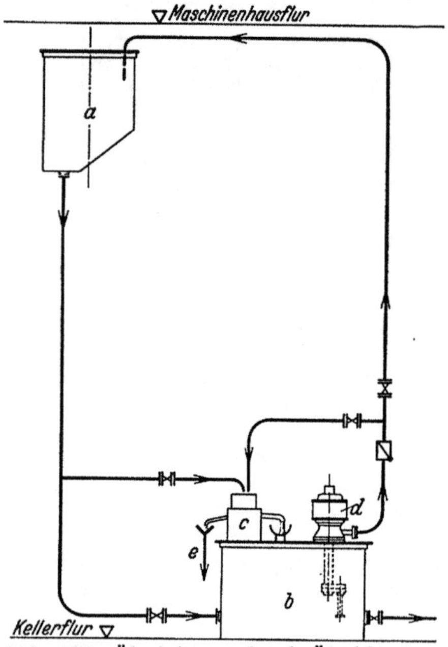

Abb. 128. Ölreinigung durch Ölschleuder im Nebenstrome.

a Ölbehälter der Turbine; *b* zusätzlicher Ölbehälter; *c* Ölschleuder; *d* elektrisch angetriebene Hilfsölpumpe; *e* Ablauf zum Ölsumpfe.

Wasser im Öle beschleunigt ebenfalls die Alterung des Öles. In vielen Fällen bildet sich eine Emulsion mit stark verminderter Schmierfähigkeit. Einbrüche von Wasser in das Öl kommen vor allem bei undichten Außenstopfbuchsen der Turbine und bei undichten Ölkühlern vor. Sie müssen daher rasch abgestellt werden.

Fremdkörper, welche im Öle in Schwebe bleiben, wirken an den zu schmierenden Teilen wie Schleifmittel und führen zu erhöhter Temperatur und Verschleiß dieser Teile. Außerdem beschleunigen sie das Altern des Öles. Fremdkörper können z. B. in das Öl gelangen, wenn die Ölwege der Turbinenanlage vor der Inbetriebnahme nicht sorgfältig gereinigt worden sind oder der Ölbehälter nicht sorgfältig genug gegen das Eindringen von Schmutz oder Staub geschützt wird.

Zur Ölpflege empfiehlt es sich, das Öl in kürzeren Zeitabständen auf Wassergehalt und Schlammbildung zu untersuchen und mindestens jedes Vierteljahr eine vollständige Untersuchung des umlaufenden Öles vorzunehmen. Dadurch ist es möglich, einerseits das Öl im Bedarfsfalle rechtzeitig aufzufrischen, wodurch die Betriebsdauer einer Ölfüllung beträchtlich verlängert werden kann, andererseits festzustellen, wann eine Füllung erneuert werden muß, bevor durch unbrauchbares Öl ein Schaden an der Maschine entsteht.

Die Ölproben müssen sehr sorgfältig entnommen werden; die Gefäße für die Proben müssen sauber sein, die Probe selbst muß davor geschützt werden, daß nachträglich Fremdstoffe hineinkommen, welche das Ergebnis der Untersuchung fälschen würden. Die Probe ist richtig zu bezeichnen, wobei zu unterscheiden ist, ob sie am Ölein- oder -austritte oder am Boden des Behälters entnommen wurde. Eine Probe vom Boden des Behälters gibt am deutlichsten darüber Aufschluß, ob Fremdstoffe in das Öl eingedrungen sind.

Sind Fremdstoffe in Form von Schlamm und Wasser in größerer Menge im Öle vorhanden, so ist unbedingt eine Reinigung des Öles erforderlich. Dazu dienen Filterpressen oder besser Schleudern. Bei den Filterpressen wird das Öl unter Druck durch hintereinandergeschaltete Rahmen getrieben, die, mehrfach abgestuft, mit groben Sieben, feinen Sieben und Filterpappe bespannt sind. Auf alle Fälle ist das Wasser täglich aus dem Ölbehälter abzulassen oder es sind etwa 5 bis 10 l Öl an dessen unterster Stelle zu entnehmen. Dieses Öl kann nach erfolgter Reinigung wieder als Zusatzöl verwendet werden. Sauberer und einfacher ist das Schleudern des Öles. Da die meisten Fremdstoffe und Wasser ein größeres Raumgewicht als das Öl haben, so werden sie in der Schleuder vom Öle getrennt, gesammelt und ausgeschieden. Um ein Anwachsen des Schlammes im Ölkreislaufe von vornherein zu verhindern, ist es bei größeren Maschinen zu empfehlen, ständig einen Teil des umlaufenden Öles aus dem Behälter zu entnehmen, durch eine Schleuder zu leiten und gereinigt dem Behälter wieder zuzuführen, Abb. 128. Solche Ölschleudern im Nebenschlusse zum Hauptölstrome sollten in allen größeren Kraftwerken anzutreffen sein [45]. Die Umfangsgeschwindigkeit der Schleuder muß größer sein als die größte Umfangsgeschwindigkeit der geschmierten Teile, insbesondere etwaiger in den Ölkreislauf eingeschalteter beweglicher Wellenkupplungen.

Alterungstoffe können aus dem Öle durch chemische Reinigung entfernt werden. Diese kann mit Bleicherde vorgenommen werden, welche die Alterungstoffe aufnimmt. Das Öl wird zu diesem Zwecke mit der gemahlenen Erde vermischt und nach der Reinigung gefiltert. Durchgreifender aber ist eine Reinigung mit Schwefelsäure und nachträgliche Neutralisierung mit Ätznatron oder gelöschtem Kalke. Über die Verfahren selbst wird auf das Schrifttum verwiesen.

Wird eine Ölfüllung ausgewechselt, so müssen vor dem Einfüllen des neuen Öles alle ölführenden Teile, wie Lagerböcke, Ölleitungen, Ölkühler, Ölbehälter usw. gründlich gereinigt werden, da sonst das neue Öl durch Rückstände, die im Kreislaufe verblieben sind, sofort wieder verdorben wird. Nach dem Reinigen empfiehlt sich ein Durchspülen des ganzen Kreislaufes mit neuem Öle, das dann aber wieder abzulassen und zu reinigen ist.

20. Die wärmetechnischen Meßverfahren.

Als Geräte für wärmetechnische Messungen sind nach Möglichkeit nur solche zu verwenden, deren Fehler bekannt sind und deren Anzeige während der Versuche durch Hilfsgeräte einwandfrei überprüft werden kann. Meßgeräte, deren Prüfung während der Messungen nicht möglich ist, sind vor und nach den Versuchen zu eichen. Schreibende Meßgeräte sollten bei genauen Messungen nur zur Überwachung der eigentlichen Meßgeräte verwendet werden. Empfindliche Meßgeräte, insbesondere Zeigergeräte, sind so anzubringen oder aufzustellen, daß sie vor Erschütterungen und hohen Temperaturen geschützt sind. Der Meßbereich der Geräte ist so zu wählen, daß die Meßwerte mit größtmöglicher Genauigkeit abgelesen werden können.

Die Drücke werden mit Federdruckmessern, offenen Quecksilberdruckmessern und -unterdruckmessern gemessen. Zum Messen von Druckunterschieden werden Flüssigkeits-Differenzdruckmesser verwendet.

Federdruckmesser werden im allgemeinen für Dampfdrücke über 2,5 kg/cm^2 angewendet und zeigen den Überdruck an, d. h. den Unterschied des Druckes in dem zu untersuchenden Raume gegen den Druck der Außenluft. Für Messungen an Dampfanlagen kommen nur Röhrenfederdruckmesser in Frage. Membrandruckmesser sind nicht zu verwenden. Beim Ablesen des Druckmessers empfiehlt es sich, durch leichtes Klopfen am Gehäuse eine möglicherweise auftretende Reibung der Zeigerübersetzung zu beseitigen. Da die Röhrenfedern der Druckmesser beim Warmwerden leicht ihre Spannkraft ändern, sind sie durch Wassersäcke oder -schleifen zu schützen, in denen sich Wasser ansammelt und das Eintreten von Dampf in die Röhrenfedern verhindert. Zwischen Druckmesser und Wassersack setzt man allgemein einen Dreiwegehahn mit Prüfflansch. Die Anzeige des Meßgerätes kann dann auch während der Messungen durch einen geeichten Hilfsdruckmesser nachgeprüft werden. Für genauere Messungen ist der Meßbereich der Federdruckmesser so zu wählen, daß man den Überdruck noch auf 1% genau ablesen kann.

Für Unterdruckmessung eignen sich Federdruckmesser nur zur Betriebsüberwachung, nicht aber zu genauen Messungen. Der Maßstab ist in mm Qu.-S. oder in at Unterdruck eingeteilt; eine Einteilung in Hundertteile Unterdruck ist falsch, denn die Ablesung

[45] Vgl. S. 98 und 111 in: Die Ölbewirtschaftung. Berlin: VDEW 1930; ferner Elektr.-Wirtsch. Bd. 31 (1932) S. 154.

stimmt dann nur für den Barometerstand, bei dem das Gerät geeicht wurde. Bei allen Unterdruckmessungen muß daher stets auch der Barometerstand abgelesen werden.

Quecksilberdruckmesser oder -unterdruckmesser verwendet man zur Bestimmung kleinerer Überdrücke bis 2,5 kg/cm² und zum genauen Messen von Unterdrücken. Die Quecksilberdruckmesser bestehen meistens aus einem U-förmig gebogenen Glasrohre, dessen einer Schenkel offen ist, während der andere mit dem zu untersuchenden Druckraume verbunden wird. Zur Vermeidung von Kapillaritätsfehlern sind Rohre von mindestens 6 mm lichtem Durchmesser zu verwenden. Leichter abzulesen sind einschenkelige Quecksilberdruckmesser, bei denen das Glasrohr in ein weites Gefäß taucht. Der Meßdruck wird bei Überdruck auf den Quecksilberspiegel geleitet und treibt das Quecksilber in dem oben offenen Rohre in die Höhe. Beim Messen von Unterdrücken wird die Meßleitung am oberen Ende des Rohres angeschlossen und das Quecksilber durch den Unterdruck im Rohre hochgesaugt. Das Gefäß wird nachstellbar ausgeführt, damit man den Nullpunkt des Maßstabes nach dem Quecksilberspiegel im Gefäße einstellen kann. Für die Umrechnung der wirksamen Quecksilbersäule auf metrische Atmosphären ist die Fadentemperatur mit Hilfe eines Thermometers zu ermitteln, das man in halber Höhe der Quecksilbersäule aufhängt.

Messungen sehr kleiner absoluter Drücke (z. B. im Abdampfstutzen von Turbinen oder in Kondensatoren) mit Hilfe sogenannter abgekürzter Barometer sind zu vermeiden, da derartige Geräte durch das Eindringen von Luftbläschen leicht falsch anzeigen. Bei gesättigtem Wasserdampfe kann man die Druckmessung mit genügender Genauigkeit auch durch eine Temperaturmessung ersetzen, da Druck und Temperatur voneinander abhängig sind. Das gilt zwar streng genommen nur für luftfreien Dampf, doch ist der Einfluß der Luftbeimischung bei gut gewarteten neuzeitlichen Dampfturbinenanlagen derart gering, daß man in den meisten Fällen ohne Bedenken zur Bestimmung der Drücke im Abdampfgehäuse der Turbine und im Kondensator die Temperaturmessung benutzen kann. Zu beachten ist, daß in diesem Falle das Thermometer den absoluten Druck anzeigt. Thermometer, die neben der Gradeinteilung auch eine entsprechende Druckeinteilung besitzen, sind in vielen Dampfkraftwerken im Gebrauche.

Man kann einen Unterdruck oder eine Luftleere in absolutem Drucke oder in Hundertteilen angeben, wobei dann entweder der Normbarometerstand von 760 mm Qu.-S. und 0° oder der jeweilige Barometerstand als Bezugsdruck gleich 100% gesetzt werden können. Mit B = Barometerstand in mm Qu.-S., p = absoluter Druck in kg/cm², V = Luftleere in % von 760 mm Qu.-S. und V_B = Luftleere in % vom jeweiligen Barometerstande lautet die Beziehung zwischen dem absoluten Drucke, dem Drucke der atmosphärischen Luft und der Luftleere folgendermaßen:

$$V_B = 100\left(1 - \frac{735{,}6\,p}{B}\right)\%$$

$$V = 100\left(1 - \frac{p}{1{,}0333}\right)\%.$$

V_B und V stehen sonach zueinander in der Beziehung

$$V = 100\left[1 - \frac{B}{760}\left(1 - \frac{V_B}{100}\right)\right]\%.$$

Diese Gleichung ist streng genommen nur in rechnerischem Sinne richtig. Bei ein und derselben Anlage und unveränderlichen Kühlwasser- und Dampfverhältnissen hat nämlich eine Änderung des äußeren Barometerstandes unter Umständen auch eine Änderung des absoluten Druckes im Kondensator zur Folge, was z. B. bei Kolbenluftpumpen mit schädlichem Raume der Fall sein kann. Diese Schwankungen bewegen sich aber in so engen Grenzen, daß sie hier vernachlässigt werden können.

Zur einfachen gleichzeitigen Ablesung des Barometerstandes, der Luftleere und des absoluten Druckes im Kondensator gibt es Geräte, die aus nebeneinander angebrachtem Quecksilberbarometer und -unterdruckmesser bestehen und deren Maßstäbe zwecks einfacher Einstellung zwangläufig miteinander verbunden sind.

Zur Feststellung des während der Messungen herrschenden Luftdruckes benutzt man Quecksilberbarometer, Aneroidbarometer oder Siedegeräte. Quecksilberbarometer sind schwierig zu befördern und zeigen bei ungenügender Wartung mitunter falsch an. Aneroidbarometer verändern durch Stoß oder Erschütterungen sehr oft ihre Angaben. Es ist daher am sichersten, wenn auch nicht am einfachsten, den Luftdruck durch Messung des Siedepunktes von Wasser mit einem Hypsometer festzustellen. Das mit einer besonders feinen Einteilung versehene Thermometer befindet sich hierbei in Wasserdampf von gerade herrschendem Luftdrucke und zeigt die Siedetemperatur an. Es sind aber auch Thermometer erhältlich, deren Maßstab in mm Qu.-S. eingeteilt ist. Eine Fadenberichtigung fällt hier fort, da das Thermometer so verschoben werden kann, daß der Quecksilberfaden gerade nur in der zur Ablesung erforderlichen Höhe herausragt. Bei Quecksilber- und Aneroidbarometern dagegen muß die Raumtemperatur berücksichtigt werden. Die Mehrzahl der Messungen wird, besonders zur laufenden Betriebsüberwachung, mit Quecksilberbarometern vorgenommen.

Der mittlere Barometerstand hängt von der Höhenlage über dem Meeresspiegel ab:

Höhe über dem Meeresspiegel:	0	500	1000	2000	3000 m.
Mittlerer Barometerstand:	760	716	674	598	512 mm Qu.-S..

In Südafrika gibt es Turbinenkraftwerke in 1600 bis 1700 m Höhe, in Südamerika sogar in mehr als 2000 m Höhe über dem Meeresspiegel.

Verwendet man zur Ermittlung des Barometerstandes Quecksilberbarometer, so muß man streng genommen die Veränderung des Raumgewichtes des Quecksilbers mit der Temperatur berücksichtigen. Legt man wie üblich ein Raumgewicht von 13,595 kg/dm³ bei 0° zugrunde, so wären für je 1000 mm Qu.-S. vom abgelesenen Barometerstande abzuziehen:

bei	0	10	20	30°
	0,0	1,73	3,45	5,17 mm Qu.-S..

Für Kältegrade sind ebensoviel zuzuzählen. Bei der für Dampfturbinen üblichen Luftleere von 95% und darüber kann man jedoch in Meereshöhe und bis zu etwa 1000 m über dem Meere ohne großen Fehler mit der Luftleere in Hundertteilen vom Barometerstande ohne Umrechnung auf 760 mm und ohne Rückführung auf 0° rechnen.

Zum Messen von Druckunterschieden bedient man sich der sogenannten Differenzdruckmesser. Für Unterschiedmessungen niedriger Drücke kann man ein gewöhnliches U-Rohr aus Glas verwenden, während für hohe Drücke entsprechend bewehrte U-Rohre erforderlich werden. Als Meßflüssigkeit kommt in den meisten Fällen Quecksilber in Frage. Nur wenn es sich um Messung sehr kleiner Druckunterschiede handelt, werden leichtere Flüssigkeiten verwendet, damit man einen genügend großen Ausschlag der Meßflüssigkeit erhält. Hierfür eignet sich besonders Azetylentetrabromid, dessen Raumgewicht — rund 3 kg/dm³ — man sich vom Lieferwerke für die Meßtemperaturen genau angeben läßt. Bei allen Dampf- und Wassermessungen ist darauf zu achten, daß bei der Umrechnung des in mm abgelesenen Druckunterschiedes infolge der auf der Meßflüssigkeitsäule ruhenden Wassersäule eine Berichtigung erforderlich wird. Der Differenzdruckmesser wird am häufigsten in Verbindung mit einem Drosselgeräte (Blende, Düse, Venturirohr) verwendet. Da ein Drosselgerät bei Dampfmessungen sehr hohe Temperaturen (bis 500°) auszuhalten hat, die Temperatur am Differenzdruckmesser aber aus baulichen Gründen und mit Rücksicht auf die Meßflüssigkeit nicht höher als die Raumtemperatur sein darf, müssen in diesem Falle in die Verbindungsleitungen zwischen Drosselgerät und Differenzdruckmesser besondere Kondensatstrecken eingebaut werden. Man erreicht hierdurch auf einfache Weise eine Temperaturverminderung. Die Kondensatstrecken sind so auszuführen, daß, wenn keine Strömung im Drosselgeräte vorhanden ist, die Wassersäulen über der Meßflüssigkeit in gleicher Höhe stehen und daß beim Arbeiten der Meßeinrichtung die Verdrängung des Kondensates keine Änderungen in der Spiegelhöhe der Wassersäulen bewirkt. Die Verbindungsleitungen müssen sich unmittelbar am Drosselgeräte durch Ventile absperren lassen und sind vor dem Anschließen an den Differenzdruckmesser auszublasen, um etwa vorhandenen Schmutz zu entfernen, Abb. 129. Sie sind dann unter geringem Drucke anzuschließen, damit sich keine Luftblasen in den Leitungen bilden können.

Die **Temperaturen** mißt man mit Flüssigkeitsthermometern (hauptsächlich Quecksilber), elektrischen Widerstandsthermometern oder Thermoelementen. Quecksilberthermometer sind überall dort am Platze, wo die Meßstelle leicht zu erreichen ist. Elektrische Widerstandsthermometer und Thermoelemente haben dagegen den Vorzug, daß man die Geräte selbst auch an schlecht zugänglichen Stellen und ihre Anzeigevorrichtungen in beliebiger Entfernung davon an einem leicht erreichbaren Platze anordnen kann.

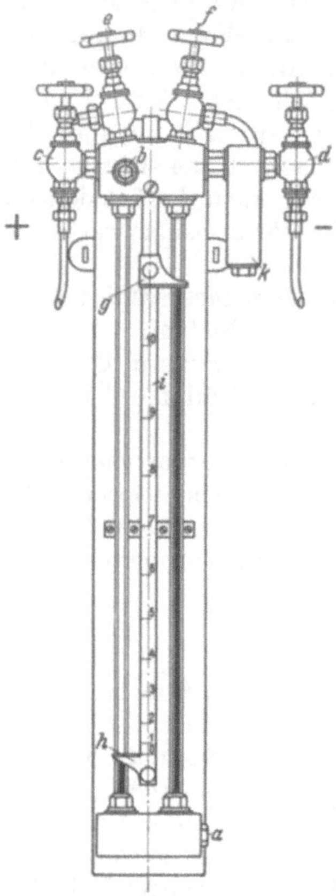

Abb. 129. Bopp u. Reuther G. m. b. H. Mannheim, Quecksilber-Differenzdruckmesser.

a Quecksilberablaßöffnung; *b* Quecksilbereinfüllöffnung; *c* Ventil in der Meßleitung höheren Druckes; *d* Ventil in der Meßleitung niedrigeren Druckes; *e*, *f* Entlüftungsventil, *g*, *h* Schieber, *i* Maßstab; *k* Quecksilberfänger.

Als Flüssigkeitsthermometer sind nur volle Stabthermometer mit eingeätztem Maßstabe oder sogenannte Einschlußthermometer mit Milchglasmaßstab zu verwenden. Da sich aber bei Einschlußthermometern gelegentlich der Maßstab lockert, sind Stabthermometer vorzuziehen. Quecksilberthermometer werden mit den verschiedensten Meßbereichen hergestellt und sind bei Verwendung besonderer Glassorten bis 500^0 zu gebrauchen. Die Thermometer sind meist mit ganz eingetauchtem Quecksilberfaden geeicht. Nur Thermometer für hohe Temperaturen werden in besonderen Fällen mit herausragendem Faden geeicht, sind dann aber mit einer entsprechenden Bezeichnung versehen. Läßt sich ein Herausragen des Fadens aus der Meßstelle nicht vermeiden, so ist die Temperatur desselben mit einem besonderen Fadenthermometer zu messen. Beträgt die freie Länge des Quecksilberfadens n^0 (gemessen am Maßstabe) und bezeichnet man seine Temperatur mit t' und die abgelesene Temperatur mit t, so ist die berichtigte Temperatur

$$t'' = t + n\,\alpha\,(t - t'),$$

worin $\alpha = \frac{1}{6000}$ für Glasthermometer ist.

Das elektrische Widerstandsthermometer benutzt zur Temperaturmessung die Änderung des elektrischen Widerstandes metallischer Leiter mit der Temperatur. An der Meßstelle wird als Thermometer eine Widerstandswindung eingebaut, die zum Schutze gegen Beschädigung mit einer besonderen Bewehrung versehen wird. Durch eine Meßschaltung (Wheatstonesche Brücke oder Schaltung mit einem Kreuzspulgeräte) wird dieses Thermometer mit einer Stromquelle und einem Strommesser verbunden. Bei Änderung der Temperatur an der Meßstelle ändert sich der elektrische Widerstand des Thermometers und damit die Stärke des durchfließenden Stromes, die vom Strommesser angezeigt wird. Der Strommesser wird meistens als Zeigergerät ausgebildet und innerhalb gewisser Meßbereiche nach Temperaturgraden geeicht. Mit Hilfe eines Umschalters können die einzelnen Thermometer an mehreren Meßstellen wahlweise mit dem Strommesser verbunden und abgelesen werden. Die Widerstandsthermometer bestehen in ihrem wirksamen Teile meistens aus Platin und sind für Temperaturen bis $+ 500^0$ verwendbar. Widerstandsthermometer dürfen nur mit den zugehörigen Leitungen geeicht und verwendet werden. Die Leitungen müssen sorgfältig verlegt und gegen hohe Temperaturen geschützt werden, da sonst der Temperaturmesser leicht falsche Werte anzeigt.

Beim Thermoelemente wird die Verbindungstelle zweier miteinander verlöteter oder verschweißter Drähte aus verschiedenen Metallen oder Metallverbindungen der zu messenden Temperatur ausgesetzt, während die freien Enden kalt bleiben. Die dadurch entstehende elektromotorische Kraft wird mit einem einfachen Spannungsanzeiger gemessen. Die Größe dieser Kraft wird bestimmt durch den Temperaturunterschied zwischen der Verbindungstelle der beiden Drähte („warme" Lötstelle) und den freien Enden des Thermoelementes („kalte" Lötstelle) und vom Baustoffe der Drähte, nicht aber von deren Länge und deren Querschnitte. Das Anzeigegerät (Millivoltmesser) kann ohne weiteres nach Temperaturgraden geeicht werden. Um Meßfehler zu vermeiden, ist es zweckmäßig, die „kalte" Lötstelle in einen Ort gleichbleibender Temperatur (Thermosflasche) einzubauen. Das Anzeigegerät wird dann auf diese Temperatur eingestellt. Das Thermoelement eignet sich besonders zum Messen hoher Temperaturen (bis 1600°), also dort, wo sich das Widerstandsthermometer nicht mehr verwenden läßt. Die gebräuchlichsten Thermoelemente bestehen aus Kupfer-Konstantan (bis 500°) oder Eisen-Konstantan (bis 800°). Auch bei den Thermoelementen können durch Einbau eines besonderen Umschalters mehrere Temperaturmeßstellen mit Hilfe einer gemeinsamen Stromquelle und eines gemeinsamen Strommessers wahlweise abgelesen werden.

Zahlentafel 1[46]. Umrechnungsbeiwerte für Raumgewicht und Rauminhalt des luftfreien Wassers für Temperaturen von 0 bis 100° gegenüber 4°.

Temperatur des Wassers °C	Umrechnungsbeiwert für		Temperatur des Wassers °C	Umrechnungsbeiwert für		Temperatur des Wassers °C	Umrechnungsbeiwert für	
	Raumgewicht	Rauminhalt		Raumgewicht	Rauminhalt		Raumgewicht	Rauminhalt
0	0,99987	1,00013	22	0,99780	1,00221	50	0,98807	1,01207
2	0,99997	1,00003	24	0,99732	1,00268	55	0,98573	1,01448
4	1,00000	1,00000	26	0,99681	1,00320	60	0,98324	1,01705
6	0,99997	1,00003	28	0,99626	1,00375	65	0,98059	1,01979
8	0,99988	1,00012	30	0,99567	1,00435	70	0,97781	1,02270
10	0,99973	1,00027	32	0,99505	1,00497	75	0,97489	1,02576
12	0,99953	1,00048	34	0,99440	1,00563	80	0,97183	1,02899
14	0,99927	1,00073	36	0,99371	1,00633	85	0,96865	1,03237
16	0,99897	1,00103	38	0,99299	1,00706	90	0,96534	1,03590
18	0,99862	1,00138	40	0,99224	1,00782	95	0,96192	1,03959
20	0,99823	1,00177	45	0,99024	1,00985	100	0,95838	1,04343

Mengenmessungen von Wasser können durch Wägen, durch Abmessen in geeichten Behältern oder als Ausfluß- oder Durchflußmessungen durchgeführt werden. Bei allen diesen Messungen ist stets die Temperatur des Wassers zu berücksichtigen. Luft- und Dampfmengen werden fast nur mittels Durchflußmessung bestimmt.

Beim Wägen wird das Wasser mit Hilfe zweier auf Waagen stehender Gefäße gewogen. Man läßt das Wasser abwechselnd in das eine oder andere Gefäß laufen und wägt die Menge in der Zeiteinheit. Das Verfahren ergibt Gesamtwerte für bestimmte Zeitabschnitte und nicht die augenblicklichen Werte. Die Waagen sind vor der Messung auf Genauigkeit und Empfindlichkeit zu prüfen. Es sind nur geeichte Gewichte zu verwenden. Die Messung ist sehr genau, doch bei sehr großen Wassermengen nicht gut anwendbar.

Die Behältermessung wird meist mit Hilfe zweier geeichter Meßbehälter durchgeführt, die entweder mit Eichstrichen für ganz bestimmte Mengen oder mit Wasserstandsgläsern versehen sind, an denen man jede beliebige Wassermenge ablesen kann. Man läßt entweder das Wasser in gleichen Zeitabständen abwechselnd in die beiden Behälter laufen und bestimmt nach jedem Umschalten den Wasserstand, oder es wird die genaue Zeit bestimmt, die zum Füllen der Behälter bis zum Eichstriche erforderlich ist. Da man die Behälter in der Regel bei einer anderen Wassertemperatur als der Meßtemperatur eicht, so müssen die Ergebnisse entsprechend der verschiedenen Dichte des Wassers umgerechnet werden, Zahlentafel 1. Liegt die Temperatur nahe der Siedetemperatur des Wassers, so ist darauf zu achten, daß keine nennenswerten Verluste durch Verdunstung auftreten. Man vermeidet diese durch Bedecken der Meßbehälter. Über die zweckmäßigste Ausführung und Aufstellung derartiger Behälter sowie über Meßgeräte und Einrichtungen überhaupt gibt das einschlägige Schrifttum Auskunft.

[46] Nach S. 73/75 in: Landolt-Börnstein: Physikalisch-chemische Tabellen, 5. Aufl. Bd. 1. Berlin: Julius Springer 1923.

Scheiben- und Kolbenwassermesser, die durch fortlaufende Rauminhaltmessung wirken, sind zwar sehr gut zur Betriebsüberwachung, jedoch nicht für genaue Mengenbestimmung geeignet, da sie bei längerem Betriebe oft erhebliche Abweichungen von der Eichung aufweisen. Auch die ziemlich verbreiteten Kippwassermesser, die wegen ihres verwickelten Aufbaues eine sehr sorgfältige Pflege erfordern, da sie sonst nicht mit der erforderlichen Genauigkeit arbeiten, sind für genaue Messungen oder Abnahmeversuche nach Möglichkeit nicht zu verwenden.

Die Ausflußmessung wird meist dort angewendet, wo sehr große Wassermengen zu bestimmen sind. Das Wasser fließt in ein Gefäß (Danaide), an dem seitlich oder an dessen Boden scharfkantige oder abgerundete Öffnungen gleichen oder verschiedenen Querschnittes angebracht sind. Durch Verschließen der einen oder der anderen Öffnung kann dann bei den Messungen annähernd eine bestimmte Druckhöhe eingestellt werden. Die Ausflußzahlen der einzelnen Öffnungen müssen durch besondere Messungen ermittelt werden. Die stündliche Ausflußmenge beträgt dann

$$V = K \cdot F \cdot 3600 \cdot \sqrt{2\,g \cdot h} \cdot \gamma \text{ in kg/h};$$

hierin ist K = Durchflußzahl, F = Öffnungsfläche in m^2, g = Erdbeschleunigung in m/s^2, h = Druckhöhe in m W.-S., γ = Raumgewicht des Wassers in kg/m^3. Die Durchflußzahl ist bei gut abgerundeten Düsen etwa 0,96 bis 0,99, bei scharfkantigen Öffnungen liegt sie dagegen beträchtlich niedriger (etwa 0,6 bis 0,8). Bei der Anwendung von Ausflußgefäßen ist auf gleichmäßigen Wasserzufluß zu achten. Nötigenfalls sind zur Beruhigung der Wasseroberfläche Scheidewände oder Gitter einzubauen. Sind mehrere Öffnungen vorhanden, so sollen sie in gleicher Höhe liegen. Die Druckhöhe rechnet bei seitlichem Ausflusse von Mitte Öffnung, bei Ausfluß am Boden von dort an, wo sich der Strahl von der Öffnung löst. Scharfkantige Öffnungen sind nach Möglichkeit nicht zu verwenden, da sich bei Beschädigungen ihre Ausflußzahlen stärker ändern als die der abgerundeten Düsen.

Das einfachste und zuverlässigste Verfahren, durch Rohrleitungen strömende Gas-, Dampf- und Flüssigkeitsmengen zu bestimmen, ist die Druckunterschiedmessung. Zu diesem Zwecke wird in die Rohrleitung eine passend gewählte Verengung (Drosselgerät) eingebaut und der dadurch erzeugte Druckunterschied zur Feststellung der Durchflußmenge benutzt. Der Druckunterschied steht in genau bekannten rechnerischen Beziehungen zur Strömungsgeschwindigkeit im Rohre, zur Verengung und zur Durchflußmenge. Ist der Drosselquerschnitt F_0 m^2, so ist die sekundliche Durchflußmenge

$$Q = \alpha \cdot F_0 \sqrt{\frac{2\,g\,(p_1 - p_2)}{\gamma_1}} \text{ m}^3/\text{s},$$

wobei α eine aus Eichversuchen zu ermittelnde Durchflußzahl ist. Die Größe dieser Durchflußzahl hängt von der Form, Größe und Beschaffenheit des Drosselgerätes ab. Zur Ermittlung des Gewichtes γ_1 in kg/m^3 müssen der Druck und die Temperatur in der Nähe des Drosselgerätes gemessen werden. Die vorstehende Grundformel gilt streng genommen nur für raumbeständige Flüssigkeiten. Für Gase und Dämpfe darf die Dichteänderung nicht vernachlässigt werden. Hierfür ist daher eine erfahrungsmäßig ermittelte Dehnungsberichtigung ε in die Formel einzusetzen. Der Durchfluß beträgt dann

$$Q = \alpha \cdot \varepsilon \cdot F_0 \sqrt{\frac{2\,g\,(p_1 - p_2)}{\gamma_1}} \text{ m}^3/\text{s},$$

bezogen auf den Zustand vor dem Drosselgeräte. Beide Formeln gelten aber nur für Unterschallgeschwindigkeit. Bei Messungen mit Drosselgeräten geht ein Teil des verursachten Druckabfalles an statischer Druckhöhe verloren. Man benutzt als Drosselgerät vorwiegend den Staurand, die abgerundete Düse und das Venturirohr.

Der Staurand ist das einfachste Drosselgerät. Er besteht aus einem Flansche mit scharfkantiger kreisrunder Öffnung, läßt sich daher leicht herstellen und kann wegen seines geringen Platzbedarfes ohne Schwierigkeit zwischen zwei Flanschen einer Rohrleitung eingebaut werden. Die der Strömung abgekehrte Seite der Öffnung ist unter 45° auszudrehen. Die Druckentnahme erfolgt entweder an Einzelbohrungen oder an Ringteilen unmittelbar vor und hinter dem Staurande. Wegen der erheblichen Strahleinschnürung liegen die Durchflußzahlen α zwischen 0,6 und 0,8. Der Druckabfall $p_1 - p_2$ geht vollständig verloren. Schon eine geringe Beschädigung oder Abnutzung der scharfen Eintrittskante ändert die Strahleinschnürung und damit die Durchflußzahl. Für Messungen von längerer Dauer empfiehlt es sich, den Staurand aus nichtrostendem Stahle, Monelmetall, Rübelbronze oder ähnlichem Baustoffe herzustellen.

Die einfache Meßdüse ist am Austritte in einer Breite von mindestens 1 mm kreisrund. Die Abrundung des Einlaufes wird mit gleichbleibendem Halbmesser, besser jedoch parabolisch ausgeführt, da dann die Strahleinschnürung fast ganz fortfällt. Die Durchflußzahlen liegen zwischen 0,98 und 1,10, also wesentlich höher als beim Staurande. Der Einbau der Düse ist wegen der größeren Baulänge umständlicher als beim Staurande. Die Düse ist innen sauber auszudrehen und zu glätten, da die Beschaffenheit der Düsenoberfläche die Durchflußzahl beeinflußt. Die Druckentnahme erfolgt wie beim Staurande unmittelbar an der Düse. Auch bei der Düse geht der größte Teil des zur Messung benutzten Druckabfalles verloren.

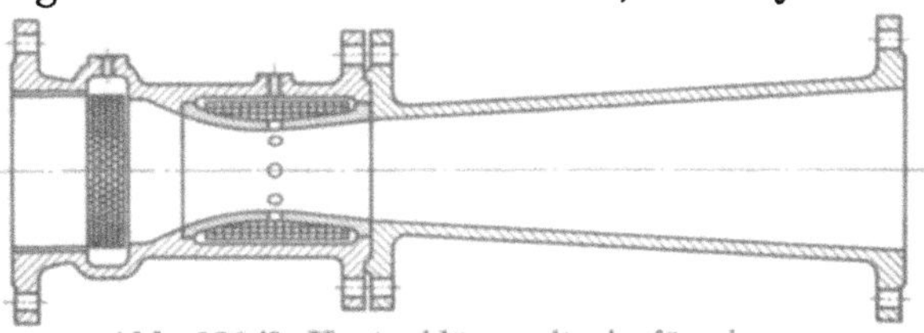

Abb. 130[47]. Venturidüse mit ringförmigen Druckentnahmekammern.

Die Venturidüse besteht grundsätzlich aus einer erweiterten Düse mit stetiger Querschnittsänderung und einem kurzen Stücke gleichbleibenden Querschnittes an der engsten Stelle, Abb. 130. Die Venturidüse hat im allgemeinen dieselben meßtechnischen Eigenschaften wie die Düse ohne Erweiterung, da Strahleinschnürung und Strahlablösung nicht auftreten. Annähernd 85 bis 90% des Druckunterschiedes werden in dem kegeligen

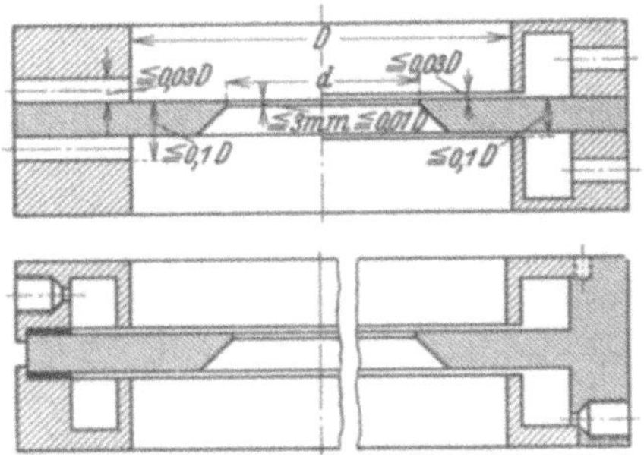

Abb. 131[48]. Deutsche Normblende 1930 (Strömungsrichtung von oben nach unten) und Ausführungsbeispiel dazu (unten).

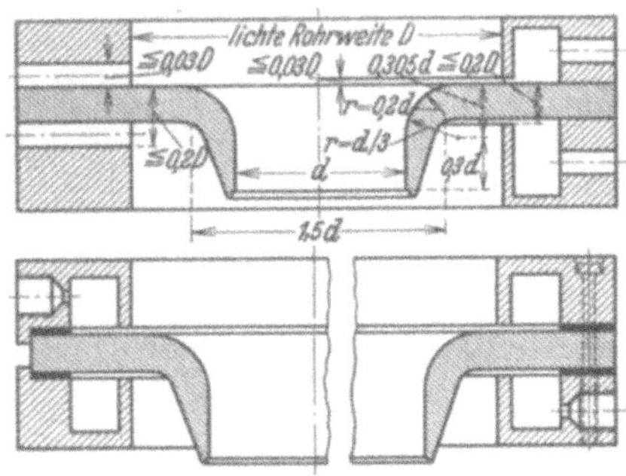

Abb. 132[49]. Deutsche Normdüse 1930 (Strömungsrichtung von oben nach unten) und Ausführungsbeispiel dazu (unten).

Auslaufrohre wieder gewonnen. Die Venturidüse kann daher zum Zwecke der Betriebsüberwachung dauernd eingebaut bleiben, doch erfordert der Einbau wegen der großen Baulänge eine Unterbrechung der Rohrleitung. Bei der Venturidüse wird der Druck in ringförmigen Kammern gemessen. Die Durchflußzahlen schwanken im allgemeinen zwischen 0,96 und 1,0.

Für Dampfmengenmessungen benutzt man in neuerer Zeit mit gutem Erfolge auch stark verengte Meßdüsen, in denen der Dampf bis zur Schallgeschwindigkeit gedehnt und in einem anschließenden Erweiterungsstücke nahezu wieder auf den Anfangsdruck gebracht wird. Die Dampfmenge wird in diesem Falle auf Grund des Druckes und der Temperatur des Dampfes vor der Düse ermittelt, also nicht durch Druckunterschiedmessung, und berechnet sich nach der Gleichung

$$G = f \cdot \psi \sqrt{\frac{p_1}{v_1}} \text{ kg/s},$$

[47] Nach Abb. 13 in: H. Jordan: Die Mengenmessung von Gasen, Dampf und Flüssigkeiten auf Hüttenwerken, Ber. Nr. 76 Ver. dtsch. Eisenhüttenl. 1929.

[48] Nach DIN 1952, 2. Aufl. Abb. 6 u. 7.

[49] Nach DIN 1952, 2. Aufl. Abb. 3 u. 4.

wobei f der engste Düsenquerschnitt in m^2, p_1 der Druck in kg/m^2, v_1 der Rauminhalt des Dampfes in m^3/kg vor der Düse und ψ ein Beiwert ist, der von der Düsenform abhängt und von Josse[50] nach neueren Versuchen zu 207 ermittelt wurde.

Über die Ableitungen der Grundgleichungen sowie über Untersuchungsergebnisse und Erfahrungen bei Benutzung von Drosselgeräten liegen zahlreiche und ausführliche Veröffentlichungen vor. 1928 wurde vom Verein deutscher Ingenieure ein „Strömungsmesserausschuß" berufen mit der Aufgabe, Normen für die Drosselgeräte zu schaffen. Diese Regeln[51] ermöglichen es, bestimmte genormte Ausführungsformen der Stauränder (Normblenden, Abb. 131) und Düsen (Normdüsen, Abb. 132) ohne Eichung zu benutzen. Die Durchflußmengen können hierbei ohne weiteres mit Hilfe der in den Regeln angegebenen Gleichungen und Durchflußzahlen, sowie des gemessenen Druckabfalles (Wirkdruckes) ermittelt werden, wenn man die in den Regeln angegebenen Vorschriften befolgt. Der Vorteil der genormten Drosselgeräte liegt darin, daß sie innerhalb weiter Meßbereiche von der Reynoldsschen Zahl unabhängig sind. Für andere Formen der Blende und Düse ist die Durchflußzahl abhängig von der Arbeitflüssigkeit, der Gerätgröße, der Strömungsgeschwindigkeit und daher vom Wirkdrucke und muß durch besondere Eichung ermittelt werden. Die Durchflußzahl für Venturidüsen wird meistens vom Lieferwerke ermittelt und angegeben, da sie im hohen Maße von der Form, dem Einbaue und der Art der Druckabnahme abhängt. Den Druckverlauf im Dampfe beim Durchgange durch die drei hauptsächlichen Meßgeräte, Venturirohr, Blende und Düse, zeigt Abb. 133.

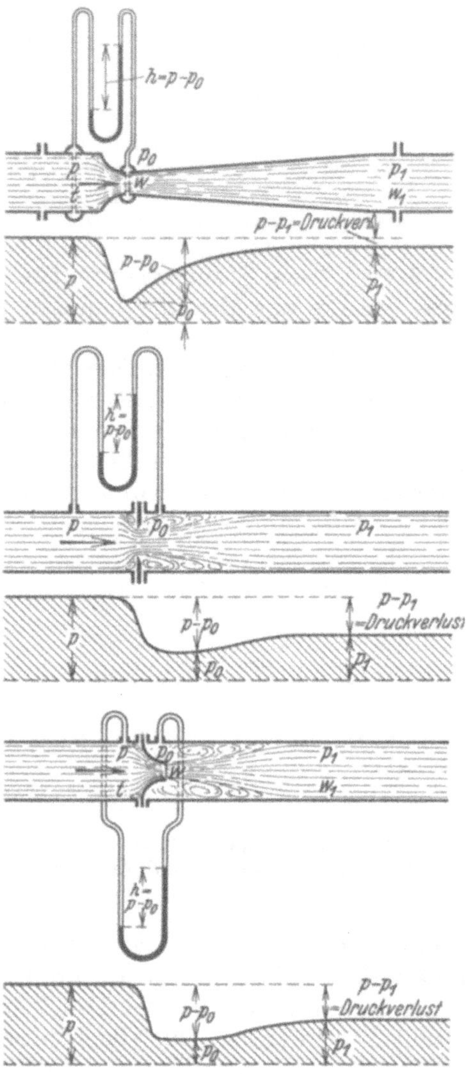

Abb. 133[52]. Druckverlauf und Druckverlust in einer Venturidüse (oben), Blende (Mitte) und Düse (unten).

Die Leistungsmessung an Dampfturbinen erfolgt in den meisten Fällen durch elektrische Abbremsung, und zwar unmittelbar oder über ein Zahnradgetriebe durch Gleichstrom- oder Drehstromerzeuger. Bei Dampfturbinen mit verhältnismäßig niedrigen Drehzahlen (Schiffsturbinen, Turbinen zum Antriebe von Pumpen) sind zur genauen Bestimmung der Leistung die Flüssigkeitsbremse und der Verdrehungskraftmesser am besten geeignet. Für Leistungsmessungen an Turbinen zum Antriebe von Kreiselradluftverdichtern ist nur ein Verdrehungskraftmesser zu verwenden. Der früher oft verwendete Pronysche Zaum ist auf sehr kleine Leistungen und niedrige Drehzahlen beschränkt.

Die meisten Dampfturbinen dienen zur Erzeugung elektrischen Stromes. Die genaueste und einfachste Art der Leistungsmessung besteht bei diesen darin, daß man das an den Klemmen des Stromerzeugers zur Verfügung stehende elektrische Arbeitvermögen bestimmt. Für Abnahme- und Betriebsmessungen — und nur von solchen kann in einem

[50] E. Josse: Beitrag zur Dampfverbrauchsmessung an Gegendruck- und Anzapfturbinen. Arch. Wärmewirtsch. Bd. 10 (1929) S. 169/173.

[51] DIN 1952.

[52] Nach Abb. 21, 22 u. 23 in: Regeln für Leistungsversuche an Ventilatoren und Kompressoren, 2. Aufl. Berlin: VDI-Verlag 1926.

dem Turbinenbetriebe gewidmeten Buche die Rede sein — kommt ein anderes Verfahren schon aus dem Grunde kaum jemals in Frage, weil die zugesicherten Dampfzahlen sich fast immer auf die Klemmenleistungen beziehen. Das schließt natürlich nicht aus, daß der Wirkungsgrad des Stromerzeugers für sich gemessen wird, doch kann das im allgemeinen nicht im Betriebe, sondern nur im Prüffelde des Lieferwerkes geschehen.

Man sollte grundsätzlich Abnahmemessungen möglichst im üblichen, ungestörten Betriebe vornehmen, so daß die erzeugte elektrische Leistung also im Betriebe voll verbraucht wird. Einen Wasserwiderstand, der das Arbeitvermögen oder einen Teil davon vernichtet, sollte man nur dann verwenden, wenn aus irgendeinem Grunde die in der Zusicherung vorgesehenen Leistungen oder Entnahmemengen zur Zeit des Abnahmeversuches vom Betriebe nicht aufgenommen werden können.

Dampfturbinen, die nicht zum Antriebe von Stromerzeugern sondern von anderen Arbeitmaschinen dienen, wird man nur in jenen Fällen elektrisch abbremsen, in denen ein nach Drehzahl und Leistung geeigneter Stromerzeuger zufällig vorhanden ist. Da das im Betriebe wohl nur selten vorkommt, ist dieses Verfahren im allgemeinen auf das Prüffeld des Lieferers beschränkt.

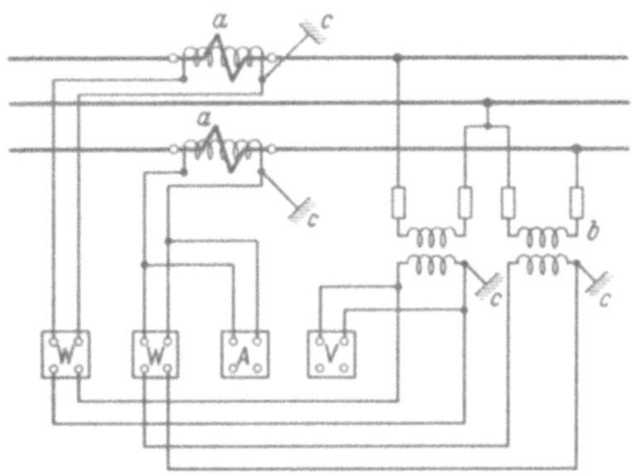

Abb. 134. Schaltung zur Bestimmung der Leistung eines Drehstromerzeugers nach dem Zweiwattmesserverfahren.

W Wattmesser; *A* Strommesser; *V* Spannungsmesser; *a* Stromwandler; *b* Spannungswandler; *c* Erde.

Für genaue Messungen der elektrischen Stromstärke J, der Spannung E und der Leistung N sind nur Sondermeßgeräte zu verwenden. Sie lassen sich ohne besondere Schwierigkeiten einbauen und können jederzeit leicht nachgeeicht werden. Die Benutzung von Schalttafelgeräten ist nicht zu empfehlen, da sie häufig Fehler von mehreren Hundertteilen aufweisen. Als Strom- und Spannungsmesser werden meist Weicheisengeräte sowohl bei Gleich- als auch bei Drehstrom angewendet. Drehspulgeräte sind dagegen nur für Gleichstrom brauchbar. Bei Gleichstrom wird für höhere Stromstärken ein Nebenschluß verwendet, für höhere Spannungen ein Zusatz- oder Vorschaltwiderstand vor die Meßgeräte gesetzt. Bei Wechsel- und Drehstrom werden dagegen zum Messen höherer Stromstärken und höherer Spannungen Strom- und Spannungswandler zwischengeschaltet, was auch den Vorteil hat, daß die Meßgeräte nicht unter Hochspannung stehen und durch Sicherungen geschützt werden können. Bei Gleichstrom ist der Einbau eines besonderen Leistungsmessers nicht erforderlich, da sich die Leistung aus der Stromstärke mal der Spannung ohne weiteres ergibt. Bei Wechsel- und Drehstromerzeugern wird dagegen zur Bestimmung der Leistung der Einbau von Wattmessern erforderlich. Bei Drehstromerzeugern mit ungleicher Phasenbelastung wird die Leistung meistens nach dem Zweiwattmesserverfahren ermittelt, Abb. 134. Die Spannungspule jedes Wattmessers ist in diesem Falle zwischen die die Stromspule enthaltende und die freie dritte Leitung zu schalten. Durch Zusammenzählen der Angaben beider Geräte erhält man die Gesamtleistung. Die Wattmesser werden an das Stromnetz meist nur unter Zwischenschaltung von zwei Stromwandlern angeschlossen. Zweckmäßig ist es, außer den Wattmessern auch Strom- und Spannungsmesser anzuschließen und die Phasenverschiebung nach

$$\cos\varphi = \frac{1000 \cdot N}{1{,}73 \cdot E \cdot J}$$

zu errechnen. Da von der Phasenverschiebung die Wirkungsgrade des Stromerzeugers und damit die Dampfzahlen abhängen, ist die Bestimmung von $\cos\varphi$ oft wichtig.

Die Wirkungsweise der Flüssigkeitsbremse besteht darin, daß in einem mit Wasser gefüllten Gehäuse von der zu messenden Antriebsmaschine eine Scheibe in Umlauf gebracht und durch deren Oberflächenreibung das Wasser mitgerissen wird. Das umlaufende Wasser versucht hierbei, das Gehäuse um seine Achse zu drehen. Die Drehkraft, die auf das Gehäuse ausgeübt wird, bestimmt dann zusammen mit der Drehzahl der Betriebsmaschine die Leistung. Die ersten Wasserbremsen bestanden aus einer oder mehreren glatten Scheiben, die in einer Wasserkammer umliefen. Eine Veränderung der Leistung wurde durch Regeln der Füllung erreicht. Später verwendete man durchbohrte oder mit Vorsprüngen versehene Laufscheiben, um die Reibung zwischen Wasser und Scheiben zu erhöhen. Hierdurch wurde zwar die Verwendung dieser Bremsen für wesentlich größere Leistungen möglich, ihre Abmessungen sind aber dennoch sehr groß; sie sind daher schwer und teuer. Abb. 135 zeigt den Hauptschnitt einer Wasserbremse für 10000 PS und einen Drehzahlbereich von 100 bis 125 U/min. Über Wirkungsweise, Bauart und Betrieb von Wasserbremsen liegen zahlreiche Veröffentlichungen vor[53].

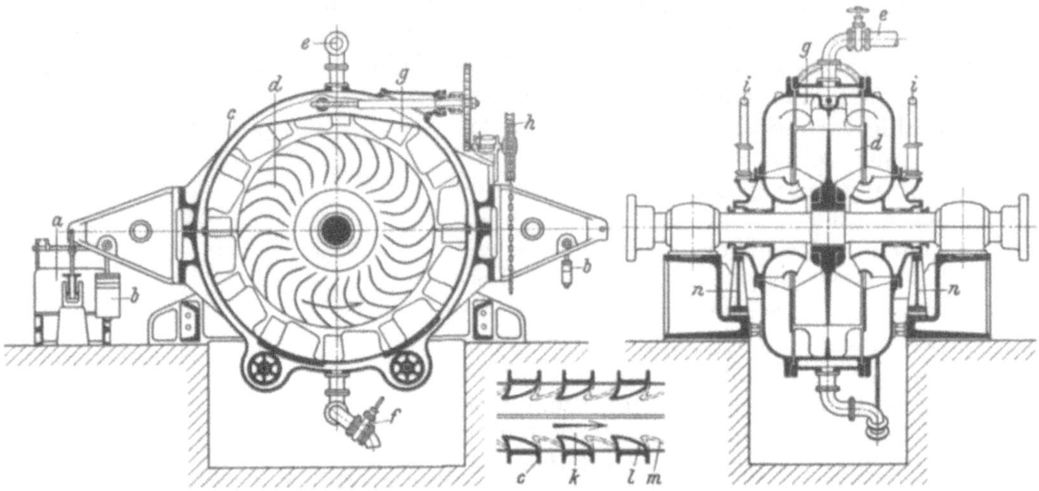

Abb. 135. AEG, Wasserbremse für 10000 PS bei 100 bis 125 U/min.

a Waage; *b* Ausgleichgewicht; *c* Gehäuse; *d* Laufrad; *e* Wasserüberlauf; *f* Wasserablauf; *g* Ringschieber; *h* Drehvorrichtung zu *g*; *i* Wasserzulauf; *k* Abwicklung des Ringschiebers; *l* Leittaschen des Ringschiebers, offen; *m* Leittaschen des Ringschiebers, geschlossen; *n* Pendelstütze.

Das von einer rasch umlaufenden Maschinenwelle übertragene Drehmoment verdreht die Welle infolge ihrer Federung um einen gewissen Winkel. Die Größe dieser Winkelverdrehung ist abhängig von der übertragenen Leistung, der Drehzahl, dem Durchmesser und dem Baustoffe der Welle. Sind also Trägheitsmoment und Gleitmaß bekannt und wird die Winkelverdrehung mit einem Verdrehungsmesser[54] gemessen, so läßt sich das Drehmoment errechnen. Mißt man außerdem die Drehzahl der übertragenden Welle, so ist auch die abgegebene Leistung der Maschine ohne weiteres zu bestimmen. Die Winkelverdrehung wird mechanisch, optisch oder elektrisch gemessen. Der Amsler-Verdrehungskraftmesser[55] ist meistens als Kupplung ausgebildet, die zwischen die treibende und die getriebene Maschine eingeschaltet wird. Durch einen federnden Stab wird die Kraft übertragen und an einer besonderen Ablesevorrichtung der Verdrehungswinkel des Stabes abgelesen. In ein und dasselbe Gerät können verschiedene Stäbe eingebaut und so Kräfte verschiedener Größe damit gemessen werden. Die Stäbe werden aus hochwertigem Federstahle angefertigt, damit man bei möglichst kleiner Länge möglichst große Verwindung ohne bleibende Verdrehung erhält. Der Zusammenhang zwischen Verdrehung und Drehmoment wird nicht etwa, wie es nach obigen Darlegungen möglich wäre, aus den Wellenmaßen und dem Gleitmaße rechnerisch ermittelt, die Stäbe werden vielmehr auf einfache Weise geeicht, indem man an die Endflanschen Hebel anschraubt

---

[53] Z. VDI Bd. 50 (1906) S. 1353f. und AEG-Mitt. 1926 S. 281f; ferner: A. Gramberg: Technische Messungen bei Maschinenuntersuchungen und zur Betriebskontrolle, 5. Aufl. S. 289f. Berlin: Julius Springer 1923.

[54] V. Vieweg: Die Messung des Drehmomentes durch Torsionsdynamometer bei mechanischer Kraftübertragung. Maschinenbau Bd. 3 (1920/21) S. 378f.

[55] A. Gramberg: Technische Messungen, 5. Aufl. S. 307f. Berlin: Julius Springer 1923.

und sie mit gleich großen Gewichten belastet. Man legt zu diesem Zwecke den Kraftmesser auf waagerechte, ebene Unterlagen, auf denen die Endflanschen frei rollen können. Das auf den Stab wirkende Drehmoment ergibt sich aus der Länge des Hebelarmes mal dem daranhängenden Gewichte. Zwecks Ausschaltung der Reibungsfehler mißt man jedes Drehmoment zweimal, im Uhrzeiger- und im entgegengesetzten Sinne. Die Verdrehungskraftmesser werden gebaut für Drehmomente bis 2000 mkg. Die erreichbare Genauigkeit der Messung ist sehr groß. Eine Fehlergrenze von nur $\pm$ 1% des Drehmomentes bei der Höchstbelastung jedes Federstahles und bei gleichmäßigem Widerstande der getriebenen Maschine wird zugesichert. Für die Leistung kommt natürlich noch der Fehler der Drehzahlbestimmung hinzu.

Bei dem Fernverdrehungsmesser nach Schaefer[56] beruht die Bestimmung der Wellenverdrehung auf der Dehnung eines dünnen Stahldrahtes (Meßsaite). Diese Meßsaite ist an beiden Enden in Spannschlössern fest eingespannt, die mit zwei an den Meßquerschnitten befestigten Schellen verbunden sind. Die Meßsaite wird je nach der Größe der Verdrehung mehr oder weniger gespannt und gibt dadurch ein Maß für das Drehmoment und die Leistung. Die Meßsaite wird elektromagnetisch zum Schwingen gebracht, ihr Ton in einem besonderen Empfänger abgehört und mit dem Tone einer gleichfalls in Schwingung gebrachten geeichten Saite verglichen, deren Spannung durch eine Feinmeßschraube eingestellt und an einem Maßstabe abgelesen wird. Auch bei diesem Verdrehungsmesser muß zur Bestimmung der Leistung die genaue minutliche Drehzahl der Welle ermittelt werden; er besitzt gegenüber anderen Meßgeräten eine sehr kurze Baulänge und ist fast an jeder Welle leicht anzubringen. Die Meßgenauigkeit auch dieses Verdrehungsmessers wird mit 1% des Drehmomentes angegeben.

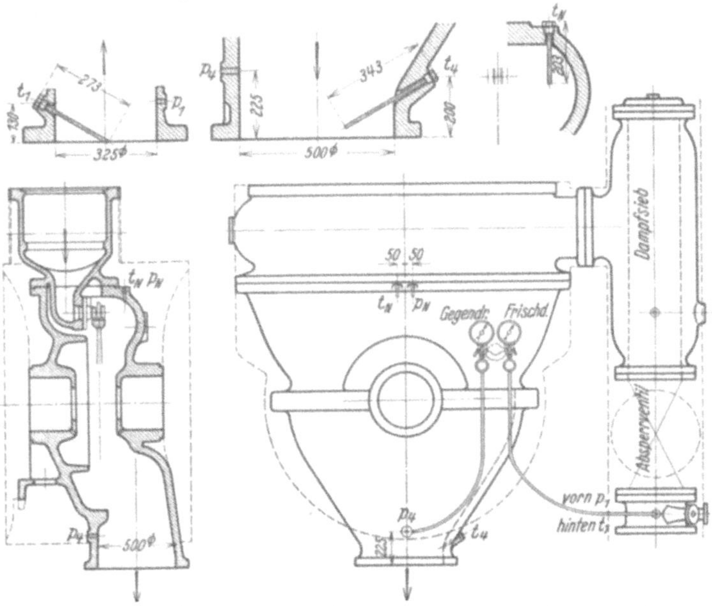

Abb. 136. Meßstellen für Druck und Temperatur des Dampfes an einer einstufigen Gegendruckturbine.

p_N, t_N Druck und Temperatur des Abdampfes im Gehäuse; alle sonstigen Zeichen nach der Zusammenstellung auf S. 169.

Die Genauigkeit von Dampfverbrauchsmessungen hängt in hohem Maße von der Anordnung der Meßgeräte ab. Es ist daher schon vor den Messungen von der zu prüfenden Maschine oder Anlage ein möglichst genauer Übersichtsplan etwa in der Art der Abb. 136, 137 und 138 anzufertigen, aus dem hervorgeht, an welchen Stellen die Drücke, Temperaturen usw. zu messen sind und welche Art von Meßgeräten benutzt werden soll.

Bei Druckmessungen müssen die Zuleitungsrohre, in denen sich Dampf niederschlagen kann, mit Wasser vollständig gefüllt sein, da sonst erhebliche Fehler, besonders bei niedrigen Drücken, entstehen können. Bei Dampfüberdrücken kann durch Befühlen der Zuleitung zum Meßgeräte leicht festgestellt werden, ob sie Wasser oder Dampf enthält; im ersten Falle müßte die Leitung kalt, im zweiten heiß sein. Gegebenenfalls ist die Leitung durch feuchte Tücher od. dgl. zu kühlen. Sehr zweckmäßig ist es, zwischen

[56] A. v. Gehlen und H. Hoppe: Leistungsmessungen an Bord. Werft Reed. Hafen Bd. 11 (1930) S. 421f. und Bd. 12 (1931) S. 38f.; ferner: H. D. Brasch und A. v. Gehlen: Neuer Torsionsmesser für Wellenleistungen. Z. VDI Bd. 75 (1931) S. 303f..

Meßstelle und Meßgerät eine Absperrvorrichtung einzubauen, damit man das Gerät jederzeit auswechseln kann. Die Zuleitung ist vor dem Anbringen des Meßgerätes zu durchblasen, damit Luftblasen und Schmutz aus ihr entfernt werden. Bei Unterdrücken sind die Zuleitungen möglichst kurz zu halten und Steigungen zu vermeiden. Etwa vorhandenes Wasser läßt sich dann leicht durch Einlassen von Luft in die Anschlußleitung entfernen. Der Höhenunterschied zwischen der Druckmeßstelle und dem Anzeigegeräte ist genau festzustellen und in die Meßzeichnung einzutragen.

Bei Unterdruckmessungen können beträchtliche Fehler durch Undichtheiten entstehen, die Anschlüsse sind daher vorher sorgfältig auf Dichtheit zu prüfen. Das Eindringen von Luft in die Meßleitung kann oft dadurch verhindert werden, daß undicht erscheinende Verbindungstellen mit Schellack überstrichen werden. Die Anschlußleitungen sind möglichst kurz auszuführen und erforderliche Absperrvorrichtungen unmittelbar an die Meßstelle zu setzen. Der Unterdruckmesser muß, wie jedes Quecksilbergerät zur Unterdruckmessung, so aufgestellt werden, daß die Verbindungsleitung vom

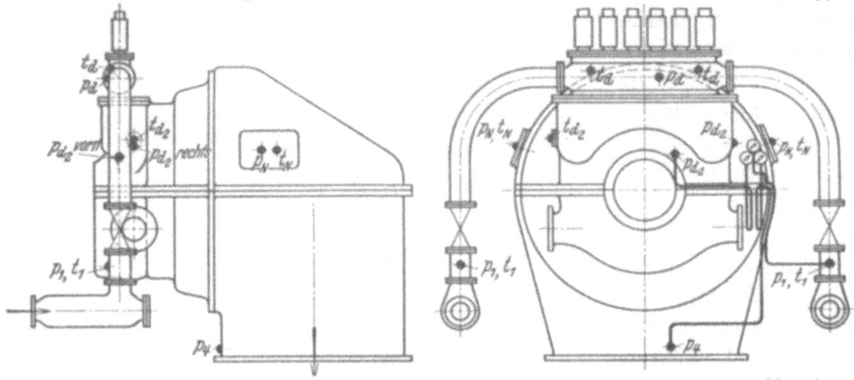

Abb. 137. Meßstellen für Druck und Temperatur des Dampfes an einer eingehäusigen Kondensationsturbine mit teilbeaufschlagter Gleichdruck-Regelstufe.

p_d, t_d Druck und Temperatur des Frischdampfes vor den Düsen der ersten Stufe; p_{d_2}, t_{d_2} Druck und Temperatur des Dampfes vor der zweiten Stufe im Gehäuse; p_N, t_N Druck und Temperatur des Abdampfes im Gehäuse; alle sonstigen Zeichen nach der Zusammenstellung auf S. 169.

Meßgeräte zur Meßstelle stetig fällt, damit der sich während der Messung in dieser Leitung bildende Niederschlag frei zurückfließt. Sollte sich auf der mit der Meßstelle verbundenen Seite der Quecksilbersäule Wasser ansammeln, so muß dessen Höhe getrennt gemessen und auf Quecksilber umgerechnet werden. Das Quecksilber muß rein sein. Der Schlauch zur Verbindung mit der Meßstelle soll starkwandig sein, damit er nicht durch den Außendruck zusammengequetscht wird, er muß ferner vollkommen dicht sein und sich an die Anschlüsse luftdicht anschmiegen. Für längere Anschlußleitungen von Unterdruckmessern ist eine lichte Weite von 10 bis 20 mm nötig. Bei engeren Leitungen können schon geringe Undichtheiten zur Folge haben, daß eine schlechtere Luftleere angezeigt wird, als tatsächlich vorhanden ist. Außer den für ständige Betriebsüberwachung erforderlichen Druck- und Temperaturmeßstellen werden auch die für Abnahmemessungen wichtigen Meßstellen meistens schon beim Baue der Turbine vorgesehen und durch Gewindepfropfen verschlossen, da eine spätere Anbringung viel Arbeit und Zeit kostet und im Betriebe oft unmöglich ist. Die Gewindepfropfen, die einheitlich meistens $^3/_4''$ Rohrgewinde erhalten, können dann jederzeit und ohne große Schwierigkeit vor Beginn der Messungen gelöst und später wieder eingesetzt werden. Sind gleichzeitige Ablesungen an weit voneinander entfernt liegenden, wichtigen Meßstellen erforderlich, so müssen Schall- oder Lichtzeichen vereinbart werden (z. B. bei Dampfmessungen mittels Düsen).

Um die für die Turbine tatsächlich zur Verfügung stehende Luftleere zu ermitteln, soll die Meßstelle am Abdampfstutzen der Turbine etwa in Teilfugenhöhe angebracht sein. Da die Strömung im Abdampfteile je nach seiner Form oft beträchtliche Druckunterschiede aufweist, darf man sich für die Ermittlung eines genauen Wertes nicht nur mit einer einzigen Meßstelle begnügen (vgl. Abb. 138).

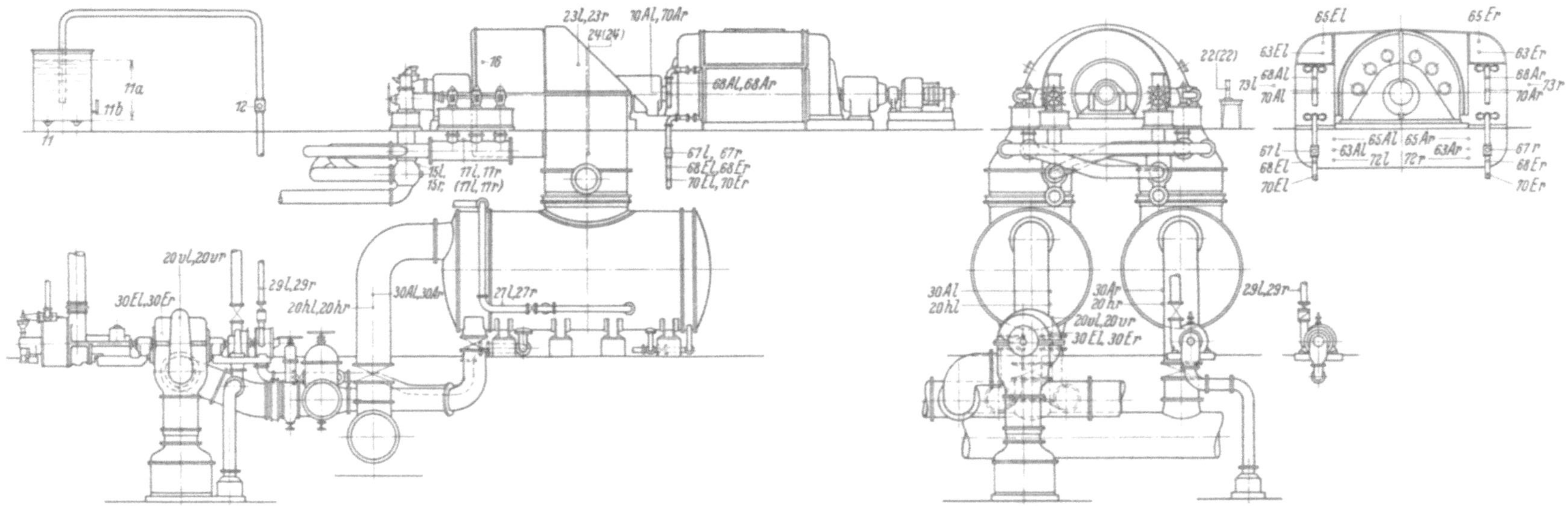

Abb. 138. Meßstellen für Dampf, Wasser und Luft an einem großen Kraftwerkstromerzeugersatze. Turbine eingehäusig mit Gleichdruck-Regelstufe, zwei Schnellschlußventilen, zwei Kondensatoren und zwei Kondensationspumpensätzen; Stromerzeuger mit zwei seitlich angebauten Luftkühlern.

11 Meßbehälter für Kondensat, Düsenmessung; *11a* Meßbehälter, Höhe des Wasserspiegels; *11b* Meßbehälter, Kondensattemperatur; *12* Wassermesser im Maschinenraume; *15l* Turbine, Frischdampfdruck hinter dem linken Schnellschlußventile; *15r* Turbine, Frischdampfdruck hinter dem rechten Schnellschlußventile; *16* Dampfdruck vor der zweiten Stufe im Gehäuse; *17l* Turbine, Frischdampftemperatur vor den linken Regelventilen; *17r* Turbine, Frischdampftemperatur vor den rechten Regelventilen; *(17l, 17r)* Fadentemperaturen zu *17l, 17r*; *20vl* linke Kühlwasserpumpe, Kühlwasserdruck am Austrittstutzen; *20vr* rechte Kühlwasserpumpe, Kühlwasserdruck am Austrittstutzen; *20hl* linker Kondensator, Kühlwasseraustrittsdruck; *20hr* rechter Kondensator, Kühlwasseraustrittsdruck; *22* Versuchstand, Luftdruck; *(22)* Fadentemperatur zu *22*; *23l* Abdampfgehäuse links, Abdampftemperatur; *23r* Abdampfgehäuse rechts, Abdampftemperatur; *24* Abdampfstutzen, Luftleere; *(24)* Fadentemperatur zu *24*; *27l* Luftabsaugleitung am linken Kondensator, Luftleere; *27r* Luftabsaugleitung am rechten Kondensator, Luftleere; *(27l, 27r)* Fadentemperatur zu *27l, 27r*; *29l* linke Kondensatpumpe, Kondensattemperatur im Druckstutzen; *29r* rechte Kondensatpumpe, Kondensattemperatur im Druckstutzen; *30El* linke Kühlwasserpumpe, Kühlwassertemperatur; *30Er* rechte Kühlwasserpumpe, Kühlwassertemperatur; *30Al* linker Kondensator, Kühlwasseraustrittstemperatur; *30Ar* rechter Kondensator, Kühlwasseraustrittstemperatur; *63El* Stromerzeuger, Lufteintrittstemperatur für linken Luftkühler; *63Er* Stromerzeuger, Lufteintrittstemperatur für rechten Luftkühler; *63Al* Stromerzeuger, Luftaustrittstemperatur für linken Luftkühler; *63Ar* Stromerzeuger, Luftaustrittstemperatur für rechten Luftkühler; *65El* Stromerzeuger, Lufteintrittsdruck für linken Luftkühler; *65Er* Stromerzeuger, Lufteintrittsdruck für rechten Luftkühler; *65Al* Stromerzeuger, Luftaustrittsdruck für linken Luftkühler; *65Ar* Stromerzeuger, Luftaustrittsdruck für rechten Luftkühler; *67l* Stromerzeuger, Kühlwassermenge für linken Luftkühler; *67r* Stromerzeuger, Kühlwassermenge für rechten Luftkühler; *68El* Stromerzeuger, Kühlwassereintrittstemperatur für linken Luftkühler; *68Er* Stromerzeuger, Kühlwassereintrittstemperatur für rechten Luftkühler; *68Al* Stromerzeuger, Kühlwasseraustrittstemperatur für linken Luftkühler; *68Ar* Stromerzeuger, Kühlwasseraustrittstemperatur für rechten Luftkühler; *70El* Stromerzeuger, Kühlwassereintrittsdruck für linken Luftkühler; *70Er* Stromerzeuger, Kühlwassereintrittsdruck für rechten Luftkühler; *70Al* Stromerzeuger, Kühlwasseraustrittsdruck für linken Luftkühler; *70Ar* Stromerzeuger, Kühlwasseraustrittsdruck für rechten Luftkühler; *72l* Stromerzeuger, Luftfeuchtigkeit am Austritte aus dem linken Luftkühler; *72r* Stromerzeuger, Luftfeuchtigkeit am Austritte aus dem rechten Luftkühler; *73l* Maschinenraum, Lufttemperatur am linken Luftkühler; *73r* Maschinenraum, Lufttemperatur am rechten Luftkühler.

Die Temperaturmeßgeräte werden in der Regel in besondere Tauchrohre (Stutzen) eingesetzt, deren Eintauchtiefen für jede Meßstelle vorher festzulegen sind. Die Tauchrohre sind so anzuordnen, daß sie bei kleinen Rohrdurchmessern oder Räumen bis in die Mitte, sonst aber mindestens 150 mm in den Meßraum eintauchen. Bleiben die Tauchrohre für fortlaufende Betriebsmessungen dauernd eingebaut, so sind, um die Gefahr des Abrostens zu vermindern, verhältnismäßig starkwandige Schutzhülsen zu verwenden. Ihr Durchmesser ist so groß auszuführen, daß man neben dem Betriebsgeräte noch ein Prüfthermometer einführen kann. Für genauere Messungen (Abnahmemessungen) sind dagegen dünnwandige Stutzen zu benutzen, weil damit kurzzeitige Temperaturschwankungen besser festzustellen sind. Eine schnellere Anpassung an Temperaturänderungen wird auch dadurch erreicht, daß man die Stutzen im Dampfraume mit Gewinde oder Rippen versieht. Beim Messen von Sattdampftemperaturen ist es zweckmäßig, die Meßstelle in einen sogenannten toten Raum zu legen, in dem die Dampfgeschwindigkeit möglichst niedrig ist. Bei Temperaturmessungen von überhitztem Dampfe, strömendem Wasser oder strömender Luft ist dagegen der wärmeempfindliche Teil des Meßgerätes so einzubauen, daß er in der Strömung liegt. Es ist weiter darauf zu achten, daß an den Temperaturmeßstellen keine Wärme durch Leitung oder Strahlung verlorengeht. Die Umgebung der Meßstelle und der herausragende Teil des Meßgerätes sind daher so weit als möglich zu verkleiden. Die Tauchrohre werden bei Verwendung von Quecksilberstabthermometern zur besseren und schnelleren Wärmeübertragung meist mit flüssigen, seltener mit festen Stoffen gefüllt. Für niedrige Temperaturen werden meistens Wasser oder Öl, für höhere Temperaturen bis 325° Öl, Quecksilber oder auch Metallspäne als Füllmittel benutzt. Für Temperaturen über 325° dagegen eignet sich Öl oder Quecksilber wegen Verdampfens nicht mehr. Ist ein geeignetes Füllmittel nicht vorhanden, so unterbleibt am besten ein Ausfüllen des Luftraumes zwischen Thermometer und Tauchrohr ganz, doch ist dann die Bohrung des Thermometerstutzens nach außen hin durch Asbest so abzudichten, daß im Tauchrohre keine Luftbewegung stattfinden kann. Für besonders wichtige Temperaturmessungen empfiehlt es sich, zwei Meßstellen dicht nebeneinanderliegend anzuordnen.

Für die Messung der elektrischen Leistung sind die erforderlichen Meßgeräte so nahe wie möglich am Stromerzeuger anzuschließen, um Kabelverluste und Fehler durch zusätzliche elektrische Beeinflussungen zu vermeiden.

Dampf- und Wassermengen sind mittels Durchflußmessung nur dann genau und einwandfrei zu bestimmen, wenn beim Einbaue der Normdüsen und -blenden die Vorschriften eingehalten werden, die in den „Regeln für die Durchflußmessung mit genormten Düsen und Blenden“[57] festgelegt sind. Schon bei der Anfertigung der Rohrleitungspläne ist darauf Rücksicht zu nehmen. Abzweigungen, Formstücke und Absperrvorrichtungen in unmittelbarer Nähe der Einbaustelle haben einen ungünstigen Einfluß auf die Messung; es ist daher anzustreben, daß die Geräte stets in gerade und wenn irgend möglich waagerechte Rohrleitungstrecken eingebaut werden. Absperrschieber in ganz geöffnetem Zustande verursachen keine merkliche Störung, doch können wesentliche Fehler entstehen, wenn sie nur teilweise geöffnet sind. Besonders große Fehler verursachen Raumkrümmer (in zwei oder mehr aufeinander senkrechten Ebenen gewundene Doppelkrümmer). Beim Einsetzen des Drosselgerätes ist auch darauf zu achten, daß es genau gleichmittig zum Rohre eingebaut wird und die Flanschdichtungen nicht einseitig nach innen vorstehen. Bei Venturirohren und Normdüsen ist vor und hinter der Einbaustelle eine gerade Rohrleitungstrecke von mindestens dem fünffachen Rohrdurchmesser, bei Normblenden dagegen von mindestens dem zehnfachen Rohrdurchmesser vorzusehen. Meßstellen für Druck und Temperatur am Drosselgeräte sind in einer Entfernung von mindestens 0,5 m in der Rohrleitung vor dem Geräte anzuordnen. Die Anschlüsse der Verbindungsleitungen für die Differenzdruckmesser müssen leicht zugänglich sein.

---

[57] DIN 1952.

21. Der Dampfverbrauch.

Der Behandlung der Fragen, die mit den Dampfverbrauchsmessungen an Dampfturbinen und ihrer Auswertung zusammenhängen, wird im Sinne durchgehend einheitlicher Bezeichnungen eine Zusammenstellung vorausgeschickt, die die wichtigsten Zeichen, ihre Bedeutung, Erklärung und ihre Einheiten angibt. Es wurden dazu die von der internationalen elektrotechnischen Kommission (IEC) eingeführten und in die deutschen Regeln für Abnahmeversuche an Dampfturbinen übernommenen Zeichen verwendet.

Zeichen	Bedeutung	Erklärung	Einheit
p	absoluter Druck		kg/cm²
t	Temperatur		0
i	Wärmeinhalt des Dampfes oder Kondensates		kcal/kg
N	Leistung		kW
M	stündliche Dampfmenge		kg/h
m	Dampfverbrauch	die stündliche Dampfmenge bezogen auf die Leistungseinheit	kg/kWh
Q	stündliche Wärmemenge	die in der Turbine stündlich verbrauchte Wärmemenge	kcal/h
q	Wärmeverbrauch	die stündliche Wärmemenge bezogen auf die Leistungseinheit	kcal/kWh
K	Kühlwassermenge		kg/h
η	Wirkungsgrad		
B	Barometerstand		mm Qu.-S.
Fußzeiger 1	Eintrittsdampf	Meßstelle in der Frischdampfleitung unmittelbar vor dem Einlaßventile der Turbine	
„ 2	Austrittsdampf aus der Turbine zum Zwischenüberhitzer	Meßstelle in der Dampfleitung unmittelbar am Austrittsflansche der Turbine zum Zwischenüberhitzer	
„ 3	Wiedereintrittsdampf vom Zwischenüberhitzer in die Turbine	Meßstelle in der Dampfleitung vom Zwischenüberhitzer unmittelbar am Eintrittsflansche der Turbine	
„ 4	Abdampf	Meßstelle unmittelbar am Austrittsflansche aus der Turbine	
„ 5	Kondensat	Meßstelle in der Kondensatleitung	
„ 6	Kondensat vorgewärmt	Meßstelle in der Kondensatleitung hinter dem letzten Vorwärmer	
„ e	Entnahmedampf	Meßstelle unmittelbar am Entnahmeflansche der Turbine	
„ e', e''	„	1., 2. usw. Entnahmestelle in Richtung der Dampfströmung	
„ E	Kühlwassereintritt	Meßstelle am Kondensator	
„ A	Kühlwasseraustritt	Meßstelle am Kondensator	
„ Kl	Klemmen		
„ K	Kupplung		
„ i	innere		
„ u	Umfang		
„ o	reinrechnerisch oder verlustlos		
H	Wärmegefälle	Unterschied zweier Wärmeinhalte	kcal/kg
H_{ad}	adiabatisches Wärmegefälle	die Änderung des Wärmeinhaltes bei adiabatischer Dampfdehnung	kcal/kg
N_{Kl}	Klemmenleistung (elektrische Leistung)	die an den Klemmen eines Turbostromerzeugers gemessene Leistung	kW
N_K	Kupplungsleistung (Bremsleistung) der Turbine	die am Kupplungsflansche der Turbinenwelle übertragene Leistung. Bei Turbostromerzeugern ist diese gleich der Klemmenleistung vermehrt um die gesamten Verluste des Stromerzeugers	kW
N_i	innere Leistung	Kupplungsleistung vermehrt um die mechanischen Verluste der Turbine	kW

Zeichen	Bedeutung	Erklärung	Einheit
N_u	Leistung am Umfange	innere Leistung vermehrt um die Ventilations- und Radreibungsverluste der Turbine	kW
N_0	Leistung der verlustlosen Turbine		kW
N_h	Leistungseigenbedarf	der Leistungsbedarf sämtlicher Hilfsmaschinen, soweit deren Antrieb nicht von der Turbinen- oder Stromerzeugerwelle abgeleitet ist	kW
N_n	Nutzleistung	wenn die Hilfsmaschinen nicht mittels Dampfes angetrieben werden, z. B. bei Turbostromerzeugern der Unterschied zwischen N_{Kl} und N_h	kW
N	Nennleistung	bei Turbostromerzeugern die größte dauernd mögliche Klemmenleistung N_{Kl} des Stromerzeugers bei dem höchsten festgelegten Leistungsfaktor (cos φ); bei anderen Arbeitsmaschinen die größte dauernd mögliche Kupplungsleistung N_K der Turbine bei den vertraglich festgegelegten Dampfverhältnissen	kW

Wärmetechnische Messungen an Dampfturbinenanlagen dienen vorwiegend dazu, die vom Hersteller gewährleisteten Zusagen nachzuweisen (Abnahmemessungen), oder dazu, festzustellen, ob und wie sich der Dampfverbrauch der Turbine oder die Wirtschaftlichkeit der ganzen Anlage bei längerer Betriebsdauer ändert (Betriebsmessungen). Abnahmemessungen beschränken sich meistens auf die notwendigsten Ablesungen, damit der allgemeine Betrieb nicht gestört wird. Es wird aber auch in vielen Fällen ohne besondere Schwierigkeiten möglich sein, zusätzliche Messungen durchzuführen, z. B. um zu ermitteln, wie sich der Dampfverbrauch mit den Betriebsverhältnissen ändert. Betriebsmessungen werden unter anderem vorgenommen, um die Ursache einer Dampfverbrauchsverschlechterung zu finden.

Gegenstand der Messungen können sein:

die Nutzleistung der Hauptturbine,

der Dampf- oder Wärmeverbrauch sowie der thermodynamische Wirkungsgrad der Hauptturbine,

der Leistungsbedarf oder Dampfverbrauch der Hilfsmaschinen (Kühlwasser-, Luft- und Kondensatpumpen),

die Dampf- und Luftzustände und die Wasserverhältnisse in der Kondensationsanlage,

die Vorwärmung des Kondensates,

die Zwischenüberhitzung des Dampfes,

der Stopfbuchsenverlust und

die mechanischen Verluste der Turbine.

Bei allen Messungen sind einige allgemeine Grundsätze zu beachten, die im folgenden erörtert werden sollen, mit denen man sich aber am besten durch die Vertiefung in die von bekannten Fachleuten veröffentlichten Versuche vertraut macht. Die Leistung, der Frischdampfdruck und die Frischdampftemperatur, der Gegendruck und der Entnahmedruck sowie ferner die Kühlwassereintrittstemperatur und die Kühlwassermenge sind während der Messungen möglichst gleich zu halten. Für Gewährleistungsmessungen (Abnahmeversuche) in Deutschland sind die zulässigen Abweichungen in Punkt 42 der Regeln für Abnahmeversuche an Dampfturbinen[58] festgelegt (s. S. 177). Die Zeitabstände der Ablesungen sind so zu wählen, daß Schwankungen mit Sicherheit erfaßt werden. In den meisten Fällen genügen Zeitabstände von 3 bis 5 min. Nach eingetretenem Beharrungzustande genügt bei Messungen von Kondensat- oder Dampfmengen mittels

[58] DIN 1943.

Düsen oder Blenden eine Versuchsdauer von $^1/_2$ bis 1 h. Der Barometerstand und die Raumtemperatur sind bei längerer Dauer der Messungen mehrmals festzustellen. Bei allen Messungen sind die Ablesungen unverzüglich in das Meßberichtbuch einzutragen. Die Kennzeichen der benutzten Geräte sind dabei anzugeben, damit bei der Auswertung der Messungen etwaige Anzeigefehler berücksichtigt werden können. Bei Temperaturmessungen mittels Stabthermometer ist die Eintauchtiefe und die Fadentemperatur zu vermerken. Wasser, das auf Druckmessern oder Quecksilbersäulen steht, ist besonders anzugeben und nötigenfalls durch Zeichnung zu erläutern.

Das Vorzeichen von Quecksilber- oder Wassersäulen ist auf den Barometerstand zu beziehen und mit + oder — zu bezeichnen, je nachdem die Säule ihm zuzuzählen oder von ihm abzuziehen ist. Quecksilbersäulen sind zweckmäßig nur mit festen Maßstäben (nicht mit zusammenklappbaren Zollstöcken) zu messen. Die Maßstäbe sind vor Gebrauch nach Möglichkeit mit einem „Normmeter" zu vergleichen.

Ist die Turbine schon längere Zeit im Betriebe, so ist nach Möglichkeit vor den Versuchen, auf alle Fälle aber vor Abnahmemessungen, die ganze Anlage eingehend auf ihren Zustand zu prüfen. Verschmutzte Kondensatoren sind zu reinigen, nötigenfalls auch die Düsen und die Laufschaufeln der Turbine. Für die Messungen nicht benötigte Rohrleitungen sind grundsätzlich durch Blindflansche abzusperren. Ist das aus betrieblichen Gründen nicht angängig, so muß man sich damit begnügen, die Flanschverbindung hinter der nächsten Absperrvorrichtung etwas zu lösen; Undichtheiten machen sich dann durch austretende Dampfschwaden oder durch Tropfwasser bemerkbar. Entwässerungsvorrichtungen an der Turbine müssen geschlossen sein und dürfen während der Messungen nicht betätigt werden, da hierdurch beträchtliche Fehler entstehen können.

Dampfmengen, die einer Kondensationsturbine für die Vorwärmung des Speisewassers oder für andere Zwecke entnommen werden und daher nicht in der gemessenen Kondensatmenge enthalten sind, müssen entsprechend berücksichtigt werden. Derartige, meist verhältnismäßig kleine Dampf- oder Kondensatmengen (z. B. Stopfbuchsendampf) aus dem Unterschiede von zugeführtem und abgeführtem Dampfe oder Kondensate zu errechnen, ist unzuverlässig; wird auf Genauigkeit der Bestimmung auch dieser Dampfmengen Wert gelegt, so sind dafür besondere Messungen vorzunehmen.

Bei Messungen an Turbinen mit mehreren Regelventilen ist die Stellung der einzelnen Ventile, besonders bei Gegendruck- und Entnahmeturbinen, für die Beurteilung des Dampfverbrauches von großer Wichtigkeit. Es empfiehlt sich daher, den Hub der Spindeln oder den Drehwinkel der Nockenwelle, durch die die Regelventile geöffnet werden, im Meßberichte zu vermerken.

Wird zum Niederschlagen der Dampfmenge ein Oberflächenkondensator verwendet, so empfiehlt es sich, diesen vor den Versuchen zu prüfen, ob durch Undichtheiten Kühlwasser in das Kondensat übertreten kann. Zu diesem Zwecke wird der Kühlwasserraum des Kondensators längere Zeit unter einen Probedruck gesetzt, der gleich dem höchsten Wasserdrucke im Kondensator ist zuzüglich 0,9 bis 0,95 kg/cm², damit der im Betriebe gegen Luftleere tatsächlich vorhandene Druckunterschied auch bei diesem Abdrücken gegen den Außendruck erreicht wird. Undichtheiten können dann am Wasserstandsglase des Kondensators leicht abgelesen werden. Oft genügt zur Prüfung des Kondensators auf Dichtheit auch das Auffüllen des Kondensatraumes mit Wasser bis zum Abdampfstutzen der Turbine. Durch die Schaulöcher in den Deckeln kann dann leicht festgestellt werden, ob Wasser aus den Rohren austritt. Während des Betriebes kann der Kondensator auf Undichtheit laufend mittels chemischer oder elektrischer Verfahren überwacht werden (vgl. S. 150). Bei Kondensationsanlagen mit Wasserstrahlluftpumpen können unter Umständen Dampfmengen (bis zu 3%) durch Nachkondensation verlorengehen. Um diesen Betrag ist der durch die Kondensatmessung ermittelte Dampfverbrauch dann zu niedrig, wenn Kühlwasser für die Strahlsauger verwendet wird. Bei Dampfstrahlsaugern, die mit Frischdampf betrieben werden, ist die hierfür erforderliche Dampfmenge von der Kondensatmenge abzuziehen, wenn dieser Dampf im Hauptkondensate mitgemessen wird und der Dampfverbrauch der Turbine ausschließlich Kraftbedarf oder Dampfverbrauch der Kondensation festgestellt werden soll.

Zu diesen allgemeinen Grundsätzen über wärmetechnische Messungen an Dampfturbinen treten für die verschiedenen Turbinenarten sowie für zusätzliche Untersuchungen weitere Richtlinien.

Bei der reinen Kondensationsturbine, soweit sie nicht mit ungeregelter Dampfentnahme zur Vorwärmung des Kesselspeisewassers oder mit Zwischenüberhitzung oder mit Abdampfzusatz in ND-Stufen arbeitet, genügt zur Ermittlung des Dampfverbrauches und zur Bestimmung des thermodynamischen Wirkungsgrades die Messung des Frischdampfdruckes und der Frischdampftemperatur unmittelbar vor der Turbine, des Dampfdruckes oder der Luftleere im Abdampfstutzen, der Dampf- oder Kondensatmenge und der Leistung. Eine besondere Messung der Dampfverluste der Außenstopfbuchsen ist selten erforderlich, da bei fast allen Kondensationsturbinen der Stopfbuchsendampf in den Kondensator abgesaugt wird. Der aus den Stopfbuchsen ins Freie entweichende Dampfwrasen ist bei richtiger Einstellung der Absaugventile so gering, daß dieser Dampfverlust in den meisten Fällen vernachlässigt werden kann. Außerdem ist es zweckmäßig, um die Meßergebnisse überprüfen, etwaige Fehler aufklären oder auch Wirkungsgrade einzelner Teile der Turbine und der Kondensationsanlage bestimmen zu können, zusätzliche Druck- und Temperaturablesungen vorzunehmen. Hierfür kommen in Betracht:

Der Druck und die Temperatur in der ersten Stufe oder Radkammer bei Turbinen mit Düsenreglung.

Der Druck und die Temperatur des ein- und austretenden Dampfes für jede Teilturbine einer mehrgehäusigen Turbine.

Der Druck und die Temperatur im Turbinenabdampfgehäuse, im Abdampfstutzen, am Eintritte in den Kondensator und an dessen Luftabsaugstutzen.

Die Ein- und Austrittstemperatur des Kühlwassers und die Kondensattemperatur.

Bei Messungen zum Nachweise von Dampfverbrauchzahlen, die sich auf ganz bestimmte Kühlwasserverhältnisse beziehen, ist auch die Bestimmung der Kühlwassermenge nötig. Ist diese nicht unmittelbar meßbar, so kann sie mit ausreichender Genauigkeit aus der Kühlwassererwärmung errechnet werden.

Bei der Anzapfkondensationsturbine wird die jeweils benötigte Heiz- oder Kochdampfmenge einer Zwischenstufe der Maschine entnommen und der Dampfdruck an dieser Stelle durch in die Turbine eingebaute Drossel- oder Überströmventile auf gleicher Höhe gehalten. Deckt die im HD-Teile der Turbine von der durchströmenden Dampfmenge geleistete Arbeit gerade den Leistungsbedarf des Betriebes und kann darüber hinaus keine Leistung an ein Fremdnetz abgegeben werden, so sind die Überströmventile geschlossen und der ND-Teil der Turbine läuft leer in Luftleere mit. Übersteigt dagegen der Leistungsbedarf die von der Entnahmemenge im HD-Teile geleistete Arbeit, so werden die Frischdampfventile weiter und gleichzeitig die Überströmventile vom Regler geöffnet und lassen eine entsprechende zusätzliche Dampfmenge durch den ND-Teil nach dem Kondensator strömen. Wird zeitweise kein Heizdampf benötigt, so öffnen sich die Überströmventile ganz; die Turbine arbeitet dann als reine Kondensationsturbine. Die Zusammenhänge zwischen Leistung, Anzapf- und Gesamtdampfmenge werden üblicherweise in den Anzapfschaubildern dargestellt, deren gebräuchlichste Formen in den Abb. 139 und 140 wiedergegeben sind.

Die Anzapfkondensationsturbine ist somit eine Mehrstromturbine, bei der der Anzapfdampf wie in einer Gegendruckturbine, die in den Kondensator geführte Dampfmenge dagegen wie in einer Kondensationsturbine arbeitet. Die Messungen erstrecken sich daher auf die Ermittlung der Dampfzustände vor der Turbine und der Endzustände des Anzapf- und des Kondensationsdampfes beim Verlassen der Turbine. Der Anzapfdampf wird in der Regel aus Durchflußmessungen bestimmt, während die Kondensationsdampfmenge als Kondensat gemessen wird. In besonderen Fällen kann auch die gesamte Frischdampfmenge durch eine Durchflußmessung vor der Turbine ermittelt werden. Die Entnahmemenge ergibt sich dann als Unterschied aus Frischdampf- und Kondensatmenge.

Der Stopfbuchsendampf wird wie bei den reinen Kondensationsturbinen fast immer nach dem Kondensator abgesaugt, es ist daher auch hier selten erforderlich, ihn gesondert zu bestimmen. Ungünstige Stellungen der Regelventile können den Dampfverbrauch wesentlich verschlechtern, es ist daher gerade bei Dampfverbrauchsmessungen an Anzapfturbinen mit zwei und auch mehreren Reglungen auf die Einhaltung der den Gewährleistungen zugrunde liegenden Dampf- und Belastungsverhältnisse größter Wert zu legen.

Bei der Gegendruckturbine wird der gesamte Dampf, der die Maschine durchströmt, zu Heiz-, Koch- und anderen Zwecken verwendet. Der Druck des Abdampfes wird in den meisten Fällen gleich gehalten. Die zur Bestimmung des Dampfverbrauches erforderlichen Meßwerte sind: der Druck und die Temperatur des Frischdampfes unmittelbar vor der Turbine, der Druck und die Temperatur des Abdampfes am Austrittstutzen der Turbine, die Dampfmenge und die Leistung. Bei Turbinen mit Düsenreglung ist außerdem der Dampfdruck in der ersten Stufe, bei Turbinen mit Drosselreglung der Druck und die Temperatur des Frischdampfes hinter dem Hauptdrosselventile und der Dampfdruck in der ersten Stufe zu messen. Da in fast allen Fällen in der ersten und in der letzten Stufe

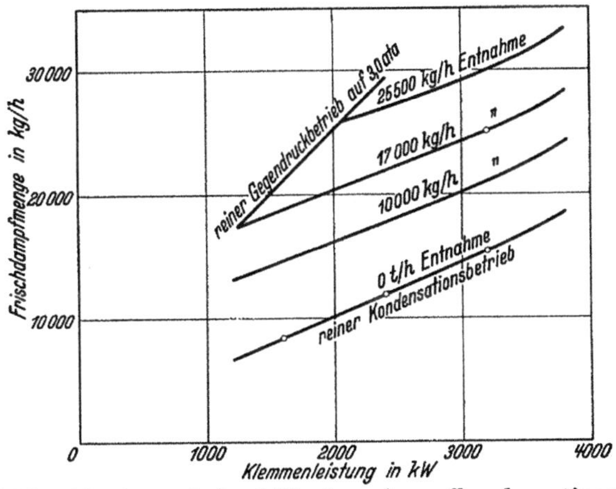

Abb. 139. Anzapfschaubild einer Anzapfkondensationsturbine 3200 kW, 3000 U/min.

Dampf: $p_1 = 26$ kg/cm², $t_1 = 375°$, $p_e = 3{,}0$ kg/cm²; Kühlwasser: $t_E = 15°$, $K = 850000$ kg/h.

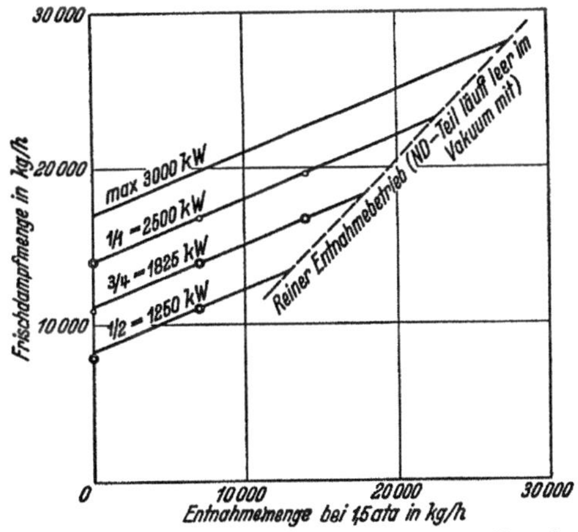

Abb. 140. Anzapfschaubild einer Anzapfkondensationsturbine 2500 kW, 3000 U/min.

Dampf: $p_1 = 22$ kg/cm², $t_1 = 350°$, $p_e = 1{,}5$ kg/cm². Kühlwasser: $t_E = 25°$, $K = 900000$ kg/h.

der Maschine Überdruck herrscht, muß der aus den beiden Außenstopfbuchsen austretende Leckdampf besonders gemessen werden, soweit er nicht bereits in der gemessenen Hauptdampfmenge enthalten ist. Während der Druck am Austritte unverändert bleibt, ändert er sich in der ersten Stufe ungefähr verhältnisgleich der Dampfmenge. Bei Überdrucktrommelturbinen wird er meistens durch einen Ausgleichskolben, bei Gleichdruckscheibenturbinen durch einen der eigentlichen Stopfbuchse vorgeschalteten Dichtungsteil auf den Gegendruck herabgesetzt, so daß beide Stopfbuchsen annähernd unter dem gleichen Drucke und mit der gleichen Leckdampfmenge arbeiten. Über die verschiedenen Schaltungsmöglichkeiten der Stopfbuchsen siehe S. 48/50.

Bei der Anzapfgegendruckturbine wird der Abdampf des ND-Teiles nicht in einem Kondensator niedergeschlagen, sondern für Heiz-, Koch- oder andere Zwecke verwendet. Die Messungen erfolgen in ähnlicher Weise wie bei der Anzapfkondensationsturbine. Der Stopfbuchsendampf ist dagegen, wie bei der reinen Gegendruckturbine, durch besondere Messung zu bestimmen.

Während die Abdampfturbine meist Sattdampf von annähernd unveränderlichem Drucke aus einem Glocken- oder Raumspeicher erhält, arbeitet die Speicherdampfturbine mit gesättigtem Dampfe, der einem unter stark veränderlichem Drucke stehenden Wärmespeicher (Ruths-Speicher) entnommen wird. Der Abdampf wird im Kondensator niedergeschlagen, die Messungen können daher in derselben Weise durchgeführt werden wie bei Frischdampfkondensationsturbinen. Wird der Dampf in verschiedene Stufen der Turbine geleitet, so sind an diesen Zuführungsstellen die Drücke zu messen. Da die Bestimmung der Dampffeuchtigkeit schwierig und unsicher ist, empfiehlt es sich, bereits bei der Abgabe der Gewährleistung für eine Sattdampfturbine festzulegen, welcher Feuchtigkeitsgehalt im zugeführten Dampfe angenommen worden ist. Ist der Wasserabscheider in der Zudampfleitung ausreichend bemessen und ein Mitreißen von Wasser nicht zu befürchten, so kann die Feuchtigkeit mit 1 bis 2 % eingesetzt werden.

Die Mehrdruckturbinen (Frischdampfabdampfturbinen und Frischdampfspeicherdampfturbinen) erhalten Dampf von verschiedenen Drücken, und zwar in der Regel Frischdampf mit gleichbleibendem Drucke aus einem Dampfkessel und Sattdampf von annähernd ebenfalls gleichbleibendem Drucke aus einem Niederdruckspeicher, oder aber Sattdampf von stark veränderlichem Drucke aus einem Hochdruckspeicher (Ruths-Speicher). Der Abdampf oder der Speicherdampf wird in eine Zwischenstufe, bei hohen Speicherdrücken durch besondere Düsen vor die erste Stufe der Turbine geführt[59]. Für Dampfverbrauchsmessungen gilt sinngemäß das gleiche wie für die Anzapfkondensationsturbine. Bei gemischtem Betriebe wird die gesamte Dampfmenge im Kondensator niedergeschlagen und der zugeführte Frischdampf durch Durchflußmessung bestimmt. Die Menge des Speicherdampfes läßt sich wegen seines unbestimmten Feuchtigkeitsgehaltes nicht sicher unmittelbar bestimmen und kann daher nur als Unterschied aus Gesamtkondensatmenge und Frischdampfmenge ermittelt werden.

Bei Dampfturbinenanlagen, die mit Zwischenüberhitzung, mit Vorwärmung ihres eigenen Kondensates oder mit Zwischenüberhitzung und Vorwärmung arbeiten, sind zur Bestimmung der stündlich verbrauchten Wärmemengen an zusätzlichen Messungen erforderlich: Druck- und Temperaturmessung in der Dampfleitung unmittelbar am Austrittstutzen der Turbine zum Zwischenüberhitzer, Druck- und Temperaturmessung in der Dampfleitung vom Zwischenüberhitzer unmittelbar am Eintrittstutzen vor der Turbine, Temperaturmessung des Kondensates in der Leitung hinter dem letzten Vorwärmer.

Da die unmittelbare Bestimmung der für die Vorwärmung benötigten Entnahmedampfmengen durch Einbau von Normdüsen oder -blenden in den meisten Fällen sehr zeitraubend, kostspielig und schwierig ist, können diese Mengen auch mit genügender Genauigkeit aus der Wärmegleichgewichtsrechnung der einzelnen Vorwärmer errechnet werden. Erforderlich sind hierzu die Ablesungen der Kondensattemperaturen vor und hinter den Vorwärmern und die Druck- und Temperaturmessung des Vorwärmdampfes. Bei Anlagen mit Endtemperaturen des vorgewärmten Kondensates von 120 bis 130° ist es ohne weiteres zulässig, Temperatur und Wärmeinhalt gleich zu setzen, darüber hinaus führt man besser den Wärmeinhalt in die Rechnung ein. Die Wärmeverluste sowohl der Vorwärmer als auch der Rohrleitungen zwischen Turbine und Vorwärmer werden durch den sogenannten Vorwärmerwirkungsgrad berücksichtigt, der allgemein zu etwa 0,98 bis 0,99 angenommen wird und angibt, wieviel von der zur Vorwärmung ausnutzbaren Wärmemenge des Entnahmedampfes tatsächlich in dem vorgewärmten Kondensate wieder erscheint. Für Vorwärmanlagen gibt es eine große Zahl von Schaltungsarten; oft sind auch Verdampferanlagen in der verschiedensten Weise mit der Vorwärmung verbunden. Da die Behandlung dieser Fragen jedoch über den Rahmen dieses Buches hinausgehen würde, kann hier nur auf das einschlägige Schrifttum verwiesen werden.

Die Gewährleistung für den Wärmeverbrauch einer Kondensationsturbine mit Vorwärmung gilt fast immer ausschließlich der damit meist verbundenen Speisewasseraufbereitung. Diese Anlage ist daher vor den Messungen entweder auf eine andere Maschine umzuschalten oder ganz abzustellen.

Der nach außen tretende Stopfbuchsendampf kann auf verschiedene Art gemessen werden. Am einfachsten ist das Absaugen des Stopfbuchsendampfes durch einen Wasserstrahlapparat, wobei man mit einem geeichten Wassermesser die benötigte Wassermenge bestimmt und aus deren Erwärmung die Stopfbuchsendampfmenge ermittelt. Der Stopfbuchsendampf kann auch in einem für diesen Zweck besonders aufgestellten

[59] D.R.P. 417662.

Hilfskondensator niedergeschlagen und unmittelbar gemessen werden. Die Durchflußmessung wird wegen der meist sehr kleinen Stopfbuchsendampfmenge und des oft schwierigen Einbaues des Drosselgerätes nur selten angewendet, zumal es unsinnig wäre, den Stopfbuchsendruck aufzustauen und dadurch die Leckdampfmenge zu vergrößern.

Um die mechanischen Verluste einer Turbine festzustellen, läßt man den mit ihr gekuppelten Stromerzeuger als Motor bei der üblichen Drehzahl laufen und ermittelt hierbei den Stromverbrauch. Nach Abzug der Luft- und Lagerreibung und der elektrischen Verluste des Stromerzeugers erhält man die mechanischen Verluste der Turbine, die aber noch den Radreibungsverlust des leer mitlaufenden Turbinenläufers enthalten. Zur Verminderung dieser Verluste läßt man den Turbinenläufer meistens in Luftleere laufen. Wird die Motormessung bei mindestens drei verschiedenen Dampfdrücken durchgeführt, so kann die Radreibung ohne weiteres ermittelt werden, indem man die gemessenen Gesamtverluste in Abhängigkeit vom mittleren Raumgewichte des Dampfes aufträgt, Abb. 141. Erforderlich ist hierfür die Messung des Druckes und der Temperatur in der ersten Stufe und im Abdampfstutzen der Turbine. Die Summe der von der Dampfdichte unabhängigen Verluste (Lagerreibung usw.) ergibt sich als Schnittpunkt der durch die aufgenommenen Meßpunkte gelegten Geraden mit der Ordinate, die Radreibung somit als in gleicher Entfernung zur Meßgeraden durch den Nullpunkt gehende Gerade. Es ist kaum nötig zu bemerken, daß derartige Messungen im allgemeinen nicht zu den Abnahmeversuchen gehören.

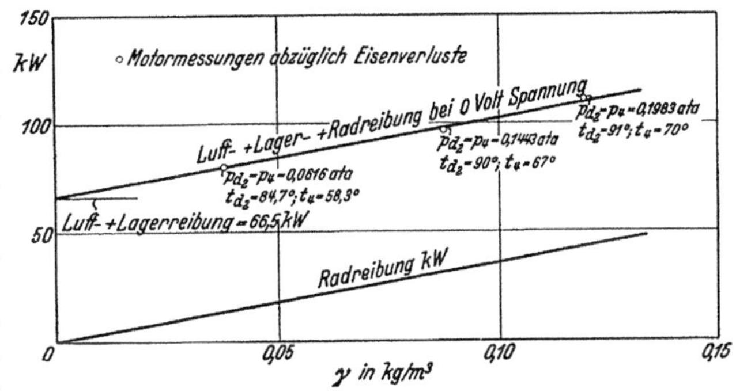

Abb. 141. Ermittlung der Radreibungsverluste einer Kondensationsturbine (2500 kW, 3000 U/min) durch Motormessung.

Die Hilfsmaschinen der Kondensationsanlage bestehen aus der Hilfspumpengruppe und den Luftabsauggeräten. Die Pumpengruppe wird entweder durch einen Elektromotor oder durch eine Dampfturbine oder aber durch beide wechselweise (vgl. S. 26) angetrieben. Der Kraftbedarf der Pumpen wird bei elektrischem Antriebe durch die Leistungsaufnahme des Antriebsmotors bestimmt. Ist der Dampfverbrauch der Hilfsturbine zugesichert, so wird die Dampfmenge entweder durch eine Durchflußmessung oder durch Kondensatmessung mittels eines Hilfskondensators bestimmt. Zu messen sind außerdem der Druck und die Temperatur des Frischdampfes und des Abdampfes der Hilfsturbine.

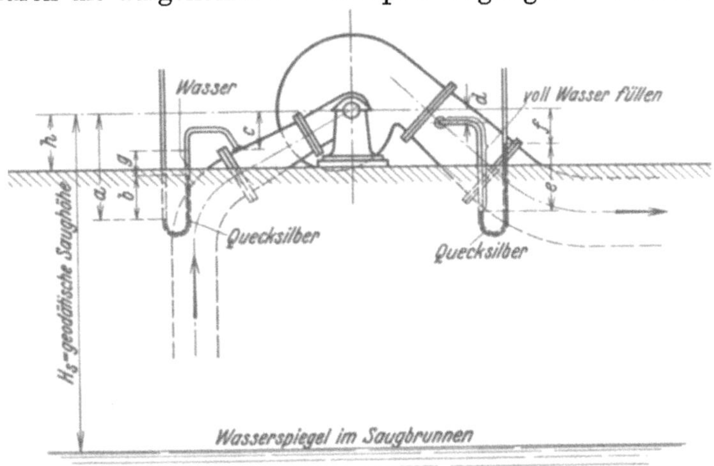

Abb. 142. Anordnung der Quecksilberdruckmesser an einer Kühlwasserpumpe.

Manometrische Saughöhe $H_{S\,\text{man.}} = 13{,}6\,b + g + c$ in mW.-S.
Manometrische Druckhöhe $H_{D\,\text{man.}} = 13{,}6\,e - (e + f)$ in mW.-S.

Saug- und Druckhöhe der Kühlwasserpumpe sind etwa nach Abb. 142 zu bestimmen. Dazu sind Quecksilberdruckmesser oder -unterdruckmesser einzubauen, da die Betriebsgeräte oft ungenau anzeigen. Die Fördermenge wird zweckmäßig mit einer Venturidüse gemessen. Hinreichend genau kann man sie, wie später noch gezeigt werden wird, auch aus dem Dampfverbrauche der Hauptturbine und der Kühlwassererwärmung errechnen, die man zu diesem Zwecke auf Zehntelgrade genau messen muß. Normdüsen oder Normblenden sind für Kühlwassermengenmessung weniger geeignet, da sie infolge ihres Durchflußwiderstandes die Fördermenge der Pumpe vermindern.

Die Messung der Fördermenge der Kondensatpumpe dient zur Feststellung der Dampfdurchsatzmenge der Turbine. Welche Meßverfahren hierzu für genaue Messungen zugelassen werden können, ist bereits auf S. 159/161 niedergelegt. Zur betriebsmäßigen Kondensatmessung werden in größeren Anlagen mitunter in der Kondensatdruckleitung Durchflußmesser, Venturidüsen oder Flügelradwassermesser fest eingebaut, die mit einem Anzeigegeräte oder einem Selbstschreiber verbunden sind.

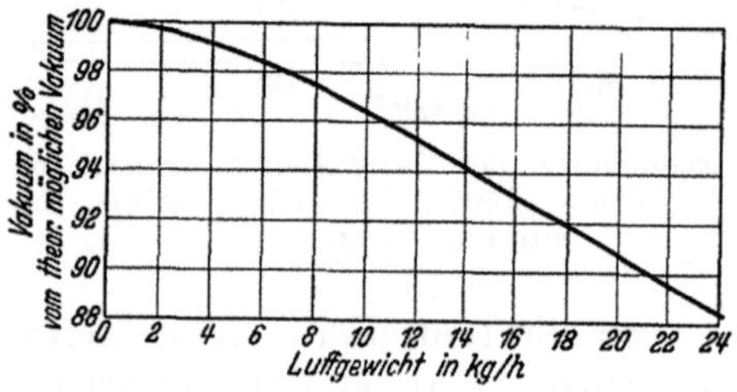

Abb. 143. Durch einen Wasserstrahlsauger bestimmter Größe mit 21 m W.-S. Strahlwasserdruck bei verschiedener Luftsaugleistung erzeugbare Luftleere.

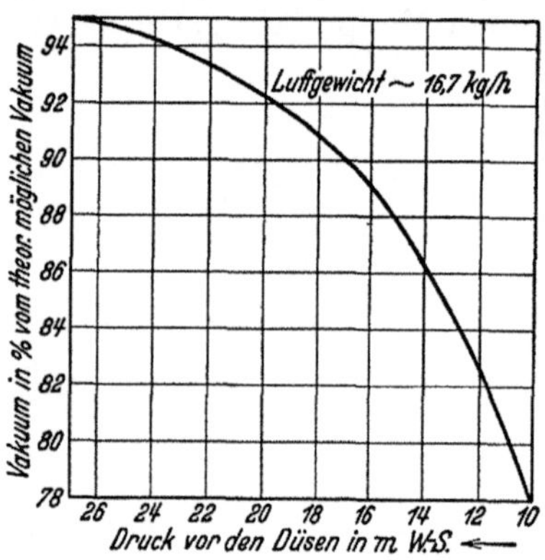

Abb. 144. Durch einen Wasserstrahlsauger von etwa 16,7 kg/h Luftsaugleistung mit verschiedenen Strahlwasserdrücken erzeugbare Luftleere.

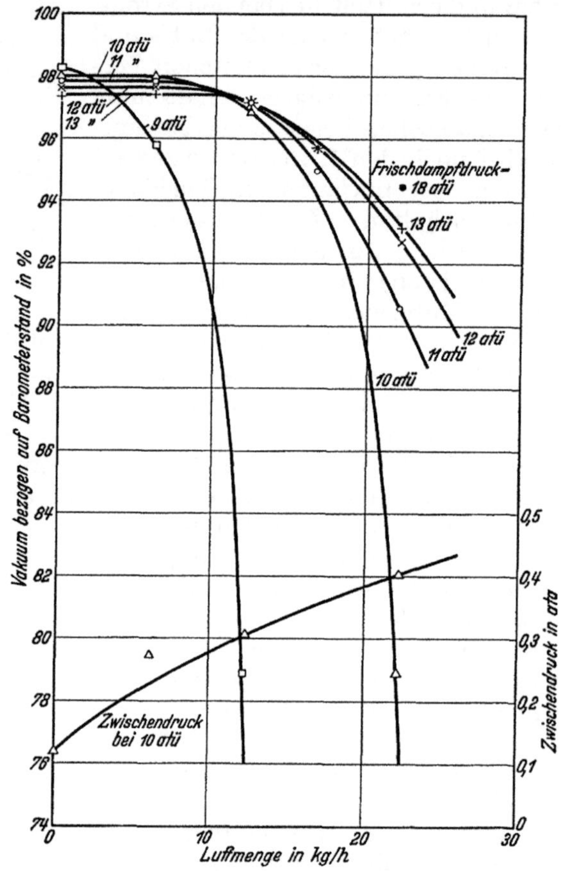

Abb. 145. Durch einen zweistufigen Dampfstrahlsauger bestimmter Größe bei verschiedener Luftsaugleistung und verschiedenen Treibdampfdrücken erzeugbare Luftleere. Treibdampftemperatur gleichbleibend etwa 320°.

Die Luftsaugleistung von Wasser- oder Dampfstrahlpumpen wird meistens dadurch bestimmt, daß man die Luftsaugleitung vom Kondensator durch Blindflansch abschaltet und durch besondere Luftdüsen ganz bestimmte Luftmengen aus der Außenluft ansaugt. Es können dann für verschiedene Strahlwassertemperaturen oder Treibdampfverhältnisse am Strahlsauger Kennlinien der erreichten Luftleere aufgenommen werden, Abb. 143, 144 und 145.

Um festzustellen, ob bei einer Kondensationsanlage, die mit Wasserstrahlluftsauger arbeitet, Dampf mit abgesaugt wird (Nachkondensation), sind die Strahlwassermenge und die Strahlwassertemperatur vor und hinter der Strahlpumpe genau zu messen. Da es sich in den meisten Fällen nur um ganz geringe Temperaturunterschiede handelt, sind besonders empfindliche und fein unterteilte Thermometer zu benutzen. Außerdem sind die Luftleere und die Temperatur in der Saugleitung genau zu messen. Die abgesaugte Dampfmenge ist dann leicht aus der Erwärmung der Strahlwassermenge zu errechnen.

Der Dampfverbrauch eines Dampfstrahlsaugers ist aus den Abmessungen der Düsen des Strahlsaugers und den Dampfzuständen vor dem Strahlsauger zu errechnen. Man kann ihn auch aus der Erwärmung des Kühlmittels der Zwischenkühler, in denen der Treibdampf des Strahlsaugers niedergeschlagen wird, errechnen.

Bei der Auswertung der Dampfverbrauchsmessungen müssen die unzuverlässigen oder unwahrscheinlichen Werte der Einzelablesungen ausgeschieden und, wo erforderlich, Umrechnungen vorgenommen werden. Durch größere Schwankungen der wichtigsten Meßwerte der Turbine (Frischdampfdruck und -temperatur, Luftleere oder Gegendruck am Abdampfstutzen, Leistung) kann die Genauigkeit der Versuche wesentlich beeinflußt werden; es empfiehlt sich daher, die Einzelablesungen schon vor der arithmetischen Mittlung über der Zeit aufzutragen, um unzuverlässige Werte zu erkennen. Die Schwankungen der Ablesewerte dürfen nach den deutschen Abnahmeregeln nicht mehr als die Hälfte der zulässigen Abweichungen der Versuchsmittelwerte von den Gewährleistungswerten, bei Leistung und Entnahmemengen nicht mehr als ± 5% betragen. Diese zulässigen Abweichungen sind in Zahlentafel 2 angegeben.

Zahlentafel 2. Nach den deutschen Abnahmeregeln zulässige Abweichungen der Versuchsmittelwerte von den Gewährleistungswerten.

	Kondensationsturbine	Anzapfturbine	Gegendruckturbine
Frischdampfdruck (abs.)	± 5%	± 5%	± 5%
Frischdampftemperatur	± 25°	± 25°	± 25°
Gegendruck oder Anzapfdruck (abs.)	—	± 5%	± 5%
Adiabatisches Wärmegefälle	—	± 7%	± 7%
Leistung	± 7%	± 7%	± 7%
Anzapfdampfmenge	—	± 5%	—
Kühlwassertemperatur	keine Begrenzung		
Luftleere	keine Begrenzung		

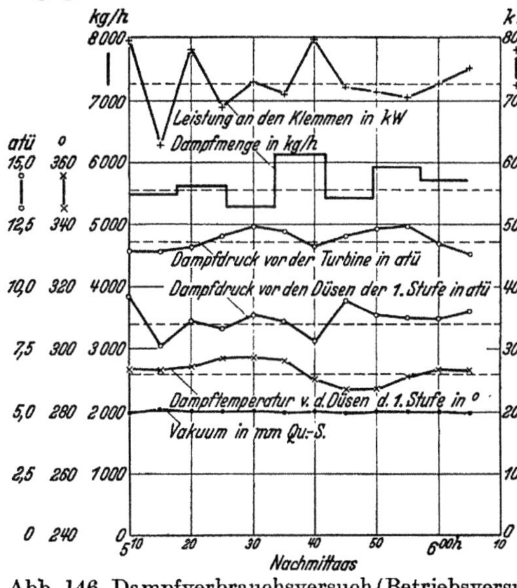

Abb. 146. Dampfverbrauchsversuch (Betriebsversuch) an einer 1000 kW-Kondensationsturbine im Kraftwerke.

Aus den Mittelwerten errechneter Dampfverbrauch 7,64 kg/kWh. Nach genauen Prüffeldmessungen an der gleichen Turbine bei gleicher Belastung betrug der Dampfverbrauch 7,35 kg/kWh.

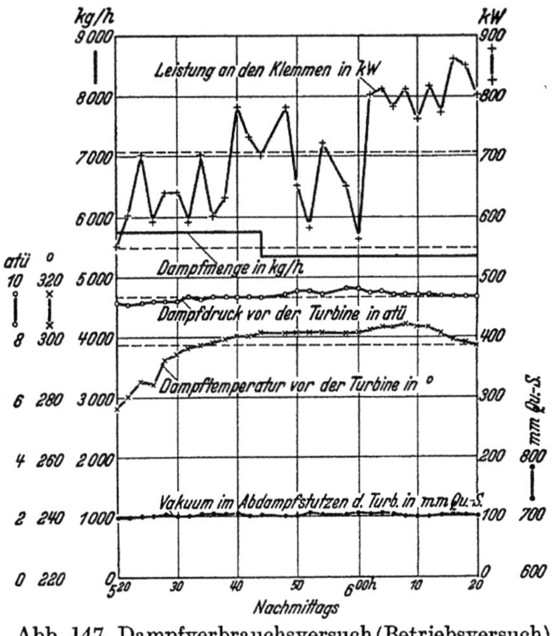

Abb. 147. Dampfverbrauchsversuch (Betriebsversuch) an einer 1000 kW-Kondensationsturbine im Kraftwerke.

Aus den Mittelwerten errechneter Dampfverbrauch 7,8 kg/kWh. Nach genauen Prüffeldmessungen an der gleichen Turbine bei gleicher Belastung betrug der Dampfverbrauch 8,1 kg/kWh.

Wie unzuverlässig Dampfverbrauchsmessungen bei größeren Schwankungen der Dampfverhältnisse und der Belastung sein können, geht aus Abb. 146 und 147 hervor. Die Abnahmeversuche ergaben etwa 4% bessere oder schlechtere Werte als die genauen

Messungen im Prüffelde des Lieferwerkes, bei denen die Dampfverhältnisse usw. genauer eingehalten werden konnten. Dagegen zeigt Abb. 148 eine Zusammenstellung von Einzelablesungen einer einwandfreien Messung.

Man trägt der Einfachheit halber meist die unmittelbar abgelesenen (nicht berichtigten) Werte auf. Die arithmetischen Mittelwerte der Einzelablesungen werden danach zweckmäßig in einer besonderen Tafel nach der Art der Zahlentafel 3 zusammengestellt. Die für die Berechnung des thermodynamischen Wirkungsgrades oder des Wärmeverbrauches der Turbine benutzte Wärmetafel (IS-Tafel) ist in der Zahlentafel zu vermerken. Auf keinen Fall dürfen für eine Ermittlung verschiedene Wärmetafeln benutzt werden, da zwischen ihnen mehr oder weniger große Unterschiede bestehen. Sind Messungen bei verschiedenen Belastungen der Maschine ausgeführt, so kann man die gemessenen Dampf- oder Kondensatmengen in Abhängigkeit der gemessenen Leistungen in einem Schaubilde auftragen. Erforderlich ist aber vorher die Umrechnung der einzelnen Meßpunkte auf gleiche Dampfverhältnisse oder auf die Gewährleistungsgrundlagen. Die aufgetragenen umgerechneten Meßpunkte sind durch eine stetige Kurve zu verbinden, aus der dann für die einzelnen Belastungen die entsprechenden Dampfmengen ohne weiteres abgegriffen werden können. Die Dampfmengen geteilt durch die zugehörigen Leistungen ergeben den Dampfverbrauch bezogen auf die Leistungseinheit der Turbine.

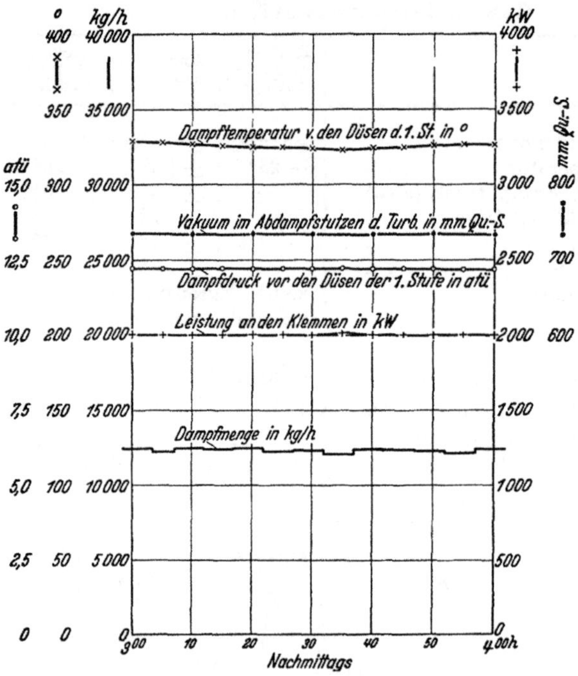

Abb. 148. Dampfverbrauchsversuch an einer 4000 kW-Kondensationsturbine. Drehzahlregler ausgekuppelt, Dampfdruck vor den Frischdampfdüsen durch Absperrventil von Hand gleich gehalten; Luftleere genau, Dampftemperatur annähernd genau gleich gehalten.

Sind bei einer Versuchsreihe auch die Dampfdrücke in einzelnen Stufen der Turbine abgelesen worden, so kann die Genauigkeit der Mengenmessungen dadurch überprüft werden, daß man die gemessenen Dampf- oder Kondensatmengen über diesen Drücken aufträgt. Bekanntlich verhält sich eine vielstufige Kondensationsturbine wie eine mit überkritischem Gefälle arbeitende Düse, das Durchsatzgewicht ist daher

$$M = \alpha \sqrt{\frac{P}{v}},$$

wo P der Druck in einer Stufe in kg/m², v der Rauminhalt von 1 kg Dampf an dieser Stelle in m³/kg, α ein für die betreffende Turbinenstufe unveränderlicher Beiwert (Einheit $= m^{2,5} \cdot h^{-1}$) ist. Man kann mit genügender Genauigkeit

$P \cdot v = R\,T$ setzen ($R =$ Gaskonstante in m/° abs.; $T =$ Temperatur in ° abs.), woraus sich

$$M = \frac{\alpha}{\sqrt{R}} \cdot P \cdot \sqrt{\frac{1}{T}} \text{ ergibt.}$$

Die durch eine vielstufige Kondensationsturbine strömende Dampfmenge ist daher dem Dampfdrucke einer Stufe unmittelbar, der Quadratwurzel aus der absoluten Temperatur umgekehrt verhältnisgleich. Diese Beziehung gilt mit um so größerer Genauigkeit, je näher dem Dampfeintritte die Stufe liegt, am genauesten daher für die erste, gar nicht für die letzte Stufe.

In einer vielstufigen Gegendruckturbine sinkt der Druck einer Stufe nicht verhältnisgleich dem Dampfgewichte, sondern etwas langsamer. Über dem Dampfgewichte

Zahlentafel 3. Auswertungsplan für Dampfverbrauchsmessungen an einer zweigehäusigen Kondensationsturbine.

Dampfverbrauchsmessungen

Kraftwerk: .... Turbine Nr.: ....

Bauart: ....; Leistung: .... kW; Drehzahl .... U/min

Gewährleistungsverhältnisse: $p_1 =$ .... kg/cm²; $t_1 =$ .... °; ....

benutzte IS-Tafel: ....

1	Versuch		Nr.										
2	Tag												
3	Zeit		von bis										
4	Barometerstand		mm Qu.-S.										
5	Drehzahl		U/min										
6	Offene Düsen												
7	Frischdampf	p_1	kg/cm²										
8		t_1	°										
9	Vor der 2. Stufe	p_{d_2}	kg/cm²										
10		t_{d_2}	°										
11	Überströmleitung	$p_{dü}$	kg/cm²										
12		$t_{dü}$	°										
13	Abdampfgehäuse	p_N	kg/cm²										
14		t_N	°										
15	Abdampfstutzen	p_4	kg/cm²										
16		Luftleere	%										
17		t_4	°										
18	Stündliche Dampfmenge M		kg/h										
19	Stopfbuchsendampfmenge vorn		kg/h										
20	Stopfbuchsendampfmenge hinten		kg/h										
21	Spannung		V										
22	Stromstärke		A										
23	Klemmenleistung N_{Kl}		kW										
24	Eisenverluste		kW										
25	Kurzschlußverluste		kW										
26	Erregerverluste		kW										
27	Luft- und Lagerreibung		kW										
28	Kupplungsleistung N_K		kW										
29	Mechanische Verluste		kW										
30	Innere Leistung N_i		kW										
31	Wärmeinhalt des Frischdampfes i_1		kcal/kg										
32	Wärmeinhalt des Abdampfes i_4		kcal/kg										
33	Wärmegefälle H_{ad}		kcal/kg										
34	Dampfverbrauch je kWh	m_0	kg/kWh										
35		m_{Kl}	kg/kWh										
36		m_K	kg/kWh										
37		m_i	kg/kWh										
38	Klemmenwirkungsgrad η_{Kl}		%										
39	Kupplungswirkungsgrad η_K		%										
40	Innerer Wirkungsgrad η_i		%										
41	η_i' (η_i ohne Stopfbuchsendampf)		%										
42	η_i'' (η_i ohne Auslaßverlust)		%										

aufgetragen, ist die Drucklinie nicht, wie bei einer Kondensationsturbine, eine Gerade sondern eine Hyperbel. Sind M und M' die beiden Dampfmengen, p und p' die ihnen entsprechenden absoluten Dampfdrücke und p_N der Gegendruck hinter der letzten Stufe, so gilt die Gleichung

$$\frac{M}{M'} = \frac{p}{p'}\sqrt{\frac{1-(p_N/p)^2}{1-(p_N/p')^2}}.$$

Diese Beziehung ist nur für gleichbleibende Temperatur und nur für die vorderen Stufen mit genügender Genauigkeit gültig. Bei Messungen an Gegendruckturbinen verwendet man sie am besten für den Druck in der ersten Stufe oder zwischen zwei Gehäusen.

Da die Dampftemperatur bei den einzelnen Messungen fast immer verschieden ist, müssen die Dampf- oder Kondensatmengen auf eine mittlere Temperatur umgerechnet werden nach der Gleichung $M' = M\sqrt{\frac{T}{T'}}$, worin M und T die gemessenen Werte für Menge und Temperatur, T die mittlere Temperatur und M' die umgerechnete Menge bedeuten. Die Auftragung muß annähernd eine Gerade ergeben, deren Verlängerung bei Kondensationsturbinen durch den Nullpunkt gehen muß, wenn die Außendichtungen der Turbine keinen Frischdampf als Sperrdampf erhalten, Abb. 149.

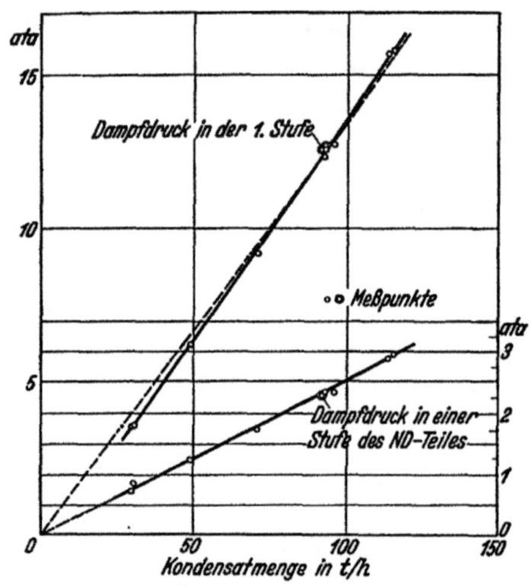

Abb. 149. Überprüfung der Mengenmessung durch Messung der Stufendrücke. Ausgezogene Linien: Verbindung der Meßpunkte; gestrichelte Linien: Dampf- und Kondensatmengen auf gleiche mittlere Temperatur umgerechnet.

Zur Beurteilung der bei Messungen an Kondensationsturbinen erreichten Luftleere ist außer der Kühlwassererwärmung die Kenntnis der Kühlwassermenge wichtig. Läßt sich die Wassermenge nicht unmittelbar messen, so kann sie annähernd auch aus dem Dampfverbrauche der Turbine und der Erwärmung des Kühlwassers berechnet werden. Bei einer gegebenen Kühlwassermenge von K kg für M kg Dampf je Stunde erhält man die Erwärmung des Kühlwassers mittels der Gleichung

$$\triangle t = t_A - t_E = \frac{M}{K}(i_4 - t_5) \text{ in }^0$$

und hieraus

$$K = M\frac{i_4 - t_5}{t_A - t_E}\text{ kg/h}.$$

Der Wärmeinhalt des Abdampfes für eine Kondensationsturbine ist aus der Zustandskurve der Turbine zu bestimmen und beträgt je nach der Bauart und der Größe der Turbine und je nach den Dampf- und Kühlwasserverhältnissen 550 bis 600 kcal/kg.

Da die Messungen an Dampfturbinen selten genau bei den Betriebsbedingungen durchgeführt werden können, auf welche die Gewährleistungen lauten, müssen die gemessenen Werte mittels vorher vereinbarter Formeln oder Kurven umgerechnet werden. Der Zweck der Umrechnung ist, auf Grund der Versuche festzustellen, welchen Dampfverbrauch eine Turbine haben würde, wenn sie nicht bei den Abnahme-, sondern bei den Gewährleistungsverhältnissen gemessen wäre. Die Umrechnung soll also klare Verhältnisse auch dann schaffen, wenn die Dampf-, Leistungs- und Unterdruckverhältnisse bei der Messung von denen der Gewährleistung abweichen. Die Größe der zulässigen Abweichungen der Meßverhältnisse von den Gewährleistungsgrundlagen ist auf S. 177 bereits angegeben.

Bei Gegendruckturbinen und allen diesen gleichzusetzenden Turbinenteilen wird der gemessene Dampfverbrauch meist umgekehrt verhältnisgleich zum adiabatischen Wärmegefälle, d. h. mit gleichbleibendem Wirkungsgrade umgerechnet, soweit die Dampfdehnung nur im Heißdampfgebiete verläuft.

Bei Kondensationsturbinen und Gegendruckturbinen, bei denen die Dampfdehnung zum Teile auch im Naßdampfgebiete verläuft, müssen die Umrechnungskurven außer der

Änderung des adiabatischen Wärmegefälles auch die Änderung des thermodynamischen Wirkungsgrades berücksichtigen.

Bei Kondensationsturbinen beziehen sich die Gewährleistungen großenteils auf eine bestimmte Kühlwassereintrittstemperatur und Kühlwassermenge. Die hierbei vorausgesetzte erreichbare Luftleere ist für jeden Gewährleistungspunkt verschieden und erfordert daher unter Umständen mehrere Umrechnungskurven. Eine Umrechnung des Dampfverbrauches auf Frischdampfdruck und -temperatur laut Gewährleistung ist nur bei Düsenreglung zulässig, während bei Drosselreglung eine Druckumrechnung überhaupt nicht statthaft und die Temperatur auf die zum Schnittpunkte der Drosselkurve mit der Kurve des Gewährleistungsdruckes gehörige Temperatur umzurechnen ist. Bei der Aufstellung der Umrechnungskurven sind demnach zusammengefaßt folgende Grundsätze zu befolgen[60]:

1. Für jede Turbine sind im allgemeinen drei Umrechnungskurven, je eine für den Anfangsdruck, die Anfangstemperatur und den Gegendruck oder die Kühlwassertemperatur, notwendig und hinreichend, Abb. 150. Bei Grenzturbinen und besonders

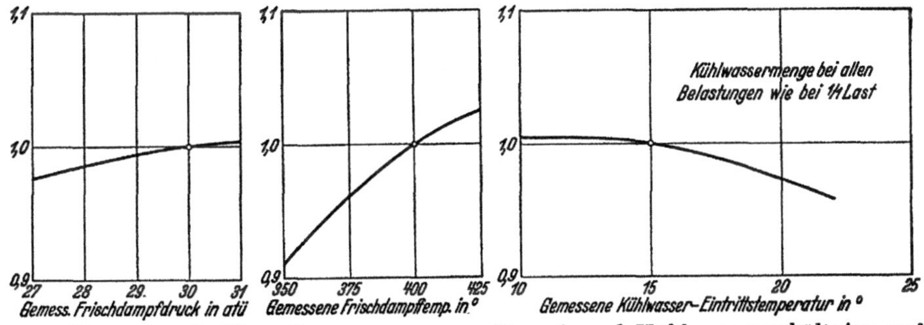

Abb. 150. Werte für die Umrechnung gemessener Dampf- und Kühlwasserverhältnisse auf die Gewährleistungsverhältnisse 30 atü, 400°, 15° (Ausführungsbeispiel).

hohen Ansprüchen an Genauigkeit sind gegebenenfalls für die Kühlwasserumrechnung ebenso viele Kurven zu verwenden, wie Dampfzahlen gewährleistet wurden.

2. Zum Entwurfe der Umrechnungskurven ist vom Wärmegefälle auszugehen. Sie sollen einen stetigen Verlauf, insbesondere im Gewährleistungspunkte keinen Knick, also für den oberen und unteren Ast eine gemeinsame Berührende haben.

3. Bei Gegendruckturbinen genügt die Umrechnung nach dem Gefälle; dafür können allgemein gültige Kurven gegeben werden.

4. Bei Kondensationsturbinen ist die Umrechnung nach dem Wärmegefälle nicht zulässig; es müssen für alle drei Umrechnungskurven Berichtigungen vorgenommen werden. Die Berührenden an diese Kurven im Gewährleistungspunkte sind nicht Berührende an die zugehörigen Gefällekurven.

5. Den vielfachen Unsicherheiten der Rechnung für veränderte Betriebsbedingungen ist beim Entwurfe der Umrechnungskurven Rechnung zu tragen, insbesondere mit Rücksicht darauf, daß sie für Mittelwerte innerhalb verhältnismäßig weiter Grenzen gelten sollen. Auf keinen Fall dürfen aus diesen Unsicherheiten für den Lieferer zusätzliche Verpflichtungen hergeleitet werden.

6. Jeder Gewährleistungspunkt soll mit vollgeöffneten Regelventilen betriebsmäßig gefahren werden, mindestens nicht mit ungünstigerer Ventilstellung, d. h. mit stärkerer Drosslung, als er bei den Gewährleistungsbedingungen gehabt hätte.

7. Anzapfkondensations- und Anzapfgegendruckturbinen mit geregelten und ungeregelten Entnahmestellen sowie alle anderen vereinigten Turbinenbauarten erfordern Umrechnungskurven für jedes Teilgefälle. Sie beziehen sich zweckmäßig nicht auf den Dampfverbrauch der Leistungseinheit sondern auf den gesamten Dampfverbrauch. Ist schließlich der Wärmeverbrauch je kWh gewährleistet, so sind zusätzliche Vereinbarungen über die Abweichungen der Betriebsbedingungen unerläßlich.

[60] Vgl. AEG-Mitt. 1932 S. 14/19.

Die **Berechnung des thermodynamischen und des thermischen Wirkungsgrades und des Wärmeverbrauches** aus den gemessenen Dampfverbrauchzahlen gibt die Möglichkeit, die Güte einer Turbine zu beurteilen und einwandfreie Vergleiche mit anderen Turbinen anzustellen. Mit Hilfe der IS-Tafel (IS-Diagramm nach Mollier, Abb. 151) kann der Dampfverbrauch m_0 der als vollkommen angenommenen, also verlustlosen Maschine aus dem adiabatischen Wärmegefälle H_{ad} bestimmt und hieraus der thermodynamische Wirkungsgrad der Maschine berechnet werden. Bekanntlich ist der Dampf in einem bestimmten Zustande nicht nur durch den Druck und die Temperatur (Zustandsgrößen) gekennzeichnet, sondern auch durch seinen Entropiewert S und seinen Wärmeinhalt i. Bei adiabatischer Dampfdehnung bleibt der Entropiewert des Dampfes gleich, die verlustlose Dampfdehnung stellt also in der IS-Tafel eine Lotrechte mit dem Anfangzustande A und dem Endzustande B dar. Da der Wärmewert der kWh 860 kcal/kg ist, ergibt sich der Dampfverbrauch der verlustlosen Maschine zu $m_0 = \frac{860}{H_{ad}}$ in kg/kWh. Ist der gemessene Dampfverbrauch m, so ist der Wirkungsgrad $\eta = \frac{m_0}{m}$ bezogen auf die Leistung N. Für die Berechnung des Wirkungsgrades ist bei allen Turbinen der vor dem Absperrventile gemessene Anfangzustand des Dampfes maßgebend. Bei Maschinen mit Drosselreglung wird jedoch auch häufig der auf den gedrosselten Druck bezogene, selbstverständlich höhere Wirkungsgrad ermittelt.

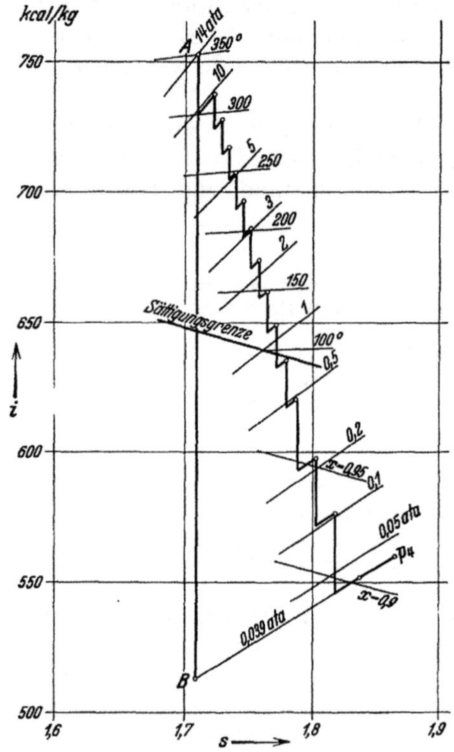

Abb. 151.
Gefälleaufteilung einer 20000 kW-Kondensationsturbine in der IS-Tafel (Ausführungsbeispiel).

Im Dampfturbinenbaue unterscheidet man verschiedene Wirkungs- oder Gütegrade. Berücksichtigt man nur die inneren Reibungsverluste einer Stufe, und zwar

h_d Düsenverluste,
h_z Laufschaufelverluste,
h_a Austritts- oder Auslaßverluste,

sämtlich ausgedrückt in kcal/kg, so erhält man den **Wirkungsgrad am Radumfange** dieser Stufe

$$\eta_u = \frac{H_{ad} - (h_d + h_z + h_a)}{H_{ad}}.$$

Den **inneren Wirkungsgrad** einer Stufe erhält man, wenn außer diesen Verlusten auch noch die Radreibungs- und Ventilationsverluste h_R, die zum größten Teile durch teilweise Beaufschlagung entstehen, und die innerhalb der Stufe auftretenden Spaltverluste h_{sp} berücksichtigt werden:

$$\eta_i = \frac{H_{ad} - (h_d + h_z + h_a + h_R + h_{sp})}{H_{ad}}.$$

Alle diese verschiedenen Verluste finden sich im Wärmeinhalte des Dampfes hinter der Stufe wieder. Der Gesamtverlust an Nutzarbeit einer vielstufigen Turbine ist daher kleiner als die Summe aller Einzelverluste.

Außerdem treten in jeder Turbine noch Mengenverluste (Undichtheit der Außenstopfbuchsen) und schließlich mechanische Verluste auf (z. B. Lagerreibung und Leistungsverluste durch die Ölpumpe für Lagerschmierung und Reglung), die man aus Auslauf- und Leerlaufversuchen ermitteln kann. Diese Verluste faßt man in dem sogenannten **mechanischen Wirkungsgrade** η_m zusammen, der je nach Größe und Bauart der Turbine 0,95 bis 0,99 betragen kann.

Durch Vervielfältigung von η_i mit η_m erhält man dann η_K, den **thermodynamischen Wirkungsgrad an der Kupplung**, der zur Beurteilung einer Dampfturbine besonders wichtig ist.

Aus den Dampfverbrauchsmessungen an Turbinen können die verschiedenen Wirkungsgrade wie folgt ermittelt werden:

Bezeichnet N_{Kl} die Klemmenleistung (elektrische Leistung),
N_K die Kupplungsleistung (die an der Kupplung der Turbine übertragene Leistung),
$= N_{Kl} +$ gesamte elektrische und mechanische Stromerzeugerverluste,
N_i die innere Leistung
$= N_K +$ gesamte mechanische Verluste der Turbine,
N_o die Leistung der verlustlosen Maschine in kW,

so ist $\eta_{Kl} = \frac{N_{Kl}}{N_o}$ der Klemmwirkungsgrad des Turbostromerzeugers,

$\eta_K = \frac{N_K}{N_o}$ der Kupplungswirkungsgrad der Turbine,

$\eta_i = \frac{N_i}{N_o}$ der innere Wirkungsgrad der Turbine, d. h. der Wirkungsgrad der Turbine bei Vernachlässigung aller mechanischen, aber Berücksichtigung der inneren Verluste der Turbine.

Über die Wirtschaftlichkeit der Turbine im Rahmen des Wärmeplanes der ganzen Anlage gibt der thermische Wirkungsgrad η_t Aufschluß. Ist i_1 der Wärmeinhalt des eintretenden Dampfes (entsprechend p_1 und t_1), i_5 die Kondensatwärme (bei Kondensationsturbinen ohne Vorwärmung, Zwischenüberhitzung oder Entnahme), i_4 (entsprechend p_4 und t_4 bei Gegendruckturbinen) der Wärmeinhalt des Endzustandes des Dampfes und m_K der Dampfverbrauch bezogen auf die Leistung an der Kupplung, so ist das aufgewendete Wärmegefälle

$$H' = i_1 - i_5 \text{ oder } H' = i_1 - i_4 \text{ in kcal/kg}$$

und

$$\eta_t = \frac{860}{m_K \cdot H'}.$$

Der stündliche Wärmeverbrauch der Turbine ist dann:

$$q = m_K \cdot H' = \frac{860}{\eta_t} \text{ in kcal/kWh}.$$

Die Berechnung des stündlichen Wärmeverbrauches für Kondensationsturbinen mit Vorwärmung ihres Kondensates oder mit Zwischenüberhitzung, ferner für Anzapfturbinen, Abdampf- und Speicherturbinen erfolgt nach den gleichen Ansätzen, nur sind dabei alle im Verlaufe der Dampfdehnung zu- oder abgeführten Wärmemengen entsprechend mit einzusetzen[61].

Der Wirkungsgrad des Kondensators ist das Verhältnis der tatsächlich erreichten zu der rechnerisch erreichbaren Luftleere. Dabei wird die rechnerisch erreichbare Luftleere im Dampfturbinenbaue üblicherweise auf die Kühlwasseraustrittstemperatur bezogen. Zuweilen verwendet man für die Bezeichnung „rechnerische Luftleere" auch andere Begriffe. Nähme man z. B. eine unendlich große Kühlwassermenge an, so würde die Kühlwassereintrittstemperatur gleich der Kühlwasseraustrittstemperatur sein; unter dieser Voraussetzung würde dann die dem Sättigungsdrucke der Kühlwassereintrittstemperatur entsprechende Luftleere als die rechnerisch erreichbare bezeichnet. Man könnte die Luftleere natürlich auch auf den der Kondensattemperatur, der Lufttemperatur, der Strahlwassertemperatur (bei Verwendung von Wasserstrahlsaugern) entsprechenden Sättigungsdruck beziehen und dieses Verhältnis als rechnerisch erreichbare Luftleere bezeichnen. Um bei diesen mannigfachen Möglichkeiten Irrtümer auszuschließen, sollte man allgemein den am weitesten anerkannten und eingebürgerten Begriff ausschließlich verwenden. Es ist darum auch in diesem Buche unter rechnerischer Luftleere nur die auf die Kühlwasseraustrittstemperatur und auf einen Barometerstand von 760 mm Qu.-S. bezogene Luftleere verstanden. Bei guten Oberflächenkondensatoren mit guten, ausreichend bemessenen und zweckmäßig angeordneten Hilfsmaschinen sind Kondensatorwirkungsgrade bis zu 99,5% selbst bei voller Belastung tatsächlich erreichbar.

[61] Berechnungsverfahren hierfür enthalten im einzelnen die „Regeln" DIN 1943.

Als Beispiele für die Auswertung von Dampfverbrauchsversuchen sind in Zahlentafel 4 die Ergebnisse der Abnahmemessungen an einer Kondensationsturbine, in Zahlentafel 5 solche an einer Gegendruckturbine und in Zahlentafel 6 und Abb. 152 solche an einer Anzapfturbine wiedergegeben.

Der Leerlaufdampfverbrauch einer Turbine läßt sich oft nicht mit der nötigen Genauigkeit unmittelbar messen. Es ist andererseits auch nicht ohne weiteres zulässig, aus der Auftragung der Dampfmengen über der Leistung auf die Leerlaufdampfmenge zu schließen, da die Kurve nach oben oder nach unten durchgebogen sein kann. Im Wesentlichen sind folgende Einflüsse auf den Leerlaufdampfverbrauch zu nennen:

1. Adiabatisches Gesamtwärmegefälle. Bei zwei Turbinen, die für die gleiche Dampfmenge ausgelegt, deren ND-Teile gleich sind und die auf gleiche Luftleere arbeiten, die jedoch für verschiedene Frischdampfverhältnisse gebaut sind, ist die Bremswirkung der letzten Stufen bei Leerlauf, ausgedrückt in kW, die gleiche. Wenn die Nennleistungen und die Summe der mechanischen und elektrischen Verluste im Verhältnisse der Wärmegefälle stehen, dann müßten die Leerlaufdampfmengen bei beiden Turbinen ungefähr gleich sein. Die Bremsarbeit jedoch ist bei der Turbine mit großem Gefälle anteilig kleiner als bei der Turbine mit kleinem Gefälle. Der Leerlaufdampfverbrauch ist also für Turbinen gleicher Bauart bei großem Wärmegefälle niedriger als bei kleinem Wärmegefälle.

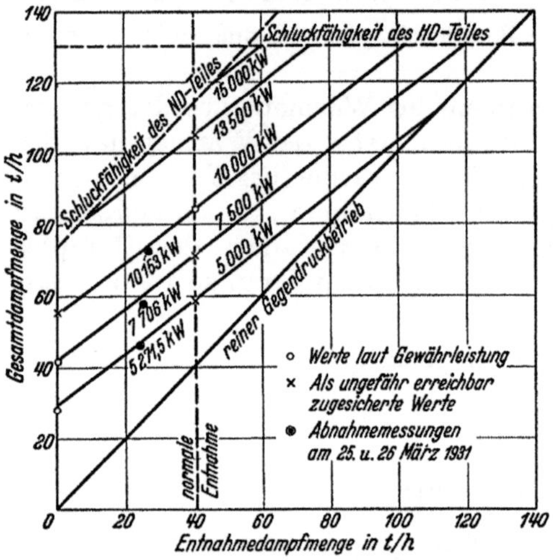

Abb. 152. Dampfmengenschaubild einer AEG-Entnahmeturbine 10000 kW, 3000 U/min für 11 atü, 330° Frischdampf, 3,5 ata Anzapfdruck und 27° Kühlwasser, mit Gewährleistungs- und Meßpunkten (vgl. Zahlentafel 6).

2. Stufenaufbau der Turbine. Bei Leerlauf wird die Arbeit von den vorderen Stufen der Turbine geleistet. In den ND-Stufen ist bei Leerlauf der Rauminhalt der Gewichtseinheit wohl größer als bei belasteter Maschine, das Dampfgewicht dagegen wesentlich kleiner; der Gesamtrauminhalt ist daher geringer. Infolgedessen sind die Dampfgeschwindigkeiten im Verhältnisse zu den Umfangsgeschwindigkeiten zu klein, die letzten Stufen haben einen sehr schlechten Wirkungsgrad. Unter Umständen leisten sie keine Arbeit oder bremsen sogar, da die Dampfströmung gegen den Schaufelrücken gerichtet sein kann. Es muß also in den ersten Stufen Arbeit aufgewendet werden, um die Bremswirkung der letzten Stufen auszugleichen. Diese Bremswirkung ist im allgemeinen um so kleiner, je weniger Stufen im Dampfe gedreht werden müssen, ohne Leistung abzugeben. Mit anderen Worten: je weniger Stufen eine Turbine hat, um so kleiner ist ihr Leerlaufdampfverbrauch.

3. Bemessung der Regelventile. Bei Düsenreglung wäre es mit Bezug auf den Leerlaufdampfverbrauch am günstigsten, wenn das erste Regelventil für die Leerlaufdampfmenge bemessen würde; dadurch würde das bei Leerlauf ausnutzbare Gefälle bedeutend vergrößert und der Dampfverbrauch entsprechend herabgesetzt. In Sonderfällen kann eine derartige Auslegung der Regelventile von großem Werte sein, bei großen Kraftwerksturbinen hat sie jedoch keinen Sinn, da man solche Maschinen wohl nicht längere Zeit im Leerlaufe betreiben wird. Zudem würde der Einfluß eines Leerlaufventiles schon bei mäßigen Belastungen nicht mehr merkbar sein. Man kann jedoch sagen, daß bei Düsenreglung um so weniger Dampf für den Leerlauf verbraucht wird, je geringer die Dampfmenge des ersten Regelventiles ist. Bei Drosselreglung muß der Anfangsdruck so weit herabgedrosselt werden, bis er der Leerlaufdampfmenge entspricht. Von diesem Gesichtspunkte aus ist es daher gleichgültig, ob man ein einziges oder mehrere Drosselventile verwendet. Ist, wie üblich, nur ein Drosselventil für die gesamte Dampfmenge von Vollast bis Leerlauf vorhanden, so muß dieses eine besondere Form (sogenannte

Zahlentafel 4. Abnahmemessungen an einer zweigehäusigen 50000 kW-AEG-Kondensationsturbine.

Versuch	Nr.	1	2	3	4	5	6	7	
Tag	—	28. 1. 30	28. 1. 30	28. 1. 30	27. 1. 30	29. 1. 30	27. 1. 30	27. 1. 30	
Zeit von	h′	12^{00}	10^{15}	8^{30}	10^{30}	10^{45}	14^{15}	17^{00}	
bis		13^{50}	11^{15}	9^{30}	11^{30}	12^{30}	15^{15}	18^{00}	
Barometerstand	mm Qu.-S.	733,6	733,6	733,0	732,9	732,8	732,5	733,2	auf 0° umgerechnet
Drehzahl	U/min	1500	1500	1500	1500	1500	1500	1500	
Klemmenleistung	kW	0	10104	20016	30264	35095	40416	49704	
$\cos \varphi$	—	—	0,72	0,70	0,71	0,68	0,79	1,0	
Dampfdruck vor Turbine p_1	kg/cm²	16,50	16,35	16,25	16,12	15,81	15,68	15,64	
Dampftemperatur vor Turbine t_1	°	351,7	371,0	373,3	375,3	369,7	369,5	362,1	
Luftleere	%	92,35	96,55	96,25	96,1	95,2	94,75	93,95	
Kühlwassereintrittstemperatur t_E	°	19,40	19,49	20,25	19,07	20,05	19,73	18,89	
Kondensatmenge	kg/h	15955	53370	91970	131890	156080	177430	223280	Behältermessung. Behälter geeicht durch Prof. Josse
Dampfverbrauch des Dampfstrahlsaugers	kg/h	500	1500	1500	1500	1500	1500	1500	errechnet aus Kondensaterwärmung
Turbinenkondensatmenge	kg/h	15455	51870	90470	130390	154580	175930	221780	
Gemessener Dampfverbrauch m_{Kl}	kg/kWh	—	5,125	4,52	4,31	4,40	4,35	4,46	
Wärmegefälle bei Meßverhältnissen	kcal/kg	—	252,4	250,4	249,4	241,7	239,1	232,9	IS-Tafel nach Stodola, 6. Aufl.
Wirkungsgrad an den Klemmen η_{Kl}	%	—	66,5	75,85	79,9	80,8	82,7	82,7	
Wirkungsgrad des Stromerzeugers	%	—	89,0	93,0	94,8	95,0	96,0	96,9	
Wirkungsgrad an der Kupplung η_K	%	—	74,65	81,5	84,25	85,1	86,05	85,3	
Innerer Wirkungsgrad η_i	%	—	76,5	82,5	85,0	85,6	86,5	85,7	

Umrechnung auf Gewährleistungsverhältnisse: $p_1 = 16$ kg/cm², $t_1 = 375°$, $t_E = 20°$.

Umrechnungsbeiwert für:									
Frischdampfdruck	—	—	—	—	—	0,996	0,995	0,993	
Frischdampftemperatur	—	0,965	0,993	0,997	—	0,992	0,992	0,981	
Kühlwassereintrittstemperatur	—	1,002	1,002	—	1,003	—	1,001	1,003	
Gesamter Umrechnungsbeiwert	—	0,967	0,995	0,997	1,003	0,988	0,988	0,977	
Umgerechneter Dampfverbrauch	kg/h	14945							
Umgerechneter Dampfverbrauch	kg/kWh		5,1	4,51	4,325	4,35	4,30	4,355	
Zugesicherter Dampfverbrauch	kg/kWh	—	—	4,85	4,65	—	4,55	4,65	
Unterschreitung	kg/kWh	—	—	0,34	0,325	—	0,25	0,295	
Unterschreitung	%	—	—	7,0	7,0	—	5,5	6,35	
Mittlere Unterschreitung	%			$\frac{1 \cdot 7{,}0 + 3 \cdot 7{,}0 + 4 \cdot 5{,}5}{8} = 6{,}25$					laut vertraglicher Vereinbarung.

Zahlentafel 5. Abnahmemessungen an einer 2200 kW-AEG-Gegendruckturbine, durchgeführt vom Dampfkessel-Überwachungs-Verein Köln e. V., Wärmewirtschaftliche Abteilung.

Versuch	Nr.	1	2	3	4	
Tag	—	10. 2. 32				
Zeit von	h′	11^{02}	12^{06}	14^{58}	15^{36}	
bis		11^{32}	12^{36}	15^{28}	16^{06}	
Barometerstand	mm Qu.-S.	755	755	754,6	754,6	auf 0° umgerechnet
Drehzahl	U/min	3020	3020	3020	3020	
Klemmenleistung N_{Kl}	kW	1079,6	1644,9	2197,9	2363,9	
$\cos\varphi$	—	0,785	0,805	0,79	0,795	
Dampfdruck vor Turbine p_1	kg/cm²	15,09	15,10	15,04	15,03	
Dampftemperatur vor Turbine t_1	°	345,4	349,9	347,6	336,5	
Gegendruck p_4	kg/cm²	3,84	3,86	3,84	3,84	
Abdampftemperatur t_4	°	222,5	214,5	198,0	189,5	
Blendenmessung der Frischdampfmenge						Normblende VDI 1930 $D = 325$ mm $d = 175$ mm $M = 0{,}0125 \cdot \alpha \cdot \varepsilon \cdot d^2 \sqrt{h\,(\gamma_h - \gamma_\omega)\,\gamma_1}$ kg/h Durchflußzahl $\alpha = 0{,}6302$
Dampfdruck an Meßstelle	kg/cm²	15,87	16,016	15,94	16,13	
Dampftemperatur an Meßstelle	°	364,8	361,8	354,8	341,7	
Ausschlag h am Differenzdruckmesser	mm Qu.-S.	88,95	154,9	242,3	288,85	
Dampfdehnungsberichtigung ε	—	0,9980	0,9950	0,9935	0,9922	
Raumgewicht des Frischdampfes γ_1	kg/m³	5,405	5,48	5,52	5,72	
Dampfmenge M	kg/h	18898	25041	31379	34815	
Frischdampfmenge M_1	kg/h	18873	25016	31354	34790	$M_1 = M - M_w$; $M_w = 25$ kg/h Kondenswasser zwischen Meßstelle und Turbine
Gemessener Dampfverbrauch m_{Kl}	kg/kWh	17,46	15,21	14,26	14,71	
Wärmegefälle bei Meßverhältnissen	kcal/kg	77,6	78,6	77,9	75,8	IS-Tafel nach Stodola, 6. Aufl.
Wirkungsgrad an den Klemmen η_{Kl}	%	63,4	71,9	77,4	77,1	
Wirkungsgrad des Stromerzeugers	%	88,6	91,4	92,4	92,6	laut Angabe von SSW
Wirkungsgrad an der Kupplung η_K	%	71,5	78,6	83,8	83,2	
Innerer Wirkungsgrad η_i	%	72,8	79,4	84,5	83,8	

Umrechnung auf Gewährleistungsverhältnisse:

$p_1 = 15{,}033$ kg/cm², $t_1 = 350°$, $p_4 = 3{,}75$ kg/cm², $H_0 = 80{,}0$ kcal/kg (IS-Tafel nach Stodola, 6. Aufl.)

Umrechnungsbeiwert für Wärmegefälle	—	0,97	0,9825	0,9737	0,9475	
Umgerechneter Dampfverbrauch	kg/kWh	16,95	14,94	13,88	13,94	
Zugesicherter Dampfverbrauch	kg/kWh	17,11	15,015	14,02	14,335	
Unterschreitung	kg/kWh	0,16	0,075	0,14	0,395	
Unterschreitung	%	0,915	0,478	0,877	2,761	
Mittlere Unterschreitung	%	$\frac{2 \cdot 0{,}915 + 4 \cdot 0{,}478 + 3 \cdot 0{,}877 + 1 \cdot 2{,}761}{10} = 0{,}9$				laut vertraglicher Vereinbarung.

Drosselnasen) erhalten, damit bei Leerlauf der Hub des Regelventiles nicht zu klein ist und die Reglung genügend empfindlich bleibt.

4. Mechanische Verluste der Turbine. Mehrgehäusige Turbinen mit schweren Läufern und großem Axialschube müssen mehr Lauf- und Drucklager und damit höhere mechanische

Zahlentafel 6. Abnahmemessungen an einer 10000 kW-AEG-Entnahmeturbine. Vgl. hierzu auch Abb. 152.

Versuch	Nr.	1	2	3	4	5	6	
Betriebsart		Entnahmebetrieb			reiner Kondensationsbetrieb			
Tag		25. 3. 31			26. 3. 31			
Zeit von	h′	9^{20}	13^{30}	14^{40}	9^{00}	13^{30}	14^{50}	
bis		11^{20}	14^{30}	15^{40}	11^{00}	14^{30}	15^{50}	
Barometerstand	mm Qu.-S.	764	765	766	763	763,5	764	auf 0° umgerechnet
Drehzahl	U/min	3000	3000	3000	3000	3000	3000	
Klemmenleistung N_{Kl}	kW	10153	7706	5271,5	9929	7457	5029	
$\cos \varphi$	—	0,91	0,85	0,75	0,93	0,84	0,68	
Dampfdruck vor Turbine p_1	kg/cm²	11,25	11,74	11,95	11,69	12,03	12,19	
Dampftemperatur vor Turbine t_1	°	305,3	317,6	318,2	306,9	294,9	284	
Entnahmedruck p_e	kg/cm²	2,974	2,842	2,85	—	—	—	
Luftleere im Gehäuse	mm Qu.-S.	— 733	— 746	— 751	— 735,55	— 740,8	— 748	
Luftleere im Gehäuse	%	96,0	97,6	98,2	96,6	97,3	98,1	
Dampftemperatur im Abdampfgehäuse t_N	°	24,8	23,0	21,8	25,2	25,6	23,65	
dazu gehörige Luftleere, verlustlos	%	97,0	97.25	97,9	96,85	96,8	97,3	
Kühlwassereintrittstemperatur t_E	°	16,75	14,9	15,1	15,6	16,85	17,3	
Kühlwasseraustrittstemperatur t_A	°	24,75	20,25	18,7	24,5	23,8	21,9	
dazu gehörige Luftleere, verlustlos	%	97,0	97,7	97,9	97,0	97,2	97,45	
Blendenmessung der Frischdampfmenge								2 Normblenden VDI 1930 $D = 325$ mm $d = 220$ mm $M = 0{,}0125 \cdot \alpha \cdot \varepsilon \cdot d^2 \cdot \sqrt{h(\gamma_h - \gamma_\omega)\gamma_1}$ Durchflußzahl $\alpha = 0{,}6815$
Dampfdruck an Meßstelle	kg/cm²	12,3	12,09	12,23	12,1	12,38	12,6	
Dampftemperatur an Meßstelle	°	307,5	325,5	326	315,6	304,4	289,3	
Ausschlag h am Differenzdruckmesser (links / rechts)	mm Qu.-S.	149,35 / 147,95	88,25 / 81,25	55,9 / 49,0	85,36 / 76,8	50,92 / 41,15	— / 76,15	
Dampfdehnungsberichtigung ε (links / rechts)	—	0,993 / 0,993	0,996 / 0,996	0,998 / 0,997	0,996 / 0,996	0,997 / 0,997	— / 0,996	
Raumgewicht des Frischdampfes γ_1	kg/m³	4,49	4,42	4,48	4,51	4,71	4,95	
Gemessene Dampfmengen (links / rechts)	kg/h	37450 / 37250	28650 / 27450	23000 / 21500	28450 / 27000	22520 / 20250	— / 28200	
Frischdampfmenge M_1	kg/h	74700	56100	44500	55450	42770	28200	
Blendenmessung der Kondensatmenge								Normblende VDI 1930 $D = 175$ mm $d = 70$ mm $M_5' = 0{,}0125 \cdot \alpha \cdot d^2 \cdot \sqrt{h(\gamma_h - \gamma_\omega) \cdot \gamma_5}$ Durchflußzahl $\alpha = 0{,}612$
Ausschlag h am Differenzdruckmesser	mm Qu.-S.	135,5	63,1	29,6	173,2	101,3	44,8	
Raumgewicht des Kondensates γ_5	kg/m³	0,996						
Kondensatmenge M_5'	kg/h	48800	33300	22850	55295	42280	28135	
Dampfverbrauch des Dampfstrahlsaugers M_{St}	kg/h	335	320	325	345	345	340	errechnet aus Erwärmung des Kühlkondensates M_5'
Turbinenkondensatmenge M_5	kg/h	48465	32980	22525	54950	41935	27795	$M_5 = M_5' - M_{St}$
Entnahmedampfmenge M_e	kg/h	25900	22800	21650	0	0	0	$M_e = M_1 - M_5$

Zahlentafel 6. (Fortsetzung).

Versuch	Nr.	1	2	3	4	5	6	
›emessener Dampfverbrauch m_{Kl}. . .	kg/kWh	—	—	—	5,53	5,62	5,525	
Värmegefälle bei Meßverhältnissen . . .	kcal/kg	70,9	76,1	76,7	—	—	—	IS-Tafel nac[h] Stodola, 6. Aufl.
		Umrechnung auf Gewährleistungsverhältnisse: $p_1 = 12$ kg/cm², $t_1 = 330°$, $p_e = 3{,}5$ kg/cm², $H_0 = 69{,}7$ kcal/kg (IS-Tafel nach Stodola 6. Aufl.), $t_E = 27°$						
Jmrechnungsbeiwert für:								
Frischdampfdruck .	—	0,988	0,996	0,999	0,9955	1,001	1,0035	
Frischdampftemperatur	—	0,959	0,9815	0,982	0,962	0,94	0,92	
Kühlwassertemperatur	—	1,014	1,027	1,033	1,011	1,018	1,033	
Wärmegefälle . . .	—	1,017	1,092	1,100	—	—	—	
Spiel für Belastungschwankungen . .	%	— 0,58	— 0,23	— 2,0	— 0,37	— 0,91	+ 1,05	laut VDI-Regeln
›esamter Umrechnungsbeiwert für Kondensatmessung.	—	0,9552	0,9978	0,994	0,9648	0,9499	0,9665	
Imgerechneter Dampfverbrauch	kg/kWh	—	—	—	5,335	5,34	5,345	
ugesicherter Dampfverbrauch	kg/kWh	—	—	—	5,55	5,5	5,7	
Interschreitung . . .	kg/kWh	—	—	—	0,215	0,16	0,355	
Imgerechnete Entnahmedampfmenge.	kg/h	26340	24900	23815	—	—	—	
'mgerechnete Kondensatmenge . . .	kg/h	46290	32905	22390	—	—	—	
'mgerechnete Gesamtdampfmenge . . .	kg/h	72630	57805	46205	—	—	—	
ugesicherte Gesamtdampfmenge . . .	kg/h	75500	61250	48250	—	—	—	
nterschreitung . . .	kg/h	2870	3445	2045	—	—	—	
nterschreitung . . .	%	3,8	5,46	4,24	3,87	2,91	6,23	
ittlere Unterschreitung	%	$\frac{3{,}8 + 5{,}46 + 4{,}24}{3} = 4{,}5$			$\frac{3{,}87 + 2{,}91 + 6{,}23}{3} = 4{,}34$			laut vertraglicher Vereinbarung.

Verluste haben als eingehäusige Turbinen mit leichten Läufern und geringem Axialschube. Allerdings sind die mechanischen Verluste nicht so groß wie die im allgemeinen weit höheren Stromerzeugerverluste.

5. Stromerzeugerverluste. Hoch überlastbare Turbinen sind mit Stromerzeugern gekuppelt, die im Verhältnisse zur Nennleistung der Turbine zu groß sind. Infolgedessen sind auch die Leerlaufverluste des Stromerzeugers in einem solchen Falle sehr groß. Damit ist die Leerlaufdampfmenge höher als bei weniger hoch überlastbaren Turbinen.

Größenordnungsmäßig kann der Leerlaufdampfverbrauch für Gleichdruck-Räderturbinen wie folgt angenommen werden:

Für Kondensationsturbinen bis etwa 3000 kW Leistung ist die Leerlaufdampfmenge

$$M_v = L_v \cdot 12 \text{ kg/h},$$

wenn L_v der Leerlaufverlust in kW (Stromerzeugerverlust und mechanische Verluste der Turbine) ist. Weiter unten wird gezeigt, daß das Ergebnis dieser auf den ersten Blick sonderbar anmutenden Faustformel — rund 12 kg Dampf stündlich je 1 kW innerer Leistung — für ein- und mehrgehäusige Kondensationsturbinen aus dem Schrifttume recht gut belegt werden kann.

Bei Kondensationsturbinen mit größerer Leistung und Düsenreglung ist die Leerlaufdampfmenge etwa 6 bis 9 % des Dampfverbrauches bei der Nennleistung der Turbine.

Wenn der Gefälleanteil der ersten Stufe sehr groß und die Nennleistung gleichzeitig Höchstleistung ist, kann der Leerlaufdampfverbrauch unter Umständen noch etwas kleiner sein.

Bei Gegendruckturbinen ist der Leerlaufdampfbedarf in besonders starkem Maße vom Wärmegefälle und vom Stufenaufbaue der Turbine abhängig. Für mehrstufige Gleichdruck-Gegendruckturbinen gilt etwa die Kurve in Abb. 153, wonach der Leerlaufdampfbedarf bei kleinem Gefälle, kleiner Nennleistung und schlechtem $\cos \varphi$ bis zu 30% der Nennleistungsdampfmenge betragen kann.

Die Verhältnisse bei Leerlauf sollen durch die Betrachtung zweier sehr sorgfältig ausgeführter Versuche an Kondensationsturbinen annähernd gleicher Leistung noch etwas näher beleuchtet werden, Zahlentafel 7. Die Leerlaufverluste, bezogen auf die innere Leistung, sind bei der dreigehäusigen Turbine 11,05 kg/kWh, bei der eingehäusigen 11,6 kg/kWh, also annähernd gleich, und entsprechen der oben angeführten Faustformel. Die mechanischen Verluste betrugen bei der dreigehäusigen Turbine 158 kW, bei der eingehäusigen 115 kW, sie waren also bei der ersten um rund 0,4% der Vollast größer als bei der zweiten. Sehr lehrreich ist auch, daß der innere Wirkungsgrad der Turbinen im Leerlaufe durchaus nicht so stark abnimmt, wie man gewöhnlich vermutet. Auf den Zustand hinter dem Regelventile bezogen, beträgt er bei der dreigehäusigen Turbine immer noch rund 60%, bei der eingehäusigen rund 52%. In dem Unterschiede äußert sich zum Teile der Einfluß der Düsenreglung, der hier wegen des kleinen Durchmessers der Regelstufe allerdings nicht groß sein kann. Auf den Zustand vor dem Absperrventile bezogen, sind die Wirkungsgrade rund 35% und 32%. Wichtig ist auch die Zunahme des Rauminhaltes. Bei Maschine 1 beträgt das Leerlaufdampfgewicht 6,95% des Vollastgewichtes, der Rauminhalt aber 15% des Vollastrauminhaltes. Bei der Maschine 2, bei der aus irgendeinem nicht ersichtlichen Grunde die Luftleere im Leerlaufe nicht besser, sondern sogar etwas schlechter war als bei Vollast, sind die entsprechenden Werte 9,4 und 11,5%. Der Rauminhalt des Dampfes und damit die Dampfgeschwindigkeiten nehmen daher nicht so rasch ab wie die Dampfgewichte. Das kommt natürlich daher, daß man mit gleichbleibenden Kühlwassermengen arbeitet, die eine mit fallender Belastung steigende Luftleere ergeben. Da andernfalls die noch weitere Verkleinerung der Dampfgeschwindigkeiten im Leerlaufe die Ursache einer stärkeren Verschlechterung des Wirkungsgrades werden müßte, so ist in diesem Sinne eine unveränderliche Kühlwassermenge vorteilhaft.

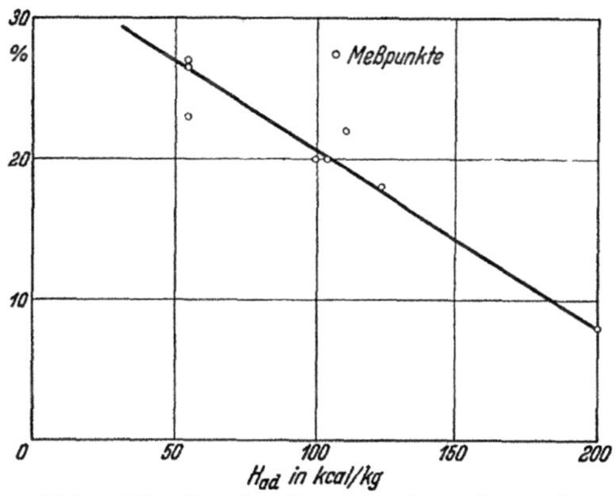

Abb. 153. Leerlaufdampfverbrauch mehrstufiger Gleichdruck-Gegendruckturbinen in Abhängigkeit von dem adiabatischen Gesamtgefälle H_{ad}, angegeben in % der Dampfmenge bei der Nennleistung.

In fast allen für die Herstellung und Verwendung von Dampfturbinen in Frage kommenden Staaten sind Regeln für Abnahmeversuche an Dampfturbinen aufgestellt worden. Sie enthalten allgemeine Bestimmungen, Zeichen, Einheiten und Formeln, Versuchsbedingungen, Angaben über Meßgeräte und -verfahren, über die Auswertung der Versuche und über zulässige Abweichungen (Spiel oder Toleranz) der Versuchsergebnisse von den Gewährleistungen. Die wichtigsten dieser Regeln sind:

Deutschland: Regeln für Abnahmeversuche an Dampfturbinen[62].

Amerika: Test Code for Steam Turbines[63].

England: British Standard Specification for Steam Turbines[64].

---

[62] Aufgestellt vom deutschen Dampfturbinen-Ausschusse beim VDI: DIN 1943.

[63] Herausgegeben vom Committee on Power Test Codes der American Society of Mechanical Engineers (ASME). Auszug daraus in Mech. Engng. Bd. 47 (1925) S. 759/768.

[64] Herausgegeben von der British Engineering Standards Association, 1930.

Frankreich: Normalisation des Groupes Turbo-Alternateurs[65].

Polen: Abnahmeregeln sind in Vorbereitung.

International: Internationale Bestimmungen für Abnahmeversuche an Dampfturbinen[66].

Zahlentafel 7. Leerlaufdampfverbrauch zweier 10000 kW-Kondensationsturbinen verschiedener Bauart.

Veröffentlichung Z. VDI Bd. 71 (1927)		S. 419	S. 747
Maschine		1	2
Ort		Bielefeld	Wehrden
Prüfer		Josse	Stodola
Gehäusezahl		3	1
Bauart		BBC	Zoelly
Reglung		Düsengruppen	Droßlung
Vollast			
Ventilzahl		2	1
Durchmesser der Regelstufe	mm	1000	—
Dampfmenge	t/h	57,01	51,38
Leistung an den Klemmen	kW	10866	10975
Innere Leistung	kW	11510	11686
Druck vor dem Regelventile	kg/cm²	12,43	13,72
Druck hinter dem Regelventile	kg/cm²	12,34	12,56
Temperatur vor dem Regelventile	°	323,9	348,7
Temperatur hinter dem Regelventile	°	323	347,4
Gegendruck	kg/cm²	0,0908	0,0426
Dampfnässe hinter der letzten Stufe	%	8,7	9,3
Innerer Wirkungsgrad bezogen auf den Druck vor dem Regelventile	%	84,7	82,38
Innerer Wirkungsgrad bezogen auf den Druck hinter dem Regelventile	%	84,9	83,93
Wirkungsgrad des Stromerzeugers	%	95,72	94,9
Rauminhalt von 1 kg Abdampf	m³/kg	15,7	30,3
Rauminhalt der stündlichen Abdampfmenge	m³/h	895000	1557000
Leerlauf			
Dampfmenge	t/h	3,96	4,827
Elektrische Verluste	kW	200	300
Mechanische Verluste	kW	158	115
Gesamte innere Leistung	kW	358	415
Druck vor dem Regelventile	kg/cm²	12,36	14,92
Druck hinter dem Regelventile	kg/cm²	0,86	1,004
Temperatur vor dem Regelventile	°	305,4	324,8
Temperatur hinter dem Regelventile	°	292,5	308
Gegendruck	kg/cm²	0,0491	0,0454
Temperatur im Abdampfstutzen	°	80,3	86,4
Innerer Wirkungsgrad bezogen auf den Zustand vor dem Regelventile	%	35,5	32
Innerer Wirkungsgrad bezogen auf den Zustand hinter dem Regelventile	%	60,2	52,3
Rauminhalt von 1 kg Abdampf	m³/kg	33,8	37,2
Rauminhalt der stündlichen Abdampfmenge	m³/h	133850	179560
Dampfmengenverhältnis Leerlauf/Vollast	%	6,95	9,4
Rauminhaltsverhältnis des Abdampfes Leerlauf/Vollast	%	15,0	11,5
Dampfverbrauch bezogen auf die innere Leistung	kg/kWh	11,05	11,6

Die deutschen Regeln (in der folgenden Gegenüberstellung abgekürzt „d") gelten für Kondensations-, Gegendruck-, Entnahmekondensations-, Entnahmegegendruck-, Mehrdruck- und Speicherdampfturbinen. Die Regeln enthalten unter anderem auch

[65] Herausgegeben von der Union des Syndicats de L'Electricité, 1923.

[66] Aufgestellt von der International Electrical Commission (IEC), 1931. Deutsche Übersetzung im VDI-Verlage.

Formeln zur Berechnung der stündlich verbrauchten Wärmemenge für diese verschiedenen Turbinenbauarten. Bei Durchflußmessungen des Dampfes oder Kondensates sind die Regeln für die Durchflußmessung mit genormten Düsen und Blenden[67] zu beachten, da sie eine Ergänzung der Hauptregeln darstellen.

Die amerikanischen Regeln (abgekürzt „a") ergeben im Vergleiche mit den deutschen und englischen Regeln wesentliche Abweichungen. Auffallend ist, daß die amerikanischen Regeln viel mehr ins Einzelne gehen. Auch die zulässigen Spiele, die Versuchsdauer und zum Teile auch die Meßverfahren sind andere.

Die englischen Regeln (abgekürzt „e") stimmen fast vollkommen mit den internationalen Regeln überein und beziehen sich nur auf Kondensationsturbinen. Ausführliche Vorschläge für die wissenschaftliche Auswertung von Messungen und Bestimmungen über Turbinen mit Speisewasservorwärmung und Zwischenüberhitzung sind in dem zusätzlichen Report of the Committee on Tabulating the Results of Heat Engine Trials (1927) enthalten.

Die französischen Regeln (abgekürzt „f") beziehen sich nur auf Kondensationsturbinen und zeigen mehr oder weniger starke Abweichungen von den deutschen und den englischen Regeln.

Die internationalen Bestimmungen für Abnahmeversuche (abgekürzt „IEC") an Dampfturbinen sind im Auftrage der Weltkraftkonferenz mit internationaler Geltung aufgestellt; sie beschränken sich zunächst auf Kondensationsturbinen mit und ohne Vorwärmung oder Zwischenüberhitzung und sind unter Mitwirkung des deutschen Dampfturbinenausschusses beim VDI entstanden. Die Regeln sind als Rahmenbestimmungen für Deutschland anerkannt worden.

Ein Vergleich der einzelnen Regeln zeigt für die wichtigsten Punkte folgende Abweichungen:

Leistung.

d Volle Leistung des Stromerzeugers oder größte Kupplungsleistung der Turbine.
a —
e Volle Leistung des Stromerzeugers.
f Volle Leistung des Stromerzeugers.
IEC Volle Leistung des Stromerzeugers oder größte Kupplungsleistung der Turbine.

Bester Dampfverbrauch.

d —
a —
e Bei 80% der Nennleistung.
f Bei einer geringeren als der Nennleistung.
IEC Bei 80% der Nennleistung.

Mittlerer Dampfverbrauch.

d $$\frac{c_I m_I + c_{II} m_{II} + c_{III} m_{III} + c_{IV} m_{IV}}{c_I + c_{II} + c_{III} + c_{IV}}, \text{ worin}$$

m_I, m_{II}, m_{III}, m_{IV} = Dampfverbrauchzahlen bei 100, 80, 60, 40% der Nennleistung
c_I, c_{II}, c_{III}, c_{IV} = Beiwerte, die im Liefervertrage zu vereinbaren oder mangels Vereinbarung gleich 1 zu setzen sind.

a —
e Wie d.
f Bei einer Überschreitung des gewährleisteten Dampfverbrauches wird die größte Abweichung von der Gewährleistung voll in Rechnung gesetzt. Die Bestimmung einer mittleren Abweichung und eines mittleren Dampfverbrauches findet nicht statt.
IEC Wie d.

[67] DIN 1952. Die Düsen und Blenden der deutschen Regeln wurden 1932 von der International Federation of National Standardizing Associations als „Düse ISA 1932" und als „Blende ISA 1932" angenommen; es wurden dabei nur unwesentliche Änderungen gegenüber den deutschen Regeln beschlossen. Die Normdüse ist auch von der Association Française de Normalisation als französische Normdüse angenommen.

Beharrungzustand.

d Vor Beginn der Versuche muß Beharrungzustand eingetreten sein.
a Die Ablesungen beginnen, wenn Belastung und Dampfverhältnisse 15 min lang gleich geblieben sind. Der Versuch rechnet erst von dem Zeitpunkte an, wo zwei aufeinanderfolgende Ablesungen im Dampfverbrauche um nicht mehr als 3% voneinander abweichen.
e Wie d.
f —
IEC Wie d.

Gleichmäßige Versuchsverhältnisse.

d Die Schwankungen der Ablesewerte dürfen nicht mehr als die Hälfte der zulässigen Abweichungen von den Gewährleistungswerten betragen (vgl. S. 177). Die Belastung darf höchstens um $\pm$ 5% schwanken.
a Die Belastung darf höchstens um $\pm$ 5% schwanken. Alle anderen Ablesewerte müssen möglichst gleich bleiben.
e —
f —
IEC Die Leistung soll so häufig abgelesen werden, daß der Mittelwert, gebildet aus allen Ablesungen, von dem Mittelwerte, gebildet auf Grund jeder zweiten Ablesung, um nicht mehr als 0,5% abweicht. Alle anderen Ablesewerte sollen möglichst gleich bleiben.

Mengenmessung.

d Kondensat ist entweder zu wägen oder in geeichten Behältern zu messen oder auf Grund der Durchfluß- oder Ausflußmessung zu bestimmen. Für Dampfmengen kommt nur die Durchflußmessung mittels Normdüse oder Normblende in Frage. Speisewassermessung ist nicht zulässig.
a Kondensationsturbinen: Wägen oder Messen des Kondensates. Gegendruckturbinen: Speisewassermessung oder Bestimmung des Durchflusses durch die Düsen der ersten Stufe. Hierfür müssen die Düsen vorher ausgebaut und geeicht werden. Das Meßverfahren gilt nur, wenn das Druckgefälle größer als das kritische ist. Hilfsmaschinen: Dampfmenge kann durch Dampfmesser bestimmt werden.
e Wägen des Kondensates.
f Kondensatmessung, Speisewassermessung oder Meßdüse in der Frischdampfleitung.
IEC Die Messungen können ausgeführt werden: durch Wägen mittels Behälter und geeigneter Waagen, mit einem offenen Behälter mit geeichten Düsen, mit Venturimesser, Düsen oder Blenden für Kondensat- oder Speisewassermessung, mit Düse oder Blende für Dampfmengenmessung.

Meßstelle für Frischdampfdruck.

d Unmittelbar vor dem Absperrventile der Turbine.
a Vor dem Absperrventile und dem Dampfsiebe in einem möglichst fünf Durchmesser langen geraden Rohrstücke oder zweieinhalb Durchmesser vor dem Drosselventile.
e Wie d.
f Am Anschlusse der Frischdampfleitung.
IEC Wie d.

Meßstelle für Frischdampftemperatur.

d Unmittelbar vor dem Absperrventile der Turbine.
a Möglichst in der Mitte eines fünf Durchmesser langen geraden Rohrstückes.
e Wie d.
f Am Anschlusse der Frischdampfleitung.
IEC Wie d.

Meßstelle für Luftleere.

d Unmittelbar am Austrittstutzen der Turbine.
a Am Flansche des Abdampfstutzens, mehrere Meßstellen gleichmäßig auf den Umfang verteilt. Bestimmung der Luftleere durch Temperaturmessung ist nicht zulässig.
e Zwei Meßstellen am Flansche des Abdampfstutzens.
f Am Eintritte in den Kondensator.
IEC Unmittelbar am Austrittstutzen der Turbine.

Versuchsdauer.

d Nach eingetretener Beharrung $^1/_2$ bis 1 h.
a Bei Versuchen mit gleichbleibender Belastung 1 h, bei Speisewassermessung 10 h.
e —
f Bei Kondensatmessung 1 h, bei Düsenmessung (in der Frischdampfleitung) 1 h, bei Speisewassermessung 8 h.
IEC Bei Kondensatmessung $^1/_2$ bis 1 h, bei Messung mit Düse oder Blende mindestens sieben aufeinanderfolgende Ablesungen, bei Speisewassermessung mindestens 6 h.

Umrechnung und Vergleich mit dem gewährleisteten Dampfverbrauche.

d Die Meßwerte werden auf die Gewährleistungsverhältnisse umgerechnet nach besonderen Vereinbarungen. Die gemessene Belastungskurve wird aufgezeichnet und der Dampfverbrauch bei den Gewährleistungen aus dieser Kurve entnommen und mit dem gewährleisteten Dampfverbrauche verglichen.

a Wie d.

e Wie d.

f Die gewährleisteten Dampfzahlen sind auf die Meßverhältnisse nach einem bestimmten Schlüssel umzurechnen.

IEC Wie d.

Zulässige Abweichungen von den gewährleisteten Verhältnissen.

d Wie bereits auf S. 177 angegeben.

a	Kondensationsturbine	Gegendruckturbine
Frischdampfdruck (abs.)	+ 2; —10%	+ 2; —10%
Frischdampftemperatur	$\pm 28^0$	$\pm 28^0$
Luftleere (abs.)	$+ 3^1/_3$; —1,1%	—
Gegendruck (abs.)	—	$\pm$ 20% (aber höchstens 0,7 kg/cm²).

e —

f —

IEC Eintrittsdampfdruck	$\pm$ 5%.
Eintrittsdampftemperatur	$\pm$ 5%. Bei einer Turbine für überhitzten Dampf soll kein Versuch mit weniger als 14^0 C oder 25^0 F Überhitzung ausgeführt werden.
Abdampfdruck	Der tatsächliche absolute Druck soll nicht mehr als 150% und nicht weniger als 75% des absoluten Druckes betragen, der als Abdampfdruck vereinbart ist.
Dampftemperatur am Eintritte in die Turbine vom Zwischenüberhitzer	$\pm$ 5%.
Speisewassertemperatur	$\pm 10^0$ C oder 18^0 F.
Drehzahl	$\pm$ 5%. Während eines Versuches soll die Drehzahl nicht um mehr als 2% über oder unter den Mittelwert für diesen Versuch pendeln.
Leistungsfaktor	Von der Einheit bis 5% unter den zugrunde gelegten Wert.
Belastungschwankung	$\pm$ 5%.
Belastungsberichtigung	$\pm$ 5%.
Kühlwassertemperatur	$\pm 5^0$ C oder 9^0 F.
Kühlwassermenge	$\pm$ 10%.

Zulässiges Spiel.

d Für Kondensatmessung durch Wägung oder mit geeichten Gefäßen $\pm$ 0,5% Spiel.

Für Mengenmessung nach den Regeln für Durchflußmessung:

Durchflußzahlen $\pm$ 0,5% Spiel (für Düse und Blende), solange die Grenzwerte der Reynoldsschen Zahlen nicht unterschritten sind.

Dampfdehnungsberichtigung 0 Spiel (für Düse)
0 bis $\pm$ 1,5 Spiel (für Blende).

Für Blenden kommen noch Zuschläge und Spiele für die Durchflußzahlen in Betracht, für den Rauhigkeitseinfluß in Rohren und für den Einfluß nicht streng scharfer Kanten. Die Zuschläge und Spiele sind je nach Öffnungsverhältnis und Durchmesser der Blende und Rohrdurchmesser verschieden.

Wird die Gesamtmenge als Zusammenfassung einzelner Dampf- oder Kondensatmengen bestimmt (beispielsweise bei Entnahmeturbinen), so gilt sie mit einem Spiele, das sich aus den Einzelmengen mit entsprechend einzusetzenden Einzelspielen ergibt.

Für Leistungsschwankungen 0% Spiel bei mittlerer Abweichung bis 2%
0,5% ,, ,, ,, ,, ,, 3%
1,0% ,, ,, ,, ,, ,, 4%
1,5% ,, ,, ,, ,, ,, 5%.

a Bei Speisewassermessungen $\pm$ 3% Spiel.

e Das Spiel ist abhängig von der Größe der Umrechnungswerte. Ist die Gesamtumrechnung kleiner als 5%, so beträgt das Spiel $\pm$ 2,5%, ist die Gesamtumrechnung X größer als 5%, so beträgt das Spiel

$$\pm\left(\frac{X-5}{4}+2{,}5\right)\%\,.$$

f Bei Kondensatmessungen und bei Dampfdüsenmessungen
bei Einheiten unter 1600 kW ± 4% Spiel
bei Einheiten über 1600 kW ± 3% Spiel.
Bei Speisewassermessung
bei Einheiten unter 1600 kW ± 5% Spiel
bei Einheiten über 1600 kW ± 4% Spiel.
IEC Bei Kondensatmessungen durch Wägen oder mit geeichten Gefäßen 0% Spiel.
Bei Kondensatmessungen mittels offenen Behälters mit geeichten Düsen 1,5% Spiel.
Bei Kondensat- oder Speisewassermessung mit Venturimesser, Düse oder Blende 2% Spiel.
Bei Dampfmessung mit Düse oder Blende 3% Spiel.

Überlast.

d Für die Feststellung der vorübergehenden Höchstleistungen genügen Versuche von kürzerer Dauer.
a Die zugesagte höchste Belastung muß, wenn nichts anderes vorgeschrieben ist, durch einen mindestens 5 min dauernden Versuch nachgewiesen werden.
e Jede Turbine muß 10% überlastbar sein.
f —
IEC Zur Bestimmung der Höchstleistung genügen zwei aufeinanderfolgende Ablesungen, wobei die anderen Versuchsbedingungen (Druck, Temperatur usw.) gleichzeitig abzulesen sind.

Höchstdrehzahl.

d —
a —
e 5 min lang 15% über der Nenndrehzahl.
f —
IEC 5 min lang 15% über der Nenndrehzahl.

Reglungen.

d —
a —
e Zulässig ist eine dauernde Drehzahländerung von höchstens 4% bei plötzlicher Entlastung von Nennleistung auf Leerlauf. Drehzahlverstellung ± 5%.
f Eine plötzliche Belastungsänderung um 50 oder 100% darf die Drehzahl um höchstens 3 oder 6% ändern. Eine allmähliche Belastungsänderung um 50 oder 100% darf die Drehzahl um höchstens 2 oder 4% ändern. Drehzahlverstellung ± 5%.
IEC Wie e.

Schnellschluß.

d —
a —
e Schnellschluß soll bei 10% (± 1%) über der Nenndrehzahl auslösen.
f Schnellschluß soll bei 10% über der Nenndrehzahl auslösen.
IEC Wie e.

Besondere Bestimmungen.

d Ausführliche Begriffsbestimmung der Leistung einschließlich und ausschließlich Kondensation. Abnahmeversuche innerhalb von drei Monaten nach Inbetriebnahme der Turbine. Während der Versuche darf die Reglung weder vom gewöhnlichen Betriebe abweichend eingestellt noch verstellt oder festgeklemmt werden. Der Lieferer darf einen Abnahmeversuch mit bestimmten Ventilstellungen (ausgesteuerten Regelventilen) nur dann verlangen, wenn es im Liefervertrage besonders vereinbart ist.
a Ausführliche Angaben über Messungen und Berichtigungskurven. Hinweis auf Code on General Instructions, Test Code for Speed-Responsive Governors, Code on Definitions and Values, Code on Instruments and Apparatus.
Der Abnahmeversuch dient außer zum Nachweise der Gewährleistung auch zur Bestimmung des thermischen und thermodynamischen Wirkungsgrades.
e —
f Die Regeln sollen in der Hauptsache für folgende Verhältnisse gelten:
Druck 12 atü bei Einheiten bis 2000 kW
12 bis 16 atü ,, ,, ,, 10000 kW
16 bis 22 atü ,, ,, über 10000 kW
Temperatur zwischen 300 und 350°
Luftleere 96% bei 15° Kühlwasser
Kühlwassertemperatur 15° für Frischwasser, 27° für Rückkühlung.

IEC Abnahmeversuche innerhalb von zwei Monaten nach erster Indienststellung der Turbine. Kein Versuch soll mit Undichtheiten des Kondensators oberhalb folgender Vonhundertsätze, bezogen auf den gewährleisteten Dampfdurchsatz bei Nennleistung, durchgeführt werden:

Turbinenleistung	bis 500 kW	0,5%
	von 500 bis 1000 kW	0,4%
	über 1000 kW	0,3%.

Es soll alles getan werden, um die Versuche bei den gewährleisteten Zuständen durchzuführen. Ist das nicht möglich, soll die Belastung so eingestellt werden, daß die Regelventile, seien es selbsttätige oder handgesteuerte, in den Stellungen sind, die sie einnehmen würden, wenn die gewährleisteten Zustände während der Versuche vorhanden wären.

Es ist zulässig, während der Dampfverbrauchsversuche die Versuchslast bis zu 5% über oder unter der Belastung, für die die Gewährleistungen abgegeben sind, einzustellen, um die wirtschaftlichste Leistung unter den Versuchsbedingungen zu erhalten.

Natürlicher Verschleiß, Verschmutzung und Abnutzung durch Verrottung, Auswaschung, Fremdkörper usw. haben auf den Wirkungsgrad und das Dampfdurchsatzvermögen einen gewissen Einfluß. Auf Grund vielfacher Beobachtungen und Untersuchungen und trotz anfänglich gehegter Hoffnungen ist man zu der Einsicht gekommen, daß es für diese „Alterung" der Turbinen keine allgemein gültige Regel gibt, ja, daß sie auch nicht annähernd für gleiche Bauarten in Regeln gefaßt werden kann.

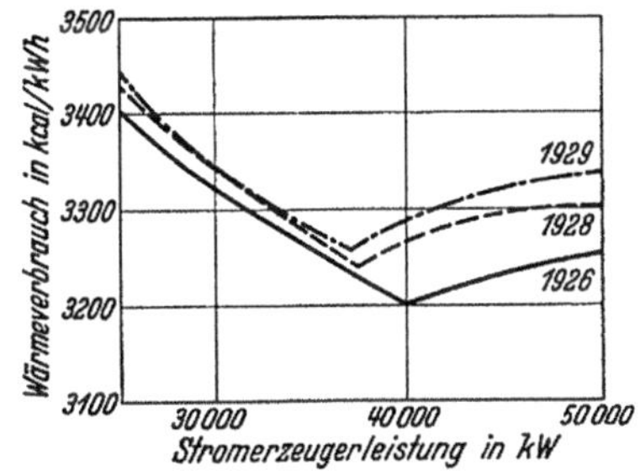

Abb. 154. Verschlechterung des Wärmeverbrauches von 1926 bis 1929 an einer 50000 kW-Turbine ohne Vorwärmanzapfung. Dampfverhältnisse: 19,63 kg/cm², 320°, 96% Luftleere.

Gründe für die Verschlechterung des Dampfverbrauches mit dem Maschinenalter sind zunächst Auswaschungen und Verrottungen an den Schaufeln. Sehr oft, bei Gegendruckturbinen fast ausschließlich, liegen die Ursachen für die Verschlechterung in der ungeeigneten Beschaffenheit der Arbeitmittel. Die Folgen davon sind Ablagerungen von Schmutz in der Turbine und im Kondensator, die auf schlechtes Speise- und Kühlwasser zurückzuführen sind und gegen die Turbinen mit kleinen Schaufelteilungen und -spielen besonders empfindlich sind. Die mechanischen Verluste ändern sich wenig, ihr Einfluß ist vernachlässigbar klein. Der Einfluß der Schaufelabnutzung aller Art auf den Wirkungsgrad ist nachweislich gering, selbst dort, wo ausgesprochen starke Auswaschungen an den ND-Schaufeln auftreten. Natürlich ist dabei eine sachgemäße Betriebsführung vorausgesetzt, von der überhaupt der Zustand und damit die Änderung des Dampfverbrauches der Turbine in hohem Maße abhängen.

Sehr großen Einfluß auf Dampfverbrauch und Leistungsvermögen der Turbinen kann dagegen die Verschmutzung der Beschauflung und ein etwa eingetretenes Ausschlagen der Außen- und Innenstopfbuchsen haben.

Da an den meisten Turbinen nur die Dampfverbrauchsmessungen bei der Abnahme genau, die späteren Betriebsmessungen aber nur mit weit geringerer Genauigkeit und meist ohne Kenntnis des Zustandes der Turbine gemacht werden, läßt sich ein verläßlicher Schluß auf den Einfluß der genannten Größen nicht ziehen. Damit sind auch die veröffentlichten[68] Feststellungen für Turbinen älterer Bauart, wonach sich der Dampfverbrauch je Jahr um etwa 1,2% verschlechtert, ohne große tatsächliche Bedeutung. Der NELA-Bericht 1932[69] kommt auf Grund neuerer Erhebungen zu dem Ergebnisse, daß die Mittelwerte sogar noch erheblich unter 1% liegen dürften. Einige Werke haben sogar nur 0,2% feststellen können, andere dagegen 1,0 und 1,1%. Eine 50000 kW-Turbine der Brooklyn Edison Company z. B. veränderte sich, als reine Kondensationsturbine betrieben, zwischen 1926 und 1929 nach den Linien der Abb. 154, wobei es bemerkenswert ist, daß mit den Jahren der Punkt besten Wirkungsgrades von ursprünglich 40000 kW auf etwa 37000 kW gefallen ist. Mit zweistufiger Vorwärmanzapfung war die Verschlechterung umgekehrt mit einer Verlagerung des besten Lastpunktes nach oben verbunden.

---

[68] Power Bd. 63 (1926) S. 436/437.

[69] S. 15/17 in: NELA: Turbines, Report of the Prime Movers Committee, Nr. 234, 1932.

Ungefähr in die gleiche Größenordnung wie nach den amerikanischen Erhebungen fällt auch, wenigstens für die erste Betriebzeit, die zahlenmäßige Erhebung an einer der 85 000 kW-Turbinen des Großkraftwerkes Klingenberg, Abb. 155. Mit zunehmendem Maschinenalter allerdings ergeben sich ganz abweichende Werte.

Eine allgemeine Regel für die Verschlechterung des Dampfverbrauches in Abhängigkeit von der Betriebzeit läßt sich somit — wie angesichts der großen Zahl der unerfaßbaren Einflußmöglichkeiten kaum anders zu erwarten ist — nicht aufstellen, ebensowenig seine Abhängigkeit nur von der Turbinenbauart für im übrigen betriebsicher gebaute Turbinen erkennen. Im allgemeinen kann man annehmen, daß jede Überholung, bei der ersatzbedürftige Teile auch wirklich ausgewechselt werden, den ursprünglichen Zustand bezüglich Wirkungsgrad und Leistungsfähigkeit nahezu wieder herstellt.

Die Verschlechterung des Dampfverbrauches ist übrigens für die Überalterung der Turbinen nur ein und nicht immer der ausschlaggebende Grund. Daneben sind es vor

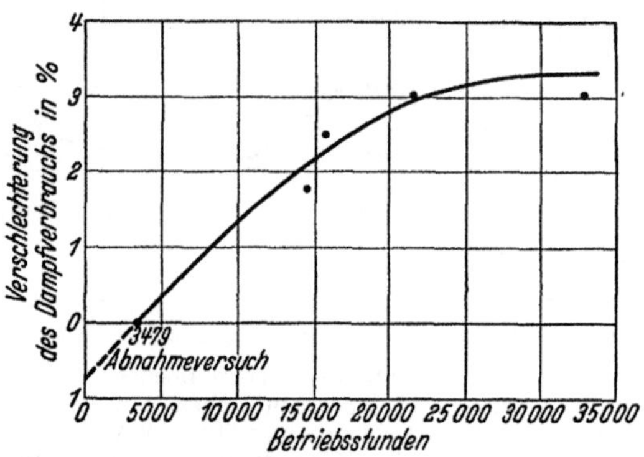

Abb. 155[70]. Verschlechterung des Vollastdampfverbrauches einer viergehäusigen Zweiwellenturbine 85000 kW, 1500 U/min (GKW Klingenberg) in Abhängigkeit von der Betriebzeit.

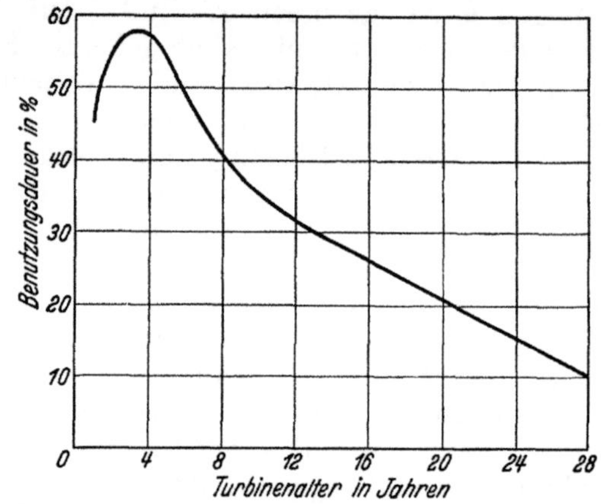

Abb. 156[71]. Benutzungsdauer von amerikanischen Kraftwerksturbinen in Abhängigkeit vom Maschinenalter. $\text{Benutzungsdauer} = \frac{\text{kWh je Jahr}}{8760 \cdot \text{Einheitsleistung}}$.

allen Dingen die seit Inbetriebsetzung der betrachteten Turbine eingeführten Verbesserungen des Wirkungsgrades durch Auslegung und Gestaltung und Verbesserungen betrieblicher Art, die eine Turbine veralten lassen. Eine Regel für die Lebensdauer bis zu dem Zustande des Veraltetseins gibt es nicht. Einen gewissen Aufschluß wenigstens für reine Kraftwerksturbinen gibt auch hier wieder die zahlenmäßige Übersicht. Nach Abb. 156 nimmt die Benutzungsdauer der Turbinen — die Angaben beziehen sich auf nordamerikanische Kraftwerksturbinen und wurden von der NELA gesammelt — bis etwa zum vierten Betriebsjahre zu (Höchstwert etwa 58 %) und nimmt dann recht gleichmäßig bis 10 % im 28. Betriebsjahre ab.

22. Das Abstellen und das Auslaufen.

Für das Abstellen eines im Betriebe befindlichen Turbostromerzeugers gelten je nach seiner Bauart naturgemäß im einzelnen voneinander abweichende Vorschriften, besonders über die Reihenfolge der vorzunehmenden Maßnahmen. Im allgemeinen wird die Vorschrift für das Abstellen etwa folgendermaßen lauten:

Der Stromerzeuger ist zu entlasten und von der Sammelschiene abzuschalten. Die Erregung ist abzuschalten. Es empfiehlt sich, bei jedem Abstellen der Turbine nach dem Abschalten des Stromerzeugers den Schnellschlußregler durch Drehzahlerhöhung zu prüfen. Versagt er dabei, so kann bis zum nächsten Anfahren Abhilfe geschaffen werden.

[70] Nach Elektr.-Wirtsch. Bd. 32 (1933) S. 53 Abb. 3.
[71] Nach Electr. J. Bd. 31 (1934) S. 221 Abb. 1.

Das Hauptdampfabsperrventil ist zu schließen. Wo Sperrdampf in die Stopfbuchsen gegeben wird, ist dieser zum wenigsten auf den Leerlaufzustand der Turbine einzuregeln. Sperrwasser für Wasserstopfbuchsen, falls vorgesehen, ist abzustellen.

Die dampfangetriebene Hilfsölpumpe ist in Betrieb zu setzen. Wo diese Hilfsölpumpe mit selbsttätiger Anfahrvorrichtung ausgerüstet ist, hat sich der Maschinenwärter zu überzeugen, ob die Pumpe ordnungsmäßig in Betrieb gegangen ist. Desgleichen hat er die Ölversorgung der Lager zu prüfen.

Noch bevor die Turbine zum Stillstande kommt, ist die Sperrdampfzufuhr zu den Stopfbuchsen gänzlich zu unterbinden.

Steht die Turbine still, so ist die Hilfsölpumpe und das Wasser für den Ölkühler abzustellen.

Die Kondensation ist stillzusetzen, wobei die Absperrvorrichtungen in den Kühlwasserleitungen so zu betätigen sind, daß der Kondensator voll Wasser bleibt.

Soll die Turbine längere Zeit stillstehen, so ist außer dem Hauptabsperrventile das vor diesem in der Frischdampfleitung angeordnete Absperrventil zu schließen und die Dampfleitung zwischen diesen Ventilen unter Umgehung des Kondenstopfes durch das Belüftungsventil in der Frischdampfleitung dauernd zu belüften, so daß etwaiger Sickerdampf des Absperrventiles ins Freie und nicht durch das Hauptabsperrventil in die Turbine entweicht.

Um das Turbineninnere möglichst vor Rostgefahr zu schützen, ist besonders darauf zu achten, daß die Turbine nach dem Stillsetzen gut austrocknet. Die in den Gehäuseeinbauten und Läufermassen aufgespeicherte Wärme verdampft die Feuchtigkeit, die mit dem Restdampfe in der Turbine verbleibt. Es muß also wenigstens dafür gesorgt werden, daß die Dampfschwaden aus der Turbine entfernt werden, damit sie sich nicht nach Abkühlung der Wände niederschlagen können. Bei Kondensationsturbinen kann man zu diesem Zwecke die Luftpumpe noch einige Zeit nach dem Auslaufen der Hauptmaschine in Betrieb lassen. Besondere Vorkehrungen können getroffen werden, um die Rostgefahr zu vermindern (Zwangsbelüftung mit Warmluft) oder den Läufer vor ungleichmäßiger Abkühlung zu schützen (Drehvorrichtungen).

Schließlich sind bei jeder stillgesetzten Maschine alle Entwässerungsleitungen zu öffnen und bis zum Wiederanfahren offen zu halten.

Wie das Stillsetzen eingeleitet wird, ist grundsätzlich gleichgültig. Handelt es sich um ein beabsichtigtes Stillsetzen, so wird der Turbosatz zunächst bis auf Leerlauf entlastet, was bei Maschinen, die auf ein Fremdnetz arbeiten, durch die Drehzahlverstellvorrichtung geschieht, die Erregung abgeschaltet und dann das Hauptabsperrventil zugedreht oder mittels der Handauslösung durch die Schnellschlußvorrichtung zugeschlagen. Tritt die Schnellschlußvorrichtung selbsttätig in Tätigkeit, gleichgültig ob infolge Drehzahlerhöhung oder durch das Absinken von Öldruck oder Luftleere ausgelöst, so fällt der Stromerzeuger infolge seiner Drehzahlveränderung von selbst aus dem Tritte oder er wird ebenfalls vom Netze abgeschaltet. Der Auslauf vollzieht sich also bei auf ein Fremdnetz arbeitenden Turbosätzen stets im Leerlaufe des Stromerzeugers. Der Auslauf erfordert somit, vorausgesetzt, daß keine Beschädigung der Lager oder der Läufer vorliegt, stets einige Zeit. Unter Last laufen unter Umständen aus: allein laufende Drehstrom- und Gleichstromerzeuger, ferner vor allen Dingen alle Turbinen zum Antriebe von Pumpen, Verdichtern, mechanischen Arbeitsmaschinen und Schiffen.

Turbinen, die mit mehr als einem Dampfnetze in Verbindung stehen, also Anzapf-. Gegendruck- und Abdampfturbinen, aber auch Kondensationsturbinen mit Vorwärmanzapfung, bei denen die Möglichkeit besteht, daß sie nach der Absperrung der Frischdampfzufuhr Rückdampf aus einer der anderen Leitungen bekommen könnten, werden am besten durch Betätigung des Schnellschlusses stillgesetzt, da dann gleichzeitig auch die Schnellschlußventile in den Anzapfleitungen zugeschlagen werden. Hierher gehört auch die Abdampfleitung der Kondensationshilfsturbine, falls deren Abdampf in eine ND-Stufe der Hauptmaschine geleitet wird. Diese Dampfeinführung kann man nur dann ohne vom Schnellschlußregler gesteuerte Sicherung belassen, wenn der Abdampf der Hilfsturbine nicht ausreicht, die Hauptturbine zum Durchgehen zu bringen, sondern sie allenfalls bei einer niedrigen Drehzahl laufend erhält. Jedenfalls ist bei allen diesen Maschinen besonders darauf zu achten, daß gleichzeitig sämtliche Dampfzufuhr abgesperrt wird.

Bei Turbinen, die Kreiselpumpen antreiben, muß noch beachtet werden, daß nach dem Stillsetzen der Turbine die Pumpe nicht als Wasserturbine mit umgekehrter Drehrichtung zu laufen beginnt, wodurch die Turbine, deren Ölversorgung nicht mehr arbeitet, an ihren Lagern, Schneckenrädern u. dgl. beschädigt werden kann.

Die Reihenfolge der einzelnen Vorgänge beim Abstellen einer Dampfturbinenanlage und der Zeitpunkt für das Einsetzen der einen oder der anderen Maßnahme liegen nicht eindeutig fest, wie überhaupt nochmals darauf hingewiesen werden muß, daß die angegebene Vorschrift nur gewissermaßen als Normvorschrift gilt. Ähnliche Abstellvorschriften, der jeweiligen Bauart angepaßt, geben die Lieferwerke ihren Maschinen mit. Mancher Betriebsleiter wird durch Beobachten seiner Anlage und Erproben der günstigsten Verhältnisse gewisse Abweichungen von dieser Normvorschrift für zweckmäßig erachten und im Einvernehmen mit dem Hersteller für seinen Betrieb einführen. Alle diese, zum größten Teile auf Erfahrung gegründeten Maßnahmen für jede einzelne Turbine lassen sich keinesfalls allgemein erfassen. Es können lediglich zu den einzelnen Fragen grundsätzliche Bemerkungen gemacht werden, die hier und da vielleicht eingebürgerte Vorurteile beseitigen und dadurch Gefahrquellen verringern und anderweitig Verbesserungen herbeiführen können.

Sperrdampf in die Stopfbuchsen darf ebenso wie beim Anfahren auch beim Abstellen nicht gegeben werden. Zwar ist die daraus entstehende Gefahr beim Abstellen der Turbine nicht so groß wie beim Anfahren, da eine einseitige Verbiegung der Welle infolge örtlicher Erwärmung sich im Stillstande wieder rückbildet, während sie beim Anfahren zu unruhigem Laufe führen muß; sie sollte aber auch beim Abstellen vermieden werden, zumal dann, wenn das Wiederanfahren der Anlage möglicherweise zu einem Zeitpunkte erfolgen soll, wenn die Wärmeverformung des Läufers noch nicht wieder ganz zurückgegangen ist.

Die Überwachung der Ölversorgung beim Auslaufen erfolgt in der Regel mit Hilfe der Temperatur- und Druckmesser, die im Ölkreislaufe eingebaut sind, nicht anders als die übliche Überwachung während des Betriebes. Da besonders die Drucklager und bei Getriebeturbinen auch die Verzahnungen beim Auslaufen nur gering belastet oder ganz unbelastet laufen, so ist es im allgemeinen nicht erforderlich, die gleichen Werte einzuhalten wie während des Betriebes. Nur in besonderen Fällen stehen außer den Temperatur- und Druckmeßgeräten noch besondere Überwachungsvorrichtungen für den Ölumlauf zur Verfügung, eigentlich nur noch bei Schiffsturbinen.

Die Absperrvorrichtungen der Kondensation sind, wie erwähnt, so zu betätigen, daß der Kondensator voll Wasser bleibt. Diese Maßnahme soll einerseits verhindern, daß sich Luftsäcke im Kondensator bilden können, die beim jedesmaligen Anfahren der Kondensation erneut erst beseitigt werden müßten, andererseits soll sie verhüten, daß jemals die Gefahr bestehen könnte, daß durch Einführung von Dampf in den Kondensator die Rohre zu stark erwärmt werden. Dadurch kann bei Kondensatoren mit Stopfbuchsenabdichtung der Rohre die Dichtung eintrocknen und ein Leckwerden verursachen. Bei beiderseits eingewalzten Rohren wirkt sich die Erwärmung weniger schädlich aus. In beiden Fällen jedoch können die Dichtungen zwischen Mantel und Rohrböden in Mitleidenschaft gezogen werden. Diese Maßnahme hat außerdem bei Anlagen, die ohne Fremdstrom arbeiten, andererseits aber auch keinen getrennten Dampfantrieb für ihre Kondensationshilfsmaschinen haben, den Zweck, daß die Hauptturbine mit Hilfe des Notauspuffventiles auf Auspuff angefahren werden kann. Wo dieser Betrieb zugelassen ist, wird stets als Begrenzung die Zeit angegeben, in welcher das Wasser in den Kondensatorrohren zum Kochen kommt. Hier ist es also unerläßlich, dafür zu sorgen, daß der Kondensator voll Wasser bleibt. Schließlich muß, trotz aller Vorsichtsmaßregeln, im Notfalle damit gerechnet werden, daß sämtliche Kondensationshilfsmaschinen versagen können (Motor- oder Turbinenschaden); dann muß die Hauptturbine auslaufen können, ohne daß der Kondensator durch zu hohe Temperatur gefährdet wird. Es ist somit zweckmäßig, die Kühlwasserleitung so auszubilden, daß der Kondensator bei Fortfall des Kühlwasserpumpendruckes nicht von selbst leerläuft. Handelt es sich jedoch beim Stillsetzen einer Turboanlage um anschließende wochenlange Außerbetriebhaltung, so ist das Kühlwasser aus dem Kondensator abzulassen, um eine Niederschlagbildung im Inneren der Turbine zufolge zu starker Abkühlung und dadurch sich ergebende Verrottung der Einbauten zu verhüten.

Beim Stillsetzen der Kondensationsanlage ist nicht zu vergessen, auch dort sämtliche Entwässerungsleitungen der Dampfräume zu öffnen, d. h. den Dampfraum des Kondensators, das Gehäuse der Antriebsturbine, die Dampfräume des Strahlsaugerzwischenkühlers zu entwässern. Es ist selbstverständlich, daß alle diese Entwässerungen erst geöffnet werden dürfen, wenn die Luftpumpe stillgesetzt ist, da deren weiterer Betrieb sonst nicht, wie beabsichtigt, einer beschleunigten Austrocknung des Turbineninneren, sondern nur dem Ansaugen neuer, unter Umständen feuchter Außenluft dienen würde.

Das Verhalten der Turbine beim Auslaufen läßt auch Rückschlüsse in zweierlei Richtung zu; erstens gibt es in gewissem Sinne Anhaltspunkte für die beim Anfahren erforderlichen Maßnahmen und zweitens läßt es den Zustand der Maschine (z. B. Lagerbeschädigung) erkennen.

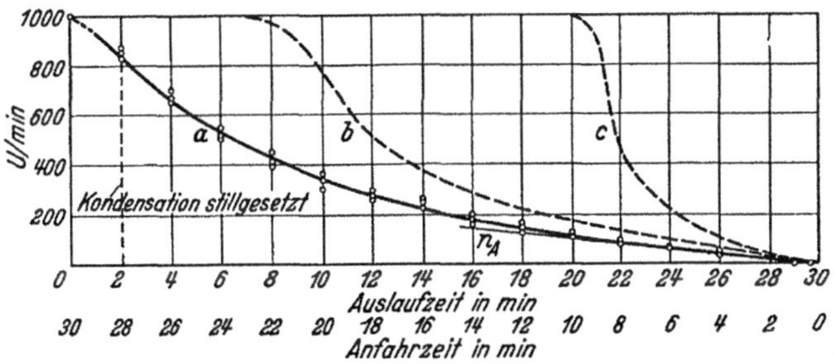

Abb. 157[72]. Auslaufen und Anfahren nach Versuchen der BEWAG.

a Auslaufen und übliches Anfahren; *b* schnelles Anfahren; *c* sehr schnelles Anfahren.

Hält man eine bestimmte Anwärmdrehzahl für erforderlich (vgl. auch S. 115), so kann die günstigste Drehzahl dafür aus der Auslaufkurve des Turbosatzes festgestellt werden; denn daraus lassen sich Schlüsse ziehen über den Verlauf der Lagerreibung und der Ventilationsverluste mit ansteigender Drehzahl. Die BEWAG hat in ihren verschiedenen Werken zahlreiche Auslaufversuche vorgenommen, von denen hier einer als Beispiel für die Auswertung eines derartigen Versuches angeführt wird. Nach Abb. 157 ist die Anwärmdrehzahl beim Auslaufen nach rund 18 min erreicht, weil sich hier eine an die Linie zwischen 20 und 30 min als Berührende gelegte Gerade nach unten deutlich erkennbar ablöst. Da alle Auslauflinien im letzten Drittel der Auslaufzeit fast gerade verlaufen, so erschien diese Ermittlung der geringsten Verzögerung, die sich aus dem Verschwinden des Ventilationsverlustes erklärt, als genügend genau. Die genaue Ermittlung ist nur dann notwendig, wenn eine Aushilfsmaschine nicht mit eigenem Dampfe angewärmt werden soll sondern durch einen Motor dauernd gedreht wird und nur so viel Dampf erhält, wie zum Warmhalten erforderlich ist. Allgemein hält die BEWAG auf Grund ihrer Versuche für Maschinen mit Betriebsdrehzahlen von 1000, 1500 und 3000 U/min rund 10 bis 12% der Betriebsdrehzahl für die richtige Anwärmdrehzahl.

Während beim Anfahren die Beobachtung der Wärmedehnung der einzelnen Turbinenteile zueinander, insbesondere die des Gehäuses und des Läufers, unerläßlich ist, wird die Wärmebewegung während des Erkaltens nach dem Abstellen der Turbine sich in unbedenklichem Ausmaße vollziehen. Sie wird im allgemeinen derartig sein, daß die Ausdehnungen nach der Stillsetzung nach und nach zurückgehen und nach einer gewissen Zeit vollkommen verschwinden. Erst mit zunehmendem Maschinenalter ist ein geringer Unterschied gegenüber dem gleichen Zustande bei neuer Maschine festzustellen, der dann ein Maß darstellt für die Dauerverformung (Kriechverformung) der Bauteile, sofern er nicht auf irgendwelche Verlagerungen, Lockerung von Verbindungen, Abnutzung u. dgl. zurückzuführen ist und durch Beseitigung dieser Ursachen ebenfalls beseitigt werden kann.

[72] Nach Arch. Wärmewirtsch. Bd. 7 (1926) S. 306 Abb. 6.

Aus den Auslaufkurven kann man auch eingetretene Schäden durch Vergleich feststellen oder wenigstens vermuten. So zeigt z. B. Abb. 158 das Ende des Auslaufens einer neuen und einer alten, schon seit längerer Zeit nicht mehr überholten Maschine.

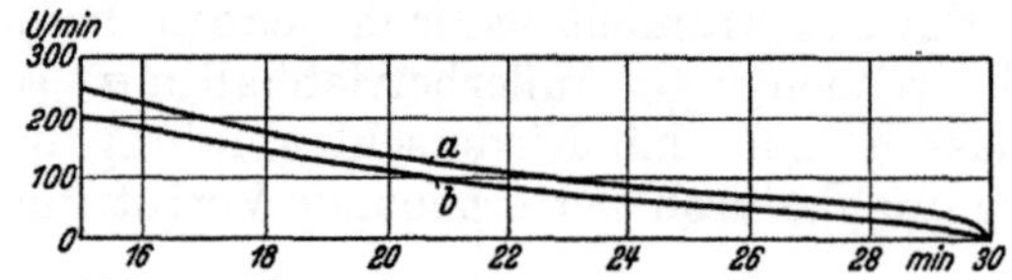

Abb. 158[73]. Auslauf einer neuen (*a*) und einer alten (*b*) Turbine.

Hieraus lassen sich verschiedene Rückschlüsse auf die Beschaffenheit der Regelventile, Kondensations- und Umschaltventile, des Öles und der Lager ziehen, die für eine notwendige Überholung sehr wichtig sind.

Abb. 159 und 160 zeigen Auslaufkurven zweier Maschinen nach längerer Betriebzeit. Die Linien *c* und *d*, Abb. 159, weisen auf erhöhte Lagerreibung hin, weil in der ersten Hälfte der Auslaufzeit, solange der Ventilationsverlust für die Größe der Verzögerung maßgebend ist, diese beiden Linien noch ähnlich den übrigen verlaufen. Eine Untersuchung der Lager ergab Anfressungen des Weißmetalles und des Drucklagers durch Lagerströme. Bei Linie *c*, Abb. 160, ist umgekehrt erhöhter Ventilationsverlust vorhanden gewesen; die Untersuchung ergab Undichtheit des Auspuffventiles.

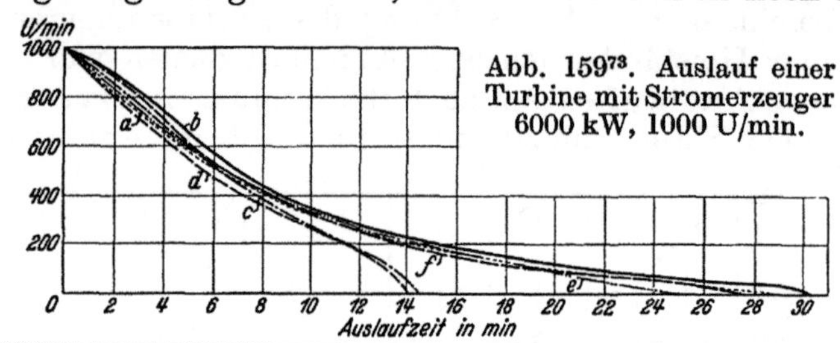

Abb. 159[73]. Auslauf einer Turbine mit Stromerzeuger 6000 kW, 1000 U/min.

Auslaufversuch	Tag	Kondensation abgestellt nach	Auslaufversuch	Tag	Kondensation abgestellt nach
a	18. 1. 25	0,5 min	*d*	9. 11. 25	1 min
b	7. 6. 25	2,5 „	*e*	27. 11. 25	2 „
c	29. 10. 25	3 „	*f*	16. 2. 26	2 „

Spitzenlastmaschinen oder auch Turbinen in Industriekraftwerken, die keinen Anschluß an ein Fremdnetz haben, müssen rasch und oft angefahren werden können, womit sich das Bestreben verbindet, auch ihre **Auslaufzeit** abzukürzen und zu vereinfachen. Ein Mittel zur Abkürzung der reinen Auslaufzeit, die bei Turbostromerzeugern mittlerer Größe in gutem Betriebzustande (sauberes Öl, einwandfreie Lagerung und Ausrichtung) bis zu 25 min dauern kann, ist der Unterdruckbrecher, der durch Einlassen von Luft in das Turbinengehäuse die Ventilationsverluste vergrößert und dadurch den Turbinenläufer bremst (vgl. S. 130). Man kann zum Verkürzen der Auslaufzeit auch die Erregung eingeschaltet lassen. Im übrigen muß die Anlage des gesamten Rohrnetzes den besonderen Betriebsbedingungen weitgehend angepaßt sein. Große **Kühlwasserschieber** wird man nicht von Hand sondern durch einen Elektromotor betätigen lassen. Die Anzahl der beim Stillsetzen zu betätigenden **Absperrvorrichtungen** sowie ihre räumliche Entfernung wird man klein halten, damit Bedienungzeit gespart wird. Da Spitzenmaschinen häufig zugleich zur **Augenblicksbereitschaft** herangezogen werden, so ist die Forderung des **Betriebes** verständlich, daß sie möglichst ganz ohne Sperrzeit nach dem Stillsetzen wieder angefahren werden können. Eine Turbinenanlage kann dem ohne weiteres entsprechen, sofern bereits vor dem Baue der Turbine ihre spätere Verwendungsart bekannt-

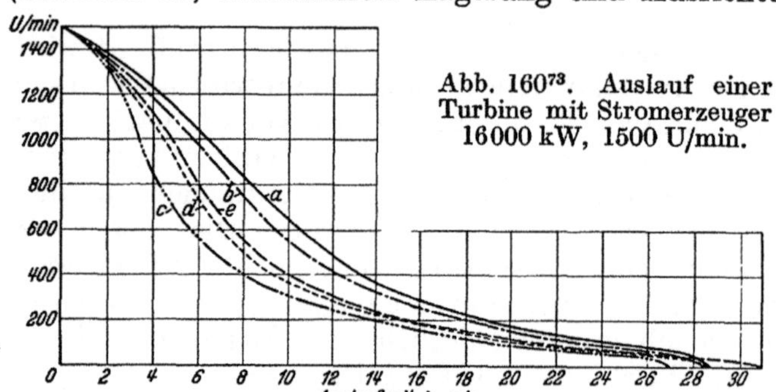

Abb. 160[73]. Auslauf einer Turbine mit Stromerzeuger 16000 kW, 1500 U/min.

Auslaufversuch	Tag	Kondensation stillgesetzt nach	Auslaufversuch	Tag	Kondensation stillgesetzt nach
a	4. 7. 25	5 min	*d*	23. 1. 26	1,5 min
b	12. 8. 25	4 „	*e*	19. 2. 26	2 „
c	9. 10. 25	1 „			

[73] Nach Arch. Wärmewirtsch. Bd. 7 (1926) S. 307/308 Abb. 8, 9 und 10.

gegeben wird. Läufer, die gleichmäßig abkühlen und sich bei Wiederinbetriebnahme ebenso gleichmäßig wieder durchwärmen, sind in dieser Hinsicht vorteilhaft. Drehvorrichtungen unterstützen diese Bestrebungen.

Eine ganz besondere Art von häufigem Abstellen haben Schiffsmaschinen während des Steuerns dauernd auszuhalten. Hierbei müssen sie oft innerhalb weniger Sekunden von Vollast-Vorwärts auf Vollast-Rückwärts umgesteuert werden, wobei der in die Rückwärtsturbine eingeleitete Dampf als Gegendampf bremsend wirkt. Allerdings bleibt bei allen diesen Steuervorgängen der Läufer immer durchgewärmt, die Verformungen infolge ungleichmäßiger Abkühlung, wie sie beim Stillsetzen üblicher ortfester Anlagen auftreten, fallen während dieses Steuerns also fort. Immerhin werden auch hier Turbinen mit reichlichen Schaufelspielen von Vorteil sein.

23. Der Stillstand.

Die Fürsorge für eine Turbine darf nicht aufhören, wenn die Maschine abgestellt ist. Im Gegenteile erfordert gerade eine stillgesetzte Maschine besondere Sorgfalt, wenn man sie jederzeit betriebsbereit erhalten oder wenigstens vor dem Schadhaftwerden schützen will. Unter diesem Gesichtspunkte sind es hauptsächlich drei verschiedene Erscheinungen, auf die sich die Sorge für die stillstehende Dampfturbine erstrecken muß: erstens die Abkühlungsverhältnisse und die damit zusammenhängenden Verformungen von Gehäuse und Läufer, zweitens die Rostgefahr bei Vorhandensein feuchter Luft im Turbineninneren und drittens, falls ein lange andauernder Stillstand vorauszusehen ist, die Pflege ganzer Turbinen oder ihrer Einzelteile mittels besonderer Schutzmittel.

Der Frage der Abkühlung insbesondere des Läufers kommt insofern eine besondere Bedeutung zu, als davon im gewissen Sinne unmittelbar die Zeit des Wiederanfahrens ab noch nicht ganz erkalteter Maschine abhängt. In jeder Kondensationsturbine besteht auch nach dem Stillsetzen ein Temperaturunterschied zwischen Turbine und Kondensator. Die noch durchwärmten Wände des Turbinengehäuses mit ihrem großen Wärmeinhalte strahlen während des Abkühlens Wärme aus. Vom Kondensator her dagegen breitet sich Kaltluft nach der Turbine hin aus. Der Turbinenläufer bleibt also zunächst in einem Teile wärmer, während er auf der anderen, dem Kondensator zugekehrten Seite abgekühlt wird. Das hat zur Folge, daß der Läufer sich durchbiegt. Diese Durchbiegung nimmt eine gewisse Zeitlang zu, um dann, wenn die Gehäusewände sich allmählich auf den Temperaturspiegel der Umgebung abkühlen, langsam auf den ursprünglichen Zustand zurückzugehen. In nennenswertem oder sogar schwerwiegendem Maße tritt diese Erscheinung nur bei Turbinenläufern großer Masse auf, also vor allem bei Trommelturbinen oder auch Scheibenturbinen mit Wellen von mehr als etwa 300 mm Durchmesser. Scheibenturbinen kleiner und mittlerer Leistung mit entsprechend dünneren Wellen sind frei davon. Eine gleiche Abkühlungsdurchbiegung kann beim Läufer des Stromerzeugers je nach der Art der Kühlluftführung und der Jahreszeit auftreten, was infolge seiner Kupplung mit dem Turbinenläufer selbstverständlich auch dessen Lauf mit beeinflussen kann. Solange ein Teil des Wellenstranges eine solche Krümmung aufweist, ist ein Wiederanfahren der Anlage mit Schwierigkeiten verbunden, da sich ein derart unruhiger Lauf einstellen kann, daß die Turbine noch einmal stillgesetzt werden muß. Meist allerdings, besonders bei den weniger bewegte Masse enthaltenden Räderturbinen, wird sich die Unruhe nach kurzer Betriebzeit von selbst verlieren, da die Welle dann, von neuem gleichmäßig durchgewärmt, auch ihre durch die ungleiche Abkühlung bewirkte Verformung wieder verloren hat. Eine Unruhe im Läufer kann im Zusammenhange mit dem hier behandelten Abkühlungzustande auch ganz unabhängig davon durch nicht einwandfreie Befestigung der Scheiben oder der Trommel auf der Welle hervorgerufen werden. Ihr Losewerden beim Anfahren muß daher durch die Art der Befestigung von vornherein ausgeschlossen sein.

Will man sich darum über die Anfahrmöglichkeit einer Turbine aus jedem Zustande heraus ein Bild machen, so muß in Ergänzung zu den Auslaufkurven besonders das Verhalten des Turbinenläufers nach dem Stillsetzen der Turbine untersucht werden.

Jede Turbinenbauart, ja fast jede Turbine verhält sich bei ihrer Abkühlung anders. Je größer die abzukühlenden Massen sind, um so länger ist auch die Zeit, bis eine gleichmäßige Abkühlung erreicht und die Verbiegung des Läufers wieder zurückgegangen ist. Verhältnismäßig schnell ist das bei Räderläufern, also verhältnismäßig dünnen Wellen mit aufgesetzten Radscheiben, der Fall, wesentlich länger dauert es bei schweren Trommelläufern. Den allgemeinen Verlauf einer Durchbiegungskurve für eine Turbine ohne irgendwelche besondere Hilfsmittel für gleichmäßige Abkühlung zeigt Abb. 161. Die Durchbiegung erreicht hier ihren Höhepunkt etwa 7 h nach dem Stillsetzen der Turbine, sie verschwindet ganz erst nach rund 24 h. Zum Vergleiche ist in die gleiche Abbildung eine Kurve über den Verlauf der Läuferdurchbiegung bei Kaltluftkühlung eingetragen. Unter Kaltluftkühlung ist hier ein Verfahren zu verstehen, nach dem bei stillstehender Maschine mehrere Stunden lang Kaltluft unter Druck (rund 5 atü) durch die Turbine geblasen wird. Obwohl damit, der Kurve nach, die Abkühlzeit ganz wesentlich abgekürzt und auch der Höchstausschlag der Welle stark verringert wurde, hat sich dieses Verfahren bisher nicht weiter eingeführt (Gefahr von Wärmespannungen!).

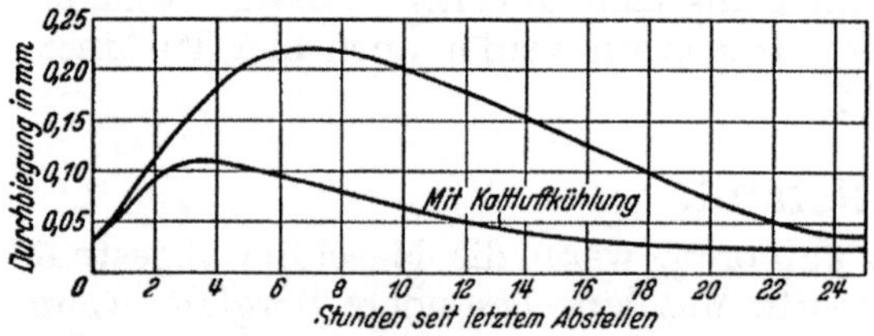

Abb. 161[74]. Durchbiegung einer Turbinenwelle nach dem Stillsetzen der Turbine.

Mehr Aussicht und weitere Verbreitung kommt dagegen dem Drehen der Läufer nach dem Abstellen der Anlage zu. Dreht man z. B. einen Läufer nur jeweils in gewissen Zeitabständen um 180°, so wird die Durchbiegungskurve etwa den in der Abb. 162 angedeuteten Verlauf haben. Man erreicht also dadurch eine bedeutende Verkürzung der Abkühlzeit und damit früher eine Bereitschaft zum Wiederanfahren der Turbine. Dieses mehrmalige Drehen in großen Zwischenräumen kann auf verschiedene Weise erreicht werden. Die einfachste Art ist die, daß der Läufer vom Maschinenhauskrane aus mit Hilfe eines herumgeschlungenen Seiles gedreht wird, eine andere ist die Verwendung eines knarrenähnlichen Zahntriebes, der durch einen Preßölkolben betätigt wird, falls unmittelbare Handbetätigung der Größe der Maschine wegen nicht mehr möglich ist. Mitunter wird es, im Zusammenhange hiermit, für notwendig erachtet, daß die Welle vorher durch Drucköl von 80 bis 100 atü angehoben wird. Meist genügt jedoch bereits die im Lager vorhandene Ölschicht zur Schmierung und der Andrehwiderstand läßt sich ebenfalls überwinden.

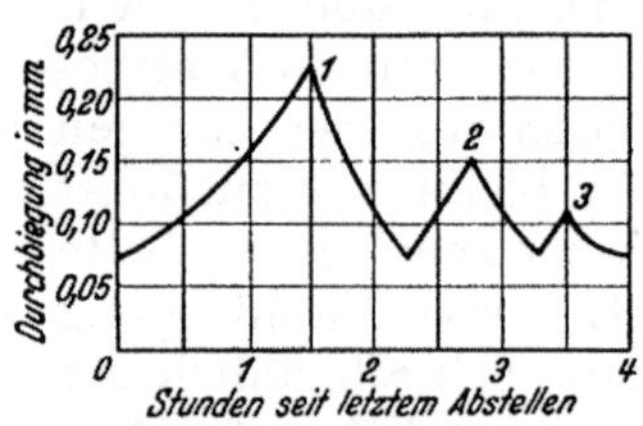

Abb. 162[74]. Durchbiegung einer Turbinenwelle nach dem Stillsetzen der Turbine. Bei 1, 2, 3 wurde die Welle jeweils um 180° gedreht.

Zweckmäßiger als ein derartiges unterbrochenes Drehen des Läufers ist ein gleichmäßiges langsames Laufen für mehrere Stunden nach dem Abstellen der Turbine. Hierzu dient dann ein besonderer Motor mit entsprechender Schneckenübersetzung auf die Turbinenwelle, Abb. 101. Bezüglich der geeignetsten Drehzahl hierfür scheint sich die Ansicht durchzusetzen, daß $^1/_4$ bis $^1/_2$ U/min ausreichen, während früher oft 20 bis 50 U/min genannt wurden, was natürlich einen wesentlich größeren Kraftaufwand und größeren Antriebsmotor bedingen würde.

In welcher Form überhaupt die Anfahrzeit abhängen kann von der Zeit seit der letzten Stillsetzung zeigte deutlich bereits Abb. 100, und es wird unterstrichen durch die Beobachtung, daß bei einigen langen, mehrgehäusigen Trommelturbinen ohne besondere Hilfsmittel ein Wiederanfahren von der dritten bis 18. Stunde nach dem Abstellen der Maschine nahezu unmöglich war.

Der schlimmste Schaden, der an einer stillstehenden Turbinenanlage auftreten kann, ist das Rosten ihrer Innenteile. Da in besonders starkem Maße die Lauf- und Leitschaufeln davon betroffen werden, so bedeutet dieser Schaden zugleich eine erhebliche Vergrößerung

[74] Nach Elektr.-Wirtsch. Bd. 27 (1928) S. 477 Abb. 7 und 8.

der Ausgaben für Ersatzteile. Im übrigen verursachen rauhe Schaufeloberflächen größere Reibungsverluste, also etwas schlechteren Wirkungsgrad. Man kann dieser Gefahr allerdings durch entsprechende Wahl der Schaufelbaustoffe entgegenwirken. So gut wie gar nicht sind ihr unterworfen Messing und Nickelmessing, die jedoch für hohe Betriebstemperatur und hohe Beanspruchungen nicht zu verwenden sind. Die häufigsten Schaufelbaustoffe, 5% Ni-Stahl und die bekannten sogenannten nichtrostenden Stähle, sind nicht vollkommen rostbeständig, diese allerdings mehr als jener. Es bleibt somit nur übrig, Mittel anzuwenden, die die Verrottungsursachen weitgehend verringern oder beseitigen. Das ist bei sachgemäßem Betriebe auch zu erreichen, wobei man auf verschiedene Weise vorgehen wird, je nachdem ob es sich um kurzfristige Stillstände mit jederzeitiger Anfahrbereitschaft oder um längere Zeiten handelt, während welcher die Maschine bis zu einem gewissen Grade auseinander genommen werden kann. Trifft man aber die Vorkehrungen, die gegen das Rosten im Stillstande vorgeschlagen werden und erprobt sind — vorausgesetzt natürlich, daß außergewöhnliche Zerstörungsursachen nicht vorliegen —, dann braucht nicht mit vorzeitigem Verschleiße von Innenteilen gerechnet zu werden.

Als Rostschutzmittel für vorübergehenden betriebsmäßigen Stillstand sind zunächst zu nennen sorgfältige Austrocknung und weitere Trockenerhaltung des Turbineninneren, wie für den Fall längerer Stillsetzung. Jede Art der Belüftung dient diesem Zwecke, und in vielen Fällen reicht eine sorgfältige und sachgemäße Belüftung der Innenräume bereits aus. Trotzdem wird sich, da Temperaturschwankungen im Maschinenraume sich nicht immer vermeiden lassen, von Zeit zu Zeit auch Schwitzwasser im Turbineninneren bilden. Man muß also, zugleich mit der Belüftung, danach streben, die Luft im Maschinenraume durch geeignete Heizung oder künstliche Trocknung möglichst trocken zu halten.

Natürlich muß auch streng darauf geachtet werden, daß außer den besonders vorgesehenen Belüftungs- und den Entwässerungsöffnungen alle Zu- und Ableitungen der Turbine vollkommen dicht abgeschlossen sind. Besonders ist darauf zu achten, daß das Hauptabsperrventil keinen Sickerdampf in die Turbine gelangen läßt. Ebenso gefährlich ist Sickerdampf aus Vorwärmleitungen oder, falls eine derartige Schaltung vorliegt, durch die Hilfsturbine und deren Abdampfleitung in den ND-Teil der Hauptturbine eindringender Sickerdampf. Bei mehreren auf einen gemeinsamen Rohrstrang geschalteten Gegendruckturbinen ist, sofern eine davon außer Betrieb bleibt, diese natürlich auch vor Rückdampf aus der Gegendruckleitung zu schützen. Alle irgendwie mit Dampfbehältern verbindenden Zu- oder Ableitungen sollten daher doppelte Absperrung mit dazwischen liegender, reichlicher Belüftung haben, da nur auf diese Weise das Eindringen von Sickerdampf, dem gefährlichsten Verrottungserreger, verhindert werden kann. Da sich Dampfschwaden mitunter auch nur in bestimmten Räumen der Turbine festsetzen, empfiehlt es sich auch aus diesem Grunde, den Läufer einer stillstehenden Turbine in gewissen Zeitabständen in eine andere Stellung zu drehen.

Wirksamer als diese einfache Belüftung, und vor allen Dingen für alle ungünstigere Verhältnisse geeignet, ist die Zwangbelüftung des Turbineninneren mit besonders getrockneter, d. h. geheizter Luft. Zweckmäßig in der Nähe der Dampfeinströmung ist hierfür ein Anschlußstutzen vorzusehen — auch bei älteren Anlagen wird meist ohne besondere Schwierigkeiten irgendeine Öffnung hierzu verwendet werden können —, durch den einige Zeit hindurch nach der Stillsetzung der Turbine und später in geeigneten Zwischenräumen warme Luft eingeblasen wird, die entweder durch ein besonderes Ventil am Abdampfstutzen oder durch das geöffnete Notauspuffventil des Kondensators wieder entweicht. Als Luftverdichter genügt ein einfaches Schmiedegebläse, in dessen Druckleitung eine elektrische Heizvorrichtung eingebaut ist. Abb. 163 zeigt eine solche Anordnung. Für mehrere Maschinen in der gleichen Halle kann man entweder, wenn die Verrottungsangriffe besonders stark auftreten, je Maschine ein besonderes Gebläse vorsehen oder aber für alle Maschinen eine gemeinsame Belüftungsanlage verwenden, die, trag- oder fahrbar ausgebildet, je nach Bedarf für die eine oder die andere Maschine verwendet wird. Für mittelgroße Turbinen werden Schmiedefeuergebläse einer Förderleistung von etwa 6 m^3/min ausreichen. Der Kraftbedarf hierfür ist gering, nur etwa

1 kW ist für die Beheizung erforderlich. Es genügt, das Gebläse täglich 1 bis 2 h laufen zu lassen.

Die Frage der Pflege von Dampfturbinenanlagen bei längerem Stillstande — ebenso für Kessel, Stromerzeuger, Vorwärmer, Rückkühlanlagen usw. — hat erst in den letzten Krisenjahren, die einen unvermutet starken Rückgang des Stromabsatzes brachten, große Bedeutung erhalten. Gropp schätzte auf Grund amtlicher Unterlagen Ende 1932 den brachliegenden Wert der stillgesetzten Kraftwerksleistung in Deutschland auf rund $^3/_4$ Milliarden Reichsmark. Es ist verständlich, daß bei dieser Sachlage der Stillstandspflege der Kessel, Maschinen usw. besondere Sorgfalt zugewendet werden mußte. Diese fand ihren Niederschlag in umfassenden Richtlinien [75], die die BEWAG ausarbeitete und die den Ausgangspunkt für eine Tagung der VDEW 1932 bildeten, deren Vorträge in einem Sonderhefte [76], zusammengefaßt wurden. Die ganze Frage kann hier in diesem Rahmen nicht in ihren Einzelheiten behandelt werden, die Behandlung muß vielmehr auf das Grundsätzliche beschränkt werden.

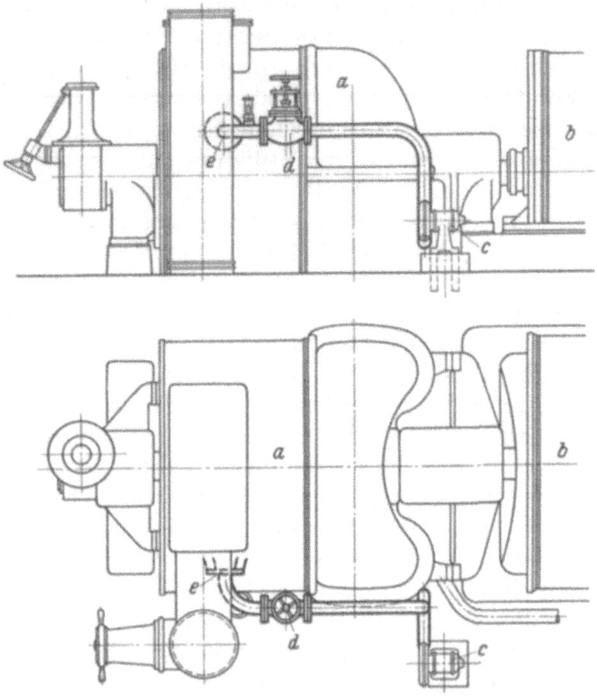

Abb. 163. Warmbelüftungsanlage für eine eingehäusige Kondensationsturbine.

a Turbine; *b* Stromerzeuger; *c* Warmluftgebläse; *d* Absperrventil; *e* Anschluß am Turbinengehäuse.

Alle Maßnahmen zur Stillstandspflege von Kraftwerksanlagen müssen unter folgenden drei Gesichtspunkten geprüft werden: Schutzverfahren als solche, Pflege der stillgesetzten Anlage, ihre Wiederinbetriebsetzung, wie das auch bereits in der Dreiteilung der BEWAG-Richtlinien zum Ausdrucke kommt. Es können somit z. B. manche Schutzverfahren, die sonst ihren Zweck gut erfüllen würden, nicht verwendet werden, weil sie bei der späteren Wiederinbetriebnahme nachteilig sein können, wie, um nur ein Beispiel zu nennen, der Schutzanstrich irgendwelcher Ölbehälter, der später die Alterung des Öles beschleunigen würde.

Die Ursachen von Schäden, die an außer Betrieb genommenen Turbinen auftreten können, sind, von Sonderfällen abgesehen, Rost, Frost, Hartwerden organischer Stoffe, Verharzen oder Sauerwerden von Ölen, Angriff durch Elektrolyse. Gegen alle Ursachen sind Abwehrmittel im Gebrauche. Ihre Verwendung ist meist auf eigene Erfahrungen des Kraftwerkes zurückzuführen, erst in neuerer Zeit werden die erwähnten BEWAG-Richtlinien in gewisser Einheitlichkeit befolgt. Als Folge der an vielen einzelnen Stellen zugleich, aber unabhängig voneinander eingeführten Abhilfemaßnahmen ergibt sich, daß manche Verfahren hier als gut bewährt, dort als unzweckmäßig bezeichnet werden.

Gegen Rost hilft am besten, falls die Turbine aufgenommen wird, ein Schutzanstrich, der Sauerstoff und Wasser vom Eisen fernhält. Bei der Auswahl der Schutzanstrichmittel ist auf die Wiederinbetriebsetzung Rücksicht zu nehmen (z. B. Ölbehälter!). Grund-

[75] Drei Druckschriften: „Richtlinien für die Konservierung stillgesetzter Kraftwerksanlagen", „Richtlinien für die Wartung stillgesetzter, konservierter Kraftwerksanlagen" und „Richtlinien für die Wiederinbetriebnahme stillgesetzter, konservierter Kraftwerksanlagen". Berlin: BEWAG 1932, mit Ergänzungen von 1934.

[76] „Konservierung, Wartung und Wiederinbetriebnahme stillgesetzter Kraftwerksanlagen". Berlin: VDEW 1933.

sätzlich muß hervorgehoben werden, daß es mit einem einfachen Schutzanstriche im allgemeinen nicht getan ist. Sorgfältigste Reinigung aller zu schützenden Teile ist Vorbedingung, die die Forderung begründet, erst überholen, dann schützen. Turbinenschaufeln werden zweckmäßig durch einen Anstrich mit gelber, säurefreier, flüssiger Vaseline geschützt; Gehäuse, Räder, Trommeln — aber nicht die Lagerstellen — und Labyrinthstopfbuchsen werden mit Öl eingerieben, Kohlestopfbuchsen mit heißem Paraffine behandelt. Ähnliche Wirkung wenigstens für die Beschauflung wurde verschiedentlich ohne Öffnung der Turbinen in der Weise versucht, daß in der letzten Betriebzeit vor dem Stillsetzen Vaseline mit dem Dampfe in die Turbine gebracht wird, oder daß, beabsichtigt oder unbeabsichtigt, Öl im Kessel mit dem Wasser verdampft und mit dem Dampfe in die Turbine gelangt. Von anderer Seite wurde vorgeschlagen, Öl in einem Behälter zu verdampfen und die Dämpfe in das Turbineninnere zu leiten. Keines dieser Verfahren ist unwirksam, keines aber erreicht die Sicherheit, die man durch Schutzanstriche nach Aufdecken der Maschine erreicht. Sie sind daher für verhältnismäßig kurze Stillstände zweckmäßig, die ein Öffnen der Turbinen nicht rechtfertigen.

Um das im Turbineninneren nach dem Betriebe zurückbleibende Wasser erst einmal zu beseitigen und dann das Wiedereindringen neuen Wassers zu verhindern, sind zunächst die gleichen Mittel möglich, die für kurzfristige Stillstände bereits erwähnt wurden, d. h. Belüftung und Zwangumlauf warmer Luft. Maas[77] hat eingehende Versuche über den Verlauf der Luftfeuchtigkeit im Inneren von Turbinen, die durch die üblichen Belüftungsanschlüsse mit der Raumluft in Verbindung standen, vorgenommen und für sein Werk feststellen können, daß mit der Trockenbelüftung ein ausreichender Schutz gewährleistet ist. Gestattet die voraussichtliche Dauer der Stillsetzung eine gewisse Zerlegung der Turbine, so ist es zweckmäßig, den Gehäuseoberteil anzuheben und nach Zwischenlegen von Blöcken wieder aufzusetzen, so daß ein breiter Zwischenraum zwischen den Flanschen bleibt. Der Läufer wird zweckmäßig von Zeit zu Zeit gedreht.

Ein anderes Mittel, das Turbineninnere trocken zu halten, ist das Einbringen eines Feuchtigkeit anziehenden Stoffes, zum Teile allein, zum Teile in Verbindung mit der Zwangbelüftung. Am besten eignet sich Chlorkalzium, billiger, aber auch weniger wirksam ist Ätzkalk. Die zunächst versuchte Anwendung dieser Mittel in Schränken, die durch eine Rohrleitung mit der Turbine verbunden wurden, hat sich nicht bewährt. Man muß vielmehr das Chlorkalzium in offenen Schalen mitten in den Dampfraum der Turbine oder in den Kondensator einhängen oder stellen.

Wo Turbinen für lange Zeit stillgesetzt werden, wird man zweckmäßig alle Zu- und Ableitungen von Dampf zur Turbine blind flanschen, um mit Sicherheit Schwadendampf fernzuhalten. Die Labyrinthstopfbuchsen sind durch Einsetzen dichtender Scheiben, die überdies zweckmäßig mit Lack verklebt werden, möglichst luftdicht zu schließen.

Eine gewisse Besonderheit unter den einer Stillstandspflege zu unterziehenden Dampfturbinen sind solche, deren Stromerzeuger als Phasenschieber verwendet werden. Die Turbinen werden hier allenfalls zum Hochfahren der Stromerzeuger mit Dampf und versuchsweise auch mit Preßluft gebraucht, ihre Stillstandspflege muß daher auf diese Verhältnisse zugeschnitten sein.

Gegen Frostschäden gibt es als Mittel nur entweder das Fernhalten der Kälte (Raumheizung) oder das Fernhalten des Wassers. Das letztere ist das zuverlässigste, da Frost oft unvorhergesehen auftritt und die Raumheizung, wenn sie unter allen Umständen ausreichen soll, schwierig und kostspielig zugleich ist. In diesem Sinne dürfen auch die Kondensatoren, wenn Frostgefahr besteht, nicht aufgefüllt gehalten werden. Wo die Rohre beiderseits eingewalzt sind, wird man auf die Bedingung der vollen Wasserfüllung verzichten können, weniger aber dort, wo Rohrpackungen verwendet sind, die eintrocknen könnten. Jegliches Wasser muß aus der Anlage entfernt werden. Unzugängliche Räume sind gegebenenfalls anzubohren oder durch vorsichtiges Erwärmen auszutrocknen.

---

[77] S. 15/18 in: VDEW-Sonderdruck nach Fußnote 76, S. 204.

Das Hartwerden organischer Stoffe spielt eine Rolle z. B. bei den Gummidichtungen der Wasserstopfbuchsen zwischen Turbine und Kondensator. Man füllt die Wassertasse mit schwacher Natronlauge, zu der man von Zeit zu Zeit Wasser als Ersatz für verdunstetes nachfüllen muß.

Bei guten Ölen ist ein Verharzen eigentlich nicht zu befürchten. Um aber vollkommen sicher zu gehen, daß bei der Inbetriebnahme von Maschinen in den Gelenken der Reglungsteile keine Hemmungen auftreten, ist es zu empfehlen, das Öl von den betreffenden Stellen durch eine Abwaschung mit Trichloräthylen zu entfernen und die Bolzen mit säurefreier Vaseline einzufetten. Die Neutralisationzahl des Turbinenöles wird bei Stillstand der Maschine wesentlich weniger steigen als im Betriebe; dennoch soll man dessen Überwachung nicht aus den Augen lassen, besonders dann nicht, wenn das Öl mit Farbstoffen in Berührung steht oder Schlamm absetzt.

Elektrolytische Vorgänge durch Schleichströme oder sonstige elektromotorische Kräfte erfordern die gleiche Beachtung wie im Betriebe (vgl. S. 226/229 und 236/237).

24. Die regelmäßige Besichtigung und Überholung.

Die Lebensdauer einer Dampfturbine ist nahezu unbegrenzt, wenn in der Wartung, Instandhaltung und Überholung die nötige Sorgfalt obwaltet. Davon zeugen unzählige Turbinen aller Bauarten, die nach oft 20- bis 25jähriger Dienstzeit noch so sicher wie am ersten Tage arbeiten, obwohl sie inzwischen zum Teile 150000 bis 200000 Betriebstunden hinter sich haben[78]. Die wichtigsten Gesichtspunkte für die Wartung im Betriebe sind die Überwachung der Dampfverhältnisse und die Ölversorgung und -pflege. Die Wartung muß ergänzt werden durch eine regelmäßige Überholung der ganzen Maschine in bestimmten Zeitabständen, bei der beginnender Verschleiß rechtzeitig festgestellt und durch Wiederherstellung oder Ersatz der betreffenden Bauteile beseitigt wird.

Der Verschleiß an den Bauteilen einer Turbine ist außerordentlich gering und beschränkt sich im wesentlichen, wenn überhaupt ein nennenswerter Verschleiß auftritt, auf die ND-Beschauflung, die Stopfbuchsen, die Lager und die Reglergetriebe. Durch gründliche und sachgemäß vorgenommene Überholung einer Turbine läßt sich der Ursprungzustand nahezu vollkommen wieder herstellen, d. h. der mechanische Wirkungsgrad (Lagerverluste, Hilfsmaschinen) wird nach der Überholung nahezu wieder seine ursprüngliche Höhe erreichen, und ebenso verschlechtert sich der Dampfverbrauch nur sehr wenig mit dem Maschinenalter, wenn Wartung und Instandsetzung sorgfältig gehandhabt werden (vgl. S. 195/196). Daß trotzdem in Kraftwerken mit alten und neuen Turbinen vielfach die älteren nur noch für Betriebsausfälle bereitgehalten werden, hat seinen Grund in dem durch die inzwischen erzielten Fortschritte und Verbesserungen begründeten höheren Wirkungsgrade neuerer Maschinen, nicht aber in der Verbrauchsverschlechterung oder Einbuße an Betriebzuverlässigkeit der Turbinen früherer Baujahre. Daher finden sich in Industriekraftwerken, wo der Turbinenwirkungsgrad unter Umständen nicht die ausschlaggebende Rolle spielt, weil dort die Dampfwärme in den nachgeschalteten Heizvorgängen fast restlos ausgenutzt wird, häufig Betriebsturbinen höheren Lebensalters vor als in reinen Elektrizitätswerken.

Sofern es der Betrieb gestattet, sollte eine Dampfturbine jährlich einmal einer gründlichen Überholung unterzogen werden, wenigstens aber in jedem zweiten Jahre. Es sind darüber hinaus Fälle bekannt, wo wesentlich längere Betriebzeiten zwischen zwei Überholungspausen lagen, z. B. 7 Jahre, jedoch sollten längere Zeiten als ein oder höchstens 2 Jahre nicht zugelassen werden. Wird die Überholung zu lange hinausgeschoben, so können aus kleinen Ursachen, nur weil sie nicht rechtzeitig entdeckt und beseitigt wurden, große Schäden entstehen. Tritt z. B. während gelegentlicher Betriebstillstände Sickerdampf in die Turbine ein, dessen beginnende Wirkung infolge zu weit

[78] Vgl. z. B. Elektrotechn. Z. Bd. 54 (1933) S. 837, wonach die im Großkraftwerke Zschornewitz „seit dem Jahre 1916 errichteten Anlagen zu einem größeren Teile bereits 100000 Betriebstunden überschritten und mittlere Einheiten von 20 bis 25 MVA eine Arbeitsleistung von mehr als 1,3 Milliarden kWh je Maschinensatz hinter sich haben.“

auseinanderliegender Überholungen nicht rechtzeitig festgestellt wird, so kann der Sickerdampf die Beschauflung nach und nach unbrauchbar machen, ehe Anzeichen dafür überhaupt entdeckt worden sind.

Bei der planmäßigen Besichtigung und Überholung ist in erster Linie jeder Bauteil der Turbine zu untersuchen und wenn möglich auszubauen; jede Fehlstelle oder jeder entdeckte Schaden ist dabei zu beseitigen. Alle möglicherweise einem Verschleiße unterworfenen Teile sind mit besonderer Sorgfalt auf Abnutzung zu untersuchen. Zeigt sich an irgendeiner Stelle ein im Verhältnisse zur Betriebzeit ungewöhnlich hoher Verschleiß, so ist nicht nur der betroffene Teil auszubessern oder auszuwechseln, sondern auch der Grund des starken Verschleißes festzustellen und zu beseitigen. Die Besichtigung muß zugleich dazu benutzt werden, zu untersuchen, ob Anzeichen dafür vorhanden sind, daß der Wirkungsgrad sich verschlechtert haben könnte. Solche Anzeichen wären z. B. ausgeschlagene Außen- oder Innenstopfbuchsen, in stärkerem Ausmaße abgenutzte Schaufeln u. dgl.. Schließlich läßt jede Besichtigung des Turbineninneren aus dem Befunde der Dampfwege und Schaufeln Schlüsse zu auf den Zustand und die Reinheit des von den Kesseln kommenden Dampfes.

Beim Ein- und Ausbaue der einzelnen Bauteile ist darauf zu achten, daß weder die Wartungsmannschaft noch die Maschinenteile zu Schaden kommen. Die Maschinenwärter sollen, unbeschadet, daß zweckmäßig jede größere Überholung unter Aufsicht oder Anleitung eines Richtmeisters des Lieferwerkes vor sich gehen sollte, mit der richtigen Handhabung der einzelnen Bauteile vertraut sein. Vor dem Ein- und Ausbaue sind die Hebezeuge, Seile, Ketten, Laufkatzen usw. auf ihren guten Zustand zu untersuchen.

Das Heben und Senken der Bauteile mittels des Kranes soll nur mit mäßiger Geschwindigkeit vor sich gehen. Seitliches Schwingen der Hebezeuge mit der Last ist zu verhindern. Ganz besonders muß darauf geachtet werden, daß die Lagerzapfen der Wellen und die Verzahnungen der Getriebe, falls solche vorhanden sind, nicht beschädigt werden. Bevor die Hebezeuge zum Anheben von Teilen, die nach längerer Betriebzeit festgebrannt sein können, in Tätigkeit gesetzt werden, sind diese mittels der Abdrückschrauben ein wenig anzuheben. Schwerere Teile dürfen nicht unmittelbar auf die Flurplatten gesetzt werden. Es sind Balken unterzulegen, um das Gewicht auf eine größere Bodenfläche zu verteilen.

Beim Öffnen des Turbinengehäuses und Herausnehmen des Läufers sind folgende Gesichtspunkte zu beachten:

Zuerst sind Drehzahlmesser, Druckmesser, Thermometer und alle anderen empfindlichen Meßgeräte abzubauen und an einem sicheren Platze zu lagern. Danach ist die Verschalung und der Wärmeschutz soweit abzubauen, daß die waagerechte Teilfuge des Gehäuses zugänglich wird.

Die Hauptdampfleitungsanschlüsse am Schnellschlußventile sind zu lösen, desgleichen die Entwässerungsleitung vom Schnellschlusse, die Ölzufluß- und -abflußleitungen von den Ölkraftgetrieben. Dann ist das ganze Schnellschlußventil auszubauen.

Ferner sind auszubauen das Reglungsgetriebe, die Ölleitungen zwischen Steuer- und Kraftkolben, Entwässerungs- und Leckölleitungen von den Nockenwellenlagern usw., die Wrasenrohre an den Außenstopfbuchsen.

Die Muttern der Teilfugenbolzen und -schrauben sind zu lösen und die Bolzen zu entfernen. Dabei ist zu beachten, daß wenigstens alle Paßbolzen und ihre zugehörigen Bohrungen gezeichnet werden, falls sie dies noch nicht sind. Beim Lösen der Schrauben ist darauf zu achten, ob die Teilfuge der Gehäuse klafft oder sperrt. Wo in HD-Turbinengehäusen durchbohrte Bolzen für Warmanziehen der Muttern verwendet werden, Abb. 164, müssen sie auch beim Lösen angewärmt werden, damit man die Muttern leicht lösen kann.

Wo zum Ausbaue des Gehäuseoberteiles Führungstangen verwendet werden, sind diese einzusetzen und zu schmieren. Danach sind die Seilschleifen oder die Hebevorrichtung anzulegen.

Schließlich ist die waagerechte Teilfuge mittels der Abdrückschrauben zu lösen. Hat man sich überzeugt, daß der Gehäuseoberteil nirgends mehr hakt, so kann er langsam mittels des Kranes angehoben werden, wobei darauf zu achten ist, daß er in Waage bleibt.

Ist das Turbinengehäuse geöffnet, so sind zunächst vor allen Dingen die inneren Teilfugen daraufhin zu untersuchen, ob etwa der Dampf sich längs dieser Teilfugen, gewissermaßen in einem inneren Kurzschlusse, einen Weg von einer Gehäusekammer in eine andere gebahnt hat. Dann sind die Lagerdeckel und die oberen Hälften der Lagerschalen und des Drucklagers abzuheben. Die oberen Hälften der Innenstopfbuchsen werden in der Regel mit dem Gehäuseoberteile zugleich abgehoben. Nachdem der Regler abgebaut und die Kupplung zum Läufer des Stromerzeugers gelöst ist, kann der ganze Turbinenläufer aus dem Gehäuseunterteile herausgehoben werden.

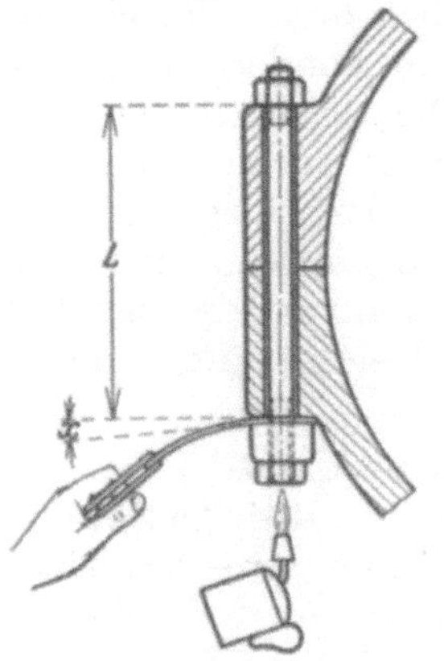

Abb. 164. BTH, Anwärmvorschrift für Teilfugenschrauben mit Mittenbohrung.

	C-Stahl	Cr-Ni-Stahl
L mm	x mm	x mm
406	0,28	0,42
457	0,31	0,47
508	0,35	0,53
559	0,39	0,58
610	0,42	0,63
660	0,45	0,68
711	0,49	0,74

1. Baustoff des Bolzens anhand des Stempels feststellen; 2. Muttern in kaltem Zustande fest anziehen; 3. Bolzen mit Lötlampe erwärmen, bis mit Fühlerlehre die für Bolzenlänge L nach obenstehender Tafel vorgeschriebene Längung x festzustellen. Mutter darf nicht gedreht werden; 4. Mutter nun in warmem Zustande erneut fest anziehen; 5. Zum Lösen der Muttern Flamme auf Bolzenachse richten.

An dem aus dem Gehäuse herausgehobenen Läufer ist zunächst festzustellen, ob an den Deckbändern oder an der Beschauflung Reibstellen vorhanden sind. Unter Umständen kann diese Untersuchung auch vorgenommen werden, ohne daß der Läufer aus seinen Lagern genommen wird, da man ihn durch langsames Drehen auf seinem ganzen Umfange besichtigen kann. Man sollte sich auch dann nicht von dieser Untersuchung abhalten lassen, wenn vorher schon die Unversehrtheit des Drucklagers festgestellt worden ist. Sind Reibstellen erkennbar, so ist deren Ursache zu ermitteln und zu beseitigen. Schon aus Art und Form der Reibspuren, ob nur an einzelnen Stellen des Umfanges oder rund herum, lassen sich Schlüsse ziehen. Ist eine Reibstelle z. B. nur auf einem Teile des Umfanges, unter Umständen aber an entsprechender Stelle bei allen Stufen des Läufers, vorhanden, so liegt die Ursache wahrscheinlich im Läufer, der sich krumm gezogen oder verlagert hat. Gleichmäßige Schleifspuren über den ganzen Umfang, die meist nur an einer Stufe auftreten, können durch Verziehen eines Gehäuse- oder Laufteiles verursacht sein. Diese andeutenden Bemerkungen gelten natürlich nicht in gleichem Maße für Fälle schwererer Störungen, bei denen meist verschiedene Einflüsse zugleich, ursächlich oder erst durch den eintretenden Schaden mit verursacht, wirksam werden und daher auch die Erscheinungsformen weniger eindeutig sind.

Die **Beschauflung** ist seit Beginn des Dampfturbinenbaues stets der Teil gewesen, dem Hersteller und Besitzer von Turbinen die größte Aufmerksamkeit gewidmet haben. So ist die Herstellung von Schaufeln für Dampfturbinen eine Sonderwissenschaft geworden, während die Pflege der Beschauflung durch entsprechende Behandlung und Wartung der Turbine im Laufe und im Stillstande mit zu den wichtigsten Aufgaben des Betriebsmannes gehören. Wie wohl kaum ein anderer Bauteil einer Maschine überhaupt zwingt also die Beschauflung Lieferwerk und Turbinenbesitzer zu inniger Gemeinschaftsarbeit zusammen, damit sich die Erfahrungen beider zum beiderseitigem Vorteile gegenseitig ergänzen.

Will man das Verhalten der Turbinenbeschauflung im Betriebe zum Gegenstand einer möglichst allseitigen Betrachtung machen, so kommt man leicht zu einer Darstellung, die bei einem nicht fachkundigen Leser den Eindruck aufkommen lassen könnte, als bestünde das Wesen der Beschauflung in „Schaufelsalat", Schwingungsbrüchen oder durch Wasser verursachten Auswaschungsruinen. Das entspricht jedoch in keiner Weise den Tatsachen. „Schaufelsalat" ist glücklicherweise seit einer Reihe von Jahren zu einer Seltenheit geworden, und auch der Schwingungen und Auswaschungen — von den wenigen Gewaltbrüchen und vereinzelten Verrottungschäden abgesehen — ist man schon großenteils Herr geworden. Heute halten sich die Schaufelschäden nach Zahl und Schwere trotz der dauernd gesteigerten Anforderungen in erträglichem Umfange, was jedoch nicht besagen soll, daß man nicht mit vollstem Einsatze aller Hilfsmittel und Forschungsmöglichkeiten daran arbeiten sollte, sie zu weiterem Zusammenschrumpfen zu zwingen.

Manchmal hat man als Beispiel und als Vorbild der Widerstandsfähigkeit die oft ganz ungewöhnlichen Beanspruchungen von Fahrzeugen, die bei Gestaltung und Bau niemals in vollem Umfange vorausgesehen werden können, hingestellt, wenn Anlaß zu Beanstandungen an Turbinenbeschauflungen wegen stärkerer Abnutzung oder ungenügender Stoßfestigkeit vorzuliegen schien. Zum Teile zu Unrecht; denn keine Dampfturbine wird für so geringe Lebensdauer und so häufige Überholung gebaut wie z. B. Fahrzeugmotoren, die entweder nach einer bestimmten, vergleichsweise sehr niedrigen Betriebstundenzahl ganz oder doch in ihren wichtigsten Teilen ersetzt werden müssen. Nach einer gewissen, und zwar im allgemeinen recht hohen Betriebstundenzahl, die im einzelnen allerdings beträchtlich von den örtlichen Gegebenheiten und der Art der Betriebsführung abhängt, hat auch eine Beschauflung, als der den höchsten Anforderungen im Betriebe ausgesetzte Bauteil, ihre Schuldigkeit getan und sozusagen das Recht, ersatzbedürftig zu sein. Daß viele Turbinen und Turbinenteile von diesem Rechte nur allerspärlichsten Gebrauch machen, ist jedenfalls ein beredtes Zeugnis für die gewissenhafte und hochwertige Arbeit, die die ihrer Verantwortung bewußten und auf ihren guten Ruf bedachten Turbinenwerke gerade auf die Beschauflung verwenden.

Eine Veränderung der Schaufeln, seien es nun Ablagerungen und Verkrustungen auf ihrer Oberfläche oder langsame Aufrauhung der Kanten und Flächen durch Auswaschung und Verrottung, ist bis zu einem gewissen Grade als üblicher Verschleiß anzusehen. Andererseits sind alle Ursachen und ihre Erscheinungsformen die gleichen wie bei entsprechenden Schaufelschäden; der Unterschied liegt somit nicht in der Art, sondern einzig in dem Grade. Die Pflege der Beschauflung im Betriebe wird daher zweckmäßig im Zusammenhange mit den Schäden behandelt, die zum Teile die Folgen mangelhafter Pflege sind, zum Teile auch ihre Ursache in anderen Erscheinungen haben. Zwei Arten von Schaufelschäden müssen unterschieden werden, nämlich solche, an denen die Schaufeln gewissermaßen schuldlos sind, und solche, die in den Schaufeln selbst ihren Ausgangspunkt haben. Zu der ersten Gruppe gehört z. B. die Verschmutzung, aber auch der Bruch von Schaufeln oder sonstige Beschädigungen der Beschauflung durch Fremdkörper, schadhafte Drucklager, Stopfbuchsen, Abschreckung durch Wassereinbruch usw.. In die zweite Gruppe gehören die Abnutzung durch Verrottung oder Auswaschung und schließlich die unmittelbar verursachten Gewalt- und Schwingungsbrüche.

Bei jeder Überholung der Turbine sind der Zustand der Beschauflung mit besonderer Sorgfalt zu untersuchen und die Veränderungen gegenüber dem Befunde bei der voraufgegangenen Überholung und dem Ursprungzustande festzulegen. Für die beiden hauptsächlichen Arten der natürlichen Veränderungen an den Schaufeln, d. h. für die Verkrustung einerseits, die Abnutzung oder Verrottung andererseits, gibt es keine allgemein gültige Regel, wann ein Befund weiteren Betrieb zuläßt oder nicht.

Bei einem Schaufelbruche in der Turbine ist zunächst grundsätzlich zu unterscheiden zwischen dem Bruche einer einzigen oder doch nur weniger Schaufeln und dem Bruche ganzer Schaufelreihen. Der letztere Fall tritt im allgemeinen nicht ohne Rückwirkung auf den Lauf oder überhaupt die Betriebsmöglichkeit der Turbine auf; er muß somit als Schaden behandelt werden und erfordert Ersatz der Schaufelreihe, je nach Befund und Untersuchungsergebnis in gleicher oder geänderter Ausführung. Man kann lediglich, um die Turbine nicht vollkommen entbehren zu müssen, die von dem Schaden betroffenen Schaufelreihen entfernen und die Turbine behelfsmäßig ohne sie wieder in Betrieb nehmen, wobei man mit einem Rückgange an Wirkungsgrad sowohl wie an Leistung zu rechnen hat. Zu beachten ist hierbei allerdings, daß dadurch die Beanspruchung der verbleibenden Beschauflung unzulässig steigen kann. Vorherige Rückfrage beim Lieferwerke ist in einem solchen Falle daher unerläßlich.

Sind nur einzelne Schaufeln eines Läufers gebrochen, so ist festzustellen, ob es sich um Zufallsbrüche oder um kennzeichnende Brüche handelt. Jene können z. B. durch eine trotz aller Proben vorher nicht entdeckte Ungleichmäßigkeit im Baustoffe verursacht sein, diese durch Fehler in Formgebung, Herstellung oder Betrieb. Bei Zufallsbrüchen wird man im allgemeinen nur die gebrochenen Schaufeln und, um das gestörte Gleichgewicht wiederherzustellen, die gleiche Anzahl in Richtung des Durchmessers gegenüberliegender aus demselben Schaufelkranze entfernen. Kennzeichnende Brüche sind den größeren Turbinenschäden gleichzusetzen und wie solche zu behandeln.

Nicht anders als die Schaufeln sind im Hinblicke auf Brüche die Deckbänder und die Bindedrähte zu betrachten. Schaufelschlußstücke, die im Verlaufe des Betriebes sich gelockert haben, dürfen bei der Überholung nicht ohne weiteres wieder hineingeschlagen oder nachgesetzt werden, sondern sind vollkommen zu ersetzen.

Von Ablagerungen sind die Schaufeln bei jeder Überholung der Turbine zu befreien. Mit welchen Mitteln das möglich ist und durch welche vorbeugenden Schutzmaßnahmen die Ursache der Verschmutzung beseitigt werden kann, wird später ausführlich behandelt (S. 231/234).

Zweifellos der häufigste Fall von Schaufelverschleiß ist die Aufrauhung an den im Naßdampfe arbeitenden ND-Laufschaufeln durch Auswaschung, über die auf S. 237/245 Näheres mitgeteilt wird. Es gibt bis heute keinen Baustoff, der dieser Beanspruchung gegenüber vollkommen verschleißfest wäre, daher ist, falls mit feuchtem Dampfe gearbeitet werden muß, eine gewisse Schaufelabnutzung unvermeidlich. Kennzeichen dieser Auswaschungsnarben ist, daß sie im allgemeinen in der ersten Betriebzeit der Turbine zunächst verhältnismäßig rasch, dann aber immer langsamer fortschreiten, was man sich wohl am besten damit erklären kann, daß die der Zerstörung ausgesetzte Fläche und also die von dem auswaschenden Dampfe abzutragende Baustoffmenge um so größer wird, je weiter die Auswaschung die Eintrittskante der Schaufel weggefressen hat. Wie weit eine solche Auswaschung an ND-Schaufeln zulässig ist, entscheidet sich in mechanischer Hinsicht nach der Festigkeit und Beanspruchung des Restquerschnittes, in thermodynamischer nach der als tragbar angesehenen Dampfverbrauchsverschlechterung. Diese Verschlechterung des Wirkungsgrades infolge schlechterer Dampfführung und erhöhter Wandreibung in den Schaufelwegen hält sich allerdings in verhältnismäßig engen Grenzen. Man sollte daher, solange die angerauhten Schaufeln in mechanischer Hinsicht unbedenklich sind, nicht durch Feilen oder Schaben die Schaufeloberfläche wieder zu glätten versuchen; denn man nimmt damit von der Schaufel unnötigerweise Baustoff ab, der sonst in wesentlich längerer Zeit erst von dem Dampfe oder seiner Feuchtigkeit weggefressen werden würde. Die Tiefe der Auswaschungen bei jeder Überholung wie die örtliche Lage der tiefsten Stellen an der Schaufel müssen unbedingt im Maschinentagebuche festgehalten und zweckmäßigerweise zugleich an das Lieferwerk gemeldet werden, das dann seinerseits prüft, ob die ausgewaschenen Schaufeln noch weiter im Betriebe gehalten werden dürfen oder ersetzt werden müssen.

Die Stopfbuchsen, und zwar Außen- wie Innenstopfbuchsen, sind in erster Linie daraufhin zu untersuchen, ob sie Schleifspuren zeigen und ob dadurch die Dichtungspitzen der Standkämme abgeschliffen oder verdrückt sind. Es ist ferner festzustellen, ob die Stopfbuchsenringe in ihrem Gehäuse und dieses seinerseits im Turbinengehäuse noch ordnungsgemäß eingepaßt sind. Die Teilfugen sind zu überprüfen auf Kriechwege des Dampfes, der durch diese von der Stopfbuchse aus in das Turbineninnere oder umgekehrt entweichen würde.

Angelaufene Stopfbuchsenringe lassen sich in leichteren Fällen durch „Nachstrählen" wieder verwendbar machen, wobei durch Baustoffabnahme an der Teilfuge der Ursprungsdurchmesser wieder herzustellen ist. Bei stärkerer Beschädigung wird man angelaufene Stopfbuchsen durch neue ersetzen. Dabei erweisen sich die Ausführungsformen, wie sie bei mittleren und größeren Turbinen vorgesehen werden, als besonders vorteilhaft, bei denen die ganzen Stopfbuchsen nicht unmittelbar in das Turbinengehäuse sondern in einzelnen Ringen in ein eigenes Stopfbuchsengehäuse eingesetzt sind; denn bei ihnen ist ein Ersatz einzelner Ringe leicht und rasch auszuführen und außerdem weniger kostspielig, als wenn eine ganze Buchse auszuwechseln und gegen das Turbinengehäuse vollkommen neu abzudichten wäre.

Bei Kohlestopfbuchsen sind die Kohleringe nach festgestellter Abnutzung wieder einzupassen oder zu ersetzen. Außerdem sind vor allen Dingen die hierfür erforderlichen Spann- oder Haltefedern der Ringe auf Ermüdung hin zu prüfen. Wasserstopfbuchsen müssen von jeglichem Kesselsteinansatze gesäubert werden.

Beim Wiedereinbaue der Stopfbuchsen und Einlegen der Läufer ist die Ausrichtung der Stopfbuchsen sowohl nach ihren radialen Spielen als auch nach ihrer axialen Stellung mit der gleichen Sorgfalt wieder vorzunehmen wie beim ersten Zusammenbaue der Turbine.

Die Lager rechnet man im Turbinenbaue allgemein zu den „dem Verschleiße unterworfenen Teilen". Trotzdem ist, verglichen mit Kolbenmaschinen, das Ersatzbedürfnis bei Turbinenlagern verschwindend gering. So mußten z. B. nach einer zahlenmäßigen Zusammenstellung von Metro-Vick von 940 nach Ablauf einer bestimmten Zeitspanne gelegentlich der üblichen Überholung untersuchten Lagern nur 2%, also noch nicht 20 Paare Lagerschalen erneuert werden und nur etwa ebenso viele ließen sich durch Neuausgießen mit Weißmetall wieder herrichten. Mehr als 900 Lager waren somit ohne jede Einschränkung noch betriebsbrauchbar!

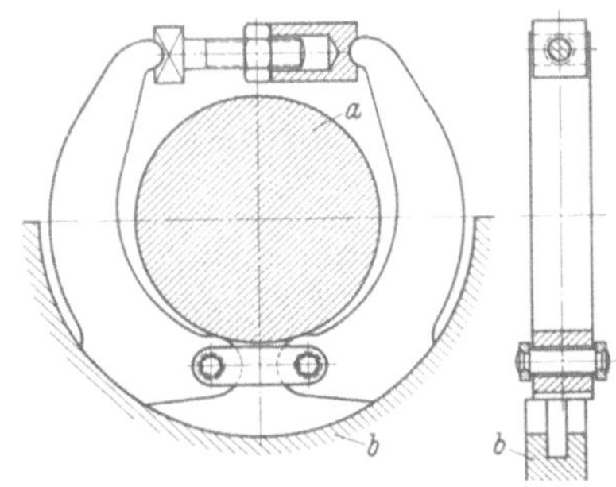

Abb. 165. Vorrichtung zum Anlüften der Turbinenwelle.
a Turbinenwelle; *b* Turbinengehäuse oder Lagerbock (Bohrung für Abdichtungsring).

Die Lauflager sind sämtlich auf Tragspuren an der Lauffläche zu untersuchen und je nach dem Befunde ohne Nacharbeit wieder einzubauen, nachzuschaben, durch Neuausgießen mit Weißmetall wieder herzustellen oder schließlich vollkommen zu ersetzen. Die gleiche Sorgfalt muß der Auflage der Lagerschalen im Lagerbocke bei der Untersuchung zugewendet werden; denn lose Lagerschalen können unruhigen Lauf der Turbinen bewirken. Auch hier ist durch genaueste Besichtigung der Beilagen oder der Auflageflächen festzustellen, ob irgendwelche Bewegungen zwischen Lagerschale und Auflage stattgefunden haben. Mitunter sind die Beilagen, wenn die Lager nicht mehr richtig eingepaßt waren, schon in vollkommen zerhämmerten Zustande vorgefunden worden.

Wird bei der Untersuchung der Turbine der Läufer nicht aus dem Gehäuse herausgehoben, so daß man also auch nicht frei an alle Lagerstellen herankommen kann, so besteht bei allen Turbinenbauarten die Möglichkeit, die Unterschalen der Lager unter dem leicht angehobenen Läufer, unter Umständen sogar bei geschlossenem Turbinengehäuse, herauszudrehen. Bei diesem Herausdrehen der Lagerschalen leistet eine Läuferanhebevorrichtung nach Abb. 165 gute Dienste. Die beiden Backen werden mit ihren Auflagerflächen in eine Bohrung des Lagerbockunterteiles eingelegt, aus dem die untere Hälfte des Einsatzringes vorher herausgedreht worden ist. Mit der Sperrschraube spreizt man dann die freien Schenkel der Backen und hebt so mit der nötigen Feinabstufung die Welle um einige Zehntel Millimeter, die einerseits ausreichen, daß man die unteren Lagerschalenhälften unter Benutzung von Ösenschrauben unter der Welle herausdrehen kann, andererseits aber noch klein genug sind, daß die Beschauflung nicht infolge Andrückens an das Gehäuse oder seine Einsätze beschädigt wird.

Die Drucklager sind in der gleichen Weise wie die Lauflager auf Tragstellen oder sonstige Unregelmäßigkeiten zu überprüfen. Dabei ist auch die Oberfläche des Laufringes auf der Welle zu untersuchen und festzustellen, ob sie genau lotrecht zur Welle ist. Alle Ölwege im Drucklager sind zu reinigen.

Wo mit Rücksicht auf etwaige Lagerströme die Lagerböcke gegen die Grundplatten elektrisch geschützt sind, ist die Unversehrtheit der Schutzstoffe zu überprüfen und, falls erforderlich, wiederherzustellen.

Nachgiebige Kupplungen sind auszubauen und zu besichtigen. Ungleichmäßiges Tragen der Klauen oder Zähne ist durch Nacharbeit und Neuausrichtung zu beseitigen, bei fortgeschrittener Abnutzung sind die betreffenden Teile auszuwechseln. Ursache für ungewöhnlich rasche Abnutzung sind meist Ölmangel, mitunter auch Wellenströme. Bei Vorhandensein dieser wird man, wenn sie nicht vollkommen zu beseitigen sind, die beiden zu kuppelnden Wellen durch irgendeine Überbrückung elektrisch verbinden. Die Kupplungshülsen sind von Ölrückständen zu reinigen.

Bei der Überholung der Turbine kann man zur Überprüfung der Ausrichtung der Welle genau so verfahren wie beim ersten Zusammenbaue. Man stellt also alle erforderlichen Maße durch unmittelbare Messung mit entsprechenden Behelfseinrichtungen fest. Man kann diese Überprüfung durch eine Meßvorrichtung erleichtern — und das geschieht häufig bei Schiffsturbinenanlagen —, die aus einem Meßbügel und einem reiterförmigen Paßstücke besteht, also eine Art Lehre darstellt, Abb. 166. Nach dem Zusammenbaue und Ausrichten wird der Meßbügel auf der waagerechten Teilebene über den Lagerstellen der Welle aufgestellt und der Reiter schließend zwischen Oberkante Welle und Meßbügel gepaßt. Ersatzlagerschalen müssen, damit die Welle wieder in ihre ursprüngliche Lage gebracht wird, unter Umständen so weit nachgearbeitet werden, d. h. es muß — natürlich unter Berücksichtigung des vorgeschriebenen Lagerspieles — so viel Weißmetall herausgeschabt werden, bis der Reiter wieder schließend zwischen Welle und Meßbügel paßt. Mit dieser Meßvorrichtung kann somit die richtige Lage der Welle vor der neuerlichen Inbetriebsetzung einwandfrei überprüft werden.

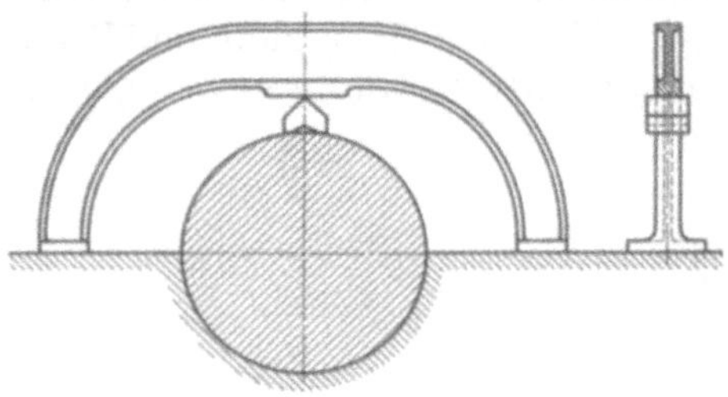

Abb. 166. Vorrichtung zum Überprüfen der Höhenlage von Turbinen- und Getriebewellen.

Bei den Getrieben sind die Gehäusedeckel abzunehmen, sämtliche Lager auf Abnutzung zu untersuchen, die Verzahnungsteile zu besichtigen und alle Schmiervorrichtungen und Ölwege auf Sauberkeit zu überprüfen. Es ist besonders darauf zu achten, daß die Stellung der Ölspritzdüsen so ist, daß das Öl unmittelbar vor das Eingriffsfeld der Verzahnung gespritzt wird.

Die Verzahnung eines Getriebes sollte, obwohl bei richtiger Bemessung und ordnungsgemäßer Ölversorgung eine Beschädigung oder unzulässige Abnutzung so gut wie nie vorkommt, Zahn für Zahn geprüft werden. Die Tragspuren an den Zahnflanken sollen sich gleichmäßig über die ganze Verzahnungsbreite erstrecken und keine Unregelmäßigkeiten aufweisen. Aus den Tragspuren kann auch auf die Richtigkeit oder auf eine Veränderung der Ausrichtung der Lager geschlossen werden.

Ist nach längerem Betriebe festzustellen, daß die Tragspuren auf der Verzahnung sich nicht über die ganze Verzahnungsbreite erstrecken, so ist, da bei derartigen, von einer erfahrenen Werkstätte hergestellten Hochleistungsgetrieben Herstellungsfehler nicht angenommen werden können, daran stets eine nicht vollkommen richtige Ausrichtung der Lager oder eine Verlagerung der Wellen Schuld. Eine Berichtigung dieser wird in allen Fällen ein gleichmäßigeres Tragen der gesamten Verzahnung herbeiführen.

Mitunter trifft man auch heute noch auf eine gewisse Abneigung gegen Getriebeturbinen. Vielfach ist es die hohe Turbinendrehzahl, der man mit Mißtrauen begegnet. Man läßt dabei allerdings außer acht, daß bei höheren Drehzahlen infolge der dann wesentlich kleineren Abmessungen aller sich drehenden Teile die Umfangsgeschwindigkeiten und damit auch die Fliehkraftbeanspruchungen nicht nur nicht größer, sondern in den meisten Fällen wesentlich kleiner sind als bei Turbinen üblicher Drehzahl, somit auch ihre Betriebsicherheit größer ist. Dann aber ist manchmal auch die Unkenntnis der wesentlichen Betriebseigenschaften von Turbinengetrieben eine weitere Quelle des Mißtrauens. Aus diesen Gründen soll hier das Verhalten von Verzahnungen im Betriebe einer etwas eingehenderen Betrachtung unterzogen werden.

Die Lebensdauer von Turbinengetrieben, sachgemäße Bauart und Herstellung und hinreichende Ölversorgung vorausgesetzt, ist in Wirklichkeit unbegrenzt. Es ist eine völlig unrichtige Vorstellung, daß mechanische Übertragungen dieser Art nach einer gewissen Betriebzeit einen schädlichen und unzulässigen Verschleiß aufweisen müssen. Denn wenn der Flüssigkeitsdruck zwischen den Zahnflanken so groß ist, daß die Kräfte allein durch die Schmierschicht übertragen werden — was meist der Fall sein wird — und in keinem Punkte der Flanken unmittelbare metallische Berührung stattfindet, kann eine den Betrieb störende oder die Sicherheit gefährdende Abnutzung überhaupt nicht auftreten. Tatsächlich ist es auch noch nie vorgekommen, daß eine richtig bemessene Verzahnung, wenn die Ölversorgung im Betriebe in Ordnung gehalten wurde, zufolge Abnutzung unbrauchbar geworden ist. Zum vollständigen Verständnisse muß indes hier auf zwei Erscheinungen hingewiesen werden, die in den ersten Betriebsmonaten manchmal auftreten, da deren Wesen trotz vorliegender jahrelanger Erfahrungen noch immer nicht allgemein bekannt ist.

In der ersten Zeit des Baues von schnell laufenden Zahnradvorgelegen konnte man noch nicht eine so hohe Genauigkeit der Verzahnung erreichen, wie es heute möglich ist. Man hielt es daher früher allgemein für erforderlich, Turbinengetriebe ähnlich wie Zahnräderpaare für geringe Drehzahlen und andere Zwecke vor der Inbetriebnahme einlaufen zu lassen, was zum Teile unter Verwendung von Schleifmitteln wie Glas, Graphit u. dgl. durchgeführt wurde. Mit der fortschreitenden Vervollkommnung des Herstellungsverfahrens ist dieses Einschleifen aber vollkommen entbehrlich geworden, so daß es heute bei ungehärteten Zahnrädern seit Jahren als überholt anzusehen ist. Die Verzahnungen sind also nach der Herstellung auf der Bearbeitungsmaschine ohne weitere Nacharbeit oder sonstige Maßnahmen betriebsbereit, womit man allerdings in Kauf nimmt, daß in der ersten Betriebzeit selbst ein gewisses Einlaufen stattfindet, bei dem eine geringe Baustoffabnahme, sei es in Form von Grübchen- oder Gratbildung, auftreten kann. Bei der Beurteilung dieser Erscheinungen ist auch zu berücksichtigen, daß die Herstellung der Verzahnung auf der Bearbeitungsmaschine in spannungslosem Zustande, d. h. ohne Drehmoment in den Ritzel- und Radwellen, erfolgt, während im Betriebe entsprechend der zu übertragenden Leistung eine gewisse, wenn auch sehr geringe Verdrehung auftritt und diese von dem einen Ende der Verzahnung von Null zum anderen Ende auf der Antriebseite bis zur vollen Höhe zunimmt. Es wird deshalb auf alle Fälle an der Antriebseite zunächst ein etwas stärkeres, härteres Anliegen und Anpressen der Zahnflanken aufeinander stattfinden, das unter Umständen in der ersten Betriebzeit an dieser Stelle eine gewisse Verformung oder Abnutzung der Flanken bewirken kann, bis sich nach einiger Zeit der Druck über die ganze Verzahnungsbreite verteilt und damit der der Berechnung zugrunde gelegte mittlere Zahndruck eingestellt hat. Die tatsächliche Baustoffabnahme ist indes bei diesem Vorgange stets nur überaus gering und auf alle Fälle viel geringer als bei einem gewaltsamen Einlaufen mittels eines Schleifmittels, so daß der auf die ersten Betriebsmonate beschränkte Vorgang lediglich als ein verfeinertes, die Zähne mehr schonendes Einlaufverfahren angesehen werden kann. Die hierbei sich abarbeitenden Stahlspänchen, die mit in den Ölkreislauf gelangen, müssen natürlich aus diesem nach Erfordernis — in der ersten Betriebzeit also häufiger — durch entsprechende Vorrichtungen (Ölsiebe, Ablaßhähne, Schleudern usw.) entfernt werden. Denn eine wichtige Voraussetzung für störungsfreien Lauf und hohe Lebensdauer eines Zahnradvorgeleges ist nebst reichlicher Ölversorgung und Verwendung geeigneten Öles die Reinhaltung des gesamten Ölkreislaufes, um unzulässige Verschlechterung des Schmiermittels und -vorganges zu verhindern.

An den Zähnen der Räder zeigt sich nun manchmal in der ersten Betriebzeit in der Nähe des Teilkreises eine geringe Veränderung der Oberfläche, eine Erscheinung, die mit Grübchenbildung, Pockennarben oder „pittings" bezeichnet wird. Ihr Auftreten ist durch verschiedene Umstände zu erklären. Ein Grund sind zunächst die Abwälz- und Abrollvorgänge der Verzahnung selbst. Der Zahneingriff beginnt nämlich am Kopfe des Radzahnes und am Fuße des Ritzelzahnes. Der arbeitende Teil des Ritzelzahnfußes ist aber kürzer als die Kopfhöhe des Radzahnes. Da die ungleich langen Flankenwege vom Eingriffspunkte in gleicher Zeit zurückgelegt werden, bewegt sich der Eingriffspunkt auf dem Radzahne vom Kopfkreise zum Teilkreise schneller, so daß auf ihm eine gewisse Zerrung der Zahnoberfläche nach dem Teilkreise zu stattfindet. Das Gleiche, aber in entgegengesetzter Richtung, erfolgt auf dem Fuße der Radverzahnung. Infolge dieses Gleitens auf den Flanken der Radzähne von beiden Seiten nach dem Teilkreise zu und der sich dadurch dort ergebenden, allerdings sehr geringen Baustoffansammlung treten nun in der Nähe des Teilkreises unebene Stellen auf, die höher beansprucht werden, als dem mittleren Zahndrucke entspricht. Infolge der höheren örtlichen Beanspruchung bilden sich dann kleine Druckkegel aus, von denen etwas Baustoff abgetragen wird. Das Auftreten dieser Druckkegel oder Grübchen am Teilkreise wird dadurch begünstigt, daß dort reines Abrollen der Zahnflanken aufeinander, also kein gegenseitiges Gleiten mehr stattfindet und daher die trennende Schmiermittelschicht, die sich bekanntlich am besten bei einer gegenseitigen Gleitgeschwindigkeit und einem keilförmigen Zwischenraume zwischen den zu schmierenden Flächen ausbildet, am wenigsten wirksam ist.

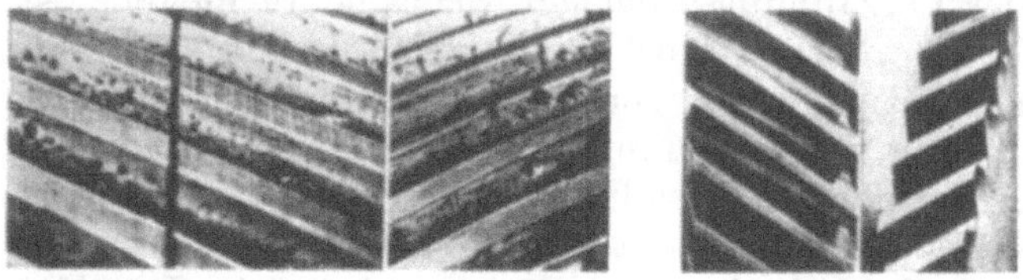

Ritzeldurchmesser. . .	291 mm	184,5 mm
Drehzahl	427 U/min	3670 U/min
Umfangsgeschwindigkeit . .	6,5 m/s	35,5 m/s
Zahndruck	205 kg/cm	535 kg/cm
Betriebzeit	400 h	263 h

Abb. 167[79]. Grübchenbildung an den Zähnen eines Schiffsturbinengetriebes (links) und eines ortfesten Turbinengetriebes (rechts).

Auf die Grübchenbildung kann auch ungenügende Steifheit des Getriebegehäuses und dessen Auflage von Einfluß sein. So konnte als Ursache des Versagens einiger Schiffszahnradvorgelege aus früherer Zeit tatsächlich das Verziehen des Getriebegehäuses als Folge von Formänderungen des Schiffskörpers festgestellt werden. Bei ortfesten Vorgelegen sind die Verhältnisse diesbezüglich wegen der größeren Steifigkeit der Fundamente und der im allgemeinen geringeren Gehäuseabmessungen wesentlich günstiger. Die Grübchen sind von verschiedener Größe, meist von einem Durchmesser von ungefähr 0,5 mm, mitunter von bis 3 mm. Ihre Tiefe ist meist sehr gering, im Mittel etwa 0,1 mm, obwohl sie zufolge ihrer schwarzen Färbung wesentlich größer erscheint. Die Grübchen treten vereinzelt oder mehr zusammenhängend auf, Abb. 167. Die durch das Ausbrechen der zerstörten Metallteilchen eingeleitete Bildung von Grübchen nimmt aber bereits nach verhältnismäßig kurzer Zeit ab, kommt nach den ersten Betriebsmonaten vollständig zum Stillstande und hat daher keinerlei nachteilige Wirkung[80].

Ebenso unschädlich und unbedenklich wie diese Grübchenbildung ist eine andere häufig mit ihr gleichzeitig anzutreffende Erscheinung. Häufig wird nämlich in der ersten Betriebzeit an der äußeren Kante der Ritzelzähne ein Grat festgestellt. Die Erklärung hierfür ist, daß hier das Gleiten der Zahnflanken vom Teilkreise nach beiden Richtungen erfolgt, also ein gewisses Verdrängen des Baustoffes vom Teilkreise weg stattfindet. Das Auftreten dieser Gratbildung ist bei Verzahnungen, die vor Inbetriebnahme nicht eingeschliffen worden sind, ein in der ersten Betriebzeit mehr oder weniger erforderlicher Vorgang, da ja in dieser erst das Einlaufen der Verzahnung erfolgt. Bei Maschinen mit stark schwankendem Drehmomente, wie z. B. Schiffsgetrieben, tritt dieser Grat manchmal in stärkerem Maße auf. Aber auch solche Getriebe sind erfahrungsgemäß seit vielen Jahren in anstandslosem Dauerbetriebe und haben trotz hoher Beanspruchungen nie zu irgendwelchen Beanstandungen Anlaß gegeben. Tritt ein Grat auf, so wird er gelegentlich eines Stillstandes des Getriebes mit einfachen Mitteln, meist mit einem Schaber

[79] Nach Gen. electr. Rev. Bd. 23 (1920) S. 64/65 Abb. 5 und 6.

[80] Vgl. H. Frahm: Zahnradgetriebe für Turbinen- und Motorschiffe der Werft Blohm & Voss. Jb. schiffbautechn. Ges. Bd. 26 (1924) S. 100. G. Bauer: Der Schiffsmaschinenbau Bd. 2 Anhang S. 107. München: R. Oldenbourg 1927. R. Klein: Einiges aus der Praxis des Getriebebaues. Glasers Ann. Bd. 105 (1929) S. 185.

und von Hand, abgenommen. Nach einiger Zeit kommt auch diese Gratbildung stets zum Stillstande. Beim getriebenen Rade, auf dessen Zahnflanken das Gleiten, wie erwähnt, von beiden Seiten zum Teilkreise hin erfolgt, tritt diese Erscheinung nicht auf.

Daß die Auffassung von dem Wesen dieser beiden Erscheinungen, also die Erklärung beider als Folge des Einlaufvorganges, richtig ist, wird auch dadurch bestätigt, daß beide Erscheinungen, vorausgesetzt natürlich, daß das Getriebe im übrigen richtig entworfen und gebaut ist, nur in den ersten Betriebsmonaten auftreten. Demnach handelt es sich hier um völlig unbedenkliche und vor allem die Betriebsicherheit der Getriebe in keiner Weise beeinflussende Erscheinungen. Es genügt erfahrungsgemäß immer, den Grat zu entfernen und dafür zu sorgen, daß die aus den Grübchen ausgebrochenen Stahlteilchen nicht dauernd im Ölkreislaufe verbleiben. Mit Gestaltung und Aufbau des Getriebes, also etwa der Zahl der Traglager oder der Art der Lagerung der Wellen oder ihrer Kupplungen, haben diese Erscheinungen nichts zu tun. Sie sind keineswegs ungewöhnlich, sondern im Gegenteile eher sogar erwünscht, weil sie im Sinne der gegebenen Erklärung die zusammenarbeitenden Zahnflanken zum besseren Tragen bringen.

Niemals ist es notwendig gewesen, ein Turbinengetriebe, welches auf den Zahnflanken Grübchen der erwähnten Art aufweist, als betriebsunzuverlässig anzusehen. Die Erfahrung hat sogar wiederholt gezeigt, daß gerade Maschinen mit stärkerer Grübchenbildung ganz besonders ruhig und geräuschlos laufen. Vollständig abwegig und verfehlt wäre es daher, ein solches Getriebe lediglich dieser Erscheinung wegen durch ein anderes ersetzen zu wollen.

Der Schnellschlußregler ist so oft als möglich zu besichtigen, damit man sich vergewissert, daß er betriebsfähig ist, und etwa eintretende Abnutzung oder Änderung der Einstellung rechtzeitig feststellen kann. Gelegentlich dieser Besichtigung ist der Regler zu reinigen und zu schmieren. So manche Störung an Turbinen hatte ihre Ursache in der Vernachlässigung der Überwachung der Sicherheitsregler und ihrer Übertragungsmittel.

Am Schnellschlußventile ist bei jeder Überholung insbesondere auf den Zustand der Sitzfläche am Ventilkegel und am Ventilkorbe und der Schnellschlußklinke zu achten. Die Ventilspindel ist an der Stopfbuchsenstelle auf ihre Oberflächenbeschaffenheit zu untersuchen, leichte Anrauhungen sind zu glätten, jeder stärkere Angriff durch Verrottung oder Auswaschung erfordert Auswechslung der Spindel. Zugleich ist die Ursache für den Verschleiß festzustellen und, wenn möglich, zu beseitigen.

Das Getriebe zum Antriebe des Drehzahlreglers und der Ölpumpen ist bei der regelmäßigen Besichtigung vor allem auf richtigen Zahneingriff des Ritzels oder der Schnecke im Rade zu untersuchen. Die Radzähne werden, wenn die Ausrichtung einwandfrei ist, über die ganze Zahnbreite gleichmäßig tragen. Festgestellter Verschleiß ist in der auf S. 136/137 eingehend erörterten Weise zu ermitteln und seine Ursache zu beseitigen.

Auch die üblichen Überholungsarbeiten an Drehzahl- und Druckreglern samt den Übertragungsmitteln sind bereits (S. 135/137) behandelt. Sie erstrecken sich im Wesentlichen auf die Untersuchung aller Schneiden, Bolzen, Gelenke, Lager usw. auf Abnutzung. Toter Gang im Übertragungsgestänge ist durch Erneuerung oder Nachrichten abgenutzter Gelenke oder Zapfen zu beseitigen. Die Ventilsitze, -kegel und -spindeln sind zu reinigen und zu glätten, unter Umständen gegen Ersatzteile auszuwechseln.

Die Kondensatoren sind bei den regelmäßigen Besichtigungen und Überholungen auf Dichtheit an den Flanschverbindungen sowohl wie an den Kühlrohren zu überprüfen. Die Ursachen der Zerstörung von Kondensatorrohren, sowie die verschiedenen Erscheinungsformen werden später behandelt (S. 225/230). Undichte Flanschen sind neu zu verpacken, undichte Rohre abzublinden oder zu ersetzen. Die Stopfbuchsen an Kondensatorrohren sind, wenn nötig, nachzuziehen. Beim Ersatze eingewalzter Rohre ist folgendes zu beachten:

Die Bohrungen in den Rohrböden müssen genau walzenförmig und senkrecht zum Boden sein; sie sollen nur etwa 0,25 mm im Durchmesser größer sein als der Rohraußendurchmesser, damit das Rohr nicht unnötig weit aufgeweitet werden muß. Die Mittelachse der Rohrwalze muß beim Walzen mit der Längsachse des Rohres zusammenfallen. Die Walzen müssen abgerundet sein oder kegelig auslaufen, damit der Übergang vom aufgeweiteten Durchmesser zum Ursprungsdurchmesser allmählich ist, und sollen nicht zu tief in das Rohr eingeführt werden. Die Abrundung oder der kegelige Auslauf der Steine soll beim Walzen noch 1 bis 2 mm innerhalb des Rohrbodens liegen.

Gleichzeitig ist die Lagerung des Kondensators auf seinen Stühlen sowie seine Abstützung gegen die die Tischplatte des Fundamentes tragenden Querbalken zu untersuchen und nötigenfalls nachzuziehen. Die Wasserstopfbuchse zwischen Turbine und Kondensator, soweit vorhanden, ist zu reinigen, brüchig gewordene Gummidichtung auszuwechseln und das Wasserzuflußrohr sowie der Überlauf zu reinigen. Schließlich ist die Ausrichtung der Turbine gegen den Kondensator zu überprüfen und zu berichtigen.

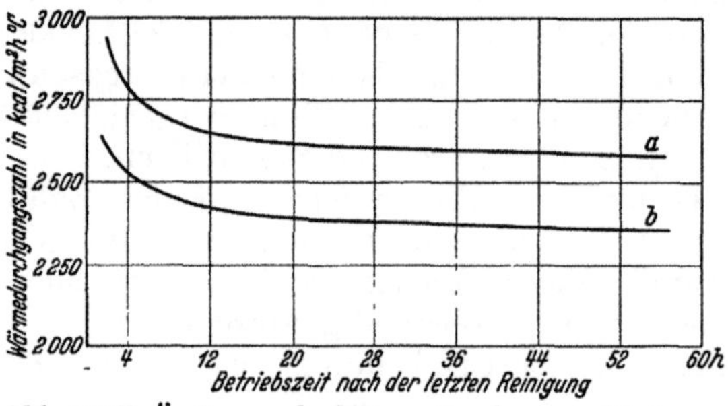

Abb. 168[81]. Änderung der Wärmedurchgangzahl eines 8350 m^2-Oberflächenkondensators nach dem Reinigen der Rohre. Vergleichsversuch mit neuen (*a*) und alten (*b*) Rohren.

	Versuch	
	Anfang	Ende
Luftleere . . . . %	93,13	93,03
Kühlwassereintrittstemperatur . °	24,5	25,0
Kühlwasseraustritts-temperatur, neue Rohre °	31,4	31
Kühlwasseraustritts-temperatur, alte Rohre °	30,4	30,9
Kühlwassermenge . . . m^3/h	40000	
Kühlwassergeschwindigkeit in den Rohren . . . . . . m/s	2,42	
Dampfbelastung . . . . kg/m^2 h	61	

Neben diesen, etwa in den gleichen Zeitabständen wie die Überholung der Turbine vorzunehmenden Überprüfungen und Überholungsarbeiten am Kondensator muß die **Reinigung der Kondensatorrohre** je nach Bedarf vorgenommen werden, wenn die Leistungsfähigkeit und Wirtschaftlichkeit der ganzen Turbinenanlage auch dauernd gewährleistet sein soll. In den Kraftwerken der New York Edison Co. sind Beobachtungen über die Wärmedurchgangzahl von Kondensatorrohren nach der Reinigung angestellt worden; durch deren Ergebnisse, Abb. 168, wird einerseits bestätigt, daß sich auch bei sorgfältiger und genügend häufiger Reinigung der Rohre ihre Wärmedurchgangzahl mit dem Betriebsalter der Rohre etwas verschlechtert, andererseits zeigen die Kurven, daß bei allen Rohren bereits in wenigen Stunden nach der Reinigung sich der Wärmedurchgang verhältnismäßig stark verschlechtert, um dann allerdings nur noch sehr allmählich weiter abzusinken.

Die Zeitabstände und die Art der erforderlichen Reinigung sind abhängig von der Beschaffenheit des Kühlwassers und der dadurch hervorgerufenen Verschmutzung der Rohre. Bei der Rohrreinigung müssen die Ablagerungen restlos beseitigt werden, ohne daß dabei die Rohre selbst angegriffen oder beschädigt werden.

Sehr lose anhaftender Schlamm kann schon durch eine zeitweilige Erhöhung der Kühlwassergeschwindigkeit während des Betriebes entfernt werden. Diesen Zweck verfolgt z. B. die Spülung nach Bogner-Hülsmeyer. In den Wasserkammern sind hier verschiebbare Platten vorgesehen, Abb. 169, mit denen man von außen einen Teil der Rohre vom Kühlwasser vollständig absperren kann. Wird auf diese Weise z. B. die Hälfte der Rohre abgedeckt, so fließt das Kühlwasser mit erhöhter Geschwindigkeit nun durch die andere, noch freie Hälfte und spült den lockeren Schlamm fort. Eine Geschwindigkeitserhöhung auf den doppelten Betrag wird nicht erzielt, da auch der Durchflußwiderstand größer wird; je nach der Kennlinie der Pumpe wird die Geschwindigkeit auf das 1,7 bis 1,85fache erhöht. Da diese Art der Reinigung sehr einfach ist, kann sie ohne besondere Mehrkosten beliebig oft vorgenommen werden.

[81] Nach Abb. 34 in: NELA: Condensing Equipment, a Report of the Prime Movers Committee, Nr. 250, 1933.

In ähnlicher Weise arbeitet der Kruppsche Kondensatorspüler. Hierbei wird in der Wasserkammer eine schwenkbare Düse angebracht, die von außen mit Druckwasser gespeist wird. Die Einrichtung ist so getroffen, daß die Düse mittels außenliegender Handräder an die Mündung eines jeden Rohres herangebracht werden kann. Die Rohre werden durch den mit großer Geschwindigkeit austretenden Wasserstrahl kräftig durchspült. Eine außen angebrachte Zeigervorrichtung, welche zwangläufig mit der Düse verbunden ist, zeigt an, welches Rohr gerade gespült wird. Die Reinigung der gesamten Kühlfläche kann auf diese — allerdings kostspielige — Weise ebenfalls ohne Betriebsunterbrechung vorgenommen werden.

Geräte zum mechanischen Entfernen der Ablagerungen gibt es in großer Zahl. Nicht allzu fest anhaftender Schlamm kann durch Gummipfropfen entfernt werden, die durch die Rohre hindurchgetrieben oder „hindurchgeschossen" werden. Für fester haftenden Schlamm werden runde Bürsten von 15 bis 20 cm Länge, die mit Kalkutta- oder Drahtborsten versehen sind, angewendet. Auch korbartige Geräte, bei denen sich Drähte an die Rohre anschmiegen, Metallpfropfen und Werkzeuge mit scharfen schabenden Kanten werden verwendet. Es muß bei derartigen Werkzeugen aber stets darauf geachtet

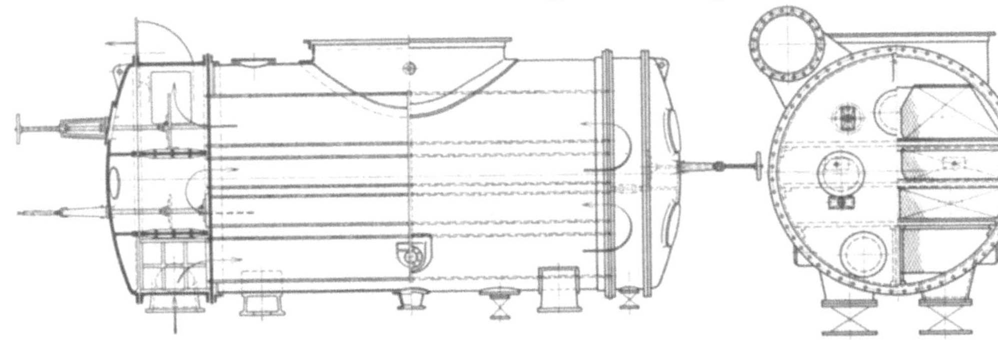

Abb. 169. Oberflächenkondensator mit Rohrspülvorrichtung nach Bogner-Hülsmeyer.

werden, daß sie die Rohrinnenfläche nicht beschädigen; schon ein geringes Aufrauhen begünstigt Ablagerungen und beschleunigt die Verrottung. Die Geräte werden an Stangen oder Gasrohren befestigt und von Hand im Rohre hin- und hergeschoben. Nur bei größeren Anlagen wird Preßluft oder Druckwasser zur Betätigung verwendet. Das Reinigen muß stets mit Wasserspülung, die gleichzeitig oder nachher angewendet werden kann, verbunden sein, damit der abgelöste Schlamm auch wirklich entfernt wird. Es gibt Vorrichtungen, welche den Rohrreiniger selbsttätig im Rohre unter gleichzeitiger Wasserspülung vortreiben und zurückholen. Die Anschaffung eines entsprechend teuren selbsttätigen Gerätes ist dort gerechtfertigt, wo große Kühlflächen oft gereinigt werden müssen. Mitunter wird auch mit Sandstrahlgebläsen gereinigt. Einige Werke berichten, daß das Durchblasen heißer Luft den Kesselstein zum Abplatzen bringt. Von Wasserpflanzen gebildeter Schlamm kann dadurch entfernt werden, daß man das Wasser in den Rohren durch kurzzeitiges Abstellen der Kühlwasserzufuhr auf 80 bis 90^{0} erwärmt und die Pflanzen auf diese Weise tötet. Dieses Mittel darf aber nur mit größter Vorsicht angewendet werden, da durch zu starkes Erwärmen die Dichtungen des Kondensators unbrauchbar werden können. Auch kann bei manchen Schlammarten dadurch das Gegenteil, nämlich ein Festbacken, erreicht werden.

Sehr harter, fest anhaftender Stein kann durch Ausbohren der Rohre entfernt werden. Dabei kann der Bohrkopf durch eine biegsame Hohlwelle angetrieben werden, durch die gleichzeitig Spülwasser zugeführt wird. Bei regelmäßigem Ausbohren der dünnwandigen Kondensatorrohre wird aber in kurzer Zeit die Wandstärke beträchtlich vermindert werden, selbst wenn dabei allergrößte Sorgfalt angewendet wird. Es empfiehlt sich daher nicht, dieses Verfahren anzuwenden, sondern lieber durch häufige anderweitige Reinigung dafür zu sorgen, daß sich gar nicht erst eine harte Steinkruste bilden kann.

In der Absicht, die Kondensatorreinigung möglichst zu beschleunigen, werden die Kondensatoren bisweilen mit geteilter Wasserkammer ausgeführt. Die eine Hälfte des Kondensators kann dann zur Reinigung geöffnet werden, während die andere mit erhöhter Kühlflächenbelastung und entsprechend verringerter Luftleere in Betrieb bleibt. Dieser Vorgang ist auch bei Turbinen mit zwei Kondensatoren möglich, wenn durch entsprechende Formgebung des Abdampfteiles der Turbine oder durch eine dampfseitige Verbindung beider Kondensatoren dafür gesorgt ist, daß der gesamte Abdampf zu jedem der beiden Kondensatoren strömen kann.

Chemische Reinigung der Kondensatorrohre wird nur bei sehr fest haftendem, zementiertem Steine vorgenommen. Sie wird in den meisten Fällen mit Salzsäure durchgeführt. Für die Entfernung der dabei frei werdenden Kohlensäure muß durch Öffnungen in den Wasserkammern, bei mehrflutigen Kondensatoren auch in den Zwischenwänden der Wasserkammern, gesorgt werden. Die Salzsäurelösung wird meistens in einer Anreicherung von 5% angewendet. Sie stumpft sich während des Reinigungsvorganges auf etwa 0,5% ab. Eine höhere Anreicherung anzuwenden, ist wegen der erhöhten Gefahr für den Rohrbaustoff nicht zu empfehlen. Die Reinigungssäure wird in einem Behälter mit Wasser gemischt und dann in den Wasserraum des Kondensators abgelassen. Das wird so lange wiederholt, bis der Kondensator gefüllt ist. Zuweilen wird bei der Reinigung eine Umwälzpumpe verwendet, welche die Säure während des Reinigungsvorganges stets in Bewegung hält. Nach anderen Verfahren wird der Wasserraum luftleer gemacht, um das Aufsteigen der Gasblasen zu beschleunigen; auch mit erwärmter Lösung wird gearbeitet. Alle diese Mittel sparen Zeit, wobei jedoch zu beachten ist, daß bei allzu rascher Lösung des Steinansatzes die Rohre selbst stärker gefährdet werden können. Während der Reinigung ist durch Stichproben (Titrieren) die Anreicherung der Säure ständig zu überprüfen. Sinkt sie unter 0,5%, so wird die Lösung abgelassen. Das Verfahren wird so oft wiederholt, bis der ganze Steinansatz entfernt ist. Der Dampfraum des Kondensators soll während der Reinigung mit Wasser gefüllt sein. Nach der Reinigung ist der Wasserraum gründlich durchzuspülen, die Rohre sind durch Bürsten vom Schlamme zu säubern. Man kann den Wasserraum auch nach der Reinigung mit einer Sodalösung anfüllen, um die noch vorhandenen Säurereste unwirksam zu machen. Um den Säureangriff auf die Rohre zu hemmen, wird der Zusatz eines leimartigen Schutzstoffes zur Reinigungsäure empfohlen. In einigen amerikanischen Werken, besonders bei stehenden Kondensatoren, wird die Reinigungsäure in Tropfenform mit Preßluft auf die Rohre aufgespritzt.

Aus der großen Zahl und der Verschiedenheit der Reinigungsverfahren ist zu ersehen, daß eine allgemein gültige Vorschrift nicht gegeben werden kann. Austausch der Betriebserfahrungen der Werke untereinander und mit dem Hersteller in allen Fragen der Kondensatorwartung kann manche unliebsame Enttäuschung ersparen.

Die Hilfsmaschinen der Kondensation sind in derselben Weise und mit der gleichen Gründlichkeit zu überholen wie die Hauptmaschinen. Ist zum Antriebe der Pumpen eine Dampfturbine vorgesehen, so sind deren Gehäuse zu öffnen und Stopfbuchsen und Beschauflung auf ihren Zustand zu untersuchen, ebenso die sämtlichen Lager und die Reglungsteile.

Alle Kreiselpumpen sind zu öffnen. Es ist vor allen Dingen zu untersuchen, ob die Pumpenräder durch Fremdkörper beschädigt oder soweit abgenutzt sind, daß ein Ersatz notwendig ist. Wo die Pumpenwellen an ihren Stopfbuchsstellen Rauhigkeiten aufweisen. sind diese zu beseitigen, die Wellen zu glätten.

Kondensationsanlagen, die Frischwasser aus Flüssen, Teichen usw. als Kühlwasser verwenden, entnehmen dieses Wasser meist durch Kühlwassergräben und lassen es durch Ablaufgräben abfließen. Trotz Rechen und Sieben gelangen feiner Sand und Wasserpflanzen in die Leitungen und bilden hier einen Schlammansatz, der von Zeit zu Zeit entfernt werden muß. Die Schlammbildung hängt von der Art des Frischwassers und von der Wassergeschwindigkeit ab. Je kleiner die Geschwindigkeit ist, desto öfter muß gereinigt werden. Der zu reinigende Teil des Grabens muß zu diesem Zwecke beiderseits abgesperrt und leergepumpt werden. Gereinigt wird mit Besen und ähnlichen Werkzeugen. Sind große Schlammengen vorhanden, so ist die Verwendung einer Schlammpumpe zu empfehlen. Die Leitungswände können dann durch Abspritzen mit Druckwasser gesäubert werden. Nach der Reinigung sind sie auf Undichtheiten, Risse und Senkungen zu untersuchen, festgestellte Schäden sind zu beseitigen.

Saugkörbe in der Kühlwasserleitung sind wenigstens bei jeder Überholung zu reinigen. Die Kühlwasserrohrleitung wird in den meisten Fällen erst nach längerer Betriebzeit zu reinigen sein, da hier die allgemein höhere Geschwindigkeit des Kühlwassers die Ablagerung von Schlamm erschwert. Die zu reinigenden Rohrstücke müssen ausgebaut werden. Nach der Reinigung ist der Rostschutzanstrich zu erneuern.

Bei den Wasserstrahlsaugern sind die Düsen sowohl wie die anschließenden Erweiterungstücke auf Ausspülungen zu untersuchen. Bei Dampfstrahlsaugern können die Düsen verschmutzt oder ausgeblasen sein. Wo erforderlich, sind Ersatzteile einzubauen. Bei den Dampfstrahlsaugern sind außerdem die Zwischenkühler von Zeit zu Zeit auf Dichtheit der Rohre zu prüfen; da hier als Kühlwasser meist Niederschlagwasser verwendet wird, so entfällt die Gefahr der Verunreinigung des Kesselspeisewassers durch Undichtheiten der Kühlerrohre, wie sie bei Undichtheiten der Kondensatorrohre besteht.

Da Lufteinbrüche in den Dampfraum des Kondensators sofort eine Verschlechterung der Luftleere verursachen, so ist bei jeder Überholung der Kondensationsanlage ganz besonders auf die Möglichkeiten des Eindringens von Luft zu achten. Undichtheiten am Kondensatormantel kommen nur selten vor, meistens sind sie in den Anschlußstellen und den Verbindungen der unter Unterdruck stehenden Rohrleitungen zu suchen. Entwässerungs-, Notauspuff- und Stopfbuchsabsaugleitungen, Abdampfleitungen von Hilfsmaschinen, die Kondensatleitung, die Luftabsaugleitung, Verschlußdeckel am Kondensatormantel und am Turbinenabdampfgehäuse und schließlich die Teilfugen dieser Gehäuse können Quellen von Lufteinbrüchen sein und müssen daraufhin gründlich untersucht werden. In manchen Fällen genügt bei einer im Betriebe befindlichen Kondensation ein Absuchen mit brennender Kerze; durch die Ablenkung der Flamme kann die Undichtheit entdeckt werden. Vollkommen sicher geht man nur durch Auffüllen des gesamten Unterdruckraumes mit Wasser. Wichtig ist, daß die Zahl der unter Unterdruck stehenden Verbindungstellen möglichst klein gehalten wird. Schließlich kann Luft in den Kondensator auch durch die Hahnköpfe des Wasserstandsanzeigers eindringen; man erkennt das daran, daß im Wasserstandsglase Blasen aufsteigen.

Bei jeder größeren Turbinenüberholung ist eine Besichtigung und Reinigung der gesamten Ölversorgung, also aller Behälter, Pumpen, Siebe, Ventile und überhaupt aller ölbespülten Teile erforderlich; denn Ölrückstände im Ölleitungsnetze können eine neue Ölfüllung in kurzer Zeit unbrauchbar machen. Alle Teile des Ölkreislaufes sind auszubauen. Die Reinigung kann durch Ausblasen mit Dampf oder Luft oder von Hand mit Drahtbürsten und Schabern oder mit Hilfe besonderer Reinigungsmittel vorgenommen werden, bei kleineren Bauteilen auch durch Auskochen. Bevor die Turbine wieder in Betrieb gesetzt wird, ist der Ölkreislauf ebenso wie bei einer neu errichteten Turbine erst mit Spülöl zu reinigen, um eine Verunreinigung der neuen Füllung zu vermeiden.

Die Reinigung der Ölkühler ist auf der Wasserseite einfach, da das Innere der Kühlerrohre gut zugänglich ist. Der Kesselsteinansatz kann wie bei den Kondensatoren durch Bürsten, in schwereren Fällen durch die mit Vorsicht anzuwendende Säurereinigung entfernt werden. Die Verschmutzung auf der Ölseite ist in den meisten Fällen größer als auf der Wasserseite. Der Kühler ist der kälteste Teil des Ölkreislaufes. Das begünstigt das Ausfällen des zum größten Teile aus Teer- und Erdpechstoffen bestehenden Schlammes, der sich am Rohrbündel festsetzt, den Wärmedurchgang des Kühlers stark herabsetzt und den Durchflußwiderstand erhöht. Eine mechanische Reinigung der Ölseite wäre, auch wenn das Bündel herausziehbar angeordnet ist, wegen der notwendigerweise engen Anordnung der Rohre nur durch ein vollständiges Auseinandernehmen des Bündels in zufriedenstellender Weise durchführbar. Wirksamer ist die chemische Reinigung, etwa Füllen des Ölraumes mit einer Sodalösung und Auskochen mit Dampf. Im Handel sind auch Sondermittel dafür erhältlich, die eine große Lösungsfähigkeit für Ölrückstände besitzen. Ausgiebiges Durchspülen nach der Reinigung, am besten mit heißem Wasser, ist in jedem Falle notwendig, um die Reste von Schlamm und Lösungsmittel zu entfernen.

Verrottung oder Auswaschung an den Ölkühlerrohren oder den Rohrböden ist genau wie bei den Kondensatoren zu behandeln.

Die Dampfleitungen sind, wenn auch nicht auseinanderzunehmen, so doch bei jeder Überholung der Turbine auszublasen und auf Verlagerungen und dadurch etwa hervorgerufene freie Schübe auf die Turbine zu überprüfen. Unbedingt sind jedoch bei jeder größeren Überholung alle Kondenstöpfe zu öffnen und zu reinigen. Ventile und Schieber sind auszubauen und zu überholen. Siebe in den Dampfleitungen, besonders das Hauptsieb in der Frischdampfleitung unmittelbar vor der Turbine, sollten unabhängig von den Turbinenüberholungen mindestens einmal im Jahre, nach Bedarf auch öfter gereinigt werden. Das wird bei den meisten neueren Dampfturbinen dadurch erleichtert, daß diese Dampfsiebe ohne Ausbau irgendeines anderen Turbinenteiles oder Abbau der Frischdampfleitung lediglich nach Entfernen einer leichten Verschalungshaube zugänglich sind.

25. Die Sondermaßnahmen für Radialturbinen.

Für Radialturbinen — gegenläufige und nichtgegenläufige — sind die Betriebsvorschriften grundsätzlich nicht anders als für Axialturbinen. Beim Anfahren, in der Überwachung während des Betriebes und beim Stillsetzen sind im wesentlichen die gleichen Betätigungen in der gleichen Reihenfolge, sinngemäß die gleichen Beobachtungen und die gleichen Vorkehrungen erforderlich wie bei Axialturbinen. Wo sich die Betriebsvorschrift einer Radialturbine von der einer anderen Bauart unterscheidet, da liegt — mit einziger Ausnahme der durch die Doppelstromerzeuger der Ljungström-Turbine bedingten zusätzlichen Vorschriften — der Grund dafür nicht in der Bauart der Turbine, sondern in den Ansichten und Erfahrungen des Herstellers. Wenn z. B. von einem Hersteller vorgeschrieben ist, daß vor dem Anfahren, besonders nach längerem Stillstande, die beiden Läufer einer Ljungström-Turbine von Hand etwas zu drehen sind, so ist das kein grundsätzlicher Unterschied und könnte für Axialturbinen ebenso vorgeschrieben werden, es wird dort nur im allgemeinen nicht erforderlich sein.

Auch das, was früher (S. 124/127) über die Anfahrzeit der Turbinen gesagt ist, gilt grundsätzlich für alle Bauarten. Sowohl bei der Axial- als auch bei der Radialturbine erwärmen sich beim Anfahren die Laufteile zunächst rascher als die mehr Masse besitzenden feststehenden Teile; erst nach einiger Zeit wird sich annähernd die gleiche Temperatur einstellen. Es kommt also nicht auf die Masse des umlaufenden Teiles an sich, sondern vielmehr auf das Massenverhältnis des Läufers zum Gehäuse an. Dabei ist außerdem zu beachten, daß für die Ausdehnung von Läufer und Gehäuse bei Gleichdruckturbinen mit vom Gehäuse getrennten Einström- und Düsenkästen als höchste Temperatur nur die des in den Frischdampfdüsen bereits entspannten Dampfes maßgebend ist. Bei allen Überdruckturbinen ohne vorgeschaltete Gleichdruckstufe dagegen sind Läufer und Gehäuse der vollen Frischdampftemperatur ausgesetzt.

Von besonderer Wichtigkeit ist es ferner, daß alle Spiele reichlich sind. Sie betragen bei Axial-Gleichdruckturbinen an den Schaufeln in radialem und axialem Sinne mehrere mm; die Dichtung der einzelnen Druckkammern erfolgt auf kleinem Durchmesser, also bei nur geringer Geschwindigkeit. Demgegenüber erfordern Radialturbinen, die durchwegs im Überdruckverfahren arbeiten, wesentlich kleinere Spiele und das zum Teile bei wesentlich größerer Umfangsgeschwindigkeit. Es ist daher verständlich, daß hinsichtlich der Anfahrzeit der Radialturbine keine grundsätzliche Überlegenheit zukommen kann. Höhere Drücke und Temperaturen bedingen natürlich größere Aufmerksamkeit bei jeder Bauart.

Für Überholungsarbeiten an Radialturbinen ist wesentlich, daß der Zusammenbau der Läufer, Stopfbuchsen usw. und bei der nichtgegenläufigen Turbine auch der Einbau der Läufer in die Gehäuse nicht in lotrechtem, sondern nur in axialem Sinne vorgenommen werden können. Bei einer gegenläufigen Radialturbine muß das Laufzeug zuerst zusammengebaut werden; es wird hierauf samt den Stopfbuchsen mittels einer geeigneten Hebevorrichtung, Abb. 170, in das Gehäuse eingebracht. Die Spiele in der Beschauflung und in den Stopfbuchsen können, wie bereits erwähnt, weder im kalten noch im Betriebzustande nachgemessen werden. Man ist also bei allen Radialturbinen darauf angewiesen, bei jeder Überholung und dem nachfolgenden Zusammenbaue die Durchmesser der Schaufel- und Dichtungsringe genauestens aufzumessen, um sie mit den Messungen beim ersten Zusammenbaue vergleichen zu können und dadurch sowie durch Unterschiedsrechnung die Veränderungen in den Spielen und ihre wahrscheinliche Größe zu ermitteln.

Abb. 170.
Innenteile einer 12500 kW-Ljungström-Turbine für Kondensationsbetrieb, in der Hebevorrichtung hängend.

Der Betrieb mit Radialturbinen bietet somit dem Betriebsmanne weder grundsätzliche Vorteile noch grundsätzliche Nachteile gegenüber Axialturbinen. Dagegen ist bei jeder Überholung und mehr noch bei einem Schadenfalle, der Stopfbuchsen oder Läufer in Mitleidenschaft zieht, die Axialturbine der Radialturbine an Einfachheit und in der Möglichkeit, den Schaden rasch und mit einfachen Mitteln festzustellen und zu beheben, überlegen, es sei denn, daß für Radialturbinen jeweils vollständige Ersatzläufer im Kraftwerke verfügbar sind. Diese einfache, aber immerhin kostspielige Möglichkeit besteht aber in gleichem Maße auch für Axialturbinen, deren Ersatzläufer sogar im allgemeinen weniger kostspielig sind als die vollständigen Innenteile einer Radialturbine.

III. Die Störungen.

26. Die zahlenmäßige Erfassung der Störungen.

Jeder Betrieb mit Maschinen, gleich welcher Art, schließt die Möglichkeit von Betriebstörungen ein, da es eine in jeder Hinsicht vollkommene Maschine und Maschinenwartung nicht gibt und Betriebzufälligkeiten, auch bei bester Wartung, mitunter vorkommen. Von dieser Regel macht auch die Dampfturbine keine Ausnahme. Wie aber bereits an anderer Stelle festgestellt werden konnte, daß die Dampfturbine eine Maschine sehr langer Lebensdauer ist, so kann hier mit gleicher Berechtigung ausgesprochen werden, daß die Dampfturbine zugleich eine Maschine mit vergleichsweise sehr seltenen Betriebstörungen ist. Dabei ist zu berücksichtigen, daß die Dampfturbine, zum wenigsten als Kraftwerksturbine, mitunter außerordentlich lange Betriebzeiten ohne jede Unterbrechung durchläuft. Dauerbetrieb von mehreren Monaten, ja Jahren, ohne jede Unterbrechung ist keine Seltenheit für Dampfturbinen.

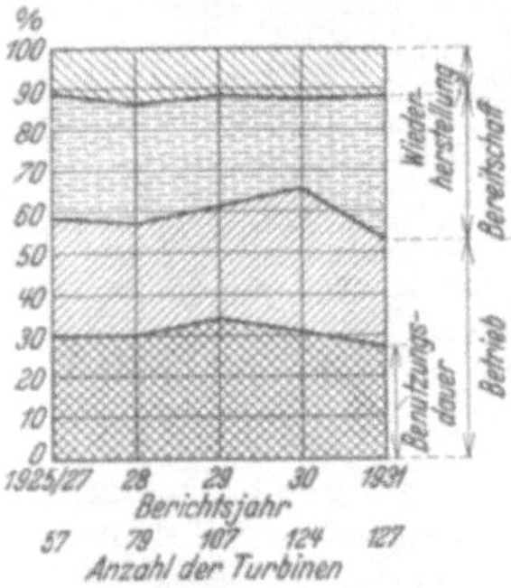

Abb. 171[82]. Betrieb-, Bereitschaft- und Wiederherstellungzeiten von Kraftwerksturbinen, nach Betriebsberichten der VDEW.

Wertvollen Aufschluß darüber, in welchem Umfange Schadenfälle an Dampfturbinen zu Betriebstörungen führen und welcher Art diese Schäden sind, gibt die zahlenmäßige Übersicht großer Verbände von Turbinenkraftwerken, da in ihr eine große Zahl von Turbinen überhaupt durch laufende Beobachtungen erfaßt wird und zugleich die verschiedensten Bauarten inbegriffen sind, so daß die zusammengefaßten Ergebnisse dieser Beobachtungen nahezu als allgemeingültig bezeichnet werden können.

Zahlentafel 8[82]. Art und Häufigkeit der Schäden an den 127 von der VDEW im Jahre 1931 beobachteten Turbinen.

Art der Beschädigung und beschädigter Teil der Turbinen	Anzahl der Schäden		Anzahl der betroffenen Turbinen	
	insgesamt	%	insgesamt	%
Gehäuse	7	4,4	6	4,7
Reglung	35	21,9	17	13,4
Stopfbuchsen	16	10,0	9	7,1
Düsen und Zwischenböden . .	4	2,5	4	3,1
Wellen	7	4,4	6	4,7
Laufräder oder Läufer	5	3,1	4	3,1
Beschauflung	52	32,5	37	29,1
Schwingungen und unruhiger Lauf	3	1,9	3	2,4
Lager	9	5,6	7	5,5
Ölpumpen und Ölversorgung . .	9	5,6	9	7,1
Verschiedenes	13	8,1	8	6,3
Insgesamt	160	100,0	64 von 127 Turbinen	

Sammelbeobachtungen dieser Art, die durch den Kreis der daran beteiligten Kraftwerke von allgemeiner Bedeutung sind, werden seit Jahren angestellt und von Zeit zu Zeit veröffentlicht von der VDEW und von dem Edison Electric Institute (früher NELA).

Abb. 171 faßt die von der VDEW gesammelten Beobachtungen der Berichtsjahre 1925 bis 1931 zusammen und zeigt, daß in diesen Jahren die durchschnittlich aufgewendete Zeit für Wiederherstellung beschädigter Turbinen einschließlich der planmäßigen Überholungen auf etwa 12 % der Gesamtzeit nahezu gleich geblieben ist. Diese Übersicht wurde aufgestellt auf Grund von Einzelbeobachtungen an nur 57 Turbinen im Berichtsabschnitte 1925/27,

[82] Nach Elektr.-Wirtsch. Bd. 31 (1932) S. 254/255 Abb. 3 und Zahlentafel 2.

dagegen bereits an 127 Turbinen im Berichtsjahre 1931. Wie sich die im Berichtsjahre 1931 aufgetretenen Schäden auf die einzelnen Bauteile der Turbinen verteilen und wie viele Turbinen überhaupt von Schäden betroffen wurden, darüber gibt die der gleichen Quelle entnommene Zahlentafel 7 Aufschluß. Es geht daraus hervor, daß nach der Häufigkeit der Schäden die Beschauflung an erster, die Reglung an zweiter Stelle steht, während alle anderen Teile erst in weitem Abstande davon folgen. Leider ist den Aufzeichnungen nicht zu entnehmen, wie die Schäden sich der Schwere, d. h. der durch sie verursachten Stillstandzeiten nach verhalten.

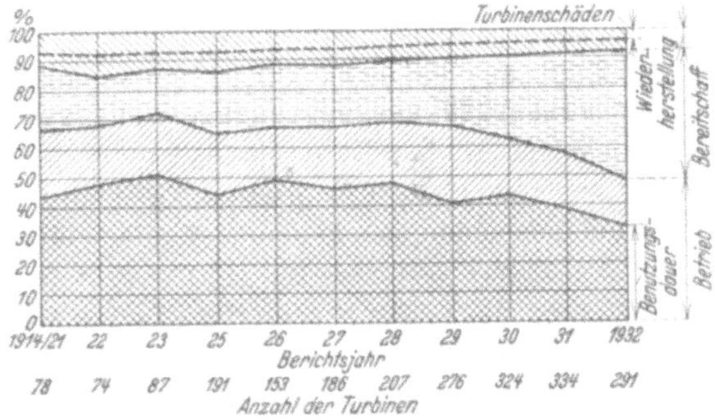

Abb. 172[83]. Betrieb-, Bereitschaft- und Wiederherstellungzeiten von Kraftwerksturbinen, nach Betriebsberichten des Edison Electric Institute.

Die entsprechende Zusammenstellung des genannten amerikanischen Verbandes, Abb. 172, zeigt gute Übereinstimmung mit den Beobachtungen der deutschen Elektrizitätswerke. Da die amerikanischen Beobachtungen weiter zurückreichen, so tritt hier auch die allmähliche Verringerung der erzwungenen Stillstandzeiten in den letzten Jahren deutlich hervor. Zugleich sind die Stillstandzeiten nach ihren Ursachen, also Turbine, Stromerzeuger und Kondensator, unterteilt. So erzwangen z. B. im Berichtsjahre 1932 Turbinenschäden planmäßige Überholungen und Stillstand der Turbinen von durchschnittlich 3,9 %, Stromerzeugerschäden 0,69 % und Kondensatorschäden 1,75 % der Gesamtzeit. Betrachtet man die von der Turbine verursachten Stillstandzeiten im einzelnen, Zahlentafel 9, so sind von

Zahlentafel 9[83]. Art und Häufigkeit der Ursachen für erzwungenen Stillstand der 291 von der NELA im Jahre 1932 beobachteten Turbinen.

Ursache des Stillstandes oder beschädigter Teil der Turbinen	Dauer der dadurch hervorgerufenen Stillstände h	Zeitlicher Anteil am Gesamtstillstande %	Anzahl der betroffenen Turbinen	Stillstandzeit je betroffene Turbine h
Gehäuse	477,4	0,50	35	13,6
Regler	1613,4	1,68	65	24,8
Reglung	5957,8	6,19	108	55,2
Wellenstopfbuchsen	2087,2	2,17	53	39,38
Düsen und Zwischendeckel	2312,7	2,40	17	136,0
Welle	2483,4	2,58	11	225,8
Räder und Läufer	2669,8	2,77	24	111,2
Leit- und Laufschaufeln	4975,0	5,17	31	160,0
Schwingungen	2245,9	2,33	23	97,6
Lager	1182,7	1,23	39	30,0
Schäden an der Ölversorgung	3357,4	3,49	110	30,5
Reinigung der Ölversorgung	2443,3	2,54	81	30,0
Planmäßige Besichtigung und Überholung	61821,4	64,25	150	412,0
Verschiedenes	2587,0	2,70	73	35,0
Insgesamt	96214,3	100	—	—

Zahlentafel 10[83]. Art und Häufigkeit der Ursachen für erzwungenen Stillstand der Kondensationsanlagen der 291 von der NELA im Jahre 1932 beobachteten Turbinen.

Ursache des Stillstandes oder beschädigter Teil der Kondensationsanlagen	Dauer der dadurch hervorgerufenen Stillstände h	Zeitlicher Anteil am Gesamtstillstande %	Anzahl der betroffenen Anlagen	Stillstandzeit je betroffene Anlage h
Undichtheit	3170,4	7,13	78	40
Reinigung	26199,6	58,92	162	162
Rohre	8173,9	18,38	64	128
Mantel	573,1	1,29	38	15
Kühlwasserpumpen	2039,5	4,59	71	287
Kondensatpumpen	692,7	1,56	43	16
Luftpumpen	895,2	2,01	49	18
Verschiedenes	2723,2	6,12	47	58
Insgesamt	44467,8	100	—	—

[83] Nach S. 6/7 Tafeln V, VII und IX in: Edison Electric Institute: Turbines, a Report of the Prime Movers Committee of the former NELA, Nr. A 3, 1933.

dieser Stillstandzeit zunächst mehr als 64% für planmäßige Überholung verwendet worden, d. h. die beobachteten Maschinen haben durchschnittlich nur 1,4% der Gesamtzeit wegen Turbinenschäden stillstehen müssen. Unter den Schäden fallen der Zahl nach solche an der Ölversorgung und der Reglung heraus, doch verursachten die längsten Betriebstörungen Wellen- und Beschauflungsschäden. Welche Ursachen die Störungen an der Kondensation hatten, geht ebenfalls für das Jahr 1932 aus Zahlentafel 10 hervor.

Neben diesen auf sehr breiter Grundlage beruhenden Betriebsübersichten finden sich im Schrifttume und in den Sammlungen der Turbinenwerke, der Maschinenversicherungsgesellschaften usw. unzählige weitere Beobachtungen, die alle mit den angeführten Zusammenstellungen in guter Übereinstimmung im Endergebnisse die Tatsache bestätigen, daß die durchschnittliche Stillstandzeit einer Dampfturbine infolge von Schäden sehr gering ist und außerdem von Jahr zu Jahr dank der unablässigen Verbesserungen in Gestaltung, Herstellung und Betriebsführung weiter abnimmt. Erfreulicherweise sind auch wirklich schwere Schäden an Turbinen außerordentlich selten. Aus den letzten Jahren sind nur ganz wenige bekannt, die zu einer Zerstörung einer Turbine führten, darunter nur ein einziger ,,Zerknall".

In den folgenden Abschnitten werden die wesentlichen Schadenmöglichkeiten behandelt, wobei die Gesichtspunkte raschester, gegebenenfalls behelfsmäßiger Weiterführung des Betriebes und möglichster Klarstellung der Störungsursachen in den Vordergrund gerückt sind.

27. Die Fundamentschäden.

Auch ein nach den Erfahrungen mit ruhenden Lasten als gut bezeichneter Baugrund kann versagen, wenn er dauernd kleinen Erschütterungen ausgesetzt ist. So waren z. B. in einem Berliner Kraftwerke am Fundamente einer 20000 kW-Maschine die Ecken der Bodenplatte nach und nach um 32, 18, 2 und 5 cm abgesackt[84]. Das Fundament war auf gut tragendem Sande in wechselndem Grundwasserspiegel gegründet. Das Absacken kam erst zum Stillstande, als die Bodenplatte durch nachträglich eingebrachte Druckbetonpfähle abgefangen worden war. In einem anderen Kraftwerke, bei welchem außerdem Risse im Fundamente und im Gebäude auftraten, war das Absacken des Fundamentes u. a. auf Undichtheiten in Kühlwassergräben zurückzuführen; durch das austretende Wasser wurde der Baugrund unter der Bodenplatte nach und nach weggespült.

Risse im Beton treten häufig auf, sind jedoch, soweit sie klein bleiben, nicht gefährlich. Meistens können sie auf das natürliche Schwinden des Betons zurückgeführt werden. Beton schwindet im Verlaufe der ersten sechs Jahre bis zu 0,5 mm je 1 m. Sind einzelne Stellen des Fundamentes hohen Temperaturen ausgesetzt, so schwindet es dort rascher; dadurch kann sich das Fundament dann so verziehen, daß es zu einer Wellenverlagerung der Turboanlage kommt. Ein an einer weniger wichtigen Stelle sich bildender Schwindriß dagegen kann unter Umständen sogar von Vorteil sein. Infolge des unvermeidlichen Schwindens des Betons ist eine Überprüfung der Wellenlage einige Zeit nach dem Inbetriebsetzen der Maschine unerläßlich. Besonders wichtig ist diese Überprüfung, wenn bei Neubauten Teile vorhandener alter Fundamente verwendet wurden, die vollständig ausgetrocknet und dem Schwinden nicht mehr ausgesetzt sind. Hier sind kleine Höhenunterschiede zwischen den vorhandenen und den neu errichteten Fundamentteilen nach einiger Zeit mit Sicherheit zu erwarten.

Spannungsrisse können im Fundamente durch ungleiche Wärmedehnung, durch Kerbwirkung oder durch Überbeanspruchung bei schwerem Maschinenschaden auftreten. Ausschnitte u. dgl. an Stützen und Trägern sind deshalb schon beim Entwurfe des Fundamentes zu vermeiden. Besser sind allseitig umschlossene Löcher. Auch diese Öffnungen sollen, insbesondere wenn sie in hochbeanspruchten Querschnitten vorgesehen

[84] Z. VDI Bd. 71 (1927) S. 1444.

werden müssen, möglichst nicht mit viereckigem, sondern mit rundem Querschnitte ausgeführt werden.

Die Möglichkeit eines Maschinenschadens liegt auch dann vor, wenn die Untergußmasse mit dem Fundamente nicht richtig gebunden hat. Die Grundplatten können dann durch die Wärmedehnungskräfte der Gehäuse verschoben werden. Die lotrechten Anker können, besonders wenn ihr Verguß ebenfalls nicht einwandfrei ist, einer solchen Verschiebung im waagerechten Sinne nur wenig Widerstand leisten, da sie sich in diesem Falle federnd ausbiegen werden. Die Welle wird dann in den Lagerschalen verzwängt, sie läuft unruhig und kann zum Anstreifen kommen.

Bezüglich Schwingungen werden Fundamente am besten gleich nach der ersten Inbetriebnahme der Maschine überprüft. Danach ist zu entscheiden, ob etwa Änderungen am Fundamente, welche die Eigenschwingungzahl verändern, geboten erscheinen.

Die Temperatur im Maschinenhause soll möglichst gleichmäßig sein. Unruhiger Lauf sämtlicher Turbinen wurde in einem Kraftwerke beobachtet, als im Winter die nur auf einer Seite des Maschinenhauses befindlichen Fenster geöffnet wurden. Die Fundamente waren dann auf der einen Seite der kalten Außenluft ausgesetzt, während auf der anderen Seite die Kesselhauswand Wärme ausstrahlte; dadurch kam es zu ungleichmäßigen Wärmedehnungen im Fundamente.

Kleinere Schäden können durch Lecköl, das auf das Fundament läuft, verursacht werden. Da Öl in die Poren von Beton eindringt und ihn bei lange andauernder Einwirkung allmählich zerstört, ist das Fundament an den Außenkanten der Grundplatten so zu verputzen, daß in den Verbindungsfugen zwischen Grundplatte und Betonverputz kein Ölrest stehen bleiben kann.

28. Die Schäden an der Kondensationsanlage.

Die meisten Schäden an Kondensatoren entstehen durch Leckwerden der Kondensatorrohre. Dadurch tritt Kühlwasser in das Niederschlagwasser über und reichert es mit Kesselsteinbildnern und Sauerstoff an. Die Kondensatüberwachung gibt somit auch das erste Anzeichen von Undichtheiten der Rohre, wenn die Undichtheit nicht so groß ist, daß der Wasserstand im Kondensator ungewöhnlich ansteigt. Die Ursachen solcher Undichtheiten können sein: ungenügende Befestigung der Rohre in den Böden, Brüche infolge von Fehlern bei der Herstellung der Rohre und bei ihrem Einwalzen, Schwingungen, Verrottung und schließlich Auswaschung.

Behelfsmäßig kann man nadelstichartige Löcher in den Kondensatorrohren, ohne die Maschine aus dem Betriebe zu nehmen, nach einem im Schiffsbetriebe üblichen Verfahren dadurch abdichten, daß man dem Kühlwasser Sägespäne zusetzt. Durch den Unterdruck im Dampfraume werden diese in die Löcher gesaugt und verschließen sie. Bei kürzeren Betriebstillständen sind die schadhaften Rohre an ihren Enden durch Pfropfen zu verschließen, der Ausfall einiger Rohre hat keinen nennenswerten Einfluß auf die erreichbare Luftleere. Bei der nächsten Überholung der Maschine sind schadhafte Rohre durch neue zu ersetzen und gleichzeitig, wenn irgend möglich, die Ursache des Schadens zu beseitigen. Um festzustellen, welche Rohre leck sind, wird der Dampfraum des Kondensators mit Wasser aufgefüllt.

Die Kondensatorrohre werden durch Pressen und Ziehen aus einem Gußblocke hergestellt. Sind in diesem Gußblocke irgendwelche Fehlstellen, so kommen diese während der Herstellung an die Rohroberfläche und bilden hier den Ausgangspunkt von Brüchen oder Verrottungen. Durch den Ziehvorgang können auf der Oberfläche des Rohres Ziehriefen entstehen, wenn die verwendeten Ziehdorne nicht vollkommen sauber gehalten werden. Längs der Ziehriefen treten vorzugsweise Verrottungen auf. Ziehriefen können auch, wenn sie tief sind, während des Betriebes zu Längsrissen führen. Die Rohre müssen vollständig spannungsfrei sein, sonst kann es während des Betriebes zum Auslösen von Eigenspannungen, meistens in Form von Querrissen, kommen.

Bei eingewalzten Rohren können Brüche hinter den Walzstellen auftreten, wenn durch unsachgemäßes Einwalzen Kerben in der Rohrinnenfläche eingearbeitet wurden.

Durch Rohrschwingungen können die Durchbiegungen der Rohre so vergrößert werden, daß die Rohre sich aneinander oder an den Stützplatten durchreiben. Ferner können Schwingungsbrüche auftreten. Da ein Kondensatorrohr als beiderseits eingespannter Stab mit gleichförmiger Belastung zu betrachten ist, liegt sein gefährlicher Querschnitt und damit der Ort der Schwingungsbrüche unmittelbar am Rohrboden. Solche Schwingungsbrüche sind durch ein muschelförmiges Aussehen der Bruchflächen gekennzeichnet. Die oberen Rohrreihen sind infolge des Aufprallens des Dampfes Schwingungen am meisten ausgesetzt. Bei derartigen Schäden kann Abhilfe dadurch geschaffen werden, daß man die gefährdeten Rohre durch solche mit größerer Wandstärke ersetzt. Bisweilen werden auch an Stelle der obersten Rohre volle Eisenstäbe vorgesehen, so daß der Dampf zunächst auf einen Rost aufprallt, welcher die darunterliegenden Rohre schützt. Andere Schutzmittel sind: Anbringen von Prallblechen, Verbinden der Rohre untereinander durch Blechstreifen oder Abstützen der Rohre gegeneinander durch Eintreiben von Holzkeilen in die Zwischenräume.

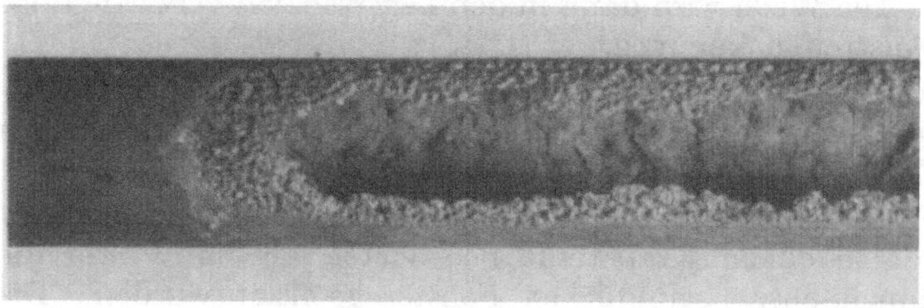

Abb. 173. Durch Auswaschung zerstörtes Kondensatorrohr.

In den Kondensator wird außer dem Dampfe der Hauptturbine meistens noch Abdampf von Hilfsmaschinen und von Stopfbuchsen und Niederschlag von Entwässerungen eingeleitet. Diese Anschlüsse müssen mit einem Prallschutze versehen werden, wenn unmittelbar dahinter Kondensatorrohre liegen. Geschieht das nicht, so werden diese Rohre in kurzer Zeit durch Auswaschung zerstört, Abb. 173. Eine andere Art von Auswaschung tritt manchmal an den Eintrittsenden der Rohre auf. Es bilden sich an dieser Stelle leicht Wasserwirbel, die mit Gasblasen vermischt sind und gleichzeitig auswaschend und verrottend wirken. Diese Möglichkeit liegt insbesondere dann vor, wenn Stopfbuchsverschraubungen verwendet werden. Kegelige Erweiterung der Rohreintrittsenden ist in dieser Hinsicht vorteilhaft. Als Abhilfe beim Auftreten derartiger Schäden können auch nachträglich noch kegelige Einsätze in die Eintrittsenden der Rohre gesteckt werden, wodurch die Wirbelbildung vermindert wird. Kommt es dennoch zu derartigen Anfressungen, so beschränkt sich die Zerstörung auf die Einsätze, während das Rohr unbeschädigt bleibt.

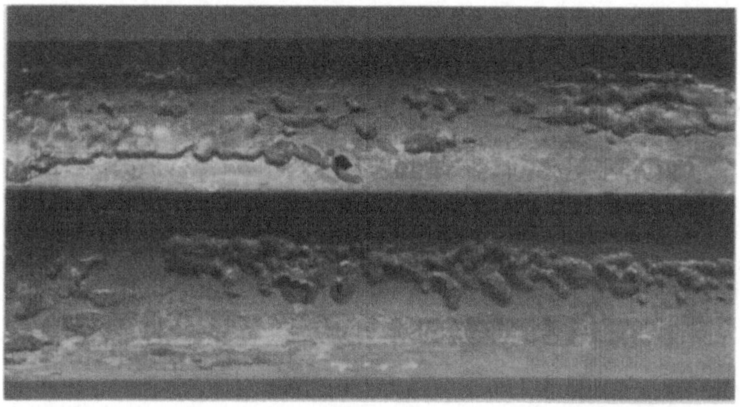

Abb. 174. Durch Schleichströme verrottetes Kondensatorrohr (Innenfläche).

Der ärgste Feind der Kondensatorrohre ist die Verrottung. Sie geht meist von der Innenwand der Rohre nach außen, also von der Wasser- nach der Dampfseite. Seltener sind Verrottungen der äußeren Rohroberfläche. Die Zerstörung wird durch chemische oder elektrochemische Einflüsse hervorgerufen. Nach jahrelangen, planmäßigen Beobachtungen, welche die AEG in den verschiedensten Kraftwerken der Welt gemacht hat, steht es fest, daß weitaus die meisten Verrottungen von Kondensatorrohren auf Elektrolyse durch schleichenden Gleichstrom zurückzuführen sind. Derartige Verrottungen hörten stets sofort auf, wenn es gelang, den Ausgangspunkt der Schleichströme

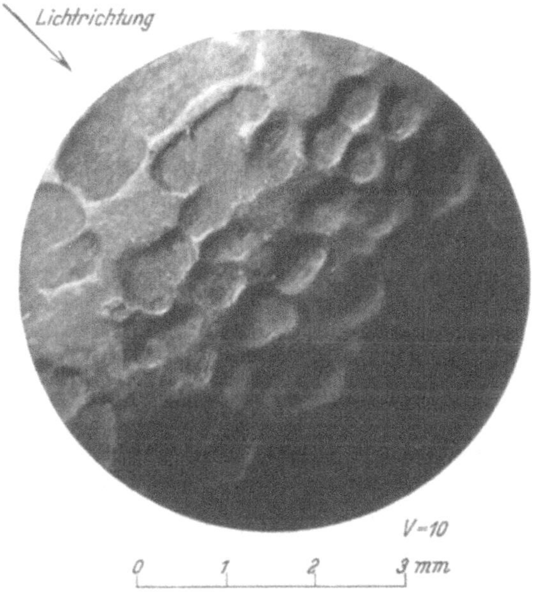

Abb. 175. Durch Schleichströme angegriffene innere Oberfläche eines Kondensatorrohres. Vergrößerung 10fach.

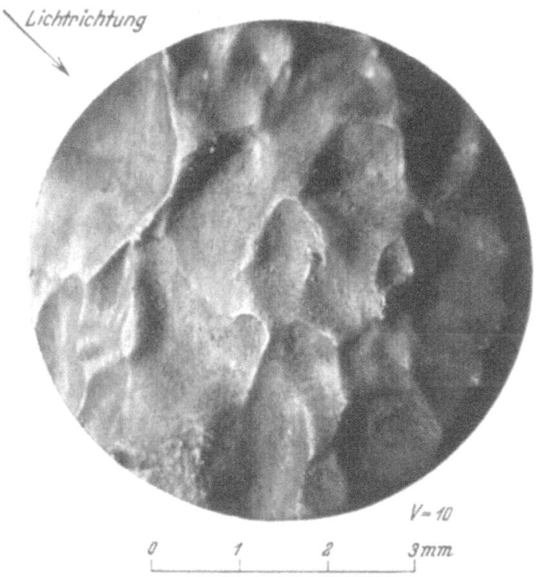

Abb. 176. Durch Schleichströme angegriffene innere Oberfläche eines Kondensatorrohres. Vergrößerung 10fach.

zu ermitteln und ihre Ursache zu beseitigen. Kennzeichnende Merkmale dieser Verrottung sind: muldenförmige Vertiefungen, die bisweilen dem bloßen Auge kaum erkennbar sind und bisweilen Durchmesser bis zu etwa 5 mm haben. Sie treten vereinzelt oder gruppenweise auf, können aber auch große Teile der Rohre bedecken, Abb. 174, 175, 176 und 177. Die Mulden sind metallisch blank, solange die Schleichströme wirken, und oft mit schwammigem Kupfer ausgefüllt. Die sie umgebende Rohroberfläche ist in der Regel mit Ablagerungen basischer Kupfersalze bedeckt. Hören die Schleichströme auf, so oxydieren auch die metallisch blanken Flächen der Mulden sehr bald.

Die Verrottungen durch Gleichstrom treten in genau gleicher Art an allen metallischen Werkstoffen auf — also auch ein Verzinnen ist wirkungslos — und nicht nur an Kondensatorrohren. Sie wurden in derselben Erscheinungsform an Kondensatorböden, an Ölkühlern, in manchen Fällen auch an anderen Teilen der Anlage, wie Lagern, Ventilen, Pumpen, Wellen und insbesondere an Schneckengetrieben beobachtet. Diese Anfressungen sind unabhängig vom Gefüge des Baustoffes. Baustoffe mit feinem, mittlerem und grobem Gefüge wurden in ganz gleicher Art verrottet. Unabhängig sind diese Anfressungen auch von der Beschaffenheit des Kühlwassers; sie kommen ebenso bei Seewasser, Flußwasser wie auch

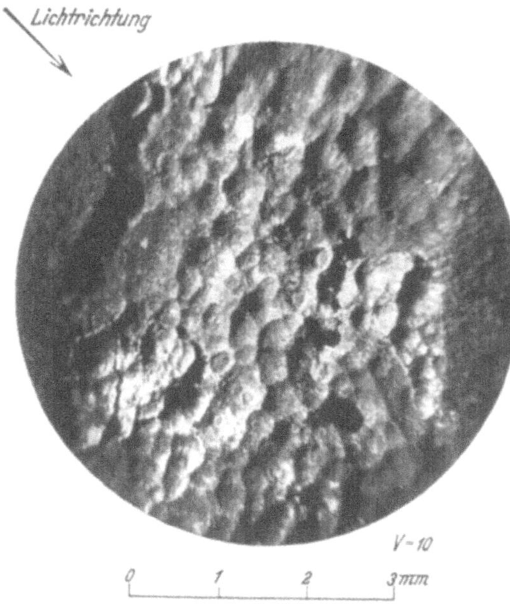

Abb. 177. Durch Schleichströme angegriffene innere Oberfläche eines Kondensatorrohres. Vergrößerung 10fach.

bei reinem Niederschlagwasser vor. Ferner sind sie unabhängig von der Lage der Rohre im Kondensator, von ihrer Herstellungsart, von der Wasserführung im Kondensator und anderen Einflüssen, die von den umfangreichen Verrottungsforschungen in Betracht gezogen wurden. Die Entwicklungsgeschwindigkeit der Verrottung hängt hauptsächlich von der Stromdichte ab. Gleichstrom von 0,01 A/dm² ist bei dauernder Einwirkung schon schädlich, bei 0,1 A/dm² werden die Rohre sehr rasch durchgefressen. Die Verrottung tritt stets an der Anode auf, d. h. an der Stelle, wo der Strom austritt. Bei Kondensatoren ist es somit die Rohrinnenfläche oder die kühlwasserberührte Fläche der Rohrböden, die zuerst vom Strome angegriffen wird. Ausgangspunkt des Schleichstromes ist stets der Pluspol einer Gleichstromquelle, sein Endpunkt der Minuspol.

Man wird beim Auftreten von Schleichströmen zunächst die in Betracht kommenden Stromquellen und ihre Lage untersuchen müssen, also etwa vorhandene Gleichstromerzeuger, Umformer, Erregermaschinen, Batterien, Bahn- und Krananlagen, Schweißgeräte u. dgl.. Besonders gefährlich sind diese, wenn sie geerdete Rückleitung haben. Außerdem können Isolationsfehler die Ursache von Schleichströmen werden. Die den Gleichstrom übertragenden Bürsten des Erregerstromkreises oder die Verbindungen der Schalttafel können verschmutzt, Gleichstromkabel können beschädigt und so gegen Erde überbrückt sein. Werden die Fehler beseitigt, so hören auch die Anfressungen auf. Von Vorteil ist es daher stets, die Erregermaschine von der Grundplatte und den anschließenden Rohrleitungen durch nichtleitende Zwischenlagen zu trennen.

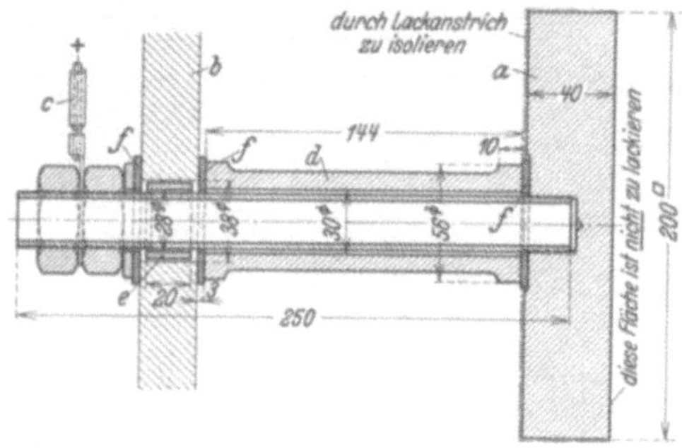

Abb. 178. Befestigung einer Anode des Cumberland-Schutzes in der Wasserkammer eines Oberflächenkondensators.

a Anodenplatte; *b* Wand der Wasserkammer; *c* Anschluß zum Pluspol des Schutzstromerzeugers; *d* Schutzrohr; *e* Schutzring; *f* Gummidichtung.

Folgende Beispiele seien als Beweis angeführt. Es wurde festgestellt, daß die Anfressungen in einem Kraftwerke, in dem jahrelang Rohrschäden an Kondensatoren und Ölkühlern vorkamen, sofort aufhörten, nachdem eine alte Notbeleuchtung abgeschaltet war. In einem anderen Kraftwerke kam man den Schleichströmen durch Zufall auf die Spur, als eine in der Nähe befindliche Schweißanlage infolge Erkrankung des Schweißers längere Zeit stillag. Die elektrische Schweißanlage wurde daraufhin verlegt: seither sind dort keine Rohranfressungen mehr vorgekommen.

Die Beseitigung der Schleichströme ist das einzige sichere Mittel zur Verhinderung derartiger Verrottung. Die Stromquelle ist jedoch nicht immer einfach aufzufinden; am ehesten kommt man zum Ziele, wenn es gelingt, durch planmäßige Spannungsmessung den Verlauf des Schleichstromes zu ermitteln.

Andere Mittel gehen darauf aus, die Einwirkung der Ströme auf den Kondensator zu unterbinden. So wurde in einem Kraftwerke das Auftreten von Verrottungen dadurch beseitigt, daß alle Teile des Kondensators gut leitend mit dem Minuspole der Erregermaschine verbunden wurden. Schleichströme ziehen dann diesen bequemen Weg vor und treten nicht in das Kühlwasser aus. Nach anderen Verfahren, z. B. dem nach Geppert-Cumberland, wird ein Schutzstrom durch den Kondensator geleitet, der vom Kühlwasser in die Rohre fließt. Hierzu wird ein Schutzstromerzeuger aufgestellt, mit dessen Minuspol die zu schützenden Teile verbunden werden, während der Pluspol mit Anoden in Verbindung steht, die, von allen Teilen des Kondensators nichtleitend getrennt, in der Wasserkammer untergebracht werden, Abb. 178. Diese und ähnliche Verfahren wirken aber nur dann, wenn die Stromführungen sehr reichlich bemessen sind, ihre Kabelverbindungen blank und ihre Schutzüberzüge nicht zerstört oder überbrückt sind. Auch werden dadurch keineswegs alle Teile der Kühlfläche gleich wirksam geschützt.

Als weitere Ursache von Verrottungen kommt die Elementbildung in Betracht. Galvanischer Strom kann im Kondensator auf folgende Weise entstehen: durch das

Vorhandensein verschiedener Metalle, die einerseits untereinander leitend verbunden, andererseits mit dem als Elektrolyt wirkenden Kühlwasser in Verbindung stehen, oder durch Potentialunterschiede an der Oberfläche der Rohre, die durch Ablagerungen aus dem Kühlwasser entstehen — am gefährlichsten sind in dieser Beziehung Kohleteilchen, auch die Verrottung durch Luftblasen gehört in dieses Gebiet —, ferner durch Fehlstellen im Rohrbaustoffe, etwa in Form eingeschlossener Fremdkörper. Für die Herstellung der Rohre darf daher kein Altbaustoff verwendet werden.

Interkristalline Elementbildung, deren Auftreten bei Verwendung von Baustoff nicht gleichartigen Gefüges möglich ist, wurde mit Sicherheit noch nirgends nachgewiesen. Verrottungen, die sich längs der Kristallgrenzen in das Baustoffgefüge hinein erstrecken, konnten bisher stets auf das Wirken von Schleichströmen zurückgeführt werden. Dagegen kann es bei verzinnten Rohren durch das Vorhandensein von Poren, die auch die beste Verzinnung aufweist, zu örtlichen Anfressungen infolge Elementbildung kommen.

Das Entstehen galvanischer Ströme wird besonders dann begünstigt, wenn das Kühlwasser ein guter Elektrolyt ist, wie z. B. Seewasser oder insbesondere brakiges Hafenwasser und säurehaltiges Wasser. Die Anfressungen treten meistens an den schmiedeeisernen Rohrböden, selten nur an den Kondensatorrohren auf. Der Grund liegt wohl darin, daß der Rohrbaustoff meist Kathode ist, vielleicht auch darin, daß sich die wasserberührte Rohrinnenfläche schon kurz nach der Inbetriebnahme mit einer dünnen Oxydschicht überzieht, welche, soweit sie unverletzt ist, die Elementbildung verhindert. Anfangs bilden die galvanischen Ströme eine trichterförmige Vertiefung im Rohrboden rings um das Rohr. In fortgeschrittenen Fällen kommt es dann zum Leckwerden der Einwalzstellen. Ist man gezwungen, nicht einwandfreies Kühlwasser zu benutzen, so müssen Rohrböden und Rohre des Kondensators aus Baustoffen bestehen, die verschwindend kleine Potentialunterschiede in der elektrolytischen Spannungsreihe aufweisen. Gegen galvanische Anfressungen werden bisweilen in den Wasserkammern Schutzplatten angebracht, meistens aus Zink, die mit den Rohrböden gut leitend verbunden sind. Sie bilden ihrerseits mit den Rohrböden, den Rohren und dem Kühlwasser ein Element, in welchem sie die Anode darstellen. Der galvanische Strom wird auf diese Weise gezwungen, aus den Schutzplatten auszutreten. Er zerstört diese und läßt Rohre und Rohrböden, welche die Kathode bilden, unangetastet. Solche Schutzeinrichtungen müssen ständig überwacht werden, wenn sie wirklich nützen sollen. Zerstörte Anoden müssen rechtzeitig ausgewechselt werden. Es gelingt aber kaum, die Rohre dadurch auf ihre ganze Länge dauernd zu schützen.

Rein chemische Verrottung tritt dann auf, wenn das Kühlwasser angriffslustige Bestandteile enthält. Vor allem kommt hier Säure in Frage, die, wie es bei manchem Grubenwasser der Fall ist, von Natur aus vorhanden ist oder etwa durch Industrieabwässer in die Flüsse gelangt. Sehr stark werden zinkhaltige Verbindungen angegriffen, bei denen das Zink durch die Säure gelöst wird. In fortgeschrittenen Fällen bestehen derartige Kondensatorrohre schließlich nur noch aus brüchigem Kupfer. Rohre aus reinem Kupfer bewähren sich dagegen bei säurehaltigem Wasser gut. Ihre Wandstärke wird zwar durch die Säure langsam vermindert, sie behalten aber ihre Festigkeitseigenschaften bei. Diese Art der Verrottung erstreckt sich nämlich gleichmäßig auf die ganze Rohrinnenfläche oder die vom Kühlwasser berührte Fläche der Rohrböden. Den Beginn der Verrottung kann man dadurch feststellen, daß das Messing ein kupferfarbiges Aussehen annimmt. Auch schmiedeeiserne Rohrböden werden schon durch einen geringen Säuregehalt stark angefressen. Meistens kommt hier zu der rein chemischen Wirkung noch die schon erwähnte Elementbildung. Eine verzögernde Wirkung kann bei Rohrbodenverrottung ein salz- und säurefester Anstrich, der öfters erneuert werden muß, ausüben. Abhilfe schafft aber nur der kostspielige Ersatz der Rohrböden durch solche aus verrottungsfestem Baustoffe. Man ersieht daraus, wie wichtig es ist, vor Bestellung eines Kondensators die Kühlwasserbeschaffenheit genau festzustellen und dem Hersteller bekanntzugeben.

Rohrverrottung kann auch bei der Säurereinigung auftreten. Hier kommt zu dem rein chemischen Angriffe ebenfalls die Bildung eines galvanischen Elementes, welche durch die bei der Kesselsteinauflösung frei werdende Kohlensäure ausgelöst wird. Die Verrottung tritt als gleichmäßige Zerstörung der Rohrinnenflächen oder auch in Form von punktförmigen Anfressungen auf, deren Aussehen aber nicht wie bei der Verrottung durch Schleichströme durch die Muldenform, sondern durch nahezu walzenförmigen Verlauf der Lochbegrenzung gekennzeichnet ist. An der Außenseite der Rohre sind von den oben und seitlich befindlichen Löchern ausgehend nach unten verlaufende Rillen bemerkbar, die von der austretenden Säurelösung gebildet wurden. Es hat sich gezeigt, daß Rohre aus der sogenannten Marineverbindung gegen Schäden durch Säurereinigung widerstandsfähiger sind als Rohre aus Muntzmetall. Kupferrohre haben sich da, wo Säurereinigung öfters vorgenommen werden muß, am besten bewährt.

Die Verrottungsfrage ist bei Kondensatoren heute noch keineswegs vollkommen geklärt. Wichtiger als die wissenschaftliche Forschung und Untersuchungen im Versuchsraume ist hier der Austausch von Betriebserfahrungen. Tritt Verrottung auf, so ist es dringend zu empfehlen, sich mit dem Hersteller des Kondensators in Verbindung zu setzen, verrottete Stücke zur Untersuchung einzusenden und alle in Betracht kommenden Einflüsse bekanntzugeben.

Die Störungen an Hilfspumpen können mannigfaltigster Art sein. Dringt z. B. Luft durch die Kühlwassersaugleitung oder durch die Saugstopfbuchsen der Kühlwasserpumpe ein, so sammelt sie sich in etwaigen Luftsäcken des Kühlwasserlaufes solange an, bis sie plötzlich entweicht. Die Pumpe fördert dann zumindest ungleichmäßig, es kann aber auch zu schweren Schlägen und Stößen in Pumpe und Leitung kommen. Bei großen Lufteinbrüchen reißt die Saugwassersäule ab. Die Pumpe hört dann auf zu fördern. Die Ursache kann in diesem Falle auch darin liegen, daß sich der Unterwasserspiegel, etwa in der trockenen Jahreszeit, bis unter den Saugkorb gesenkt hat.

Die Fördermenge der Pumpe kann sich auch durch Verstopfen mit Fremdkörpern vermindern, welche bei fehlenden oder schadhaften Sieben und Saugkörben eindringen und den Widerstand erhöhen. Mitgerissene Holzstücke können den Pumpenkreisel bis zur Unbrauchbarkeit beschädigen.

Das Fehlen eines Fußventiles in der Saugleitung kann dazu führen, daß die Pumpe rückwärts läuft und dabei eine unzulässig hohe Drehzahl annimmt. Auch die Antriebsmaschine, sei es Motor oder Turbine, kann dabei zu Schaden kommen, besonders wenn die Ölpumpen nur für einen Drehsinn eingerichtet sind, also bei Rückwärtslauf nicht fördern.

Verrottung, die bei den Kondensatorrohren ausführlich behandelt worden ist, tritt auch bei Pumpen und in den Zwischenkühlern der Dampfstrahlsauger auf. Elektrolyse durch Fremdströme ist auch bei Pumpen in den weitaus meisten Fällen die Ursache. Zu beachten ist, daß in der Pumpe durch die Reibung des Wassers, vielleicht auch auf elektromagnetischem Wege, Ströme von 50 bis 100 mV entstehen können.

Auswaschung tritt in Pumpen und an den Düsen und den Auslaufräumen der Strahlsauger dann auf, wenn sich Wasserwirbel bilden können. In ihrer Erscheinungsform sehr ähnlich sind die Anfressungen infolge von Hohlraumbildung (Kavitation). Sinkt an einer Stelle der Pumpe der Druck bis auf den der Wassertemperatur entsprechenden Sattdampfdruck, so bildet sich Dampf, es entsteht ein Hohlraum. Bei Druck- und Temperaturschwankungen kommt es dann zu plötzlichen Niederschlägen des angesammelten Dampfes, der Hohlraum bricht schlagartig zusammen. Dadurch und auch durch Ansammlung der im Wasser enthaltenen Gase an der Stelle kleinsten Druckes treten besonders starke Anfressungen auf.

In Erde verlegte Rohrleitungen sind besonders bei feuchtem Boden in hohem Maße durch schleichenden Gleichstrom gefährdet. Als Schutzmittel ist zu empfehlen, den elektrischen Widerstand der Rohrleitung so klein wie möglich zu machen und den Rohrstrang gut leitend mit dem Minuspole der Gleichstrommaschine zu verbinden. Den

Schleichströmen wird dadurch die Möglichkeit genommen, aus der Rohrleitung in das Erdreich oder in das in der Leitung strömende Mittel auszutreten und an der Austrittstelle das Rohr zu verrotten. Der Schutz besteht aber nur, solange gut leitende Verbindung an allen Stellen des zu schützenden Stranges vorhanden ist. Das sicherste Mittel ist daher stets die Beseitigung der Schleichströme.

29. Die Schäden an Turbinenteilen.

Seitdem man für dampfberührte Gußeisenteile allgemein Temperaturgrenzen einhält, die je nach der Größe und Beanspruchung des Bauteiles und je nach der Beschaffenheit des Gußeisens etwa bei 250 bis höchstens 375^0 liegen, sind die Gehäuseschäden an Zahl und Schwere beträchtlich seltener geworden. Diese Schäden an älteren Turbinen waren meist, mittelbar oder unmittelbar, durch das sogenannte „Wachsen" des Gußeisens verursacht. Unmittelbar insofern, als der Baustoff des Gehäuses selbst wuchs und mitunter schließlich vollständig vermorschte, mittelbar dann, wenn die Gehäuse durch gewachsene gußeiserne Einbauten, wie Zwischendeckel u. dgl., gesprengt wurden. Es bildeten sich zunächst Risse im Baustoffe, oft nach vielen Jahren anstandslosen Betriebes, die erst durch Ausströmen von Dampf entdeckt wurden. Das häufigste Behelfsmittel bei derartigen Schäden, das Einstemmen von Kupferstreifen in die Risse, bringt keine dauernde Abhilfe, da die Ursache nicht beseitigt wird; die Risse erweitern sich mit fortschreitendem Zerfalle des Gußeisens und die Kupferstreifen werden lose und fallen heraus. Selbst dann aber, wenn Risse nicht auftreten, können Bauteile aus ungeeignetem Gußeisen im Verfolge seiner Wachstumserscheinungen zu Schaden führen, z. B. wenn die Turbinengehäuse sich so stark verformen, daß die Stopfbuchsen zum Anstreifen kommen. In besonders hohem Maße war mit derartigen Erscheinungen dort zu rechnen, wo die ursprünglichen Dampfverhältnisse durch inzwischen vorgenommene Änderungen an den Kesseln erhöht und somit auch die Gehäuse der Turbinen höheren Temperaturen ausgesetzt wurden, als für welche sie gebaut waren.

Verformungen von Stahlgußgehäusen, die von sich erst im Betriebe auslösenden inneren Spannungen herrühren, sind, wenn die Turbinenwerke das Glühen der Gußstücke nach vorhergegangenem Vorschrubben der zu bearbeitenden Stellen mit Sorgfalt überwachen, so gut wie ausgeschlossen. Dagegen nehmen alle unter Spannung und zugleich erhöhter Temperatur stehenden Baustoffe eine gewisse bleibende Verformung im Betriebe an, die sogenannte Kriechverformung; diese hält sich jedoch bei den im allgemeinen zugelassenen Beanspruchungen und Temperaturen und bei gutem Baustoffe in zulässigen Grenzen, was überdies für die höher beanspruchten Teile in jedem größeren Turbinenwerke bereits im voraus durch Berechnung überprüft wird.

Schäden an der Beschauflung als an dem lebenswichtigsten und zugleich meist am höchsten beanspruchten Teile der Turbine verdienen ganz besondere Aufmerksamkeit.

Die häufigste und alle Stufen einer Turbine gleichzeitig betreffende Betriebsveränderung an der Läuferbeschauflung einer Turbine ist die Verschmutzung (Verschlammung, Verkrustung); harmlos dann, wenn sie die Schaufeln selbst nicht angreift, gefährlicher, wenn sie, chemisch wirksam, die Schaufeln verrottet. Auch für den Betrieb des Kraftwerkes hat sie bedeutende Nachteile; denn wo sie auftritt, bedeutet sie stets einen Rückgang der Leistungsfähigkeit der Maschine. Die Ablagerungen auf den Schaufeln verengen die Dampfdurchtrittsquerschnitte und verringern damit die Schluckfähigkeit der Turbine. In vielen, vielleicht sogar in den meisten Kraftwerken tritt eine nennenswerte Verschmutzung der Laufschaufeln wohl überhaupt nicht auf. Wo sie aber auftritt, da kann sie die verschiedensten Formen annehmen und dementsprechend auch die verschiedensten Folgen haben. Neben solchen Fällen, wo in einer ununterbrochenen Betriebzeit von 26 Monaten die Leistungsfähigkeit der Turbine um 15% zurückging, stehen solche, wo bereits in 45 Tagen eine Einbuße an Leistung von 16% verzeichnet wurde, und auch noch krassere Fälle.

Die Ablagerungen auf den Schaufeln können als steinartige Verkrustung oder als mehr schlammige Verschmutzung auftreten. Verkrustungen treten auf, wenn infolge höherer Betriebstemperaturen die Ablagerungen unmittelbar zu einem steinartigen Belage ausgebrannt werden. Diese Form ist insbesondere deswegen weniger harmlos als die schlammartige Verschmutzung, weil beim Ablösen des harten Belages Gefahr besteht, daß die Schaufeln dadurch Schaden an ihren Oberflächen erleiden. ND-Stufen haben seltener so festen Belag, hier ähnelt die Verschmutzung meist einer solchen eines Pumpenrades od. dgl., hat also mehr schlammige Beschaffenheit.

Die Ursache für diese Arten der Verschmutzung ist fast ausschließlich im Speisewasser der Dampfkessel zu suchen, teils in den Eigenschaften des zur Kesselspeisung benutzten Rohwassers, teils in den verschiedenen Zusätzen, die man dem Kesselspeisewasser zur Enthärtung usw. gibt. Diese Ablagerungen können chemisch unwirksam oder wirksam sein. Zu den eigentlichen Verschmutzungen zählt nur die erste Gruppe, während die weit gefährlichere zweite Gruppe später im Zusammenhange mit den Schaufelverrottungen erörtert werden soll.

Die Ablagerungen umgeben die Schaufeln meist mit einer Schicht, deren Stärke gegen das äußere Schaufelende zu zunimmt und besonders unter den Deckbändern oft bis zu Zentimeterstärke ansteigt. Je nach der besonderen Ursache der Ablagerungen zeigt sich entweder ein weißlicher Belag, der meist nicht nur die Beschauflung sondern auch den ganzen im Dampfraume befindlichen Läufer bedeckt. Das läßt in der Regel auf Soda oder Salze im Speisewasser schließen. Dann aber gibt es alle Farben bis zum tiefsten Schwarz, in denen derartiger Belag auftreten kann. Am häufigsten erscheint neben dem weißlich-grauen und dem schwarzen Belage ein rotbrauner, rostähnlicher Belag, der meist auch Eisensauerstoffverbindungen enthält. In diesem Falle handelt es sich allerdings nur noch vereinzelt um einen reinen, durch das Speisewasser hervorgerufenen Belag, sondern hier wird meist gleichzeitig auch Verrottung an den Schaufeln vorhanden sein.

Es hat nicht an Stimmen gefehlt, die einem solchen Belage eine gewisse Schutzwirkung gegen Verrottungsangriff zugesprochen haben. Wie weit das zutrifft, möge dahingestellt bleiben. Diese Ansicht gewinnt allerdings in einem besonderen Falle an Wahrscheinlichkeit, nämlich dann, wenn das Kesselspeisewasser Öl, etwa bei Wiederverwendung von Kolbenmaschinenabdampf, enthält. Das vom Dampfe mitgeführte Öl wird dann in allen Stufen, deren Temperatur den Übergang vom gasförmigen in den dampfförmig-feuchten Zustand gestattet, an den Laufschaufeln, Radscheiben usw. ausgeschieden werden und dort eine Hülle bilden, die nach dem Abstellen der Maschine gegen Dampfschwaden oder Luftfeuchtigkeit eine Zeitlang einen gewissen Schutz gewährt. Man ist vereinzelt in dieser Richtung sogar weiter gegangen und hat, wie schon erwähnt, bewußt als Rostschutzmittel einige Zeit vor der Stillsetzung von Turbinen dem Dampfe Öl zugesetzt. Es ist nicht zu bestreiten, daß diese Maßnahme zwar keine Sicherheit, aber immerhin einen gewissen Erfolg bringt.

So verschieden die Ursachen für die Verschmutzung sind, so verschiedenartig sind auch die Mittel zur Beseitigung der Ursachen wie der Folgen. Eine Aufzählung einzelner Beispiele kann auch nicht im entferntesten ein Bild von den möglichen Erscheinungsformen derartiger Verschmutzungen vermitteln. Genaueste Überwachung des Kesselspeisewassers — für dessen Zusammensetzung übereinstimmende Richtlinien noch nicht aufgestellt werden konnten — ist jedenfalls erforderlich. Bereits eingetretene Verschlammung und Verkrustung der Beschauflung kann durch Spülen mit Sattdampf, Waschen mit heißem Kesselspeisewasser bei langsamer Drehzahl oder in hartnäckigeren Fällen bei geöffneter Turbine durch vorsichtiges Auskratzen mittels eines Schabers oder Abblasen mit einem Sand- oder Schlackenstrahlgebläse beseitigt werden.

Als Beispiele für die Erscheinungsformen und Begleiterscheinungen der hier behandelten Ablagerungen sollen einige Fälle besprochen werden.

Eine Turbine von etwa 2000 kW war rund fünf Jahre in Betrieb. Beim Aufdecken erwies sie sich als vollkommen verschlammt, die Beschauflung war mit einer dicken

Sodaschicht bedeckt. In der dritten, vierten und fünften Stufe war die Verschlammung am stärksten und erreichte eine Dicke bis zu 40 mm, so daß die Zwischenräume zwischen einigen Schaufeln vollkommen zugesetzt waren, Abb. 179. Der Grund für die Verschlammung war ein ganz unzureichend enthärtetes Speisewasser.

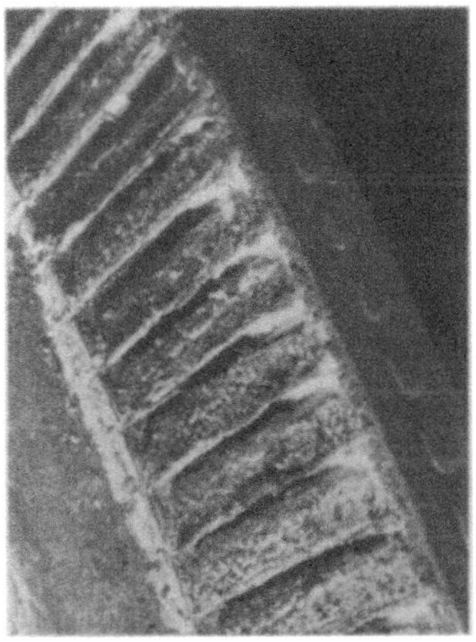

Abb. 179. Infolge unreinen Kesselspeisewassers verschlammte Laufschaufelreihe einer 2000 kW-Turbine.

Abb. 180. Durch unreinen und säurehaltigen Dampf verrottete Stahlschaufeln einer 3000 kW-Turbine.

In einer 3000 kW-Turbine waren sämtliche Schaufeln, besonders aber die der letzten Stufe stark verrottet und mit einer dicken körnigen Schicht bedeckt. Unter den Deckbändern fand sich eine beträchtliche Schlammschicht, Abb. 180. Der Grund hierfür war, daß die Turbine mit unreinem und säurehaltigem Dampfe betrieben wurde. Sie war ohne Reinigung dreieinhalb Jahre in Betrieb gewesen.

Abb. 181. Vollständig verschlammte Leitschaufelreihen einer Dampfturbine.

Ein besonders bemerkenswerter Fall ereignete sich an einer anderen Turbine, die mit Sattdampf mäßigen Druckes betrieben wurde. 11 Jahre nach ihrer Inbetriebsetzung wurde sie zum ersten Male aufgedeckt und ergab einen Befund, der durch Abb. 181 wiedergegeben wird. Diese zeigt zwar nur stillstehende Leitschaufeln, doch lassen auch sie Rückschlüsse auf die Läuferbeschauflung zu: die Stahlschaufeln des ersten Kranzes waren ausgebrochen, die Bronzeschaufeln der folgenden zersetzt. Sämtliche Schaufelwege waren mit einem schwarzen, erdigen Schlamme fast vollkommen zugesetzt. Infolge des unreinen Dampfes sind auch die Frischdampfdüsen vollständig ausgeblasen, so daß ihre ursprüngliche Form kaum noch zu erkennen ist, Abb. 182. Ursache ist auch hier ganz eindeutig das unbrauchbare Kesselspeisewasser. Es ist unverständlich, daß hier nicht früher eine Innenbesichtigung der Turbine vorgenommen worden ist.

Welche verheerende Wirkung unreiner, Schlamm oder sogar feste Bestandteile mit sich führender Dampf auf die Läuferbeschauflung ausüben kann, sei noch an einem weiteren Beispiele erläutert. Die Düsen einer Turbine waren ähnlich wie im letzten Beispiele gänzlich verschlammt und ausgeblasen. Alle mit dem Dampfe in Berührung kommenden Teile waren stark verschlammt. Die allgemeine Verschlammung bewirkte sowohl einen geringeren Dampfdurchlaß als auch eine Veränderung der Austrittsrichtung des Dampfes aus den Düsen, so daß dieser zum Teile fast axial auf die Laufschaufeln auftraf. Dort verursachte er wahrscheinlich durch die mitgeführten Schlammteilchen außerordentlich verstärkte Auswaschungen. Die Eintrittskanten der Schaufeln der ersten Stufe waren fast 10 mm tief ausgeblasen, und zwar auf halber Schaufelhöhe am stärksten, Abb. 183. Kurze Zeit später hätten diese Schaufeln brechen müssen.

Es ist selbstverständlich, daß in solchem Ausmaße auftretende Verschmutzung nicht nur einen Rückgang der Leistungsfähigkeit, sondern unter Umständen auch vorzeitige Stillsetzung, häufige Überholung u. dgl. zur Folge haben muß. Diese Verschmutzung kann andererseits auch eine unzulässige Belastung des Drucklagers bewirken und muß auf den Wirkungsgrad Einfluß haben. Wenn auch derartig eindeutige Anzeichen für ungeeignetes Kesselspeisewasser in neuzeitlichen Kraftwerken so gut wie ausgeschlossen sind, so ist man doch in alten, kleineren, oft nur als Aushilfswerke noch benutzten Anlagen auch heute noch nicht immer vor ähnlichen Überraschungen beim Aufdekken von Turbinen sicher.

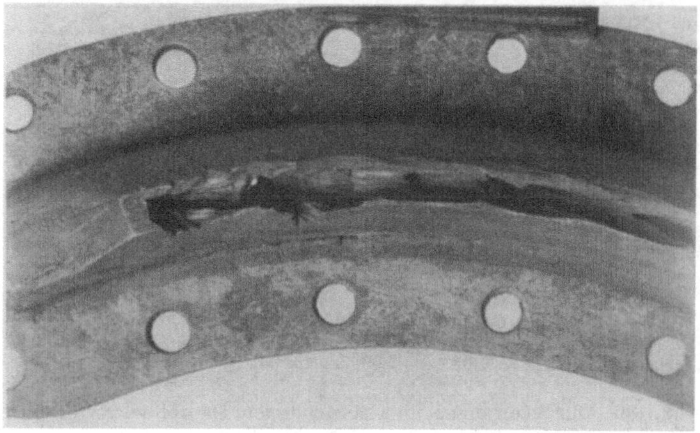

Abb. 182. Durch unreinen und mit Fremdkörpern durchsetzten Dampf ausgeblasene Frischdampfdüsen einer Dampfturbine.

Zu ernsteren Verrottungen an der Beschauflung und oft auch im gesamten Turbineninneren führen Beimengungen im Dampfe stets dann, wenn sie Laugen, Säuren u. dgl. enthalten. Am häufigsten tritt Kohlensäure auf, die besonders schädlich auf die Turbinenbeschauflung einwirkt, wenn außerdem auch Luft (Sauerstoff) im Dampfe enthalten ist. Ferner kommen auch stickstoffhaltige Säuren (salpeterige Säure, Salpetersäure) vor. Es besteht die Möglichkeit, daß beide als nitrose Gase in die Turbine gelangen und hier als Gas schädlich wirken oder sich zu Säure zurückbilden. Kohlensäure und Salpetersäure, gleichzeitig vorkommend, verstärken die verrottende Wirkung. Schwefelsäure geht kaum oder nur sehr schwer und unter besonders ungünstigen Umständen in die Turbine über, schwefelige Säure dagegen leichter. Schließlich sind Chloride zu erwähnen, von denen besonders das Magnesiumchlorid gefährlich ist, weil es sich bei höheren Temperaturen besonders in Gegenwart von Salpetersalzen unter Abspaltung von Salzsäure zersetzt. Das Salzsäuregas geht mit dem Dampfe in die Turbine über. Obwohl diese Säuren nur in ganz geringen Mengen im Kesselspeisewasser vorhanden sein können, genügen sie doch in den Fällen, in denen ihre Bildung durch besondere Umstände begünstigt wird, Stahlschaufeln anzugreifen.

Abb. 183. Durch unreinen Dampf ausgeblasene Stahlschaufel aus der ersten Stufe einer Dampfturbine.

Schon nach diesen wenigen andeutenden Angaben ist es erklärlich, daß Turbinen in bestimmten Industrien vom Kesselspeisewasser her in bezeichnender Weise angegriffen werden. Zu den besonders angriffslustigen Wässern gehören z. B. bestimmte Grubenwässer, die in Oberschlesien zur Kesselspeisung verwendet werden. Magnesiumchlorid und die dann auch meist im Dampfe vorhandene Salzsäure scheinen Gründe für die außergewöhnlich starken Anfressungen zu sein, denen die Turbinenschaufeln in Kalibergwerken ausgesetzt sind. In einem chemischen Werke fand sich Phenol im Kesselspeisewasser.

Ein kennzeichnendes Bild einer Verrottung durch Säure im Dampfe zeigt die Ni-Stahlschaufel in Abb. 184 und die Abb. 185, die in etwa sechsfacher Vergrößerung einen Ausschnitt aus der Oberfläche dieser Schaufel wiedergibt. Da hier die Bearbeitungs-

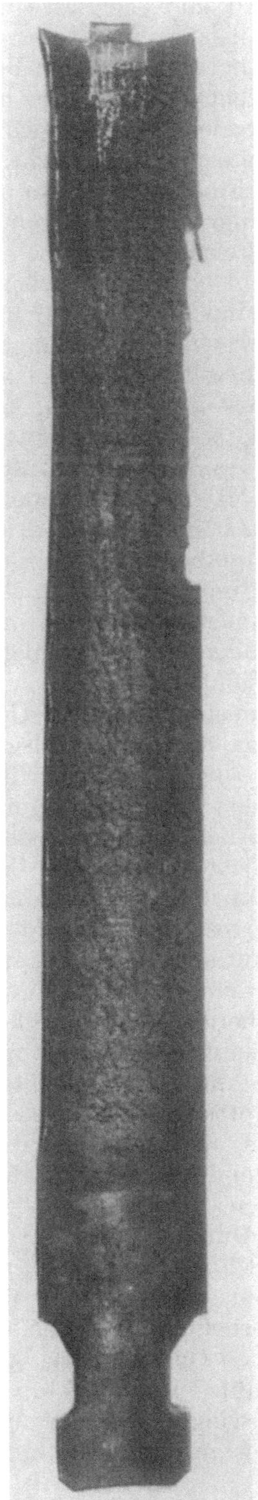

Abb. 184.

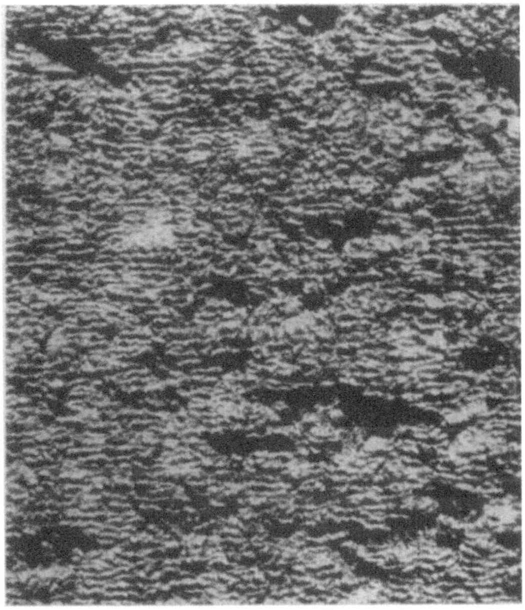

Abb. 185. Ausschnitt aus der Oberfläche der verrotteten Schaufel nach Abb. 184. Vergrößerung etwa sechsfach.

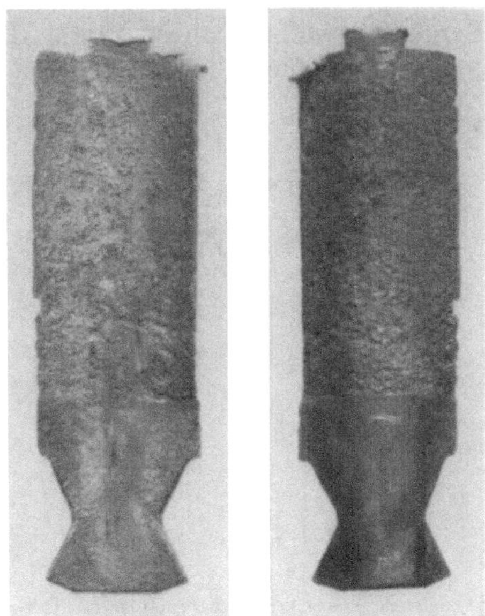

Abb. 186. Bauch- (links) und Rückenseite (rechts) einer HD-Schaufel aus 5% Ni-Stahl, durch unreinen Dampf verrottet.

Abb. 184. Durch säurehaltigen Dampf verrottete Laufschaufel einer Kraftwerksturbine.

richtung mit der Dampfströmungsrichtung zusammenfällt, ist diese Richtung auch durch die Verrottungsnarben besonders ausgeprägt. Eine andere Erscheinungsform von Verrottungen zeigt die Ni-Stahlschaufel in Abb. 186, wo im Gegensatze zu dem vorhergehenden Beispiele auch der Schaufelrücken angegriffen ist.

In den seltensten Fällen kann man bei diesen Verrottungsangriffen durch im Betriebsdampfe enthaltene Säuren u. dgl. von reiner Verrottung sprechen. Meist wird die verrottende Wirkung noch durch Auswaschung verstärkt.

Abb. 187. Durch Sickerdampf verrotteter Zwischendeckel einer Dampfturbine. Deckel Gußeisen, Düsenbleche Stahl.

Eine andere Form der Verrottung zeigt sich, wenn in die stillstehende Turbine Sickerdampf eindringt. Beispiele dafür sind die Abb. 187 und 188. Im ersten Falle ist ein gußeiserner Leitschaufeldeckel mit eingegossenen Stahlblechen durch Rost zerstört, im zweiten Falle sind es Ni-Stahlschaufeln aus dem ND-Teile einer anderen Turbine. In beiden Fällen waren die Dampfabsperrventile undicht oder im Stillstande nicht vollkommen geschlossen und die Turbine außerdem nicht ausreichend belüftet.

Die Bekämpfung dieser Verrottungen ist stets am wirksamsten, wenn die Ursachen beseitigt werden, wenn also für die erste Gruppe der Pflege des Kesselspeisewassers größere Sorgfalt gewidmet wird und für die zweite Gruppe alle Absperrvorrichtungen in Ordnung gehalten und alle Dampfräume gut belüftet werden. Eine Bekämpfung ist natürlich auch von der Baustoffseite her möglich, insofern z. B. an Stelle anderer Baustoffe nichtrostende Stähle für die Beschauflung verwendet werden. Der Erfolg dieser Gegenwirkung ist allerdings selten vollkommen befriedigend. Auch nichtrostende Stähle sind gegen derartige Verrottungen nicht beständig, wenn sie auch zum Teile bedeutend länger Widerstand leisten.

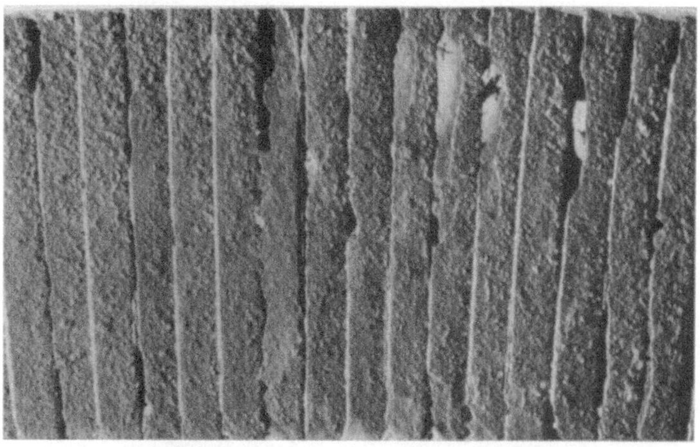

Abb. 188. Durch Sickerdampf verrottete Laufschaufeln aus 5% Ni-Stahl einer Gegendruckturbine.

Durch die Verschwächung der Schaufeln infolge Verrottung erhöht sich zugleich die Beanspruchung im noch verbleibenden Querschnitte. Aus dem gleichen Grunde verändert sich auch die Eigenschwingungzahl der Schaufeln, so daß als Folge der Verrottungen Trennungsbrüche sowohl wie Schwingungsbrüche auftreten können. Auch auf die Kerbgefahr bei Ausbildung örtlicher Rostanfressungen muß nachdrücklich hingewiesen werden.

Eine besondere Art von Schaufelabnutzung, die meist neben Verrottung und gleichzeitig mit ihr zu beobachten ist, wird von Zeit zu Zeit festgestellt, eine Abnutzung, deren Erscheinungsform auf irgendwelche elektrolytische Ursachen (Schleichströme, Erdströme) hinzeigt. Wo sie auftritt, zeigt die angegriffene Oberfläche das kennzeichnende Bild, das z. B. auch von Schleichströmen zersetzte Kondensatorrohre, Abb. 174 bis 177, aufweisen: kleine punktartige, mulden- oder wurmstichartige Narben. Abb. 189 zeigt solche Narben an den Nietköpfen einer Schaufelreihe aus nichtrostendem Stahle. Daneben, wenn auch seltener, zeigen sich die gleichen Narben auf dem Deckbande. Im gleichen Werke zeigten sich an einer anderen Maschine, ebenfalls in der ersten aber auch in späteren Stufen ähnliche Erscheinungen, und zwar sowohl bei nichtrostendem Stahle als auch bei 5% Ni-Stahl. Außerdem zeigten sich beim Ausbaue einer Schaufelreihe an den Anlageflächen zwischen Schaufel und Radkranz Zerstörungen, die bei stärkerer Vergrößerung ebenfalls den Eindruck elektrolytischer Anfressungen erweckten. Da über die Quelle der diese Anfressungen möglicherweise verursachenden Ströme gerade in den HD-Stufen, die mit hochüberhitztem Dampfe arbeiten, bisher keine als eindeutig anzusehenden Annahmen gefunden werden konnten, muß diese Frage zur Zeit noch als ungeklärt bezeichnet werden. Besonders für den Stromübergang von Schaufel zu Schaufel besteht zunächst kein annehmbarer Grund, da sich die Ströme hier nicht schließen können. Der gleiche Einwand gilt aber auch gegen die Annahme von Thermoströmen, ganz abgesehen davon, daß eigentlich in einer Turbinenstufe die für Thermoströme erforderlichen Temperaturunterschiede nicht vorhanden sind. Im allgemeinen treten diese Anfressungen allerdings nicht in betriebsgefährdendem Umfange auf.

Abb. 189. Verrottungsangriffe an den Nietköpfen und Deckbändern von HD-Schaufelreihen, die auf elektrolytische Einflüsse hindeuten.

Wenn so die Frage nach der Ursache dieser offensichtlich elektrolytischen Anfressungen auch noch nicht zufriedenstellend beantwortet werden kann, so kann die Tatsache als solche doch kaum bezweifelt werden. Die Ansicht, daß an Verrottungserscheinungen, wie sie in den Abb. 184 und 185 wiedergegeben sind, Vorgänge elektrolytischer Art mitbeteiligt sind, gewinnt sogar an Wahrscheinlichkeit. Ob nun aber für Angriffe an der Beschauflung auch Wellenströme, wie man sie heute für elektrolytische Anfressungen an Kupplungsteinen, Schneckenzähnen und Stopfbuchsenkämmen mit großer Sicherheit als Ursache annehmen muß, verantwortlich gemacht werden können, ist zur Zeit noch nicht zu beantworten. Selbstverständlich müssen alle Fälle von elektrolytischen Anfressungen, gleichgültig an welchen Turbinenteilen sie beobachtet werden, nach gemeinsamen Gesichtspunkten untersucht werden; denn die Ursache müssen stets elektrische Ströme sein, wenn auch deren Quelle von Fall zu Fall durchaus verschieden sein kann.

Die häufigsten Verschleißschäden an den Laufschaufeln von Dampfturbinen entstehen durch Auswaschungen. Diese besonders in den ND-Stufen von Kondensationsturbinen auftretenden Auswaschungen sind durch die Entspannung des Arbeitdampfes, also durch die Betriebsverhältnisse an der Turbine bedingt. Sie lassen sich daher nicht durch Änderung der Betriebsweise der Kessel (wie die chemischen Verrottungen) und auch nicht durch höhere Sorgfalt in der Wartung (wie die Stillstandsverrottungen) vermeiden oder begrenzen; sie sind vielmehr ursächlich bedingt durch die thermodynamischen Gesetze der Entspannung des Wasserdampfes und daher höchstens größenordnungsmäßig, nicht jedoch grundsätzlich zu bekämpfen.

Das Abtragen von Baustoff von der Schaufeloberfläche durch Auswaschung erfolgt durch den im Betriebe zwischen den Schaufeln hindurchströmenden Dampf; je nach dessen Dichte und Beschaffenheit wird die abtragende Wirkung größer oder kleiner sein. Am größten ist sie an den Stellen der Turbine, wo Wasser in mehr oder weniger feiner Verteilung im Dampfe enthalten ist, also in den ND-Stufen von Kondensationsturbinen. Nur in seltenen Fällen ist Auswaschung auch an HD-Schaufeln beobachtet worden, durch die im Betriebe zwar dichterer, aber stets fast vollkommen wasserfreier, überhitzter Dampf strömt.

Diese letzte kleine Gruppe von Schaufelauswaschungen im HD-Teile sei zuerst besprochen. Am leichtesten lassen sich derartige Auswaschungen dann erklären, wenn die Möglichkeit vorliegt, daß infolge abweichender Dampfverhältnisse der Strahl des Frischdampfes längere Zeit hindurch unter einem nicht passenden Winkel gegen die Eintrittschenkel der ersten Schaufelreihe bläst. Unter diesen Umständen ist dann auch die Auswahl des Schaufelbaustoffes bis zu einem gewissen Grade gleichgültig. Natürlich widerstehen allgemein härtere Baustoffe länger als weniger feste; keiner der heute verfügbaren Stähle aber ist derartigen Angriffen auf die Dauer gewachsen. Ob und wie weit bei diesen Auswaschungen Unreinigkeiten im Dampfe verschärfend mithelfen, sei dahingestellt. Ihre Mithilfe ist wahrscheinlich, wie denn überhaupt bei Schaufelschäden nur in den allerseltensten Fällen nur eine einzige Art von Ursachen auftritt. Meist werden mehrere Ursachen, in gleichem Sinne wirkend, den endlichen Schaden herbeiführen.

Abb. 190. Durch HD-Dampf (28,3 kg/cm² 370°) ausgewaschene Umkehrschaufel aus nichtrostendem Stahle. Betriebzeit etwa 3700 h.

Eine andere Art von Auswaschung wurde in der ersten HD-Stufe einer großen Kondensationsturbine beobachtet. Schon nach verhältnismäßig kurzer Betriebzeit wurden die aus nichtrostendem Stahle hergestellten Umkehrschaufeln des zweikränzigen Geschwindigkeitsrades verhältnismäßig stark ausgewaschen. Druck und Temperatur des Dampfes in dieser Stufe waren 28,3 ata und etwa 370° bei voller Belastung. Die Schaufeln, Abb. 190, sind nicht wie sonst üblich muldenförmig, sondern über die ganze Fläche des Schaufelbauches gleichmäßig ausgewaschen. Dadurch hat sich am äußeren Rande der Füllstücke — es handelt sich um Schaufeln gleichen Querschnittes auf der ganzen Länge — ein scharfer Absatz ausgeprägt; die Auswaschungen sind bis 2 mm tief und wahrscheinlich auf vom Dampfe mitgeführte Unreinigkeiten zurückzuführen. Der Baustoff war einwandfrei und hatte sich während der Betriebzeit nicht verändert.

Eindeutiger in Erscheinungsform und Ursache sind die Schaufelauswaschungen im ND-Teile der Kondensationsturbinen. Die Erscheinungsform wechselt hier je nach der Dauer der auswaschenden Einwirkung zwischen einer leichten Aufrauhung der Oberfläche und einer bis tief in den Schaufelbaustoff eindringenden Zerstörung mit unmittelbar nebeneinander liegenden Auswaschungstrichtern. Da die Ursache hier stets die im feuchten Dampfe mitgeführten Wassertropfen sind, werden Schaufeln nur solcher Stufen angegriffen, die unterhalb der Sattdampflinie arbeiten. Außerdem treten die Auswaschungen stets am äußeren Schaufelende am stärksten auf (Fliehkraftwirkung).

Abb. 191 zeigt zwei Endschaufeln aus einer 10000 kW-Überdruckturbine mit 3600 U/min. Die Spitzengeschwindigkeit dieser Schaufeln beträgt etwa 290 m/s, die Abdampfnässe in dieser Stufe 13 bis 14%. Das Bild zeigt den Zustand der Schaufeln nach erst einjähriger Betriebzeit. Die Ersatzschaufeln erhielten in diesem Falle an den besonders gefährdeten äußeren Teilen der Eintrittskanten Schutzstreifen aus Hecla-Stahl; sie waren dann nach zweieinhalb Jahren noch brauchbar, größere Auswaschungen hatten sich nur an den Rändern der Schutzstreifen im Grundbaustoffe der Schaufeln gezeigt.

Ganz ähnliche Auswaschungen zeigten sich in den Endstufen zweier 30000 kW-Überdruckturbinen mit 3000 U/min, obwohl hier die Abdampfnässe nur 9,5 bis 10% betrug. Nachdem die ursprünglichen Schaufeln aus 5% Ni-Stahl bereits nach rund 11000 Betriebstunden wegen der Auswaschungen ersetzt werden mußten, ergaben sich auch für die Ersatzschaufeln in ungefähr der gleichen Betriebzeit unzulässige Abnutzungen, Abb. 192. Auch für die Ersatzschaufeln war wieder 5% Ni-Stahl verwendet worden, zu Vergleichzwecken waren jedoch in jeder der beiden Endstufen 25% der Schaufeln aus nichtrostendem Stahle eingesetzt. Der Vergleich ergab grundsätzlich die gleichen Zerstörungen, doch waren die Schaufeln aus nichtrostendem Stahle in der einen Turbine weniger tief, in der anderen jedoch sogar tiefer ausgewaschen als die Schaufeln aus 5% Ni-Stahl.

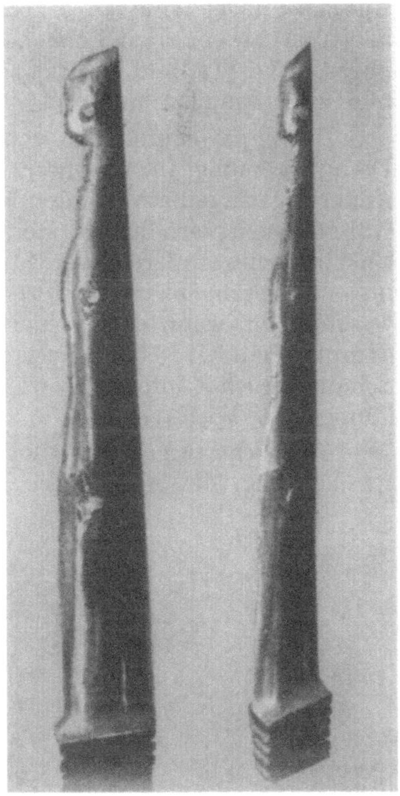

Abb. 191[85]. Ungewöhnlich stark ausgewaschene ND-Laufschaufeln einer 10000 kW, 3600 U/min-Überdruckturbine nach einjährigem Betriebe.

Sehr aufschlußreiche Beobachtungen über Auswaschungen an ND-Schaufeln hat Gropp veröffentlicht[87]. Diesen Veröffentlichungen ist das folgende Beispiel entnommen. Abb. 193 zeigt eine Überdruck-Endschaufel einer 24000 kW-Turbine mit 3000 U/min nach nur 3421 Betriebstunden. Die Schaufeln waren aus nichtrostendem Stahle und bis zu 4,7 mm Tiefe abgenutzt. Die Schaufeleintrittskante ist an ihrem äußeren Ende stark „ausgefranst" und der Schaufelrücken aufgerauht. Das Kraftwerk rechnete in diesem Falle damit, die Beschauflung dieser Endstufen bereits nach rund 16000 Betriebstunden auswechseln zu müssen.

Schließlich zeigt Abb. 194 zwei Schaufeln der Endstufe einer zweigehäusigen 37500 kW-Scheibenturbine (Gleichdruckbauart) mit 3000 U/min. Auch hier ist die Eintrittskante an ihrem äußeren Ende aufgerauht, im linken Teilbilde ganz am Ende stark und auffallend tief eingefressen. Derartige örtliche

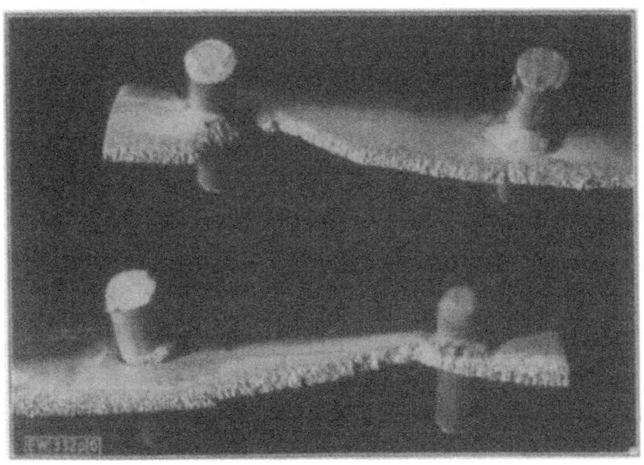

Abb. 192[86]. Durch ND-Dampf ausgewaschene Eintrittskanten zweier Laufschaufeln aus 5% Ni-Stahl, von der Rückenseite aus gesehen.

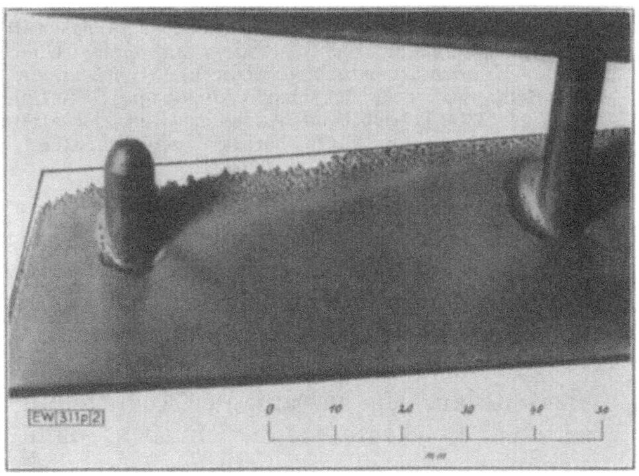

Abb. 193. Durch ND-Dampf ausgewaschene Eintrittskante einer Endschaufel aus nichtrostendem Stahle einer Überdruck-Kraftwerksturbine nach 3421 Betriebstunden.

[85] Nach S. 17 Abb. 7 in: NELA: Turbines, Report of the Prime Movers Committee, Nr. 234. 1932.
[86] Nach Elektr.-Wirtsch. Bd. 32 (1933) S. 145 Abb. 5.
[87] Elektr.-Wirtsch. Bd. 30 (1931) S. 589/593 und Bd. 31 (1932) S. 413/415; ferner Elektr.-Wirtsch. Bd. 32 (1933) S. 50/56; ferner Bd. 32 (1933) S. 230/232.

Auswaschungen sind zu erklären durch eine Wirbelbildung des Dampfwassergemisches am Austritte aus den Leitschaufeln. Im vorliegenden Falle wurden die Schaufeln oben abgeschrägt (Teilbild rechts). Nach rund 2500 h — um soviel später ist das rechte Teilbild aufgenommen worden — war die Aufrauhung nur unwesentlich fortgeschritten.

Durch die Einführung von Fremddampf in eine spätere Stufe der Turbine wird die Dampfströmung in mitunter ganz unvorhergesehenem Maße gestört, da die zeitliche Änderung der einströmenden Menge in keinem Abhängigkeitsverhältnisse steht zu den in der Turbine selbst auftretenden Strömungsverhältnissen. Besonders rasch fortschreitende Auswaschungen, wenn es sich um Naßdampf (Abdampf) handelt, oder sogar unvermittelte Schaufelbrüche infolge von Querströmungen können die Folge sein.

Angesichts einer derartig kennzeichnenden Erscheinung, die nicht ohne Einfluß auf die Betriebsicherheit und Wirtschaftlichkeit der Kraftwerke bleiben kann, ist der große materielle und ideelle Aufwand erklärlich, der zur Erforschung der Ursachen und Folgen der Auswaschungen auf erfahrungs- und zahlenmäßigen sowohl wie auf wissenschaftlichen Wegen von allen Beteiligten, den Turbinenwerken, den Turbinenbesitzern und schließlich den Baustoffherstellern, eingesetzt wurde[89].

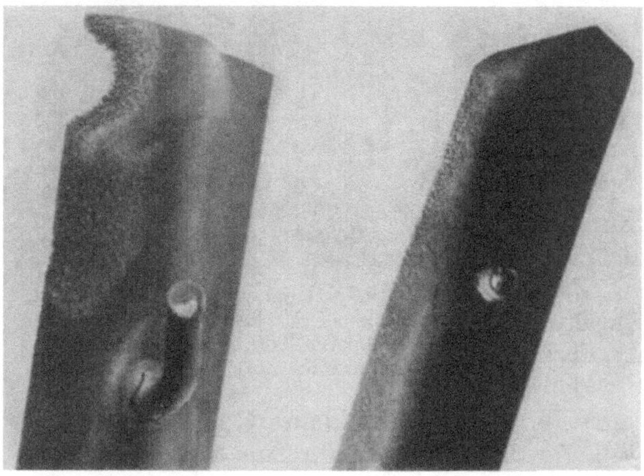

Abb. 194[88]. Durch ND-Dampf ausgewaschene Eintrittskanten von Endschaufeln aus nichtrostendem Stahle einer Gleichdruck-Kondensationsturbine. Durch Abschrägen des Schaufelkopfes wurde die scharfe Anfressung (Bild links) beseitigt; 2500 Betriebstunden danach (Bild rechts) war die Auswaschung kaum merklich fortgeschritten.

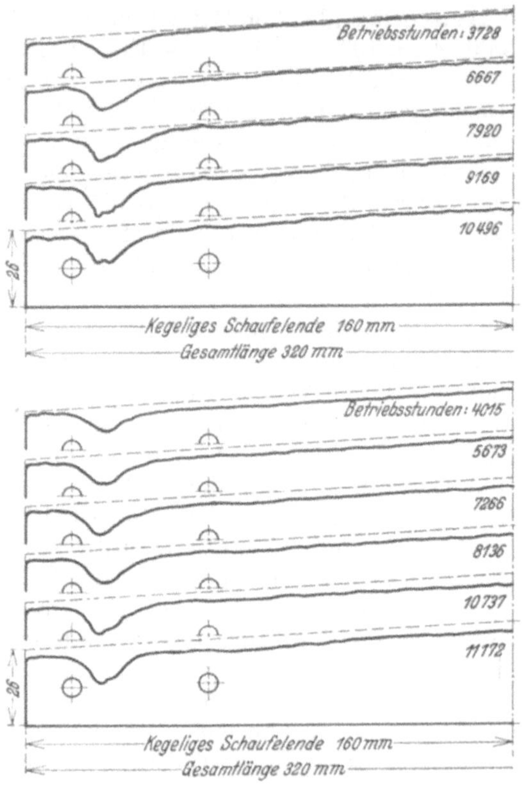

Abb. 195[90]. Verlauf der Auswaschungen an den Laufschaufeln der Endstufen zweier zweiflutigen Kondensationsturbinen. Oben: Endstufe der einen Turbine, Turbinenseite, 5% Ni-Stahl. Unten: Endstufe der anderen Turbine, Stromerzeugerseite, nichtrostender Stahl.

Mit der zahlenmäßigen Verfolgung der Schaufelauswaschungen versucht man, einerseits aus dem Verlaufe der Angriffe auf die voraussichtliche Lebensdauer der beobachteten Beschauflung zu schließen, dann aber, durch Vergleiche ähnlicher Untersuchungen, auf allgemeingültige Gesetzmäßigkeiten zu kommen. Ein Beispiel einer solchen Einzelübersicht ist Abb. 195. Dieses Bild ist insofern besonders lehrreich, als

[88] Nach einem Berichte von Quack vor der Schaufeltagung der mitteldeutschen Turbinenkommission am 8. Mai 1931 in Berlin.

[89] Außer den bereits genannten Arbeiten gehören hierher: Ph. Reuter: Die Anforderungen der Endverbraucher an den Werkstoff für Dampfturbinenschaufeln. Vortrag auf der Werkstofftagung in Berlin 1927. Ferner Power Bd. 123 (1931) S. 804f.

[90] Nach Elektr.-Wirtsch. Bd. 32 (1933) S. 144/145 Abb. 2 und 3.

hier zwei gleiche Maschinen im gleichen Kraftwerke, also unter gleichen äußeren Bedingungen beobachtet worden sind und trotzdem hinsichtlich ihrer Auswaschungen an den Endstufen verschiedenes Verhalten gezeigt haben.

Die amerikanische NELA stellte für das Jahr 1931/32 an Hand von Beobachtungen an mehr als 100 Turbinen, die 32 verschiedenen Elektrizitätsgesellschaften gehören, fest, daß die ND-Schaufeln im Mittel bereits nach 4 bis 6 Jahren Betriebzeit zu erneuern sind, wobei allerdings nach oben wie nach unten weit herausfallende Zeiten beobachtet wurden. Örtlich sind die Auswaschungen in der Nähe von Bindedrähten und an den freien Enden deckbandloser Schaufeln am stärksten ausgeprägt.

Die wissenschaftliche Erklärung der Auswaschungen an den ND-Schaufeln ist im einzelnen noch umstritten. Im großen und ganzen handelt es sich bei dieser Erscheinung um das Auftreffen von Wassertropfen mit mehr oder weniger großer Geschwindigkeit und in unerwünschter Strömungsrichtung auf die Oberfläche der Schaufeln, also um einen vorwiegend mechanischen Vorgang, wobei es grundsätzlich gleichgültig ist, ob man sich die Tröpfchen als ruhend und die Schaufel als bewegt vorstellt oder umgekehrt.

Gardner[91] kommt unter Annahme einer gegenseitigen Geschwindigkeit zwischen Tropfen und Schaufel von rund 300 m/s auf Oberflächenbeanspruchungen in der Größenordnung von 6000 kg/cm². Auch die Hohlraumbildung in der Strömung hat er rechnerisch behandelt und erhielt dafür ebenfalls Beanspruchungen in der Nähe von 6000 kg/cm²; er sieht die Hohlraumbildung aber für weniger wahrscheinlich an als die Erscheinung des federnden Stoßes.

Orrok[92] dagegen erklärt die der Auswaschung vorangehende Baustoffzerstörung an der Oberfläche der Schaufeln nicht durch rein mechanische Wirkung, sondern vielmehr mit als eine Folge der Temperaturspannungen, die durch das Auftreffen der Wassertropfen und die dabei auftretende Temperaturerhöhung hervorgerufen werden, wobei er der Unterkühlung des Dampfes Rechnung trägt.

Da die Frage der Auswaschungen an den Schaufeln der letzten Stufen der Kondensationsturbinen von größter Wichtigkeit ist, soll sie im Folgenden etwas eingehender erläutert werden.

Daß die Auswaschungen in erster Linie durch hohe Dampfgeschwindigkeiten verursacht würden, ist eine irrige Ansicht; der Grad der Auswaschungen hängt vielmehr von anderen Größen und Vorgängen ab und ist in hohem Maße durch die Bauart der Turbine bestimmt. Die Stärke der Auswaschungen wird, zunächst abgesehen von der Beschaffenheit und Auswaschungsfestigkeit des Schaufelbaustoffes, zweifellos wesentlich beeinflußt von der Geschwindigkeit der Wassertropfen gegenüber der bewegten Schaufel, von der Tropfengröße, von der Zusammenballung der Wassertropfen infolge der Schleuderwirkung der Schaufeln[93] und ferner von der Richtung, mit der die Tropfen auf die Schaufeloberfläche aufprallen.

Auswaschung und Wassergeschwindigkeit bedingen sich gegenseitig etwa in der Form

$$\varDelta G = a\,(w_{1w} - b)^2,$$

wobei $\varDelta G$ den Gewichtsverlust der Schaufeln durch Auswaschung, a eine vom Baustoffe, von der Tropfengröße und anderen Einflüssen abhängige Verhältniszahl, w_{1w} die Geschwindigkeit des Wassers gegenüber der bewegten Schaufel und b eine Mindestgeschwindigkeit des Wassers bedeuten, unterhalb der kein Angriff mehr erfolgt.

Die Tropfengröße hat insofern Einfluß, als die Schlagwirkung erfahrungsgemäß bei kleineren Tropfen nicht so groß ist wie bei großen. Bei trockenem oder nahezu trockenem Dampfe sind daher auch, wie man aus Erfahrung weiß, Auswaschungen durch reinen Dampf selbst an weichen Baustoffen wie Messing u. dgl. nicht zu befürchten.

[91] Engineer Bd. 153 (1932) S. 174/176 und 202/205.
[92] S. 11 in NELA: Boilers, Superheaters and Economizers, Nr. 289—75, 1929.
[93] E. Honegger: Über Erosionsversuche. Brown Boveri Mitt. Bd. 14 (1927) S. 95/104.

Die Zusammenballung der Wassertropfen ist um so größer, je mehr Stufen im Naßdampfgebiete arbeiten und durch ihre Schleuderwirkung das Wasser am äußeren Umfange der Beschauflung zusammendrängen, so daß der Wasserangriff in der Hauptsache nur auf einen kleinen Teil der Schaufellänge beschränkt wird.

Die Richtung, in der die Wassertropfen auf die Eintrittsfläche der bewegten Schaufel auftreffen, ist insofern wichtig, als die Schlagwirkung der Tropfen um so stärker ist, je mehr sich ihr Stoßwinkel 90^0 nähert.

Für die Wahl der Turbinenbauart muß daraus folgendes gefolgert werden:

Die Strömungsgeschwindigkeit der Wassertropfen nimmt zunächst zu, wenn die Dampfgeschwindigkeit größer wird, da dann auch die auf die Tropfen wirkende Antriebskraft größer ist und außerdem die Tropfendurchmesser kleiner sein werden, da die Tropfen durch den Dampfstrom gewissermaßen zerblasen oder zerstäubt werden. Je kleiner nun die Tropfen sind, um so größer ist das Verhältnis Tropfenquerschnitt zu Tropfengewicht; kleinere Tropfen bieten daher dem strömenden Dampfe mehr Widerstand, so daß sie von ihm auch stärker beschleunigt werden. Die Tropfengeschwindigkeit wird ferner um so größer, je länger der Weg des Dampfes in der Düse oder in der Leitschaufelreihe und je höher der mittlere Druck in dieser ist, da die vom Dampfe ausgeübte Kraft dann länger und stärker wirksam ist.

Die in einer Leitschaufelreihe gebildete Dampffeuchtigkeit ruft an der zugehörigen Laufschaufel nur vernachlässigbare Anfressungen hervor. Die Tropfen dieser Feuchtigkeit sind nämlich noch sehr klein, weil sie gerade erst entstanden sind, haben daher eine verhältnismäßig hohe Geschwindigkeit und sind über die ganze Schaufellänge annähernd gleichmäßig verteilt, weil sie durch die Fliehkraft noch nicht zusammengeballt sind. Die Auswaschung z. B. der letzten Laufschaufelreihe wird aus diesem Grunde um so kleiner sein, je mehr Feuchtigkeit erst in der letzten Düsen- oder Leitschaufelreihe entsteht und je weniger aus den vorhergehenden Stufen stammende, schon zusammengeballte Nässe vorhanden ist.

Um diese Überlegungen wenigstens der Größenordnung nach zahlenmäßig nachzuprüfen, wurde ein Vergleich durchgerechnet für 20000/30000 kW Einheitsleistung bei 3000 U/min. Verglichen werden eine Gleichdruck- und eine Überdruckturbine, wie sie für die angenommenen Verhältnisse bestens gebaut würden, und zwar eine eingehäusige Gleichdruck-Scheibenturbine und eine zweigehäusige Überdruckturbine mit doppelflutiger Trommel im ND-Teile, Abb. 196. Betrachtet werden in beiden Fällen nur die Stufen, die bereits mit feuchtem Dampfe arbeiten, das sind im Falle der Gleichdruckturbine die beiden letzten Stufen, im Falle der Überdruckturbine die acht letzten Doppelstufen. Unter Gleichdruckturbine ist hierbei wie üblich eine Turbine verstanden, die in ihren letzten Stufen bereits mäßige Überdruckwirkung hat. Die Zusammenstellung zeigt folgendes:

Bei der Gleichdruckturbine ist die Gesamtnässe vor der letzten Laufschaufel kleiner als bei der Überdruckturbine (8,6 gegenüber 9,5%). Die in der letzten Düsen- oder Leitschaufelreihe entstandene Nässe ist bei der Gleichdruckturbine 2,9mal größer als bei der Überdruckturbine, so daß die Nässe vor der letzten Düsenreihe der Gleichdruckturbine, d. h. die bereits in früheren Stufen zusammengeballte Nässe, die die Auswaschung an der letzten Laufschaufel hauptsächlich hervorruft, nur 72,5% derjenigen bei der Überdruckturbine ist.

Die Dampfgeschwindigkeit in der letzten Düsenreihe der Gleichdruckturbine ist das 1,6fache derjenigen in der letzten Leitschaufelreihe der Überdruckturbine und daher die Tropfengröße nur das 0,2fache (nach Abb. 5 in[94]). Der Weg für die Strömung in der Düse dagegen ist 7,25mal so lang und der mittlere Dampfdruck darin 1,92mal so groß wie in der letzten Leitschaufelreihe der Überdruckturbine.

Die tatsächliche Tropfengeschwindigkeit ist infolge der Wirkung aller dieser Größen in der letzten Stufe der Gleichdruckturbine etwa 10- bis 11mal so groß wie bei der Über-

[94] J. von Freudenreich: Der schädliche Einfluß der Dampfnässe in Dampfturbinen. Brown Boveri Mitt. Bd. 14 (1927) S. 119/124.

druckturbine (nach Gl. 16 in[94]), wobei für die Gleichdruckturbine ein Teil des geraden Düseneinlaufes nicht berücksichtigt wurde, da dort keine Beschleunigung erfolgt.

Damit ergibt sich aus den Geschwindigkeitsdreiecken die Geschwindigkeit der Wassertropfen gegenüber dem in Bewegung befindlichen äußeren Schaufelende, mit der sie auf die Schaufeln auftreffen. Sie ist bei der Gleichdruckturbine nur etwa die Hälfte (132 m/s) derjenigen bei der Überdruckturbine (268 m/s). Von Einfluß ist dabei, daß die Düsenwinkel bei Gleichdruck im allgemeinen kleiner sind als die Leitschaufelwinkel bei Überdruck, wodurch die gegenseitigen Geschwindigkeiten bei Gleichdruck an sich schon kleiner werden. Außerdem prallen die Tropfen, wie aus dem Geschwindigkeitsdreiecke

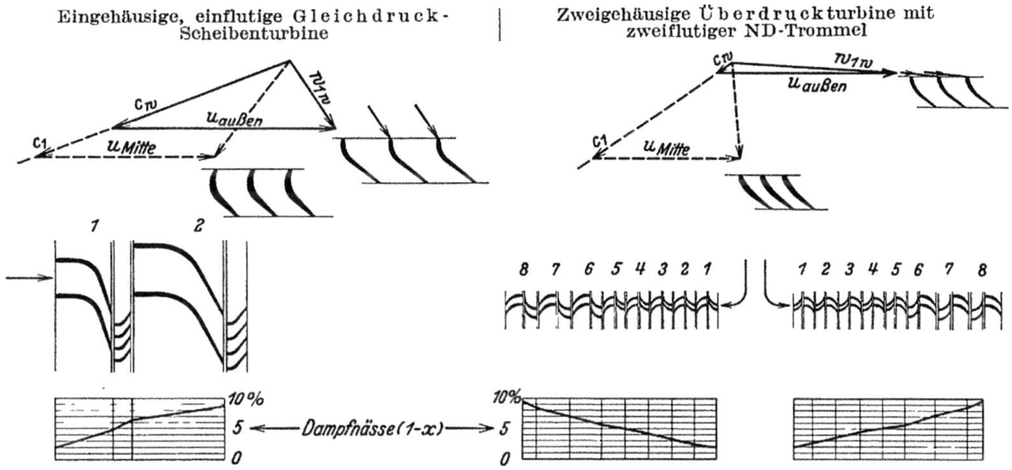

Letzte Stufe	Gleichdruck	Überdruck	Gleichdruck zu Überdruck
mittlerer Durchmesser . . . . mm	1850	1500	
Zahl der Laufschaufelreihen . . .	1	2	
Umfangsgeschwindigkeit, Laufschaufelmitte u_{Mitte} . . . . m/s	291	236	
Länge der Laufschaufel . . . mm	460	360	
Umfangsgeschwindigkeit, Laufschaufelende $u_{außen}$ . . . . m/s	362	293	
Nässe vor Laufschaufelreihe . . %	8,6	9,5	0,906
Nässe gebildet in Leitschaufelreihe %	2,3	0,8	2,9
Nässe gebildet in Leitschaufelreihe zu Nässe vor Laufschaufelreihe %	27	8,4	3,2
Nässe vor Leitschaufelreihe, schon zusammengeballt . . . . . . %	6,3	8,7	0,725
rechnerische Dampfgeschwindigkeit c_0 . . . . m/s	470	295	1,6

Letzte Stufe	Gleichdruck	Überdruck	Gleichdruck zu Überdruck
Dampfgeschwindigkeit c_1 bei $\varphi = 0,95$ . . . . m/s	445	280	1,6
Weg der Strömung in Leitschaufelreihe . . . . mm	290	40	7,25
mittlerer Dampfdruck in Leitschaufelreihe . . . . ata	0,125	0,065	1,92
größter Tropfendurchmesser . mm	0,03	0,15	0,2
Tropfengeschwindigkeit c_w . . m/s	315	30	10,5
größte Tropfengeschwindigkeit gegenüber bewegter Laufschaufel w_{1w} . . . . m/s	132	268	0,493
Auswaschung durch Wasser . . .			0,18
Zahl der Stufen im Naßdampfgebiete	2	8	0,25

Abb. 196. Auswaschung durch Dampffeuchtigkeit an ND-Laufschaufeln in Kondensationsturbinen verschiedener Bauart. Ausführungsbeispiel: 20000/30000 kW, 3000 U/min,

zu ersehen ist, unter einem wesentlich größeren Winkel auf die Schaufeleintrittsfläche auf. Die Feuchtigkeit bei der Gleichdruckturbine wird nur in zwei Stufen, bei der Überdruckbauart dagegen in zweimal acht Stufen außen zusammengeballt. Dieser Umstand ergibt im übrigen für die Gleichdruckturbine einen wesentlich geringeren Aufwand für erforderlich werdende Ersatzbeschauflungen.

Die Auswaschung muß daher bei der Gleichdruckturbine wesentlich geringer sein als bei der Überdruckturbine. Rechnet man für die Gleichdruckturbine sehr ungünstig, indem man den Stoßwinkel der Tropfen gegen die Schaufeln vollkommen vernachlässigt und in obiger Gleichung den Wert $b = 0$ setzt, was in Wirklichkeit nicht der Fall ist, dann ist die Stärke des Wasserangriffes in der letzten Stufe der Gleichdruckturbine nur etwa das $0{,}725 \cdot 0{,}5^2 = 0{,}18$fache desjenigen bei der Überdruckturbine. Dieses Ergebnis wird durch Beobachtungen an zahlreichen Turbinen bestätigt, wonach die Auswaschung bei Gleichdruck nur etwa $^1/_5$ oder noch weniger derjenigen von reinen

Überdruckturbinen ist. Gerade in diesem Sinne ist somit die mäßige Σu^2 der Gleichdruckturbine günstiger als der wesentlich höhere Wert, der für Überdruckturbine erforderlich ist.

Bei obiger Untersuchung wurde die zusätzliche günstige Wirkung von Entwässerungsvorrichtungen, die man bei Gleichdruck- und bei Überdruckturbinen vorsehen kann, außer acht gelassen. Auch der Leistungsverlust zufolge der Bremswirkung des Wassers und der dadurch verursachte Rückgang des Wirkungsgrades ist hier, wo nur die Frage der Schaufelbeschädigung durch die Dampffeuchtigkeit zu untersuchen war, nicht behandelt worden.

Diese Untersuchung und ebenso die Erfahrung zeigen somit, daß für die Stärke der Auswaschungen durch Dampffeuchtigkeit keinesfalls die Größe der Umfangsgeschwindigkeit der Laufschaufeln und damit die der Dampfgeschwindigkeit an sich, sondern in viel stärkerem Maße, zum mindesten bei Grenzturbinen, die Bauart der Turbine ausschlaggebend ist. Denn die Vergrößerung der Stufendurchmesser und damit die Steigerung der Umfangsgeschwindigkeiten beeinflußt die wärmetechnische Auslegung und die Abmessungen bei Gleichdruckturbinen in einer Richtung, die die schädliche Wirkung der Dampfnässe in hohem Maße vermindert. Die mitunter anzutreffende Annahme, daß bei Vergrößerung der Umfangsgeschwindigkeiten der letzten Stufen ihre Laufschaufeln durch Auswaschungen in unzulässig kurzer Zeit übermäßig angegriffen würden, trifft daher für Gleichdruck-Scheibenturbinen nicht zu.

Die Abwehr der Schäden richtet sich gleichzeitig gegen Ursache und Wirkung. Grundsätzlich muß hierzu allerdings noch bemerkt werden, daß eine Aufrauhung der äußeren Enden der Eintrittskanten keineswegs sofort als ein Anzeichen eines unmittelbar bevorstehenden Zusammenbruches der Beschauflung anzusehen ist. Die Auswaschungen schreiten nämlich meist nur anfangs rasch, dann aber immer langsamer fort und sind, solange sie sich in mäßigen Grenzen halten, ungefährlich, da an den betroffenen Stellen — Schaufelenden — ja nur geringe Beanspruchungen auftreten. Daß die anfänglich oft rasch fortschreitenden Auswaschungen sich dann später ganz wesentlich verlangsamen oder sogar zu vollkommenem Stillstande kommen, kann folgende Begründung haben: das dauernde Hämmern der Wassertropfen härtet die Oberfläche der Schaufeln, kleine Dampfblasen setzen sich in den kleinen Trichtern fest und bilden federnde Kissen und schließlich wird die angegriffene Oberfläche der Schaufeln um so größer, je tiefer sich die Auswaschungen in die Schaufeln hineinfressen.

Die Ursache der Auswaschungen, d. h. der Feuchtigkeitsgehalt des Dampfes in den ND-Stufen, wird durch Erhöhung der Frischdampftemperatur oder durch Zwischenüberhitzung des Dampfes gemildert. Zwischenüberhitzung wird wegen der damit verbundenen Verwicklung der ganzen Anlage heute nicht mehr so stark befürwortet wie noch vor wenigen Jahren, dagegen hält man allgemein eine Erhöhung der Frischdampftemperaturen für möglich und zweckmäßig — das gilt natürlich für neu zu bauende Turbinen. Wie weit ältere, ursprünglich für niedrige Frischdampftemperaturen gebaute Turbinen für höhere Temperaturen umgebaut werden können, kann nur das Lieferwerk feststellen.

Auf die Versuche, durch bauliche Mittel Wasser aus dem feuchten Dampfe abzusondern und unmittelbar in den Kondensator zu führen[95], wird nach wie vor großes Gewicht gelegt. Allerdings muß zugegeben werden, daß die bisherigen Versuche noch keinen vollen Erfolg gebracht haben. Es konnten auf diese Weise noch in keinem Falle mehr als 30% der im Dampfe enthaltenen Feuchtigkeit abgeleitet werden.

Somit bleibt als letztes Mittel der Abwehr der Kampf gegen die Wirkung der Auswaschungen, d. h. man verwendet oder sucht widerstandsfähigere Baustoffe. Während üblicherweise heute als Baustoff für Endschaufeln 5% Ni-Stahl und nichtrostender Stahl gleichmäßig verwendet werden — wobei trotz mancher gegenteiliger Ansichten wohl dem nichtrostenden Stahle bezüglich seiner Widerstandsfähigkeit gegen Auswaschung der Vorzug gegeben wird —, haben darüber hinausgehende Versuche in dem Kruppschen

[95] Vgl. E. A. Kraft: Die neuzeitliche Dampfturbine, 2. Aufl., S. 49/50. Berlin: VDI-Verlag 1930; ferner: Elektr.-Wirtsch. Bd. 32 (1933) S. 231/232.

WF 100-Stahle[96] und einem Manganstahle noch wesentlich widerstandsfähigere Schaufelstähle entdeckt. Den Veröffentlichungen der BEWAG[97], die Versuche in dieser Richtung nachdrücklich gefördert hat, ist Abb. 197 entnommen, in der nach der zahlenmäßigen Erfassung der Betriebsergebnisse die Wertung der verschiedenen Baustoffe aufgetragen ist. Der wesentlichste Vorzug von WF 100-Stahl sowohl wie von Manganstahl besteht darin, daß sie infolge größerer Oberflächenhärte und besserer Glättfähigkeit mit glatter Oberfläche den Auswaschungen etwas länger widerstehen als die gewöhnlichen Stähle. Umfangreichere Erfahrungen mit diesen Baustoffen liegen bis heute noch nicht vor. So viel kann aber bereits gesagt werden, daß sie sich — abgesehen vom wesentlich höheren Preise — viel schwieriger bearbeiten lassen.

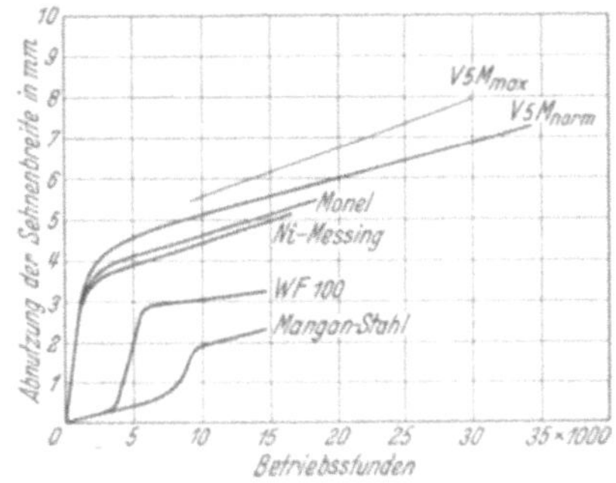

Abb. 197. Auswaschung an den Schaufeln der Endstufe einer Kondensationsturbine in Abhängigkeit von der Betriebzeit. Vergleich verschiedener Schaufelbaustoffe.

Es hat weiter nicht an Versuchen gefehlt, Schaufeln örtlich zu härten oder sie aus verschiedenen Baustoffen, etwa durch Löten oder Schweißen, herzustellen, wobei an den am höchsten beanspruchten Eintrittskanten Schutzstreifen oder -leisten aus besonders harten Stoffen — Manganstahl, Wolframstahl — angebracht wurden. Daneben sind zu allen Zeiten immer wieder Versuche mit Schutzüberzügen aus Chrom, Tantal, Wolfram usw. auf gewöhnlichen Stahlschaufeln gemacht worden. Zu dauerndem Erfolge haben alle diese Versuche bisher nicht geführt, am ehesten noch die Schaufeln mit gehärteten Kanten oder mit aufgeschweißten Hartmetalleisten, deren weitere Bewährung aber noch abzuwarten ist.

Der Vollständigkeit halber muß noch ein in Amerika verbreitetes Verfahren zur Wiederherstellung ausgewaschener ND-Schaufeln erwähnt werden, nämlich das Aufbringen von Silberlot auf noch nicht unzulässig weit ausgewaschene Schaufeln. Es ist verständlich, daß auch dieses Verfahren nicht vollen Erfolg bringen kann, wenn es auch die Lebensdauer der Schaufeln um einen gewissen Betrag zu erhöhen vermag. In Europa hat ein derartiges Verfahren bisher keinen Eingang gefunden.

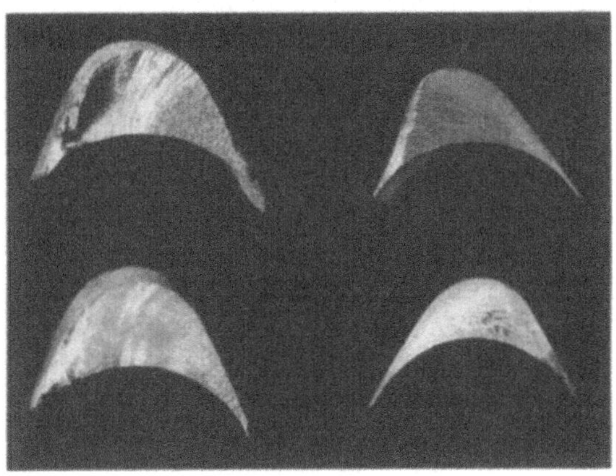

Abb. 198. Bruchflächen von Dampfturbinenschaufeln. Links: Ermüdungs- oder Schwingungsbruch, rechts: Gewaltbruch.

Schaufeln können durch einmalige Überbeanspruchung (Gewaltbruch) oder durch wiederholte Beanspruchungen (Ermüdungs- oder Schwingungsbruch) brechen. Nach diesen zwei Bruchformen, deren Kennzeichen die Bruchflächen der Schaufeln meist unzweideutig tragen, Abb. 198, sind Schaufelschäden in der Regel ohne weiteres einzuordnen, worauf dann die weitere Untersuchung der Schadenursache bereits enger begrenzte Möglichkeiten vor sich hat.

Ein Gewaltbruch (Verformungsbruch, Trennungsbruch) einer Schaufel kann seine Ursache haben erstens in Fehlern oder Mängeln im Baustoffe, in der Form des Bauteiles, in seiner werkstattmäßigen Ausführung, zweitens in betriebsmäßigen Erscheinungen oder Schäden (Auswaschung, Verrottung, Beeinflussung durch Verformung oder Beschädigung anderer Teile) sowie drittens durch einmalig oder wiederholt auftretende Betriebzufälligkeiten (Fremdkörper im Dampfe, Wasserschlag und dadurch bewirkte Abschreckung).

[96] Vgl. Kruppsche Monatshefte Bd. 12 (1931) S. 188/194.
[97] Elektr.-Wirtsch. Bd. 31 (1932) S. 413/415 und Bd. 32 (1933) S. 50/56.

Baustoffehler sind in allen Fällen nach eingetretenem Schaden durch Untersuchung der gebrochenen Schaufel festzustellen. Dabei ist zu unterscheiden, ob es sich um Unregelmäßigkeiten in der Baustofflieferung oder um den Einbau von vornherein nicht entsprechender Baustoffe handelt. Bei neuen Turbinen entfällt dieser letzte Grund wohl stets, er kann aber z. B. dort eine Rolle spielen, wo mit älteren Maschinen und ihren unter damaligen Verhältnissen richtigen Baustoffen heute andere Betriebsverhältnisse bewältigt werden sollten. Baustoffehler wird man dort nicht annehmen dürfen, wo durch örtliche Überhitzung (z. B. Anstreifen der umlaufenden Beschauflung) das Gefüge oder die Festigkeit eines ursprünglich guten Baustoffes verdorben ist.

Formgebungsmängel an den Schaufeln sind nicht ausgeschlossen, aber im heutigen Turbinenbaue außerordentlich selten Ursache von Gewaltbrüchen. Gelegentlich sind Mängel an anderen Bauteilen (Lauflager, Drucklager, Stopfbuchsen) der Ausgangspunkt von Schäden, die sich dann mittelbar auf die Beschauflung auswirken.

Herstellungsmängel wären ungenügende Ausrundung von Kanten, nicht eingehaltene Maße, Schleifspuren vom Glätten, unsachgemäß ausgeführte Lötung (Bindedrähte) oder Nietung (Deckbänder), schließlich nicht eingehaltene Genauigkeitsvorschriften für Nut und Fuß und das unbedingt unzulässige Nachrichten von eingebauten Schaufeln, damit sie fluchten. Bei der Sorgfalt der Prüfungen, der so wichtige Bauteile wie die Laufschaufeln in jedem größeren Turbinenwerke unterworfen werden, ist auch diese Ursache der Schaufelbrüche erfreulicherweise selten geworden.

Angriffe durch Verrottung und Auswaschung verringern die Schaufelquerschnitte. Bis zu welchem Grade diese Schwächung zulässig ist, wann also in dem verbleibenden Querschnitte die Beanspruchungen größer werden als die zulässigen Spannungen, ist eine Frage der Zeit und selbstverständlich davon abhängig, ob der unverletzte Querschnitt schon hoch oder nur mäßig beansprucht war. Ungleich häufiger als zu Gewaltbrüchen werden derartige Ursachen zu Ermüdungs- und Schwingungsbrüchen führen. Verhältnismäßig häufig dagegen werden Gewaltbrüche auf Ursachen zurückzuführen sein, die nur als Begleiterscheinungen Schaufelschäden herbeiführen, wie Verziehungen der Turbinengehäuse, Werfen der Wellen, Anstreifen der Stopfbuchsen, Auslaufen der Lauf- oder Drucklager.

Fremdkörper im Dampfe können versehentlich nicht entfernte und im Betriebe sich lösende Kernstützen od. dgl. aus Gußteilen, irgendwo ausgebrochene oder abgebröckelte Baustoffstücke, gelöste Niete (falls vorhanden), Sicherungsbleche, Muttern, abgebrochene Schrauben, ferner Schweißperlen, die vom Zusammenschweißen von Frischdampfleitungen oder von Schweißarbeiten im Kessel herrühren, oder schließlich für die Beschauflung späterer Stufen auch ausgebrochene Schaufelteile vorderer Stufen sein. Sind bei einem Schaufelschaden mehrere Stufen durch Gewaltbruch, Verquetschung usw. beschädigt, so kann man meist mit großer Sicherheit zwischen den ursächlich beschädigten und den davon nur in Mitleidenschaft gezogenen Stufen unterscheiden. Auch hier kann nur die Augenscheinnahme und sorgfältigste Prüfung des besonderen Falles die gewünschte Klarheit schaffen, allgemeine Regeln sind unmöglich.

Eine weitere Ursache für Schaufelschäden ist schließlich der sogenannte Wasserschlag oder Wasserstoß, d. h. ein plötzlicher, durch Überspeisen, Überschäumen oder Überkochen der Kessel oder Ausblasen von Wassersäcken in den Rohrleitungen verursachter Wassereinbruch in die Turbinen, der also einerseits einen plötzlichen Temperaturunterschied für die Schaufeln (Abschrecken), andererseits eine ganz außerordentliche Überbelastung der Schaufeln bedeutet. So sicher es ist, daß richtig gebaute Turbinen Wasserschläge von mäßiger Stärke auch bei wiederholtem Auftreten ohne Schaden ausgehalten haben — das zu verlangen, ist ein unbestreitbares Recht des Turbinenbesitzers —, so sicher ist es, daß es unmöglich ist, Beschauflungen zu entwerfen und zu bauen, die Wasserschläge *beliebiger* Höhe aushalten können. Es muß daher nach wie vor unbedingt angestrebt werden, Wassereinbrüche durch geregelten Kesselbetrieb zu vermeiden.

Schwingungsbrüche sind stets an dem muscheligen Gefüge des Anbruches eindeutig zu erkennen. Das Wesen der Schaufelschwingungen und ihre verschiedenen Erscheinungsformen eingehend zu beschreiben, kann hier nicht der Ort sein. Es kann sich in diesem Rahmen vielmehr nur darum handeln, die Hauptursachen anzuführen, die zu Schaufelschwingungsbrüchen führen können.

Wie bei den Gewaltbrüchen können zunächst auch hier natürlich Baustoff-, Formgebungs-, Herstellungs- oder Zusammenbaufehler vorliegen. Baustoffehler werden sich in der Regel dadurch bemerkbar machen, daß bei im übrigen vollkommen unversehrt bleibender Schaufelreihe entweder eine einzelne Schaufel oder doch mehrere, aber nicht gleichmäßig verteilt und auch nicht an gleichen Stellen ihrer Länge, brechen. Liegt ein derartiger Befund vor, so kann man auf Ungleichmäßigkeit im Baustoffe schließen, wobei allerdings darauf hingewiesen werden muß, daß eine nach Jahren einwandfreien Betriebes zu Bruch gehende Einzelschaufel billigerweise keine Ansprüche mehr an den Turbinen- oder Baustoffhersteller rechtfertigen kann.

Formgebungsfehler, die Schaufelschwingungen mit nachfolgenden Schäden ermöglichen, können heute, sofern Entwurf und Werkstattarbeit einwandfrei sind, nur mehr in dem Maße auftreten, als menschlicher Irrtum überhaupt sich trotz vielfältiger und gewissenhafter Überprüfungen in jedes Werk doch noch einschleichen kann. Die Grundlagen für einen in dieser Richtung zuverlässigen Entwurf sind durch die bei größeren Turbinenwerken vorliegenden Erfahrungen wissenschaftlich und versuchsmäßig genügend geklärt.

Ähnlich im Befunde wie Baustoffehler können sich Herstellungs- und Zusammenbaufehler auswirken, doch wird dabei bereits stets, wenn mehrere Schaufeln einer Reihe durch Schwingungen zu Schaden kommen (einreißen oder ganz zu Bruch gehen), die gleiche Bruchstelle vorhanden sein müssen, da bei gleicher Herstellung und gleicher Behandlung der zahlreichen Schaufeln einer Reihe notwendigerweise sich Fehler bei allen gleichmäßig auswirken müssen. Hier sind zu nennen: mangelhafte Abrundungen oder durch Nichteinhalten der vorgeschriebenen Genauigkeit hervorgerufene Riefen oder Einrisse, die, als Kerben wirkend, zum Ausgangspunkte von Schwingungsbrüchen werden können. Ferner zu wenig sorgfältiger Zusammenbau, wodurch unter Umständen der der rechnerischen Bestimmung der Eigenschwingungzahl der Schaufeln zugrunde gelegte Einspannungzustand nicht vorhanden war. Bei sorgfältig hergestellten Turbinen wird dieser Grund allerdings ausscheiden, desgleichen die sonst noch denkbaren groben Herstellungsfehler, nämlich unsachgemäße Vernietung der Deckbänder oder den Schaufelbaustoff verändernde Verlötung der Bindedrähte. Allergrößte Sorgfalt muß auch verwendet werden auf die Ausführung und genügende Ausrundung der Bindedrahtlöcher in den Schaufeln.

Von vornherein nicht erfaßbar sondern nur durch zweckmäßige Betriebsüberwachung — und dann auch nur zum Teile — vermeidbar sind die Schaufelschwingungschäden, die von Abnutzung durch Verrottung oder Auswaschung (Kerbwirkung oder Veränderung der Eigenschwingungzahl durch Schwächung der Schaufeln) ausgehen oder aber Folgeerscheinungen von Scheiben- oder Wellenschwingungen (d. h. erzwungene Schaufelschwingungen) sind.

Die Schlußstücke, mit denen die Laufschaufelreihen verschlossen werden, sind bei allen Turbinenwerken und für alle Turbinenarten gleichmäßig Gegenstand besonderer Aufmerksamkeit. Solange weder die Dampftemperaturen noch die Umfangsgeschwindigkeiten (Fliehkräfte) besonders hoch waren, hatten die Schlußstücke im wesentlichen nur die Aufgabe, die in den Schaufelträger eingesetzten Schaufeln in Umfangsrichtung gegen Lockerung zu sichern, die Fragen der Temperatur- und der Zugfestigkeit traten dagegen zurück. Es genügten daher allgemein die bekannten Kupferschlußstücke, d. h. in die Nut eingetriebene, über einen umgekehrten Stahlkeil axial ausgespreizte Reiter aus Kupfer. Mit zunehmender Verschärfung der Betriebsverhältnisse sind aber Erscheinungen wie in Abb. 199 aufgetreten. Man hat daher die Verwendungsgrenze dieser einfachsten Schaufelschloßbauart ganz allgemein heruntergesetzt, in zunehmendem Umfange „gebaute", d. h. aus mehreren Stahlteilen bestehende Schlußstücke verwendet und ist zum Teile gänzlich vom Kupfer zu einem Weichstahle (Armco-Eisen) übergegangen, der dem Kupfer an Bildsamkeit nicht nennenswert nachsteht, ihm an Beständigkeit und Festigkeit jedoch erheblich überlegen ist. Natürlich ist die Ausbildung des Schlußstückes je nach der Bauart der Schaufeln und insbesondere des Schaufelfußes verschieden, grundsätzlich jedoch unterscheiden sich alle nach zwei Gesichtspunkten: bildsam oder „gebaut“.

Abb. 199. Durch Temperatureinflüsse gelockertes und „hochgekommenes“ Schlußstück aus Kupfer.

Einige wenige Schaufelbefestigungsarten können ein Schlußstück überhaupt entbehren, das sind auf- oder eingenietete Reiterschaufeln (z. B. GEC und Metro-Vick) oder Schaufeln mit Axialnuten (z. B. de Laval und Westinghouse in Sonderfällen). Die erste Bauart ist für hohe Beanspruchungen weniger geeignet, die Verwendung von vielen hunderten Nieten im Inneren einer Turbine ist zweifelsohne auch nicht erwünscht; die zweite ist weniger einfach als die Befestigung in Ringnuten, ohne grundsätzlich größere Sicherheit zu versprechen. Sie wird daher auf Sonderfälle beschränkt bleiben.

Bei Verwendung eines Schlußstückes in der Ringnut ist unter Umständen eine Abweichung von der Schaufelteilung an dieser Stelle nicht zu vermeiden. Damit verbunden kann die in Drehrichtung auf das Schlußstück folgende Schaufel stärkerer Auswaschung — da auf sie ein größerer Wasseranteil entfällt als bei üblicher Teilung — ausgesetzt sein. Bindedrähte und Deckbänder über dem Schlußstücke sind, wenn die Lücke größer als die sonstige Schaufelteilung ist, höher beansprucht als auf dem übrigen Teile des Radumfanges.

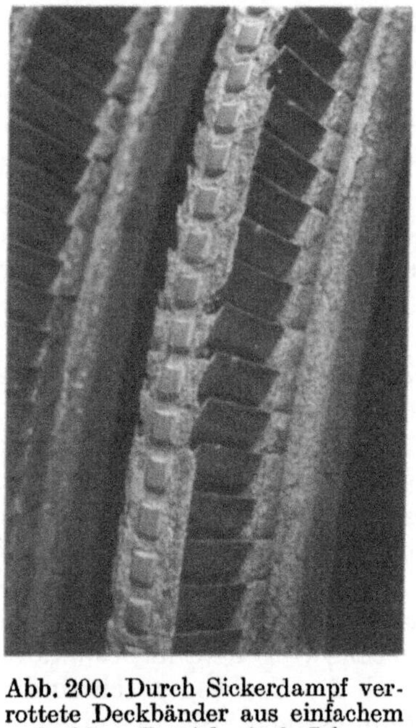

Abb. 200. Durch Sickerdampf verrottete Deckbänder aus einfachem Stahle. Betriebzeit 3 Jahre.

Für die Deckbänder ist im Gebiete kurzer Schaufeln und kleiner Umfangsgeschwindigkeiten früher häufig einfacher Stahl verwendet worden. Wo schlechte Dampfverhältnisse herrschten oder die stillstehende Turbine vor Sickerdampf nicht genügend geschützt war, wurden die Deckbänder im Gegensatze zu den Schaufeln aus hochwertigen Stahlverbindungen oder Messing manchmal stark zersetzt, Abb. 200. Die hier gezeigten Deckbänder haben eine Betriebzeit von nur drei Jahren hinter sich. Aus diesen Gründen werden heute vielfach nur noch Deckbänder aus nichtrostenden Stählen verwendet, auch dort, wo die Beanspruchungen es nicht erfordern.

Bei dem Deckbande mit seinen vielfachen Durchbrechungen liegt Kerbgefahr nahe, wenn die Nietzapfenlöcher nicht genügend ausgerundet oder abgefast werden. Wo runde Zapfen ausführbar sind, werden sie mit Rücksicht auf die Möglichkeit, die Deckbandlöcher zu bohren und auszusenken, vorgezogen. Deckbandbrüche und -risse sind daher bei neueren Turbinen selten.

Ist eine Neubeschauflung an Ort und Stelle erforderlich, so ist damit auch wegen der Deckbänder und ihrer Vernietung unbedingt eine mit derartigen Arbeiten vertraute Kraft, am besten ein Richtmeister des Lieferwerkes, zu beauftragen.

Bindedrahtschäden können, wenn Baustoff, Bemessung und Verlötung nicht ausgesprochen fehlerhaft sind, nur durch Schwingungen verursacht sein, und zwar meist erzwungen, also durch Schaufelschwingungen oder Radschwingungen hervorgerufen. Bindedrahtbrüche verändern die Eigenschwingungzahl der Schaufelgruppen oder der einzelnen Schaufeln und können dadurch zu Schwingungsbrüchen der Schaufeln selbst Anlaß geben.

Gegenüber den Schäden an der Beschauflung treten solche an Läufern oder deren Einzelteilen nur in sehr geringem Maße auf. Insbesondere gehören Brüche an Radscheiben, Wellen oder Trommelkörpern zu den Seltenheiten.

Einige Hersteller von Scheibenturbinen hatten in früherer Zeit, ehe die Gesetze der Scheibenschwingungen bis in alle Einzelheiten erforscht waren, in einigen Fällen in Turbinen mit 1500 oder 1800 U/min mit Schwingungsbrüchen bei größeren Radscheiben zu kämpfen. In einer Reihe von Fällen wurden glücklicherweise die beginnenden Schwingungseinrisse rechtzeitig bei Überholungsarbeiten entdeckt, so daß der Bruch der Radscheibe und seine Folgen verhindert werden konnten. Schwingungsbruchflächen sind auch hier deutlich an dem Muschelgefüge des Anrisses zu erkennen, Abb. 201. Auf einer durch Überdrehzahl zerstörten Radscheibe erscheint dagegen stets der unregelmäßige Bruchverlauf des Gewaltbruches.

Abb. 201. Schwingungsanriß als Ausgangspunkt für den Bruch einer Radscheibe.

Scheibenschwingungen an den Scheiben von Einstückläufern können überhaupt nicht in störendem Maße auftreten, da derartige Einstückläufer nur für kleine Stufendurchmesser — bis ungefähr 800 mm — verwendet werden. Bei einem Läufer mit 400 mm Stufendurchmesser vollends — wie bei ausgesprochenen HD-Turbinen — kann kaum noch von Scheiben gesprochen werden, wenn die Welle rund 200 mm Durchmesser hat; die Scheiben sind dann nur noch etwa 100 mm breite Ringe. Es ergibt sich somit, daß Scheibenschwingungen für alle neueren HD-Turbinen oder HD-Teile mehrgehäusiger Turbinen vollständig ausgeschlossen sind, da deren Läufer allgemein als Einstückläufer ausgebildet sind.

Scheibenschwingungen haben in der Regel die Dampfströmung selbst als Erreger, durch eine Änderung der Strömungsverhältnisse oder der Eigenschwingungzahl der Scheiben kann somit auch die Schwingungsgefahr beseitigt werden. Es gibt aber auch Fälle, wo Schwingungen in Radscheiben durch Nachbarmaschinen des gleichen Kraftwerkes erregt wurden. Auch auf solche Möglichkeiten muß bei vorliegenden Schwingungserscheinungen geachtet werden.

Bei nicht sachgemäßem Anfahren oder bei Versagen des Drucklagers kann ein Scheibenläufer axial an den Zwischendeckeln zum Anlaufen kommen. Die dabei auftretende Erwärmung betrifft den Läufer im allgemeinen — zum Unterschiede von Scheibenschwingungen — auf dem vollen Umfange gleichmäßig, so daß dadurch wohl ein vorübergehendes, seitliches Ausschwingen, aber kaum eine Verkrümmung des Läufers hervorgerufen werden kann. Daher ist die Ursache eines derartigen Schadens nach dem Aufdecken der Turbine und der Untersuchung des Läufers leicht und eindeutig zu erkennen; denn ein radiales Anstreifen in den Stopfbuchsen, das so stark ist, daß deswegen eine Betriebstörung eintritt, bedingt einseitige Erwärmung und damit eine mehr oder weniger starke, jedenfalls meßbare Verkrümmung des Läufers.

Über einen eigenartigen Fall berichtet Kearton[98]. Danach hatte ein Zwischendeckel einer 35000 kW-Turbine infolge Anstreifens am nächsten Laufrade sich derart mit diesem verschweißt, daß er im Gehäuse in immer schnellere Drehung geriet und schließlich, als die Schweißverbindung den auftretenden Fliehkräften nicht mehr standhielt, abgeschleudert wurde. Dadurch zertrümmerten die Deckelhälften das Turbinengehäuse und führten so eine vollständige Zerstörung der ganzen Turbine herbei. Dieser Fall ist

[98] W. J. Kearton: Steam Turbine Operation, S. 203/205. London: Sir Isaac Pitman & Sons, Ltd., 1931.

jedoch ganz außergewöhnlich, erstens weil derartig starke Durchbiegungen von Zwischendeckeln nur unter vollkommen unvorhergesehenen Betriebsverhältnissen vorkommen können, zweitens aber auch deswegen, weil hier die Befestigung des Zwischendeckels im Gehäuse vielleicht von vornherein nicht einwaudfrei war oder durch ein unglückliches Zusammentreffen gleichzeitig versagt haben muß.

Gelegentlich kommt es vor, daß Wellen, Läufer oder Trommeln sich verziehen und dadurch Anlaß zur Unruhe einer Turbine geben. Verkrümmung des Läufers infolge darin verbliebener Restspannungen sind bei der beim Baue der Turbinen heute allgemein obwaltenden Sorgfalt gerade derartigen Fragen gegenüber so gut wie ausgeschlossen. Es ist vielmehr meist ein äußerer Anlaß für die Verkrümmung anzunehmen. Ein solcher Anlaß kann das einseitige Erwärmen etwa durch in die stillstehende Turbine eindringenden Dampf sein, häufiger dagegen wird, wie bereits erwähnt, das Anstreifen von Außen- oder Innenstopfbuchsen mit entsprechender örtlicher Erwärmung die Ursache sein. Ein dadurch hervorgerufener „Schlag" des Läufers kann — wenn er nicht allzu groß ist — durch Richten beseitigt werden, eine Maßnahme, die, von kundiger Hand ausgeführt, auch für Einstückläufer völlig unbedenklich ist [99]. Ein gerichteter Läufer muß natürlich, genau wie ein neuer, nach dem Richten und vor seinem Einbaue in die Turbine längere Zeit auf wenigstens 50° über seiner höchsten Betriebstemperatur erwärmt werden, damit sich zuverlässig alle Richtspannungen auslösen können.

Für Trommelläufer gelten sinngemäß die gleichen Angaben. Zwar lassen sich die eigentlichen Trommelkörper stets so starr ausbilden, daß sie durch Schwingungen nicht gefährdet sind; es sind dort allenfalls die beiderseits an die Trommeln anschließenden Wellenstummel der Gefahr eines Schwingungsbruches ausgesetzt. Dagegen ist bei den Trommelläufern ganz allgemein die Gefahr der Verkrümmung durch örtliche Erwärmung größer, da erstens wegen des Überdruckverfahrens die Spiele zwischen stillstehenden und umlaufenden Teilen an sich kleiner sein müssen und zweitens diese kleinen Spiele auf wesentlich größerem Umfange, also bei wesentlich größerer Umfangsgeschwindigkeit einzuhalten sind als in Gleichdruck-Räderturbinen. Auch benötigen die größeren Massen von Trommelläufern längere Zeit für gleichmäßige Durchwärmung.

Turbinenläufer aller Bauarten sind, wenn bei jeder die für sie geltenden Gesichtspunkte in Gestaltung, Fertigung und Betrieb berücksichtigt werden, unbedingt zuverlässig und betriebsicher. Es liegt kein Grund vor, in dieser Hinsicht der einen oder der anderen Bauart grundsätzlich die Eignung abzusprechen. Allerdings kann eine jede Bauart in bestimmten Verwendungsgebieten ausgeprägte Vorzüge gegenüber einer anderen aufweisen.

Schäden an Stopfbuchsen — Außen- und Innenstopfbuchsen; Labyrinth-, Kohle- und Wasserstopfbuchsen — sind an und für sich meist unerheblich in ihrem Einflusse auf den Betrieb und leicht zu beseitigen. Sie sind jedoch durch die Folgeschäden, die sie mittelbar verursachen können, mitunter der Ausgangspunkt für schwerere und lange dauernde Betriebstörungen. Als häufigster Folgeschaden ist das Verkrümmen des Turbinenläufers infolge örtlicher Erwärmung beim Anstreifen zu nennen. Ganz selten nur kommt es durch die Sperrdampfzufuhr zur ND-Stopfbuchse zu einer Verrottung oder Auswaschung der Welle, die jedoch, wenn sie auftritt, stets durch elektrische Vorgänge mit verursacht wird.

Lager werden, wenn es an ihnen zu Störungen kommt, meist durch Unregelmäßigkeiten der Ölversorgung in Mitleidenschaft gezogen. Ölmangel bedeutet Abnutzung. Die Lagerböcke können — abgesehen von Fehlern im Gußeisen, die gelegentlich leicht zu behebende Ölundichtheiten verursachen — die Ausrichtung der ganzen Turbine stören, wenn sie sich auf dem Fundamente lockern. Der Lauf der Turbine kann schlechter werden, wenn die Lagerschalen in ihren Böcken nicht auch im Dauerbetriebe fest bleiben

[99] Vgl. Dreibholz, R. Berthold: Verkrümmung von Turbinenläufern und ihre Ursachen. Mitt. Ingenieurbüro Allianz und Stuttgarter Ver. Vers.-A.-G. 1933 Heft 1.

oder die Lagerböcke sich in sich verformen oder, wo die Lager zwischen Turbine und Stromerzeuger in mit dem Abdampfstutzen der Turbine zusammengegossenen Sätteln befestigt sind, die ganze Lagerung an dieser Stelle infolge etwaigen Durchbiegens des Abdampfstutzens unter dem Einflusse des äußeren Luftdruckes sich in ihrer Höhenlage verändert. Alle Einflüsse dieser und ähnlicher Art können die Ruhe und Gleichmäßigkeit des Laufes beeinträchtigen; sie äußern sich in bleibend oder vorübergehend unruhigerem Laufe. Wie die davon herrührenden Längs-, Quer- und lotrechten Schwingungen an den Lagern usw. festgestellt und als zulässig oder unzulässig beurteilt werden, ist bereits auf S. 146/147 behandelt. Die Ursachen für unzulässig schlechten Lauf der Turbine sind außerordentlich mannigfaltig und eigentlich stets nur für den besonderen Fall und die betreffende Gesamtanordnung zu erklären, so daß es hierfür allgemein kennzeichnende Fälle kaum gibt. Es muß somit im Rahmen dieser Abhandlung auf die im Schrifttume veröffentlichten Berichte über Einzelfälle verwiesen werden.

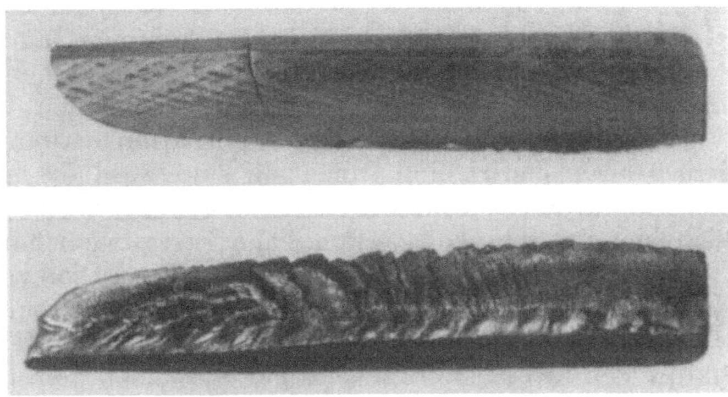

Abb. 202. Ausgebrochene Zahnecke eines Turbinengetriebes mit gehärteten Zähnen. Bruchursache waren Härterisse.

Störungen an starren Kupplungen sind so gut wie ausgeschlossen, daher ergeben solche Kupplungen im Betriebe die wenigsten Anstände. An Klauen- oder Verzahnungskupplungen kann Abnutzung auftreten, wenn Ölmangel oder -verschmutzung vorliegt. Vereinzelt zeigen sich an den Klauen oder Zähnen auch Abnutzungen elektrolytischer Art durch Wellenströme. Diese können durch Kurzschließen der beiden gekuppelten Wellen beseitigt werden. Ohne die hier genannten Ursachen und ohne unzulässige Wellenverlagerungen (Fundamentsenkung) kann eine Abnutzung derartiger Kupplungen nicht auftreten.

Schäden an Turbinengetrieben betreffen entweder die Verzahnung oder die Ölversorgung oder schließlich die Lagerung und Ausrichtung. Die Verzahnung kann infolge Verlagerungen der Wellen zueinander, durch Fremdkörper oder durch Ölmangel leiden. In schwereren Fällen dieser Art wird die Zahnform so verdorben, daß ein Nachfräsen der Verzahnung erforderlich wird. Beim Wiedereinbaue der nachgefrästen Verzahnungsteile muß dann meist der Achsenabstand dadurch berichtigt werden, daß die Bohrung in der Weißmetallfütterung der Lagerschalen um ein entsprechendes Maß aus der Mitte gesetzt wird, wobei die anschließenden Teile dann neu auszurichten sind. Diese Änderungen sind in den Werkstattzeichnungen des Lieferwerkes zu vermerken, so daß jede später etwa erforderliche Nachlieferung von Ersatzlagerschalen von vornherein mit nicht gleichmittiger Bohrung ausgeführt wird. Zu einem Zusammenbruche des ganzen Getriebes führen Schadenursachen wie die genannten niemals. Zahnbrüche sind bei richtig geformten Zähnen und den in Turbinengetrieben allgemein sehr niedrigen Beanspruchungen eine unbekannte Erscheinung. Nur ganz vereinzelt sind kleine Zahnteile ausgebrochen, wohl meist durch Fremdkörper verursacht. Die Betriebsfähigkeit und -tüchtigkeit des Getriebes wird in der Regel dadurch nicht beeinträchtigt. Eine aus einem Getriebezahne herausgebrochene Ecke zeigt Abb. 202. Die Bruchursache liegt in der Art der hier angewendeten Härtung. Die Einsatztiefe der Härtung ist für den verhältnismäßig kleinen Zahn zu groß. Man hatte also die gute Oberflächenbeschaffenheit einer gehärteten und nachgeschliffenen Verzahnung durch erhöhte Bruchgefahr erkauft, die bei ungehärteten Zähnen zufolge der beträchtlich höheren Formänderungsfähigkeit des Baustoffes ganz wesentlich geringer ist. Aus diesem Grunde werden von fast allen Herstellern für rasch laufende Turbinengetriebe ausschließlich nur ungehärtete

Verzahnungen verwendet. Ein Härten der Zahnflanken ist bei Turbinengetrieben auch nicht erforderlich, da bekanntlich die Kraftübertragung durch die Ölschicht erfolgt und daher eine nennenswerte Abnutzung, falls das Getriebe eine genügende Menge reinen Öles erhält, auch bei ungehärteten Zahnflanken überhaupt nicht auftreten kann.

Schäden an der Ölversorgung, der Lagerung oder der Ausrichtung der Getriebe haben keine kennzeichnenden Ursachen; sie werden in der Regel durch verändertes Betriebsgeräusch oder unruhigen Lauf angezeigt und können beim nächsten Betriebsstillstande oder bei der nächsten planmäßigen Überholung in der an sich bekannten Weise beseitigt werden.

Obwohl das Betriebsgeräusch eines Turbinengetriebes im allgemeinen keinerlei Anlaß zu einer Betriebstörung ist, so soll hier auf die Geräuschfrage ganz allgemein und für Turbinengetriebe im besonderen doch näher eingegangen werden, weil über sie häufig Meinungsverschiedenheiten entstehen. Mit hohen Zahngeschwindigkeiten arbeitende Getriebe können natürlich nicht vollkommen lautlos laufen. Die regelmäßig wiederkehrende, obschon ganz allmählich vor sich gehende Be- und Entlastung der Zähne, die unvermeidlichen, wenn auch noch so kleinen Herstellungsungenauigkeiten, geringe Verlagerungen und endlich die Ventilationswirkung der Zahnkränze und die im Gehäuse herumgewirbelten Ölmengen sind wohl die hauptsächlichen Quellen von kleinen Schwingungen in Umfangs- und axialer Richtung und damit von Geräuschen. Da es sich hier um sehr hohe sekundliche Erregungen handelt, sind auch die erzeugten Töne hoch; hohe, schrille Töne werden aber bekanntlich vom menschlichen Ohre unangenehmer empfunden als tiefe. Sinngemäß gelten die gleichen Überlegungen für alle anderen Geräusche, die im Dampfturbinenbetriebe auftreten. Das sind in erster Linie, wenn überhaupt von nennenswerten oder gar störenden Geräuschen an Dampfturbinen oder ihren Hilfsmaschinen gesprochen werden kann, Strömungsgeräusche in Dampf-, Wasser- und Kondensatleitungen oder -ventilen.

Solange objektive Geräuschmeßverfahren nicht genügend entwickelt und vor allen Dingen für den Betriebsingenieur nicht handlich genug waren, erstreckten sich die früheren Versuche in dieser Hinsicht auf rein physiologische, subjektive Hörvergleiche. Allgemein anerkannt wird folgende — vom Verfasser vor Jahren gegebene — Begriffsbestimmung des Getriebegeräusches [100]:

„Der Fachmann bezeichnet ein Zahnradvorgelege dann als praktisch geräuschlos, wenn man sich unmittelbar neben dem Vorgelege mit normaler Stimme, also ohne die Stimme zu verstärken, unterhalten kann oder, falls es sich um einen Turbogenerator mit Vorgelege handelt, wenn das Geräusch des Vorgeleges nicht das Summen des Generators, das Geräusch der Schleifbürsten usw. übertönt.“

Tonhöhenvergleiche zwecks Feststellung der Schwingungzahlen und damit der mutmaßlichen Ursache der Geräusche wurden schon frühzeitig herangezogen [101]. Diese Versuche konnten jedoch solange nur Näherungswerte ergeben, als das menschliche Ohr Tonaufnehmer und Tonscheider zugleich war. Denn dabei wurden die gesamten Getriebegeräusche mit etwa durch Stimmgabeln erzeugten reinen Tönen verglichen und nach Möglichkeit in bestimmten Tonhöhen die Übereinstimmung der Tonschwingungen festgestellt. Für erste, überschlägliche Feststellung werden diese Verfahren auch gegenwärtig verwendet und wohl auch noch zukünftig beibehalten werden, da sie keine kostspielige oder schwierig zu handhabende Versuchseinrichtung erfordern. Genauere und vor allen Dingen weniger persönliche, also zuverlässigere Ergebnisse lieferten erst die neuzeitlichen physikalischen Geräuschmesser.

An dieser Stelle ist es erforderlich, mit wenigen Worten auf die bei der Auswertung einer Geräuschmessung zu verwendenden Begriffe einzugehen, wenn das folgende verständlich sein soll. Unter Schallstärke versteht man die Stärke eines Geräusches, die häufig auch Schalldruck genannt wird. Als Einheit dieses Schalldruckes, d. h. der Veränderung des Luftdruckes durch den Schall, wird dyn/cm^2 (Bar) angenommen. Mit Lautstärke dagegen bezeichnet man den Eindruck, den das Geräusch auf das menschliche

[100] Glasers Ann. Bd. 105 (1929) S. 187.
[101] Vgl. AEG-Mitt. 1924 S. 161/162.

Ohr ausübt. Während also der Schalldruck eine physikalische Größe und somit unmittelbar meßbar ist, ist die Lautstärke nur physiologisch bestimmt und nach dem Fechnerschen Gesetz ungefähr dem Logarithmus des Reizes verhältnisgleich. Das menschliche Ohr kann Töne von etwa 20 bis etwa 20000 Hertz unterscheiden. Je nach der Schwingungzahl des Tones sind jedoch die Schallstärken, bei denen der Ton vom Ohre soeben wahrgenommen (Hörschwelle) und noch gerade schmerzlos ertragen werden kann (Schmerzschwelle) verschieden. In seiner größten Ausdehnung, d. i. bei ungefähr 1000 Hertz, umfaßt das Ohr etwa einen Bereich zwischen $3 \cdot 10^{-4}$ und $6 \cdot 10^{3}$ dyn/cm², zwischen Hörschwelle und Schmerzschwelle liegt somit ein Lautstärkenbereich von etwa 0 bis 130 Phon. Abb. 203 zeigt den Zusammenhang von Schalldruck und Lautstärke in grundsätzlicher Form. Auf Grund dieser und späterer Untersuchungen, die zum Teile etwas abweichende Einzelwerte ergaben, sind schließlich folgende Begriffe und Einheiten festgelegt worden[102]. Als Einheit der Lautstärke S gilt das Phon (englisch: decibel), bestimmt durch die Beziehung

$$S = 20 \log_{10} \frac{P}{P_0} \text{ Phon},$$

worin P der gemessene Schalldruck, P_0 der Schalldruck des gleichen Tones oder des Vergleichstones an der Hörschwelle (Schwellwert) ist. Die Gleichung ist so aufgestellt, daß für den Normschall mit der Schwingungzahl 1000 Hertz, dessen Schwellwert zu ungefähr $3{,}3 \cdot 10^{-4}$ dyn/cm² festgestellt worden ist, der Schalldruck 1 dyn/cm² einer Lautstärke von 70 Phon entspricht.

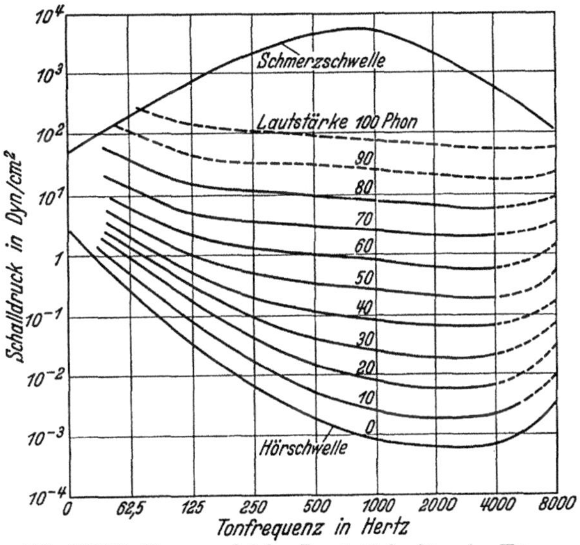

Abb. 203[103]. Kurven gleicher Lautstärke für reine Töne. (Die gestrichelten Kurven sollen die Unsicherheit der Messung in diesen Lautstärkebereichen andeuten.)

Ein Teil der neuzeitlichen, zu guter Brauchbarkeit entwickelten Geräuschmesser bedient sich noch des menschlichen Ohres als Vergleichsgerät, sie sind also auf einem subjektiven Meßverfahren aufgebaut, der Barkhausensche Geräuschmesser z. B. vergleicht die Stärke des zu messenden Geräusches mit einem veränderlichen Normschalle, dargestellt durch einen Summerton. Summerton und zu messendes Geräusch treffen auf je ein Ohr.

Geräuschmesser nach dem Verdeckungsverfahren lassen Normton (Summer- oder Heulton) und Geräusch auf das gleiche Ohr einwirken und beobachten die durch das Geräusch bedingte Schwellwerterhöhung des Normtones. Für den gleichen Zweck der Lautstärkebestimmung eines Geräusches gibt es auch schon brauchbare unpersönliche Meßverfahren; ihre Hauptschwierigkeit besteht darin, die Schwingungzahlkurve des Meßgerätes der Ohrempfindlichkeit anzupassen[104].

Die soeben erwähnten Meßeinrichtungen geben nun zwar ein Bild von der Stärke des Gesamtgeräusches, das die beobachtete Maschine verursacht, sie gestatten jedoch nicht, wenigstens nicht ohne zusätzliche Einrichtungen, eine Zerlegung des Gesamtgeräusches in Einzeltöne, von denen aus man auf ihre Ursachen schließen könnte. Für diesen Zweck ist nun in der Forschungsanstalt der AEG ein Gerät entwickelt worden, das im folgenden kurz beschrieben werden soll. Das Maschinengeräusch wird mit einem Mikrophone aufgenommen, dessen Strom verstärkt und dann einem Tonscheider zugeleitet wird. Dieses Gerät besteht aus 120 elektrischen Schwingungskreisen, die nacheinander eingeschaltet werden können und so abgestimmt sind, daß sie, von der Schwingungzahl 25 Hertz beginnend, von Kreis zu Kreis um 5% steigend bis zur Schwingungzahl

[102] DIN E 1318. [103] Nach Z. VDI Bd. 76 (1932) S. 146 Abb. 1.

[104] Die drei bisher genannten Meßverfahren sind in der Z. VDI Bd. 76 (1932) S. 145/150 eingehend behandelt.

9000 Hertz reichen. Trifft nun der Mikrophonstrom, der entsprechend dem aufgenommenen Geräusche aus einem Gemische von verschiedenen Schwingungzahlen besteht, auf den Tonscheider, so bildet der eingeschaltete Schwingungskreis für alle Schwingungzahlen einen unendlich großen Widerstand außer für diejenige, auf die er abgestimmt ist. Vom Tonscheider wird also nur der Strom der eingestellten Schwingungzahl durchgelassen. Dieser wird nun nochmals verstärkt, gleichgerichtet und zum Messen seiner Stromstärke einem Gleichstrom-Milliamperemeter zugeführt. Werden die verschiedenen Sperrkreise des Tonscheiders der Reihe nach eingeschaltet, so ergeben sich immer dann, wenn in dem zu messenden Geräusche ein Ton entsprechend dem eingeschalteten Schwingungskreise des Tonscheiders vorhanden ist, Höchstausschläge am Milliamperemeter. Es besteht somit die Möglichkeit, mit einem derartigen Geräte ein Geräusch in seine Teiltöne zu zerlegen und gleichzeitig die Schallstärken der Einzeltöne zu bestimmen.

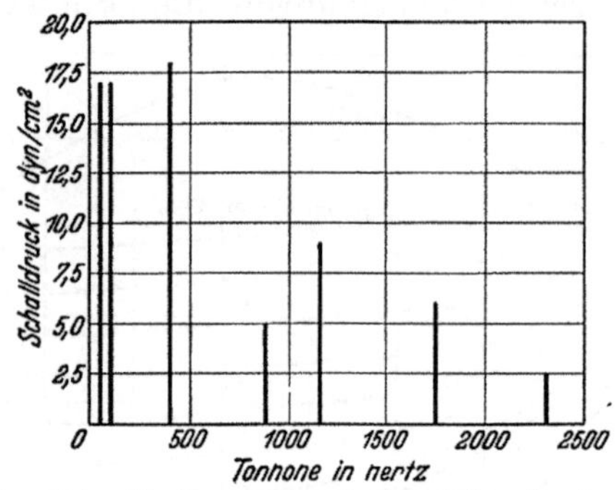

Abb. 204. Zerlegung und Schalldruck des Betriebsgeräusches eines AEG-Turbinengetriebes für 775 kW, 3000/585 U/min. Das Ritzel hat 46 Zähne.

Tonhöhe in Hertz	Erregungen je s
50,0	1 × Ritzeldrehzahl = 1 × 3000 : 60
100,0	2 × Ritzeldrehzahl = 2 × 3000 : 60
400,0	8 × Ritzeldrehzahl = 8 × 3000 : 60
877,5	90 × Raddrehzahl = 90 × 585 : 60
1150,0	0,5 × Zahneingriffzahl = 0,5 × 50 × 46
1755,0	180 × Raddrehzahl = 180 × 585 : 60
2300,0	1 × Zahneingriffzahl = 1 × 50 × 46

Mikrophonabstand 4 m

Ein im Wesen offenbar ähnliches Gerät ist in letzter Zeit in Amerika zu Geräuschmessungen an Turbinengetrieben benutzt worden[105].

Abb. 204 zeigt ein in der angegebenen Weise ermitteltes Geräuschbild eines guten Getriebes. Alle Schalldrücke liegen hier unter 18 dyn/cm². Drei Tonreihen sind besonders ausgeprägt. Im tieferen Tonbereiche treten Töne entsprechend der Ritzeldrehzahl und ganzer Vielfacher davon auf. Diese Töne sind für die Geräuschempfindung weniger bezeichnend, da sie vom Ohre nicht allzu störend empfunden werden. Zum Teile werden sie wohl auch von der Antriebsturbine — Turbinen- und Ritzeldrehzahl sind gleich — hervorgerufen. Als eigentliche Getriebegeräusche sind die Töne der beiden anderen Reihen mit Schwingungzahlen über 500 Hertz anzusehen. Hier sind Einzeltöne zu erkennen, deren Schwingungzahlen der sekundlichen Zahneingriffzahl oder ganzen Teilen davon entsprechen, und solche, deren Schwingungzahlen 90mal der Zweitdrehzahl oder ganzen Vielfachen davon entsprechen. Die Zahl 90, die zunächst unverständlich erscheint, deutet nun auf Ungenauigkeiten im Tischantriebe der Bearbeitungsmaschine hin. Das Rad wurde nämlich auf einer Fräsmaschine geschnitten, deren Tischantrieb aus einer zweigängigen Schnecke und einem Schneckenrade mit 180 Zähnen besteht, so daß ein Fehler des Antriebes sich 90mal auf dem Umfange des gefrästen Rades ausprägen konnte.

Zwei Geräusche von z. B. je 80 Phon ergeben zusammen ein Gesamtgeräusch von nur etwa 83 Phon, wenn diese mit einem objektiven Geräuschmesser festzustellende Tatsache auch mit dem Ohre nicht so ohne weiteres wahrgenommen wird. Will man verschiedene räumlich voneinander getrennte Getriebe ihrer Lautstärke nach miteinander vergleichen, so muß darauf geachtet werden, daß die Messungen in gleichem Abstande vom Getriebe vorgenommen werden.

Die Ursachen der einzelnen Töne eines Geräuschspiegels sind nicht immer sofort ersichtlich. Oft werden besondere Versuchsreihen erforderlich sein. Erhält man z. B. bei verschiedenen Drehzahlen der Turbine Geräuschbilder, wie sie Abb. 205 darstellt, worin die einander entsprechenden Tonschwingungzahlen auf geraden Linien liegen, so ist damit erwiesen, daß die Tonquellen in den umlaufenden Teilen der Maschine zu suchen sind. Zieht man, um bei diesem Beispiele zu bleiben, die Schallstärken der bei drei verschiedenen Turbinendrehzahlen ermittelten Töne mit heran, so zeigt sich, daß durchweg

[105] Power Bd. 75 (1932) S. 537/540.

die Töne, die dem Tone um 950 Hertz bei der üblichen Betriebsdrehzahl (4800 U/min) entsprechen, am stärksten sind. Also wird der Ton bei der üblichen Betriebsdrehzahl offenbar nicht durch eine nahe gelegene Eigenschwingungzahl eines Gehäuseteiles verstärkt. Auch weitere Untersuchungen in dieser Richtung haben unzweifelhaft ergeben, daß Gehäuseschwingungen nur in den seltensten Fällen Getriebegeräusche verstärken; es müßte denn eine ganz ungewöhnliche Bauform vorliegen.

Schallrückstrahlung der Maschinenhauswände hat bei üblichen örtlichen Verhältnissen auf die Schallstärke des Getriebegeräusches keinen Einfluß. Hingegen spielt psychologisch die Anordnung der Anlage im Maschinenhause eine erhebliche Rolle. In einer großen, auch mit anderen Maschinen besetzten und von einem allgemeinen Maschinengeräusche durchfluteten Halle z. B. erscheint das Geräusch einer Getriebeturbine ganz anders, als wenn dieselbe Getriebeanlage allein in einem kleinen Raume aufgestellt wäre.

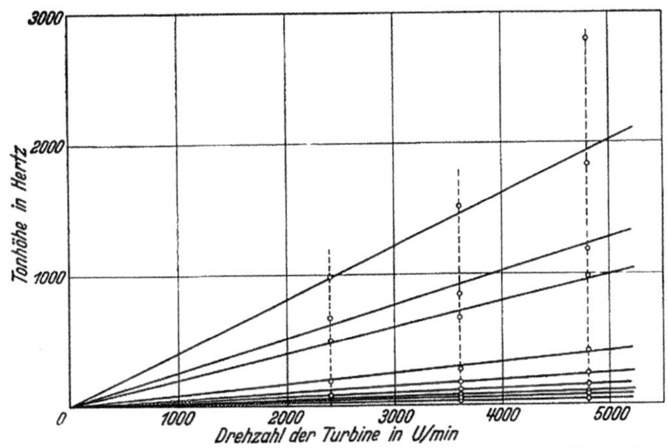

Abb. 205. Tonhöhen des Betriebsgeräusches einer Getriebeturbine in Abhängigkeit von der Turbinendrehzahl.

Eine unpersönliche, allerseits anerkannte Grenze für die Zulässigkeit eines Getriebe- oder sonstigen Betriebsgeräusches gibt es heute noch nicht. Ob eine solche Grenze überhaupt jemals allgemein gültig aufgestellt werden kann, ist zweifelhaft. Liegen keine besonderen Verhältnisse vor, so wird man ein Betriebsgeräusch, das ungefähr 110 Phon nicht überschreitet, noch als zulässig bezeichnen müssen. In diesen Rahmen fügen sich auch die vorerwähnten amerikanischen Untersuchungen ein.

Hat die Geräuschmessung unzulässig oder unerwünscht starkes Geräusch ergeben, so muß versucht werden, auf Grund der Ergebnisse Abhilfe zu schaffen. Stehen die Haupttöne in unmittelbarem Zusammenhange mit der Verzahnung und besteht die Möglichkeit, deren Genauigkeit durch ein Nachschneiden nennenswert zu verbessern, so wird dieses Nachschneiden in Erwägung zu ziehen sein. Selbstverständlich sind vor einem solchen Entschlusse die Lagerung, die Ausrichtung aller Wellen, die Auswuchtung aller sich drehenden Teile und die Kupplungen der Getriebe sorgfältigst zu überprüfen. Es wird allerdings, falls nicht vorher grobe Fehler vorlagen, nur in wenigen Fällen möglich sein, damit ein starkes Getriebegeräusch wesentlich zu verringern. Da jedoch — Sorgfalt in Gestaltung, Errichtung und Betrieb vorausgesetzt — ein Getriebegeräusch die Betriebsicherheit des Getriebes nicht beeinträchtigt, so besteht an sich, wenn man das Geräusch vermindern will, die Möglichkeit, es zu dämpfen. Das kann erfolgen durch eine innen mit einer schalldämpfenden Masse versehene Verkleidung. Als dämpfende Masse hat sich Glaswolle als wirkungsvoll erwiesen. Sie wird allerdings noch durch besondere Schalldämpfungsmassen — wenig federnde Massen hohen Raumgewichtes sind günstig — übertroffen. Allzuviel läßt sich indessen mit derartigen Dämpfungen nicht erreichen, wenn auch zugegeben werden muß, daß solche Verkleidungen als Folge einer rein suggestiven Wirkung Geräusche unter Umständen als wesentlich geringer erscheinen lassen werden, als sie tatsächlich sind.

30. Die Störungen an den Dampfleitungen und der Ölversorgung.

Dampfleitungen können rein mechanisch Störungen des Dampfturbinenbetriebes herbeiführen, sie können aber auch durch Wärmestrahlung benachbarte Maschinenteile in betriebschädigender Weise beeinflussen.

Verspannte Rohrleitungen haben in manchen Fällen zu schweren Anständen geführt. Das Turbinengehäuse kann dadurch soweit verlagert oder verformt werden, daß die Wellen in den Stopfbuchsen zum Anstreifen kommen. Es ist daher bei der Verlegung des Frischdampfrohrstranges zwischen Dampfkessel und Turbine auch darauf zu achten, daß sich die Wärmedehnungen der Rohrleitung in gleicher Richtung vollziehen wie die des Turbinengehäuses, da andernfalls der Rohrleitungschub durch die Wärmedehnung der Turbine noch vergrößert anstatt teilweise ausgeglichen wird. Schwingungen verspannter Rohrleitungen können sich bis in die Turbine fortpflanzen und unruhigen Gang der Maschine verursachen. Insbesondere sind die Frischdampfleitungen von HD-Turbinen mit größter Sorgfalt zu behandeln, da sie erstens infolge des hohen Dampfdruckes größere Wandstärken erfordern und daher steifer sind, und da zweitens eine HD-Turbine verhältnismäßig kleine Abmessungen hat. Bei der in solchen Fällen üblichen Anordnung, das Schnellschlußventil getrennt vom Turbinengehäuse aufzustellen, wird die Wärmebeweglichkeit in die Verbindungsrohrbögen gelegt, wobei man vielfach die Rohre in mehrere gleichlaufende Stränge mit kleinen Rohrdurchmessern auflöst. Auch bei dieser Anordnung jedoch muß auf das Sorgfältigste auf die Verankerung des Ventiles und auf reichlich bemessene Ausgleichsbögen in den Rohren geachtet werden.

Unzweckmäßige Verlegung der Dampfleitungen kann aber auch noch in anderem Sinne Schäden herbeiführen, nämlich dann, wenn die Leitung mit zeitweise stillgelegten Verbindungssträngen zu anderen Kesseln oder sonstigen einer Kondenswasseransammlung ausgesetzten Abzweigungen u. dgl. verbunden ist. Ausgiebige Entwässerungsmöglichkeit mit reichlichen Kondenstöpfen ist unbedingte Notwendigkeit, aber auch sie sind selten in der Lage, größere Wassermengen aufzuhalten oder unschädlich zu machen. Solche Wassermengen können aber z. B. ohne weiteres durch die Leitung gehen, wenn etwa über bisher tote Rohrstrecken weitere Kessel zugeschaltet werden. Welche Gefahr größere Wassermengen für die Turbine bedeuten, ist bekannt. Sie ist nur dadurch wirklich zu beseitigen, daß die Rohrleitung oder die Betriebsweise der Kessel auf das sorgfältigste überwacht und im Bedarfsfalle entsprechend geändert wird.

Schließlich müssen gerade die HD-Dampfrohrleitungen stets gut mit Wärmeschutz versehen sein, da zu starke Abstrahlung an eng benachbarten Bauteilen, u. a. auch an den Fundamenten, Störungen verursachen kann. Schwere Folgen — glücklicherweise sind diese Fälle aber außerordentlich selten — kann mangelhafte Rohrverkleidung dann haben, wenn an Ölrohrleitungen, die in der Nähe der Dampfleitungen vorbeigeführt sind, Undichtheiten auftreten. Zur Gefahr von dadurch möglichen Ölbränden muß darum hier Stellung genommen werden.

Wenn bei Rohrbrüchen oder -undichtheiten im Ölverteilungsnetze, besonders in Druckleitungen, das Öl auf nicht oder mangelhaft geschützte heißdampfführende Teile spritzt, so entzündet es sich. Die Ölpumpe schafft immer neues Öl an den Brandherd, Flammen und starke Rauchentwicklung erschweren dann außerordentlich, die Maschine stillzusetzen. Ölbrände können auch dann entstehen, wenn Lecköl etwa aus Schaulöchern Wellendurchführungen u. dgl. austritt und auf Dampfleitungen genügend hoher Temperatur auftrifft. Zwar führt nicht jeder Ölbrand unbedingt zur Zerstörung der betroffenen Turbine, aber es werden oft in der Nähe angeordnete Schaltgeräte, Kabel u. dgl. ebenfalls in Mitleidenschaft gezogen. Neben einer Reihe von kleineren Ölbrandschadenfällen[106] waren es in den letzten Jahren vor allem die Zerstörung der Maschinenhalle des Großkraftwerkes Brüssel[107] und die gleichfalls vollständige Zerstörung einer neu errichteten 18000 kW-Turbine in Burlington (V.St.A.)[108], die die Aufmerksamkeit erneut auf die Gefahr der Ölbrände lenkten. Insbesondere scheint man in Amerika außer dem einen bekannt gewordenen Schaden eine Reihe weiterer kleineren Umfanges gehabt zu haben; denn erstens werden dort im Schrifttume die Mittel und Möglichkeiten zur Bekämpfung oder Verhinderung derartiger Ölbrände in breiter Form behandelt[107], zweitens wird gleichzeitig an anderen Stellen[108] über Versuchs- und Probeausführungen großer Kraftwerksturbinen mit nichtbrennbaren Schmier- und Regelmitteln und mit feuersicheren Zusatz-

[106] Elektr.-Wirtsch. Bd. 26 (1927) S. 302/303.

[107] S. 11/17 in: Edison Electric Institute: Turbines, a Report of the Prime Movers Committee of the former NELA, Nr. A 3, 1933. [108] Power Bd. 78 (1934) S. 2/6 und 12/15.

einrichtungen berichtet. Ein nicht brennbarer Ersatzstoff für das Öl wird in Gestalt eines „Aroclor" genannten Stoffes zur Zeit in der Reglung von drei Turbinen und im Schmierölnetze von einer 5000 kW-Turbine erprobt. Ergebnisse sind bisher noch nicht bekannt. „Aroclor" ist ein Diphenyl-Chlorid, das unter dem Namen „Clophen" auch in Deutschland hergestellt wird. Eine 35000 kW-Turbine wurde versuchsweise so ausgeführt, daß alle Ölpumpen, -ventile usw. in einem feuersicher ausgebauten Raume unterhalb der Turbine untergebracht und auch alle Ölrohrleitungen der ganzen Turbine doppelwandig ausgeführt wurden. Der Ölraum wurde außerdem durch eine selbsttätig wirkende CO_2-Gasanlage gegen Brandgefahr geschützt. Bei einer anderen, ebenfalls amerikanischen Turbine wurden alle Ölleitungen, Kraftgetriebe usw. auf der einen Seite der Turbine, alle dampfführenden Teile, wie Ventilkästen, Dampfeinströmung, auf der anderen Seite angeordnet. Die Regelkräfte werden dabei von den Ölkolben über die Turbine hinweg auf die Ventile durch Hebel übertragen.

Die genannten Mittel, vor allem der Ersatz des Öles durch nichtbrennbare Stoffe, sind zunächst nicht nur nicht genügend erprobt zur allgemeineren Verwendung, sondern sie sind zugleich außerordentlich kostspielig. (Clophen kostet zur Zeit noch etwa zehnmal soviel wie gutes Turbinenöl!). Es fragt sich also, ob derart weitgehende Vorkehrungen überhaupt erforderlich sind. Das ist allgemein wohl zu verneinen. Wenn eine Dampfturbine, und zwar gleichgültig welcher Bauart, sofern es nur überhaupt eine der bereits bewährten ist, bezüglich ihrer Dampfeinlaßvorrichtungen und ihres Ölrohrnetzes sorgfältig und gut überlegt ausgeführt und angeordnet ist und außerdem in der Betriebsführung nichts vernachlässigt wird, so haben die üblichen Turbinenanordnungen offenbar einen ausreichenden Grad von Sicherheit gegen Ölbrände. Zu den erwähnten grundsätzlichen Änderungen dürfte daher keine Notwendigkeit vorhanden sein. Auf alle Fälle ist es aber zweckmäßig, die Verwendung brennbarer Stoffe an der Turbine und im Maschinenhause möglichst zu beschränken.

Zur Bekämpfung des Feuers sind Löschgeräte, die mit chemischen Flüssigkeiten, etwa Tetrachlorkohlenstoff, arbeiten, besser noch schnee- und schaumbildende Kohlensäurefeuerlöscher in der Nähe der Maschine bereitzustellen und auf ihre Brauchbarkeit laufend zu prüfen. Der auf die brennenden Teile aufgespritzte Schaum überzieht diese mit einer luftdichten Decke mit CO_2 gefüllter Bläschen und erstickt so das Feuer. Auch Rauchmasken für die Bedienungsmannschaft sollten stets verfügbar sein. Der Einbau einer Vorrichtung, die es gestattet, das Öl aus dem Behälter der Turbine bei einem Brande rasch in einen etwa auf dem Hofe aufgestellten Behälter abfließen zu lassen und es dadurch rechtzeitig aus dem Bereiche des Feuers herauszunehmen, ist zu empfehlen.

Um bei einer Störung an der Ölpumpe, einem Rohrbruche od. dgl. weiteren Schaden — durch Ölmangel an den Lagern, Kupplungen, Schnecken- oder sonstigen Zahnradgetrieben oder durch weitere Zufuhr von Öl zu Brandherden — zu verhindern, gibt es auch selbsttätig wirkende Vorrichtungen, die bei Absinken des Öldruckes unter einen bestimmten Druck den Schnellschluß betätigen und auf diese Weise die Turbine stillsetzen. Mitunter sind auch die Schnellschlußventile oder die Reglungsteile ölbetätigt ausgebildet, so daß sie bei sinkendem Öldrucke selbsttätig schließen.

31. Die Störungen an den Sicherheitsvorrichtungen.

Kennzeichnende Störungen an Schnellschlußvorrichtungen, und zwar aller Turbinen- und Reglungsarten, finden sich eigentlich nur an den Schnellschlußreglern selbst und allenfalls an den Ventilspindeln und -packungen, während alle anderen Störungen an den Gestängen, den Ölleitungen, den Klinken, den Federn usw. mehr oder weniger als Einzelerscheinungen anzusehen sind.

Die Erscheinungsformen der Störungen an den Schnellschlußreglern sind meist die gleichen: der Regler schlägt bei der Schnellschlußdrehzahl — oder bei der dieser entsprechenden, zusätzlichen Ölbelastung — nicht aus. In der Folge kann die Maschine durchgehen, wenn nicht günstigenfalls die achtsame Bedienungsmannschaft noch rechtzeitig das Hauptabsperrventil mit Hilfe der Handbetätigung zuschlagen kann. Die Ursache für das Nichtansprechen der Regler ist meist in Klemmungen durch Verharzen des Öles (mangelhafte Ölpflege) zu suchen, besonders bei den Schlagbolzenreglern, die in dieser Beziehung den Schwungringreglern unterlegen sind. Erstens ist nämlich ihre Schwungmasse, also auch die durch sie hervorgerufene Fliehkraft kleiner als bei einem Schwungringe und dann zweitens, im Zusammenhange damit, die auftretende Reibung verhältnismäßig bedeutend größer. Selten nur wird ein Federbruch festgestellt, der allerdings für die Maschine keine schädliche Folgen zeitigen kann; denn bei seinem Eintreten schlägt der Regler sofort aus und stellt die Dampfzufuhr zur Turbine ab. Der dann unter Umständen als Motor laufende Stromerzeuger ist, falls keine selbsttätig wirkende Abschaltvorrichtung vorhanden ist, vom Netze abzuschalten. In der Furcht vor einem Versagen der Schnellschlußregler haben einige Betriebe doppelte Schnellschlußregler, d. h. zwei an sich gleiche Regler nebeneinander an ihren Maschinen anbringen lassen. Abgesehen davon, daß, auch wenn des Guten zu viel getan wird, eine Vermehrung der Sicherheitsvorrichtungen nicht schädlich sein kann, ist eine derartige Maßnahme nicht erforderlich, wenn in der Beobachtung, Wartung und regelmäßigen Prüfung der Vorrichtungen die nötige Sorgfalt waltet.

Gestängeübertragungen sind — gleich sorgfältiger Betrieb in beiden Fällen vorausgesetzt — zumindest ebenso verläßlich und betriebsicher als etwa reine Flüssigkeitsübertragungen. Auch die sogenannte Kugelschlauchübertragung kann in dieser Hinsicht nicht als besser angesehen werden. Die Übertragungswellen und Hebel vom Regler zu den Ventilen verlaufen im allgemeinen in mäßiger Höhe über Fußboden, wenn sie nicht in überdeckten Fundamentausnehmungen unter Flur verlegt sind. Natürlich dürfen Gestänge und Rohrleitungen beim Putzen der Maschine oder bei der Beobachtung der Lagerthermometer od. dgl. nicht als willkommene Fußstütze benutzt werden. Wird das Gestänge unter Flur geführt, so besteht eine gewisse Gefahr an der Durchführungstelle der Hebel durch den Flurbelag, weil dort leicht unversehens Holz-, Eisenstücke od. dgl. zwischen Gestänge und Ausschnittwand eindringen und so das ganze Gestänge festklemmen können. Die Lager von Drehwellen, Gelenke der Hebel usw. werden zu Störungen keinen Anlaß bieten, wenn sie laufend sorgfältig überwacht werden.

Mitunter werden die Spindelstopfbuchsen schadhaft und beginnen zu blasen, worauf sie, wie bereits angegeben, ersetzt werden müssen. Verrotten die Spindeln an den Stopfbuchsstellen, so ist auch das meist ein Zeichen dafür, daß die Packungen nicht ordnungsmäßig mehr abdichten. Es ist natürlich, daß ein Verrotten der Spindeln der Schnellschlußventile, die im Gegensatze zu den Regelventilen oft während langer Betriebzeiten so gut wie gar nicht ihre Stellung verändern, sich unter Umständen eher und stärker ausbildet. Dem soll die bereits erwähnte Vorschrift, daß außer den regelmäßigen Schnellschlußproben auch das Schnellschlußventil in nicht zu langen Abständen leicht auf- und abbewegt wird, vorbeugen.

Nutzt sich die Klinke des Schnellschlußventiles übermäßig ab, so ist dafür entweder der Baustoff der Klinke oder seltener eine zu starke Schließfeder verantwortlich, wenn nicht Sonderverhältnisse vorliegen.

Am Ventile und seinem Korbe bringen die Sitze hin und wieder Schäden, zumal sie beim Auslösen des Ventiles durch den Schnellschluß starken Schlägen ausgesetzt sind. Demzufolge sind gelegentlich, und früher häufiger, die eingestemmten oder eingewalzten Sitzringe zerbrochen, wodurch die Beschauflung der Turbine in Gefahr geriet, da üblicherweise zwischen Schnellschluß- und Regelventilen oder zwischen Regelventilen und Frischdampfdüsen kein Dampfsieb mehr vorgesehen ist. Verringert wird diese Gefahr bei grundsätzlich beibehaltener Bauart durch Verwendung widerstandsfähigerer Stemmringe (Bimetall). Vollkommen beseitigt ist sie bei der neuerdings verwendeten Art der aufgeschweißten Sitzkanten (vgl. S. 96).

Der Fall, daß Fremdkörper aus der Frischdampfleitung sich im Sitze des Schnellschlußventiles festklemmen und dessen Beweglichkeit verhindern, ist nicht ausgeschlossen, aber in neuerer Zeit dank der größeren Sorgfalt in der Verlegung der Rohre und auch der

Anordnung des Frischdampfsiebes (mit kleineren Löchern) unmittelbar vor dem Ventile sehr selten geworden. War eine Maschine sehr lange in Betrieb und sind Ersatzteile seit langer Zeit nicht eingebaut, so kann es vorkommen, daß Teile aus dem Dampfsiebe ausbrechen. Daher müssen auch die Siebe, wie früher schon erwähnt, häufiger nachgesehen werden, auch wenn Gesamtüberholungen erst in längeren Zeitabständen vorgenommen werden.

32. Die Reglungschäden.

Bei Drehzahlreglern sind dem natürlichen Verschleiße unterworfene Teile lediglich die Schneiden und Schneidenpfannen, um die die Schwunggewichte ihre Kippbewegung ausführen. Tritt hier ungewöhnlich rasche Abnutzung ein, so ist ihre Ursache unbedingt festzustellen. Meist wird diese außerhalb des Reglers liegen, wie in einer in der Maschine vorhandenen Unruhe, die sich am Regler (und unter Umständen am ganzen Vorderlagerbocke) als Erschütterung bemerkbar macht. Ebenso kann die Unruhe ausgehen von der Antriebschnekke oder ihrem Rade, an denen vielleicht bereits unzulässige und ungleiche Abnutzung eingetreten ist. Außer den auf S. 136/137 bereits erwähnten Ursachen für die Abnutzung eines Schneckentriebes kommen gelegentlich auch besondere Ursachen in Betracht. So wenn wegen örtlicher Verspannung oder stärkerer Verformung des Turbinengehäuses der Lagerbock derart verzwängt wird, daß der Achsenabstand des Schneckengetriebes unzulässig groß oder unzulässig klein wird. Vor elektrolytischer Abnutzung durch Wellenströme schützt ein Stromabnehmer auf der Turbinenwelle, Abb. 206.

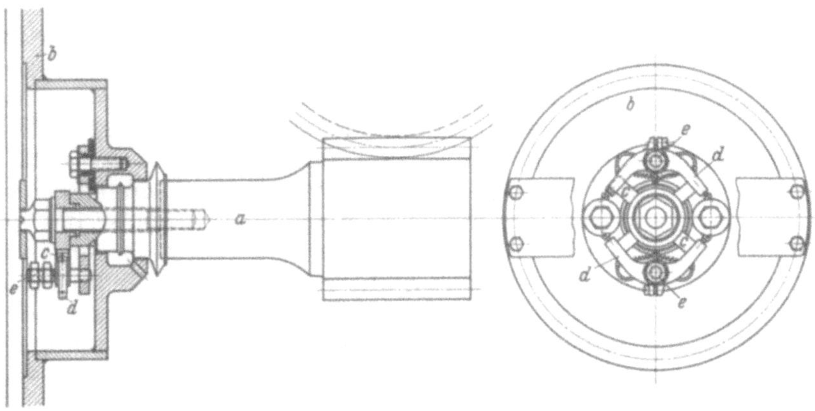

Abb. 206. AEG, Vorrichtung zum Kurzschließen von Wellenströmen.
a Turbinenwelle mit Schnecke für Reglerantrieb; *b* Stirndeckel des Vorderlagers; *c* Schleifbürste; *d* Bürstenhalter; *e* Klemmschraube für Stromableitung.

Liegt die Ursache außerhalb des eigentlichen Reglers — und das ist im Falle raschen Verschleißes eines Reglerteiles meist anzunehmen — so bringt nur eine Beseitigung dieser Ursache bleibende Abhilfe, niemals eine alleinige Bekämpfung der Schadenerscheinungen.

An Drehzahlreglern einer reinen Flüssigkeitsreglung (Kreiselpumpenrädern) können Störungen dadurch auftreten, daß durch Verschmutzen der Ölwege sich die Förderleistung (Druck oder Menge des geförderten Öles) während des Betriebes verändert und damit der gesamten Reglung die Grundvoraussetzung für ihr bestimmungsmäßiges Arbeiten entzogen wird.

Druckregler mit Membran haben gewissermaßen nur zwei Schadenmöglichkeiten, es kann nämlich die Membran so stark undicht werden, daß sie auszuwechseln ist, oder in der Antriebsleitung tritt eine Störung ein. So unscheinbar und leicht zu beheben diese Art eines Reglungschadens auch ist, so groß können doch, wenn man diese Möglichkeit außer Betracht lassen würde, die durch sie bedingten Ausfälle und Unkosten sein, wie beispielsweise nachfolgender Betriebsbericht zeigt:

„Trotz aller Maßnahmen des Betriebes hat die Reglung vollkommen versagt, so daß die Maschine außer Betrieb genommen werden mußte. Nach Überprüfung und Neueinstellung der Reglung, bei der nennenswerte Unstimmigkeiten nicht gefunden werden konnten, ergab sich als einzige Ursache für das Versagen der Reglung eine Verstopfung der Antriebsleitung zur Membran durch eine schmierige Masse, welche so fest saß, daß sie auch bei einem Dampfdrucke von 4 atü keinen Hauch durchließ. Nach Säuberung des Rohres arbeitete die Maschine einwandfrei."

Die Störungen an den Übertragungsteilen und Ölkraftgetrieben der Reglung, die hin und wieder auftreten, sind grundsätzlich der gleichen Art und gleichen Umfanges wie vorstehend für die Schnellschlußvorrichtungen beschrieben. Klemmungen an Gestängegelenken oder das Herausfallen eines Gelenkbolzens od. dgl. werden bei sachgemäßer und sorgfältiger Wartung nicht vorkommen. Ölreglungen können verschmutzen oder leckwerden u. dgl., was durch geringere Übersichtlichkeit und Zugänglichkeit begünstigt wird. Bleiben trotz Ausschlagens des Schnellschlußreglers und ordnungsgemäßer Schließbewegung des Drehzahlreglers die Ventile oder der Steuerschieber des Kraftgetriebes hängen, so kann bei einer Gestängereglung der Turbinenwärter ohne weiteres ins Gestänge greifen und z. B. den Steuerschieber von Hand bewegen, während bei einer Ölreglung keine Möglichkeit zu einem ähnlichen sofortigen Eingriffe besteht. Dieser Unterschied ist für die Wahl der Reglungsart wesentlich.

Regelventile, -körbe, -spindeln und -stopfbuchsen unterliegen den gleichen Störungsmöglichkeiten wie Schnellschlußventile. Verrottungsangriffe an den Spindeln erfordern bei den Regelventilen vielleicht etwas sorgfältigere Beachtung, da die Schließfedern hier nicht so stark sind wie die der Schnellschlußventile, andererseits spielen jedoch die Spindeln schon infolge der Belastungschwankungen stets etwas. Die Ursache für Verrottungen kann in den Stopfbuchsen liegen, die ausgeweitet oder zu stark angezogen oder sonst unsachgemäß eingebaut sind, sie kann aber auch allein in den im Dampfe enthaltenen, vielleicht auch chemisch wirksamen Unreinigkeiten liegen. Daher empfiehlt es sich dort, wo chemisch unreiner Dampf zu erwarten ist, die Spindeln aus nichtrostendem Stahle zu machen. Um darüber hinaus — denn gegen jeden Verschleiß sind auch Spindeln aus nichtrostendem Stahle nicht gefeit — in einem derartigen Falle auch nach einer gewissen Anrauhung der Spindel in den Stopfbuchsen noch ein zuverlässiges Arbeiten der Reglung zu gewährleisten, kann man die Ventile von den Kraftkolben auch zwangläufig schließen lassen.

Nicht jede Störung an den Reglern, den Übertragungsmitteln oder den Kraftverstärkern und -getrieben muß unbedingt zu einem Schaden an der Turbine führen; es gibt vielmehr zahlreiche, die in keiner Weise die Betriebsicherheit der Maschine gefährden. Sie wirken sich lediglich aus in einer Veränderung der Reglung im Sinne einer unerwünschten Drehzahlkennlinie, Lastaufnahmekurve, gestörter Stetigkeit oder vergrößerter Trägheit der Reglung. Mitunter tritt in Zusammenhang damit bei bestimmten Teillasten ein Pendeln der Reglung auf, d. h. die Stetigkeit wird meist nur für bestimmte, besondere Lastpunkte gestört. Je vielseitiger eine Reglung ist, um so größer sind diese Störungsquellen; denn je mehr Regelteile (Drehzahl-, Druck- oder Leistungsregler) gleichzeitig oder wechselweise Einfluß nehmen sollen und je mehr Ventilgruppen zu regeln sind, um so zahlreicher sind die Angriffspunkte.

Wird irgendeine der hier genannten Erscheinungen bemerkt, so ist zunächst, sobald die Maschine aus dem Netze genommen und zur Untersuchung zur Verfügung gestellt werden kann, an Hand des jeder Maschine mitgegebenen Einstellschaltbildes die Reglungseinstellung auf das genaueste zu überprüfen. Dabei muß unter Umständen darauf Rücksicht genommen werden, daß Gestänge im warmen Zustande der Maschine, wenn sie vielleicht in nächster Nähe an besonders heißen Teilen der Maschine vorbeigeführt sind (Frischdampfleitung), bei gleicher Reglerstellung zu einer anderen Stellung des Steuerschiebers und damit des Kraftgetriebes führen können als bei kalter Maschine. In ähnlicher Weise ist bei Ölreglung die Veränderlichkeit der Ölzähflüssigkeit mit der Temperatur in Betracht zu ziehen. Sind die Übertragungsmittel in Ordnung befunden oder wieder in vorschriftsmäßigen Zustand gebracht, Hemmungen beseitigt, die Eigengewichte neu ausgewogen, Ausschläge geprüft, Feder- oder Ölbremsen richtig eingestellt, so ist das Ölkraftgetriebe, also Steuerschieber und Kraftkolben, einer genauesten Untersuchung zu unterziehen. Die Schieber sind auf leichten Gang zu prüfen, gegebenenfalls auszubauen, auf Schlag zu untersuchen und zu richten. Ist der Schieber gerichtet, so sind seine Steuerkanten zu überprüfen und gegebenenfalls zu berichtigen, bis auch er wieder in den Ursprungzustand, wie er durch die Einbauvorschrift festgelegt ist, zurückgebracht ist.

Die Kraftkolben sind selten Ursache von Störungen. Wesentlich häufiger sind es die Ventilfedern, -hebel (Nockenrollen) und -nocken. Bei aller Sorgfalt der Herstellung und Baustoffauswahl für die Nockenscheiben läßt sich ein gewisser Verschleiß nicht mit Sicherheit vollkommen ausschließen. Viel häufiger als ein sozusagen echter Verschleiß sind die Fälle, wo von berufener oder unberufener Hand, um die Ventilöffnungskurve zu „verbessern", Nacharbeiten an den Nockenscheiben vorgenommen werden, die selten vollkommenen Erfolg bringen. Denn fast nie wird — außer bei der zuständigen Entwurfsabteilung des Lieferwerkes — der notwendige Einblick in die zweckbedingte Ausmittlung der gesamten Reglung vorhanden sein, um die Folge eines Eingriffes in ihrer vollen Wirkung auf die gesamte Reglung abschätzen zu können. Eine einmal so verdorbene Nocke muß durch eine neue ersetzt werden.

Schließlich ist es auf das Arbeiten einer Reglung von Einfluß, ob die Ventile ihre ursprüngliche Dampfdichtheit behalten oder mit zunehmender Betriebzeit mehr und mehr Dampf hindurchlassen. Auch dadurch werden die Grundlagen der Reglung geändert, und insofern hat der Zustand der Ventilsitze usw. unmittelbaren Einfluß auf die Lastkennlinie der Turbine.

Nicht unerwähnt darf hier die Veränderung der Schluckfähigkeit der Turbine durch Verengung des Dampfdurchtrittsquerschnittes infolge Verschmutzung der Beschauflung bleiben, da im Verfolge dieser die Beziehung bestimmter Leistungspunkte zu bestimmten Reglungstellungen ebenfalls gestört wird.

Störungen oder besser Mängel der eben erwähnten Art an der Reglung einer Dampfturbine können jedoch noch auf eine andere sehr natürliche Art zustande kommen, und zwar wird das gerade in solchen Zeiten der Fall sein, wo sich die allgemeine Belastungskurve der Kraftwerke und damit auch der einzelnen Maschineneinheiten anders gestaltet, als es bei der Bestellung und Errichtung der Maschine erwartet werden konnte. Wird z. B. eine für Grundlast bestimmte und dementsprechend ausgebildete Turbine später häufig mit Teillasten betrieben, so können hier Mängel in Erscheinung treten, die ihren Grund nicht in Störungen, Schäden oder ähnlichem, sondern lediglich in der nicht vorhergesehenen und daher für die Maschine ungewöhnlichen Verwendungsart haben. In solchen Fällen ist stets eine entsprechende Änderung der Reglung anzuraten, und meist wird ein zweckentsprechender Umbau möglich sein. Der Turbinenbesitzer muß sich dann unter Beibringung möglichst vollkommener Betriebsunterlagen (Belastungschaubilder usw.) mit dem Turbinenwerke in Verbindung setzen, da in dessen Händen alle Unterlagen für die ursprüngliche Auslegung der Reglung sind; außerdem ist das Lieferwerk auch in der Lage, bei einem Umbaue Erfahrungen, die in der Zeit seit der Lieferung der Maschine an der Reglungsbauart etwa gemacht wurden, und daraus abgeleitete Verbesserungen zu verwerten.

Zusammenfassung.

Im vorstehenden wurden die wichtigsten Fragen behandelt, die mit der Errichtung und dem Betriebe von Dampfturbinenanlagen in Zusammenhang stehen.

Es zeigte sich, daß die Bauarten der Dampfturbinen in ihrem Zusammenbaue wenig — nur Turbinen radialen Aufbaues machen hier eine Ausnahme —, in den während ihres Betriebes erforderlichen Maßnahmen so gut wie gar nicht verschieden sind. Wohl weist eine jede Bauart im Betriebe in der einen oder der anderen Hinsicht ein ihr eigentümliches Verhalten auf, wie bezüglich der Anfahrzeit oder der Teillastzuschläge zum Dampfverbrauche, wohl sind auch bestimmte Störungsursachen bei der einen Bauart eher vorhanden als bei einer anderen, wie die Auswaschungen der ND-Schaufeln von Kondensationsturbinen, doch sind auch diese Unterschiede im großen und ganzen nicht ausgeprägt genug, als daß deshalb ein für alle Male eine Bauart als die Dampfturbine schlechthin bezeichnet werden könnte. Das schließt indessen nicht aus, daß für bestimmte Verwendungzwecke, zufolge wärmetechnischer oder baulicher Einzelvorzüge, doch die eine Bauart vorteilhafter ist als die andere. So eignet sich z. B. für Industrieturbinen die Düsengruppenreglung, bei mehreren Reglungen die Gestänge-Verbundreglung besser als andere. Es gibt sogar Fälle, für die einige Bauarten und -formen überhaupt ausscheiden. Grundsätzlich ist bei einem Vergleiche verschiedener Bauarten gleichen Wirkungsgrades und gleicher Regelmöglichkeit unbedingt derjenigen der Vorzug zu geben, die die größere Einfachheit des Aufbaues verkörpert.

Einfachheit in diesem Sinne bedeutet mäßige Stufenzahl, ein oder höchstens zwei Gehäuse und vor allem reichliche Spiele zwischen stillstehenden und umlaufenden Teilen. Sie muß gepaart sein mit Übersichtlichkeit im Betriebe, leichter Zugänglichkeit aller ihrer Teile zur Überprüfung und einfacher Wiederherstellmöglichkeit im Störungsfalle. In dieser Beziehung kann die axiale Ausführung mit waagerecht geteiltem Gehäuse von keiner anderen übertroffen werden, da hierbei nach Abheben des Gehäuseoberteiles und der Lagerdeckel der Läufer mit allen seinen Einzelteilen sowie die übrigen wichtigen Bauteile jeder erforderlichen Überprüfung zugänglich sind. Denn für die Betriebsicherheit einer Turbine ist es wesentlich, die einzelnen Teile in ihrer gegenseitigen Lage, also die vorhandenen Spiele in Betriebstellung prüfen zu können. Je einfacher eine Turbine zu behandeln ist und je leichter Störungen festgestellt und mit einfachen Hilfsmitteln beseitigt werden können, um so brauchbarer ist diese Turbine für ihren Besitzer.

Der Wertmesser für die Güte einer Dampfturbine ist und bleibt somit unabänderlich die Dreiheit:

Betriebsicherheit, Einfachheit, Wirtschaftlichkeit.

Schrifttum.

Die folgenden Schrifttumhinweise sind entsprechend der Stoffgliederung des vorliegenden Werkes aufgeführt. Die Bezugzahlen der einzelnen Gruppen stimmen daher mit denen der Abschnitte des Buches überein.

Zu 1. Die Beförderung zur Baustelle und im Kraftwerke.

1. Croce, C.: Erfahrungen bei der Prüfung von Kranen und Hebezeugen. Z. bayer. Revis.-Ver. Bd. 38 (1934) S. 9/11.
2. DIN DVM 1201: Drahtseile, Richtlinien für Prüfverfahren.

Zu 2. Das Fundament.

3. Bächthold, I.: Schwingungen von Maschinenfundamenten. Schweiz. Bauztg. Bd. 100 (1932) S. 167/169.
4. Deutsche Gesellschaft für Bauwesen: Richtlinien für den Bau von Dampfturbinenfundamenten in Eisenbeton. Herausgegeben vom Ausschuß für Baugrundforschung. Bauing. Bd. 14 (1933) S. 227/228.
5. DIN 1000: Normalbedingungen für die Lieferung von Stahlbauwerken.
6. DIN 1044: Zeichen im Eisenbetonbau.
7. DIN 1045: Bestimmungen für Ausführung von Bauwerken aus Eisenbeton.
8. DIN 1046: Bestimmungen für Ausführung ebener Steindecken.
9. DIN 1047: Bestimmungen für Ausführung von Bauwerken aus Beton.
10. DIN 1048: Bestimmungen für Druckversuche an Würfeln bei Ausführung von Bauwerken aus Beton und Eisenbeton.
11. DIN 1967: Technische Vorschriften für Bauleistungen, Beton- und Eisenbetonarbeiten.
12. Ehlers, G.: Die Berechnung der Schwingungen von Turbinenfundamenten. Festschrift Wayss und Freytag. Stuttgart: Witwer 1925.
13. Ehlers, G.: Die Berechnung von Dampfturbinenfundamenten. Beton u. Eisen Bd. 27 (1928) S. 194/198.
14. Gehler, W.: Erläuterungen zu den Eisenbetonbestimmungen, 3. Aufl. Berlin: W. Ernst und Sohn 1926.
15. Geiger, I.: Berechnung der Schwingungserscheinungen an Turbodynamos. Z. VDI Bd. 66 (1922) S. 667/669, Bd. 67 (1923) S. 287/288.
16. Geiger, I.: Dynamische Einwirkungen auf Bauwerke mit besonderer Berücksichtigung von Dampfturbinenfundamenten. Bauing. Bd. 6 (1925) S. 339/341.
17. Graf, O.: Die Druckelastizität und Zugelastizität des Betons. Forsch.-Arb. Ing.-Wes. 1920 Heft 227.
18. Graf, O.: Aus Untersuchungen mit Zement, Zementmörtel und Beton. Z. VDI Bd. 77 (1933) S. 813/819.
19. Gropp, F.: Eiserne Turbinenfundamente. Wärme Bd. 51 (1928) S. 250/252.
20. Haas, K.: Geschweißte Fundamentrahmen. Der P-Träger Bd. 3 (1932) S. 28/29.
21. Hort, W.: Technische Schwingungslehre, 2. Aufl., S. 191/201. Berlin: Julius Springer 1922.
22. James, J. R.: Turbinenfundamente. Arch. Wärmewirtsch. Bd. 10 (1929) S. 163.
23. Laube, O.: Die Bauanlagen des Großkraftwerkes Klingenberg. Z. VDI Bd. 71 (1927) S. 1841/1854.
24. Pöschl, Th.: Angenäherte Berechnung der Schwingungszahlen von Rahmen. Ing.-Arch. Bd. 1 (1930) S. 469/480.
25. Rausch, E.: Dampfturbinenfundamente. Bauing. Bd. 5 (1924) S. 772/775, Bd. 6 (1925) S. 343/344, 379/380, Bd. 7 (1926) S. 859/863, Bd. 8 (1927) S. 518.
26. Rausch, E.: Berechnung von Dampfturbinenfundamenten. Beton u. Eisen Bd. 27 (1928) S. 396/400.
27. Rausch, E.: Richtige und fehlerhafte Maschinengründungen. Z. VDI Bd. 75 (1931) S. 1133/1137.
28. Rausch, E.: Zur Frage der Maschinengründung. Z. VDI Bd. 76 (1932) S. 212/213.
29. Ruegg, R.: Eisenfundamente für Dampfturbinen. Wärme Bd. 57 (1934) S. 473/474.
30. Voigtländer, O. v.: Power Plant Foundations. Power Bd. 75 (1932) S. 881/884.

Vgl. auch: 166, 390, 392.

Zu 3. Der Kondensator.

31. DIN 1785: Kondensatorrohre, Abmessungen, Technische Lieferbedingungen.
32. Eisenstecken, F.: Über das Verhalten von Stahlröhren bei Einwirkung von aggressiven Stoffen. Mitt. Inst. Verein. Stahlwerke, Dortmund Bd. 3 (1933) S. 81/106.
33. Elsässer, H.: Erfahrungen bei der Montage von Großkesseln, das Einwalzen der Kesselrohre. Mitt. Ver. Großkesselbes. 1932 Heft 36 S. 57/60.
34. Engineer: The Inverted Condenser (Parsons). Engineer Bd. 152 (1931) S. 117.
35. Fox, C. F.: All Welded Steel Condensers. Power Bd. 76 (1932) S. 230/231.
36. Gröber, H.: Einführung in die Lehre von der Wärmeübertragung. Berlin: Julius Springer 1926.

37. Guy, H. L., E. V. Winstanley: Some Factors in the Design of Surface Condensing Plant. Engineering Bd. 137 (1934) S. 159/161, 204/207, 242/243, 275/276, 345.
38. Guy, H. L., E. V. Winstanley: The Design of Surface Condensing Plant. Engineer Bd. 157 (1934) S. 154/156, 182/184, 204/206, 210/212.
39. Hausbrand, E.: Verdampfen, Kondensieren und Kühlen, 6. Aufl.. Berlin: Julius Springer 1918.
40. Hirsch, S., A. Schimmel: Die neuere Entwicklung der Kondensatorrohrfrage. Jb. schiffbautechn. Ges. Bd. 30 (1929) S. 229/242.
41. Hoefer, K.: Die Kondensation bei Dampfkraftmaschinen. Berlin: Julius Springer 1925.
42. Jakob, M.: Kondensation und Verdampfung. Z. VDI Bd. 76 (1932) S. 1161/1170.
43. Jungnitz, G.: Der Wärmedurchgang in Oberflächenkondensatoren. Wärme Bd. 54 (1931) S. 721/728.
44. Kaiser: Verwendung von sehr hartem Zusatzwasser in einer Rückkühlanlage für Oberflächenkondensatoren. Wärme Bd. 55 (1932) S. 518/519.
45. Kraft, E. A.: Kondensatoren und Strahlsauger. AEG-Mitt. 1928 S. 569/579, 621/626.
46. Lee, C. K.: A Huge Condenser Fabricated in the New Manner. Electr. J. Bd. 30 (1933) S. 5.
47. Otte, W.: Oberflächenkondensatoren als Speisewassererzeuger. Mitt. Ver. Großkesselbes. 1934 Heft 47 S. 72/83.
48. Petty, Ph.: Regenerative Surface Condensers. Engineer Bd. 147 (1929) S. 229/231, 259/261, 313/316, 346/348, 388/390.
49. Power: Worlds Largest Condensers. Power Bd. 75 (1932) S. 823/827.
50. Power: Six Leading Condenser Manufacturers Approve Commercial Factors for Designing Surface Condensers. Power Bd. 76 (1932) S. 133/134.
51. Schlicke, H.: Wirtschaftliche Kondensattemperatur. Wärme Bd. 55 (1932) S. 534/535.
52. Schwab, Ch.: Bau von Oberflächenkondensatoren in Amerika. Arch. Wärmewirtsch. Bd. 12 (1931) S. 305/306.
53. Siegel, A.: Oberflächen-Kondensationsanlagen für Dampfturbinen, AEG-Mitt. 1925 S 215/219.
54. Taylor, C. M.: One Piece Construction Improves Condensers. Power Bd. 75 (1932) S. 442.
55. Weiß, J.: Kondensation. Berlin: Julius Springer 1901.
56. Wellmann, W. E., H. Goerke: Neue Leistungsgarantie für Oberflächen-Wärmeaustauscher in Kraftwerksbetrieben. Elektr.-Wirtsch. Bd. 32 (1933) S. 115/118.
Vgl. auch: 178, 266.

Zu 4. Die Hilfsmaschinen der Kondensationsanlage.

57. Falk, R.: Betriebsverhältnisse parallel arbeitender Kreiselpumpen mit langen Verbindungsleitungen. Z. VDI Bd. 77 (1933) S. 898/900.
58. Hoefer, K., Heuser, K. A. Kapferer, Blaum, F. L. Richter: Wasser- und Dampfstrahl-Luftpumpen für Oberflächenkondensatoren insbesondere auf Schiffen. Z. VDI Bd. 68 (1924) S. 288/292.
59. Hollfelder, E.: Betriebsverhältnisse parallel arbeitender Kreiselpumpen mit langen Verbindungsleitungen. Z. VDI Bd. 76 (1932) S. 513/514.
60. Kraft, E. A.: Kreiselpumpen für Kondensationsanlagen. AEG-Mitt. 1929, S. 13/19, 55/59.
61. Pfleiderer, C.: Die Kreiselpumpen, 2. Aufl.. Berlin: Julius Springer 1932.
62. Sch., H.: Das Ansaugen der Zentrifugalpumpen. Wärme Bd. 56 (1933) S. 741.
63. Schlicke, H.: Anordnung der Kühlwasserreinigungsanlage. Wärme Bd. 57 (1934) S. 522/523.
64. Watson, F. R. B.: The Production of a Vacuum in an Air Tank by means of a Steam Jet. Engineering Bd. 135 (1933) S. 230/233, 262/265.
Vgl. auch: 41, 45, 49.

Zu 5. Die Rohrleitungen der Kondensationsanlage.

65. Schwedler, F.: Handbuch der Rohrleitungen. Berlin: Julius Springer 1932.

Zu 6 und 7. Die Bauteile, der Zusammenbau und die Ausrichtung von ortfesten Axialturbinen.

66. AEG: 25 Jahre Dampfturbinen. Berlin: VDI-Verlag 1928.
67. Baasch, J.: Zahnradgetriebe Bauart Brown Boveri. Brown Boveri Mitt. Bd. 13 (1926) S. 47/54, 76/83, 102/110, 128/131, 153/157.
68. Balcke, H.: Neuzeitliche Isolierstoffe und Isolierverfahren in der Wärmetechnik. Brennstoff- und Wärmewirtsch. Bd. 15 (1933) S. 105/109, 124/127.
69. Baumann, K.: Neuere große Dampfturbinen. Z. VDI Bd. 74 (1930) S. 805/822.
70. Blänsdorf, M.: Turbosätze. Zunahme der Leistungen, Drücke, Temperaturen und Spannungen. Wärme Bd. 53 (1930) S. 835/839.
71. Bonin, H.: Die Quecksilber-Wasser-Zweistoff-Dampfturbine. Stahl u. Eisen Bd. 44 (1924) S. 887/890.
72. Engineer: Modern Double Helical Reduction Gearing. Engineer Bd. 153 (1932) S. 400/401.
73. Falz, E.: Lagerspiele für hohe Drehzahlen. Schweiz. Bauztg. Bd. 103 (1934) S. 183/185.
74. Flügel, G.: Die Dampfturbinen. Ihre Berechnung und Konstruktion. Leipzig: Johann Ambrosius Barth 1931.

75. Gibb, C. D.: Post-War Land Turbine Development. Engineering Bd. 131 (1931) S. 555/557, 578/579, 582/583, 587/590, 656/658, 716/717. Bericht darüber von E. A. Kraft. Z. VDI Bd. 75 (1931) S. 980.
76. Gropp, F., W. Ellrich: Auslegung, Durchbildung und Ausführung von Kondensationsturbinen. Elektr.-Wirtsch. Bd. 32 (1933) S. 74/77.
77. Hoffmann, K.: Hochbeanspruchte Guß- und Schmiedestücke für Dampfturbinen und Stromerzeuger. Z. VDI Bd. 77 (1933) S. 128.
78. Hoffmann, K.: Hinter den Kulissen des Dampfturbinenbaues. Arch. Wärmewirtsch. Bd. 15 (1934) S. 220/221.
79. Honegger, E. (Herausgeber): Festschrift Prof. Dr. A. Stodola zum 70. Geburtstag. Überreicht von seinen Freunden und Schülern. Zürich: Orell Füssli 1929.
80. Hort, W.: Die Schwingungen der Räder und Schaufeln in Dampfturbinen. Z. VDI Bd 70 (1926) S. 1375/1381, 1419/1424.
81. Karlin, H. B.: Das Laval-Getriebe. Z. VDI Bd. 68 (1924) S. 327/329.
82. Klein, R.: Einiges aus der Praxis des Getriebebaues. Glasers Ann. Bd. 105 (1929) S. 166/171, 183/186 mit Zuschrift E. A. Kraft. S. 186/187.
83. Kraft, E. A.: Druck, Temperatur und Wirkungsgrad von Kondensationsturbinen. AEG-Mitt. 1927 S. 246/252.
84. Kraft, E. A.: Der mittelbare Turboantrieb. AEG-Mitt. 1928 S. 297/312, 420/439.
85. Kraft, E. A.: Neuere Spurlager. Masch.-Bau Bd. 7 (1928) S. 357/362.
86. Kraft, E. A.: Wesen und Anwendung der Gegendruck- und Anzapfturbinen, S. 1041/1065. Transactions of the Tokyo Sectional Meeting World Power Conference Bd. 3. Tokyo: Kosei-Kai Publishing Office 1930.
87. Kraft, E. A.: Die neuzeitliche Dampfturbine, 2. Aufl.. Berlin: VDI-Verlag 1930.
88. Kraft, E. A.: Dampf- und Gasturbinen und Kolbenmaschinen. Arch. Wärmewirtsch. Bd. 11 (1930) S. 325/328.
89. Kraft, E. A.: Die Grenzturbine als Gestaltungsproblem. Masch.-Bau Bd. 9 (1930) S. 401/405.
90. Kraft, E. A.: Die wirtschaftlichen Grundlagen für die Beurteilung neuzeitlicher Dampfkraftmaschinen, S. 218/235. Gesamtbericht Zweite Weltkraftkonferenz Bd. 5. Berlin: VDI-Verlag 1930.
91. Kraft, E. A.: Die wichtigsten Tagesfragen des Dampfturbinenbaues. Revue techn. luxemb. Bd. 23 (1931) S. 177/185.
92. Kraft, E. A.: Der Dampfturbinenbau 1933. Arch. Wärmewirtsch. Bd. 15 (1934) S. 73/75.
93. Kraft, E. A.: Der AEG-Turbogenerator. AEG-Mitt. 1934 S. 342/347, 393/398.
94. Kraft, E. A.: Entwicklungsrichtungen des Dampfturbinenbaues. Wärme Bd. 57 (1934) S. 144/148.
95. Krüger, H.: Dampfturbinenschaufeln. Profilformen, Werkstoffe, Herstellung und Erfahrungen. Berlin: Julius Springer 1930.
96. Lasche, O., W. Kieser: Konstruktion und Material von Dampfturbinen und Turbodynamos, 3. Aufl.. Berlin: Julius Springer 1925.
97. Lehr, E.: Schwingungstechnik. Z. VDI Bd. 76 (1932) S. 1065/1073.
98. Marguerre, F.: Hohe Dampftemperaturen. Z. VDI Bd. 76 (1932) S. 287/292.
99. Münzinger, F.: Gegenwartsaufgaben im Kraftwerkbau. Z. VDI Bd. 75 (1931) S. 505/510.
100. Noack, W. G.: Grenzen der Wirtschaftlichkeit, des Druckes, der Temperatur und der Leistungen im Turbomaschinenbau. Elektrotechn. u. Maschinenb. Bd. 47 (1929) S. 633/642.
101. Rembold, V., J. Jehlicka: Das Verhalten federnder Kupplungen bei Drehschwingungen. Forschg. Ing.-Wes. Bd. 5 (1934) S. 146/154.
102. Renfordt, A.: Gegendruckdampfturbinen. Wärme Bd. 57 (1934) S. 623/627.
103. Reuter, Ph.: Die Anforderungen der Endverbraucher an den Werkstoff für Dampfturbinenschaufeln. Berlin: VDEW 1927.
104. Robinson, I. V.: Power Stations and their Equipment. Amer. Inst. electr. Engr. Bd. 70 (1932) S. 135/144.
105. SSW: Das Mühlheimer Werk der Siemens-Schuckertwerke A.-G., Dampfturbinen, Turbosätze. Berlin: VDI-Verlag 1930.
106. Stodola, A.: Dampf- und Gasturbinen, 6. Aufl.. Berlin: Julius Springer 1924.
107. Stodola, A.: Technisch-wirtschaftliche Fortschritte auf dem Gebiete des Dampfkraft-Maschinenbaues in der Schweiz, S. 3/77. Gesamtbericht Zweite Weltkraftkonferenz Bd. 5. Berlin: VDI-Verlag 1930.
108. Young, H. C.: Some Power Plant Erection Problems. Engineer Bd. 157 (1934) S. 413/414.
109. Zeerleder, A. v.: Der Alfol-Wärmeschutz. Schweiz. Bauztg. Bd. 103 (1934) S. 47/49.
110. Zerkowitz, G.: Das Gegendruckverfahren und seine Anwendung bei der Dampfturbine. Z. VDI Bd. 68 (1924) S. 147/152, 1026/1030, 1093/1096.
111. Zietemann, E.: Berechnung und Konstruktion der Dampfturbine. Berlin: Julius Springer 1930.
Vgl. auch: 180, 230, 231, 238, 239, 256, 257, 258, 259, 362.

Zu 8. Die Dampfleitungen.

112. Bureau of Standards: Schutz von unterirdisch verlegten Rohrleitungen gegen Korrosion. Wärme Bd. 56 (1933) S. 818, 821.
113. Cope, E. T., E. A. Wert: How to Obtain Flexibility in Pipe Lines. Power Bd. 75 (1932) S. 434/438.
114. Denecke, H.: Anordnung der Rohrleitungen im Kraftwerksbau. Wärme Bd. 56 (1933) S. 815/818.
115. Gramberg, A.: Konstruktion und Verwendung der Wasserableiter. Z. VDI Bd. 68 (1924) S. 1037/1040.

116. Haier, H., K. Jaroschek: Heutiger Stand der Hochhubsicherheitsventilfrage. Wärme Bd. 56 (1933) S. 642/648.
117. Jürgensonn, H. v.: Elastizität von Heißdampfleitungen. Wärme Bd. 56 (1933) S. 809/812.
118. Kaschny, E.: Entwicklung der Absperrvorrichtungen. Wärme Bd. 56 (1933) S. 822/824.
119. Kaub, C.: Rohrleitungen für hohe Drücke und Temperaturen. Wärme Bd. 56 (1933) S. 813/815.
120. Keutner, Chr.: Strömungsverhältnisse in einem senkrechten Krümmer. Z. VDI Bd. 77 (1933) S. 1205/1209.
121. Kruchen, R.: Über Versuche mit eingewalzten Rohren. Wärme Bd. 55 (1932) S. 879/883.
122. Nikuradse, J.: Gesetzmäßigkeit der turbulenten Strömung in glatten Rohren. Forsch.-Arb. Ing.-Wes. 1932 Heft 356.
123. Petri, H.: Wärmeverluste von Rohrleitungen im Erdreich. Wärme Bd. 55 (1932) S. 641/643.
124. Pichler, M.: Ventil oder Schieber? Z. VDI Bd. 76 (1932) S. 227/233.
125. Richter, H.: Druckverlust im glatten geraden Kreisrohr. Z. VDI Bd. 76 (1932) S. 1269/1274.
126. Richter, H.: Rohrhydraulik. Berlin: Julius Springer 1934.
127. Richter, H. P.: Untersuchungen über den Wirkungsgrad von Kondenswasserableitern. Brennstoff- u. Wärmewirtsch. Bd. 14 (1932) S. 129/133.
128. Schaak, A.: Sind Wasserabscheider in Dampfleitungen notwendig? Z. bayer. Revis.-Ver. Bd. 36 (1932) S. 259/261.
129. Schmidt, A.: Umwälzung im Rohrleitungsbau. Wärme Bd. 56 (1933) S. 819/821.
130. Schult, H.: Schaltung und Auslegung von Frischdampfleitungen in größeren Kraftwerken. Kraftwerk (Beilage zu AEG-Mitt.) 1931 S. 2/9.
131. Stach, E.: Druckverlust in Formstücken und Absperrungen. Arch. Wärmewirtsch. Bd. 13 (1932) S. 259/262.
132. Steinemann, A.: Über die schnelle Ermittlung der Druck- und Wärmeverluste in Dampfleitungen und Ventilen. AEG-Mitt. 1923 S. 278/282, 300/303.
133. Vereinigung der Großkesselbesitzer: Richtlinien für Werkstoff und Bau von Heißdampf-Rohrleitungen, 3. Entwurf. 1930.
Vgl. auch: 65, 68, 109, 246.

Zu 9. Die Ölversorgung.

134. Brewer, A. F.: Effect of Speed, Temperature and Pressure upon Lubrication. Power Bd. 75 (1932) S. 357/359.
135. Clower, J. J.: Lighter Oil may mean Cooler Bearings. Power Bd. 77 (1933) S. 70/71.
136. Kaiser, W.: Sachgemäße Verlegung von Öldruckleitungen bei Dampfturbinen. Wärme Bd. 55 (1932) S. 91/92.
137. Krekeler, K.: Öl im Betrieb. Werkstattbücher Heft 48. Berlin: Julius Springer 1932.
138. Power: Turbines, Engines. Power Bd. 79 (1934) S. 12/13.
139. Richter, H.: Über die Größe der Ölfüllung von Dampfturbinen. Elektr.-Wirtsch. Bd. 33 (1934) S. 322/325. 371/373.
140. Stäger: Neuere Gesichtspunkte bei der Prüfung von Dampfturbinenölen. BBC Nachr. Bd. 16 (1929) S. 74/79.
141. Steinitz, E. W.: Richtige Maschinenschmierung. Berlin: Julius Springer 1932.
142. VDEW: Die Ölbewirtschaftung, Betriebsanweisung für Prüfung, Überwachung und Pflege der Isolier- und Dampfturbinenöle. Berlin: VDEW 1930.
143. Verein deutscher Eisenhüttenleute und Deutscher Normenausschuß: Richtlinien für Einkauf und Prüfung von Schmiermitteln, 6. Aufl.. Düsseldorf: Stahleisen 1933.
144. Vieweg, V., J. Kluge: Über die Messung der Schmierfähigkeit von Ölen in Lagern. Arch. Eisenhüttenwes. Bd. 2 (1929) S. 805/811.
Vgl. auch: 173, 224, 225, 232, 233, 234, 236, 247, 262, 378.

Zu 10 und 11. Die Sicherheitsvorrichtungen und die Reglung.

145. Blänsdorf, M.: Heizkraftbetriebe. BBC Nachr. Bd. 15 (1928) S. 39/52.
146. Boll, G.: Automatische Leistungsreglung in elektrischen Netzen. BBC Nachr. Bd. 16 (1929) S. 167/184.
147. Boll, G.: Selbsttätige Reglung in elektrischen Netzen. Elektrotechn. Z. Bd. 52 (1931) S. 305/311.
148. Danninger, P.: Die Dampfturbinenreglung. Ausmittlung, Ausführung, Betrieb. München: R. Oldenbourg 1934.
149. Ernst, H.: Die Steuerungen der SSW-Dampfturbine. Siemens-Z. 1929 S. 626/632.
150. Freudenreich, J. v.: Untersuchung der Stabilität von Regelvorrichtungen. Lfd. Nr. 79 S. 172/179.
151. Keller, H.: Leistungsreglung an Dampfturbinen. Brown Boveri Mitt. Bd. 21 (1934) S. 63/65.
152. Kieser, H.: Der Einfluß eines in die Dampfführung einer Dampfturbine geschalteten Pufferraumes oder Zwischenüberhitzers auf den Verlauf des Reguliervorganges. Die Größe der vorübergehenden Drehzahlsteigerung bei Lastabschaltung. Diss. Berlin: Paul Frank 1933.
153. Kieser, W.: Über die Reglung von Spitzenlast- und Grundlastmaschinen. Elektr.-Wirtsch. Bd. 30 (1931) S. 164/170.
154. Kieser, W.: Selbsttätige Lastverteilung in parallelgeschalteten Kraftwerken bei gleichbleibender Drehzahl. Elektr.-Wirtsch. Bd. 31 (1932) S. 479/484.

155. Kieser, W., E. Courtin, H. Langrehr: Technische Regelprobleme bei Industriekraftanlagen mit besonderer Berücksichtigung des Energiefremdbezuges, S. 256/269. Gesamtbericht Weltkraftkonferenz Teiltagung Skandinavien Bd. 2. Stockholm: Kungl. Bocktryckeriet P. A. Norstedt u. Söner 1934.
156. Kraft, E. A.: Regel- und Sicherheitsvorrichtungen von Dampfturbinen. AEG-Mitt. 1930 S. 747/752.
157. Kraft, E. A.: Reglung der AEG-Industrieturbinen. AEG-Mitt. 1931 S. 64/69.
158. Kraft, E. A.: Reglung der AEG-Kondensationsturbinen. AEG-Mitt. 1931 S. 353/358.
159. Schult, H.: Automatik in Dampfkraftwerken. VDE-Fachber. 1931 S. 122/124.
160. Senger, U., F. A. Mayer: Der Einfluß der Regelung auf den Dampfverbrauch von Turbinen. BBC Nachr. Bd. 20 (1933) S. 105/112.
161. Stäblein, W.: Die Technik der Fernwirkanlagen. München: R. Oldenbourg 1934.
162. Stein, Th.: Reglung und Ausgleich in Dampfanlagen. Berlin: Julius Springer 1926.
163. Tolle, M.: Reglung der Kraftmaschinen, 3. Aufl.. Berlin: Julius Springer 1931.
164. Troesch, M.: Die Brown Boveri-Dampfturbinen-Regulierung mit ölgesteuerter Hauptabschließung. Brown Boveri Mitt. Bd. 19 (1932) S. 155/159.
Vgl. auch: 106, 216, 219, 220, 221, 222.

Zu 12. Die Schiffsturbine.

165. Bauer, G.: Der Schiffsmaschinenbau Bd. 2: Theorie und Konstruktion der Dampfturbine. München: R. Oldenbourg 1927.
166. Dahlmann, W.: Grundlagen zur Berechnung der Schiffsmaschinenfundamente. Werft Reed. Hafen Bd. 14 (1933) S. 193/196, 329/332.
167. Dittmer, G., P. Müller: Der Zweischrauben-Turbinen-Schnelldampfer „Cap Arcona". Werft Reed. Hafen Bd. 8 (1927) S. 427/441, 466/494.
168. Engineer: The P. and O. Turbo-Electric Liner „Viceroy of India". Engineer Bd. 147 (1929) S. 272/274.
169. Engineering: The Clyde Passenger Turbine Steamer „King George V." Engineering Bd. 72 (1926) S. 321/324.
170. Fuhrmann: Elektrischer Schiffsantrieb. Z. VDI Bd. 75 (1931) S. 698/700.
171. Heydemann, R.: Die Turbinen-Fracht- und Fahrgastdampfer „Amstelkerk" und „Maaskerk". Werft Reed. Hafen Bd. 10 (1929) S. 344/348.
172. Hildebrandt, H.: Der elektrische Großschiffsantrieb. Schiffbau Bd. 32 (1931) S. 203/205.
173. Kraft, E. A.: Richtlinien für die Schmierölversorgung einer Schiffs-Triebturbine. Werft Reed. Hafen Bd. 4 (1923) S. 411/415.
174. Kraft, E. A.: Die Einschrauben-Turbinen-Frachtschiffe „Leuna" und „Höchst". II. Maschinentechnischer Teil. Werft Reed. Hafen Bd. 9 (1928) S. 257/262.
175. Kraft, E. A.: Zweigehäusige Schiffstriebturbinen. AEG-Mitt. 1928 S. 313/325.
176. Marine Engineering: Brown Boveri Combined Reciprocating Engine and Turbine Drive. Marine Engineering Bd. 33 (1928) S. 437/441.
177. Quiby, H.: Neuere Schiffsturbinen kleiner Leistung. Escher Wyss Mitt. Bd. 2 (1929) S. 58/64.
178. Schäfer, D.: Kondensationsanlagen und Kondensatwirtschaft auf Seeschiffen. Z. VDI Bd. 78 (1934) S. 1368/1372.
179. Schulthes, C.: Der elektrische Schiffsantrieb. Jb. schiffbautechn. Ges. Bd. 34 (1933) S. 73/165.
180. Shipbuild. Marine Engine-Builder: The Brown Boveri Exhaust-Steam Turbine. Shipbuild. Marine Engine-Builder Bd. 39 (1932) S. 151/156, 473/475.
181. Stritzl, P. Frhr. von: Der elektrische Schiffsschraubenantrieb. Elektrotechn. Z. Bd. 52 (1931) S. 1213/1215, 1250/1253.
182. Wagner, R.: Die leichte Hochdruck-Dampfturbinenanlage in der Schiffahrt. Werft Reed. Hafen Bd. 11 (1930) S. 268/279.
183. Werft Reed. Hafen: Kolbendampfmaschine mit Abdampfturbine System Bauer-Wach. Werft Reed. Hafen Bd. 7 (1926) S. 467/468.
Vgl. auch: 67, 84, 190.

Zu 13 und 25. Die Radialturbine.

184. Alm, E., T. Lindmark: 10.000/14.000-kW Ljungström Steam Turbine. Engineering Bd. 124 (1927) S. 411/413, 507/508, 542/545, 654.
185. Engineer: The Development of the Parsons Steam Turbine. Engineer Bd. 157 (1934) S. 33/34, 62/64.
186. Engineering: 50.000-kW Ljungström Turbo-Generator for the Västeras Power Station, Sweden. Engineering Bd. 138 (1934) S. 1/4, 56/58, 86, 114, 204, 366.
187. Forner, G.: Die einläufige Radial-Dampfturbine. Arch. Wärmewirtsch. Bd. 15 (1934) S. 317/321.
188. Hoffmann, K.: Radialdampfturbinen. Wärme Bd. 57 (1934) S. 607/611.
189. Kirst, H.: Radialdampfturbinen mit besonderer Berücksichtigung der Ljungström-Turbine. Wärme Bd. 53 (1930) S. 569/574, 606/609, 623/626.
190. Melan, H.: Neue Aufgaben des Schiffsturbinenbaues. Schiffbau Bd. 34 (1933) S. 390/393.
191. Melan, H.: Dampfturbinen für veränderlichen Anfangsdruck. Z. VDI Bd. 78 (1934) S. 402/404. Zuschriften dazu von W. Bredtschneider, H. Mayer, O. Rosenlöcher. Z. VDI Bd. 78 (1934) S. 1327/1330.

192. Melan, H.: Neuere Entwicklung der Industrieturbine. Siemens-Z. Bd. 14 (1934) S. 153/160.
193. Melan, H.: Neuere Entwicklung im Dampfturbinenbau. Wärme Bd. 57 (1934) S. 335/338.
194. Reuter, Ph.: Die Ljungström-Turbine in Deutschland. Elektr.-Wirtsch. Bd. 31 (1932) S. 264/270.
195. Schröder, K.: Neue Wege im Dampfkraftwerkbau. Wärme Bd. 57 (1934) S. 529/534.
196. Zublin, C.: Die Entwicklung der Zwanglaufröhren- (Benson-) Kessel. Brennstoff- u. Wärmewirtsch. Bd. 15 (1933) S. 121/124.
Vgl. auch: 102, 269, 295, 302.

Zu 14. Die allgemeinen Betriebsbedingungen.

197. Reichsfachverband der elektrotechnischen Industrie EV und des Vereins Deutscher Maschinenbau-Anstalten: Gemeinsame Allgemeine Lieferbedingungen, 6. Aufl. 1933.

Zu 15. Die erste Inbetriebsetzung.

198. AWF-Betriebsblatt 9: Wartung, Stillsetzung, Inbetriebsetzung und Instandsetzung von Rohrleitungen.
199. Young, H. C.: Starting Up a New Turbo-Alternator. Mech. World Bd. 95 (1934) S. 445/446. Auszug daraus in Wärme Bd. 57 (1934) S. 603/604.
Vgl. auch: 139, 204.

Zu 16. Das Anfahren.

200. Brown, E.: Der außer Betrieb befindliche Turbogenerator als Momentanreserve, S. 86/102. Gesamtbericht Zweite Weltkraftkonferenz Bd. 4. Berlin: VDI-Verlag 1930.
201. Brown, E.: The non-operative turbo-generator as an immediately available power reserve. Engineering Bd. 130 (1930) S. 278/280.
202. Estcourt, V. F.: That's Flexibility, High-Pressure Turbine Takes Load in 36 Sec.. Power Bd. 78 (1934) S. 134/136.
203. Gropp, F.: Anwärmen, Anfahren, Auslaufen und Schnellschlußprobe von Dampfturbodynamos. Arch. Wärmewirtsch. Bd. 7 (1926) S. 305/308.
204. Gropp, F.: Inbetriebsetzen und Anfahren von Dampfturbosätzen. Elektr.-Wirtsch. Bd. 31 (1932) S. 258/264.
205. Kurth, H.: Schnelles Anfahren von Dampfkraftanlagen. VDE-Fachber. 1934 S. 19/23.
206. Marine Engineer: Notes on Turning Gears for Geared Turbines. Marine Engr. Bd. 54 (1931) S. 405/409.
207. Peucker, A.: Die Beeinflussung der Betriebsbereitschaft durch die Bauart und Größe von Dampfturbinen bei Elektrizitätswerken mit und ohne Dampfspeicher, S. 75/85. Gesamtbericht Zweite Weltkraftkonferenz Bd. 4. Berlin: VDI-Verlag 1930.
208. Philo, F. G.: On the Line in 13 Seconds. Electr. World, N. Y. Bd. 96 (1930) S. 110/113.
209. Ribary, F.: Verkürzung der Anlaufzeit bei Dampfturbinen. Lfd. Nr. 79 S. 510/514.
210. Schröder, K.: Betriebsbereitschaft von Dampfturbosätzen. Arch. Wärmewirtsch. Bd. 15 (1934) S. 147/149.
211. Schult, H.: Bereitschaftswert der „laufenden Reserve“ in Dampfkraftwerken. Elektrotechn. Z. Bd. 53 (1932) S. 1217/1219.
Vgl. auch: 159, 214.

Zu 17. Die Sicherung des Betriebes.

212. Gropp, F.: Die Schnellschlußprobe bei Dampfturbinen in der BEWAG. Elektr.-Wirtsch. Bd. 33 (1934) S. 171/173.
213. Gropp, F.: Die Schnellschlußprobe bei Dampfturbinen. Wärme Bd. 57 (1934) S. 474/475.
214. Sennefelder, A.: Betriebssicherheit in Kraftwerken durch Automatik an Dampfturbinen. AEG-Mitt. 1933 S. 29/32.
Vgl. auch: 203.

Zu 18. Die Reglung im Betriebe.

215. Fleischer, W.: Tätigkeit der Kommandostelle der Berliner Städtische Elektrizitätswerke A.-G. (BEWAG). Elektrotechn. Z. Bd. 54 (1933) S. 49/51, 76/78.
216. Frenssdorff, E., K. Kühn, R. Mayer, W. Peters: Versuche über Maschinenregelung und Parallelbetrieb in den Großkraftwerken Hirschfelde und Böhlen. Elektrotechn. Z. Bd. 52 (1931) S. 791/794, 1185/1189, 1215/1219, 1270/1276, 1349/1352, 1382/1386, 1509/1513, 1549/1552, 1565/1569.
217. Friedländer, E.: Regulierung parallelarbeitender Maschinen in frequenzhaltenden Kraftwerken. VDE-Fachber. 1931 S. 120/122.
218. Langrehr, H.: Versuche über Leistungs- und Frequenzregelung im Kraftwerk Kiel. VDE-Fachber. 1931 S. 133/135.
219. Leonpacher, J.: Die Lastverteilung in und zwischen Elektrizitäts-Großversorgungsnetzen. Elektrotechn. Z. Bd. 50 (1929) S. 887/891.
220. Ott, K.: Frequenz- und Leistungsregelung zusammengeschlossener Großkraftwerke. VDE-Fachber. 1931 S. 131/133.
221. Schäff, K.: Aufgaben für die Leistungsregelung beim Parallelbetrieb in großen Netzen. VDE-Fachber. 1931 S. 125/127.

222. Stäblein, W.: Fernregelung von Leistungen, insbesondere an der Kuppelstelle großer Netze. VDE-Fachber. 1931 S. 127/130.
Vgl. auch: 148, 154.

Zu 19. Das Überwachen während des Betriebes.

223. Anderson, J.: Operating Experiences with 1.300-lb. Steam Pressure. Engineering Bd. 125 (1928) S. 25/28, 55/58.
224. Baader, A., Baum, Hana: Dauerversuche über die Alterung von Dampfturbinenölen im Betrieb. Berlin: VDEW und Ver. dtsch. Eisenhüttenl. 1927.
225. Baader, A.: Die Bestimmung der Alterungsneigung von Isolier- und Dampfturbinenölen. Elektr.-Wirtsch. Bd. 27 (1928) S. 338/343, 378/384, 493/495.
226. Brown, C. R., I. W. Peterson: Maintaining the Quality of Turbine Oil. Power Bd. 75 (1932) S. 438/439.
227. Dolzmann, K.: Betriebserfahrungen mit großen Kondensationsanlagen. Elektr.-Wirtsch. Bd. 30 (1931) S. 402/407.
228. Dolzmann, K.: Betriebserfahrungen mit Dampfturbinen großer Leistung in Amerika. Elektr.-Wirtsch. Bd. 30 (1931) S. 32/37, Bd. 31 (1932) S. 214/217.
229. Dolzmann, K.: Betriebserfahrungen mit Dampfturbinen großer Leistung. Elektr.-Wirtsch. Bd. 31 (1932) S. 253/258.
230. Edison Electric Institute, New York: Turbines, a Report of the Prime Movers Committee of the former NELA, Nr. A3 1933.
231. Edison Electric Institute, New York: Turbines 1934, a Report of the Turbines, Auxiliaries and Piping Subcommittee of the Prime Movers Committee, Nr. B4 1934.
232. Edison Electric Institute: Fire Prevention and Fire Protection, joint Report of the Central Traction and Lighting Bureau and the Insurance Committees of the American Gas Association. American Transit Association, Edison Electric Institute. New York: Central Traction and Lighting Bureau 1933.
233. Edison Electric Institute: Station Piping, a Report of the Operating Committee, Nr. A2 1933.
234. Erk, S.: Schmieröle bei tiefen Temperaturen. Z. VDI Bd. 76 (1932) S. 33/36.
235. Fellows, C. H., H. F. Schneider: Oxidation Characteristics of Turbine Oil. Power Bd. 75 (1932) S. 49/52.
236. Flowers, A. E., M. A. Dietrich: Solubility of Water in Mineral Oils. Power Bd. 75 (1932) S. 232/234.
237. Goerke, Beyer: Erfahrungen mit elektromotorisch angetriebenen Absperrschiebern. Elektr.-Wirtsch. Bd. 32 (1933) S. 427/430.
238. Gropp, F.: Betriebserfahrungen mit Dampfturbinen. Wärme Bd. 51 (1928) S. 230/231.
239. Gropp, F.: Beobachtungen an amerikanischen Großdampfturbinen. Elektr.-Wirtsch. Bd. 27 (1928) S. 475/480.
240. Gropp, F.: Bewährung von Dampfturbosätzen. Elektr.-Wirtsch. Bd. 31 (1932) S. 125/130, 154/157.
241. Hahn, M.: Behandlung der Oberflächenkondensatoren von Dampfkraftanlagen. Wärme Bd. 55 (1932) S. 488.
242. Hardie, P. H., W. S. Cooper: Test Methods for Determining Condenser Cleanliness. Power Bd. 77 (1933) S. 154/155.
243. Hasch: Behandlung von Oberflächenkondensatoren. Wärme Bd. 55 (1932) S. 168.
244. Hoefer, K.: Erfahrungen an amerikanischen Kondensationsanlagen. Arch. Wärmewirtsch. Bd. 13 (1932) S. 51/52.
245. Knab, O.: Erfahrungen mit Curtisrädern von Höchstdruckturbinen für 125 ata. Wärme Bd. 57 (1934) S. 762/763.
246. Leppin, O.: Überwachung und Instandhaltung von Rohrleitungen im Fabrikbetrieb. Masch.-Bau Bd. 12 (1933) S. 5/8.
247. Maly-Motta, C.: Die Regeneration oder Aufbereitung gebrauchter Öle. BBC Nachr. Bd. 20 (1933) S. 142/145.
248. Marguerre, F.: Erfahrungen mit Hochtemperaturdampf in Detroit. Z. VDI Bd. 78 (1934) S. 567/568.
249. NELA: Boiler and Turbine Room Instruments, a Report of the Prime Movers Committee, Nr. 19 1931.
250. NELA: Condensing Equipment, serial Report of the Prime Movers Committee, Nr. 289—211 1929.
251. NELA: Condensing Equipment, a Report of the Prime Movers Committee. Nr. 069 1930.
252. NELA: Condensing Equipment, a Report of the Prime Movers Committee, Nr. 250 1933.
253. NELA: Higher Steam Pressures and Temperatures, a Report of the Prime Movers Committee, Nr. 053 1930.
254. NELA: Higher Steam Pressures and Temperatures, a Report of the Prime Movers Committee, Nr. 154 1931.
255. NELA: Higher Steam Pressures and Temperatures, a Report of the Prime Movers Committee, Nr. 220 1932.
256. NELA: Turbines, Report of the Prime Movers Committee, Nr. 289/298 1929. Bericht darüber E. A. Kraft: Neuzeitliche amerikanische Dampfturbinen. Arch. Wärmewirtsch. Bd. 11 (1930) S. 317/320.
257. NELA: Turbines, Report of the Prime Movers Committee, Nr. 078 1930. Bericht darüber E. A. Kraft: Der amerikanische Dampfturbinenbau 1929/30. Arch. Wärmewirtsch. Bd. 12 (1931) S. 368/369.
258. NELA: Turbines, Report of the Prime Movers Committee, Nr. 151 1931. Bericht darüber E. A. Kraft: Der amerikanische Dampfturbinenbau 1930/31. Arch. Wärmewirtsch. Bd. 13 (1932) S. 53.

259. NELA: Turbines, Report of the Prime Movers Committee, Nr. 234 1932. Bericht darüber E. A. Kraft: Der amerikanische Dampfturbinenbau 1931/32. Arch. Wärmewirtsch. Bd. 14 (1933) S. 53/54; ferner K. Hoffmann: Betriebserfahrungen an Dampfturbinen in amerikanischen Kraftwerken. Wärme Bd. 55 (1932) S. 887/889.
260. Orlamünder, H.: Prüfung der Kondensatoren auf Dichtheit. Wärme Bd. 56 (1933) S. 268/269.
261. Orrok, G. A.: Operating Experience with High Pressure and High Temperature Steam. Power Bd. 67 (1928) S. 339/341.
262. Quednau: Erfahrungen bei der Ölbewirtschaftung im Großkraftwerk Stettin. Elektr.-Wirtsch. Bd. 32 (1933) S. 431/434.
263. Reichelt, H.: Ermittlung von Kondensatorundichtheiten durch Leitfähigkeitsmessung. Wärme Bd. 55 (1932) S. 253/256.
264. Schindler, A.: Verfahren zur raschen Überprüfung von Kondensationsanlagen auf ihre Dichtheit. Wärme Bd. 56 (1933) S. 253/255.
265. Schöne, O.: Betriebserfahrungen mit dem 120 at-Kraftwerk der Ilse Bergbau-A.-G.. Sonder-H. Mitt. Ver. Großkesselbes. 1932.
266. Thielsch, K.: Wirtschaftliche Betriebsführung von Kondensationsanlagen. AEG-Mitt. 1925 S. 21/27.
267. Thompson, P. W., R. M. van Duzer: High-Temperature Steam Experience at Detroit. Engineering Bd. 136 (1933) S. 661/663, 673/675.
Vgl. auch: 44, 57, 59, 98, 142, 143, 198, 203, 212, 213, 353, 395.

Zu 20 und 21. Die wärmetechnischen Meßverfahren und der Dampfverbrauch.

268. Baer, H.: Versuche an einer 14000 kW Entnahmeturbine. Z. VDI Bd. 73 (1929) S. 1472/1474.
269. Bayer. Rev.-Ver.: Dampfverbrauchsversuch Nr. 2195 an einer 2160 kW Ljungström-Turbine. Z. bayer. Revis.-Ver. Bd. 36 (1932) S. 263.
270. BBC: Abnahmeversuche an einer 30000/37500 kW Dreizylinderturbine. Brown Boveri Mitt. Bd. 14 (1927) S. 218/219.
271. BBC: Wirkungsgrade von Dampfturbinen. Brown Boveri Mitt. (Mannheim) Bd. 14 (1927) S. 159/160.
272. Beckmann, H., Wittwer: Überwachung der Wirtschaftlichkeit von Dampfturbinen. Arch. Wärmewirtsch. Bd. 13 (1932) S. 13/15.
273. Blowney, W. E., G. B. Warren: The increase in thermal efficiency due to resuperheating in steam turbines. Gen. electr. Rev. Bd. 28 (1925) S. 662/670.
274. Broggi, J.: Wie ist die Güte einer Dampfturbine für sich und im Rahmen einer Dampfanlage zu beurteilen? Brown Boveri Mitt. Bd. 14 (1927) S. 170/174.
275. Danninger, P.: Dampfverbrauchsbilder für mehrfachgesteuerte Turbinen. Wärme Bd. 57 (1934) S. 65/69
276. DIN 1943: Regeln für Abnahmeversuche an Dampfturbinen.
277. DIN 1945: Regeln für Abnahme- und Leistungsversuche an Verdichtern.
278. DIN 1952: Regeln für die Durchflußmessung mit genormten Düsen und Blenden.
279. Dörfel, R.: Dampfverbrauch einer neuen Kondensationsturbine. Z. VDI Bd. 70 (1926) S. 1170/1171.
280. Drabelle, I. M.: Test of a Multi-Stage Steam Turbine. Pwr. Plant Engng. Bd. 29 (1925) S. 236/238.
281. Dresden, D.: Dampfverbrauchsmessungen an einer dreigehäusigen 16000 kW Brown Boveri Dampfturbine in Rotterdam. Schweiz. Bauztg. Bd. 92 (1928) S. 57/59.
282. Dresden, D.: Dampfverbrauchsmessungen an einer 12000 kW Zoelly-Dampfturbine in der städtischen Zentrale Leiden. Wärme Bd. 51 (1928) S. 181/183, Schweiz. Bauztg. Bd. 91 (1928) S. 181/183.
283. Engel: Die Durchflußzahlen von Staurändern. Diss. München 1931.
284. Forner, G.: Dampfverbrauch und Wirkungsgrad von Dampfturbinen. Z. VDI Bd. 70 (1926) S. 502/508.
285. Forner, G.: Die thermodynamische Berechnung der Dampfturbinen. Berlin: Julius Springer 1931.
286. Forner, G.: Der Dampfverbrauch mehrstufiger Dampfturbinen. Z. VDI Bd. 76 (1932) S. 100/104.
287. Forner, G.: Dampfverbrauchsversuche an Dampfturbinen. Berlin: VDEW 1933.
288. Geiger, J.: Dampfturbinenanlage der Brikettfabrik Emanuel. AEG-Mitt. 1931 S. 293/296.
289. Germer, W. K.: Die Grundlagen der Dampfmessung nach dem Differenzdruckprinzip. München: R. Oldenbourg 1927.
290. Gramberg, A.: Technische Messungen bei Maschinenuntersuchungen und zur Betriebskontrolle. Bd. 1 Maschinentechnisches Versuchswesen, 6. Aufl., 1933; Bd. 2 Maschinenuntersuchungen, 1924. Berlin: Julius Springer. In diesem Werke findet man auch die für den Betriebsleiter wichtigen Bezugsquellen der Meßgeräte.
291. Groß, A.: Messungen an neueren Escher-Wyß Dampfturbinenanlagen. Escher-Wyß Mitt. Bd. 6 (1933) S. 119/126.
292. Grunwald, A.: Über die Auswahl von Heißwassermessern. Siemens-Z. Bd. 5 (1925) S. 378/385, 423/428.
293. Grunwald, A.: Über das Wesen der Druckdifferenzmessung. Siemens-Z. Bd. 5 (1925) S. 49/57, 135/140.
294. Grunwald, A., F. Engel: Die Druckunterschiedmessung mit Meßrand, Düse und Venturirohr und ihre Auswahl. Siemens-Z. Bd. 8 (1928) S. 553/562, 608/616.
295. Hencky, K., F. Maßmann: Versuche an einer Gegenlauf-Gegendruck-Turbodynamo Bauart Ljungström-MAN. Z. VDI Bd. 74 (1930) S. 44/46.
296. Hiedl, H.: Entwurf von Dampfturbinen-Verbrauchsdiagrammen für Vorprojektierungsarbeiten. Wien: Julius Springer 1935.

297. Internationale Elektrotechnische Kommission: Publication on Steam Turbines, Part I Specification (Publ. Nr. 45), Part. II Rules for Acceptance Tests (Publ. Nr. 46). London: Waterlow & Sons Ltd. 1931. Dazu: Internationale Bestimmungen für Abnahmeversuche an Dampfturbinen, deutsche Übersetzung durch den deutschen Dampfturbinen-Ausschuß beim VDI. Berlin 1932.
298. Jakob, M., Fritz, W.: Anwendbarkeit der einfachsten Durchflußformel für Düsen und Stauränder. Z. VDI Bd. 72 (1928) S. 116/118.
299. Jakob, M., F. Kretzschmer: Die Durchflußzahlen von Normaldüsen und Normalstaurändern für Rohrdurchmesser von 100 bis 1000 mm. Z. VDI Bd. 73 (1929) S. 935/937. Ferner: Forsch.-Arb. Ing.-Wes. 1928 Heft 311.
300. Jakob, M., W. Fritz: Odqvists Verfahren zur Bestimmung strömender Dampfmengen. Arch. Wärmewirtsch. Bd. 11 (1930) S. 59/61.
301. Jaroschek, K.: Abnahmeversuche. Wärme Bd. 53 (1930) S. 434/436.
302. Jaroschek, K.: Versuche an einer Radialturbine. Z. VDI Bd. 78 (1934) S. 1053/1058.
303. Jordan, H.: Die Mengenmessung von Gasen, Dampf und Flüssigkeiten auf Hüttenwerken. Ber. Nr. 76. Ver. dtsch. Eisenhüttenl. 1929.
304. Josse, E., A. Stodola: Leistungsversuche an einer Gegendruckturbine der Ersten Brünner Maschinenfabriks-Gesellschaft in der Nestomitzer Zuckerraffinerie in Nestomitz. Z. VDI Bd. 67 (1923) S. 1163 bis 1166.
305. Josse, E.: Untersuchungen an neuzeitlichen mehrgehäusigen Dampfturbinen. Z. VDI Bd. 71 (1927) S. 346/350, 419/421.
306. Josse, E.: Beitrag zur Dampfverbrauchsmessung an Gegendruck- und Anzapfturbinen. Arch. Wärmewirtsch. Bd. 10 (1929) S. 169/173.
307. Josse, G.: Versuche über die Messung kleiner stündlicher Dampfmengen mittels Normdüsen. Diss. Berlin: VDI-Verlag 1933.
308. Kalmann, O. v.: Grundlagen für die Berechnung von Venturirohren. Siemens-Z. Bd. 5 (1925) S. 473 bis 478.
309. Kraft, E. A.: Internationale Regeln für Abnahmeversuche an Dampfturbinen. Arch. Wärmewirtsch. Bd. 11 (1930) S. 321.
310. Löwy, A.: Geometrisch ähnliche Dampfturbinen. AEG-Mitt. 1930 S. 311/318.
311. Löwy, A.: Abnahmemessungen an neueren Großdampfturbinen. AEG-Mitt. 1931 S. 10/13.
312. Löwy, A.: Über das Verhalten der Dampfturbine bei kleinen Änderungen der Betriebsbedingungen. AEG-Mitt. 1932 S. 14/19.
313. Mauritz, K.: Verhalten von raschlaufenden Gegendruckturbinen bei Drehzahländerungen. München: R. Oldenbourg 1927.
314. Melan, H.: Der Wirkungsgrad von Dampfturbinen. Arch. Wärmewirtsch. Bd. 9 (1928) S. 309/312.
315. Melan, H.: Über Wirkungsgrade von Hochdruckturbinen. Siemens-Z. Bd. 8 (1928) S. 186/191.
316. Meyer, A.: Dampfmessungen an einer BBC-Grenzleistungsturbine. Elektrotechn. u. Maschinenb. Bd. 43 (1925) S. 800/805.
317. Odqvist, F. K. G.: Das Ähnlichkeitsgesetz bei der Dampfströmung und dessen Anwendung auf die Theorie der Dampfmessung mit Drosselscheibe. Ingeniörs Vetenskap Akad. Hdl. Stockholm 1925, Nr. 43.
312. Pape, W.: Wirkungsgrade von Dampfturbinen. Arch. Wärmewirtsch. Bd. 9 (1928) S. 351/360.
319. Pflaum, W.: Beitrag zur Mengenmessung strömenden Dampfes mittels Stauringen. Forsch.-Arb. Ing.-Wes. 1928 Heft 298.
320. Renfordt, A.: Entnahme-Dampfturbine, Konstruktion des Entnahmediagramms. Wärme Bd. 53 (1930) S. 828/834.
321. Renfordt, A.: Kritik der Dampfverbrauchszahlen und Wirkungsgrade von Dampfturbinen. Wärme Bd. 54 (1931) S. 151/155. Zuschrift dazu: Wärme Bd. 54 (1931) S. 391/393.
322. Reynolds, R. L.: Obsolescence of Steam Turbines. Electr. J. Bd. 31 (1934) S. 221/223.
323. Rosenlöcher, O.: Messungen an Gegendruck- und Entnahmeturbinen. Elektr. im Bergb. Bd. 10 (1935) S. 4/8.
324. Ruppel, G.: Amerikanische Eichungen scharfkantiger Meßränder mit Luft. Arch. Wärmewirtsch. Bd. 10 (1929) S. 403/405.
325. Ruppel, G.: Einfluß der Expansion auf die Kontraktion hinter Staurändern. Techn. Mech. u. Thermodyn. Bd. 1 (1930) S. 151/157.
326. Ruppel, G.: Durchflußmessung mit der deutschen Normaldüse 1930 und der deutschen Normblende 1930. Arch. techn. Mess. Bd. 2 (1932) S. 114/115.
327. Ruppel, G., H. Jordan: Die Durchflußzahlen von Normblenden mit und ohne Störung des Zuflusses. Forschg. Ing.-Wes. Bd. 2 (1931) S. 207/212.
328. Schaack, M.: Dampfmessung. Siemens-Z. Bd. 5 (1925) S. 9/17.
329. Schüle, W.: Technische Thermodynamik, 3. Aufl.. Berlin: Julius Springer 1917.
330. Schurter, W.: Messungen an neueren Escher-Wyß Dampfturbinenanlagen. Escher-Wyß Mitt. Bd. 6 (1933) S. 3/13.
331. Sörensen, E.: Hydraulische Ähnlichkeit von Dampfturbinenstufen. Z. VDI Bd. 78 (1934) S. 1403/1410.
332. Spitzglaß, I. M.: Orifice Coefficients — Data and Results of Tests. Mech. Engng. Bd. 45 (1923) S. 342/348, 399.

333. Stach, E.: Die Beiwerte von Normdüsen und Normblenden im Einlauf und Auslauf. Z. VDI Bd. 78 (1934) S. 187/189.
334. Stodola, A.: Leistungsversuche an einer Gegendruckdampfturbine. Z. VDI Bd. 69 (1925) S. 1177/1181.
335. Stodola, A.: Leistungsversuche an einer 11000 kW-Zoelly-Dampfturbine. Z. VDI Bd. 71 (1927) S. 747, 752.
336. Wagner, P.: Der Wirkungsgrad von Dampfturbinen-Beschauflungen. Berlin: Julius Springer 1913.
337. Wärme: Betriebsergebnisse mit der Quecksilberdampfturbine. Wärme Bd. 53 (1930) S. 709/710.
338. Wellmann, W. E.: Abnahmeversuche an einer 80000 kW-Turbodynamo des Großkraftwerkes Klingenberg. Z. VDI Bd. 72 (1928) S. 1077/1081.
339. Witte, R.: Durchflußzahlen von Düsen und Staurändern. Techn. Mech. Thermodyn. Bd. 1 (1930) S. 34/41, 72/85, 113/120.
340. Witte, R.: Die Strömung durch Düsen und Blenden. Forschg. Ing.-Wes. Bd. 2 (1931) S. 245/251, 291/302.
341. Woodwell, J. E.: Efficiency Test of a 15000 kW Turbo-Generator. Power Bd. 61 (1925) S. 128/131.
342. Woodwell, J. E.: Steam Turbine Tests at Moores Park Station. Pwr. Plant Engng. Bd. 32 (1928) S. 222/228.
343. Zinzen, A.: Der Einfluß der Dampftemperatur auf den Wirkungsgrad von Dampfturbinen. Berlin: Julius Springer 1928.
Vgl. auch: 123, 125, 160, 191, 230, 231, 245, 249, 250, 251, 252, 253, 254, 255, 256, 257, 258, 259.

Zu 22. Das Abstellen und das Auslaufen.

344. Rathbone, T. C.: Turbine Shaft Distortion Corrected by Spindle Rotation. Electr. J. Bd. 28 (1931) S. 91/95.
Vgl. auch: 198, 203, 206.

Zu 23. Der Stillstand.

345. BEWAG: Richtlinien für die Konservierung stillgesetzter Kraftwerksanlagen. Berlin: BEWAG 1932.
346. BEWAG: Richtlinien für die Wartung stillgesetzter, konservierter Kraftwerksanlagen. Berlin: BEWAG 1932.
347. BEWAG: Richtlinien für die Wiederinbetriebnahme stillgesetzter, konservierter Kraftwerksanlagen. Berlin: BEWAG 1932.
348. Steinitz, E. W.: Maßnahmen zur Erhaltung stillgelegter Kraftanlagen. Wärme Bd. 56 (1933) S. 119/120.
349. VDEW: Konservierung, Wartung und Wiederinbetriebnahme stillgesetzter Kraftwerksanlagen. Vorträge der Sitzung des Maschinentechnischen Ausschusses der VDEW am 20. Oktober in Stuttgart. Berlin: VDEW 1933.
Vgl. auch: 198.

Zu 24. Die regelmäßige Besichtigung und Überholung.

350. Adloff, K.: Erfahrungen mit Oberflächenkondensatoren. Wärme Bd. 55 (1932) S. 260/261.
351. Adloff, K.: Reinigung von Oberflächenkondensatoren durch Säure. Wärme Bd. 55 (1932) S. 614/615.
352. Callis, F. T.: The Overhaul and Inspection of Steam Turbines. Metrop.-Vickers Gaz. Bd. 8 (1932) S. 284/286, 307/311.
353. Fisher, H. D.: Balancing Machine Utilized in the Field for Quickly Correcting Turbine Operation. Power Bd. 57 (1923) S. 480/481.
354. Gropp, F., W. Ellrich: Erfahrungen mit Niederdruckturbinen-Beschauflung im Kraftwerk Klingenberg. Elektr.-Wirtsch. Bd. 30 (1931) S. 589/593; Bd. 31 (1932) S. 413/415, Bd. 32 (1933) S. 50/56, 230/232.
355. Kaiser: Die Bedeutung von regelmäßigen Untersuchungen für den Turbinenbetrieb. Wärme Bd. 54 (1931) S. 240/241.
356. Kraft, E. A.: Werkstoffragen im Dampfturbinenbau, S. 21/27 in: Werkstofftagung Berlin 1927. Stahl und Eisen als Werkstoff, gesammelte Vorträge der Gruppe Stahl und Eisen Bd. 3. Düsseldorf: Stahleisen 1928.
357. Lieneweg, F.: Verhütung von Korrosionen bei der chemischen Reinigung von Kondensatoren und Kesseln. Wärme Bd. 50 (1927) S. 507/511.
358. Müller, R.: Die Reinigung von versteinten Kondensatorrohren. Mitt. Ver. Großkesselbes. 1931 Heft 34, S. 343/345.
359. Pohl, R.: Untersuchungen über Wellenspannungen (Lagerströme), besonders bei zweipoligen Turbogeneratoren. Elektrotechn. Z. Bd. 50 (1929) S. 417/422.
360. Schneider, H.: Die „Columbus-Pistole“, das neue Reinigungsgerät für Oberflächenkondensatorrohre. BBC-Nachr. Bd. 19 (1932) S. 31/34.
361. Stoll, K. E.: Chlorine treatment of River Water at Powerton Station. Power Bd. 75 (1932) S. 168/170.
362. Ulrich, M.: Zur Frage der Grübchenbildung bei Zahnrädern. Z. VDI Bd. 78 (1934) S. 53/55.
363. Wärme: Reinigung von Oberflächenkondensatoren durch Säure. Wärme Bd. 55 (1932) S. 614/615.
Vgl. auch: 32, 198, 228, 229, 230, 231, 240, 246, 250, 251, 252, 256, 257, 258, 259.

Zu 26 bis 32. Die Störungen.

364. Abbott, E. J.: Specifications of Power Noises. Power Bd. 75 (1932) S. 537/540.
365. Bakos, G., S. Kagan: Geräusch- und Lärmmessungen. Z. VDI. Bd. 76 (1932) S. 145/150.
366. BBC: Schaufel-Erosionsversuche und Abnutzung. Brown Boveri Mitt. Bd. 21 (1934) S. 28/32.
367. Berger, R.: Die Luftschalldämmung von Wänden. Forschg. Ing.-Wes. Bd. 3 (1932) S. 193/202.
368. Campbell, W.: The Protection of Steam-Turbine Disk Wheels from Axial Vibration. New York: American Society of Mechanical Engineers 1924.
369. Christmann, N.: Anfressungen an Kondensatorrohren. Wärme Bd. 55 (1932) S. 689/691.
370. Davis, A. H.: The Measurement of Noise. Engineering Bd. 138 (1934) S. 663/666.
371. Delanghe, C.: Les vibrations des roues de turbines à vapeur. Génie civ. Bd. 87 (1925) S. 8/12, 33/37.
372. Dreibholz, R. Berthold: Verkrümmung von Turbinenläufern und ihre Ursachen. Mitt. Ingenieurbüro Allianz und Stuttgarter Ver. Vers. A.-G. 1933 Heft 1.
373. Engineer: Breakdown of a Turbo-Alternator. Engineer Bd. 157 (1934) S. 359/360.
374. Engineering: The Measurement of Noise. Engineering Bd. 133 (1932) S. 564/567.
375. Evans, U. R.: Die Korrosion der Metalle. Deutsche Bearbeitung von E. Honegger. Zürich: Orell Füssli 1926.
376. Gardner, F. W.: The Erosion of Steam Turbine Blades. Engineer Bd. 153 (1932) S. 146/147, 174/176, 202/205.
377. Gönczy, G. v.: Mechanische Resonanzschwingungen an einer Turbogruppe. Elektrotechn. Z. Bd. 54 (1933) S. 279/281.
378. Gropp, F.: Entzündung von Turbinenöl. Elektr.-Wirtsch. Bd. 26 (1927) S. 302/303.
379. Hake, B.: Erosionen an Niederdruck-Laufschaufeln. Elektr.-Wirtsch. Bd. 32 (1933) S. 144/146.
380. Houghton, B.: Turbines for High Pressures and Temperatures from Operating Point of View. Power Bd. 69 (1929) S. 880/884.
381. Jackson, J. A.: Quiet Electrical Machinery. Gen. electr. Rev. Bd. 36 (1933) S. 385/388.
382. Kuhn, E.: Krafterzeugung in den Vereinigten Staaten im Jahre 1933. Wärme Bd. 57 (1934) S. 178.
383. Low, F. R.: Vibrations in Steam Turbines. Power Bd. 65 (1927) S. 923/924.
384. Michel, F.: Rohrbrüche in Kondensatoren. Arch. Wärmewirtsch. Bd. 14 (1933) S. 185/186.
385. Pochobradsky, B., Jolley, Thompson: The experimental investigation of vibrations in turbine wheels and blades. Engineering Bd. 131 (1931) S. 541/545.
386. Pohl, E., M. Ehrt: Musterbeispiele von Dauerbrüchen und die daraus zu ziehenden Folgerungen für Konstruktion und Betrieb. Mitt. Ingenieurbüro Allianz und Stuttgarter Ver. Vers.-A.-G. 1934 Heft 2.
387. Pratt, K. H.: The Significance of Noise Measurements. Electr. Engng. Bd. 51 (1932) S. 705/708.
388. Quack, W.: Betriebserfahrungen an Dampfturbinen. Elektr.-Wirtsch. Bd. 24 (1925) S. 219/230.
389. Rathbone, Th. C.: Unusual Vibration of a 25000 kW Turbine. Electr. J. Bd. 25 (1928) S. 88/95.
390. Reichner, M.: Ölleckagen zerstören Fundamente. Wärme Bd. 56 (1933) S. 146.
391. Reuter, Ph.: Dauerversuche über die Korrosion von Kondensatorrohren im Betrieb. Elektr.-Wirtsch. Bd. 31 (1932) S. 6/13.
392. Schirp: Maschinenfundamentschäden in Kraftwerken. Z. VDI Bd. 63 (1919) S. 969/973. Zuschrift dazu von O. Springmann. Z. VDI Bd. 63 (1919) S. 1289/1291.
393. Schwarz, M. v.: Untersuchungen von Messingkondensatorrohren mit starker Korrosion. Elektr.-Wirtsch. Bd. 25 (1926) S. 36/43.
394. Schwarz, M. v.: Untersuchungsbericht über Dampfturbinenschaufeln mit Dauerbrüchen. Elektr.-Wirtsch. Bd. 25 (1926) S. 286/289.
395. Stodola, A.: Kritische Wellenstörung infolge der Nachgiebigkeit des Ölpolsters im Lager. Schweiz. Bauztg. Bd. 85 (1925) S. 265/266.
396. Trage, C.: Grundlagen der subjektiven und objektiven Lautstärkemessung. Elektrotechn. Z. Bd. 55 (1934) S. 931/934.
397. Trendelenburg, F.: Objektive Lautstärkemessungen. Elektrotechn. u. Maschinenb. Bd. 51 (1933) S. 232/236.
398. Warner, W. E.: Turbine Vibration Caused by Defective Seal. Power Bd. 72 (1930) S. 64.
399. Willms, W.: Geräuschmessungen an elektrischen Maschinen. Mitteilungen aus dem Heinrich-Hertz-Institut für Schwingungsforschung. Elektrotechn. Z. Bd. 56 (1935) S. 25/28, 53/56, 69/70.
400. Zeller, W.: Messung von Geräuschen. Z. VDI Bd. 78 (1934) S. 669/670.
Vgl. auch: 3, 32, 80, 95, 103, 112, 138, 227, 230, 231, 232, 233, 238, 239, 240, 242, 244, 249, 250, 251, 252, 253, 254, 255, 256, 257, 258, 259, 260, 262, 263, 264, 353, 354, 356, 358, 359, 362.

Namen- und Sachverzeichnis.

Ⓦ**Dampfturbinen-Verbrauchsdiagramme.** Grundlagen und Entwurf nebst Beispielen. Von Ing. **Hans Hiedl**, Wien. Mit 63 Textabbildungen. VI, 83 Seiten. 1935. RM 8.—

***Der Einfluß der rückgewinnbaren Verlustwärme des Hochdruckteils auf den Dampfverbrauch der Dampfturbinen.** Von Professor Dr.-Ing. **Georg Forner**, Berlin. Mit 10 Textabbildungen und 8 Zahlentafeln. IV, 36 Seiten. 1922. RM 1.50

***Der Einfluß der Dampftemperatur auf den Wirkungsgrad von Dampfturbinen.** Von Dr.-Ing. **Arthur Zinzen.** Mit 34 Textabbildungen. IV, 67 Seiten. 1928. RM 6.—

***Die Dampfkessel nebst ihren Zubehörteilen und Hilfseinrichtungen.** Ein Hand- und Lehrbuch zum praktischen Gebrauch für Ingenieure, Kesselbesitzer und Studierende. Von Reg.-Baumeister Professor **R. Spalckhaver**, Altona a. E., und Ing. **Fr. Schneiders** †, M.-Gladbach, Rhld. Zweite, verbesserte Auflage. Unter Mitarbeit von Dipl.-Ing. **A. Rüster**, Oberingenieur und stellvertretender Direktor des Bayerischen Revisions-Vereins. Mit 810 Abbildungen im Text. VIII, 481 Seiten. 1924. Gebunden RM 42.50

Ergänzungsband. Von Reg.-Baumeister Professor **R. Spalckhaver** und Landesbaurat Dipl.-Ing. **A. Rüster**, München. Mit 338 Abbildungen im Text und 2 Tafeln. VI, 190 Seiten. 1934. Gebunden RM 32.—

Dampfkesselschäden, ihre Ursachen, Verhütung und Nutzung für die Weiterentwicklung. Ein Lehrbuch für die Dampfkessel-Industrie und den Dampfkessel-Betrieb. Von Dr.-Ing. **Ernst Pfleiderer.** Mit 244 Textabbildungen. VIII, 259 Seiten. 1934. Gebunden RM 24.—

Dampfkraft. Berechnung und Bau von Wasserrohrkesseln und ihre Stellung in der Energieerzeugung. Ein Handbuch für den praktischen Gebrauch von Dr.-Ing. **Friedrich Münzinger, VDI.** Zugleich zweite, neu bearbeitete Auflage von „Berechnung und Verhalten von Wasserrohrkesseln". Mit 566 Abbildungen, 44 Rechenbeispielen und 41 Zahlentafeln im Text sowie 20 Kurventafeln in der Deckeltasche. VIII, 348 Seiten. 1933. Gebunden RM 40.—

***Höchstdruckdampf.** Eine Untersuchung über die wirtschaftlichen und technischen Aussichten der Erzeugung und Verwertung von Dampf sehr hoher Spannung in Großbetrieben. Von Dr.-Ing. **Friedrich Münzinger.** Zweite, unveränderte Auflage. Mit 120 Textabbildungen. XII, 140 Seiten. 1926. RM 7.20; gebunden RM 8.70

***Die Leistungssteigerung von Großdampfkesseln.** Eine Untersuchung über die Verbesserung von Leistung und Wirtschaftlichkeit und über neuere Bestrebungen im Dampfkesselbau. Von Dr.-Ing. **Friedrich Münzinger.** Mit 173 Textabbildungen. X, 164 Seiten. 1922. Gebunden RM 6.—

***Regelung und Ausgleich in Dampfanlagen.** Einfluß von Belastungsschwankungen auf Dampfverbraucher und Kesselanlage, sowie Wirkungsweise und theoretische Grundlagen der Regelvorrichtungen von Dampfnetzen, Feuerungen und Wärmespeichern. Von **Th. Stein.** Mit 240 Textabbildungen. VIII, 389 Seiten. 1926. Gebunden RM 30.—

***Die Kondensation bei Dampfkraftmaschinen** einschließlich Korrosion der Kondensatorrohre, Rückkühlung des Kühlwassers, Entölung und Abwärmeverwertung. Von Oberingenieur Dr.-Ing. **K. Hoefer**, Berlin. Mit 443 Abbildungen im Text. XI, 442 Seiten. 1925. Gebunden RM 22.50

* Auf die Preise der vor dem 1. Juli 1931 erschienenen Bücher wird ein Notnachlaß von 10% gewährt. Ⓦ = Verlag von Julius Springer-Wien.

Taschenbuch für den Maschinenbau. Bearbeitet von zahlreichen Fachgelehrten. Herausgegeben von Professor **H. Dubbel,** Ingenieur, Berlin. Sechste, völlig umgearbeitete Auflage. Mit etwa 3000 Textfiguren. In zwei Bänden. 1935.

Erster Band: X, 818 Seiten.

Zweiter Band: 902 Seiten. Zusammen gebunden RM 22.50

Bei gleichzeitigem Bezug von 10 und mehr Exemplaren je gebunden RM 20.25

***Kreiselmaschinen.** Einführung in Eigenart und Berechnung der rotierenden Kraft- und Arbeitsmaschinen. Von Dipl.-Ing. **Hermann Schaefer.** Mit 150 Textabbildungen und vielen Beispielen. V, 132 Seiten. 1930. RM 7.50

Die Kreiselpumpen. Von Professor Dr.-Ing. **C. Pfleiderer,** Braunschweig. Zweite, verbesserte Auflage. Mit 338 Textabbildungen. X, 454 Seiten. 1932. Gebunden RM 29.50

***Der Regelvorgang bei Kraftmaschinen auf Grund von Versuchen an Exzenterreglern.** Von Professor Dr.-Ing. **A. Watzinger,** Trondhjem, und Dipl.-Ing. **Leif J. Hanssen.** Mit 82 Abbildungen. 92 Seiten. 1923. RM 7.—

Ⓦ**Druckwechsel und Stöße** an Kolbenmaschinen mit Schubkurbelgetriebe. Eine theoretische Untersuchung der Druckwechselvorgänge mit kritischer Besprechung der vorhandenen Literatur. Von Ingenieur Dr. techn. **Franz Kuba,** Wien. Mit 18 Abbildungen im Text und 59 Abbildungen auf 48 Tafeln. Text- (IV, 69 Seiten) und Tafelband im Karton. 1931. RM 18.—

***Technische Thermodynamik.** Von Professor Dipl.-Ing. **W. Schüle.**

Erster Band: Die für den Maschinenbau wichtigsten Lehren nebst technischen Anwendungen. Fünfte, neubearbeitete Auflage.

1. Teil: Lehre von den Gasen und allgemeine thermodynamische Grundlagen. Mit 181 Abbildungen im Text und den Tafeln I—IIa. VIII, 385 Seiten. 1930. Gebunden RM 18.—

2. Teil: Lehre von den Dämpfen. Mit 140 Abbildungen im Text und den Tafeln III—IVa. VIII, 280 Seiten. 1930. Gebunden RM 16.—

Zweiter Band: Höhere Thermodynamik mit Einschluß der chemischen Zustandsänderungen nebst ausgewählten Abschnitten aus dem Gesamtgebiete der technischen Anwendungen. Vierte, erweiterte Auflage. Mit 228 Textfiguren und 5 Tafeln. XVIII, 509 Seiten. 1923. Gebunden RM 18.—

***Verdampfen, Kondensieren und Kühlen.** Von **E. Hausbrand** †. Siebente Auflage, unter besonderer Berücksichtigung der Verdampfanlagen vollständig neu bearbeitet von Dipl.-Ing. **M. Hirsch,** Beratender Ingenieur VBI. Mit 218 Textabbildungen. XVI, 359 Seiten. 1931. Gebunden RM 29.—

Öl im Betrieb. Von Priv.-Doz. Dr.-Ing. **Karl Krekeler,** Aachen. (Werkstattbücher, Heft 48.) Mit 39 Abbildungen im Text. 50 Seiten. 1932. RM 2.—

***Die Schmiermittel,** ihre Art, Prüfung und Verwendung. Ein Leitfaden für den Betriebsmann von Dr. **Richard Ascher.** Zweite, verbesserte und erweiterte Auflage. Mit 66 Abbildungen im Text. VIII, 302 Seiten. 1931. Gebunden RM 16.—

---

* Auf die Preise der vor dem 1. Juli 1931 erschienenen Bücher wird ein Notnachlaß von 10% gewährt. Ⓦ = Verlag von Julius Springer-Wien.

GPSR Compliance

The European Union's (EU) General Product Safety Regulation (GPSR) is a set of rules that requires consumer products to be safe and our obligations to ensure this.

If you have any concerns about our products, you can contact us on ProductSafety@springernature.com

In case Publisher is established outside the EU, the EU authorized representative is:

Springer Nature Customer Service Center GmbH
Europaplatz 3
69115 Heidelberg, Germany

Batch number: 10684220

Printed by Printforce, the Netherlands